SketchUp 完全实训手册

张 骞 著

清华大学出版社
北 京

内 容 简 介

SketchUp 是一款极受欢迎并且易于使用的 3D 设计软件，在建筑效果和景观效果等设计领域应用广泛。本书主要讲解最新版本 SketchUp 2022 的设计功能，包括设计基础、绘图工具、造型工具、辅助工具、群组和组件、材质和贴图、场景和动画设计、剖切平面和沙箱、插件和渲染、扩展功能等内容，从实用的角度介绍了 SketchUp 2022 中文版的使用，并讲解了包括建筑设计和室内设计综合范例在内的多个精美实用的设计范例。本书还配备了包含大量模型图库、范例教学视频和网络资源介绍的海量教学资源。

本书内容丰富、通俗易懂、语言规范、实用性强，特别适合初、中级用户的学习，是广大读者快速掌握 SketchUp 2022 的实用指导书和工具手册，也可作为大专院校计算机辅助设计课程的辅助教材。

图书在版编目(CIP)数据

SketchUp 完全实训手册/张骞著. —北京：清华大学出版社，2023.6
ISBN 978-7-302-63513-0

Ⅰ. ①S…　Ⅱ. ①张…　Ⅲ. ①建筑设计—计算机辅助设计—应用软件　Ⅳ. ①TU201.4

中国国家版本馆 CIP 数据核字(2023)第 084659 号

责任编辑：张彦青
装帧设计：李　坤
责任校对：李玉萍
责任印制：丛怀宇
出版发行：清华大学出版社
　　网　　址：http://www.tup.com.cn, http://www.wqbook.com
　　地　　址：北京清华大学学研大厦 A 座　　**邮　　编：**100084
　　社 总 机：010-83470000　　**邮　　购：**010-62786544
　　投稿与读者服务：010-62776969, c-service@tup.tsinghua.edu.cn
　　质量反馈：010-62772015, zhiliang@tup.tsinghua.edu.cn
印 装 者：三河市少明印务有限公司
经　　销：全国新华书店
开　　本：190mm×260mm　　**印　张：**23.75　　**字　数：**575 千字
版　　次：2023 年 6 月第 1 版　　**印　次：**2023 年 6 月第 1 次印刷
定　　价：78.00 元

产品编号：086818-01

前言

SketchUp 是一款极受欢迎且易于使用的 3D 设计软件，官方网站将它比喻为电子设计中的“铅笔”。其面向设计师、注重设计创作过程，操作简便、即时显现等优点使它灵性十足，给设计师提供了在灵感和现实间自由转换的空间，目前该软件的最新版本是 SketchUp 2022。

为了使读者能更好地学习，同时尽快熟悉 SketchUp 2022 的设计功能，作者根据多年在该领域的设计和教学经验，精心编写了本书。本书以 SketchUp 2022 为基础，根据用户的实际需求，从学习的角度由浅入深、循序渐进、详细地讲解了该软件的设计功能。

本书分为 11 章，主要讲解设计基础、绘图工具、造型工具、辅助工具、群组和组件、材质贴图与样式、场景和动画设计、剖切平面和沙箱、插件和渲染、扩展功能等内容，从实用的角度介绍了 SketchUp 2022 中文版的使用，并讲解了包括建筑设计和室内家居设计两个精美实用的设计范例。

本书就像一位专业设计师，将设计项目的思路、流程、方法和技巧、操作步骤面对面地分享给读者。本书内容丰富、通俗易懂、语言规范、实用性强，使读者能够快速、准确地掌握 SketchUp 2022 的设计方法与技巧，特别适合初、中级用户的学习，是广大读者快速掌握 SketchUp 2022 的实用指导书和工具手册，也可作为大专院校计算机辅助设计课程的辅助教材。

本书还配备了包含模型图库、范例教学视频和网络资源介绍的海量教学资源，其中范例教学视频制作成多媒体进行了详尽的讲解，便于读者学习使用。另外，本书还提供了网络学习的免费技术支持，欢迎大家关注微信公众号“云杰漫步科技”和今日头条号“云杰漫步智能科技”进行交流，可以为读者提供技术支持和解答。

本书由淄博职业学院的张骞老师编写。由于本书编写时间紧张，编写人员的水平有限，因此在编写过程中难免有不足之处，在此，编写人员对广大用户表示歉意，望广大用户不吝赐教，对书中的不足之处给予指正。

编　者

目录

Contents

第 1 章 SketchUp 2022 设计基础

本章导读

SketchUp 是一款极受欢迎且易于使用的 3D 设计软件，官方网站将它比喻为电子设计中的“铅笔”。其开发公司@Last Software 成立于 2000 年，规模虽小，但却以 SketchUp 闻名。为了增强 Google Earth 的功能，让使用者可以利用 SketchUp 创建 3D 模型并放入 Google Earth 中，使得 Google Earth 所呈现的地图更具立体感、更接近真实世界，Google 于 2006 年 3 月宣布收购 3D 绘图软件 SketchUp 及其开发公司@Last Software。SketchUp 2022 是该软件的最新版本。

本章是 SketchUp 2022 的基础，主要介绍该软件的应用领域、操作界面和视图基本操作。这些是用户使用 SketchUp 必须掌握的基础知识，是熟练使用该软件进行产品设计的前提。

1.1　SketchUp 简介和应用领域

首先来介绍 SketchUp 软件的基本知识和应用领域，以及最新版本 SketchUp 2022 的新增功能。

1.1.1　SketchUp 简介

SketchUp 简称 SU，是一款直观、灵活、易于使用的三维设计软件，官方网站将它比喻为电子设计中的“铅笔”，用户将它誉为“草图大师”。SketchUp 最初由@Last Software 公司发布，2006 年@Last Software 公司被 Google 公司收购，并陆续发布了 6.0、7.0、8.0、2016、2017、2018、2019、2020、2021 等版本。目前最新版本 SketchUp 2022 包含两个组件：Layout 和 Style Builder，它们分别是 SketchUp 的 2D 处理工具和手绘样式工具。

SketchUp 2022 具有以下特点。

(1) 独特简洁的界面，可以让使用者短期内掌握其操作，如图 1-1 所示。

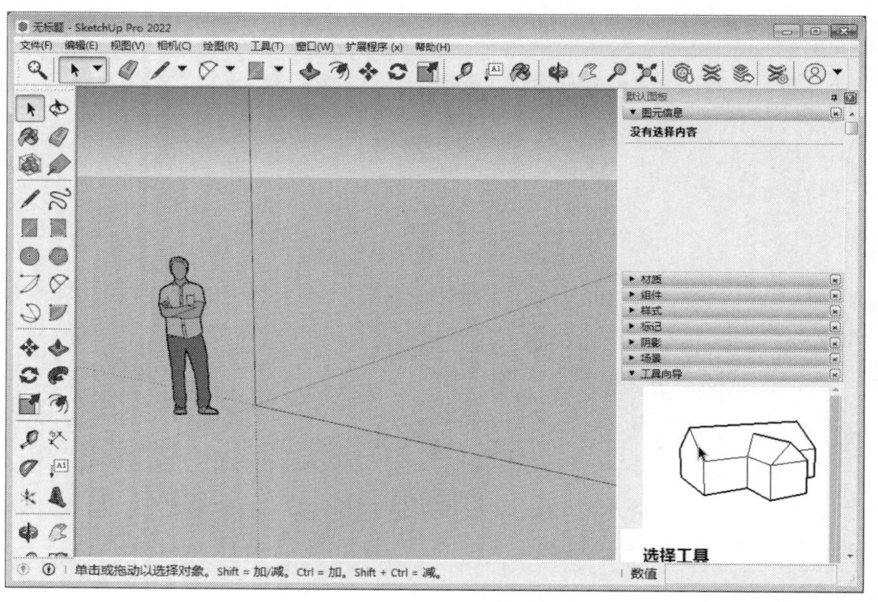

图 1-1　SketchUp 2022 的界面

(2) 适用范围广阔，可以应用在建筑、规划、园林、景观、室内以及工业设计等领域。

(3) 方便的推拉功能，设计师通过一个图形就可以方便地生成 3D 几何体，无须进行复杂的三维建模，如图 1-2 所示。

(4) 快速生成任何位置的剖面，使设计者能清楚地了解建筑的内部结构，可以随意生成二维剖面图，并快速导入 AutoCAD 进行处理，如图 1-3 所示。

(5) 与 AutoCAD、3ds Max、Photoshop、Vray、Maya 等软件兼容性良好，实现了方案构思、谋略与效果图绘制的完美结合。

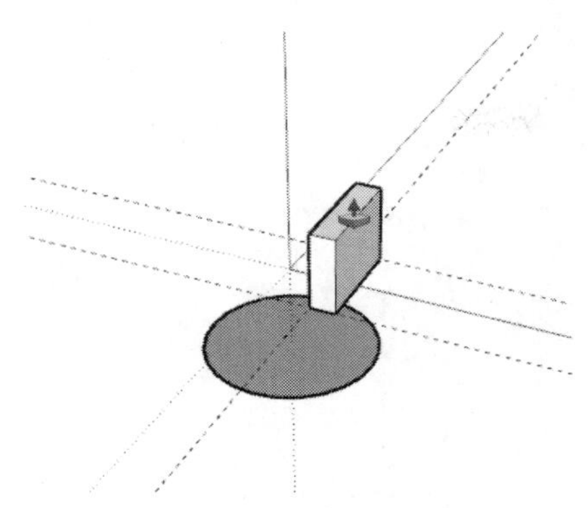

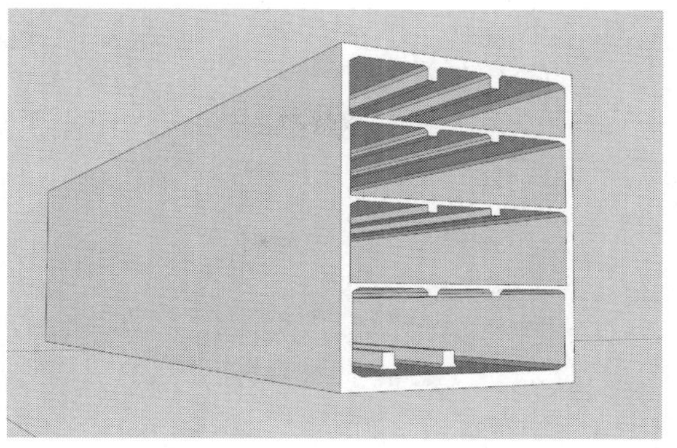

图 1-2　方便生成三维几何体

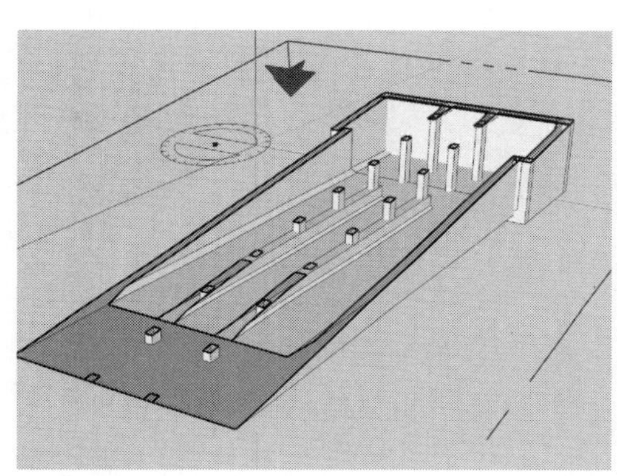

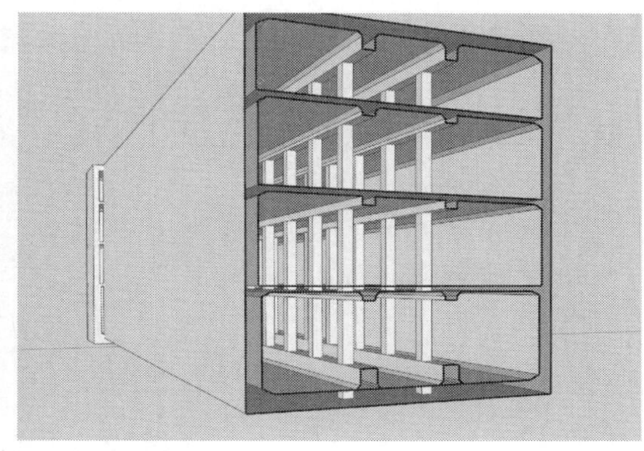

图 1-3　生成二维剖面图

(6) 可快速导入和导出 dwg、dxf、3ds、pdf、jpg、png、bmp 等格式文件，如图 1-4 所示，同时提供了与 AutoCAD 和 ArchiCAD 等兼容的设计工具插件。

3DS 文件 (*.3ds)
AutoCAD DWG 文件 (*.dwg)
AutoCAD DXF 文件 (*.dxf)
COLLADA 文件 (*.dae)
FBX 文件 (*.fbx)
GLTF Exporter (*.gltf)
GLTF Exporter (*.glb)
Google 地球文件 (*.kmz)
IFC2x3 文件 (*.ifc)
IFC4 File (*.ifc)
OBJ 文件 (*.obj)
STereoLithography 文件 (*.stl)
VRML 文件 (*.wrl)
XSI 文件 (*.xsi)

PDF 文件 (*.pdf)
EPS 文件 (*.eps)
Windows 位图 (*.bmp)
JPEG 图像 (*.jpg)
标签图像文件 (*.tif)
便携式网络图像 (*.png)
AutoCAD DWG 文件 (*.dwg)
AutoCAD DXF 文件 (*.dxf)

图 1-4　导出其他格式文件

(7) 自带大量门、窗、柱、家具等组件库和建筑肌理边线需要的材料库，如图 1-5 所示。

(8) 轻松制作方案演示视频动画，全方位表达设计师的创作思路。

(9) 具有草稿、线稿、透视、渲染等不同显示模式，如图 1-6 所示。

(10) 可准确地定位阴影和日照，方便设计师根据建筑物所在地区和时间实时进行阴影和日照分析。

图 1-5　材料库

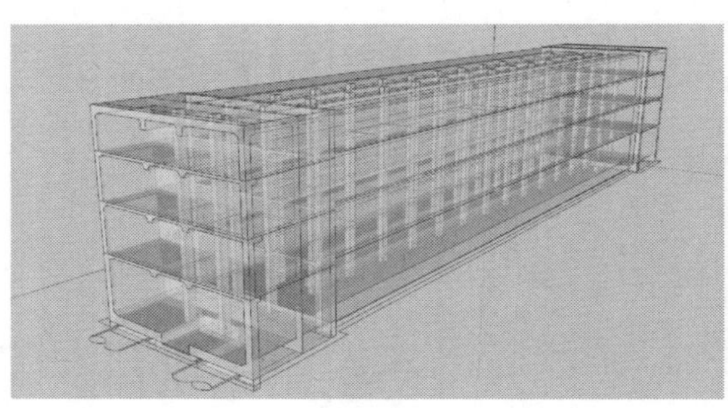

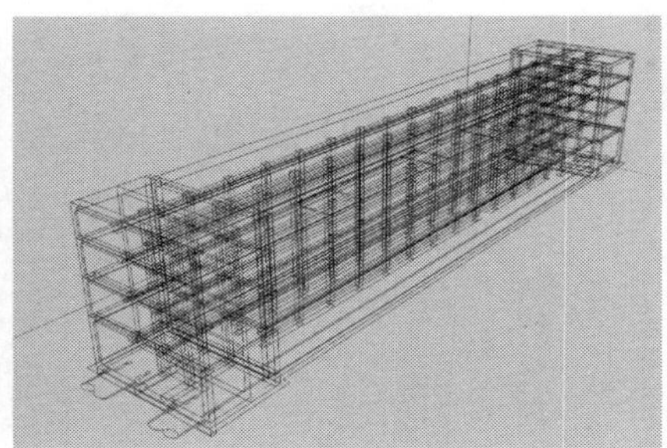

图 1-6　不同显示模式

(11) 能简便地进行空间尺寸和文字的标注，并且标注部分始终面向设计者。

1.1.2　SketchUp 的应用领域

SketchUp 应用于城市规划设计、建筑方案设计、园林景观设计、室内设计、游戏动漫设计、工业设计等领域，下面具体介绍。

(1) 城市规划设计。

SketchUp 在规划行业以其直观便捷的优点深受规划师的喜爱，不管是宏观的城市空间形态，还是较小、较详细的规划设计，SketchUp 辅助建模及分析功能大大解放了设计师的思维，提高了规划编制的科学性与合理性。目前，SketchUp 被广泛应用于控制性详细规划、城市设计、修建性详细设计以及概念性规划等不同规划类型项目中。如图 1-7 所示为结合 SketchUp 构建的规划场景。

(2) 建筑方案设计。

SketchUp 在建筑方案设计中应用较为广泛，从前期现状场地的构建，到建筑大概形体的确定，再到建筑造型及立面设计，SketchUp 都以其直观快捷的优点，逐渐取代了其他三维建模软件，成为方案设计阶段的首选软件。图 1-8 所示为结合 SketchUp 构建的建筑方案效果。

(3) 园林景观设计。

由于 SketchUp 操作灵巧，在构建地形高差等方面可以生成直观的效果，而且拥有丰富的

景观素材库和强大的贴图材质功能，并且 SketchUp 图纸的风格非常适合景观设计表现，所以如今应用 SketchUp 进行景观设计已经非常普遍。图 1-9 所示为结合 SketchUp 创建的简单的园林景观模型场景。

图 1-7 城市空间规划

图 1-8 建筑方案效果

图 1-9 景观模型场景

(4) 室内设计。

室内设计的宗旨是创造满足人们物质和精神生活需要的室内环境，包括视觉环境和工程技术方面的问题，设计的整体风格和细节装饰在很大程度上受业主的喜好和性格特征的影响，但是传统的2D室内设计表现让很多业主无法理解设计师的设计理念，而3ds Max等三维室内效果图也不能灵活地对设计进行改动。而SketchUp能够在已知的房型图基础上快速建立三维模型，并快捷地添加门窗、家具、电器等组件，并且附上地板和墙面的材质贴图，直观地向业主显示出室内效果。如图1-10所示为结合SketchUp构建的室内场景效果。当然，如果再经过渲染，会得到更好的商业效果图。

图 1-10　室内场景效果

(5) 游戏动漫设计。

越来越多的用户将SketchUp运用在游戏动漫中，如图1-11所示为结合SketchUp构建的动漫游戏场景效果。

图 1-11　动漫游戏场景效果

(6) 工业设计。

SketchUp在工业设计中的应用也越来越普遍，如机械产品设计、橱窗或展馆的展示设计等，如图1-12所示。

图 1-12 工业设计效果

1.1.3 SketchUp 2022 的新增功能

较 SketchUp 2020 和 SketchUp 2021，SketchUp 2022 增加和改善了一些功能，主要表现在以下几个方面。

(1) 搜索命令。

SketchUp 2022 可以通过键入名称和关键词来查询和激活命令(如【海拔】、【布尔】、【倒角】等命令)。通过工具栏中的“搜索”图标(工具栏的最左边)、【帮助】菜单或其默认的快捷方式(Shift+S 组合键)可激活搜索功能，如图 1-13 所示。

搜索功能不仅针对 SketchUp 自带的命令，还能搜索已安装的扩展程序(也能搜索到 SUAPP 里的命令)，并提供相关的工具条或菜单列表，支持局部匹配搜索，可以搜索到插件。

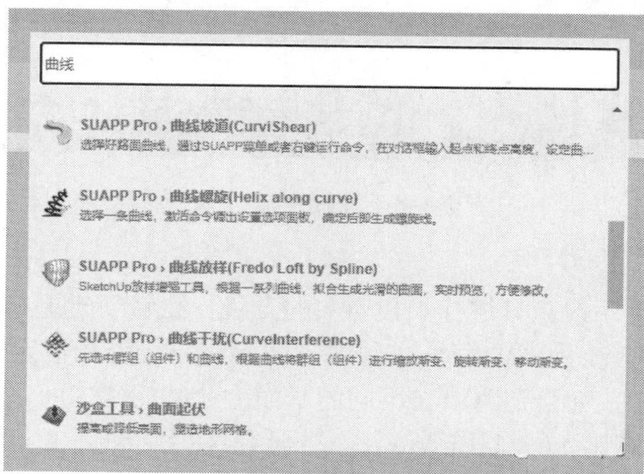

图 1-13 搜索功能

(2) 套索工具。

SketchUp 2022 新增了套索工具，套索是一个选择工具，可手动选择边界框，使用过 Photoshop 的用户应该很熟悉该工具，可通过 Shift+空格组合键来激活。提供这种选择功能的目的是最大限度地减少重新定位相机视图或创建多个边界框的需求，以便更容易更快速地创建复杂、精确的选择集。方向和框选同理，顺时针需选择全部，逆时针可选择局部。此外，还可以通过单次点击选中实体，并使用与选择工具相同的快捷键模式。

(3) 标记工具。

SketchUp 2022 的标记工具增加了类似材质工具的一些吸取和批量设置的方法，用户可通过单击实体来应用标记，然后可以在右键快捷菜单里通过【选择】子菜单来批量操作实体模型。

为改善批量选择操作，在建模窗口和标记快捷菜单的【选择】子菜单中增加了【带同一标记的所有项】命令，如图 1-14 所示，该命令在建模活动中与选择对象共享一个标记(或任何标记)的所有实体。以前这个命令只在选择原始几何体时可用。

为了改善对未标记实体的识别，官方改变了与未标记实体相关的颜色，使其与默认模板中的默认外表面颜色相匹配。这样，当启用“按标记着色”时，未标记的实体就显示为无色了。

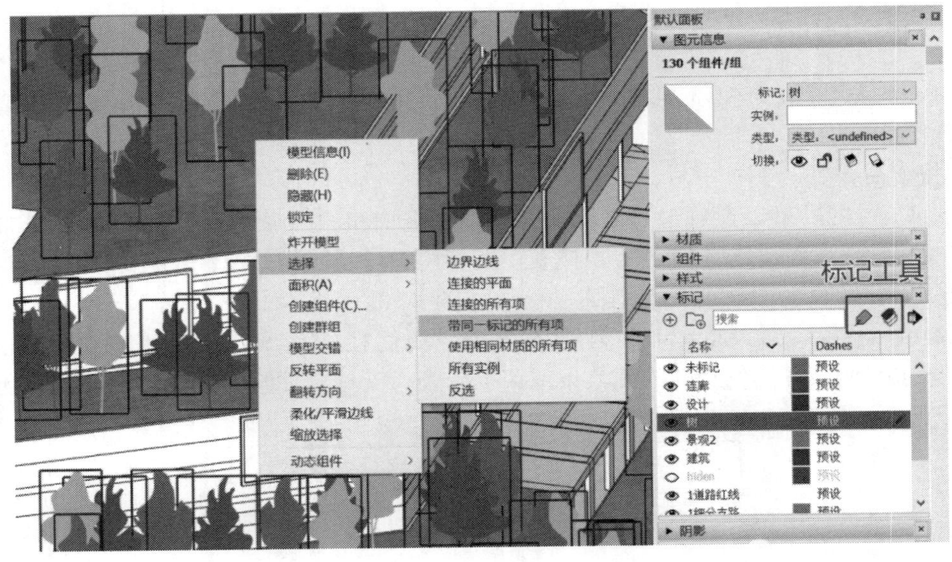

图 1-14　改进标记工具

(4) 徒手线的改进。

SketchUp 2022 的徒手线工具进行了相当大的升级，能够创建更平滑的曲线实体。在绘制曲线后，可以立即逐步减少曲线的分段。同时，徒手线还接受轴锁定输入，以设置绘图平面(在用户开始绘图前可用)，而且还可以在不同的平面上绘制相邻的面。

新旧徒手曲线结果对比如图 1-15 所示，左侧为旧徒手曲线，右侧为新徒手曲线。但这个命令本身使用的机会较少，用户更多使用的是贝兹曲线。

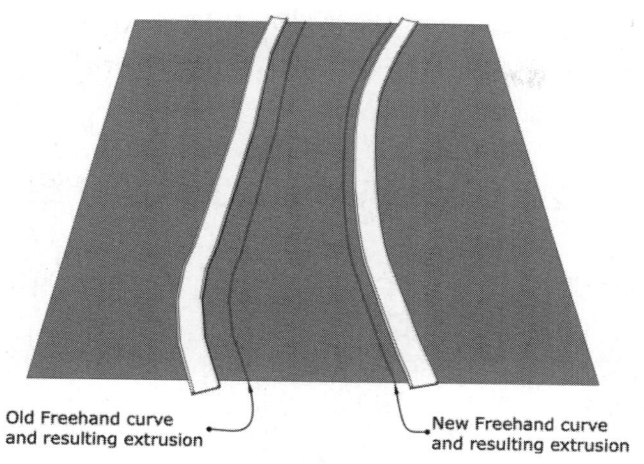

图 1-15　新旧徒手曲线结果对比

(5) 两点圆弧和三点圆弧增加了切线推断锁定。

SketchUp 2022 的两点圆弧和三点圆弧工具具有切线推断锁定功能，可锁定现有边的切线，这样在下次单击时就会产生一个切线弧。按 Windows 的 Alt 键或 Mac 的 Command 键可切换推断锁定。

在锁定切线的情况下，所见即所得。单击可设置切线弧，并开始绘制一个新的弧。当多条边相交时，可将鼠标悬停在一条边上，以要求它作为切线的基础，然后再单击开始画弧。

(6) 场景搜索。

SketchUp 2022 中新增了一个搜索过滤器，可输入搜索场景名称，在场景标签旁边可用(当有两个或更多场景时)。单击搜索结果中的一个场景，可以跳转到该场景，也可以在场景面板中选择它。

(7) 多重复制。

SketchUp 2022 版本在先前的移动工具(M)下增加了一个修改状态，可以在设计场景中快速地放置对象，比如人、树等。其使用方法是在激活移动工具时按 Ctrl 键，就是“复制”功能，按两下 Ctrl 键，就是“多重复制”功能。大家注意到，单击一下鼠标键，标志右下角是个加号，代表复制，再单击，右下角出现一个印章，代表多重复制。

(8) 改进了多剖面时选取的问题。

SketchUp 2022 改变了选取逻辑，如果剖面图是可见的，那么它们所遮挡的实体仍然可以被选取。可以通过单击一个区段平面的边框或符号，或使用大纲视图来选择它。

(9) 修正视图裁切的问题。

SketchUp 2022 还修正了视图裁切的问题，改善了切换到平行投影时相机视图被裁切的情况；还改善了在具有大范围的模型中的透视剪裁，可通过使用群组、组件以及【隐藏模型的其余部分】命令来缓解大范围模型在放大模型的一小部分时产生的裁切问题。

(10) 性能上的改进。

① 支持苹果 M1 芯片：SketchUp 2022 中提供了一个通用的安装程序，使 SketchUp 2022 能够在 M1 硬件平台的 Mac 设备上运行。

② 实体生成器 API：插件对实体线面的操作可以用新的 API 来加速。

③ 提升炸开模型的表现：SketchUp 2022 中，对炸开操作进行了重大的改进。在炸开大型模型时，速度会提升 2～3 倍。

1.2 SketchUp 2022 界面介绍

SketchUp 的种种优点使其很快风靡全球，本节就对 SketchUp 2022 的界面进行系统的讲解，使读者快速地熟悉 SketchUp 的界面操作。

安装好 SketchUp 2022 后，双击桌面上如图 1-16 所示的图标即可启动软件，首先出现的是【欢迎使用 SketchUp】向导界面，如图 1-17 所示。

图 1-16 软件图标

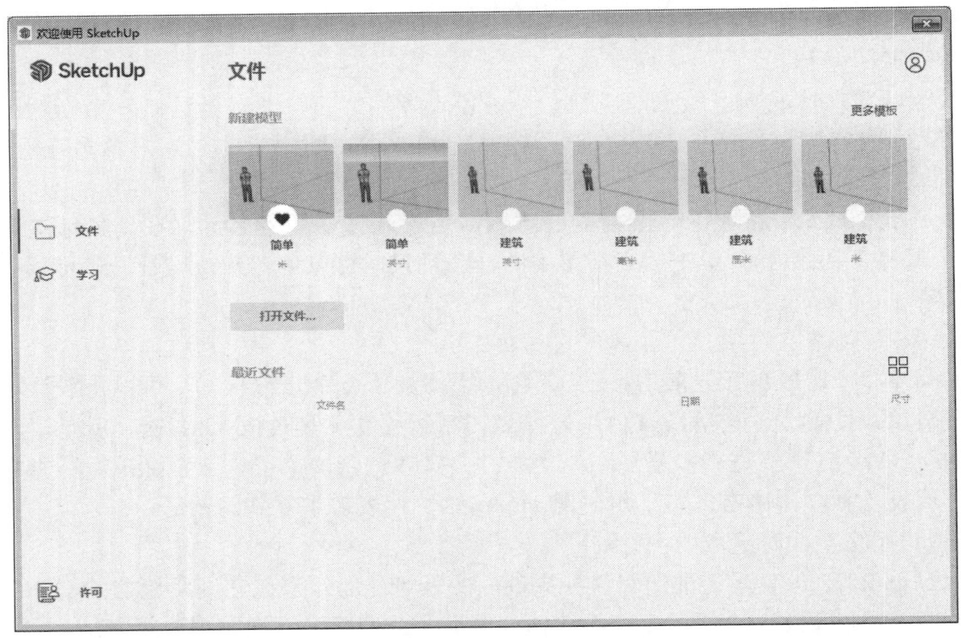

图 1-17 向导界面

在向导界面中设置了模板、许可证等功能按钮，可以根据需要选择使用。

运行 SketchUp，在出现的向导界面中，单击【模板】按钮，然后在【模板】列表中选择【建筑—毫米】选项，如图 1-18 所示，接着单击【开始使用 SketchUp】按钮 ，即可打开 SketchUp 的工作界面。

SketchUp 2022 的初始工作界面主要由标题栏、菜单栏、工具栏、绘图区、状态栏和数值控制框等构成，如图 1-19 所示。

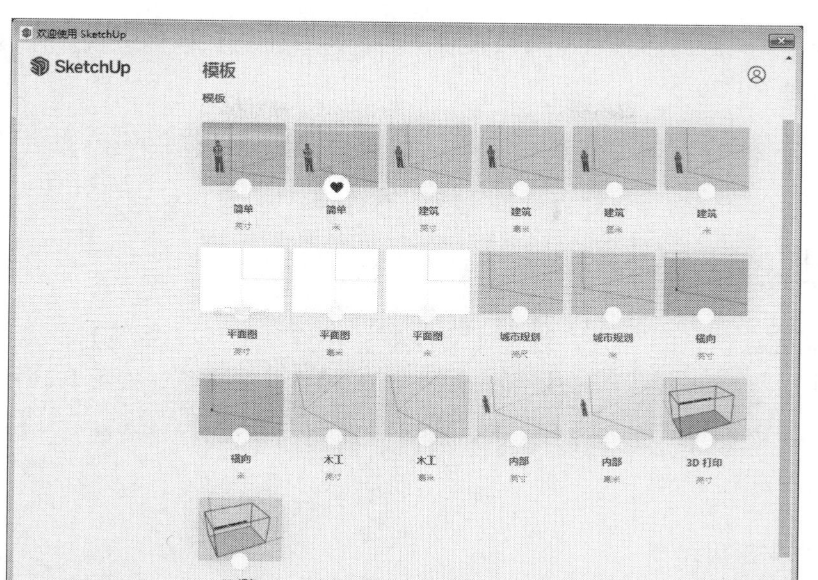

图 1-18　选择模板

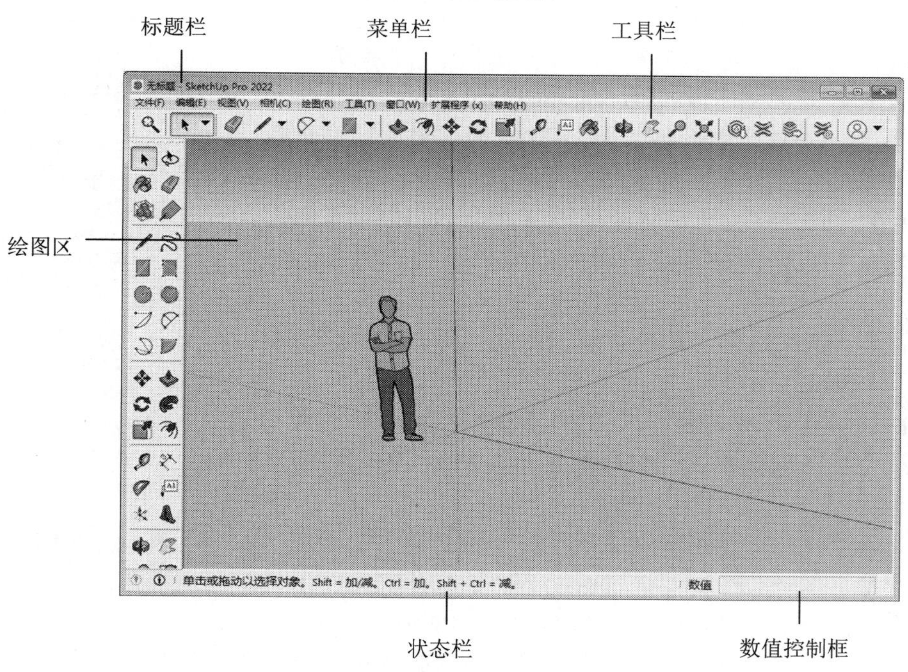

图 1-19　初始工作界面

下面来介绍工作界面的各部分。

1.2.1　标题栏

进入初始工作界面后，标题栏位于界面的最顶部，最左端是 SketchUp 的标志，往右依次

是当前编辑的文件名称(如果文件还没有保存命名，这里则显示为“无标题”、软件版本和窗口控制按钮，如图 1-20 所示。

无标题 - SketchUp Pro 2022

图 1-20 标题栏

1.2.2 菜单栏

菜单栏位于标题栏的下面，包含【文件】、【编辑】、【视图】、【相机】、【绘图】、【工具】、【窗口】、【扩展程序】和【帮助】9 个主菜单，如图 1-21 所示。

文件(F) 编辑(E) 视图(V) 相机(C) 绘图(R) 工具(T) 窗口(W) 扩展程序 (x) 帮助(H)

图 1-21 菜单栏

(1) 【文件】菜单。

【文件】菜单用于管理场景中的文件，包括【新建】、【打开】、【保存】、【打印】、【导入】和【导出】等常用命令，如图 1-22 所示。

图 1-22 【文件】菜单

【新建】：快捷键为 Ctrl+N，执行该命令后，将新建一个 SketchUp 文件，并关闭当前文件。如果用户没有对当前修改的文件进行保存，在关闭时将会出现提示。如果需要同时编辑多个文件，则需要打开另外的 SketchUp 应用窗口。

【打开】：快捷键为 Ctrl+O，执行该命令后，可以打开需要进行编辑的文件。同样，在打开时，将提示是否保存当前文件。

【保存】：快捷键为 Ctrl+S，该命令用于保存当前编辑的文件。在 SketchUp 中也有自动保存设置。执行【窗口】|【系统设置】菜单命令，然后在弹出的【SketchUp 系统设置】对话框中选择【常规】选项，即可设置自动保存的间隔时间，如图 1-23 所示。

打开一个 SKP 文件并操作了一段时间后，桌面上出现以阿拉伯数字命名的 SKP 文件。这可能是由于打开的文件未命名，并且没有关闭 SketchUp 的“自动保存”功能所造成的。我们可以将文件进行保存，命名之后再操作；也可以执行【窗口】|【偏好设置】菜单命令，然后在弹出的【SketchUp 系统设置】对话框中选择【常规】选项，取消选中【自动保存】复选框即可。

【另存为】：该命令用于将当前编辑的文件另行保存。

【副本另存为】：该命令用于保存过程文件，对当前文件没有影响。在保存重要步骤或构思时，非常便捷。此命令只有在对当前文件命名之后才能激活。

【另存为模板】：该命令用于将当前文件另存为一个 SketchUp 模板。

【还原】：执行该命令后将返回最近一次的保存状态。

【发送到 LayOut】：执行该命令，可以将场景模型发送到 LayOut 中进行图纸的布局与标注等操作。

【地理位置】：其中的两个命令结合使用可以在 Google 地图中预览模型场景。

3D Warehouse：该命令可从网上的 3D 模型库中下载需要的 3D 模型，也可以将模型上传。

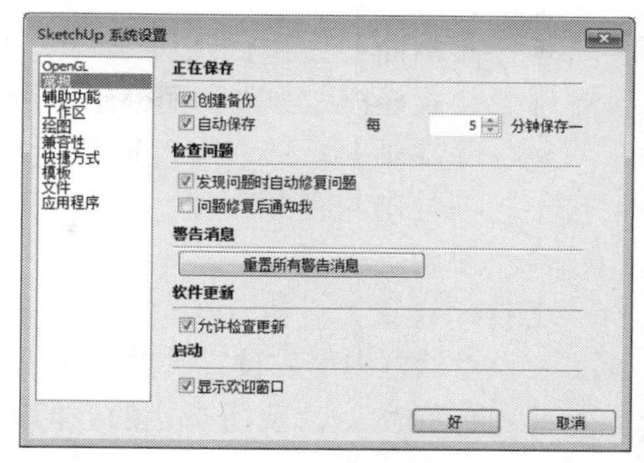

图 1-23 【SketchUp 系统设置】对话框

【导入】：该命令用于将其他文件插入 SketchUp 中，包括组件、图像、DWG/DXF 文件和 3DS 文件等。【导入】对话框如图 1-24 所示。将图形导入作为 SketchUp 的底图时，可以考虑将图形的颜色修改得鲜明些，以便描图时显示得更清晰。需要注意的是，导入 DWG 和 DXF 文件之前，应先在 AutoCAD 里将所有线的标高归零，并最大限度地保证线的完整度和闭合度。

图 1-24 【导入】对话框

【导出】：该命令的子菜单中包括 4 个命令，分别为【三维模型】、【二维图形】、【剖面】和【动画】，如图 1-25 所示。

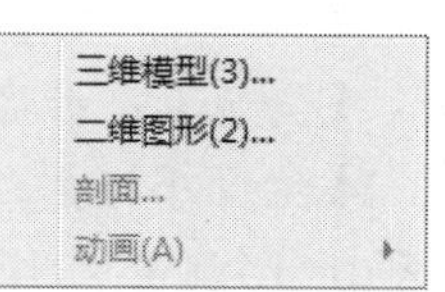

图 1-25 【导出】子菜单

- 【三维模型】：执行该命令可以将模型导出为 DXF、DWG、3DS 和 VRML 格式。
- 【二维图形】：执行该命令，可以导出 2D 光栅图像和 2D 矢量图形。基于像素的图形可以导出为 JPEG、PNG、TIFF、BMP、TGA 和 Epix 格式，这些格式可以准确地显示投影和材质，与在屏幕上看到的效果一样。用户可以根据图像的大小调整像素，以更高的分辨率导出图像。当然，更大的图像则需要更多的时间。输出图像的尺寸最好不要超过 5000×3500 像素，否则容易导出失败。矢量图形可以导出为 PDF、EPS、DWG 和 DXF 格式，矢量输出格式可能不支持有些显示选项，例如阴影、透明度和材质。需要注意的是，在导出立面、平面等视图的时候，别忘记关闭【透视显示】模式。

- 【剖面】：执行该命令，可以精确地以标准矢量格式导出二维剖切面。
- 【动画】：该命令可以将用户创建的动画页面序列导出为视频文件。用户可以创建复杂模型的平滑动画。

【打印设置】：执行该命令将打开【打印设置】对话框，在该对话框中可以设置所需的打印设备和纸张的大小。

【打印预览】：使用指定的打印设置后，可以预览将要打印在纸上的图像。

【打印】：该命令用于打印当前绘图区显示的内容，快捷键为 Ctrl+P。

【退出】：该命令用于关闭当前文档和 SketchUp 应用窗口。

(2) 【编辑】菜单。

【编辑】菜单用于对场景中的模型进行编辑操作。包括如图 1-26 所示的命令。

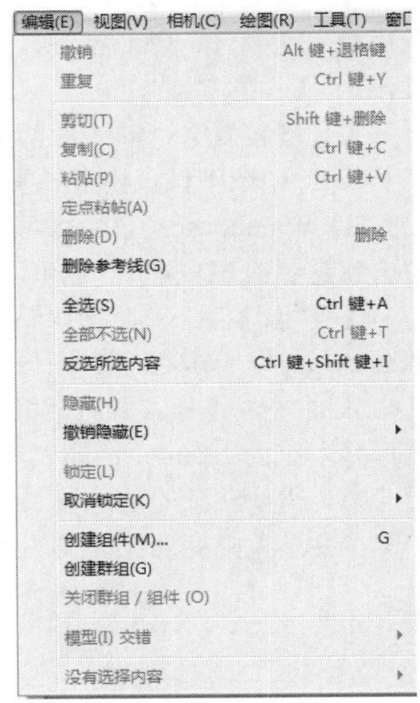

图 1-26 【编辑】菜单

【撤销】：执行该命令将返回上一步的操作，快捷键为 Alt+Backspace。

只能撤销创建物体和修改物体的操作，不能撤销改变视图的操作。

【重复】：该命令用于取消【撤销】命令，快捷键为 Ctrl+Y。

【剪切】/【复制】/【粘贴】：利用这 3 个命令，可以让选中的对象在不同的 SketchUp 程序窗口之间进行移动，快捷键依次为 Shift+Delete、Ctrl+C 和 Ctrl+V。

【定点粘贴】：该命令用于将复制的对象粘贴到原坐标。

【删除】：该命令用于将选中的对象从场景中删除，快捷键为 Delete。

【删除参考线】：该命令用于删除场景中所有的辅助线。

【全选】：该命令用于选择场景中的所有可选物体，快捷键为 Ctrl+A。

【全部不选】：与【全选】命令相反，该命令用于取消对当前所有元素的选择，快捷键为 Ctrl+T。

【隐藏】：该命令用于隐藏所选物体。使用该命令可以帮助用户简化当前视图，或者方便对封闭的物体进行内部的观察和操作。

【撤销隐藏】：其子菜单中包含 3 个命令，分别是【选定项】、【最后】和【全部】。

- 【选定项】：用于显示所选的隐藏物体。隐藏物体可以执行【视图】|【隐藏物体】菜单命令，如图 1-27 所示。
- 【最后】：该命令用于显示最近一次隐藏的物体。
- 【全部】：执行该命令后，所有显示的图层的隐藏对象将被显示。注意，此命令对不显示的图层无效。

【锁定】：该命令用于锁定当前选择的对象，使其不能被编辑；而【取消锁定】命令则用于解除对象的锁定状态。

(3) 【视图】菜单。

【视图】菜单包含了模型显示的多个命令，如图 1-28 所示。

图 1-27 隐藏物体

图 1-28 【视图】菜单

【工具栏】：其子菜单中包含 SketchUp 中的所有工具，启用这些命令，即可在绘图区中显示出相应的工具，如图 1-29 所示。执行【视图】|【工具栏】菜单命令，在弹出的【工具栏】对话框中启用需要显示的工具即可。

【场景标签】：用于在绘图窗口的顶部激活页面标签。

【隐藏物体】：该命令可以将隐藏的物体以虚线的形式显示。

【显示剖切】：该命令用于显示模型的任意剖切面。

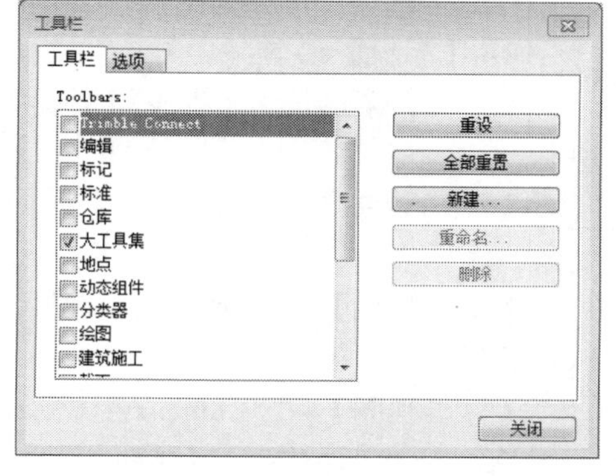

图 1-29 【工具栏】对话框

【剖面切割】：该命令用于显示模型的剖面。

【剖面填充】：该命令用于显示剖面的填充效果。

【坐标轴】：该命令用于显示或者隐藏绘图区的坐标轴。

【参考线】：该命令用于查看建模过程中的辅助线。

【阴影】：该命令用于显示模型在地面的阴影。

【雾化】：该命令用于为场景添加雾化效果。

【边线类型】：其子菜单中包含了 5 个命令，其中【边线】和【后边线】命令用于显示模型的边线，【轮廓线】、【深粗线】和【扩展程序】命令用于激活相应的边线渲染模式，如图 1-30 所示。

【表面类型】：其子菜单中包含了 6 种显示模式，分别为【X 光透视模式】、【线框显示】、【消隐】、【着色显示】、【贴图】和【单色显示】，如图 1-31 所示。

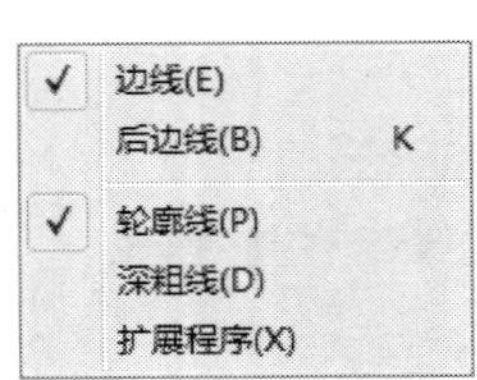

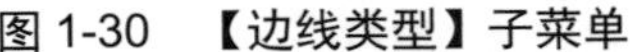

图 1-30 【边线类型】子菜单

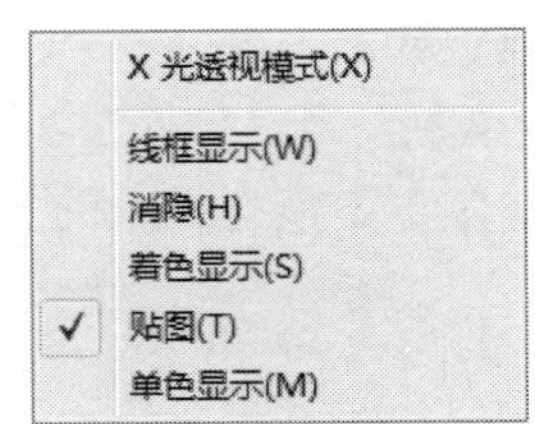

图 1-31 【表面类型】子菜单

【组件编辑】：其子菜单中包含的命令用于改变编辑组件时的显示方式，如图 1-32 所示。

【动画】：其子菜单中包含如图 1-33 所示的一些命令，通过这些命令，可以添加或删除场景，也可以控制动画的播放和设置。有关动画的具体操作在后面会进行详细的讲解。

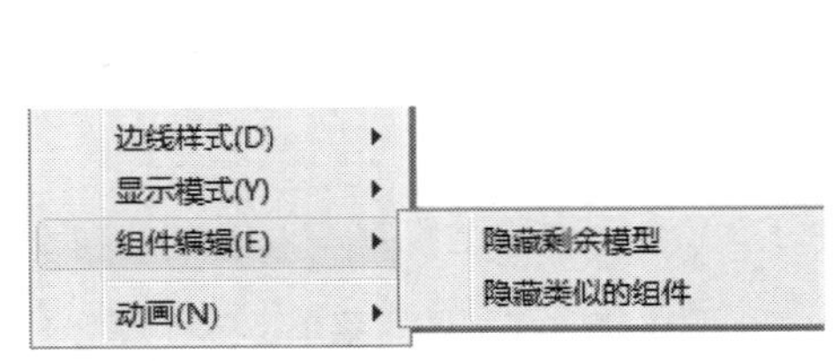

图 1-32 【组件编辑】子菜单

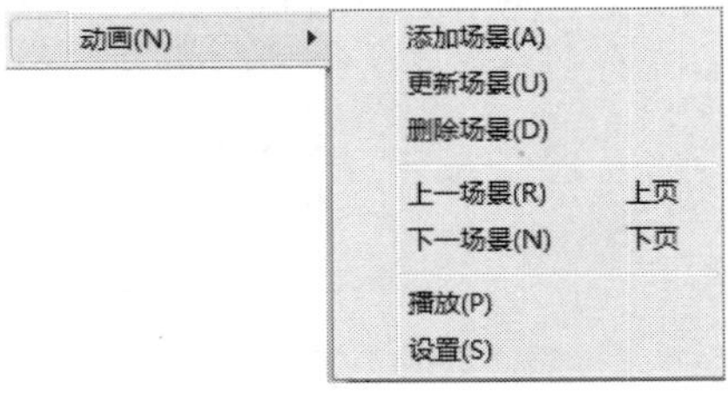

图 1-33 【动画】子菜单

(4) 【相机】菜单。

【相机】菜单包含了改变模型视角的命令，如图 1-34 所示。

图 1-34 【相机】菜单

【上一视图】：该命令用于返回翻看上次所使用的视角。

【下一视图】：在翻看上一视图之后，选择该命令可以往后翻看下一视图。

【标准视图】：SketchUp 提供了一些预设的标准角度的视图，包括顶视图、底视图、前视图、后视图、左视图、右视图和等轴测视图。通过其子菜单可以调整当前视图，如图 1-35 所示。

【平行投影】：该命令用于调用【平行投影】显示模式。

【透视显示】：该命令用于调用【透视显示】模式。

【两点透视图】：该命令用于调用【两点透视】显示模式。

【匹配新照片】：执行该命令可以导入照片作为材质，对模型进行贴图。

【编辑匹配照片】：该命令用于对匹配的照片进行编辑修改。

【转动】：执行该命令可以对模型进行旋转查看。

图 1-35 【标准视图】子菜单

【平移】：执行该命令可以对视图进行平移。

【缩放】：执行该命令后，按住鼠标左键在屏幕上进行拖动，可以进行实时缩放。

【视野】：执行该命令后，按住鼠标左键在屏幕上进行拖动，可以使视野变宽或者变窄。

【缩放窗口】：该命令用于放大窗口选定的元素。

【缩放范围】：该命令用于使场景充满视窗。

【背景充满视窗】：该命令用于使背景图片充满绘图窗口。

【定位相机】：该命令可以将相机精确放置到眼睛高度或者置于某个精确的点。

【漫游】：该命令用于调用【漫游】工具。

【观察】：执行该命令可以在相机的位置沿 Z 轴旋转显示模型。

(5) 【绘图】菜单。

【绘图】菜单包含了绘制图形的几个命令，主要包括【直线】、【圆弧】、【形状】和【沙箱】等命令，如图 1-36 所示。

【直线】：通过其子菜单，可以利用【直线】或【手绘线】命令来绘制直线、相交线或者闭合的图形，如图 1-37 所示。

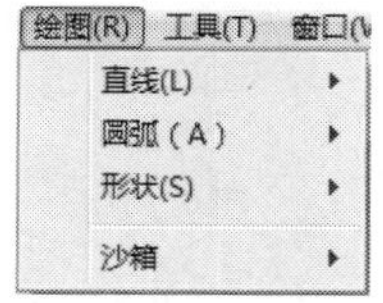

图 1-36 【绘图】菜单

图 1-37 【直线】子菜单

【圆弧】：通过其子菜单，可以利用【圆弧】、【两点圆弧】、【3 点圆弧】以及【扇形】命令来绘制圆弧图形。圆弧一般是由多个相连的曲线片段组成的，但是这些图形可以作为一个弧整体进行编辑，如图 1-38 所示。

【形状】：通过其子菜单，可以利用【矩形】、【旋转长方形】、【圆】以及【多边形】命令来绘制不规则的、共面相连的曲线，从而创造出多段曲线或者简单的徒手画物体，如图 1-39 所示。

图 1-38 【圆弧】子菜单

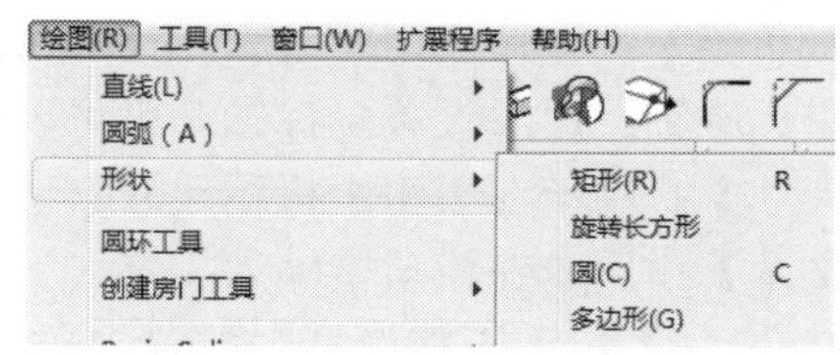

图 1-39 【形状】子菜单

【旋转长方形】命令与【矩形】命令不同，执行【旋转长方形】命令可以绘制边线不平行于坐标轴的矩形。

【沙箱】：通过其子菜单，可以利用【根据等高线创建】或【根据网格创建】命令来创建地形，如图 1-40 所示。

沙箱 ▸ 根据等高线创建
根据网格创建

图 1-40 【沙箱】子菜单

(6) 【工具】菜单。

【工具】菜单中主要包括对物体进行操作的常用命令，如图 1-41 所示。

工具(T) 窗口(W) 扩展程序 (x) 帮助(H)	
✓ 选择(S)	均分图元
套索	Shift 键+均分图元
橡皮擦(E)	E
材质(I)	B
标记	
移动(V)	M
旋转(T)	Q
缩放(C)	S
推/拉(P)	P
路径跟随(F)	
偏移(O)	F
实体工具(T)	▸
外壳(S)	
卷尺(M)	T
量角器(O)	
坐标轴(X)	
尺寸(D)	
文本(T)	
3D 文本(3)	
剖切面(N)	
互动	
沙箱	▸

图 1-41 【工具】菜单

【选择】：选择特定的实体，以便对实体进行其他命令的操作。

【橡皮擦】：该命令用于删除边线、辅助线和绘图窗口中的其他物体。

【材质】：执行该命令将打开材质编辑器，用于为面或组件赋予材质。

【移动】：该命令用于移动、拉伸和复制几何体，也可以用来旋转组件。

【旋转】：执行该命令将在一个旋转面里旋转绘图要素、单个或多个物体，也可以选中一部分物体进行拉伸和扭曲。

【缩放】：执行该命令将对选中的实体进行缩放。

【推/拉】：该命令用来雕刻三维图形中的面。根据几何体特性的不同，该命令可以移动、挤压、添加或者删除面。

【路径跟随】：该命令可以使面沿着某一连续的边线路径进行拉伸，在绘制曲面物体时非常方便。

【偏移】：该命令用于偏移复制共面的面或者线，可以在原始面的内部和外部偏移边线，偏移一个面会创造出一个新的面。

【实体工具】：其子菜单中包含了 5 种布尔运算功能，可以对组件进行并集、交集和差集的运算。

【外壳】：该命令可以将两个组件合并为一个物体并自动成组。

【卷尺】：该命令用于绘制辅助测量线，使精确建模操作更简便。

【量角器】：该命令用于绘制一定角度的辅助量角线。

【坐标轴】：用于设置坐标轴，也可以进行修改。对绘制斜面物体非常有效。

【尺寸】：用于在模型中标示尺寸。

【文本】：用于在模型中输入文字。

【3D 文本】：用于在模型中放置 3D 文字，可设置文字的大小和挤压厚度。

【剖切面】：用于显示物体的剖切面。

【互动】：通过设置组件属性，为组件添加多个属性，比如多种材质或颜色。运行动态组件时会根据选择对象的不同进行动态化的属性显示。

【沙箱】：其子菜单中包含 5 个命令，分别为【曲面起伏】、【曲面平整】、【曲面投射】、【添加细部】和【对调角线】，如图 1-42 所示。

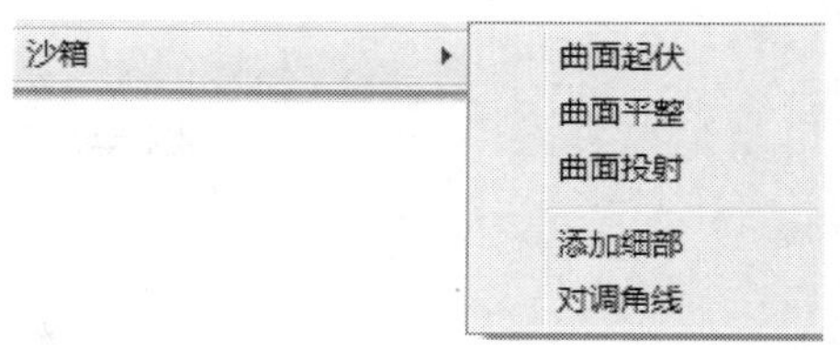

图 1-42 【沙箱】子菜单

(7) 【窗口】菜单。

【窗口】菜单中的命令代表着不同的编辑器和管理器，如图 1-43 所示。通过这些命令可以打开相应的浮动面板，以便快捷地使用常用编辑器和管理器，而且各个浮动面板可以相互吸附对齐，单击即可展开，如图 1-44 所示。

图 1-43 【窗口】菜单

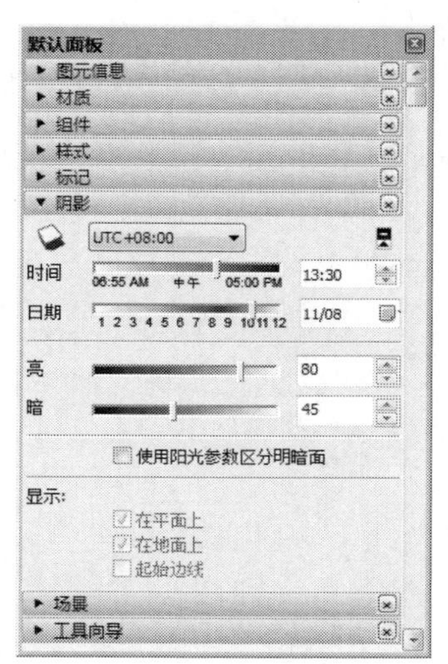

图 1-44 浮动面板

【默认面板】：选择该命令，可以打开子菜单，其中主要包括以下命令。

- 【图元信息】：选择该命令，将弹出图元信息浏览器，用于显示当前选中实体的属性。
- 【材质】：选择该命令将弹出材质编辑器。
- 【组件】：选择该命令将弹出组件编辑器。
- 【样式】：选择该命令将弹出样式编辑器。
- 【场景】：选择该命令将弹出场景编辑器，用于突出当前场景。
- 【阴影】：选择该命令将弹出阴影设置编辑器。
- 【雾化】：选择该命令将弹出雾化编辑器，用于设置雾化效果。
- 【照片匹配】：选择该命令将弹出照片匹配编辑器。
- 【柔化边线】：选择该命令将弹出柔化边线编辑器。
- 【工具向导】：选择该命令将弹出工具向导编辑器。
- 【管理目录】：选择该命令将弹出管理目录编辑器。

【管理面板】：选择该命令将打开【管理面板】对话框，如图 1-45 所示。

【新建面板】：选择该命令将打开【新建面板】对话框，如图 1-46 所示。

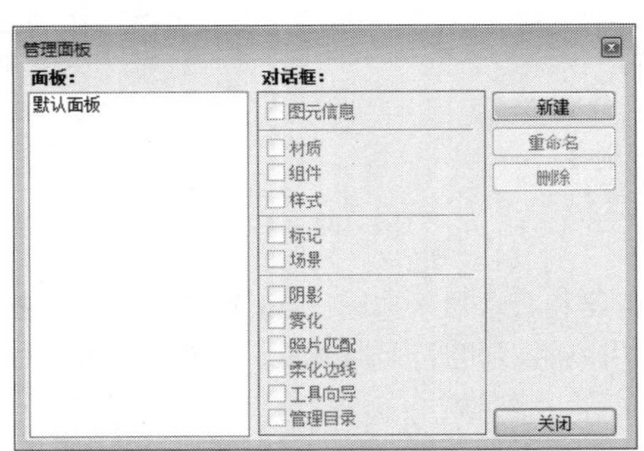

图 1-45 【管理面板】对话框

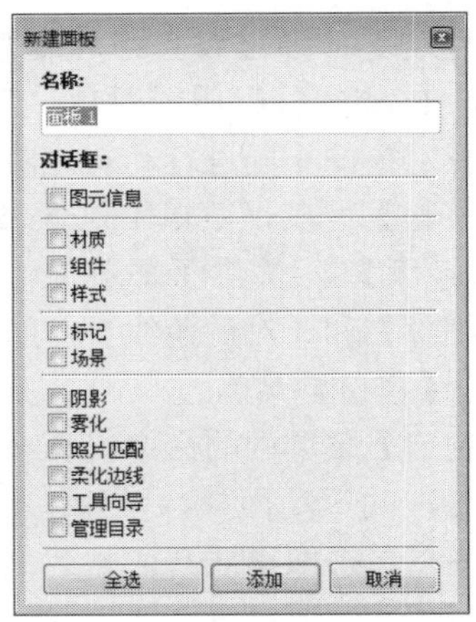

图 1-46 【新建面板】对话框

【模型信息】：选择该命令将弹出【模型信息】对话框，如图 1-47 所示。

【系统设置】：选择该命令将弹出【SketchUp 系统设置】对话框，如图 1-48 所示，可以通过设置 SketchUp 的应用参数，来为整个程序编写各种不同的功能。

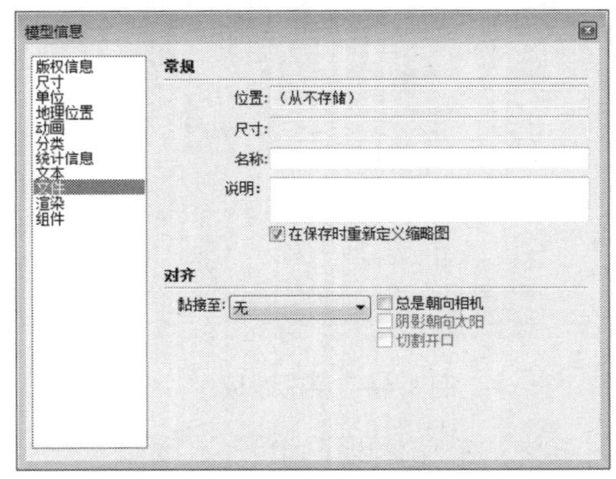

图 1-47 【模型信息】对话框

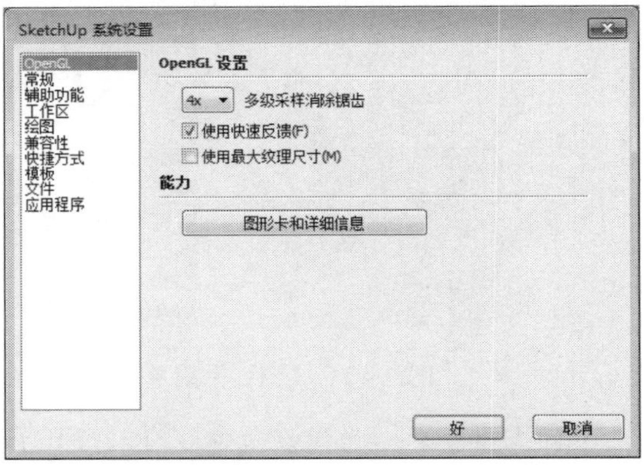

图 1-48 【SketchUp 系统设置】对话框

3D Warehouse：主要用来调用互联网上的三维模型库。

【组件选项】/【组件属性】：这两个命令用于设置组件的属性，包括组件的名称、大小、位置和材质等。通过设置属性，可以实现动态组件的变化显示。

(8) 【扩展程序】菜单。

通过【扩展程序】菜单，可以进行扩展程序的管理，也就是插件等程序的管理，如图 1-49 所示。其中选择【Ruby 控制台】命令将弹出【Ruby 控制台】对话框，可以编写 Ruby 命令。

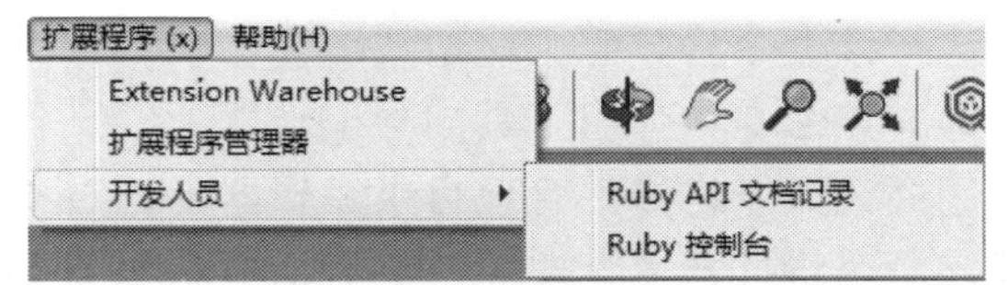

图 1-49 【扩展程序】菜单

(9) 【帮助】菜单。

通过【帮助】菜单中的命令，可以了解软件各个部分的详细信息和学习教程，以及进入访问多种插件和模型库的入口，如图 1-50 所示。

执行【帮助】|【关于 SketchUp(A)】菜单命令，将弹出一个信息对话框，在该对话框中可以看到软件的相关信息，如图 1-51 所示。

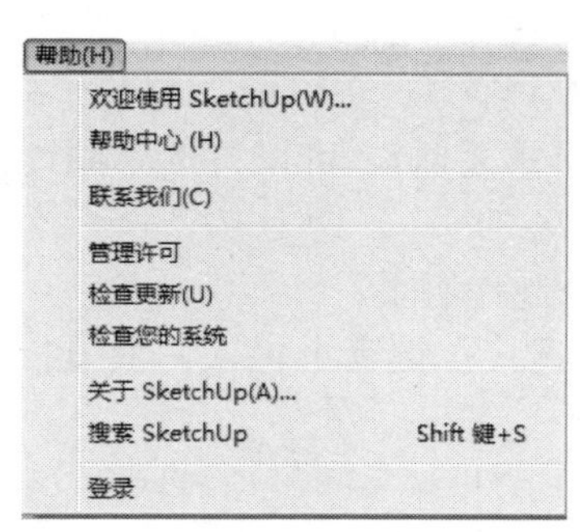

图 1-50　【帮助】菜单

图 1-51　关于 SketchUp 的信息

1.2.3　工具栏

工具栏中包含了常用的工具，用户可以通过【工具栏】对话框自定义这些工具的显/隐状态或显示大小等，如图 1-52 所示。

1.2.4　绘图区

绘图区又叫绘图窗口，占据了工作界面中最大的区域，在这里可以创建和编辑模型，也可以对视图进行调整。在绘图窗口中还可以看到绘图坐标轴，分别用红、黄、绿三色显示。

激活绘图工具时，如果想取消鼠标处的坐标轴光标，可以执行【窗口】|【系统设置】菜单命令，然后在【SketchUp 系统设置】对话框的【绘图】选项设置界面中取消选中【显示十字准线】复选框，如图 1-53 所示。

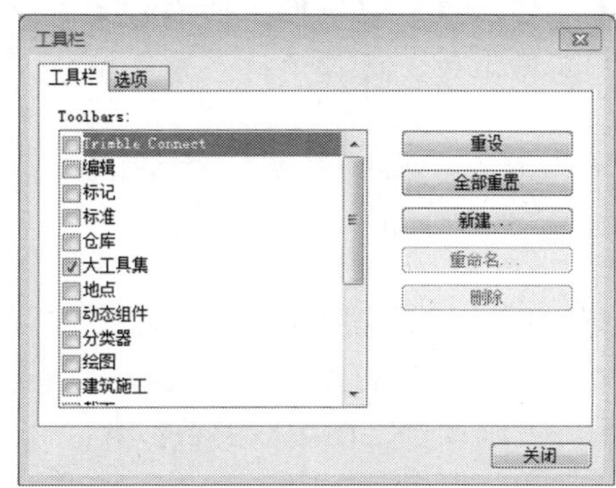

图 1-52　【工具栏】对话框

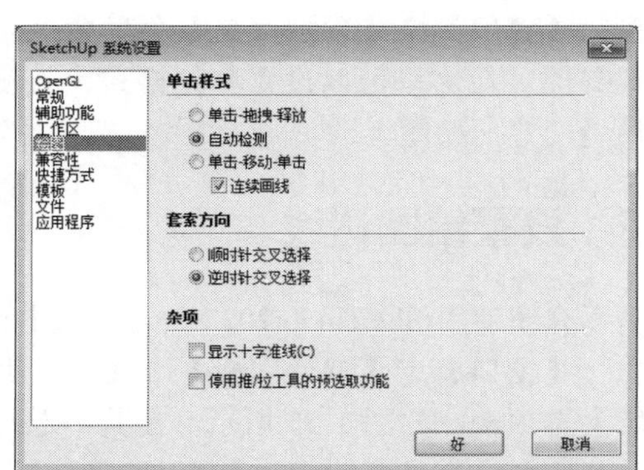

图 1-53　【SketchUp 系统设置】对话框

1.2.5 数值控制框

绘图区的左下方是数值控制框，这里会显示绘图过程中的尺寸信息，也可以接受键盘输入的数值。数值控制框支持所有的绘图工具，其工作特点如下。

(1) 由鼠标拖动指定的数值会在数值控制框中动态显示。如果指定的数值不符合系统属性指定的数值精度，在数值前面会加上“～”符号，表示该数值不够精确。

(2) 用户可以在命令完成之前输入数值，也可以在命令完成后输入。输入数值后，按 Enter 键确定。

(3) 当前命令仍然生效的时候(在开始新的命令操作之前)，可以持续不断地改变输入的数值。

(4) 一旦退出命令，数值控制框就不会再对该命令起作用了。

(5) 输入数值之前不需要单击数值控制框，可以直接在键盘上输入，数值控制框将随时待命。

1.2.6 状态栏

状态栏位于界面的底部，用于显示命令提示和状态信息，是对命令的描述和操作提示，这些信息会随着对象的改变而改变。

1.3 SketchUp 2022 绘图环境优化

为了使 SketchUp 2022 的绘图界面更适合绘图，首先应对绘图环境进行相应的优化处理，包括绘图单位与绘图边线的设置、文件的自动备份等，然后将设置好的环境保存为预设的绘图模板，以方便后面绘图时调用。

1.3.1 设置绘图单位

对 SketchUp 2022 绘图单位进行优化处理的操作方法如下。

执行【窗口】|【模型信息】菜单命令，打开【模型信息】对话框，切换到【单位】选项设置界面。在这里可以设置单位格式、长度单位、面积单位、体积单位、角度单位，以及显示精确度等，如图 1-54 所示。

1.3.2 设置绘图边线

下面介绍使用 SketchUp 2022 的【样式】面板进行绘图边线设置的方法。

执行【窗口】|【默认面板】|【样式】菜单命令，在打开的【样式】面板中，切换到【编辑】选项卡，如图 1-55 所示，在其中选择边线后，可以设置绘图边线的各参数。

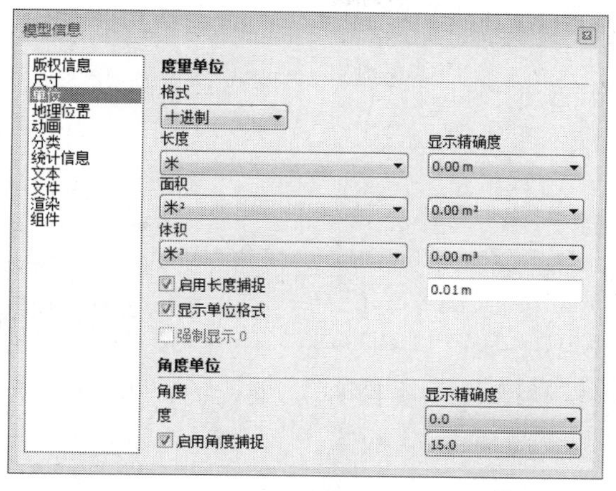

图 1-54　设置绘图单位

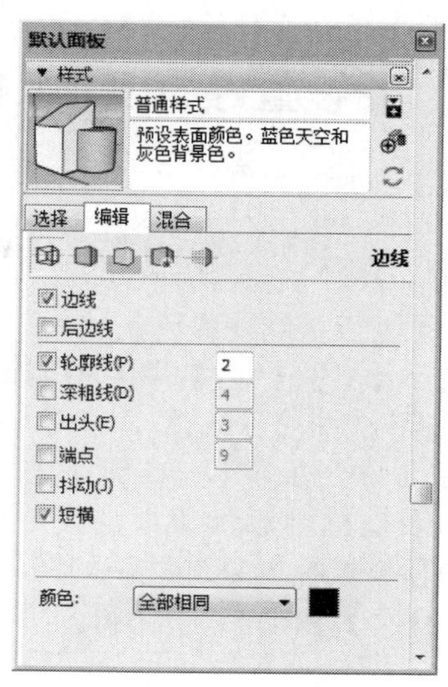

图 1-55　设置绘图边线

1.3.3　设置文件的自动备份

SketchUp 2022 拥有自动保存文件的功能，有助于在突发情况(比如突然断电等)下恢复用户所做的工作。下面就对文件的自动保存进行设置。

执行【窗口】|【系统设置】菜单命令，打开【SketchUp 系统设置】对话框。选择【常规】选项，切换到其设置界面，选中【创建备份】和【自动保存】复选框，然后设置自动保存的间隔时间为 15 分钟，如图 1-56 所示，然后单击【好】按钮。

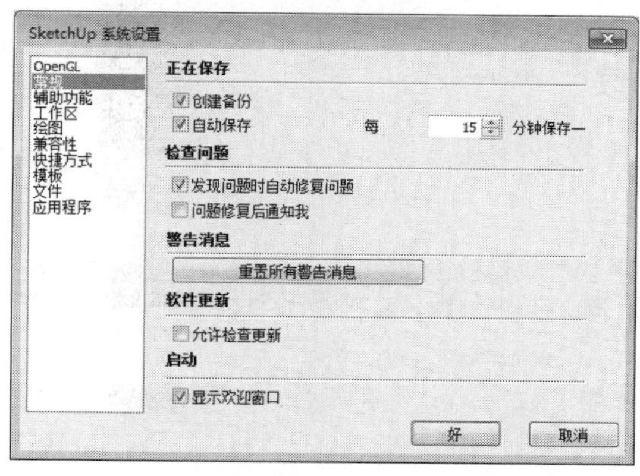

图 1-56　设置文件的自动备份

一般情况下，默认保存的文件位于计算机的“我的文档”中，默认的自动保存时间是 5 分钟，建议大家将保存时间设置为 15 分钟左右，以免频繁保存影响操作的速度。

1.3.4 将设置好的场景保存为模板

通过前面的操作，绘图界面及场景已经设定好了，可以将其保存为一个模板，这样在后面使用 SketchUp 2022 绘制其他建筑图纸时，就不必再对场景信息进行重复设置了。

执行【文件】|【另存为模板】菜单命令，打开【另存为模板】对话框，在【名称】文本框中输入模板名称，如“建筑-优化”，也可以在【说明】列表框框中添加模板的说明信息，然后选中【设为预设模板】复选框，如图 1-57 所示，最后单击【保存】按钮，完成模板的保存。

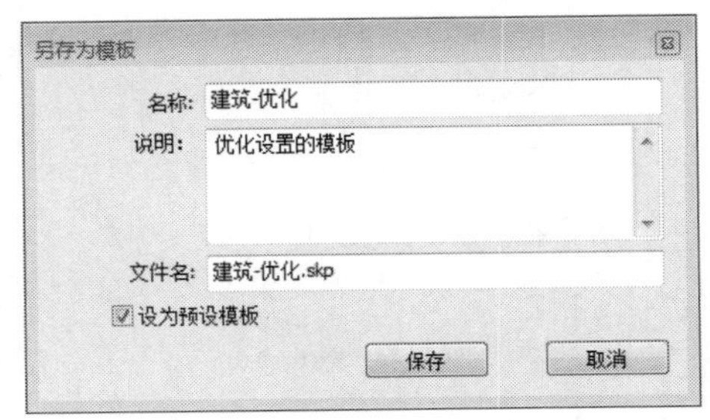

图 1-57 将设置好的场景保存为模板

1.4 视 图 控 制

视图操作是 SketchUp 软件基本操作的重要组成部分，本节就来介绍视图操作的主要功能。

1.4.1 【视图】工具栏

SketchUp 默认的操作视图提供了一个透视图，其他的几种视图需要通过单击【视图】工具栏里相应的图标来完成，如图 1-58 所示。

图 1-58 【视图】工具栏

1.4.2 视图操作工具

SketchUp 视图操作工具位于【使用入门】工具栏中，如图 1-59 所示。下面介绍主要视图操作工具的使用方法。

图 1-59 【使用入门】工具栏

(1) 环绕观察工具。

在【使用入门】工具栏中单击【转动工具】，然后把鼠标光标放在透视图视窗中，按住鼠标左键，通过对鼠标的拖动可以进行视窗内视点的旋转。通过旋转可以观察模型各个角度的情况。

(2) 平移工具。

在【使用入门】工具栏中单击【平移工具】，就可以在视窗中平行移动观察窗口。

(3) 实时缩放工具。

在【使用入门】工具栏中单击【实时缩放工具】，然后把鼠标光标移动到透视图视窗中，按住鼠标左键不放，拖动鼠标就可以对视窗中的视角进行缩放。鼠标上移则放大，下移则缩小，由此可以随时观察模型的细部和全局状态。

(4) 充满视窗工具。

在【使用入门】工具栏中单击【充满视窗工具】，即可使场景中模型最大化显示在绘图区中。

1.5　选择和删除图形

SketchUp 是一款面向设计师、注重设计创作过程的软件，其对于设计对象的操作功能也很强大，下面来介绍一下 SketchUp 对象操作中关于图形操作的主要方法。

1.5.1　选择图形

选择工具(见图 1-60)用于给其他工具命令指定操作的实体，对于习惯了 AutoCAD 的用户来说，可能会不适应，建议将空格键定义为选择工具的快捷键，养成用完其他工具之后随手按一下空格键的习惯，这样就会自动进入选择状态。

使用选择工具选取物体的方法有多种，下面来分别进行介绍。

(1) 单击选择。

单击选择就是在物体元素上单击鼠标左键进行选择。

(2) 双击邻选。

就是选择一个面时，如果双击该面，将同时选中这个面和构成面的线。

(3) 三击全选。

就是在一个面上单击 3 次以上，那么将选中与这个面相连的所有面、线和被隐藏的虚线(组和组件不包括在内)，如图 1-61 所示。

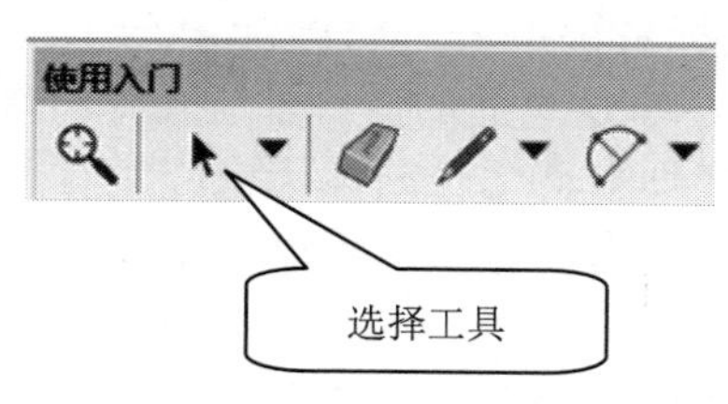

图 1-60　选择工具

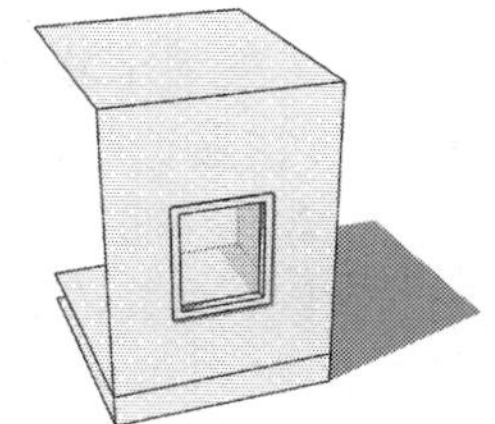

图 1-61　在面上连续三次单击

(4) 窗选。

窗选的方式为从左往右拖动鼠标，只有完全包含在矩形选框内的实体，才能被选中，选框是实线。用窗选方法选择模型，如图 1-62 所示。

(5) 框选。

框选的方法为从右往左拖动鼠标，这种方法选择的图形包括选框内和选框所接触的所有实体，选框呈虚线显示。用框选方法选择模型，如图 1-63 所示。

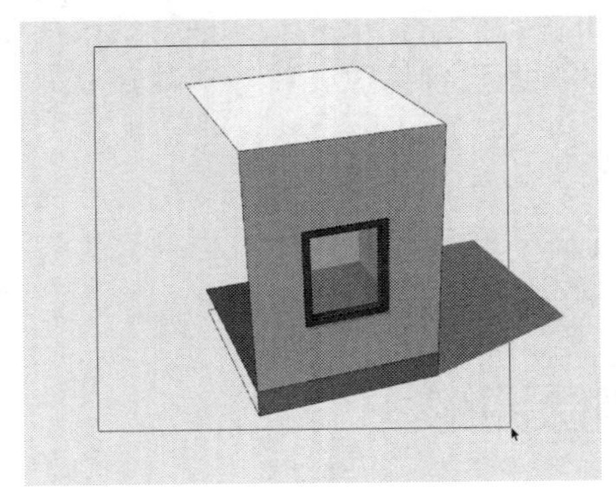

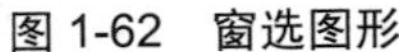

图 1-62　窗选图形

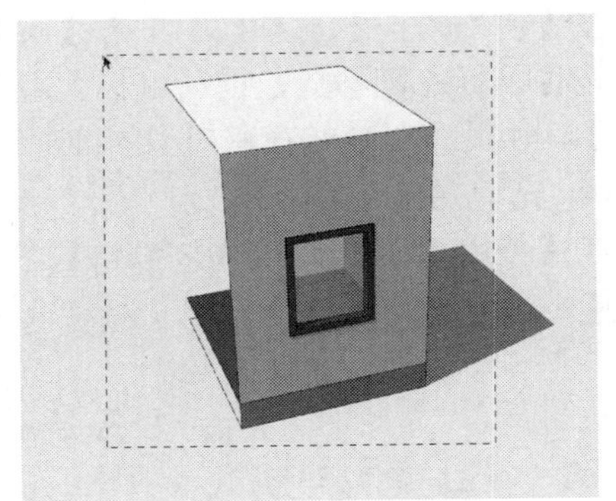

图 1-63　框选图形

(6) Ctrl 键加选。

使用【选择工具】并配合键盘上相应的按键可以进行不同的选择，激活【选择工具】后，按住 Ctrl 键可以进行加选，在原来的基础上增加选择的内容。此时鼠标的形状变为。

(7) Shift 键反选。

激活【选择工具】后，按住 Shift 键可以交替选择物体的加减，此时鼠标的形状变为，提示要在原有的基础上做反向选择，单击原先已经被选中的就是减去，单击原先还没有选中的就是加上选择。

(8) Ctrl 键和 Shift 键减选。

激活【选择工具】后，同时按住 Ctrl 键和 Shift 键可以进行减选，在原有基础上减去选择的内容。此时鼠标的形状变为。

(9) Ctrl+A 组合键全选。

如果要选择模型中的所有可见物体，除了通过选择【编辑】|【全选】菜单命令外，还可以使用 Ctrl+A 组合键。

(10) 右键关联选取。

激活选择工具后，在某个物体元素上用鼠标右键单击，将会弹出一个快捷菜单，执行【选择】命令可以进行扩展选择，如图 1-64 所示。这里面的命令都比较容易理解，主要包括【边界边线】、【连接的平面】、【连接的所有项】、【带同一标记的所有项】、【使用相同材质的所有项】和【反选】，其中【反选】命令指的是将单击的元素以外的所有对象全部选择，其余的命令这里就不再赘述。

另外，用鼠标右键单击可以指定材质的表面，如果要选择的面在组或组件内部，则需要双击鼠标左键进入组或组件内部进行选择。用鼠标右键单击，在弹出的快捷菜单中选择【选择】|【使用相同材质的所有项】命令，那么具有相同材质的面都被选中，如图 1-65 所示。

(11) 取消选择。

如果要取消当前的所有选择，可以在绘图窗口的任意空白区域单击，也可以选择【编辑】|【全部不选】菜单命令，如图 1-66 所示，还可以使用 Ctrl+T 组合键取消选择。

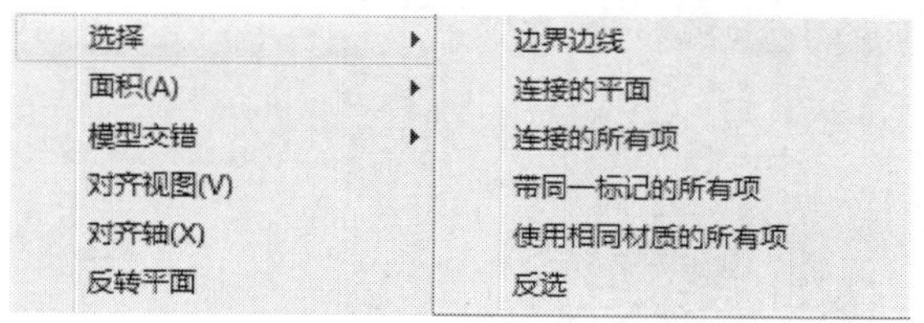

图 1-64 【选择】子菜单

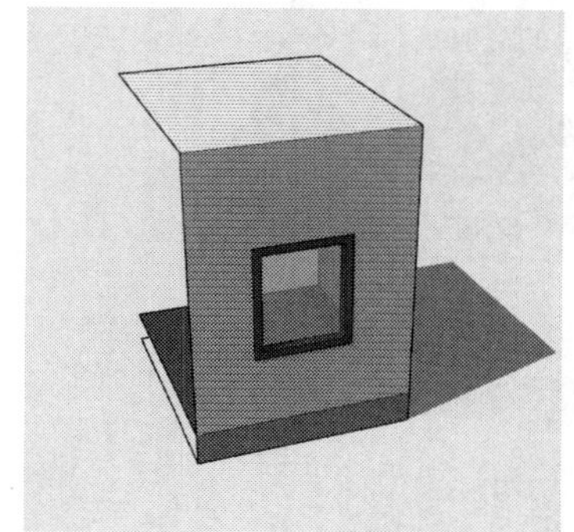

图 1-65 选择相同材质的所有项后的效果

图 1-66 选择【全部不选】菜单命令

1.5.2 删除图形

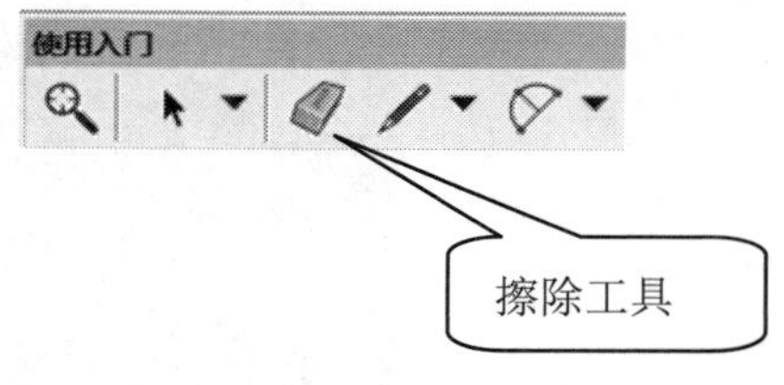

图 1-67 选中擦除工具

下面介绍删除图形和隐藏边线的方法。

(1) 删除图形。

删除图形主要使用擦除工具，如图 1-67 所示。

选中【擦除工具】后，单击想要删除的几何体即可将其删除。如果按住鼠标左键不放，然后在需要删除的物体上拖曳，此时被选中的物体会呈高亮显示，释放鼠标左键即可全部删除。如果偶然选中了不想删除的几何体，可以在删除之前按 Esc 键取消这次删除操作。当鼠标移动过快时，可能会漏掉一些线，这时只需重复拖曳操作即可。

如果要删除大量的线，更快的方法是先用【选择工具】进行选择，然后按 Delete 键删除。

(2) 隐藏边线。

使用【擦除工具】的同时按住 Shift 键，将不再是删除几何体，而是隐藏边线，如图 1-68 所示。

(3) 柔化边线。

使用【擦除工具】的同时按住 Ctrl 键，将不再是删除几何体，而是柔化边线，如图 1-69 所示。

(4) 取消柔化效果。

使用【擦除工具】的同时按住 Ctrl 键和 Shift 键就可以取消柔化效果，如图 1-70 所示。

图 1-68　隐藏边线

图 1-69　柔化边线

图 1-70　取消柔化效果

1.6 设 计 范 例

1.6.1 视图操作范例

本范例操作文件：ywj/01/1-1.skp
本范例完成文件：ywj/01/1-2.skp

1. 案例分析

SketchUp 在使用中，经常要用到视角的切换，好的视角能够给绘图工作带来巨大的方便。SketchUp 自身设立了等轴测、俯视、主视、右视、后视、左视以及通过环绕观察自定义视角等视图，本节就视图操作方法来介绍一个操作案例。

2. 案例操作

step 01 选择【文件】菜单中的【打开】命令，打开文件 1-1.skp，如图 1-71 所示。

图 1-71　打开图形文件

step 02 选择【文件】菜单中的【另存为】命令，在打开的【另存为】对话框中将文件另存为 1-2.skp，如图 1-72 所示。

step 03 单击【大工具集】工具栏中的【环绕观察】按钮，在绘图区中对图形进行旋转预览，如图 1-73 所示。

step 04 单击【大工具集】工具栏中的【平移】按钮，在绘图区中对图形进行平移预览，如图 1-74 所示。

使用鼠标的滚轮，可以放大或缩小图形视图范围。

step 05 单击【大工具集】工具栏中的【缩放】按钮，在绘图区中单击鼠标左键进行拖动，可缩放视图范围，如图 1-75 所示。

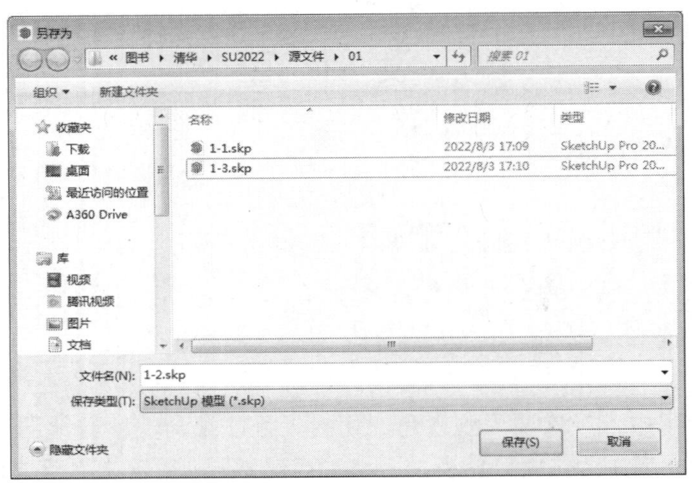

图 1-72　另存文件

图 1-73　预览图形

图 1-74　平移图形

step 06 单击【大工具集】工具栏中的【缩放窗口】按钮，在绘图区中单击鼠标左键可选择需要放大的视图范围，如图 1-76 所示。

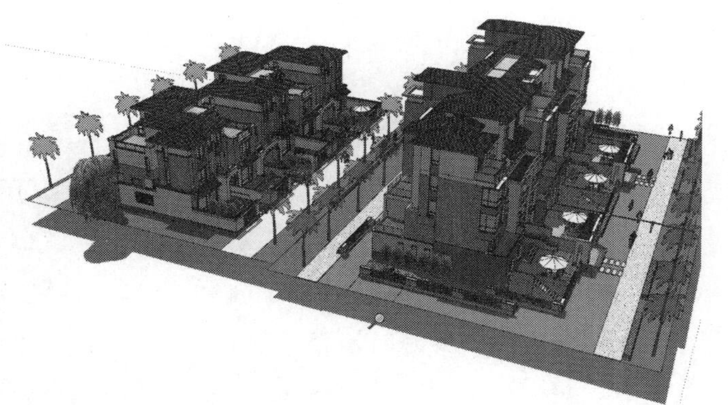

图 1-75 缩放图形

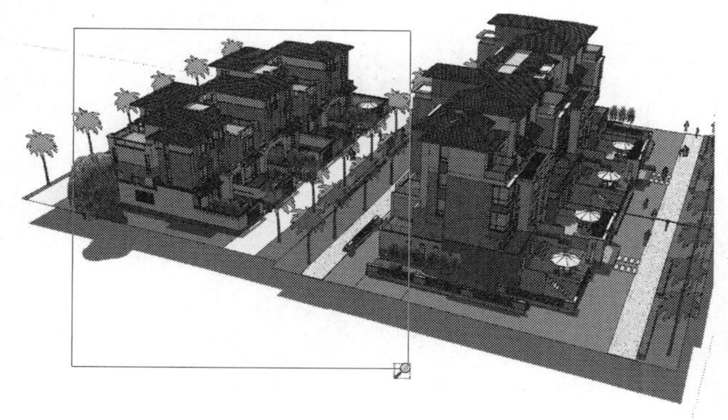

图 1-76 缩放窗口

step 07 单击【大工具集】工具栏中的【充满视窗】按钮，单击鼠标左键即可将视图充满视窗，如图 1-77 所示。

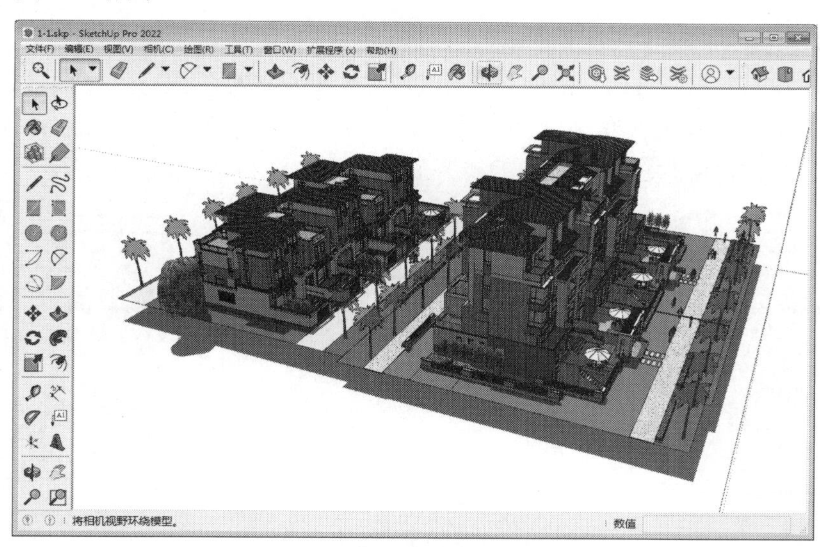

图 1-77 将视图充满窗口

step 08 单击【大工具集】工具栏中的【上一个】按钮，单击鼠标左键即可将视图恢复到上一步的操作，如图 1-78 所示。单击工具栏中的【保存】按钮，保存文件。

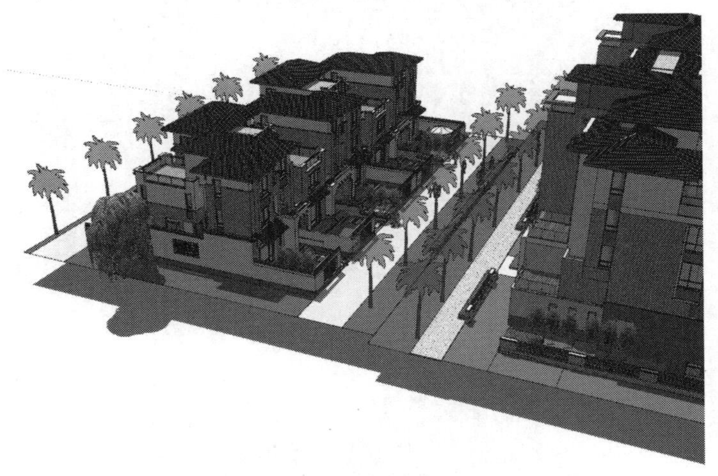

图 1-78　恢复到上一步视图窗口

1.6.2　选择图形操作范例

本范例操作文件：ywj/01/1-3.skp

1. 案例分析

在 SketchUp 的使用中，选择图形对象是比较重要的基础操作，本节案例就来介绍一下选择图形的操作，包括使用鼠标选择的方法和框选的方法。

2. 案例操作

step 01 打开文件 1-3.skp，用鼠标左键单击洗衣机滚筒处的面，则该面被选中；在该面上双击，将同时选中这个面和构成此面的边线，选中的边线呈蓝色亮显状态；在该面上连续单击 3 次以上，则将选中与这个面相连的所有面、线，如图 1-79 所示。

图 1-79　选择面操作

step 02 选择边的方法也是如此，单击可选择相应的边线，双击该边线可选择与其关联的面，三击可选择与该边线关联的所有图形，如图 1-80 所示。

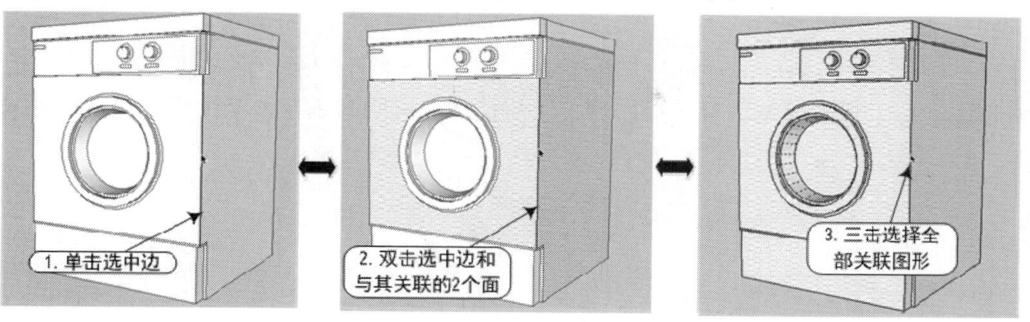

图 1-80 选择边操作

step 03 使用鼠标左键在相应位置单击，然后向右下拖动鼠标以形成一个实线矩形窗口，释放鼠标，则落在矩形窗口内的图形被选中，如图 1-81 所示。

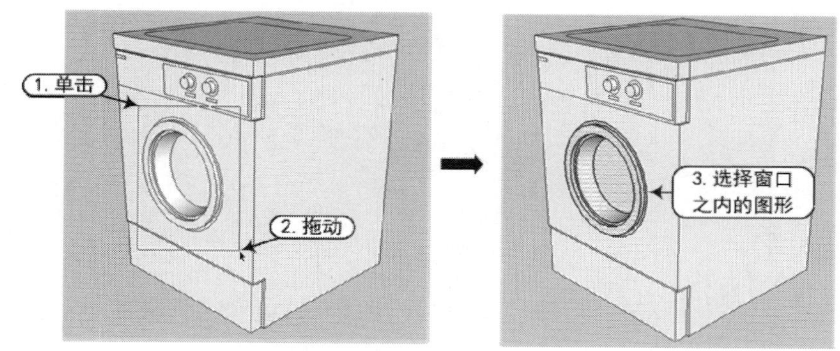

图 1-81 正向框选操作

step 04 使用鼠标左键在相应位置单击，然后向左上拖动鼠标以形成一个虚线选框，释放鼠标，则选框之内及与选框相交的图形被选中，如图 1-82 所示。

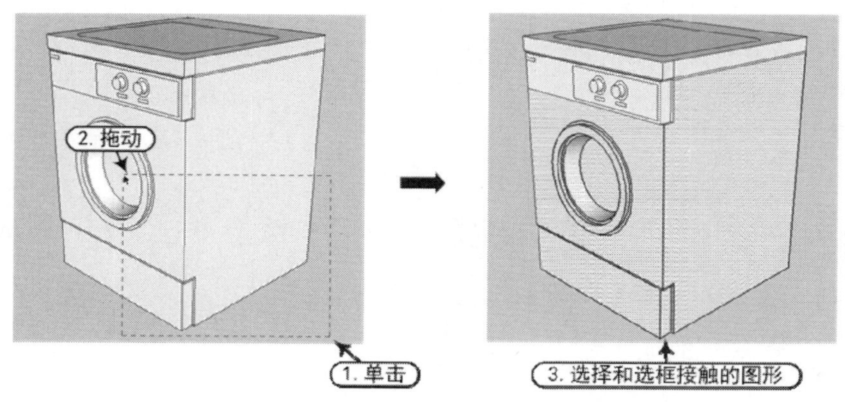

图 1-82 反向框选操作

1.7 本 章 小 结

本章主要学习了 SketchUp 的工作界面操作，这样可以在绘图中很方便地找到所需要的工具，同时还学习了观察模型和对象操作的方法与技巧，这些都是在绘图过程中经常用到的。

第 2 章

应用绘图工具

本章导读

“工欲善其事，必先利其器”，在使用 SketchUp 软件创建模型之前，必须熟练掌握 SketchUp 的一些基本绘图工具和命令，包括直线、矩形、圆、圆弧、多边形、手绘线等工具，这样才能让设计或绘图人员根据自己的需求，通过电脑灵活地创作出所需要的作品。本章主要介绍绘图工具的使用方法，包括线、圆、圆弧、手绘线、矩形和正多边形等工具。

2.1 二维绘图工具和坐标轴

二维绘图是 SketchUp 绘图的基本方法，复杂的图形都可以由简单的线和图形构成，下面就来介绍二维绘图工具。

2.1.1 二维绘图工具

二维图形工具可以在菜单栏中选择【绘图】中的命令，或者在【大工具集】工具栏中进行选择，如图 2-1 所示，主要包括矩形、圆、圆弧、多边形、手绘线等工具，后面将具体介绍各绘图工具的使用方法。

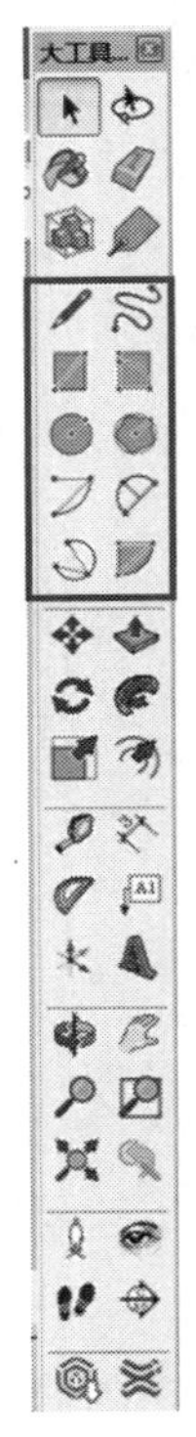

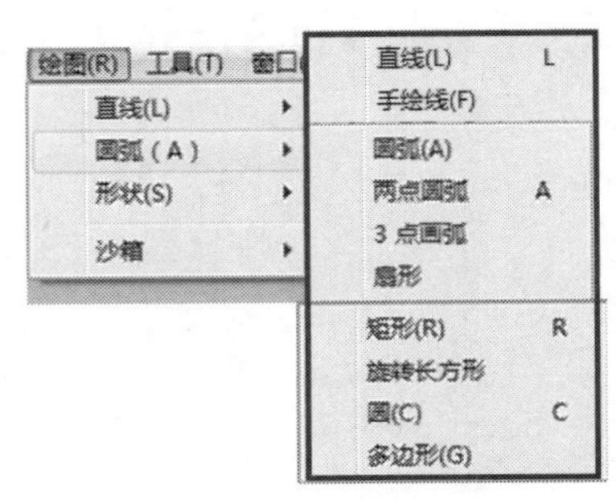

图 2-1 选择绘图工具

2.1.2 绘图坐标轴

使用【轴工具】可以在斜面上重设坐标系，以便精确绘图。

(1) 认识坐标系。

运行 SketchUp 2022 后，在绘图区将显示出坐标轴，它是由红、绿、蓝轴组成的，分别代表几何中的 *X*(红)、*Y*(绿)、*Z*(蓝)轴，三个轴互相垂直相交，相交点即为坐标原点(0,0,0)，由这三个轴就构成了 SketchUp 的三维空间，如图 2-2 所示。

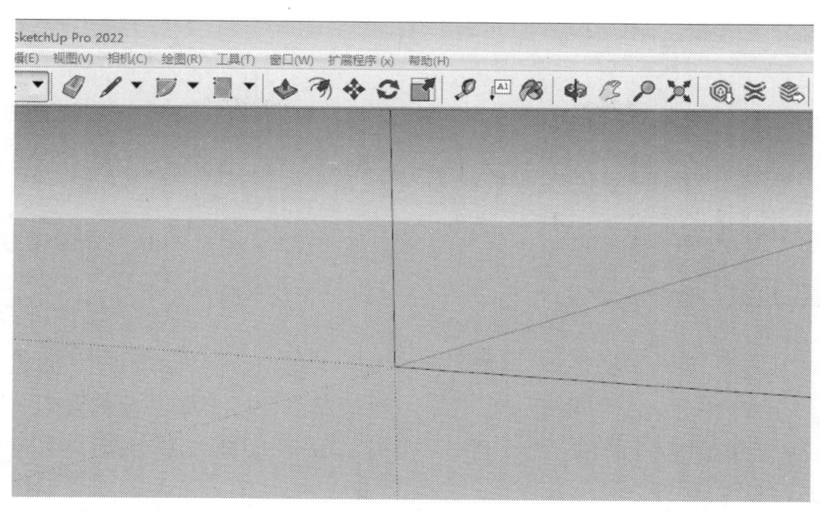

图 2-2 坐标系

(2) 重设坐标轴。

单击【大工具集】工具栏中的【轴】按钮，鼠标变成形状，移动鼠标至要放置新坐标系的点并单击，确定新坐标原点后，移动鼠标指定 *X* 轴(红轴)的方向，然后再指定 *Y* 轴的方向，完成坐标轴的重新设定，如图 2-3 所示。

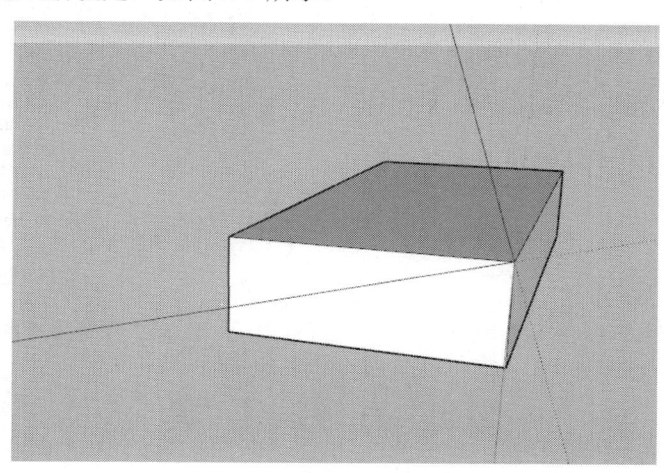

图 2-3 重设坐标轴

(3) 隐藏坐标系。

为了方便观察视图的效果，有时需要将坐标轴隐藏，选择【视图】|【坐标轴】菜单命令，即可控制坐标轴的显示与隐藏，如图 2-4 所示。

也可以通过右击坐标轴，选择快捷菜单中的命令，对坐标轴进行放置、移动、重设、对齐视图、隐藏等操作，如图 2-5 所示。

(4) 对齐视图。

对齐轴可以使坐标轴与物体表面对齐，在需要对齐的表面上右击，然后在弹出的快捷菜单中选择【对齐轴】命令即可，如图 2-6 所示。

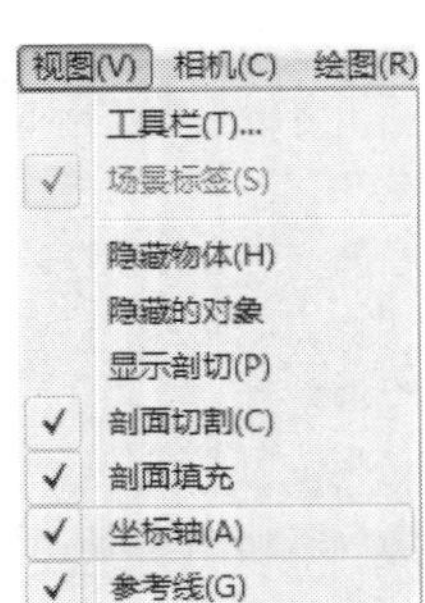

图 2-4　坐标轴的显示与隐藏控制命令

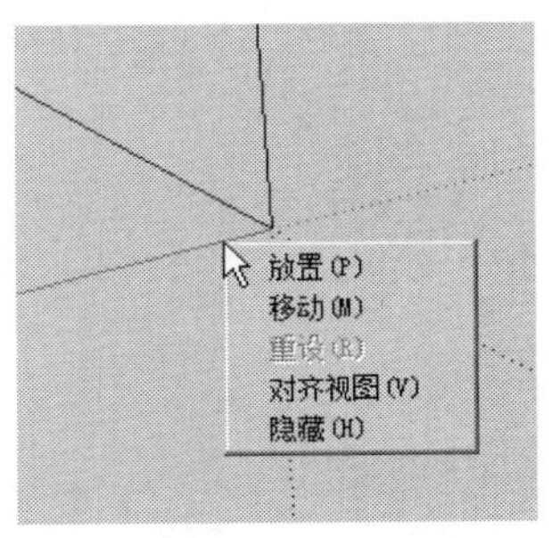

图 2-5　右键快捷菜单

对齐视图可以使物体表面对齐于 *XY* 平面，并垂直于俯视平面。在需要对齐的表面上单击鼠标右键，在弹出的快捷菜单中选择【对齐视图】命令，如图 2-7 所示，可将选择的面展现于屏幕，并与 *XY* 平面对齐。

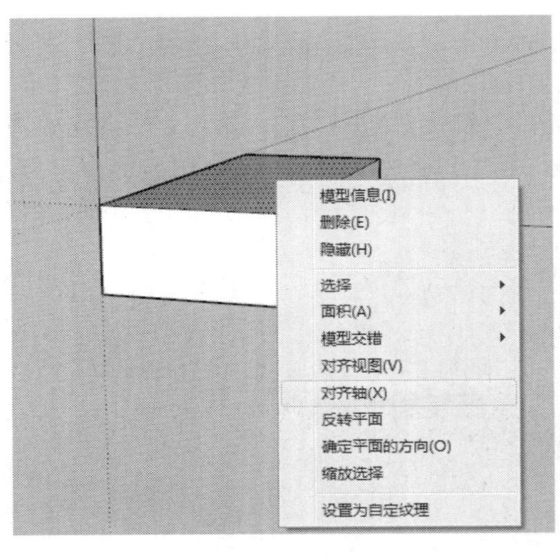

图 2-6　选择【对齐轴】命令

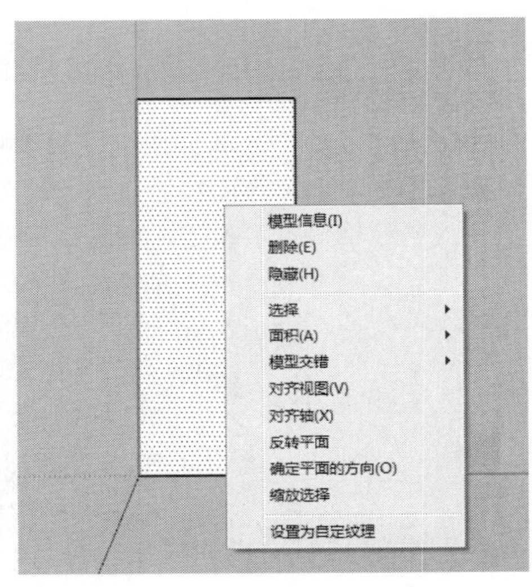

图 2-7　选择【对齐视图】命令

2.2　直线工具

直线工具可以用来绘制单段直线、多段连接线和闭合的形体，也可以用来分割表面或修复被删除的表面。

2.2.1　直线工具的调用方法

调用直线工具主要有以下几种方式。

(1) 在菜单栏中选择【绘图】|【直线】|【直线】命令。

(2) 直接在键盘上按 L 键。

(3) 单击【大工具集】工具栏中的【直线】按钮。

执行【直线】命令后，鼠标在绘图区呈形状，单击起点和端点，即可创建出一条直线，如图 2-8 所示。

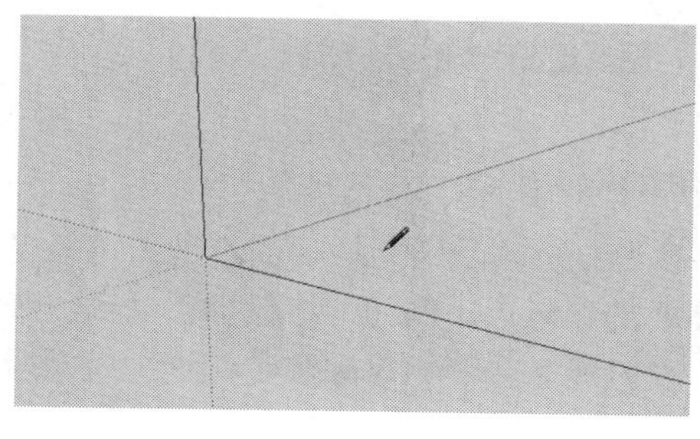

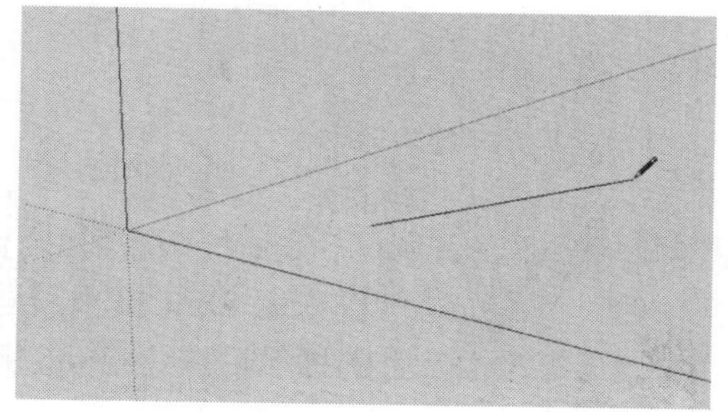

图 2-8　绘制直线

2.2.2　绘制精确长度的直线

使用直线工具绘制直线时，随着鼠标的移动，下方的数值框中会显示直线的长度值，用户可以在确定线段端点之前或者之后输入一个精确的长度，如图 2-9 所示。

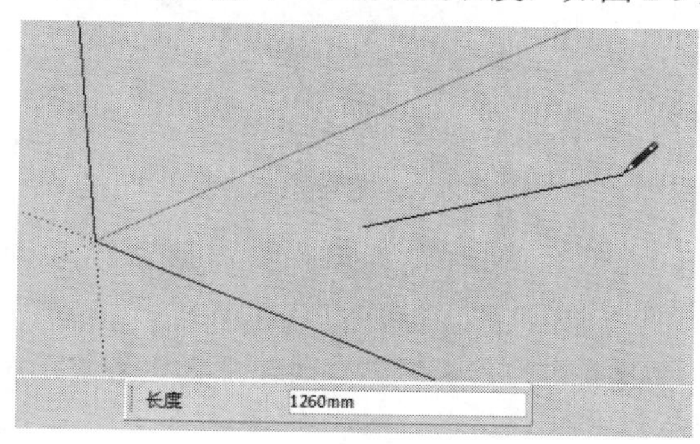

图 2-9　绘制精确长度的直线

在 SketchUp 中绘制直线时，除了可以输入长度外，还可以输入线段终点的准确空间坐标。输入的坐标有两种，一种是绝对坐标，另一种是相对坐标。

(1) 绝对坐标：用中括号输入一组数字，表示以当前绘图坐标轴为基准的绝对坐标，格式为[*x*/*y*/*z*]。

(2) 相对坐标：用尖括号输入一组数字，表示相对于线段起点的坐标，格式为<*x*/*y*/*z*>。

2.2.3　根据对齐关系绘制直线

利用 SketchUp 强大的几何体参考引擎，用户可以使用直线工具直接在三维空间中绘制。在绘图窗口中显示的参考点和参考线，表达了要绘制的线段与模型中几何体的精确对齐关系，例如平行或垂直等；如果要绘制的线段平行于坐标轴，那么线段会以坐标轴的颜色亮显，并显示【在红色轴线上】、【在绿色轴线上】或【在蓝色轴线上】等提示，如图 2-10 所示。

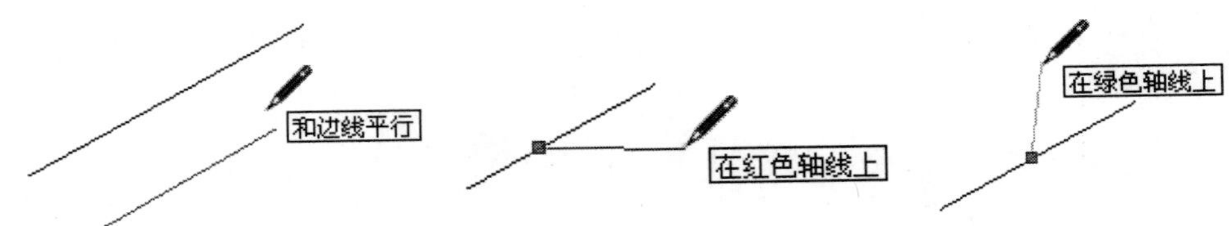

图 2-10　绘制直线

有的时候，SketchUp 不能捕捉到需要的对齐参考点，这是因为捕捉的参考点可能受到别的几何体的干扰，这时可以按住 Shift 键来锁定需要的参考点。例如，将鼠标移动到一个表面上，当显示【在平面上】的提示后按住 Shift 键，此时线条会变粗，并锁定在这个表面所在的平面上，如图 2-11 所示。

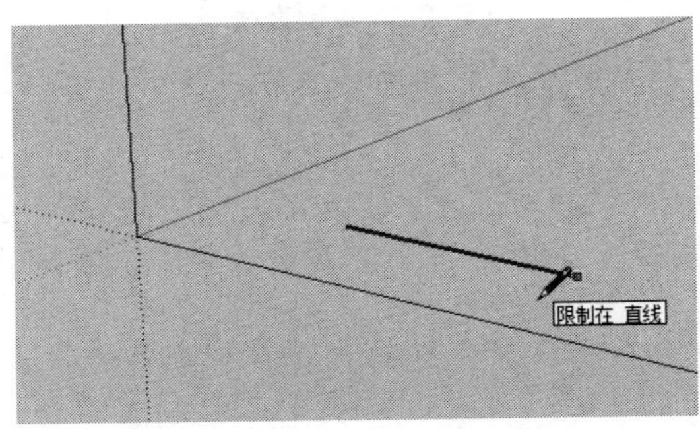

图 2-11　绘制粗直线

2.2.4　分割直线

如果在一条线段上拾取一点作为起点绘制直线，那么这条新绘制的直线会自动将原来的线段从交点处断开，如图 2-12 所示。

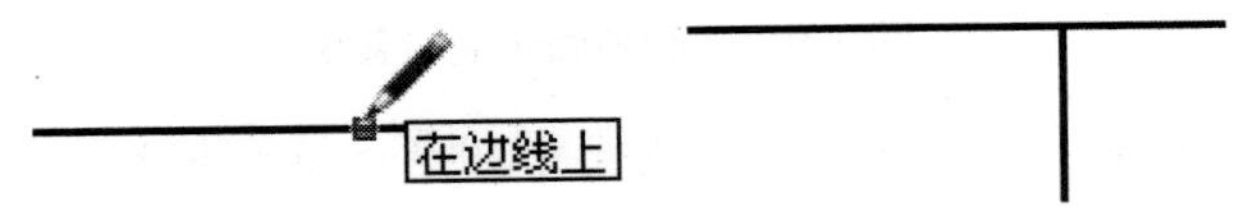

图 2-12　拾取点绘制直线

线段可以等分为若干段。先在线段上用鼠标右键单击，然后在弹出的快捷菜单中执行【拆分】命令，接着移动鼠标，系统将自动参考不同等分段数的等分点(也可以直接输入需要拆分的段数)，完成等分后，单击线段查看，可以看到线段被等分成几个小段，如图 2-13 所示。

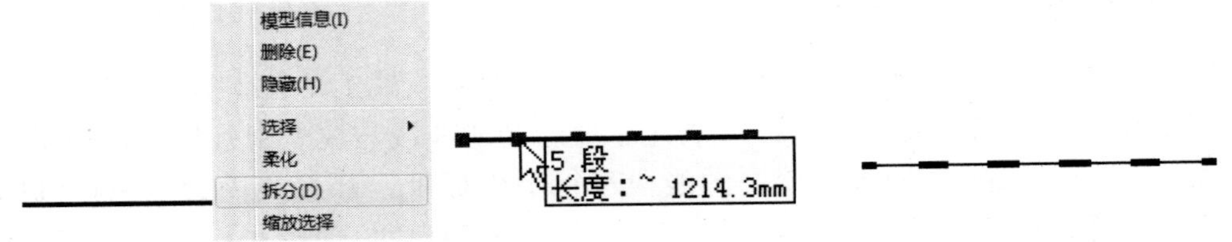

图 2-13　拆分直线

2.2.5 分割表面

如果要分割一个表面，只需绘制一条端点位于表面周长上的线段即可，如图 2-14 所示。

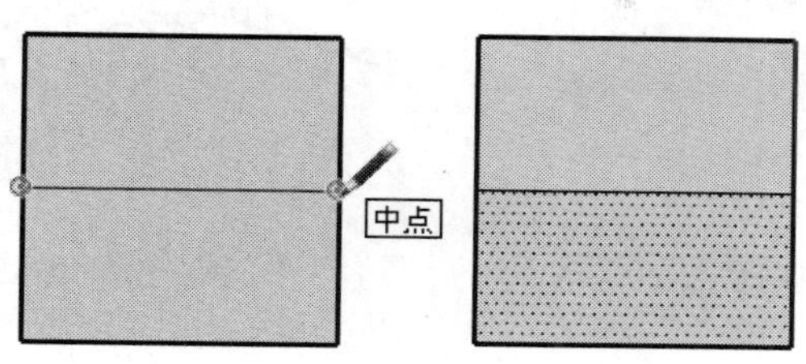

图 2-14 绘制直线分割面(1)

有时候，交叉线不能按照用户的需要进行分割，例如分割线没有绘制在表面上。在打开轮廓线的情况下，所有不是表面周长上的线都会显示为较粗的线。如果出现这样的情况，可以使用直线工具在该线上绘制一条新的线来进行分割。SketchUp 会重新分析几何体并整合这条线，如图 2-15 所示。

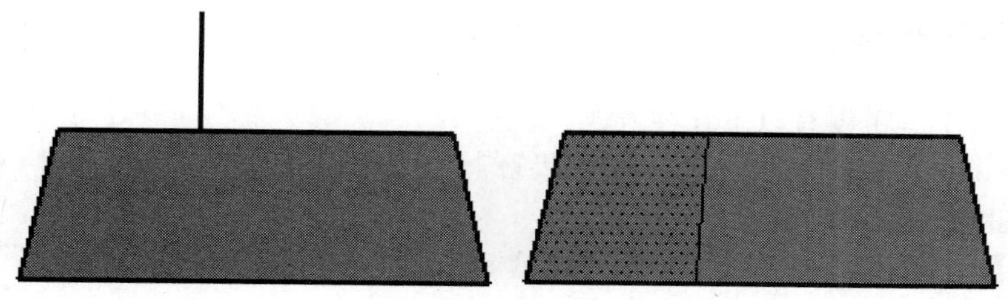

图 2-15 绘制直线分割面(2)

2.2.6 利用直线绘制平面

绘制 3 条以上的共面线段首尾相连就可以创建一个面，在闭合一个表面时，可以看到【端点】提示。如果是在着色模式下，在成功地创建一个表面后，新的面就会显示出来，如图 2-16 所示。

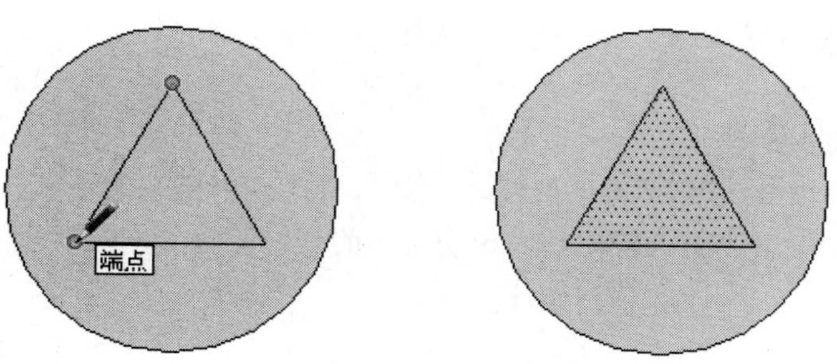

图 2-16 在面上绘制线

在已有面的延伸面上绘制直线的方法是将鼠标光标指向已有的参考面(注意不必单击)，当出现【在平面上】的提示后，按住 Shift 键的同时移动鼠标到需要绘线的地方并单击，然后释放 Shift 键绘制直线即可，如图 2-17 和图 2-18 所示。

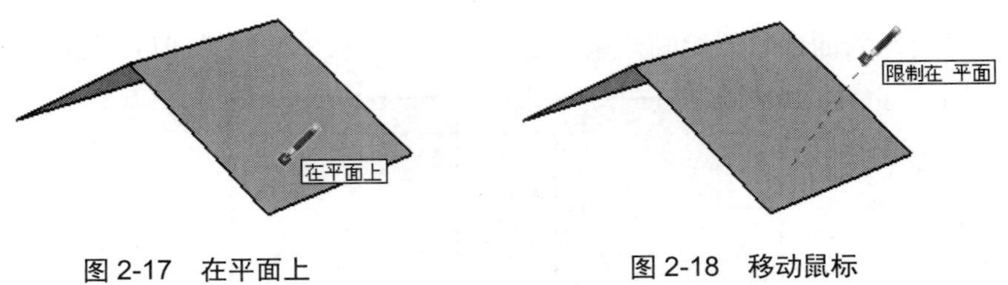

图 2-17　在平面上　　　图 2-18　移动鼠标

2.3 矩形工具

矩形工具包括两种：一种是传统的【矩形工具】，是通过两个对角点的定位，生成规则的矩形，绘制完成将自动生成封闭的矩形平面；另一种是【旋转矩形工具】，主要通过指定矩形的任意两条边和角度，即可绘制任意方向的矩形。

2.3.1 传统的矩形工具

(1) 调用矩形工具主要有以下几种方式。

- 在菜单栏中，选择【绘图】|【形状】|【矩形】命令。
- 直接在键盘上按 R 键。
- 单击【大工具集】工具栏中的【矩形】按钮。

(2) 绘制精确的矩形。

如果想要绘制的矩形不与默认的绘图坐标轴对齐，可以在绘制矩形前使用【工具】|【坐标轴】菜单命令重新放置坐标轴。

绘制矩形时，其尺寸会在数值输入框中动态显示，用户可以在确定第一个角点或者刚绘制完矩形后，通过键盘输入精确的尺寸。注意输入数据的顺序很重要，是按照 *X*、*Y*、*Z* 的先后顺序。

除了输入数字外，用户还可以输入相应的单位，例如英制的(2′，8″)或者“mm”等单位。

没有输入单位时，SketchUp 会使用当前默认的单位。

(3) 正方形与黄金分割。

在绘制矩形时，如果出现了一条虚线，并且带有【正方形】的提示，则说明绘制的为正方形；如果出现【黄金分割】的提示，则说明绘制的是带黄金分割的矩形，如图 2-19 所示。

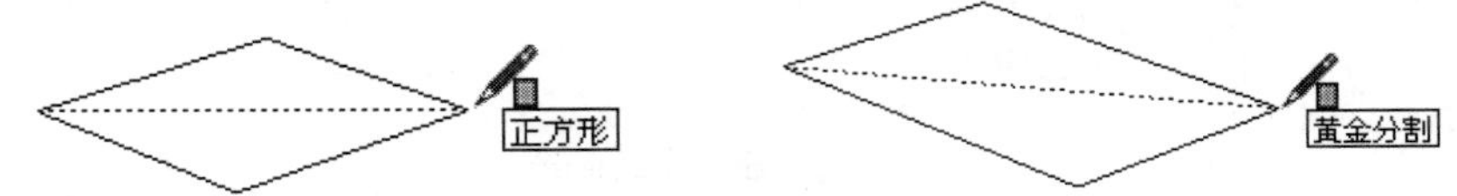

图 2-19　绘制矩形

2.3.2 旋转矩形工具

SketchUp 2022 的旋转矩形工具能在任意角度绘制离轴矩形(并不一定要在底部平面上)，这样方便了绘制图形，可以节省大量的绘图时间。

(1) 绘制任意方向上的矩形。

单击【大工具集】工具栏中的【旋转矩形】按钮，待光标变成形状时，在绘图区单击确定矩形的第一个角点，然后拖曳光标至第二个角点，确定矩形的长度，然后将鼠标往任意方向移动，找到目标点后单击，即可完成矩形的绘制。重复命令绘制任意方向的矩形，如图 2-20 所示。

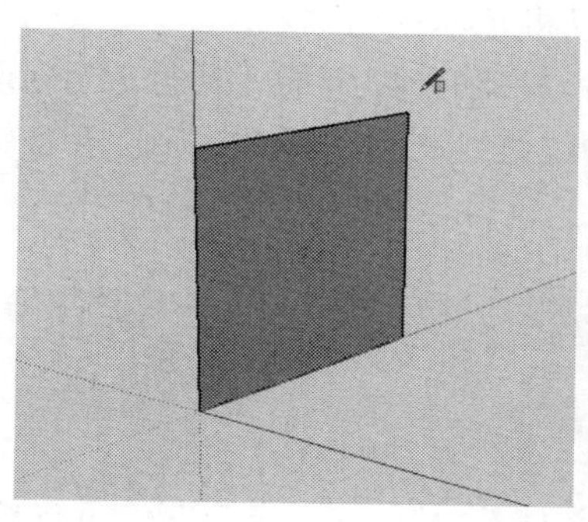
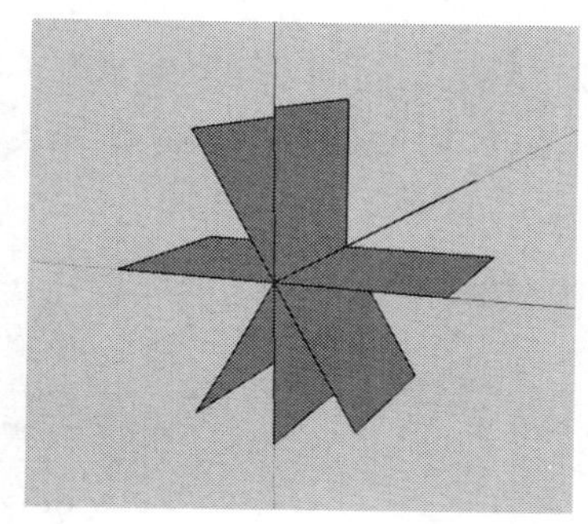

图 2-20 绘制任意方向上的矩形

(2) 绘制空间内的矩形。

除了可以绘制轴方向上的矩形，SketchUp 还允许用户直接绘制处于空间任何平面上的矩形，具体方法如下。

单击【大工具集】工具栏中的【旋转矩形】按钮，待光标变成形状时，移动鼠标确定矩形第一个角点在平面上的投影点。将鼠标往 *Z* 轴上方移动，按住 Shift 键锁定轴向，确定空间内的第一个角点，然后即可自由绘制空间内平面或立面矩形，如图 2-21 所示。

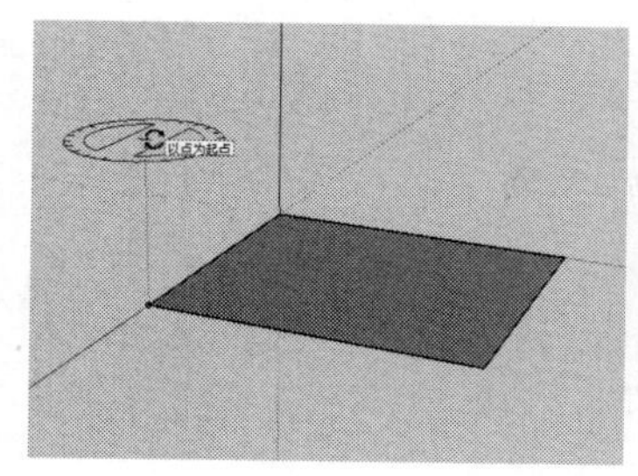
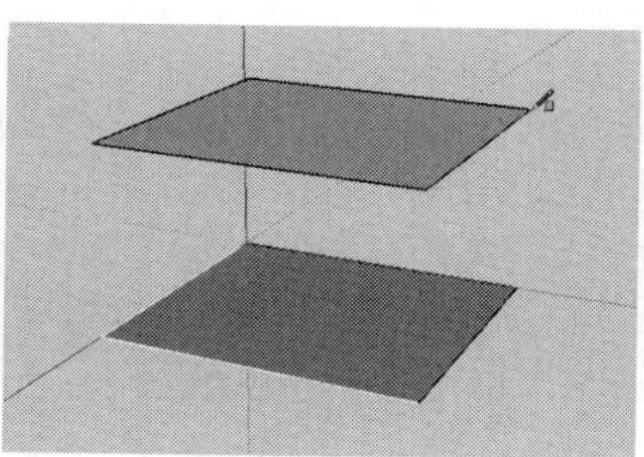
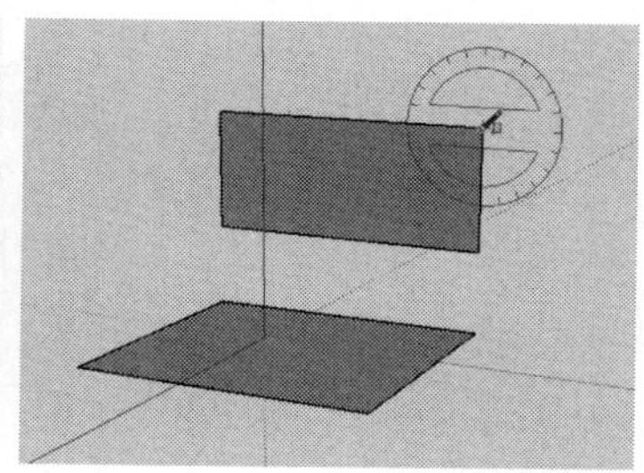

图 2-21 绘制空间内的矩形

2.4 圆 工 具

绘制圆的工具与矩形工具一样，是一个单功能的工具，它只能用来绘制圆形。

2.4.1 圆工具的调用方法

调用圆工具主要有以下几种方式。

(1) 在菜单栏中，选择【绘图】|【形状】|【圆】命令。

(2) 直接在键盘上按 C 键。

(3) 单击【大工具集】工具栏中的【圆】按钮。

2.4.2 在面上绘制圆

如果要将圆绘制在已经存在的表面上，可以将光标移动到表面上，SketchUp 会自动将圆对齐，如图 2-22 所示。也可以在激活圆工具后，移动光标至某一表面，当出现【在平面上】的提示时，按住 Shift 键的同时移动光标到其他位置绘制圆，那么这个圆会被锁定在与刚才表面平行的一个面上，如图 2-23 所示。

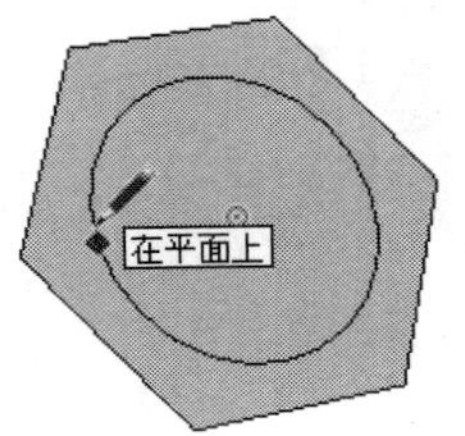

图 2-22　在平面上绘制圆

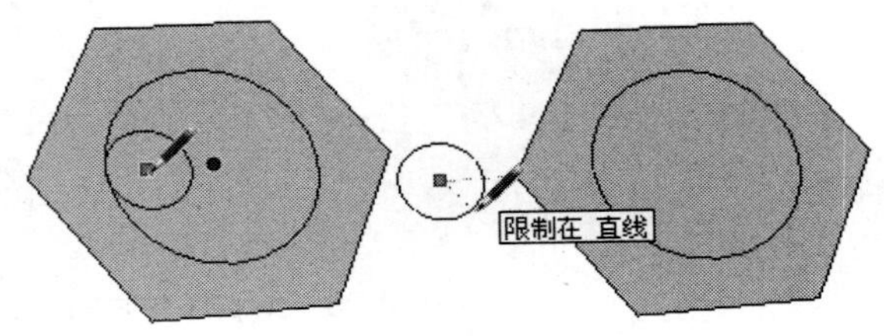

图 2-23　移动绘制平面

2.4.3 分割圆

一般完成圆的绘制后便会自动形成封闭的平面图形，如果将面删除，就会得到圆形边线。若想要对单独的圆形边线进行封面，可以使用直线工具连接圆上的任意两个端点，如图 2-24 所示。

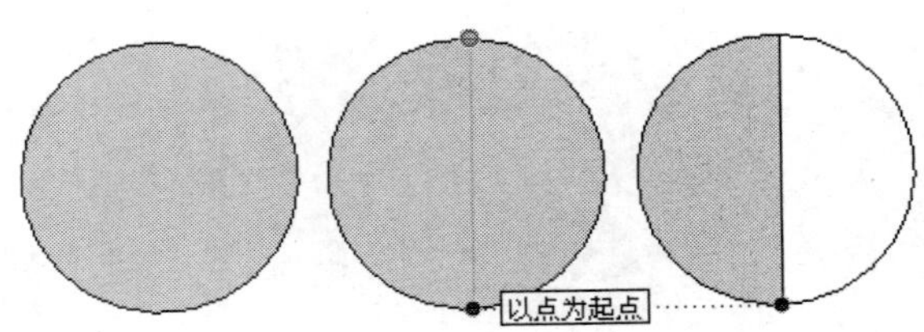

图 2-24　使用直线分割圆面

2.4.4 圆的属性参数

用鼠标右键单击圆，在弹出的快捷菜单中选择【模型信息】命令，打开【图元信息】面板，在其中可以修改圆的参数，【半径】表示圆的半径，【段】表示圆的边线段数，【圆周】表示圆的周长，如图 2-25 所示。

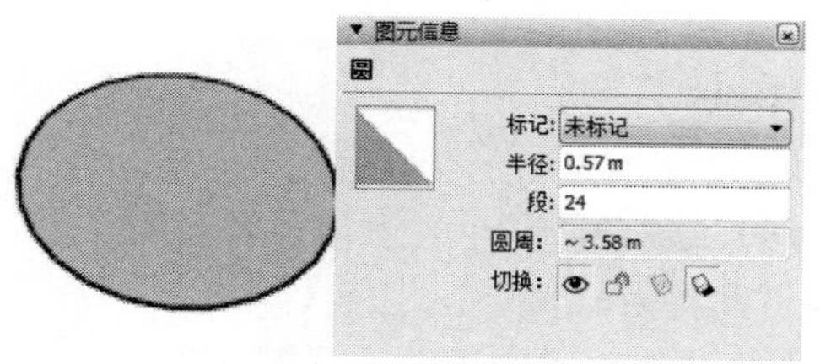

图 2-25　【图元信息】面板

2.4.5　修改圆的半径

修改圆半径的方法如下。

(1) 在圆的边上单击鼠标右键(注意是边而不是面)，然后在弹出的快捷菜单中选择【图元信息】命令，然后调整【半径】参数即可。

(2) 使用缩放工具进行缩放(具体的操作方法在后面会进行详细的讲解)。

(3) 使用移动工具修改圆的大小：选择移动工具后，鼠标靠近圆形，此时会找到 4 个控制点中的一个，并且自动停靠到这个控制点上，按住鼠标左键并移动鼠标，可以改变圆的大小，这时还可以输入尺寸数字，得到精确的圆形参数。

2.4.6　修改圆的边数

修改圆的边数的方法如下。

(1) 激活圆工具，在还没有确定圆心前，在数值控制框内输入边的数值(例如输入 5)，然后再确定圆心和半径。

(2) 完成圆的绘制后，在开始下一个命令之前，在数值控制框内输入“边数 S”的数值(例如输入 10S)。

(3) 在【图元信息】面板中修改【段】参数，其方法与上述修改半径的方法相似。

使用圆工具绘制的圆，实际上是由直线段组合而成的。圆的段数较多时，外观看起来就比较平滑。但是，较多的片段数会使模型变得更大，从而降低系统性能。其实较小的片段数值结合柔化边线和平滑表面，也可以取得圆润的几何体外观。

2.4.7　绘制椭圆

SketchUp 中没有绘制椭圆的工具，通常可以采用改造圆形的方法获得椭圆。

先使用圆工具绘制一个圆形，然后选择这个圆形，通过缩放工具，改变其中一个轴的长度，即绘制出一个椭圆。

2.5　圆 弧 工 具

圆弧工具主要包括【圆弧工具】、【两点圆弧工具】、【3 点画弧工具】和【扇形工具】，下面来分别进行介绍。

2.5.1 圆弧

圆弧工具表示以中心和两点绘制圆弧。

调用圆弧工具主要有以下几种方式。

(1) 在菜单栏中，选择【绘图】|【圆弧】|【圆弧】命令。

(2) 单击【大工具集】工具栏中的【圆弧】按钮。

执行了【圆弧】命令后，光标上会显示一个量角尺，在绘图区单击左键以指定圆弧的中心点，然后单击指定圆弧的一点(也可输入圆弧的半径指定点)，再单击鼠标指定圆弧的另一点(或输入角度来确定点)，以绘制圆弧，如图 2-26 所示。

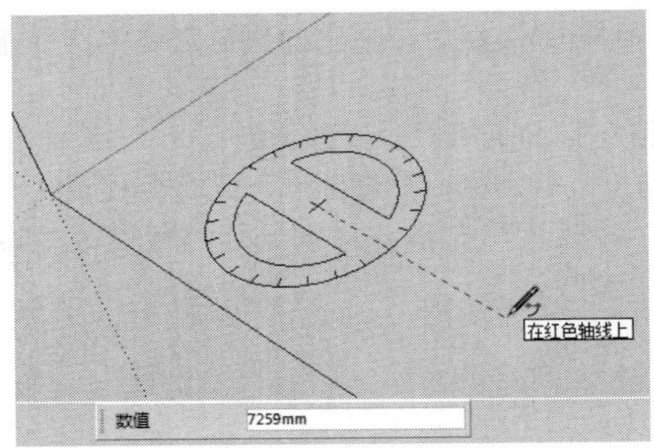

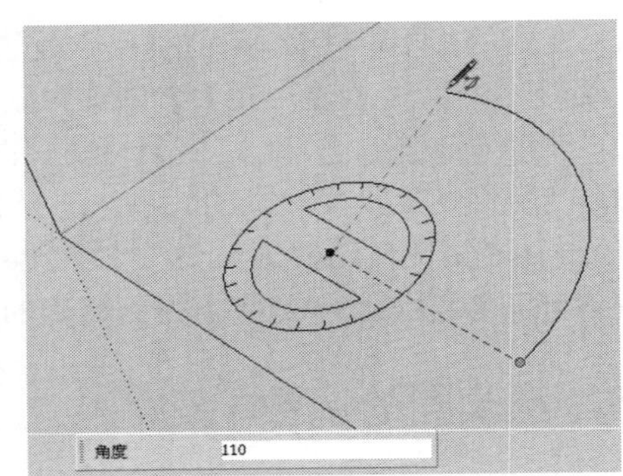

图 2-26　绘制圆弧

2.5.2 两点圆弧

两点圆弧工具是根据起点、终点和凸起部分绘制圆弧，这也是圆弧最常用也是默认的绘制方法。

(1) 调用两点圆弧工具主要有以下几种方式。

- 在菜单栏中，选择【绘图】|【圆弧】|【两点圆弧】命令。
- 直接在键盘上按 A 键。
- 单击【大工具集】工具栏中的【两点圆弧】按钮。

执行【两点圆弧】命令后，光标在绘图区呈形状，单击鼠标左键指定圆弧的起点，然后拖动鼠标并单击确定弦长(也可通过键盘输入精确数值，并按 Enter 键确认)，如图 2-27 所示。再移动鼠标指定弧的高度(也可输入值，并按 Enter 键)，完成圆弧的绘制，如图 2-28 所示。

(2) 两点圆弧工具绘制圆形的参数控制。

在绘制圆弧时，数值控制框首先显示的是圆弧的弦长，然后是圆弧的凸出距离，用户可以输入数值来指定弦长和凸距。圆弧的半径和段数的输入需要专门的格式。

- 指定弦长：单击确定圆弧的起点后，就可以输入一个数值来确定圆弧的弦长。数值控制框显示为【长度】，输入目标长度。也可以输入负值，表示要绘制的圆弧在当前方向的反向位置，例如(−1,0)。
- 指定凸出距离：输入弦长以后，数值控制框将显示【距离】，输入要凸出的距离，

负值的凸距表示圆弧往反向凸出。如果要指定圆弧的半径，可以在输入的数值后面加上字母 r(例如 2r)，然后确认(可以在绘制圆弧的过程中或完成绘制后输入)。

- 指定段数：要指定圆弧的段数，可以输入一个数字，然后在数字后面加上字母 s(例如 8s)，接着单击确认。输入段数可以在绘制圆弧的过程中或完成绘制后输入。

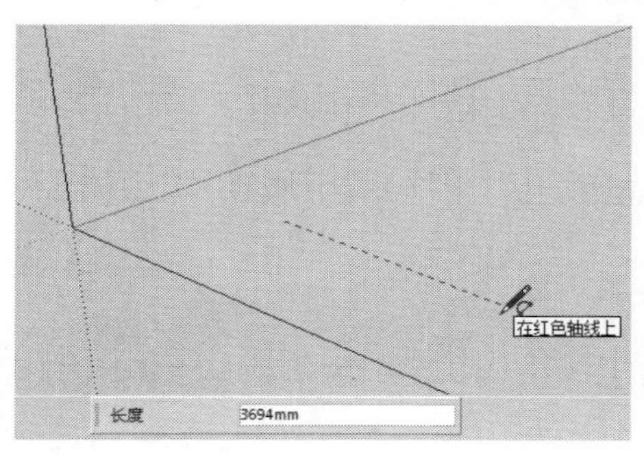

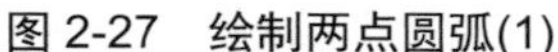

图 2-27　绘制两点圆弧(1)

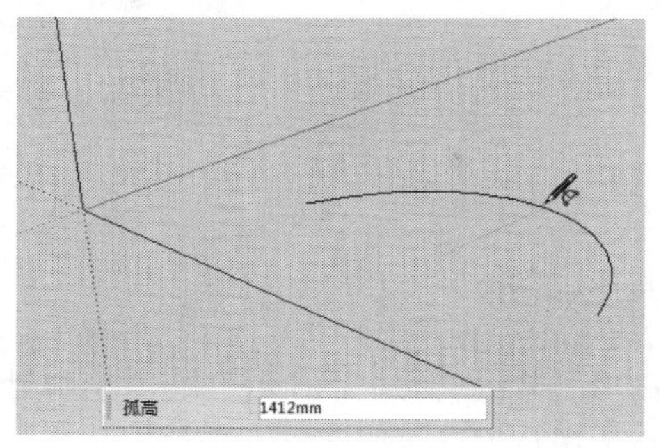

图 2-28　绘制两点圆弧(2)

使用圆弧工具可以绘制连续圆弧线，如果在原有弧线基础上绘制的新弧线以青色显示，则表示新绘制的弧线与原有弧线相切，出现的提示为【在顶点处相切】，如图 2-29 所示。绘制好这样的异形弧线以后，可以进行推拉，形成特殊形体，如图 2-30 所示。

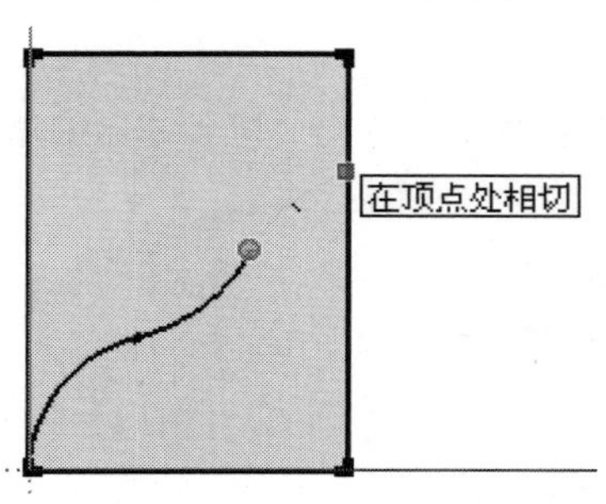

图 2-29　绘制圆弧

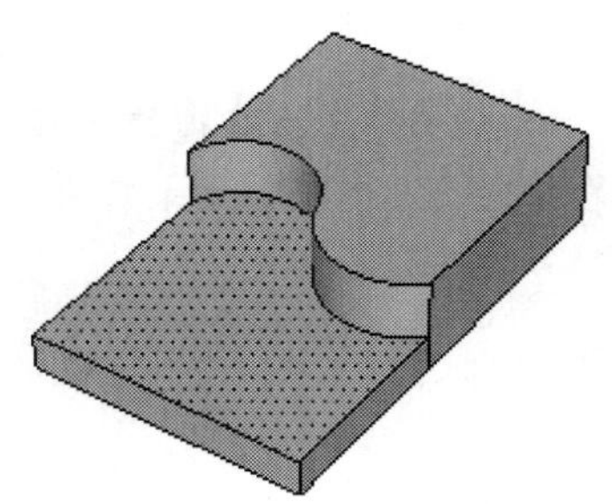

图 2-30　推拉绘图

用户可以利用推/拉工具推拉带有圆弧边线的表面，被推拉的表面称为圆弧曲面系统。虽然曲面系统可以像真的曲面那样显示和操作，但实际上是一系列平面的集合。

2.5.3　3 点画弧

3 点画弧工具就是用三点来绘制弧线，关键条件是要确定三个点。

调用 3 点画弧工具主要有以下几种方式。

(1) 在菜单栏中，选择【绘图】|【圆弧】|【3 点画弧】命令。

(2) 单击【大工具集】工具栏中的【3 点画弧】按钮。

执行【3 点画弧】命令后，先选取弧形的中心点，然后在边缘选取两个点，根据其角度定义用户的弧形，如图 2-31 所示。

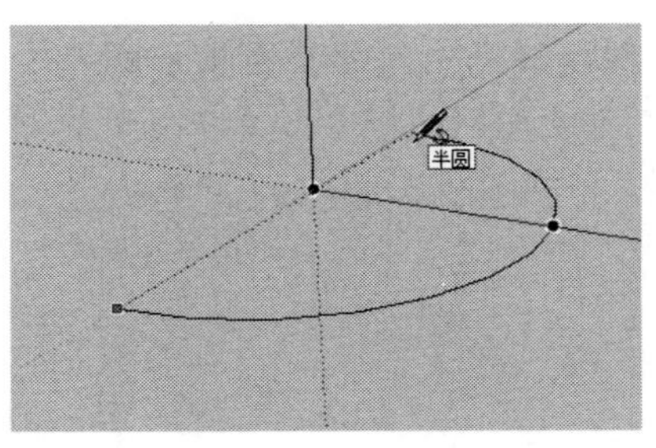

图 2-31　3 点画弧

2.5.4　扇形

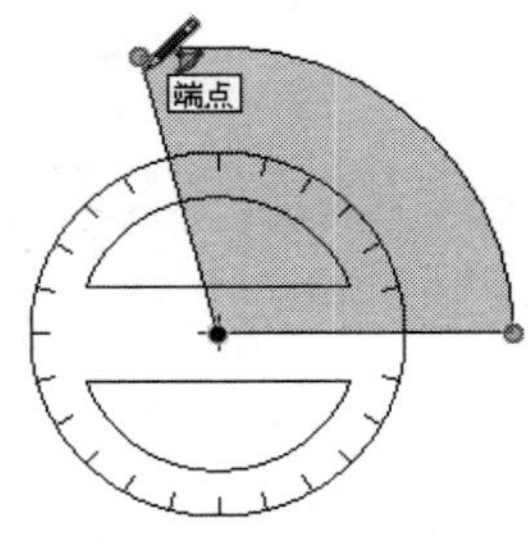

图 2-32　绘制扇形

扇形工具绘制的是以中心和两点绘制封闭的圆弧。

调用扇形工具主要有以下几种方式。

(1) 在菜单栏中，选择【绘图】|【圆弧】|【扇形】命令。

(2) 单击【大工具集】工具栏中的【扇形】按钮。

执行【扇形】命令后，确定圆心位置与半径距离，绘制圆弧角度，确定圆弧角度之后，所绘制的是封闭的圆弧面，如图 2-32 所示。

绘制弧线(尤其是连续弧线)的时候常常会找不准方向，可以通过设置辅助面，然后在辅助面上绘制弧线来解决。

2.6　多边形工具

多边形工具可以绘制 3 条边以上的正多边形，其绘制方法与绘制圆形的方法基本相同。

2.6.1　绘制多边形

调用多边形工具主要有以下几种方式。

(1) 在菜单栏中，选择【绘图】|【形状】|【多边形】命令。

(2) 单击【大工具集】工具栏中的【多边形】按钮。

使用【多边形工具】，在输入框中输入“6”，然后单击鼠标左键确定圆心的位置，移动鼠标调整圆的半径，可以直接输入一个半径值，再次单击鼠标左键确定，完成绘制，如图 2-33 所示。

2.6.2　编辑多边形

六角形是 SketchUp 中默认的多变形，如果需要其他形状的多边形，需要重新设置。

选择多边形的边线，在【图元信息】面板中会显示片段数量、半径和周长。在【图元信息】面板中输入新的边数，并按 Enter 键，可以改变其形状和边数，如图 2-34 所示。

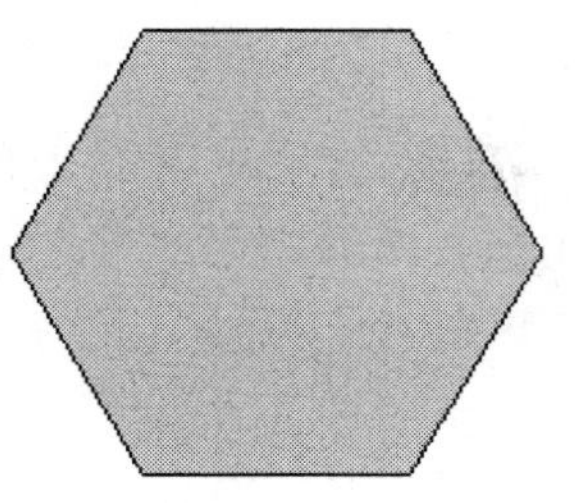

图 2-33　多边形

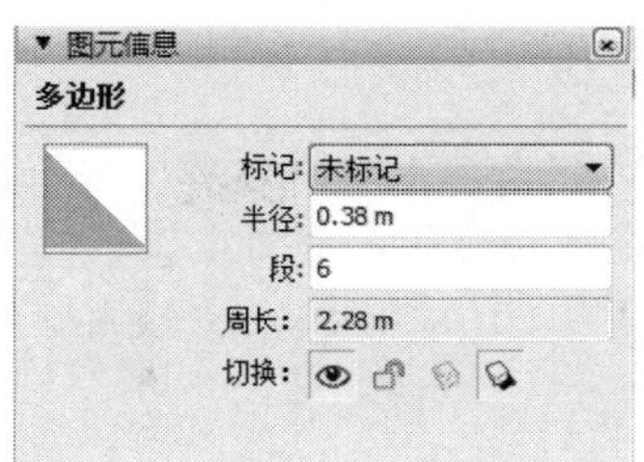

图 2-34　设置多边形参数

2.7　手绘线工具

手绘线工具可以绘制不规则的共面连续线段或简单的徒手草图线，常用于绘制等高线或有机体。

2.7.1　手绘线工具的调用方法

调用手绘线工具主要有以下几种方式。

(1) 在菜单栏中，选择【绘图】|【直线】|【手绘线】命令。

(2) 单击【大工具集】工具栏中的【手绘线】按钮。

曲线可放置在现有的平面上，或与现有的几何图形相独立(与轴平面对齐)。

2.7.2　绘制手绘线

要绘制手绘曲线，首先调用手绘线工具，光标将变为一支带曲线的铅笔，按住鼠标左键放置曲线的起点，拖动光标开始绘图，如图 2-35 所示。释放鼠标左键即停止绘图。如果将手绘曲线终点设置在绘制起点处，即可绘制手绘线闭合形状，如图 2-36 所示。

图 2-35　利用手绘线工具绘图

图 2-36　绘制手绘线闭合形状

2.8　设 计 范 例

2.8.1　绘制坡屋顶图形范例

本范例完成文件：ywj/02/2-1.skp

1. 案例分析

SketchUp 软件在设计师行业中已经使用得越来越广泛了，虽然该软件看起来很简单，但是其强大的功能也是令人望而生畏的。当然了，只要我们先懂得了入门技巧，后期的深奥可以自己慢慢摸索。这个案例就从最简单的图形绘制开始讲解，介绍一下如何使用直线工具绘制坡屋顶。

2. 案例操作

step 01 创建新文件后，单击【大工具集】工具栏中的【直线】按钮，在绘图区单击起点，平行于“绿色轴”移动鼠标，当出现【在绿色轴线上】提示时，输入长度 40000，按 Enter 键绘制出一条长 40000 的直线，如图 2-37 所示。

step 02 将鼠标转向右下，平行于红色轴时，输入 25000，然后按 Enter 键绘制线段，如图 2-38 所示。

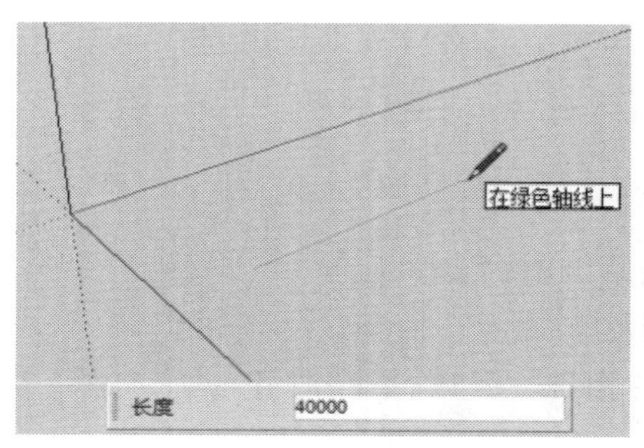

图 2-37　绘制长 40000 的直线

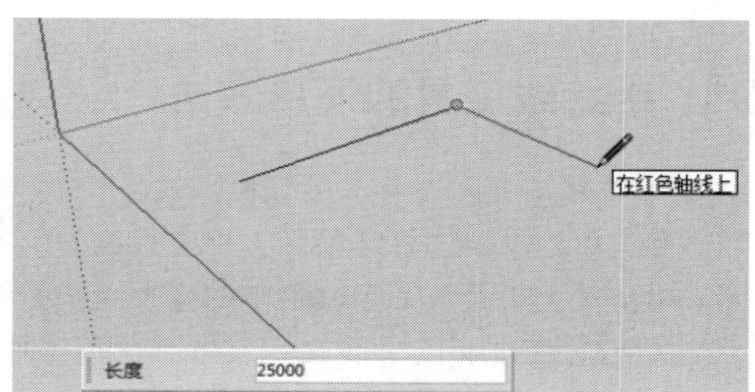

图 2-38　绘制长 25000 的直线

step 03 使用鼠标捕捉起点并延着红轴方向移动(不用单击)，则会出现捕捉虚线，直至捕捉到三点垂直时，会提示【以点为起点】信息，单击鼠标左键确定平行的直线，如图 2-39 所示。

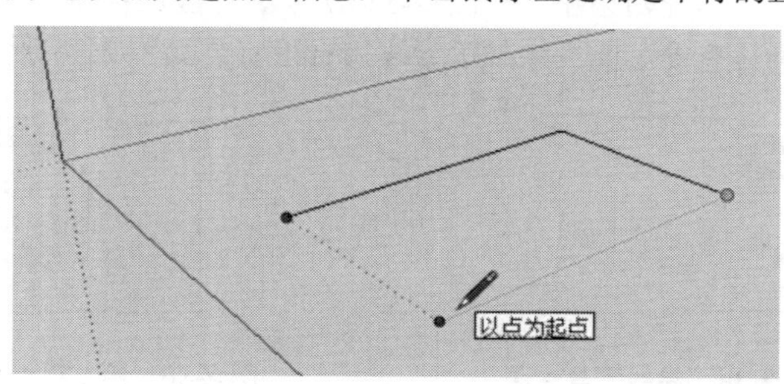

图 2-39　绘制平行直线

step 04 移动鼠标到起点处，则会提示【端点】信息，单击则形成一个封闭轮廓面，如图 2-40 所示。

step 05 以两条短边中点绘制一条线段，如图 2-41 所示。

step 06 单击【选择工具】，选择上步绘制的中线，然后右击，在弹出的快捷菜单中选择【拆分】命令，移动鼠标，在出现【4 段】提示时单击，如图 2-42 所示。

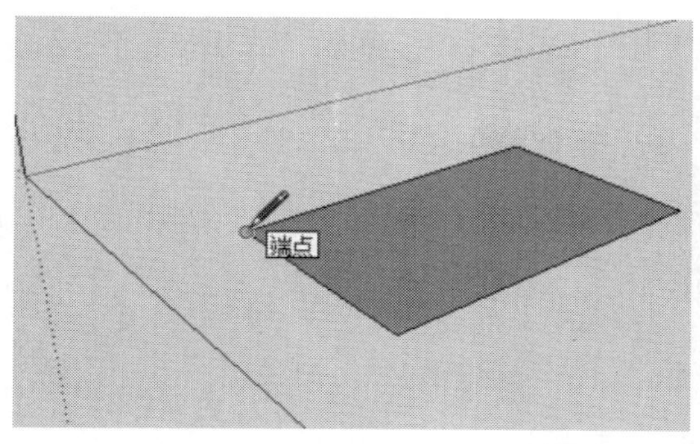

图 2-40　形成一个封闭轮廓面

图 2-41　绘制中线

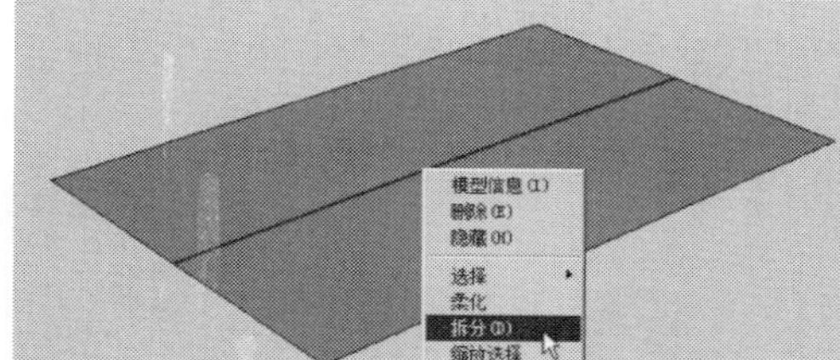

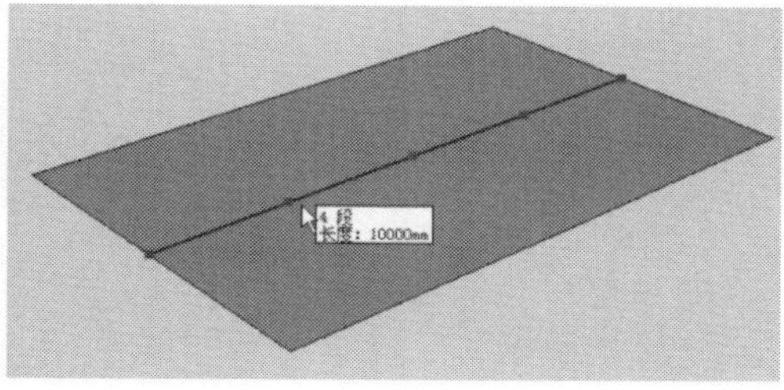

图 2-42　拆分线段

在提示拆分的信息时，不但提示了拆分的段数，还提示了等分的长度值(4 段；长度：10000mm)。

step 07 单击【大工具集】工具栏中的【直线】按钮，分别捕捉等分后最外边两条线段的端点，向“蓝色轴”绘制高 10000 的两条线段，如图 2-43 所示。

step 08 在捕捉上步的两条线段的端点上绘制连线，线段绘制完成后会自动封面，如图 2-44 所示。

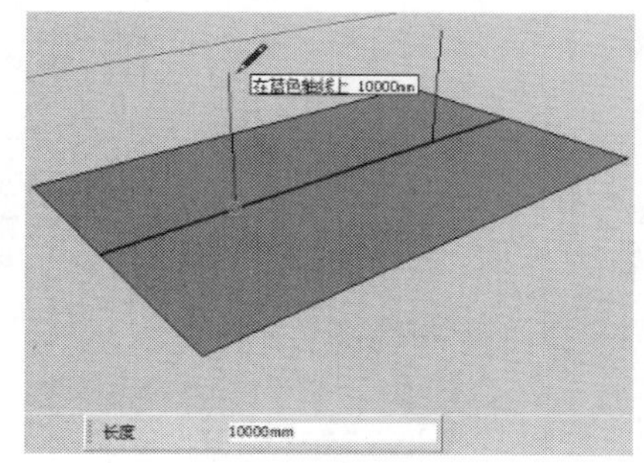

图 2-43　绘制两条线段

图 2-44　绘制连线

step 09 继续捕捉端点绘制直线，如图 2-45 所示。

step 10 同样在右侧捕捉端点绘制封闭直线，则自动封闭成面，如图 2-46 所示。

step 11 同样捕捉三角两端点，封闭三角面，如图 2-47 所示。

step 12 按住鼠标中键并移动鼠标，则鼠标变成形状，旋转视图到相应的位置，如图 2-48 所示。

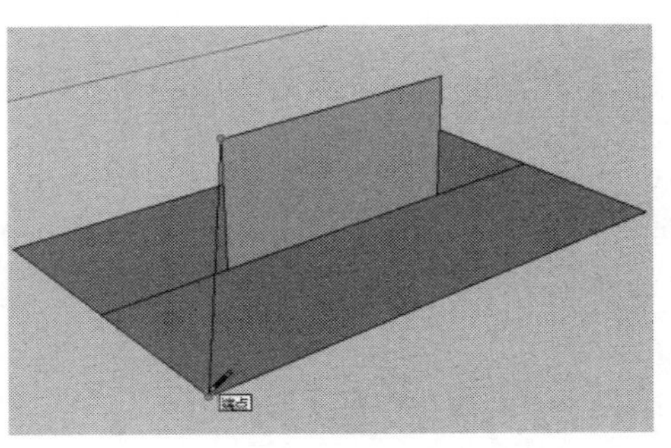

图 2-45　捕捉端点绘制直线

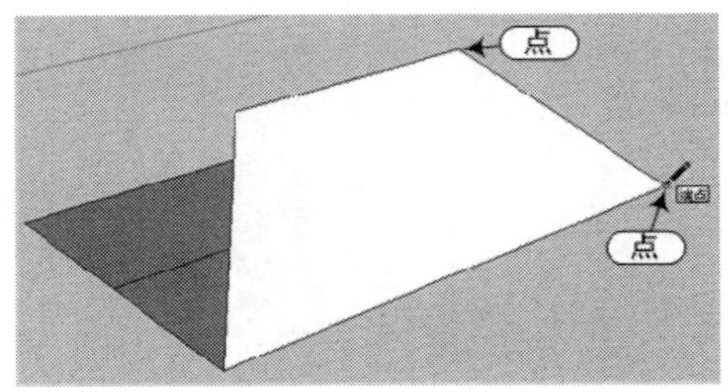

图 2-46　绘制封闭直线

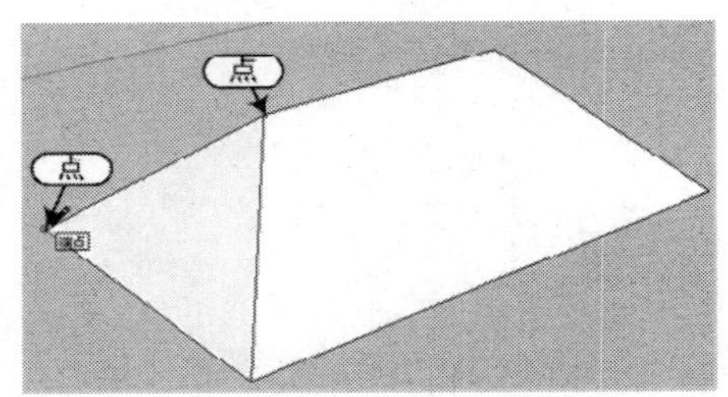

图 2-47　封闭三角面

step 13 释放鼠标，返回执行【直线】命令，继续捕捉三角点绘制直线，则自动封闭所有的面，如图 2-49 所示。

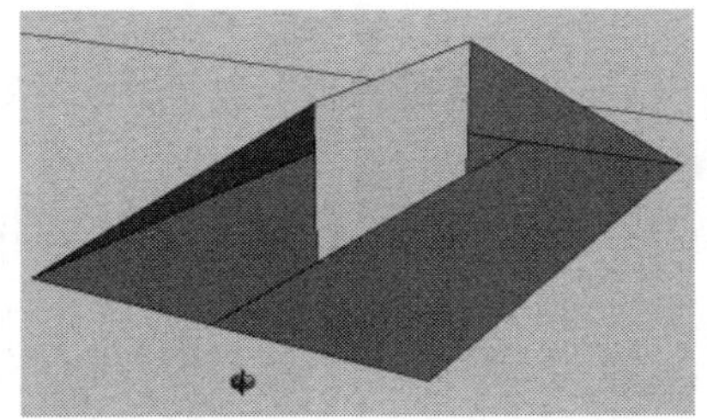

图 2-48　旋转视图

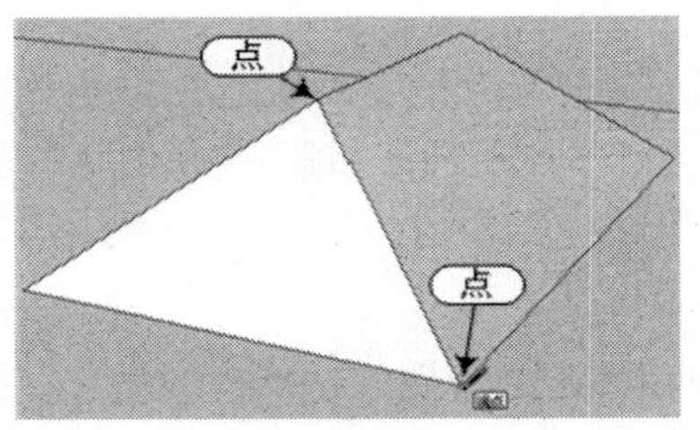

图 2-49　封闭所有的面

step 14 至此，坡屋顶绘制完成，按住鼠标中键拖动可以环绕观察图形效果，如图 2-50 所示。

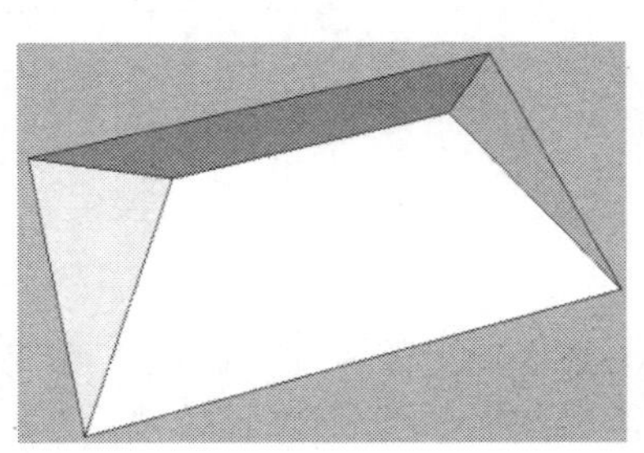

图 2-50　范例最终效果

2.8.2　绘制花朵图形范例

本范例完成文件：ywj/02/2-2.skp

1. 案例分析

本节的案例是进行二维模型的绘制练习，主要是对一个小型的建筑模型进行建模，学会多边形绘制，辅助线的利用，曲线用法，以及旋转与偏移，需要读者掌握基本的二维绘制命令并加以组合应用。

2. 案例操作

step 01 创建新文件后，单击【大工具集】工具栏中的【圆】按钮，在绘图区中绘制半径为50mm的圆形，单击多边形工具，在圆内按照尺寸绘制五边形，如图2-51所示。

进行多边形绘制时，可以从右下角输入数字“5”并按Enter键，来修改多边形段数 边数 5 。

step 02 单击【大工具集】工具栏中的【直线】按钮，为多边形顶点连接创建辅助线，如图2-52所示。

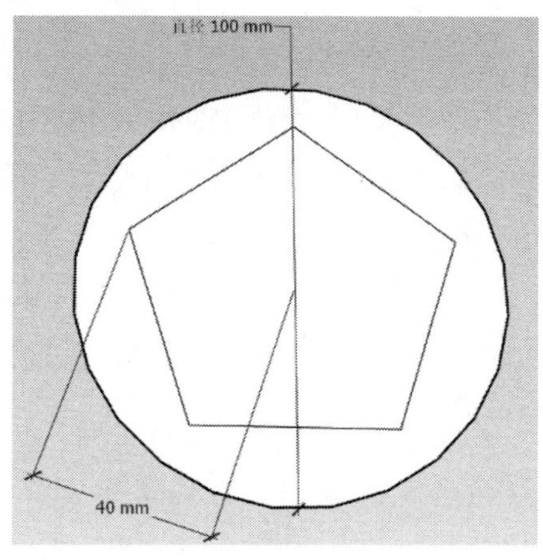

图2-51　绘制圆形和多边形

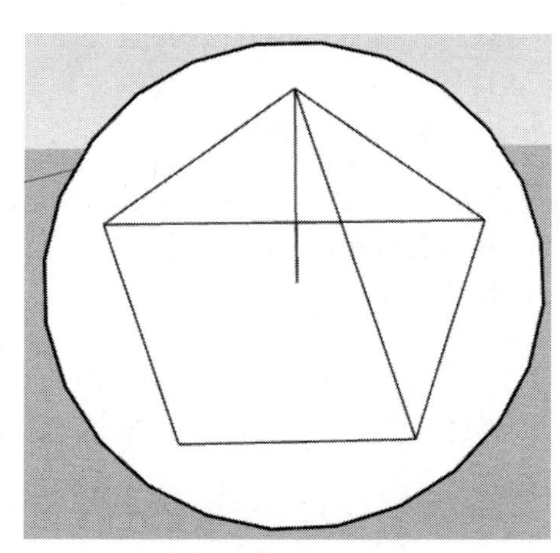

图2-52　创建辅助线

step 03 单击【大工具集】工具栏中的【圆弧】按钮，绘制第一段弧线，如图2-53所示。

step 04 单击【大工具集】工具栏中的【3点画弧】按钮，绘制第二段弧线，如图2-54所示。

step 05 单击【大工具集】工具栏中的【圆弧】按钮，绘制第三段弧线，如图2-55所示。

step 06 单击【大工具集】工具栏中的【擦除】按钮，将辅助线擦除，并选中三段弧线，如图2-56所示。

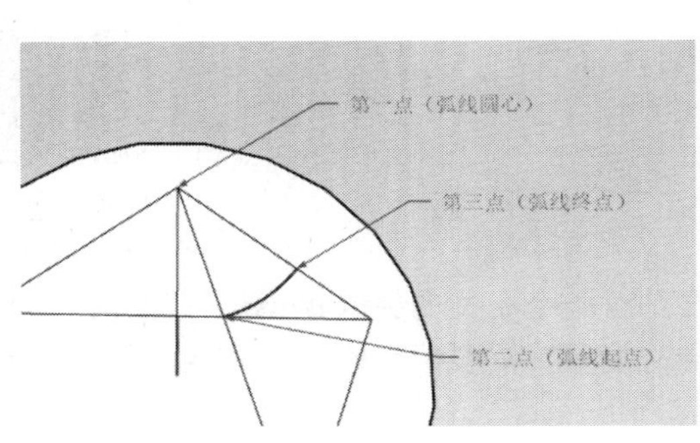

图 2-53　绘制第一段弧线

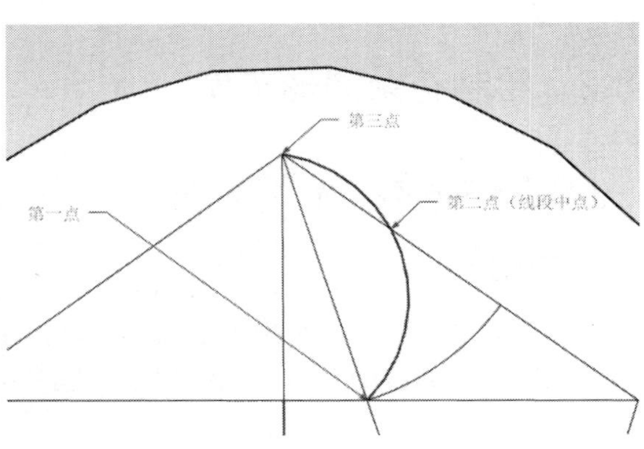

图 2-54　绘制第二段弧线

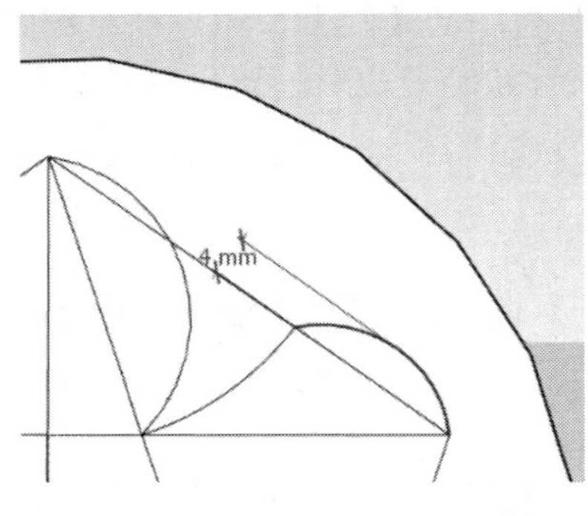

图 2-55　绘制第三段弧线

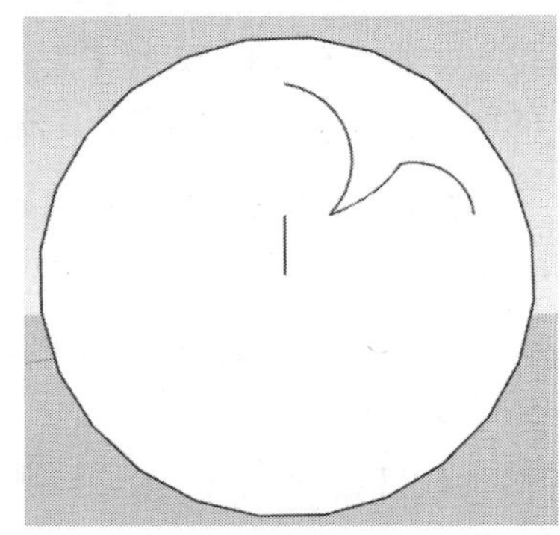

图 2-56　删除辅助线

step 07 单击【大工具集】工具栏中的【旋转】按钮，将三段圆弧以圆心为旋转中心进行旋转，并同时按 Ctrl 键可以进行复制，如图 2-57 所示。此时从键盘输入“*4”，执行重复操作，得到花朵轮廓，如图 2-58 所示。

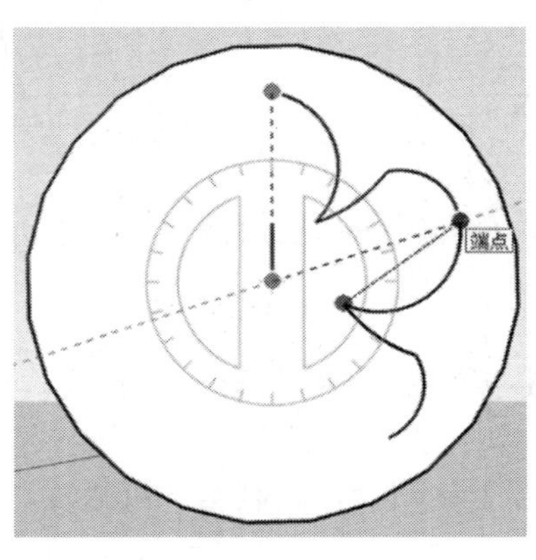

图 2-57　旋转复制弧线

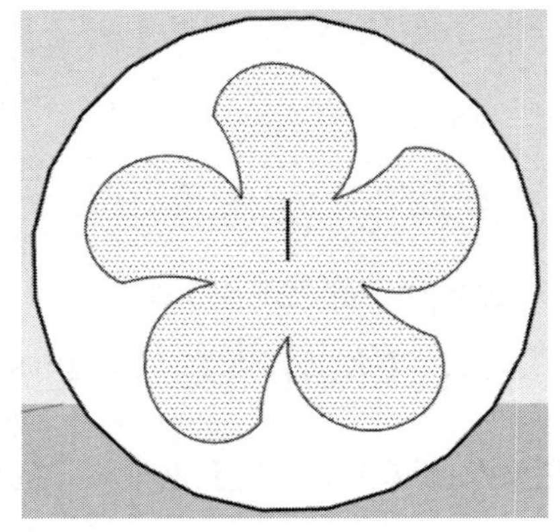

图 2-58　重复操作

step 08 增加一个半径为 90mm 的辅助圆，并用弧线工具画出花茎，如图 2-59 所示。

step 09 单击【大工具集】工具栏中的【手绘线】按钮，绘制花叶并复制，如图 2-60 所示。删除多余辅助线，如图 2-61 所示。

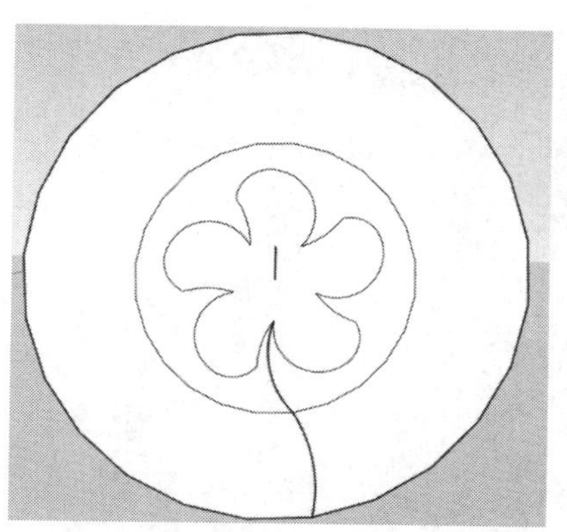

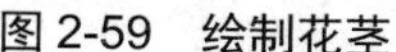

图 2-59　绘制花茎

图 2-60　绘制花叶

step 10 选中花瓣，单击【大工具集】工具栏中的【偏移】按钮，将花瓣向内偏移8mm，如图 2-62 所示。

图 2-61　删除辅助线

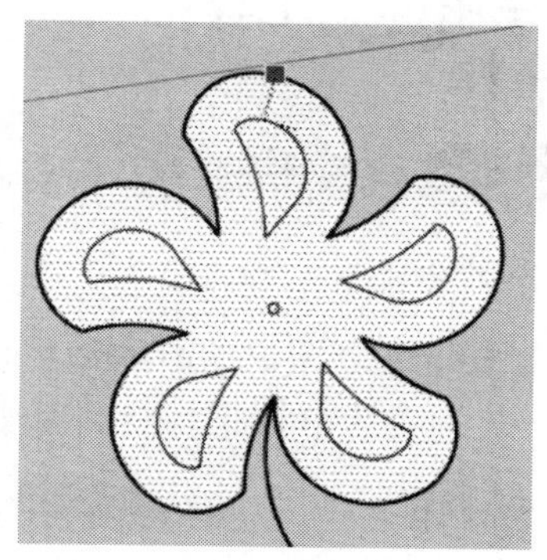

图 2-62　偏移花瓣

step 11 这样就完成了范例绘制，最后的模型效果如图 2-63 所示，范例赋材质后的最终效果如图 2-64 所示。

图 2-63　范例模型效果

图 2-64　范例最终效果

2.8.3　使用标记工具范例

本范例文件：ywj/02/2-3.skp

1. 案例分析

本案例主要练习标记功能的使用，重复部件的不同方案快速切换显示，对复杂模型进行区分显示，让读者了解标记功能的用法。

2. 案例操作

step 01 打开 2-3.skp 文件后，在默认面板的【标记】面板中，单击【添加标记】按钮 ⊕，新建标记，将其命名为“路灯”，如图 2-65 所示。

step 02 用同样的方法添加“灯笼”与“灯牌”标记，如图 2-66 所示。

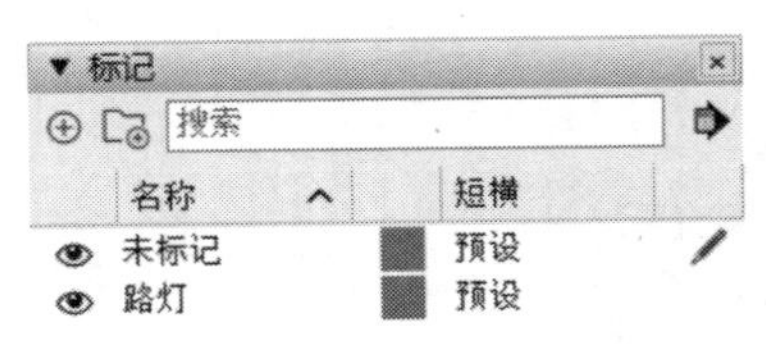

图 2-65　添加“路灯”标记

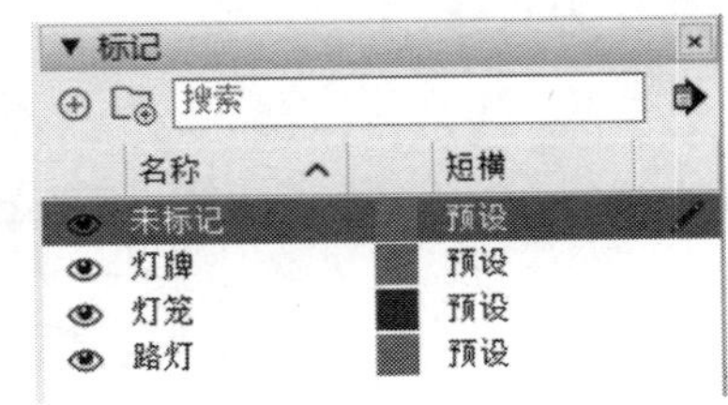

图 2-66　添加“灯笼”与“灯牌”标记

如果没有【标记】面板，可以在菜单栏中选择【窗口】|【默认面板】|【标记】命令，来打开【标记】面板。

step 03 选中灯牌模型，在【图元信息】面板中修改标记，如图 2-67 所示。利用同样的方法将灯笼与路灯的标记修改为“灯笼”与“路灯”。

step 04 单击【大工具集】工具栏中的【移动】按钮，将灯笼与灯牌都移动到路灯上，如图 2-68 所示。

step 05 单击【标记】面板中灯笼的【显示】按钮 ，模型中灯笼标记的内容就被隐藏了，如图 2-69 所示。

step 06 单击【标记】面板中“灯牌”标记的【预设】图标，修改标记内容的绘制线条，选择虚线，效果如图 2-70 所示。

step 07 单击“路灯”标记右侧，会将“路灯”标记设置为当前标记，如图 2-71 所示。

step 08 在此状态下新绘制的图形都为“路灯”标记，如图 2-72 所示，至此，这个案例就操作完成了，最终效果如图 2-73 所示。

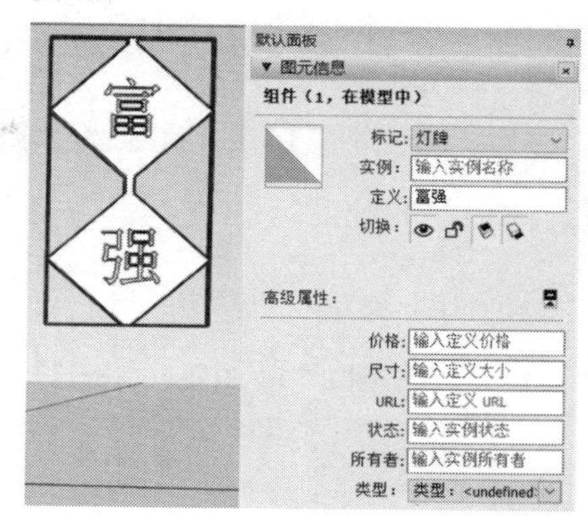

图 2-67　修改图元标记

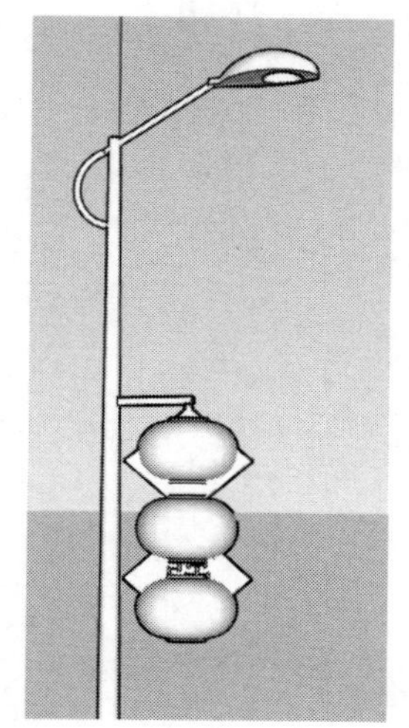

图 2-68　灯饰叠加放置

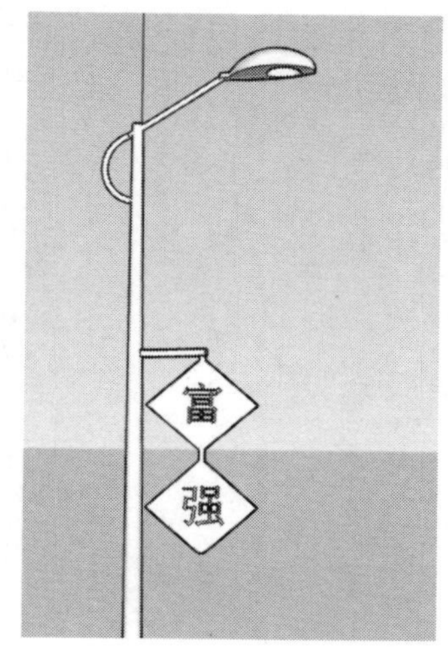

图 2-69　隐藏内容

图 2-70　修改线条

可以通过标记功能进行显示模型的快速切换，并可以改变标记在图面上显示的绘制线条。更改当前标记后，不影响其他标记图元的编辑(移动、缩放、删除等)操作。

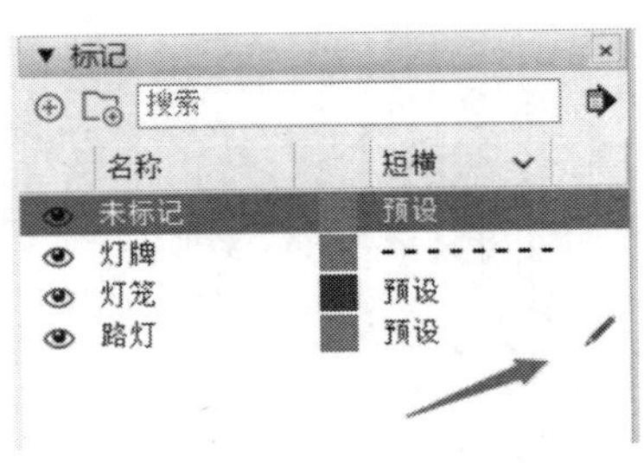

图 2-71　设置当前标记

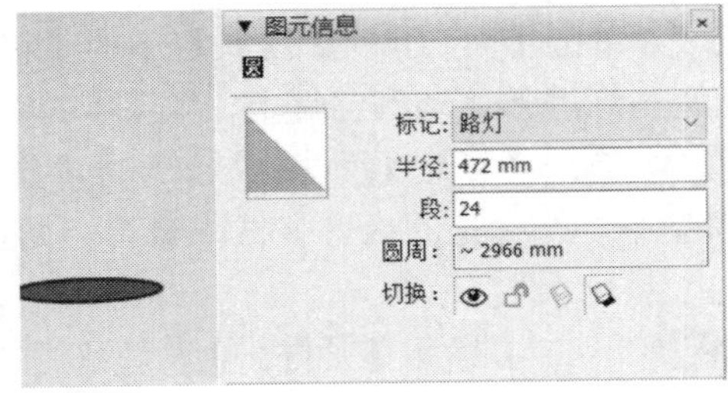

图 2-72　标记的信息

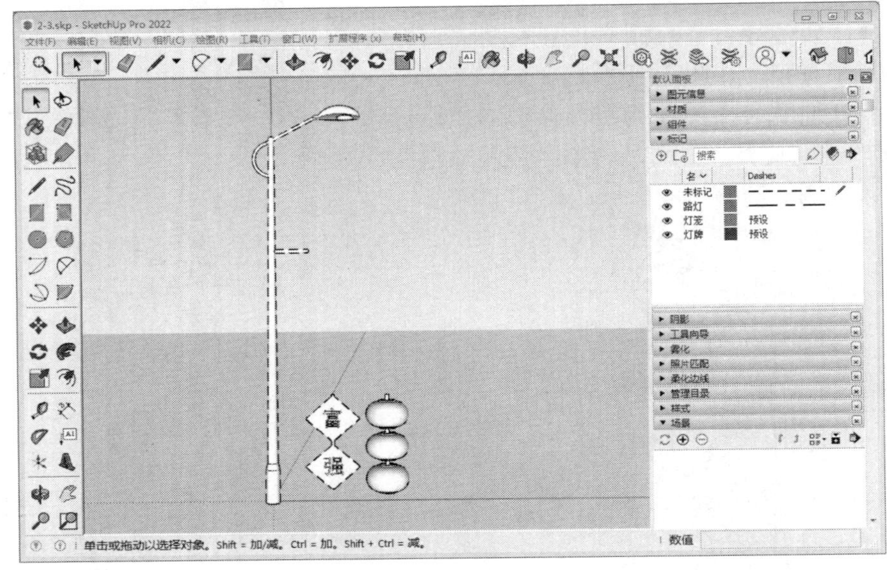

图 2-73　范例最终效果

2.9　本 章 小 结

本章主要学习了如何使用 SketchUp 的一些图形绘制命令与工具，让读者可以绘制简单的图形，在以后的绘图中遇到复杂模型时可以轻松应对。希望读者熟练掌握这些基本绘图工具的使用方法，为以后的绘图应用打好基础。

第 3 章

应用造型工具

本章导读

造型工具是生成立体造型的工具，主要用来进行造型工作，如通过推拉、缩放等基础命令生成三维体块等操作。本章就来介绍应用造型工具的方法，主要的工具包括推拉、路径跟随、移动、旋转、缩放、偏移、模型交错、实体和三维文字等。

3.1　推/拉工具

使用推/拉工具可将图形的表面以自身的垂直方向进行拉伸，拉伸出想要的高度。

3.1.1　基本使用方法

调用推/拉工具主要有以下几种方式。

(1) 在菜单栏中，选择【工具】|【推/拉】命令。

(2) 直接在键盘上按 P 键。

(3) 单击【大工具集】工具栏中的【推/拉】按钮。

【推/拉工具】可以完全配合 SketchUp 的捕捉参考进行使用。使用【推/拉工具】推拉平面时，推拉的距离会在数值控制框中显示。用户可以在推拉的过程中或完成推拉后输入精确的数值进行修改，在进行其他操作之前可以一直更新数值。如果输入的是负值，表示将往当前的反方向推拉。推拉工具使用效果如图 3-1 所示。

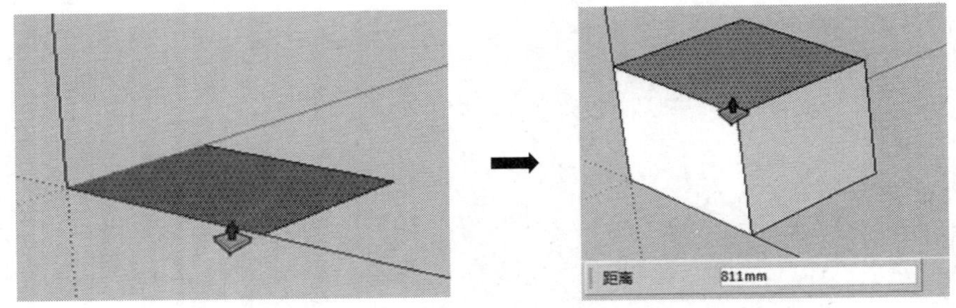

图 3-1　使用推/拉工具

3.1.2　挤压和凹陷

根据推拉对象的不同，SketchUp 会进行相应的几何变换，包括移动、挤压和挖空。推/拉工具的挤压功能可以用来创建新的几何体。用户可以使用推/拉工具对几乎所有的表面进行挤压(不能挤压曲面)。

【推/拉工具】还可以用来创建内部凹陷或挖空的模型，如图 3-2 所示。

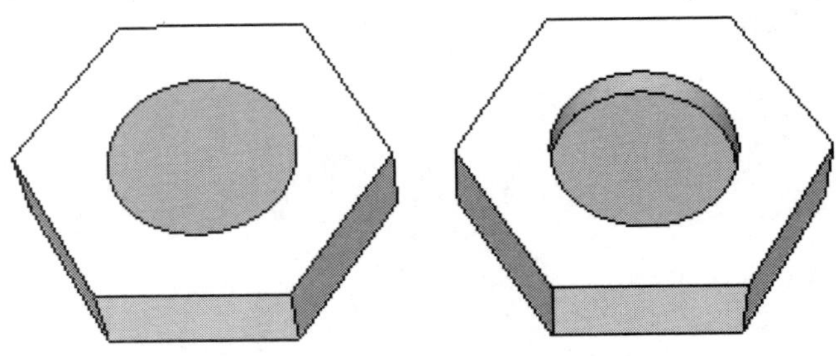

图 3-2　凹陷或挖空的模型

3.1.3 配合键盘进行推拉操作

使用推/拉工具并配合键盘上的按键可以进行一些特殊的操作。

(1) 推/拉工具配合 Alt 键。

推/拉工具配合 Alt 键，可以强制表面在垂直方向上推拉，否则会挤压出多余的模型，如图 3-3 所示。

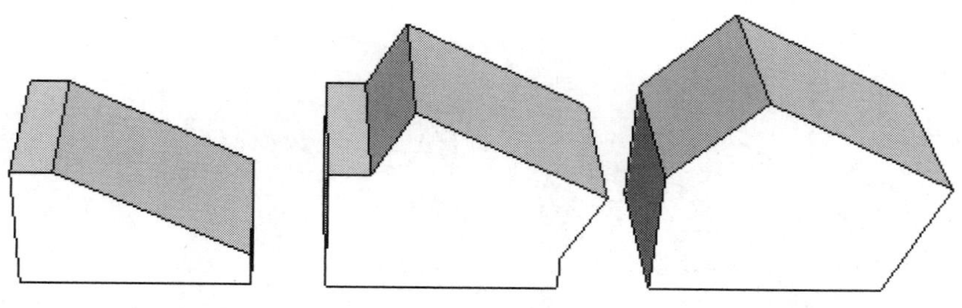

图 3-3 推/拉效果的对比

(2) 推/拉工具配合 Ctrl 键。

配合 Ctrl 键，可以在推拉面的时候复制一个新的面并进行推拉，按下 Ctrl 键后，鼠标指针的右上角会多出一个“+”号，如图 3-4 所示。

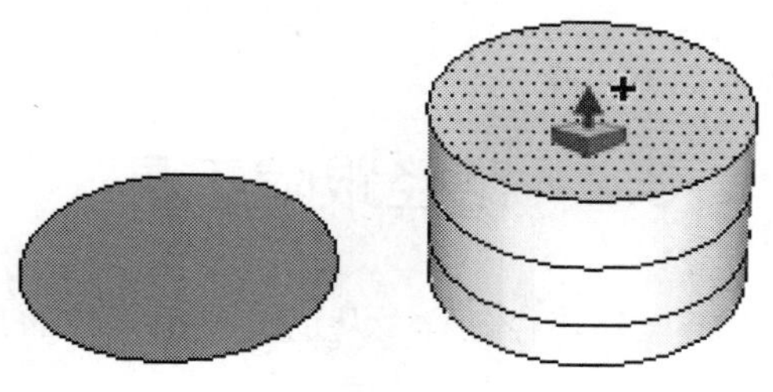

图 3-4 推/拉工具配合 Ctrl 键的用法

3.1.4 重复推拉操作

SketchUp 不像 3ds Max 那样有多重合并然后进行拉伸的命令。但有一个变通的方法，就是在拉伸第一个平面后，在其他平面上双击，就可以拉伸同样的高度，如图 3-5～图 3-7 所示。

也可以同时选中所有需要拉伸的面，然后使用推/拉工具进行拉伸，如图 3-8 和图 3-9 所示。

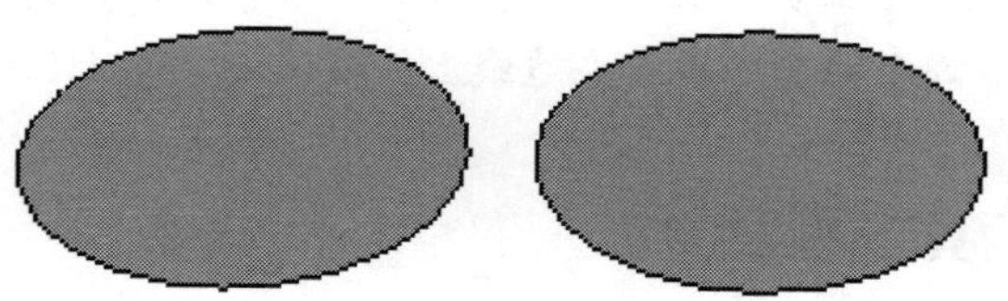

图 3-5 绘制圆

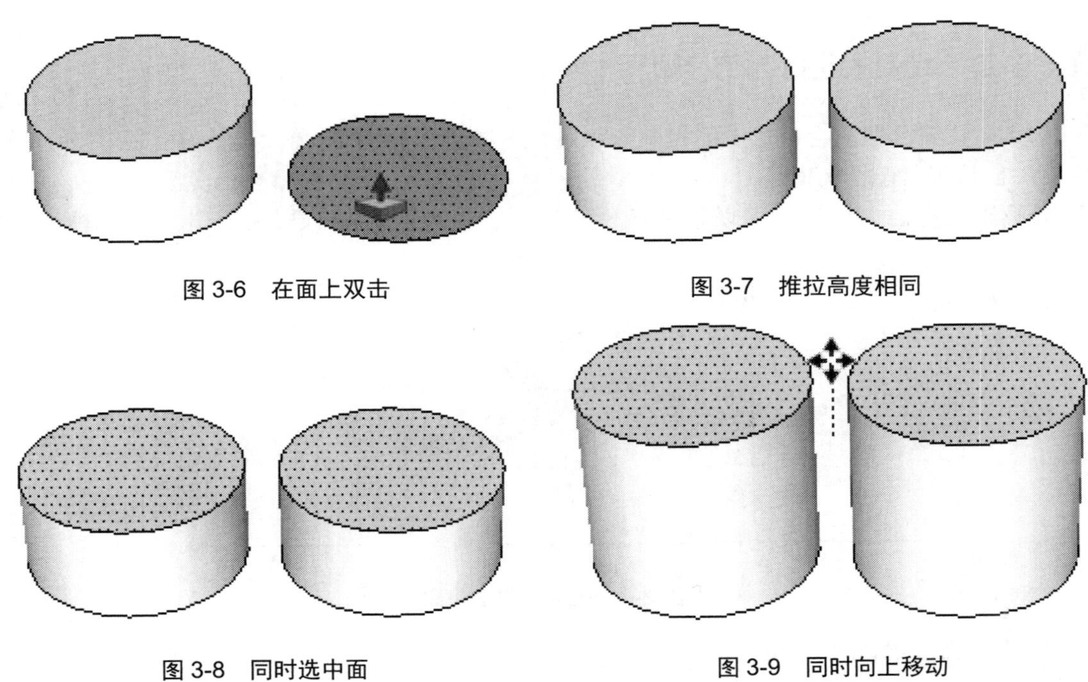

图 3-6　在面上双击

图 3-7　推拉高度相同

图 3-8　同时选中面

图 3-9　同时向上移动

推/拉工具只能作用于表面，因此不能在【线框显示】模式下工作。按住 Alt 键的同时进行推拉可以使物体变形，也可以避免挤出不需要的模型。

3.2　路径跟随工具

路径跟随工具可以将截面沿已知路径放样，从而创建出复杂的几何体。

3.2.1　调用路径跟随工具

调用路径跟随工具主要有以下几种方式。

(1) 在菜单栏中，选择【工具】|【路径跟随】命令。

(2) 单击【大工具集】工具栏中的【路径跟随】按钮。

SketchUp 中的【路径跟随工具】类似于 3ds Max 中的【放样】命令，可以将截面沿已知路径放样，从而创建复杂几何体。

为了使路径跟随工具从正确的位置开始放样，在放样开始时，必须单击邻近剖面的路径。否则，路径跟随工具会在边线上挤压，而不是从剖面到边线。

3.2.2　路径跟随工具的模式

下面介绍路径跟随工具的几种放样模式。

(1) 手动放样。

首先绘制路径边线和截平面，然后使用【路径跟随工具】单击截面，再沿着路径移动鼠标，此时边线会变成红色，在移动鼠标到达放样端点时，单击鼠标左键完成放样操作，如图 3-10 所示。

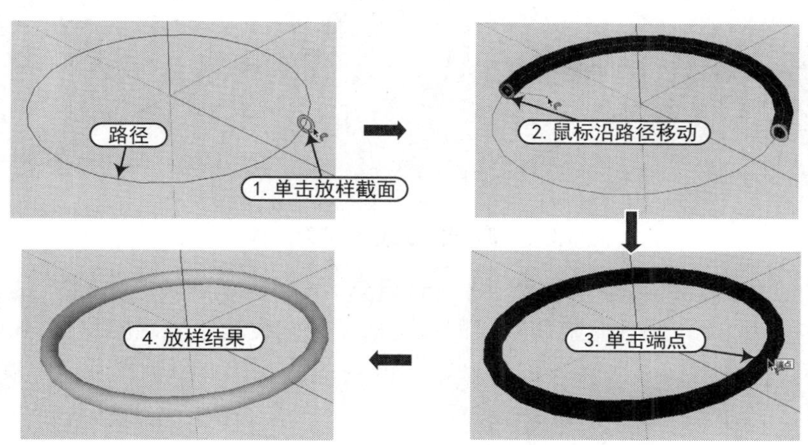

图 3-10　手动放样操作

在鼠标沿路径移动放样的过程中，可以根据需要在合适的位置单击，完成相应距离的局部放样，如图 3-11 所示。

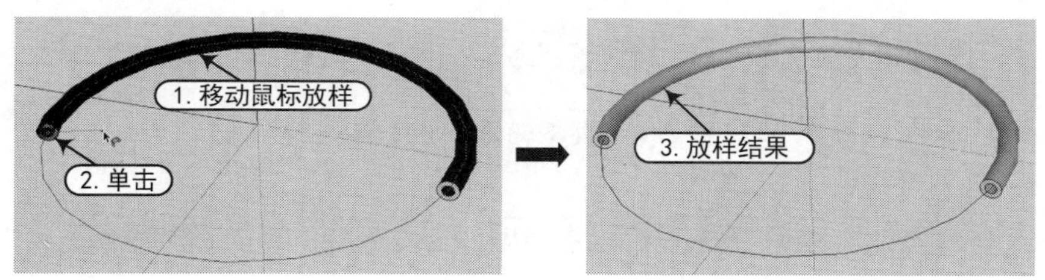

图 3-11　局部放样

(2) 自动放样。

先选择路径，再用路径跟随工具单击截面自动放样，如图 3-12 所示。

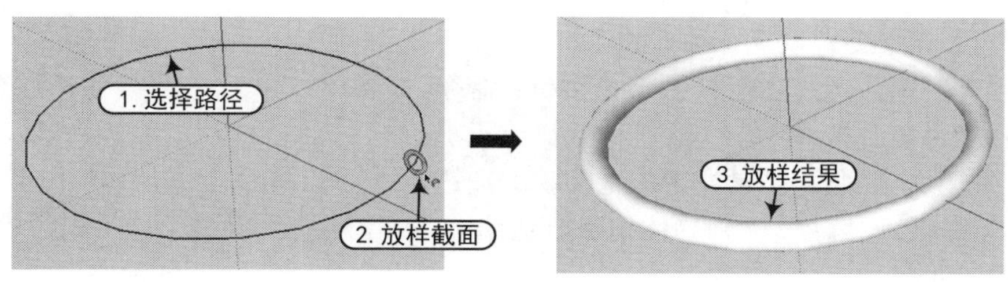

图 3-12　自动放样

(3) 自动沿某个面为路径放样。

以球体为例，首先绘制两个互相垂直且同样大小的圆，然后选择其中一个圆平面为路径，再使用路径跟随工具，单击另一个圆面为截面，该截面将自动沿路径平面的边线进行挤压，如图 3-13 所示。

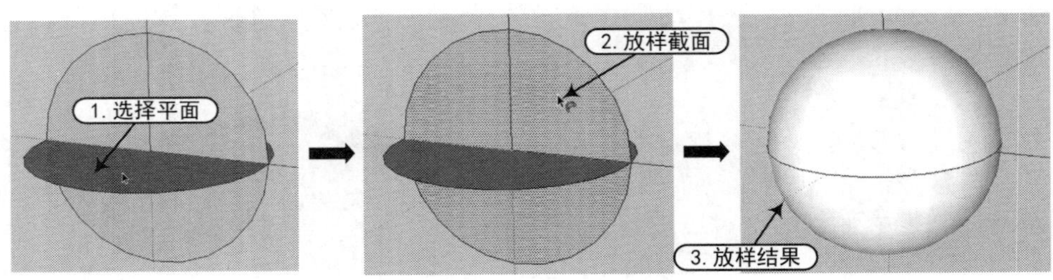

图 3-13　自动沿路径平面放样

在放样球面的过程中，由于路径线与截面相交，导致放样的球体被路径线分割，其实只要在创建路径和截面时，不让它们相交，即可生成无分割线的球体，如图 3-14 所示。

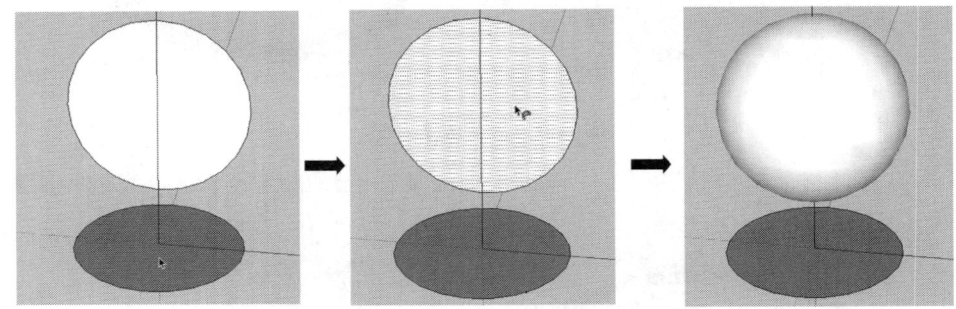

图 3-14　生成无分割线的球体

3.3　移 动 工 具

使用移动工具可以移动、拉伸和复制几何体。

3.3.1　调用移动工具

调用移动工具主要有以下几种方式。

(1) 在菜单栏中，选择【工具】|【移动】命令。

(2) 直接在键盘上按 M 键。

(3) 单击【大工具集】工具栏中的【移动】按钮✥。

执行该命令后，移动鼠标到物体的点、边线和表面时，这些对象即被激活。移动鼠标，对象的位置就会改变。

3.3.2　移动物体

使用【移动工具】✥移动物体的方法非常简单，只需选择需要移动的元素或物体，然后

激活移动工具，接着移动鼠标即可。在移动物体时，会出现一条参考线；另外，在数值控制框中会动态显示移动的距离(也可以输入移动数值或者三维坐标值进行精确移动)。

在进行移动操作之前或移动的过程中，可以按住 Shift 键来锁定参考。这样可以避免参考捕捉受到其他几何体的干扰。

3.3.3 移动复制物体

在移动对象的同时按住 Ctrl 键，就可以复制选择的对象(按住 Ctrl 键后，鼠标指针右上角会多出一个“+”号)。

完成一个对象的复制后，如果在数值框中输入“x5”(字母 x 不区分大小写)，表示以前面复制物体的间距阵列复制出 5 份(间距×5)，如图 3-15 所示。

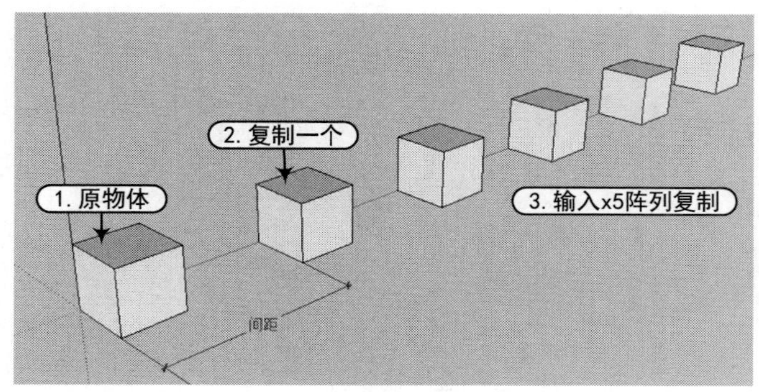

图 3-15 移动复制(1)

完成一个对象的复制后，如果输入“/2”，表示在复制的间距之内等分复制两个物体(间距/2)，如图 3-16 所示。

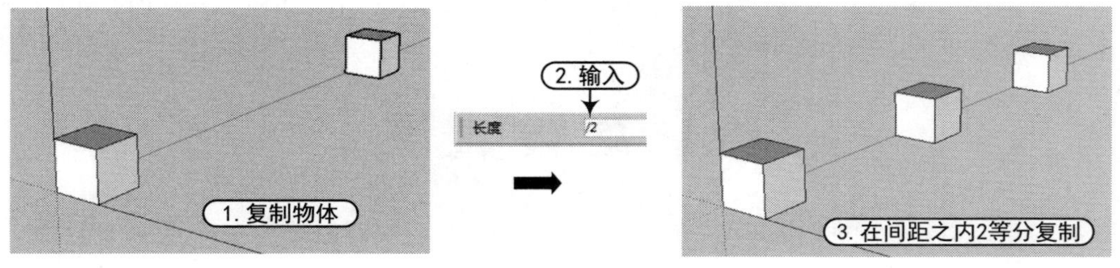

图 3-16 移动复制(2)

3.3.4 拉伸物体

当移动几何体上的一个元素时，SketchUp 会按需要对几何体进行拉伸。用户可以用这个方法移动点、边线和表面，如图 3-17 所示。也可以通过移动线段来拉伸一个物体。

使用移动工具的同时按住 Alt 键可以强制拉伸线或面，生成不规则几何体，也就是 SketchUp 会自动折叠这些表面，如图 3-18 所示。

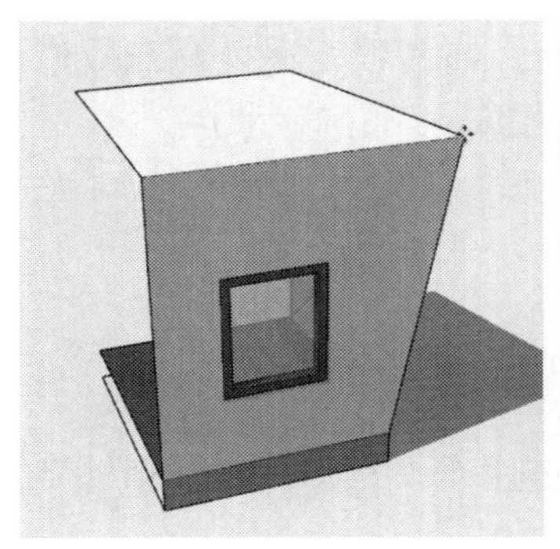
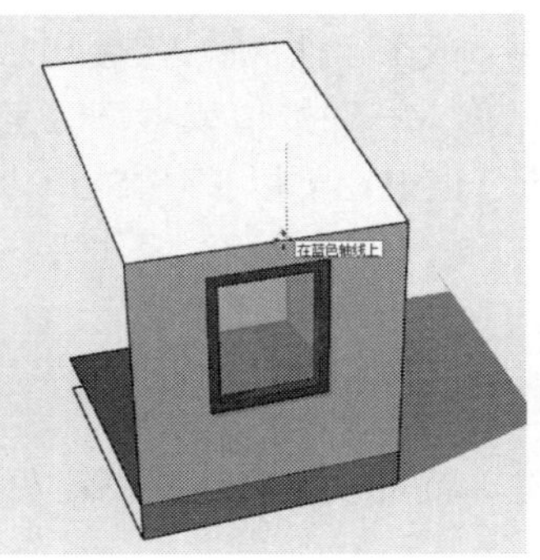
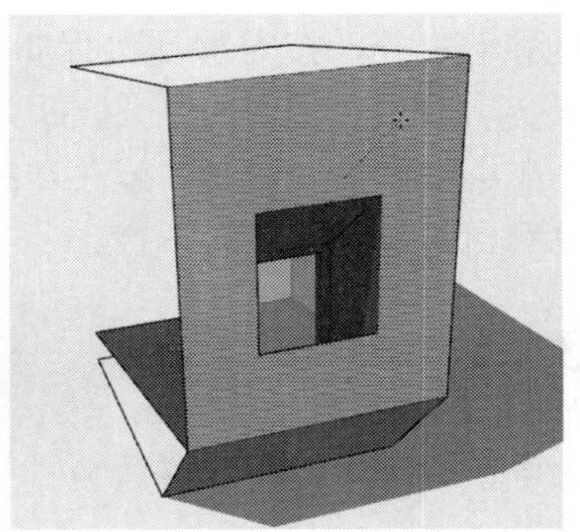

图 3-17　拉伸物体

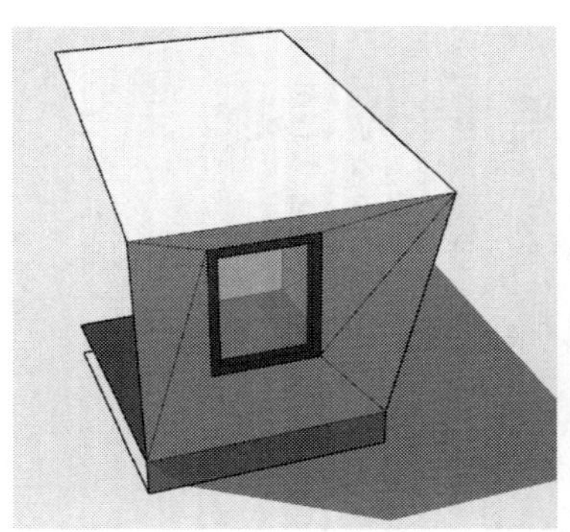
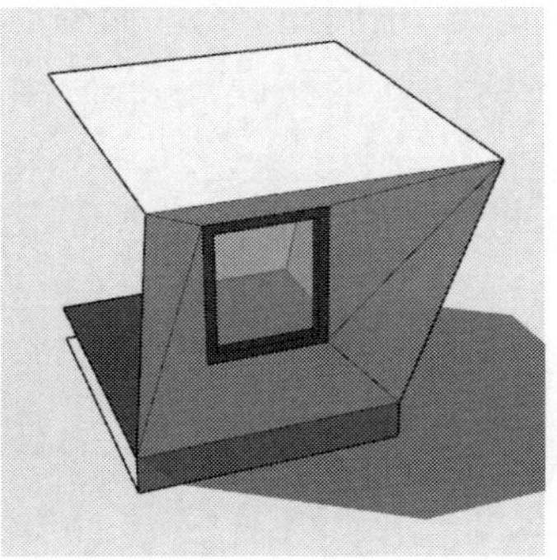

图 3-18　强制拉伸线和面

3.3.5　编辑对象

在 SketchUp 中可以编辑的点只存在于线段和弧线两端，以及弧线的中点。可以使用移动工具进行编辑，在激活此工具前不要选中任何对象，直接捕捉即可，如图 3-19 所示。

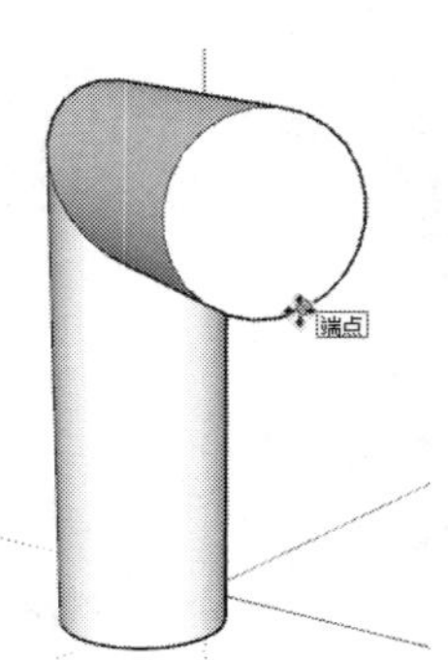

图 3-19　捕捉点

3.4　旋 转 工 具

旋转工具可以在同一旋转平面上旋转物体中的元素，也可以旋转单个或多个物体，配合功能键还能完成旋转复制功能。

3.4.1　调用旋转工具

调用旋转工具主要有以下几种方式。

(1) 在菜单栏中，选择【工具】|【旋转】命令。

(2) 直接在键盘上按 Q 键。

(3) 单击【大工具集】工具栏中的【旋转】按钮。

打开图形文件，利用 SketchUp 的参考提示可以精确定位旋转中心。如果选中【启用角度

捕捉】复选框，将会根据设置好的角度进行旋转，如图 3-20 所示。

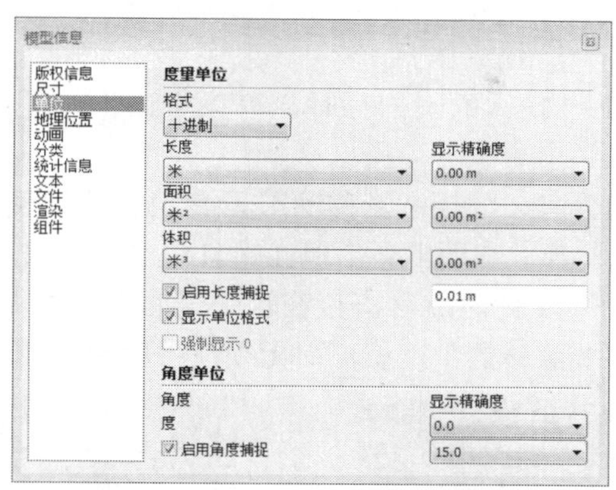

图 3-20　启用角度捕捉

3.4.2　旋转复制物体

使用【旋转工具】并配合 Ctrl 键可以在旋转的同时复制物体。例如在完成一个圆柱体的旋转复制后，如果输入“6*”或者“6x”就可以按照上一次的旋转角度将圆柱体复制 6 个，共存在 7 个圆柱体，如图 3-21 所示；假如在完成圆柱体的旋转复制后，输入“/2”，那么就可以在旋转的角度内再复制 2 份，共存在 3 个圆柱体，如图 3-22 所示。

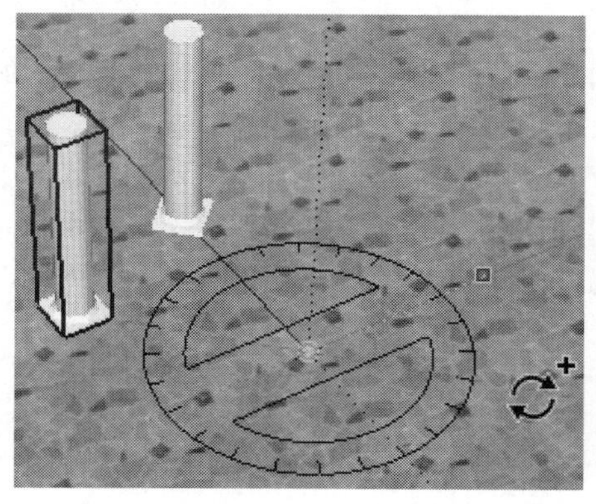

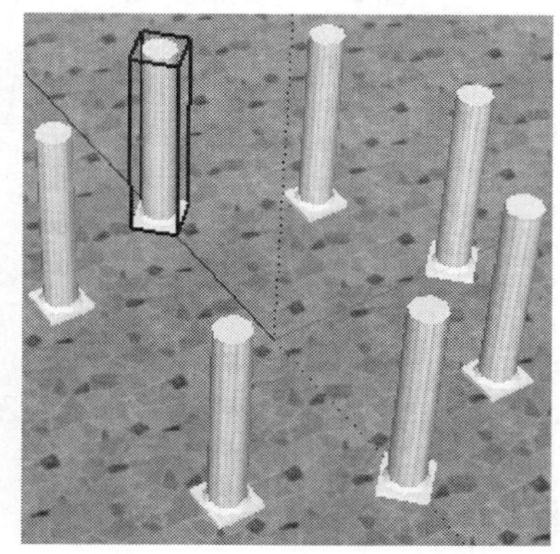

图 3-21　旋转复制(1)

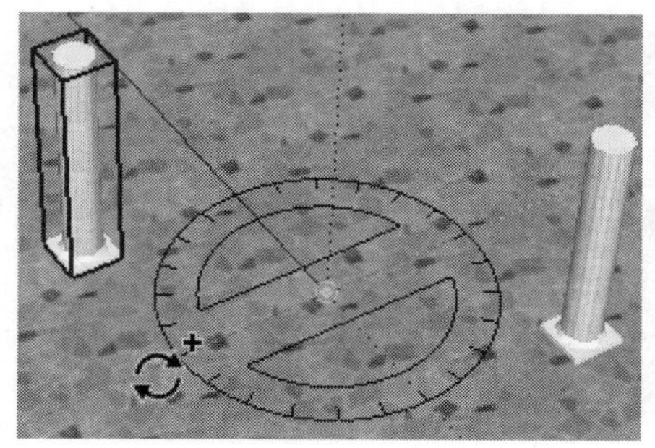

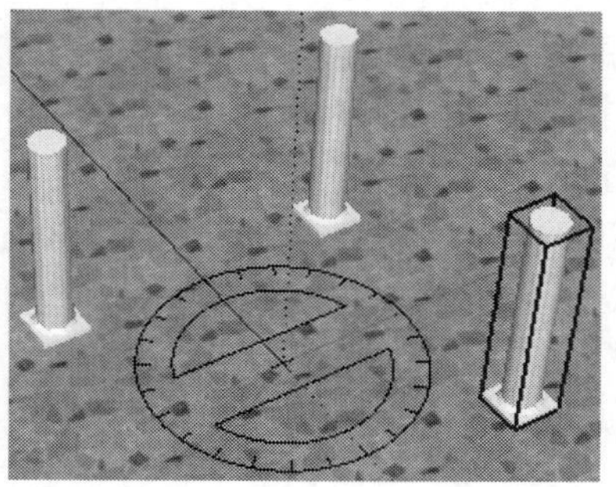

图 3-22　旋转复制(2)

3.4.3 旋转扭曲物体

使用旋转工具只旋转某个物体的一部分时，可以将该物体进行拉伸或扭曲，如图 3-23 所示。

当物体对象是组或者组件时，如果激活移动工具(激活前不要选择任何对象)，并将鼠标光标指向组或组件的一个面上，那么该面上会出现 4 个红色的标记点，移动鼠标光标至一个标记点上，会出现红色的旋转符号，此时就可直接在这个平面上让物体沿自身轴进行旋转，并且可以通过数值控制框输入需要旋转的角度值，而无须使用旋转工具，如图 3-24 所示。

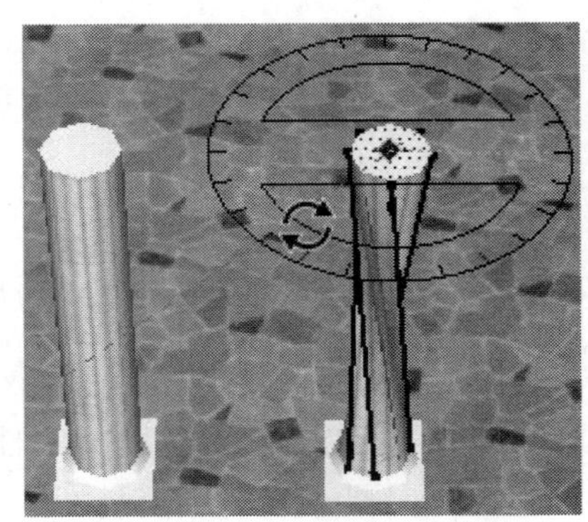

图 3-23　旋转扭曲

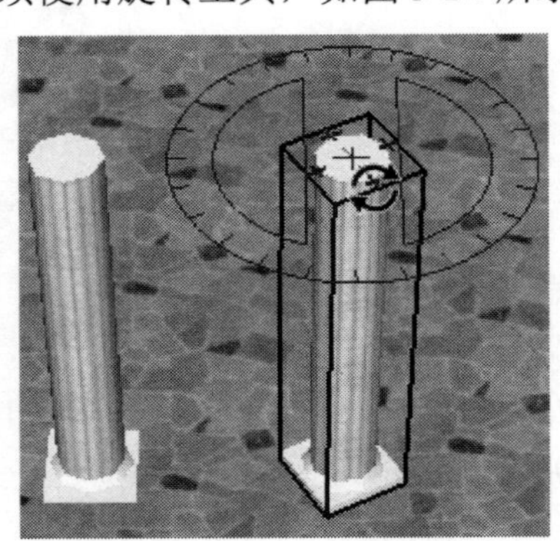

图 3-24　旋转模型

如果旋转导致一个表面被扭曲或变成非平面时，将会激活 SketchUp 的自动折叠功能。

3.5 缩 放 工 具

使用缩放工具可以缩放或拉伸选中的物体。

3.5.1 调用缩放工具

调用缩放工具主要有以下几种方式。

(1) 在菜单栏中，选择【工具】|【缩放】命令。

(2) 直接在键盘上按 S 键。

(3) 单击【大工具集】工具栏中的【缩放】按钮。

使用【缩放工具】可以缩放或拉伸选中的物体，其方法是在激活【缩放工具】后，通过移动缩放夹点来调整所选几何体的大小，不同的夹点支持不同的操作。

3.5.2 夹点控制缩放

不同的夹点支持不同的操作，这是因为有些夹点用于等比缩放，有些则用于非等比缩放。下面来分别介绍。

(1) 对角夹点：单击移动对角夹点(选中夹点呈红色)，可以使几何体沿对角方向进行等比缩放，缩放时在数值框中显示的是缩放比例。对角夹点如图 3-25 所示。

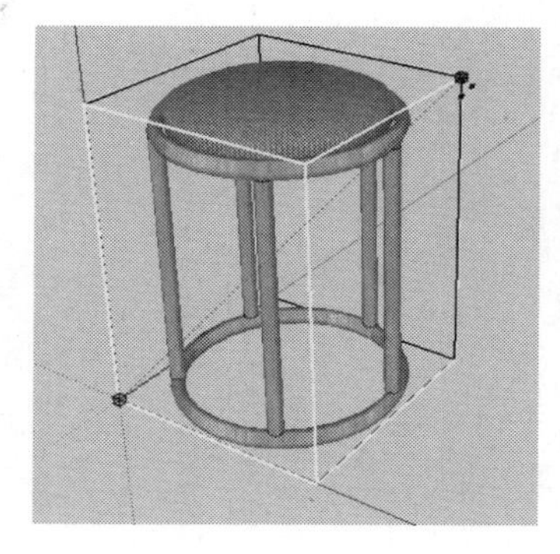

图 3-25　对角夹点

(2) 边线夹点：移动边线夹点可以同时在几何体对边的两个方向上进行非等比缩放，几何体将变形，缩放时在数值框中显示的是两个用逗号隔开的数值。边线夹点如图 3-26 所示。

(3) 表面夹点：移动表面夹点可以使几何体沿着垂直面在一个方向上进行非等比缩放，几何体将变形(改变物体长、宽、高)，缩放时在数值框中显示的是缩放比例。表面夹点如图 3-27 所示。

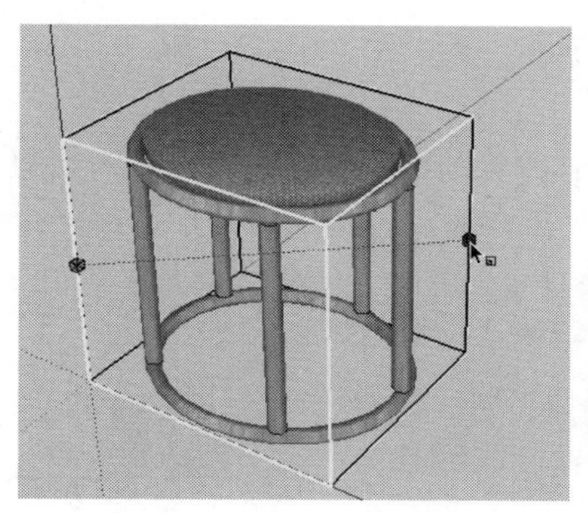

图 3-26　边线夹点

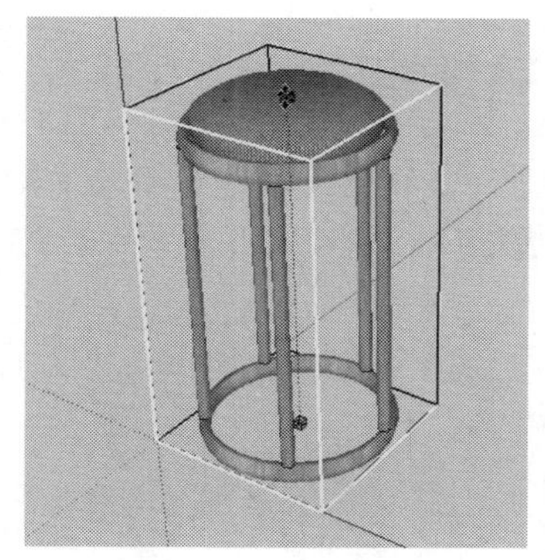

图 3-27　表面夹点

3.5.3　输入数值缩放

在缩放的时候，数值控制框会显示缩放比例，用户也可以在完成缩放后输入一个数值，数值的输入方式有 3 种。

(1) 输入缩放比例。

直接输入不带单位的数字，例如 2.5 表示缩放 2.5 倍、-2.5 表示往夹点操作的反方向缩放 2.5 倍。缩放比例不能为 0。

(2) 输入尺寸长度。

输入一个数值并指定单位，例如，输入 2m 表示缩放到 2m。

(3) 输入多重缩放比例。

一维缩放需要一个数值；二维缩放需要两个数值，用逗号隔开；等比例的三维缩放也只需要一个数值，但非等比的三维缩放却需要 3 个数值，分别用逗号隔开。

3.5.4　配合其他功能键缩放

缩放工具还可以配合其他功能键进行操作。

(1) 配合 Ctrl 键可以对物体进行中心缩放，如图 3-28 所示。

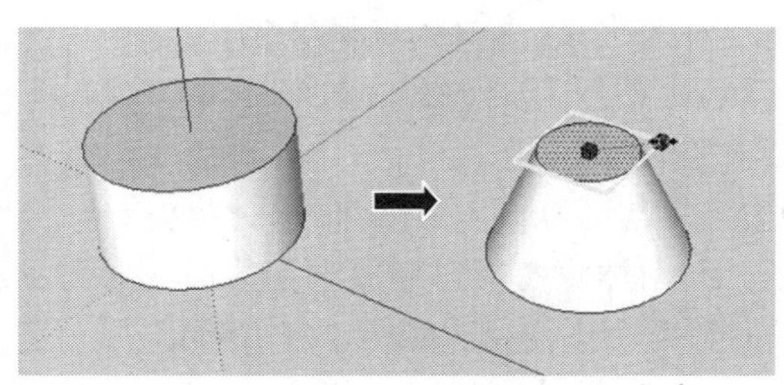

图 3-28　配合 Ctrl 键进行缩放

(2) 配合 Shift 键可以进行夹点缩放，可以在等比缩放和非等比缩放之间进行切换。

(3) 配合 Ctrl 键和 Shift 键，将在夹点缩放、中心缩放和中心非等比缩放之间互相转换。

3.5.5　镜像缩放

使用缩放工具还可以镜像缩放物体，只需要往反方向拖曳缩放夹点即可(也可以输入负数值完成镜像缩放，例如-0.5 表示在反方向缩小 0.5 倍)，如图 3-29 所示。

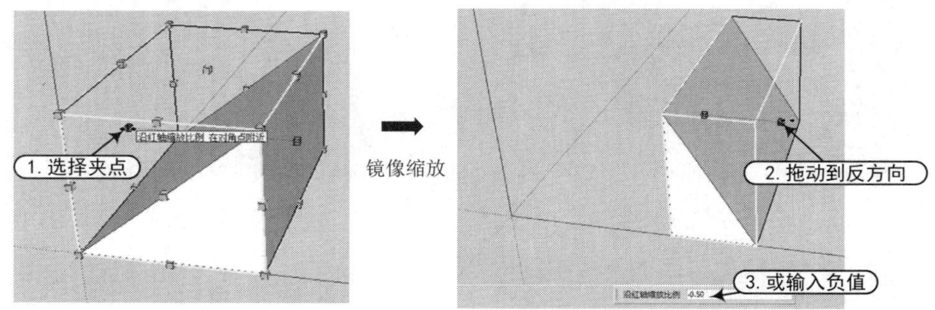

图 3-29　镜像缩放

如果使镜像后的图形大小不变，只需移动一个夹点，输入“-1”，就可将物体进行原大小镜像。操作方法与前面类似，只是输入值为“-1”。

3.6　偏 移 工 具

使用偏移工具可以对表面或一组共面的线进行偏移复制，用户可以将对象偏移复制到内侧或外侧，偏移之后会产生新的表面。

3.6.1　调用偏移工具

调用【偏移】工具主要有以下几种方式。

(1) 在菜单栏中，选择【工具】|【偏移】菜单命令。

(2) 直接在键盘上按 F 键。

(3) 单击【大工具集】工具栏中的【偏移】按钮。

3.6.2 偏移工具的使用方法

线的偏移方法和面的偏移方法大致相同，唯一需要注意的是，选择线的时候必须选择两条以上相连的线，而且所有的线必须处于同一平面上，如图 3-30 所示的台阶属于偏移。

图 3-30 台阶偏移

对于选定的线，通常使用【移动工具】(快捷键为 M 键)并配合 Ctrl 键进行复制，复制时可以直接输入复制距离。而对于两条以上连续的线段或者单个面，可以使用【偏移工具】(快捷键为 F 键)进行复制。

使用【偏移工具】一次只能偏移一个面或者一组共面的线。

3.7 模型交错

在 SketchUp 中，使用模型交错工具可在物体交错的地方形成相交线，以创建复杂的几何平面。

3.7.1 模型交错工具的特点

模型交错工具主要有以下特点。

(1) 模型交错形成的交线，如果相交模型没有编组，那么新增的直线将会绘制到模型上。

(2) 模型交错中对于角度比较特殊且细小的相交面，可能会出现无法生成相交线的情况，这时就需要手动进行修补。

(3) SketchUp 并没有真正的曲线，表现出的曲线都是由折线经过柔化得到，本质上都是多段线，同理曲面也是由无数个不规则平面边线相连接而得到的。因此，模型交错的交线都可以继续进行修改绘制。

3.7.2 模型交错工具的使用方法

调用模型交错工具的方式为：在菜单栏中，选择【编辑】|【交错(I)平面】命令，如图 3-31 所示。

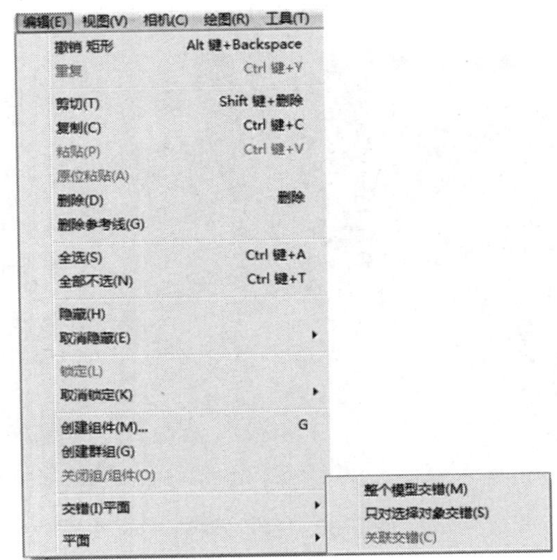

图 3-31 选择【交错(I)平面】菜单命令

执行该命令后，模型相交的地方自动生成相交的轮廓边线，通过相交边线即可生成新的分割面，如图 3-32 所示。

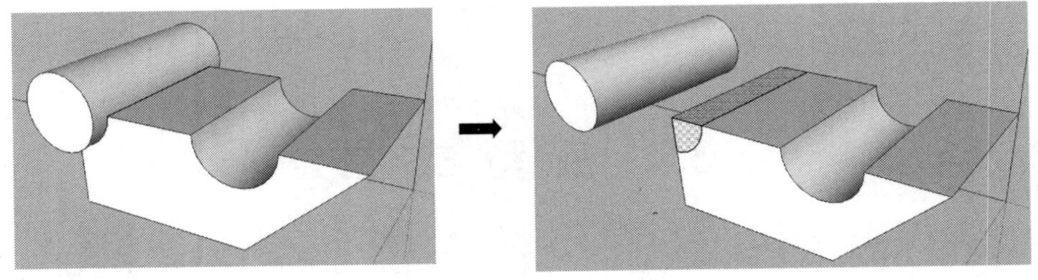

图 3-32 模型交错效果

3.8 实体(布尔)工具

SketchUp 中的【实体工具】命令相当于 3ds Max 中的布尔运算功能。布尔是英国的数学家，在 1847 年发明了处理二值关系的逻辑数学计算法，包括联合、相交、相减。后来在计算机图形处理操作中引用了这种逻辑运算方法，以使简单的基本图形组合产生新的形体，并由二维布尔运算发展到三维图形的布尔运算。

调用实体工具的方式如下。

在菜单栏中，选择【视图】|【工具栏】|【实体工具】命令；或者在菜单栏中，选择

【工具】|【实体工具】命令，这样就可打开【实体工具】工具栏，如图 3-33 所示。下面介绍其中主要的工具。

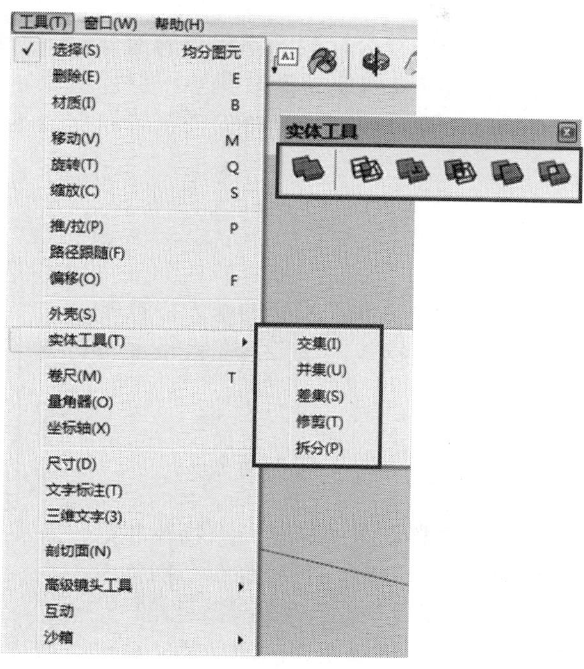

图 3-33 【实体工具】命令

3.8.1 实体外壳

【实体外壳工具】用于对指定的几何体加壳，使其变成一个群组或者组件。下面举例进行说明。

(1) 激活【实体外壳工具】，然后在绘图区域移动鼠标，此时鼠标指针显示为①，提示用户选择第一个组或组件，选择圆柱体组件，如图 3-34 所示。

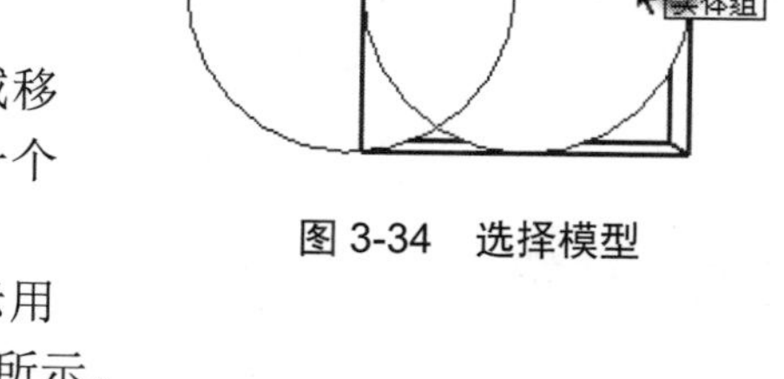

图 3-34 选择模型

(2) 选择一个组件后，鼠标指针显示为②，提示用户选择第二个组或组件，选中立方体组件，如图 3-35 所示。

(3) 完成选择后，组件会自动合并为一体，相交的边线都被自动删除，且自成一个组件，如图 3-36 所示。

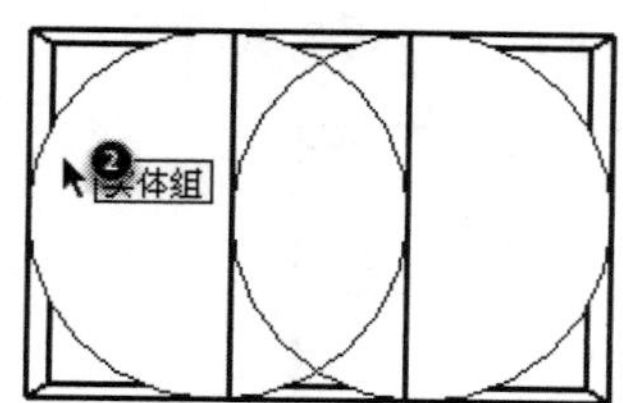

图 3-35 选择另一个模型

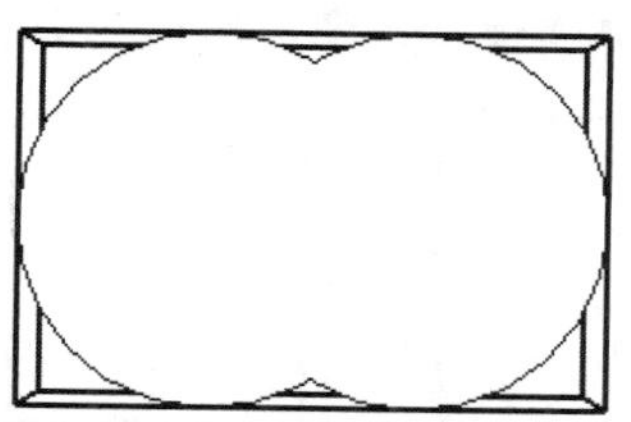

图 3-36 合并为一体

3.8.2　相交

【相交工具】用于保留相交的部分，删除不相交的部分。该工具的使用方法与实体外壳工具相似，激活【相交工具】后，鼠标指针处会提示选择第一个物体和第二个物体，完成选择后，将保留两者相交的部分，如图 3-37 所示。

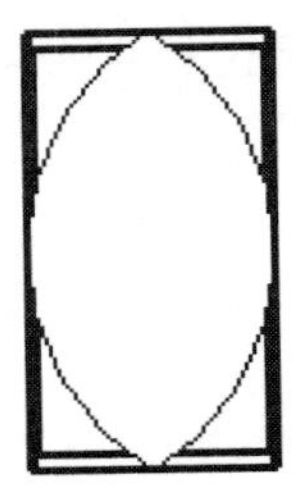

图 3-37　相交

3.8.3　联合

【联合工具】用来将两个物体合并，相交的部分将被删除，运算完成后两个物体将成为一个物体。该工具在效果上与实体外壳工具相同，如图 3-38 所示。

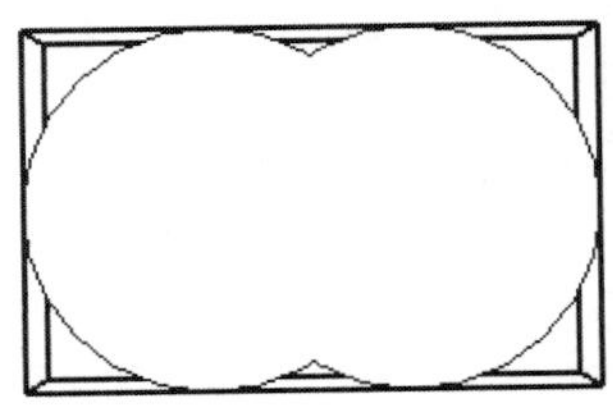

图 3-38　联合

3.8.4　减去

使用【减去工具】的时候同样需要选择第一个物体和第二个物体，完成选择后将删除第一个物体，并在第二个物体中减去与第一个物体重合的部分，只保留第二个物体剩余的部分。

激活【减去工具】后，如果先选择左边的圆柱体，再选择右边的圆柱体，那么保留的就是圆柱体不相交的部分，如图 3-39 所示。

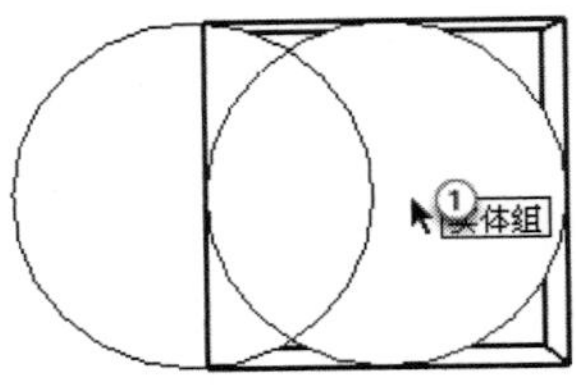

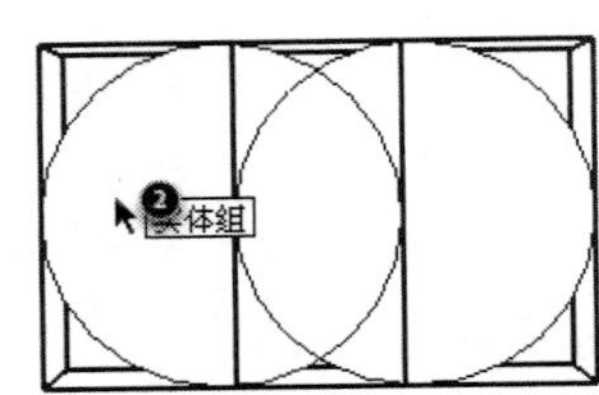

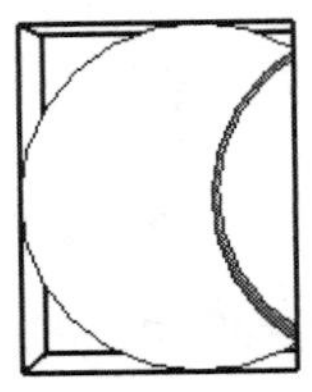

图 3-39　减去

3.8.5　剪辑

激活【剪辑工具】，并选择第一个物体和第二个物体后，将在第二个物体中修剪与第一个物体重合的部分，第一个物体保持不变。

激活【剪辑工具】后，如果先选择左边的圆柱体，再选择右边的圆柱体，那么修剪之后左边的圆柱体将保持不变，右边的圆柱体被挖除了一部分，如图 3-40 所示。

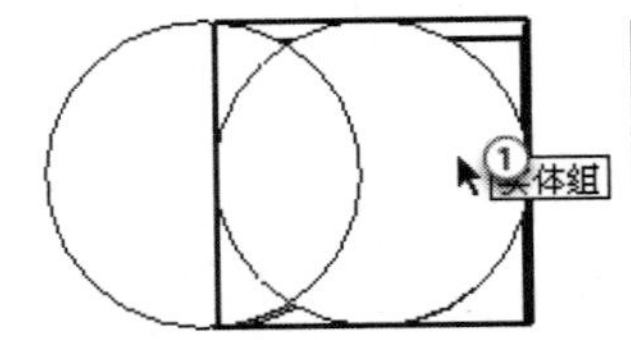

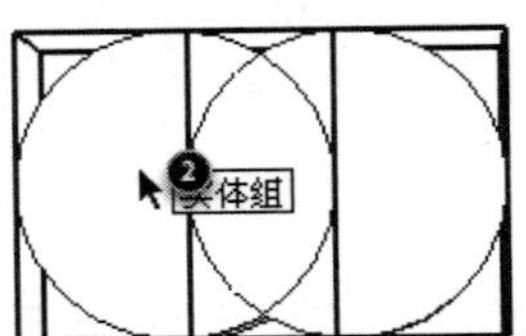

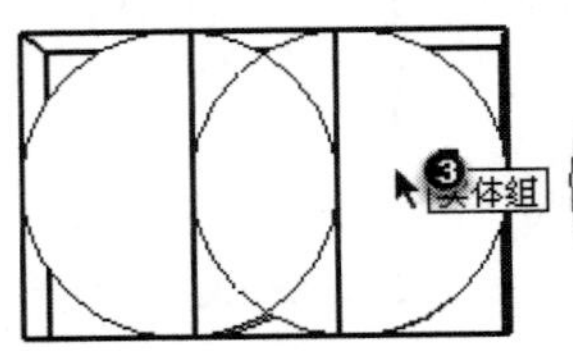

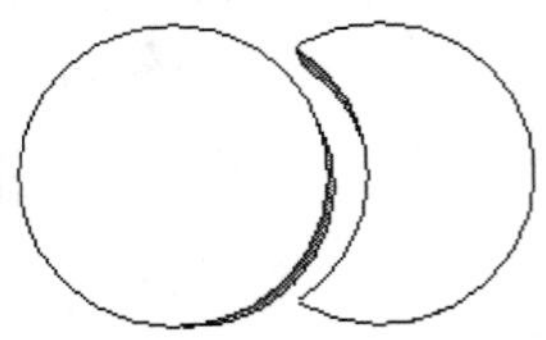

图 3-40　剪辑

3.8.6 拆分

使用【拆分工具】可以将两个物体相交的部分分离成单独的新物体，原来的两个物体被修剪掉相交的部分，只保留不相交的部分，如图 3-41 所示。

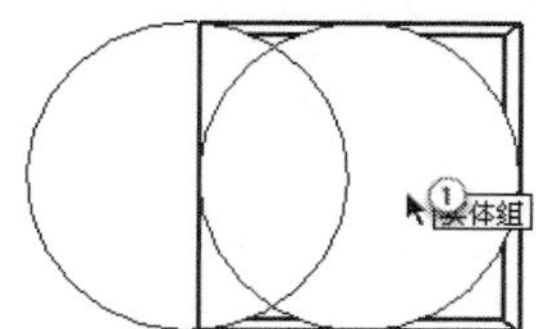

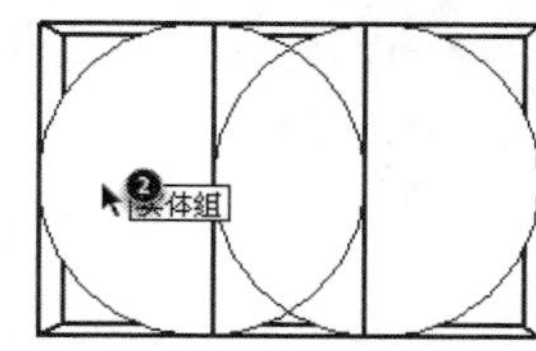

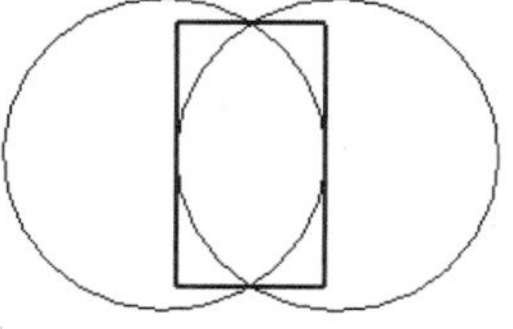
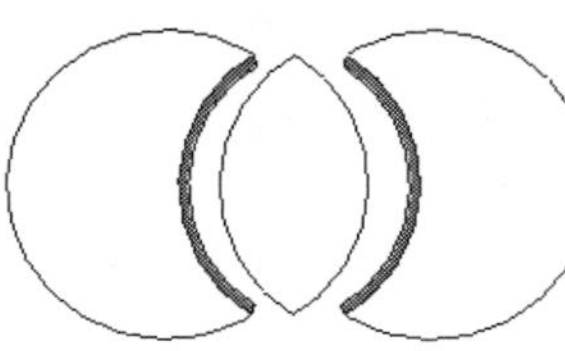

图 3-41 拆分

3.9 三维文字工具

三维文字工具用来创建立体的三维文字，也可以用来创建平面或线框文字。

3.9.1 调用三维文字工具

调用三维文字工具主要有以下两种方式。

(1) 在菜单栏中，选择【工具】|【三维文字】命令。

(2) 单击【大工具集】工具栏中的【三维文字】按钮。

3.9.2 创建三维文字

激活【三维文字工具】后，会弹出【放置三维文本】对话框，如图 3-42 所示，该对话框中的【高度】文本框用来设置文字的大小、【已延伸】文本框用来设置文字的厚度。

在【放置三维文本】对话框的文本框中输入文字后，单击【放置】按钮，即可将文字拖放至合适的位置，生成的文字将自动成组，如图 3-43 所示，使用【缩放工具】可以对文字进行缩放。

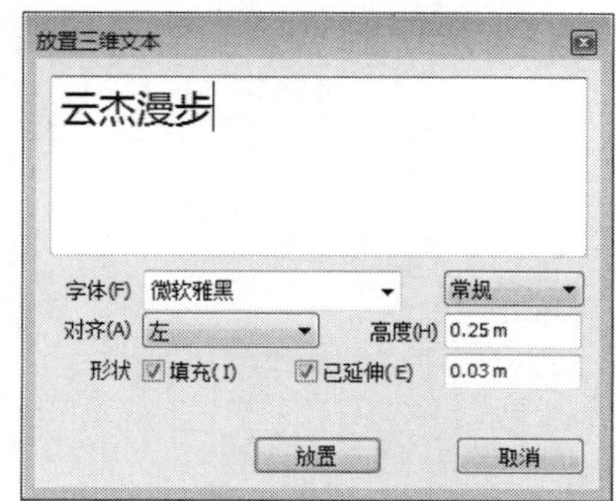

图 3-42 【放置三维文本】对话框

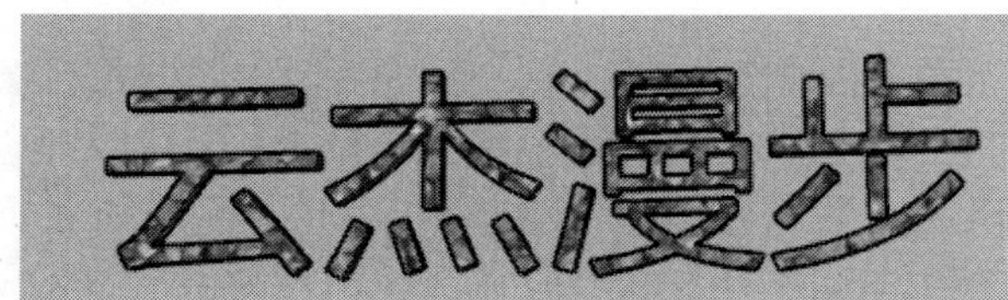

图 3-43 放置三维文字

3.9.3 创建平面文字和线框文字

打开【放置三维文本】对话框，取消选中【已延伸】复选框，将生成平面文字；如果取消选中【填充】复选框，将生成线框文字，如图 3-44 所示。

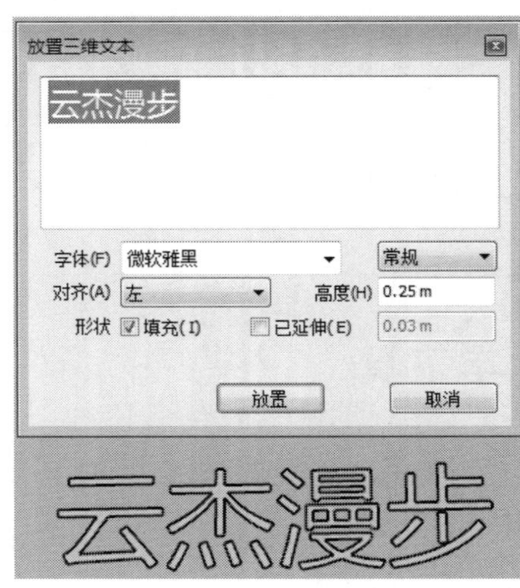

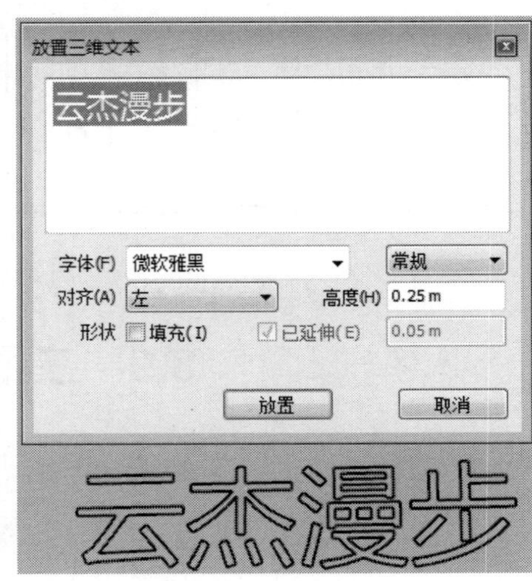

图 3-44 平面文字和线框文字的设置

3.10 设计范例

3.10.1 绘制灯柱模型范例

本范例完成文件：ywj/03/3-1.skp

1. 案例分析

本节的案例是进行绘制灯柱三维模型的练习，主要是对一个小型的建筑模型设施进行建模，推拉与偏移结合应用，旋转复制，群组的使用，规则曲面绘制，需要读者掌握基本的三维绘制命令并加以组合应用。

2. 案例操作

step 01 创建新文件后，单击【大工具集】工具栏中的【矩形】按钮，在绘图区中绘制 400mm×400mm 的正方形，单击【推/拉】按钮，向上推拉 100mm，单击【偏移】按钮，将长方体上表面向内偏移 50mm，如图 3-45 所示。

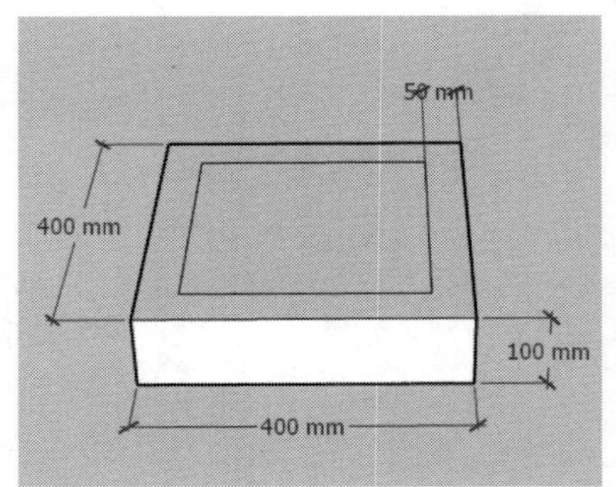

图 3-45 底座尺寸

step 02 重复推拉与偏移操作，得到尺寸如图 3-46 所示的方形柱体。

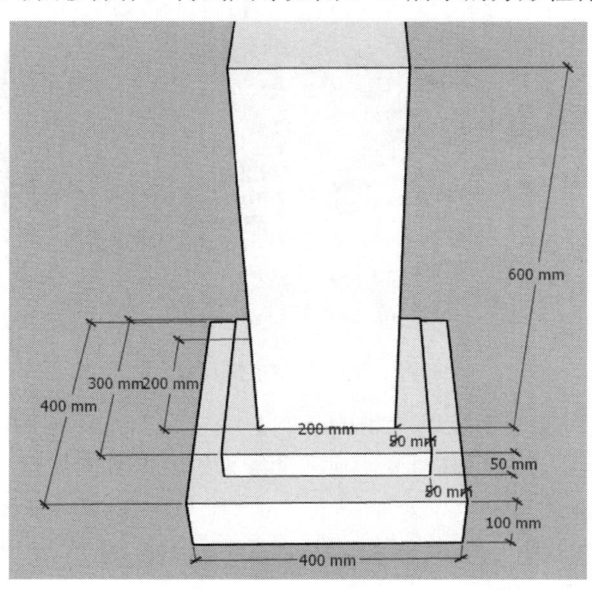

图 3-46　柱体尺寸

step 03 单击【大工具集】工具栏中的【缩放】按钮，然后按 Ctrl 键，选中柱体上表面，如图 3-47 所示。单击出现的角点，然后从键盘上输入“0.9”，完成上表面的缩放，如图 3-48 所示。

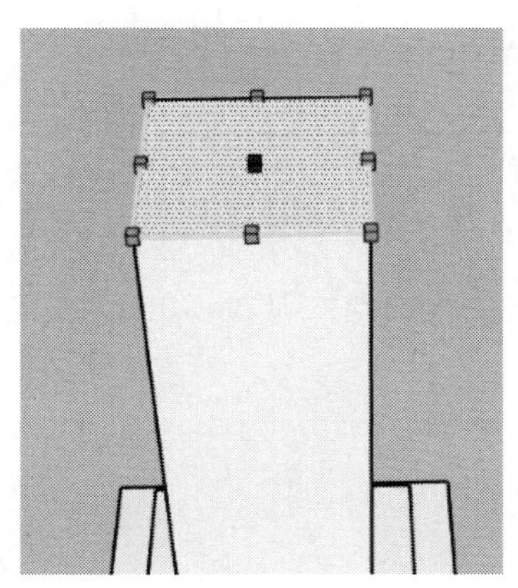

图 3-47　选择顶部

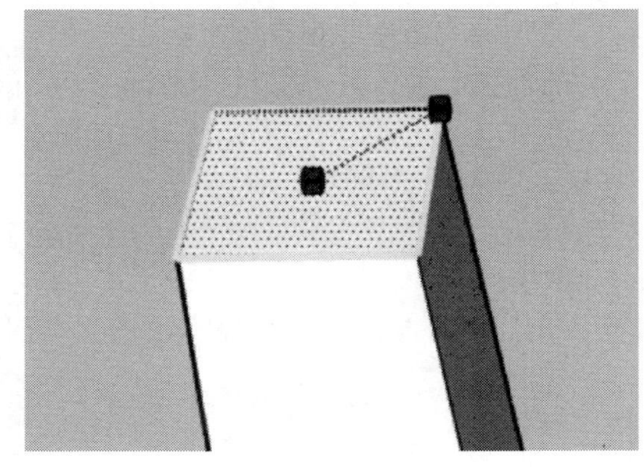

图 3-48　进行缩放

进行缩放时要选择正确的缩放点，并观察界面提示区的提示内容，此步骤操作需要按 Shift 键，将提示内容改为“点击您想要围绕中心统一修改的比例”，然后输入缩放倍数，才能正确操作。

step 04 采用与灯柱相同的方式绘制灯箱底座，创建 400mm×400mm 的正方形，然后经过推拉与偏移得到底座，如图 3-49 所示。

step 05 将灯箱台中间环形向上推拉 300mm，如图 3-50 所示。

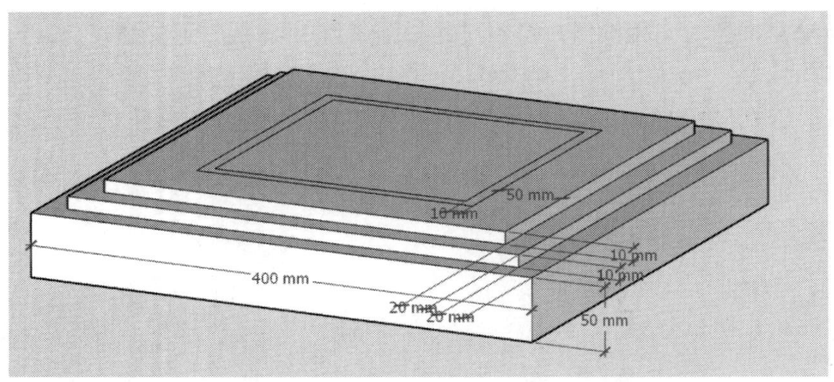

图 3-49　灯箱底座尺寸

step 06 单击【大工具集】工具栏中的【圆】按钮，在灯箱侧面绘制一个半径为 70mm 的圆形，如图 3-51 所示，注意可以通过创建辅助线来确定圆心的位置。

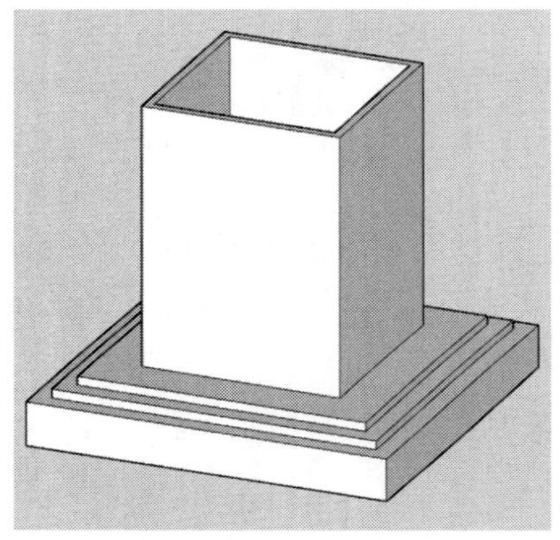

图 3-50　灯箱外壳

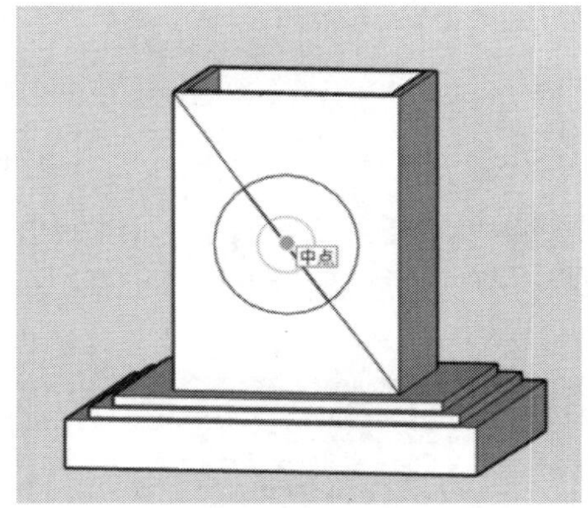

图 3-51　创建辅助面

step 07 单击【大工具集】工具栏中的【推/拉】按钮，将圆向内推拉 10mm(与灯罩壁厚度相同)，如图 3-52 所示。

step 08 用同样的方法将其余三个面做好，如图 3-53 所示。

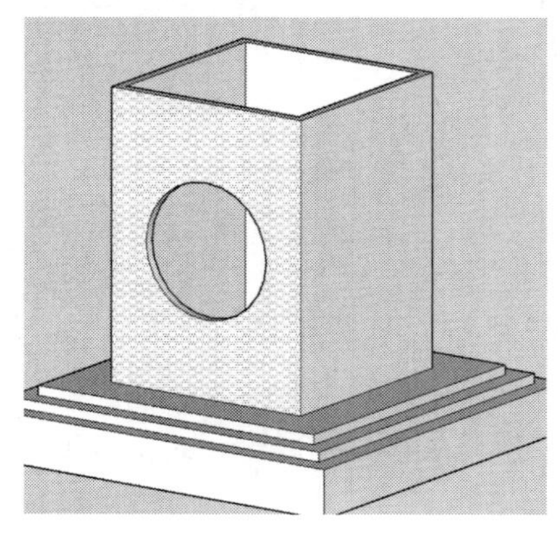

图 3-52　灯箱开窗

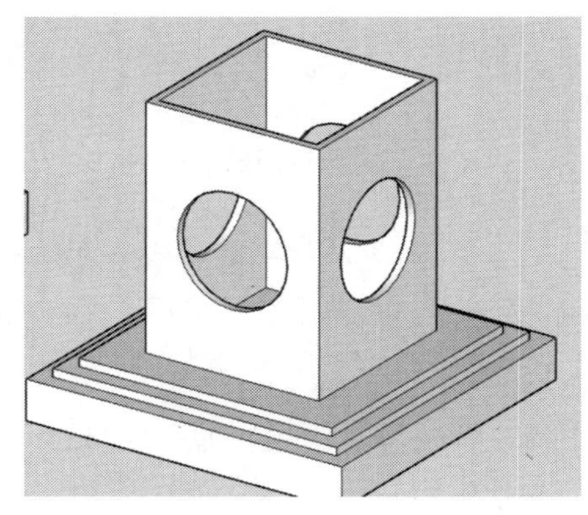

图 3-53　四面开窗

step 09 单击【大工具集】工具栏中的【矩形】按钮，然后进行推拉，制作出一个边长为200mm的正方体，然后单击【扇形】按钮，在正方体侧面绘制一个扇形，如图3-54所示。

step 10 继续通过推/拉功能，将扇形区域向后推拉200mm，得到如图3-55所示的形状。

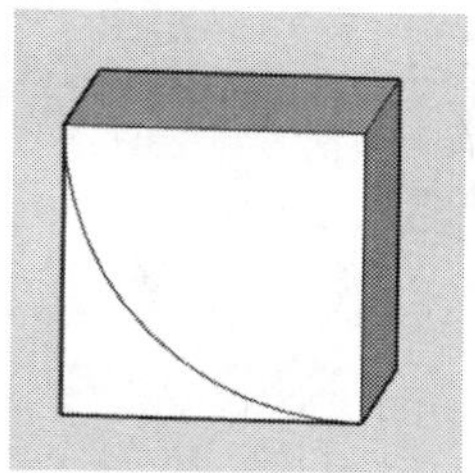

图3-54 扇形辅助线的建立

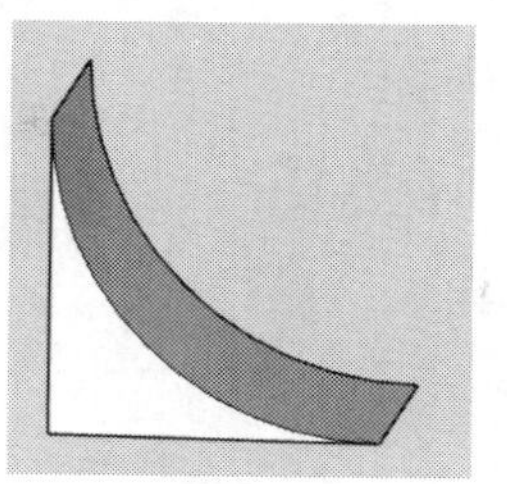

图3-55 得到不规则辅助实体

step 11 单击【大工具集】工具栏中的【直线】按钮，绘制第二段直线，得到一个与曲面相交的平面，如图3-56所示。

step 12 全选刚才绘制的图形，单击鼠标右键，在弹出的快捷菜单中选择【模型交错】|【模型交错】命令，删除多余线面，只保留模型交错生成的曲线，即如图3-57所示最右侧的曲线。

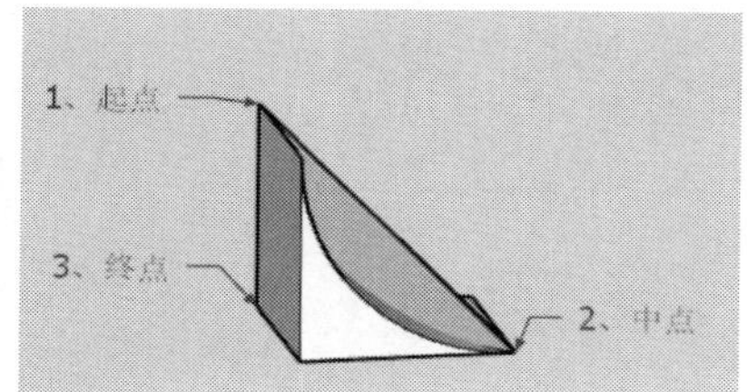

图3-56 建立辅助相交面

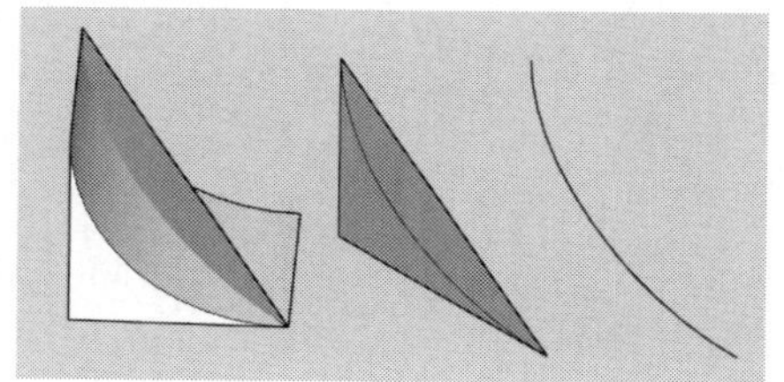

图3-57 模型交错生成曲线

step 13 如图3-58所示，用矩形工具绘制一个5mm×5mm的正方形，并通过圆工具创建三个半径为5的圆，然后通过擦除工具擦除多余的线面，得到如图3-58所示右面的图形。

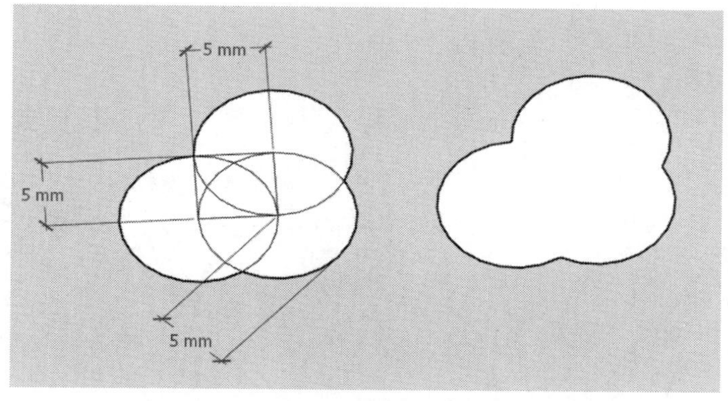

图3-58 辅助平面尺寸

step 14 单击【大工具集】工具栏中的【移动】按钮，以左上角凹陷处为基准点移动此平面到曲线上方，如图3-59所示。

step 15 选中曲线，并单击【大工具集】工具栏中的【路径跟随】按钮，将平面沿着曲线放样，得到如图 3-60 所示的模型。

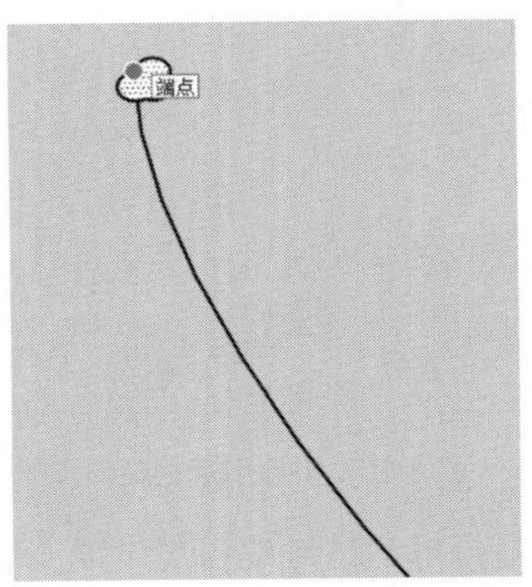

图 3-59　辅助面移动后的位置

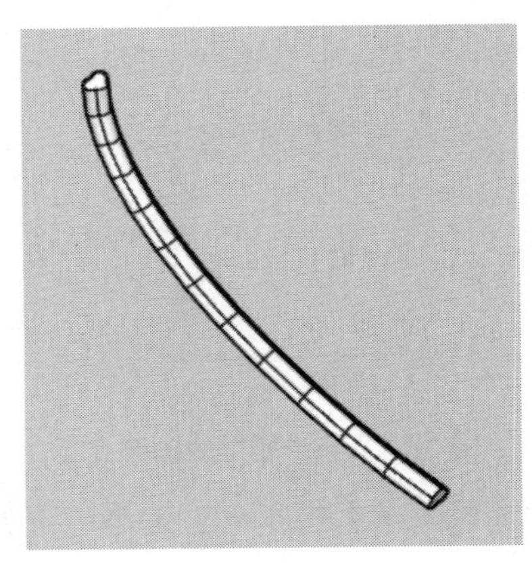

图 3-60　路径跟随后的效果

step 16 全选模型，在【柔化边线】面板中将【法线之间的角度】调整为 30° 左右，得到平滑的柱体，如图 3-61 所示。

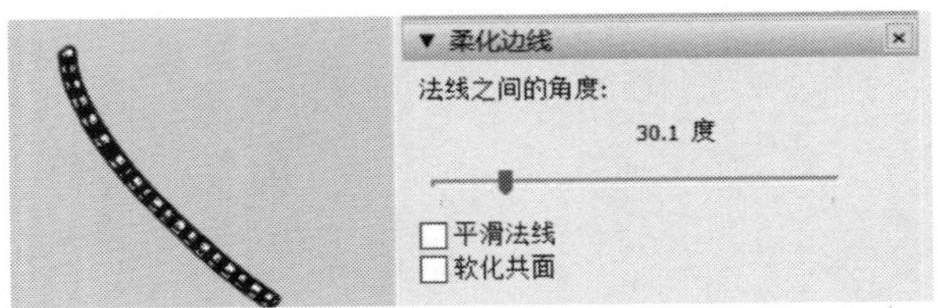

图 3-61　柔化边线

step 17 选中图形，单击【大工具集】工具栏中的【旋转】按钮，按 Ctrl 键，以曲线顶端为旋转点，单击键盘上的“↑”方向键锁定旋转平面，进行 90° 复制旋转，如图 3-62 所示。然后输入“*3”进行三次复制，经过旋转后，得到如图 3-63 所示的模型。

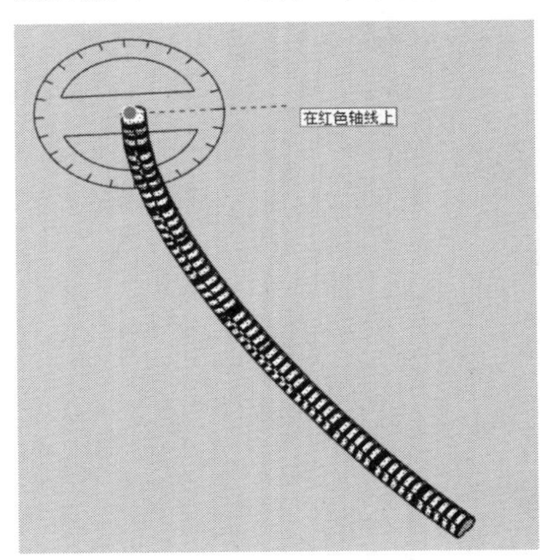

图 3-62　旋转复制操作

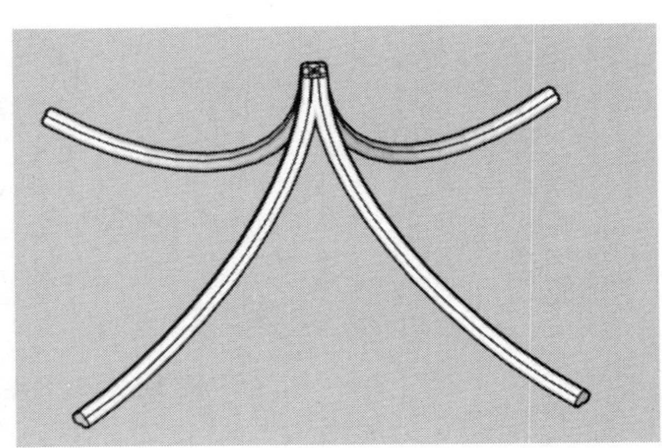

图 3-63　旋转复制效果

进行旋转平面确定时，可以通过键盘方向键进行调整，默认旋转平面是与该点所在平面相同的，对于曲线变换后的平面可能会导致旋转位置不正确，旋转后角度不恰当等问题，可以按不同方向键尝试效果。

step 18 利用同样的方法创建一个弧面柱体，如图 3-64 所示(与上一个尺寸略有不同)。

step 19 在一侧交点上通过圆工具创建一个半径为 5mm 的圆，并将圆沿着侧面曲线通过路径跟随工具进行放样，如图 3-65 所示。

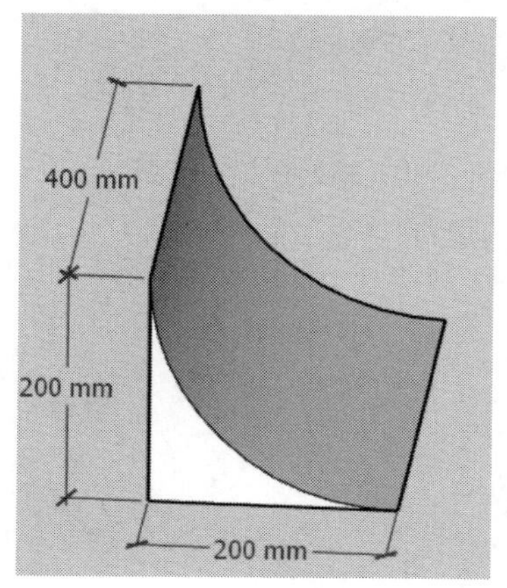

图 3-64 辅助体尺寸

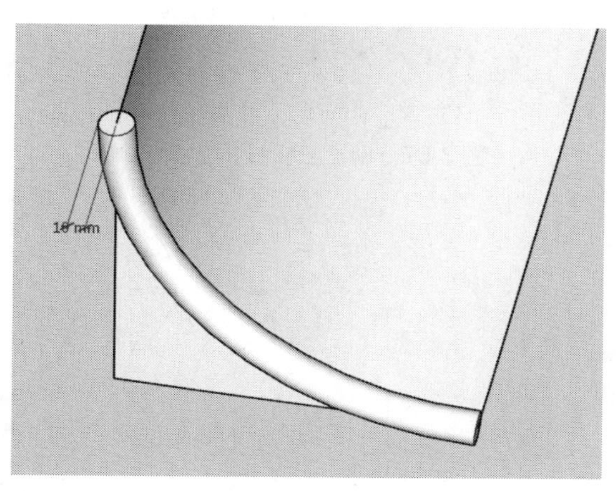

图 3-65 放样后的效果

step 20 选中柱体与底部圆形，选择移动工具，并按 Ctrl 键进行移动复制，以柱体两端为基准点，复制结束后输入“/5”(在移动复制基准线上 5 等分点创建复制内容)，得到模型，如图 3-66 所示。

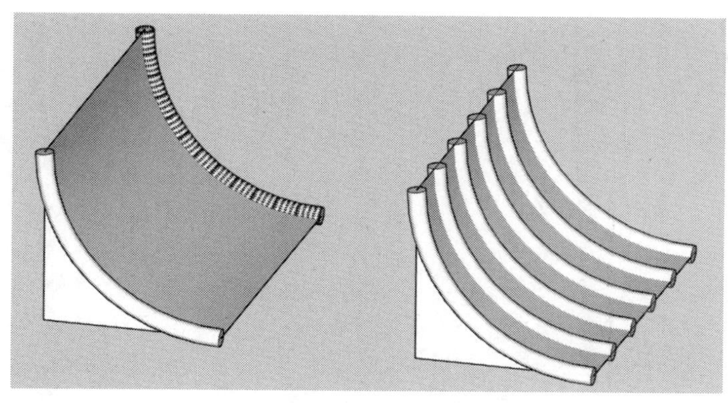

图 3-66 等分复制

step 21 新建如图 3-67 所示的三棱柱。

step 22 选中三角形的两个侧面，通过移动工具，移动复制到上一步制作的模型中，如图 3-68 所示。

step 23 选中上一步的所有图形，单击鼠标右键，在弹出的快捷菜单中选择【模型交错】|【模型交错】命令，删除平面，如图 3-69 所示，可以查看边线是否完全生成。

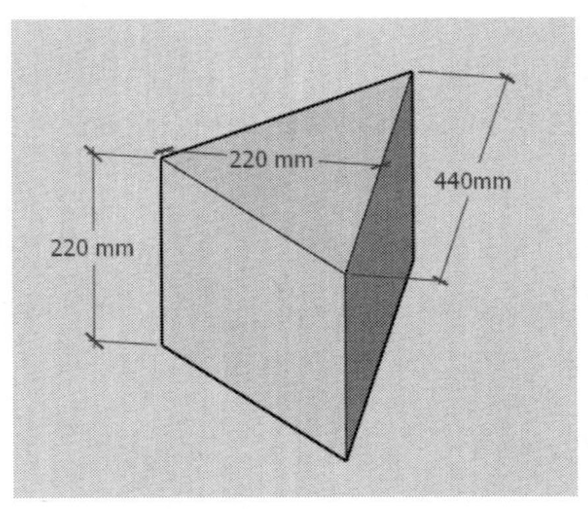

图 3-67　新建三棱柱

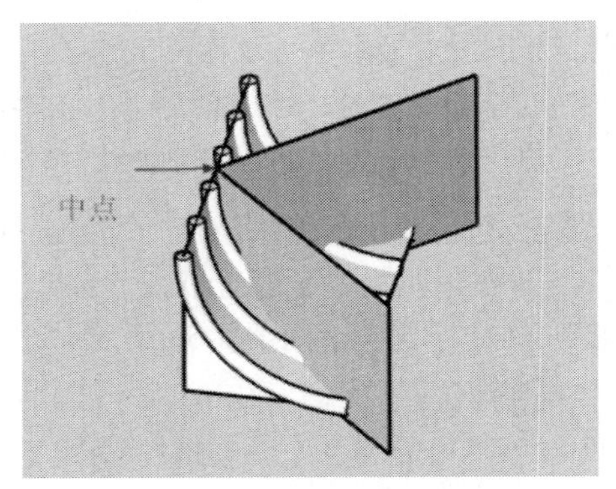

图 3-68　辅助体相交效果

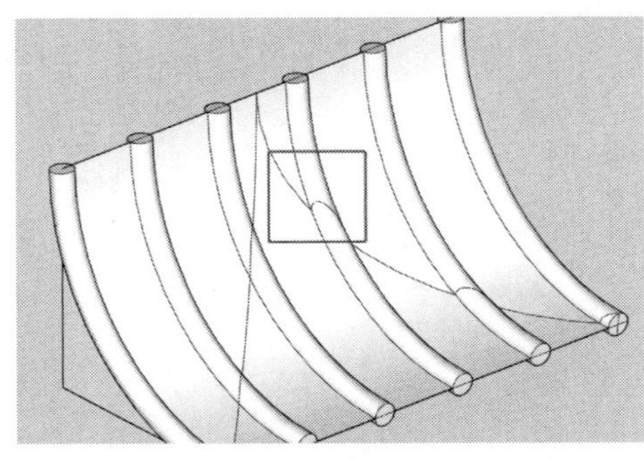

图 3-69　检查交错线

step 24 检查图中没有完全生成边线的地方，并通过直线工具手动绘制出来，如图 3-70 所示。

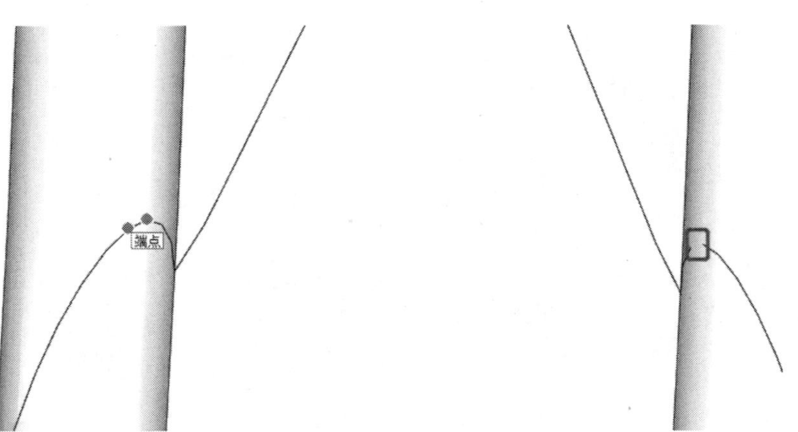

图 3-70　交错线缺失则手动绘制

step 25 使用擦除工具，删除多余线面，得到如图 3-71 所示的模型。

step 26 将模型选中，单击【大工具集】工具栏中的【旋转】按钮，按 Ctrl 键，以曲线顶端为旋转点，按键盘上的“↑”方向键锁定旋转平面，进行 90° 复制旋转，并输入“*3”进行三次复制，如图 3-72 所示。

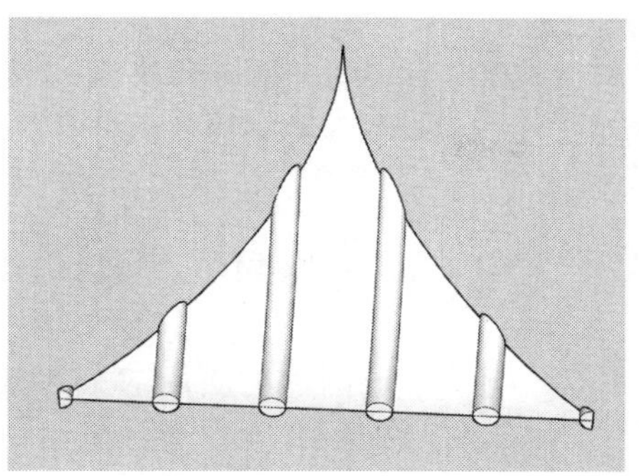

图 3-71 灯顶侧面成品

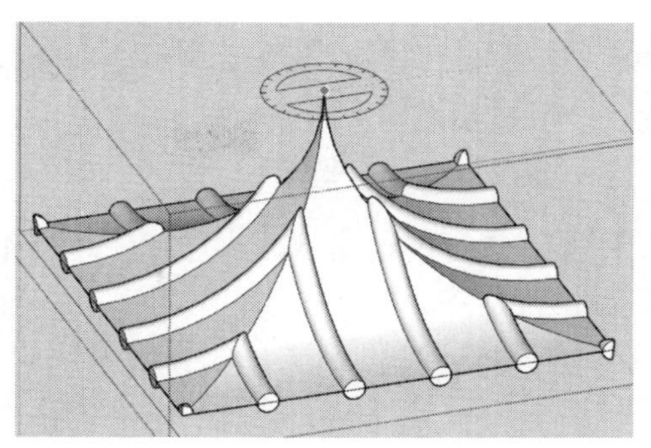

图 3-72 旋转复制后的效果

step 27 在立面中绘制如图 3-73 所示的图形。

step 28 删除多余边线，在图形底部创建一个半径为 30mm 的圆形，然后选中圆形，单击【大工具集】工具栏中的【路径跟随】按钮，对面进行转转放样，如图 3-74 所示。

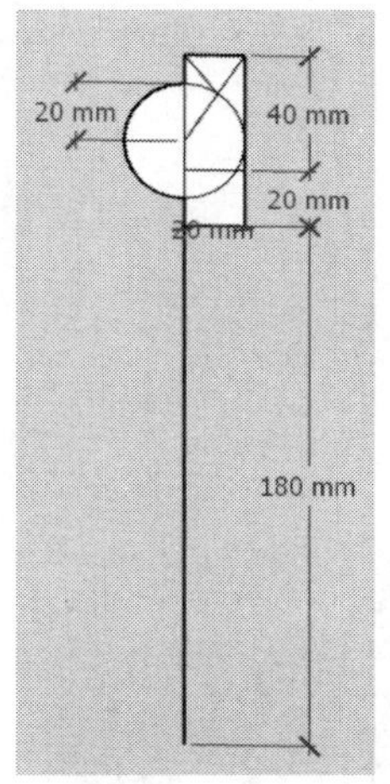

图 3-73 绘制灯尖辅助线面尺寸

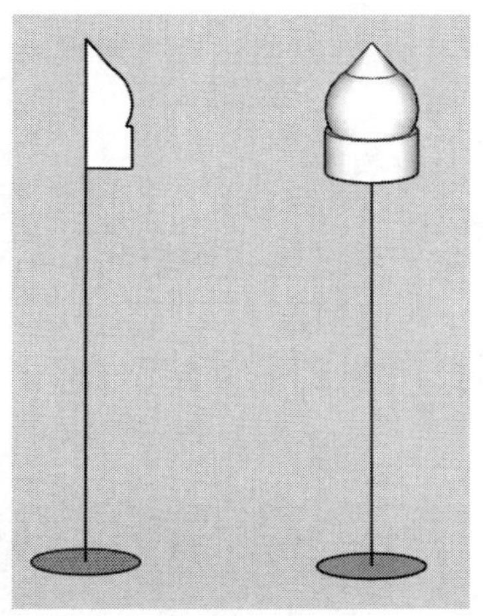

图 3-74 灯尖成品

step 29 将上面三个成品的模型组合到一起，得到灯顶，如图 3-75 所示。

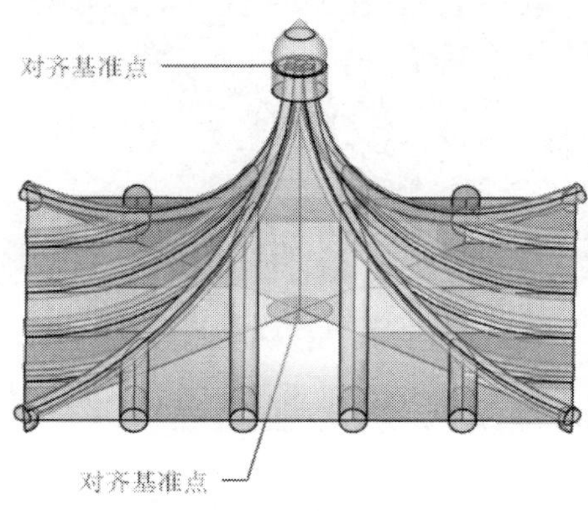

图 3-75 灯顶示意图

进行移动的时候一定要选好基准点，最好为交点、端点、中点等比较容易拾取的点。如果基准点在平面内部，可以适当在模型上绘制辅助线，将辅助线的特征点作为基准点进行移动。

step 30 通过移动工具，将灯柱、灯箱和灯顶依次组合，如图 3-76 所示，可以创建辅助线进行基准点对齐。

这样就完成了范例绘制，最后的模型效果如图 3-77 所示，范例赋材质后的最终效果如图 3-78 所示。

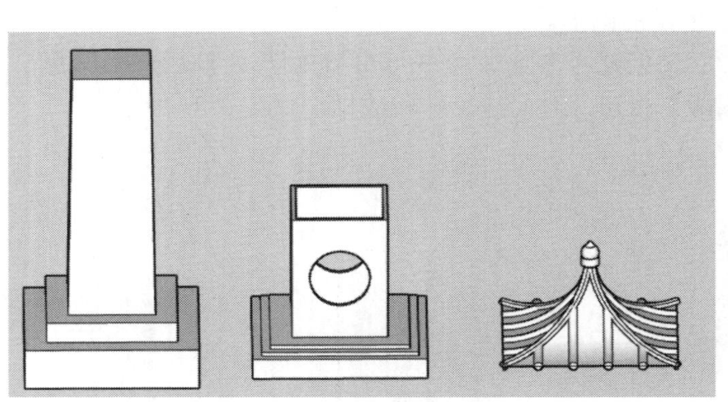

图 3-76　三部分已完成示意图

图 3-77　范例模型效果

图 3-78　范例最终效果

3.10.2　绘制洗手液瓶模型范例

本范例完成文件：ywj/03/3-2.skp

1. 案例分析

本节的案例是绘制瓶装洗手液模型，主要是对一个小型日用品模型进行创建绘制，使用的工具包括路径跟随、三维拉伸，实体相交与辅助线的运用等，需要读者掌握基本的三维绘制命令与建模思路，并加以组合应用。

2. 案例操作

step 01 创建新文件后，单击【大工具集】工具栏中的【矩形】按钮，在绘图区中绘制 100mm×50mm 的矩形。单击【卷尺】按钮，在矩形内按照尺寸绘制矩形，如图 3-79 所示。

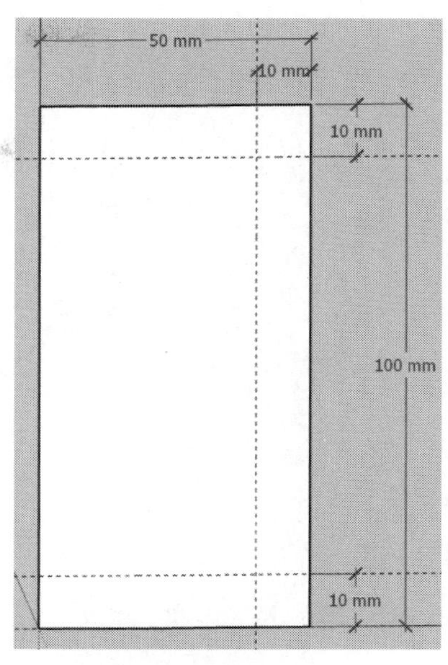

图 3-79　绘制矩形

step 02 单击【大工具集】工具栏中的【圆弧】按钮，沿着辅助的线交点和起点单击，在终点双击进行倒角，如图 3-80 所示。

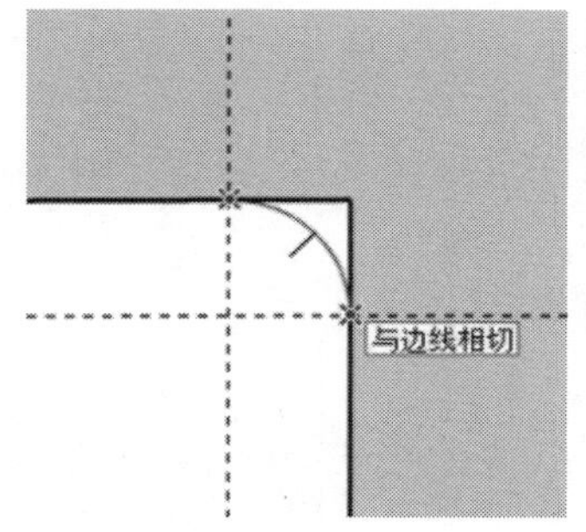

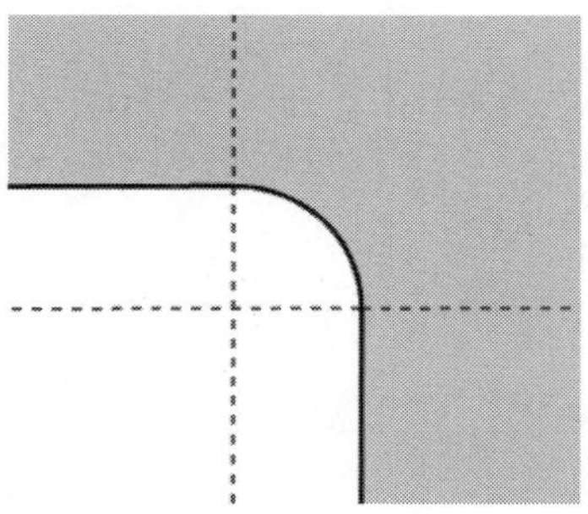

图 3-80　矩形倒角

进行倒角时，鼠标指针放在第二条边线的合适位置，会弹出“与边线相切”提示，并且弧线变为洋红色，此时双击鼠标左键即可完成倒角。

step 03 单击【圆】按钮，在平面 20mm 上方创建一个半径为 15mm 的圆，如图 3-81 所示。

step 04 选中圆形，单击【大工具集】工具栏中的【路径跟随】按钮，然后单击圆角矩形，如图 3-82 所示。

step 05 单击【大工具集】工具栏中的【缩放】按钮，单击瓶身弧面，如图 3-83 所示。

step 06 单击中心的缩放点，然后按 Ctrl 键，在缩放数值框中输入“0.5”，按 Enter 键完成缩放，效果如图 3-84 所示。

step 07 单击【大工具集】工具栏中的【拉伸】按钮，将模型上方的圆向下拉伸 20mm，推拉出瓶盖，如图 3-85 所示。

step 08 利用矩形工具与推拉工具，创建一个 30mm×40mm×30mm 的长方体，如图 3-86 所示。

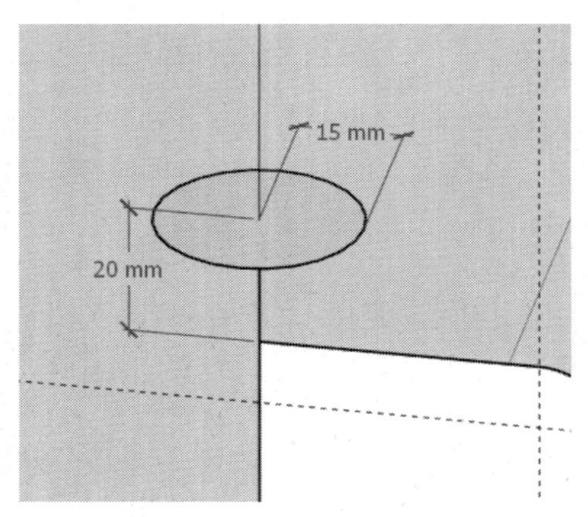

图 3-81　创建辅助平面

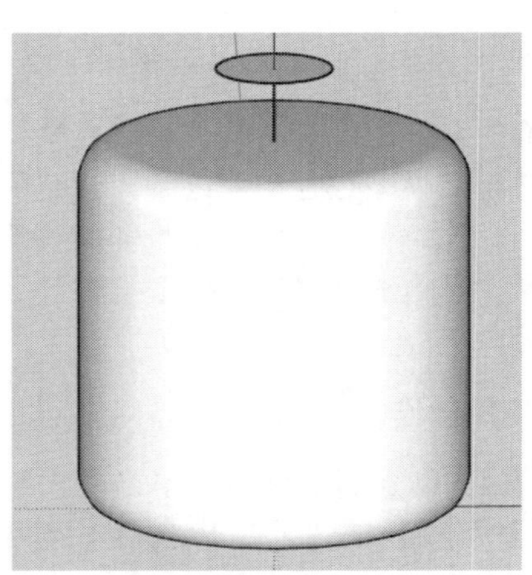

图 3-82　路径跟随

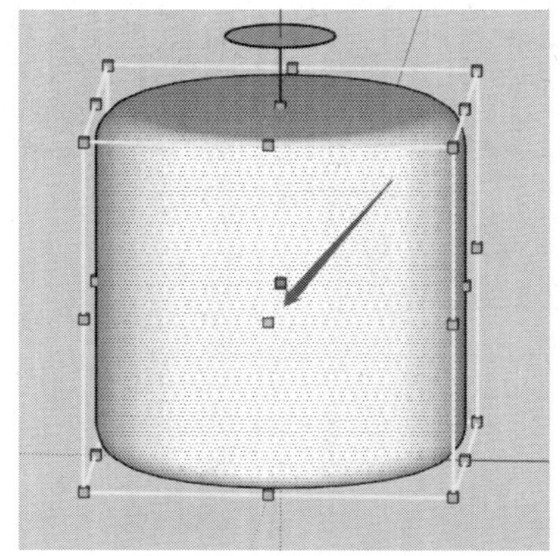

图 3-83　缩放瓶身

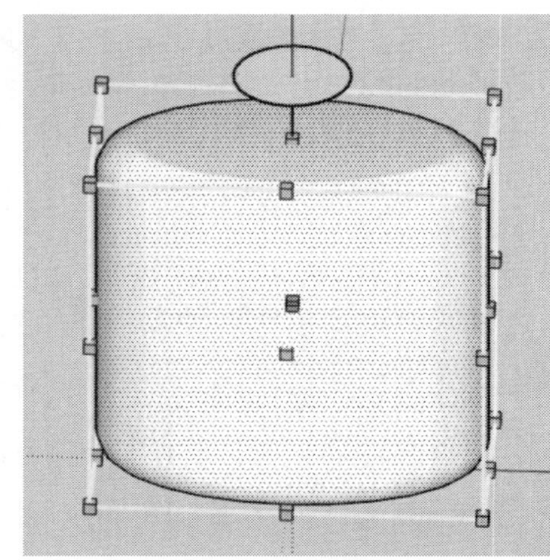

图 3-84　缩放后的效果

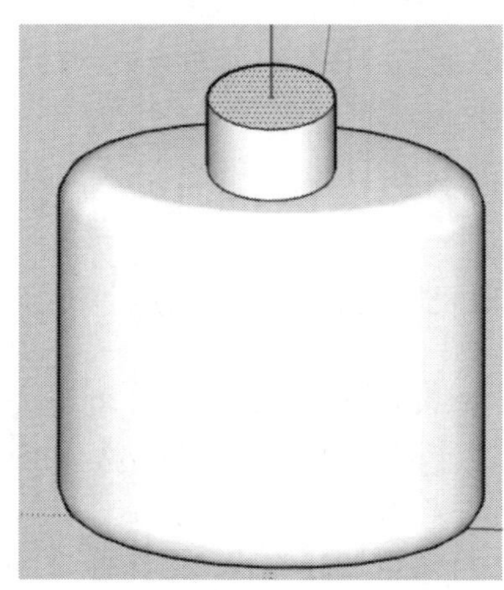

图 3-85　推拉出瓶盖

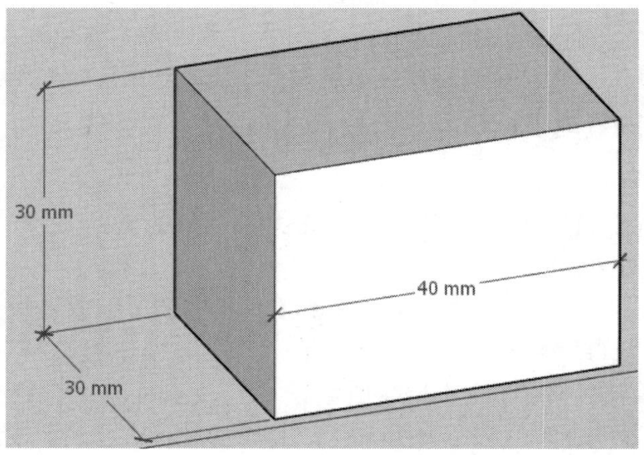

图 3-86　创建辅助实体

step 09 在长方体顶面和侧面分别绘制如图 3-87 所示的线面。

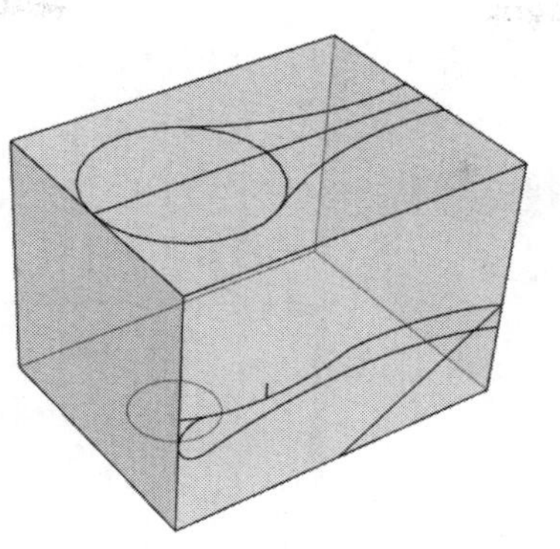

图 3-87　绘制线条效果

step 10 单击【大工具集】工具栏中的【卷尺】按钮，在顶面、侧面和底面绘制辅助线，如图 3-88～图 3-90 所示。

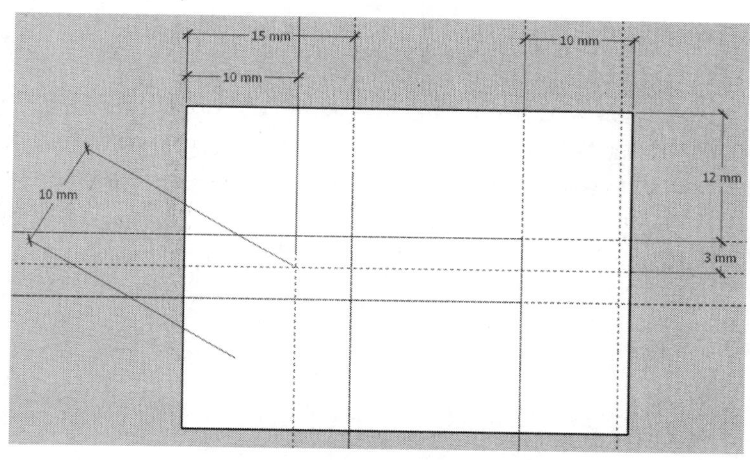

图 3-88　顶面辅助线

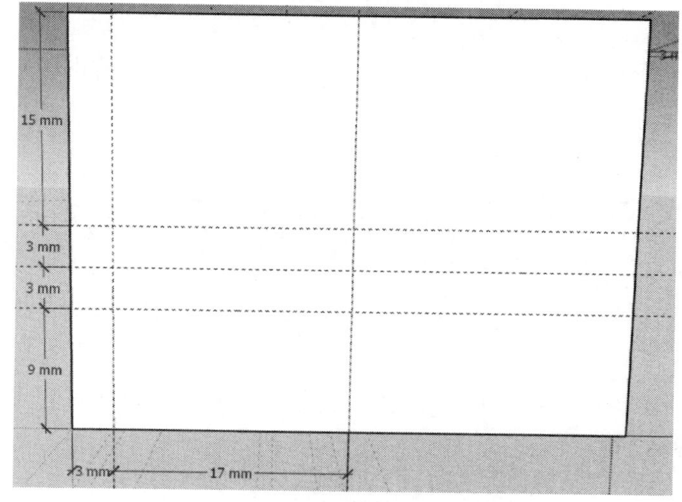

图 3-89　侧面辅助线

step 11 根据辅助线交点进行曲线绘制。利用圆工具与圆弧工具，在三个面上分别进行弧线绘制，如图 3-91～图 3-93 所示。

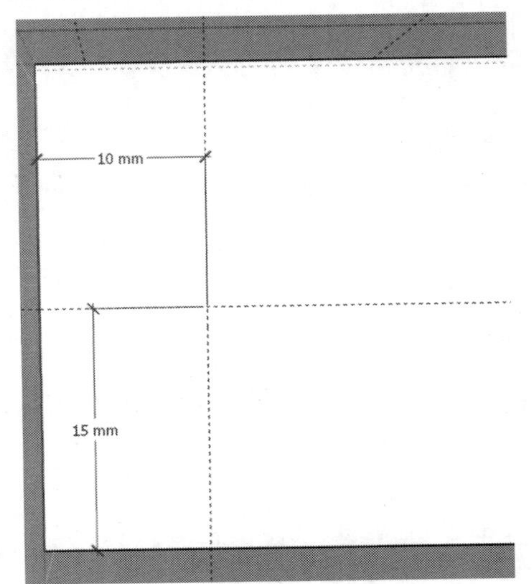

图 3-90 底面辅助线

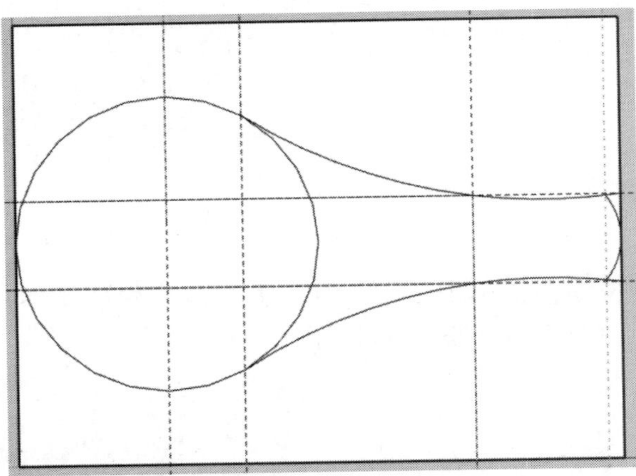

图 3-91 顶面绘制

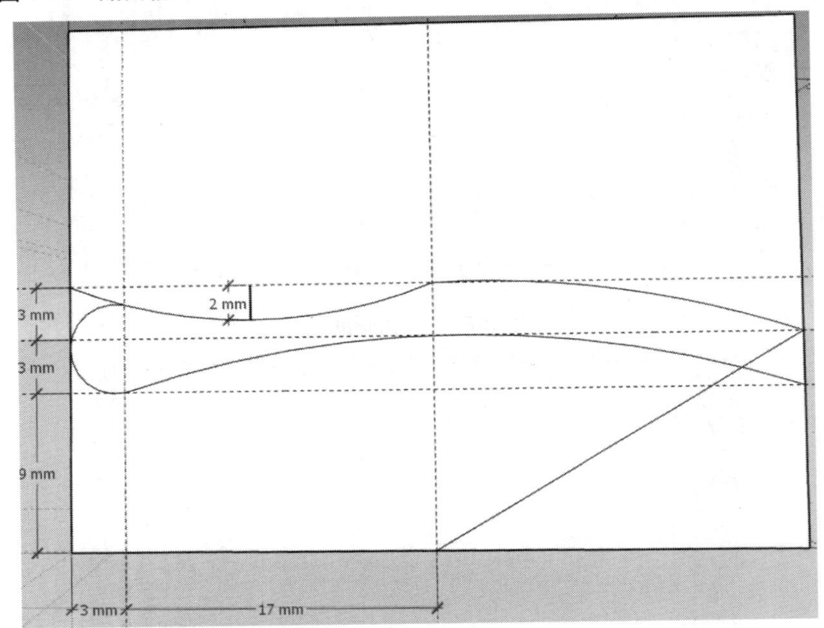

图 3-92 侧面绘制

step 12 删除多余的线面，只保留绘制的面，如图 3-94 所示。

step 13 双击选中平面，单击鼠标右键，在弹出的快捷菜单中选择【创建群组】命令，创建群组，如图 3-95 所示。

step 14 双击群组，进入群组内部，进行编辑，将面向下拉伸 30mm，如图 3-96 所示。

step 15 使用同样的方法将正面图面也编组，拉伸 30mm，得到如图 3-97 所示的模型。

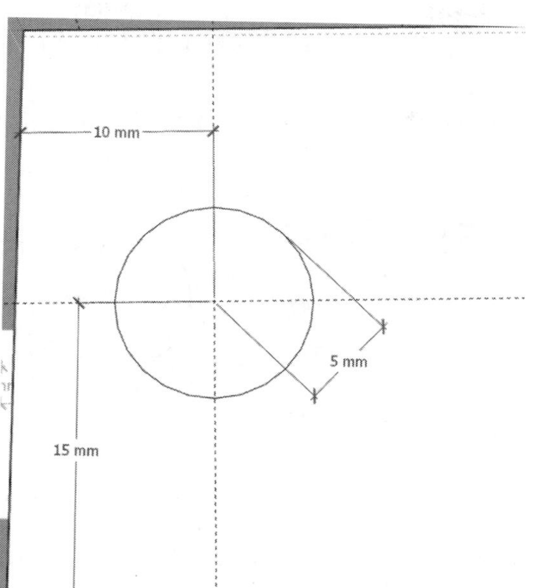

图 3-93　底面绘制

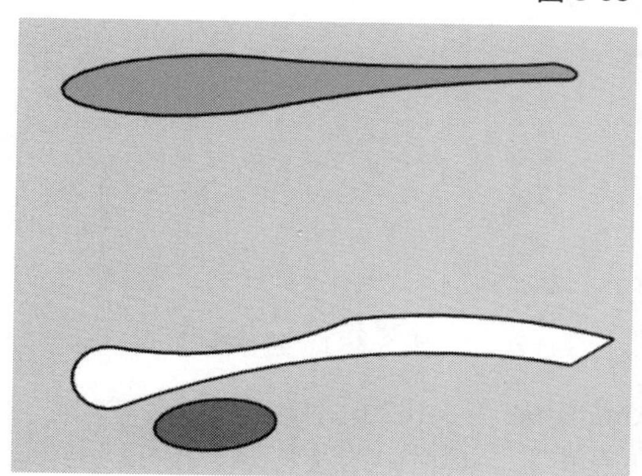
图 3-94　保留绘制的面

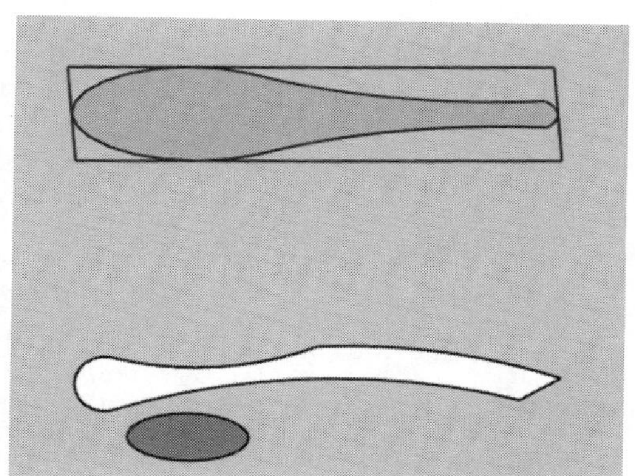
图 3-95　创建群组

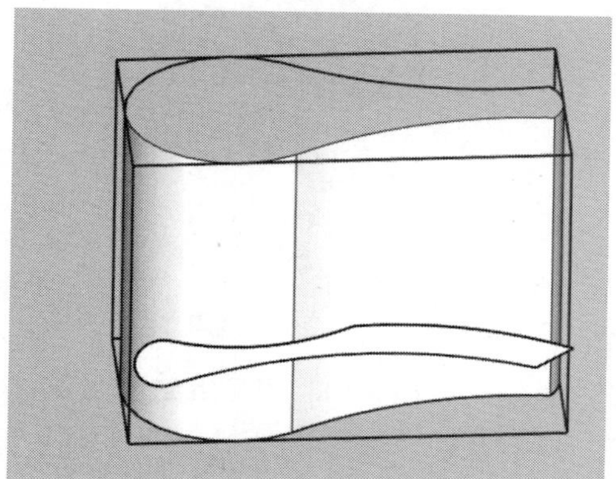
图 3-96　组内拉伸(1)

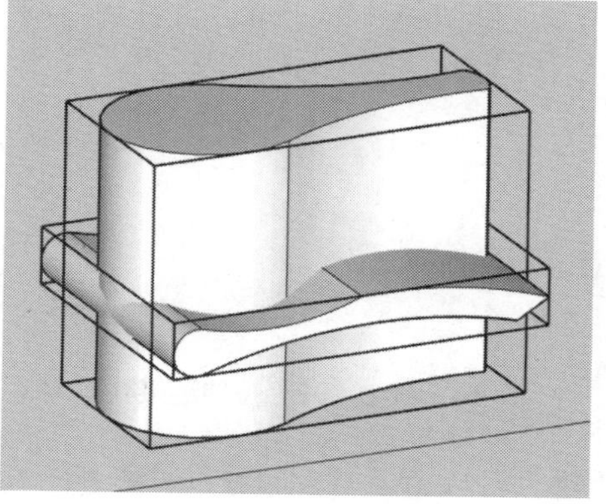
图 3-97　组内拉伸(2)

step 16 选中模型，单击【实体工具】工具栏中的【相交】按钮，得到实体模型，如图 3-98 所示。

step 17 单击【大工具集】工具栏中的【推/拉】按钮，将底部原型向上拉伸 12mm，如图 3-99 所示。

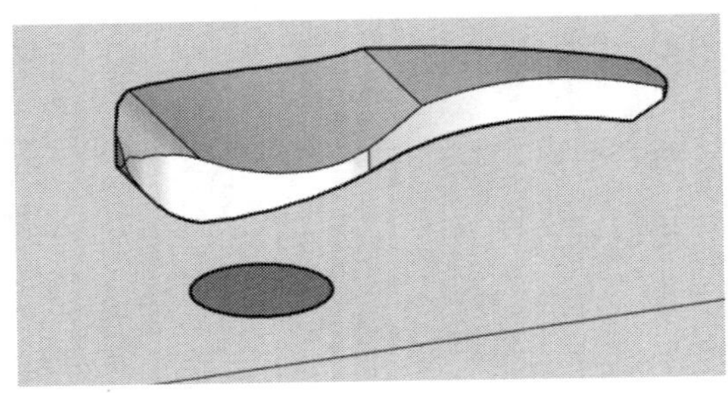

图 3-98　相交实体

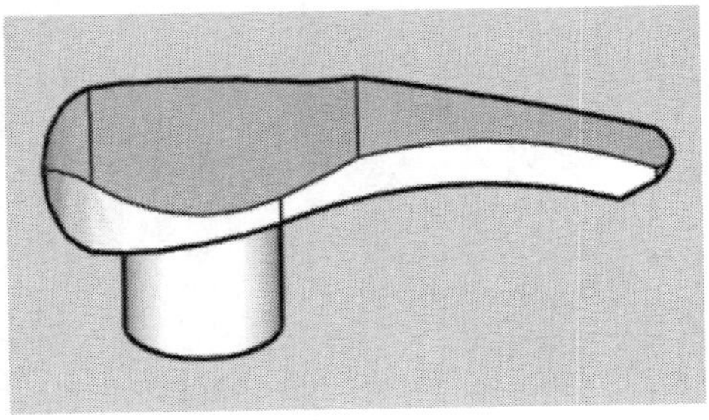

图 3-99　拉伸立柱

step 18 单击【大工具集】工具栏中的【偏移】按钮，将瓶口连接处向下推拉 1mm，如图 3-100 所示。

step 19 继续使用偏移工具，将底部圆向内偏移 2mm，如图 3-101 所示。

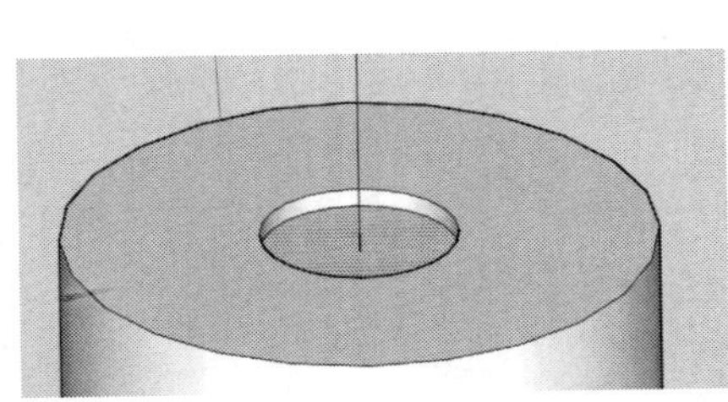

图 3-100　推拉瓶口

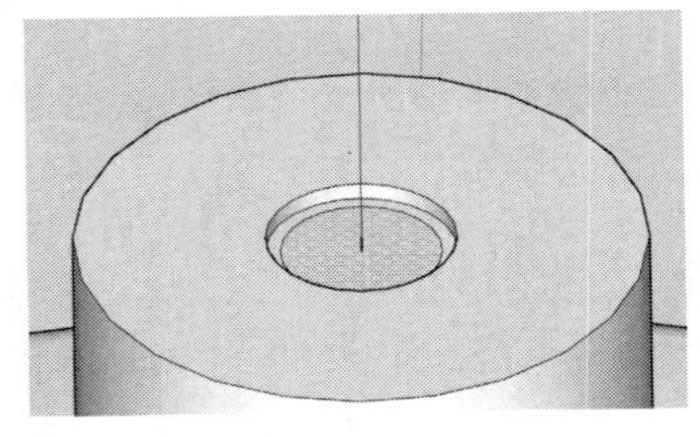

图 3-101　偏移瓶口

step 20 使用偏移工具将内部圆向上推拉 15mm，如图 3-102 所示。

step 21 将瓶口模型选中，然后单击【大工具集】工具栏中的【移动】按钮，将瓶口移动到瓶身上方，如图 3-103 所示。

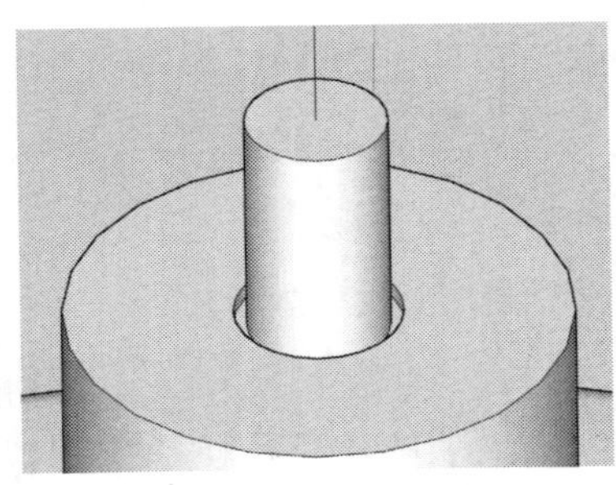

图 3-102　拉伸连接柱

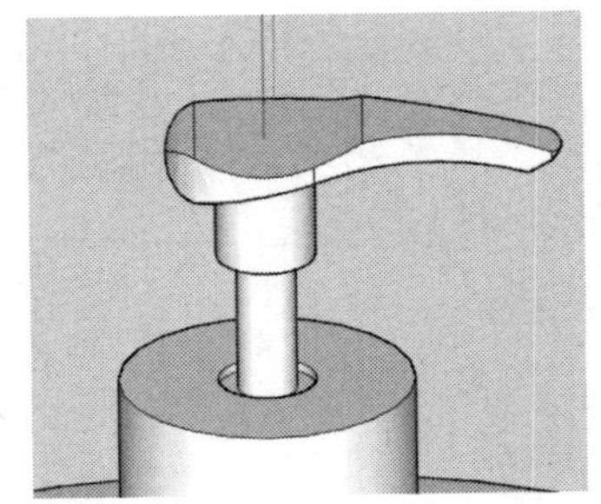

图 3-103　模型组合

在进行移动时，如果定位不准确，或者无法选中圆心，可以在所选圆形中绘制一条半径，作为辅助线。

这样就完成了范例绘制，最后的模型效果和范例赋材质后的最终效果如图 3-104 所示。

图 3-104　范例最终效果

3.11　本 章 小 结

本章主要学习了 SketchUp 的一些基本命令与工具，利用它们可以制作简单的模型并修改模型，同时可以通过模型操作绘制较为复杂的模型。希望读者熟练掌握这些基本工具的使用方法，为后面的学习打好基础。

第 4 章

应用辅助工具

本章导读

经过前面章节的学习，大家已经掌握了基本模型的制作方法。本章主要介绍辅助工具。在建模过程中，这些工具虽是配角，却也身负重任。例如尺寸标注可以更直观地观察模型大小，也可以通过辅助绘图把握绘图的准确性，文字的绘制可以更方便地为图形添加说明。

本章主要讲解辅助工具，这些工具包括卷尺工具、量角器工具、尺寸工具、文字标注工具和隐藏工具等。

4.1 卷 尺 工 具

使用卷尺工具可以执行一系列与尺寸相关的操作：包括测量两点间的距离、绘制辅助线以及缩放整个模型。下面对这些操作进行详细介绍。

4.1.1 调用卷尺工具的方法

测量距离主要使用卷尺工具，调用卷尺工具主要有以下几种方式。

(1) 在菜单栏中，选择【工具】|【卷尺】命令。

(2) 直接在键盘上按 T 键。

(3) 单击【大工具集】工具栏中的【卷尺】按钮。

4.1.2 测量两点间的距离

激活【卷尺工具】，然后拾取一点作为测量的起点，接着拖动鼠标，会出现一条类似参考线的“测量带”，其颜色会随着平行的坐标轴而变化，并且数值控制框会实时显示测量带的长度，再次单击拾取测量的终点后，测得的距离会显示在数值控制框中，如图 4-1 所示。

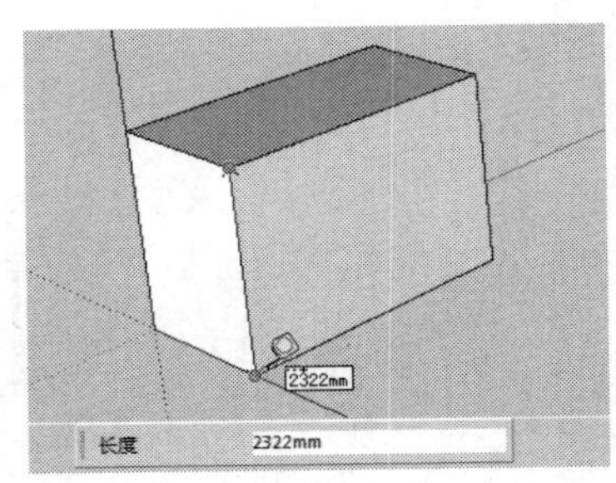

图 4-1 测量两点间的距离

4.1.3 全局缩放

使用卷尺工具可以对模型进行全局缩放，这个功能非常实用，用户可以在方案研究阶段先构建粗略模型，当确定方案后需要更精确的模型尺寸时，只需重新指定模型中两点的距离即可。

例如，选择一条作为缩放依据的线段，并单击该线段的两个端点进行量取，此时数值控制框中会显示出这条线段的长度值(如 100)，输入一个目标长度(如 500)，然后按 Enter 键确认，此时会弹出一个对话框，提示是否调整模型尺寸，单击“是”按钮，此时模型中所有的物体都将以该比例值进行缩放，如图 4-2 所示。

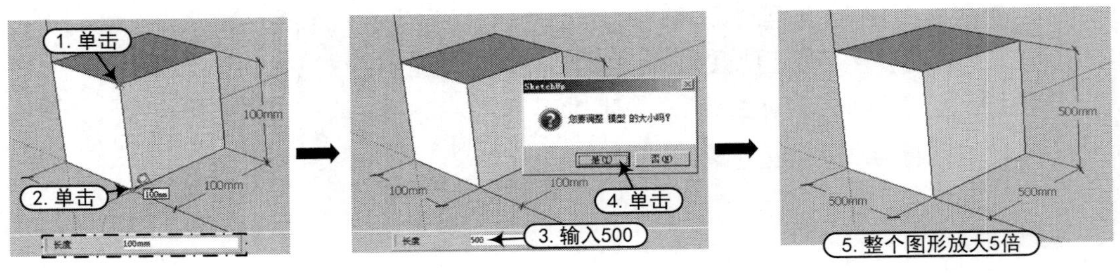

图 4-2 全局缩放

全局缩放适用于整个模型场景，如果只想对场景中的一个物体进行缩放，就要将该物体

事先成组，然后再使用上述方法进行缩放，才能保持其他图形不变，如图 4-3 所示。

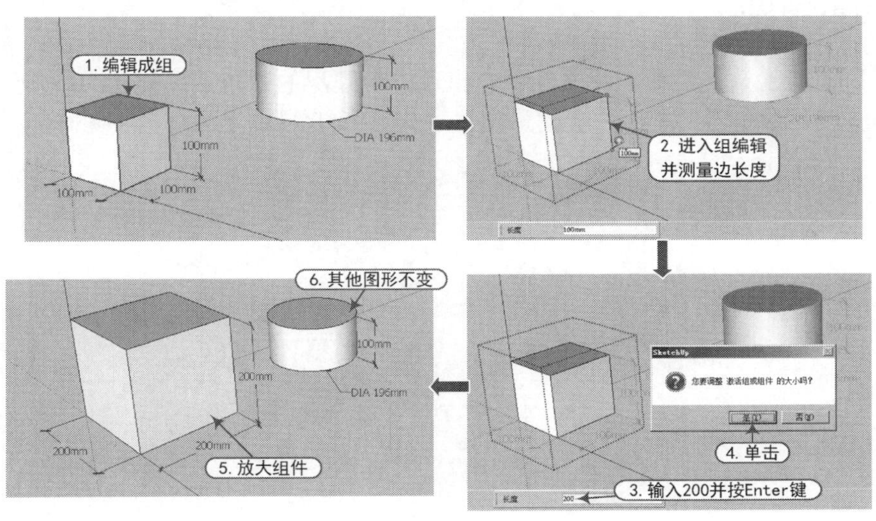

图 4-3　对场景中的一个物体进行缩放

4.1.4　绘制辅助线

使用卷尺工具绘制辅助线的方法为：激活卷尺工具，然后在线段上单击拾取一点作为参考点，此时在光标处会出现一条辅助线随着光标移动，同时会显示辅助线与参考点之间的距离，确定辅助线的位置后，单击鼠标左键即可绘制一条辅助线，如图 4-4 所示。

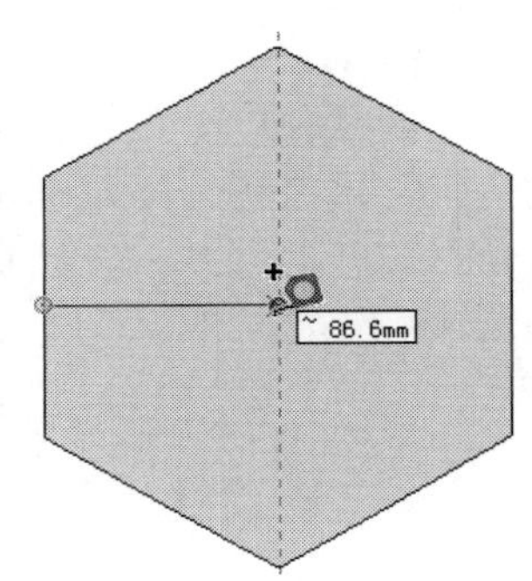

图 4-4　绘制辅助线

卷尺工具没有平面限制，该工具可以测量出模型中任意两点的准确距离。尺寸的更改可以根据不同图形的要求进行设置。当调整模型长度的时候，尺寸标注也会随之更改。

4.2　量角器工具

量角器工具可以测量角度和绘制辅助线，其主要功能介绍如下。

4.2.1　调用量角器工具的方法

调用量角器工具主要有以下几种方式。

(1) 在菜单栏中，选择【工具】|【量角器】命令。

(2) 单击【大工具集】工具栏中的【量角器】按钮。

4.2.2 测量角度

激活【量角器工具】后，在视图中会出现一个圆形的量角器，如图 4-5 所示。鼠标指针指向的位置就是量角器的中心位置，量角器默认对齐红/绿轴平面。

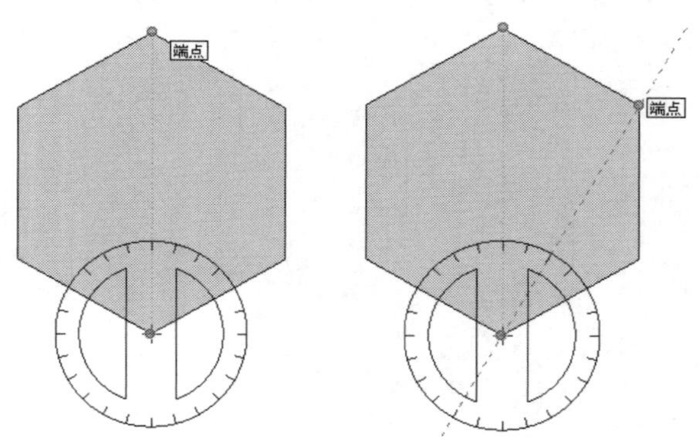

图 4-5 测量角度

在场景中移动光标时，量角器会根据旁边的坐标轴和几何体而改变自身的定位方向，用户可以按住 Shift 键锁定所在平面。

在测量角度时，将量角器的中心设在角的顶点上，然后将量角器的基线对齐到测量的起始边上，接着再拖动鼠标旋转量角器，捕捉要测量角的第二条边，此时光标处会出现一条绕量角器旋转的辅助线，捕捉到测量角的第二条边后，测量的角度值会显示在数值控制框中，如图 4-6 所示。

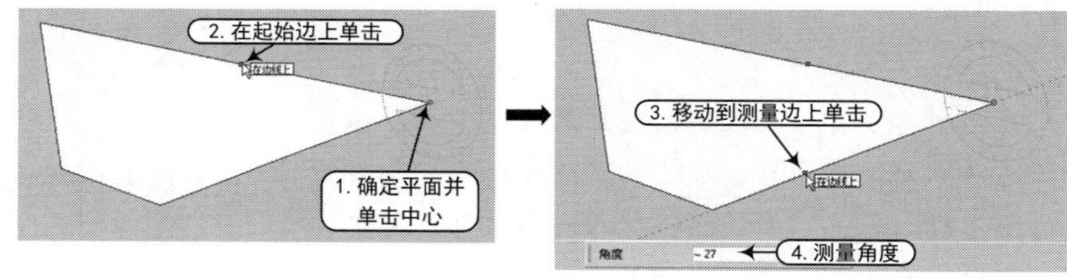

图 4-6 显示角度值

4.2.3 创建角度辅助线

激活量角器工具，然后捕捉辅助线将经过的角的顶点，并单击鼠标左键将量角器放置在该点上，接着在已有的线段或边线上单击，将量角器的基线对齐到已有的线上，此时会出现一条新的辅助线，如图 4-7 所示，移动光标到需要的位置，辅助线和基线之间的角度值会在数值控制框中动态显示。

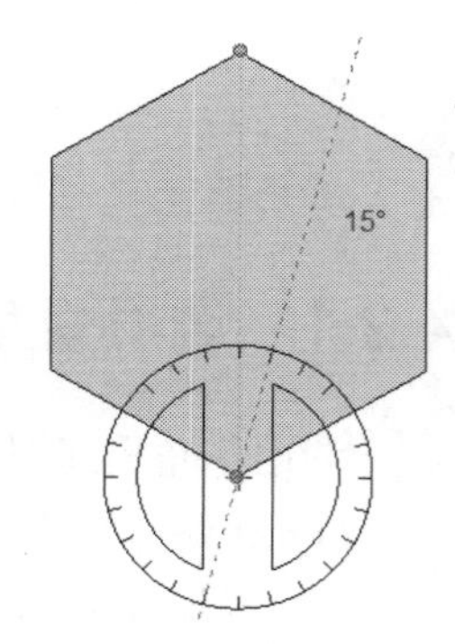

图 4-7 角度辅助线

角度可以通过数值控制框输入，输入的值可以是角度(例如 15°)，也可以是斜率(角的正切，例如 1∶6)；输入负值表示往当前鼠标指定方向的反方向旋转；在进行其他操作之前可以持续输入数值进行修改。

4.3 管理和导出辅助线

下面介绍辅助线的管理与导出。

4.3.1 管理辅助线

眼花缭乱的辅助线有时候会影响视线，此时可以通过选择【编辑】|【撤销 导向】菜单命令或者【编辑】|【删除参考线】菜单命令删除所有的辅助线，如图 4-8 所示。

在【图元信息】面板中可以查看辅助线的相关信息，如图 4-9 所示。

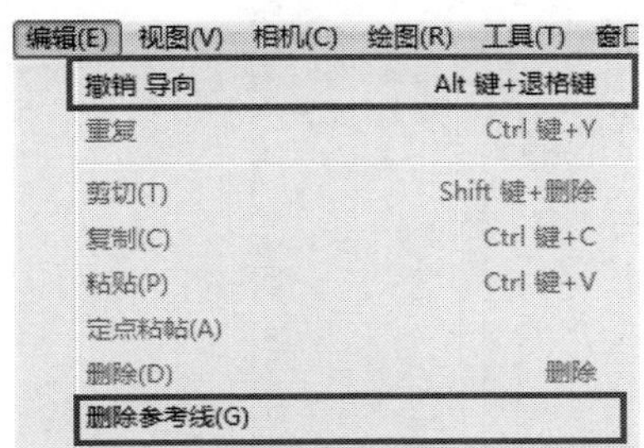

图 4-8 选择菜单命令

图 4-9 【图元信息】面板

辅助线的颜色可以通过【样式】面板进行设置，在【样式】面板中切换到【编辑】选项卡，然后调整【参考线】选项前面的颜色色块，如图 4-10 所示。

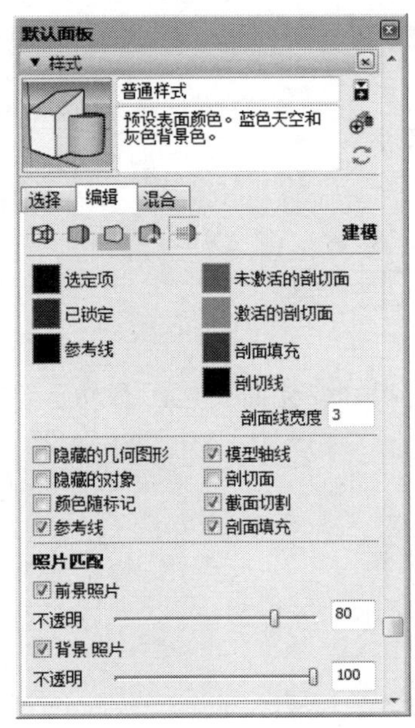

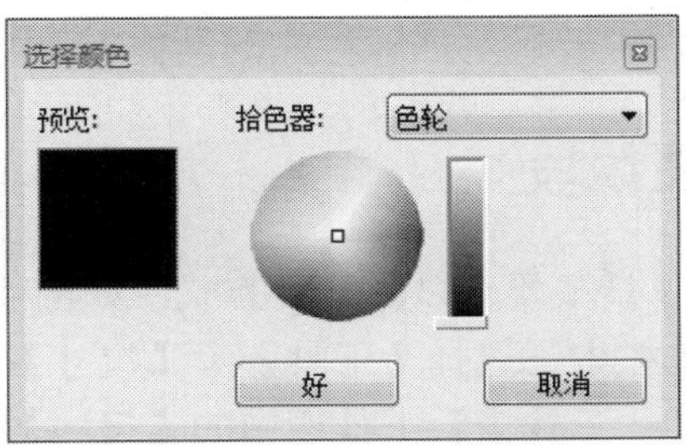

图 4-10 设置辅助线颜色

4.3.2 导出辅助线

在 SketchUp 2022 中可以将辅助线导出到 AutoCAD 中，以便为进一步精确绘制立面图提供帮助。导出辅助线的方法如下。

选择【文件】|【导出】|【三维模型】菜单命令，然后在弹出的【输出模型】对话框中设置【保存类型】为 AutoCAD DWG 文件(*.dwg)，接着单击【选项】按钮，在弹出的【DWG/DXF 输出选项】对话框中选中【构造几何图形】复选框，最后依次单击【好】按钮和【导出】按钮将辅助线导出，如图 4-11 所示。为了能更清晰地显示和管理辅助线，可以将辅助线单独放在一个图层上再导出。

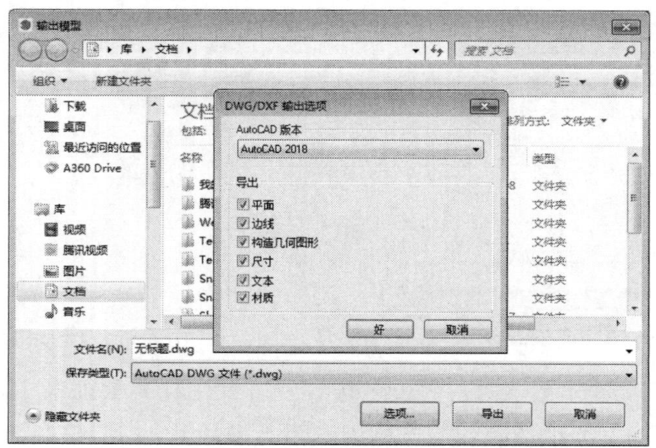

图 4-11 导出辅助线

辅助线可以帮助用户在绘图过程中把握尺寸。

4.4 尺 寸 工 具

SketchUp 2022 中的尺寸标注，可以随着模型的尺寸变化而变化，有助于绘制模型中对尺寸的把控。下面主要讲解尺寸标注的具体方法。

4.4.1 标注线段

调用尺寸工具主要有以下几种方式，如图 4-12 所示。

(1) 在菜单栏中，选择【工具】|【尺寸】命令。

(2) 单击【大工具集】工具栏中的【尺寸】按钮。

激活【尺寸工具】，然后依次单击线段的两个端点，接着移动鼠标拖曳一定的距离，再次单击鼠标左键确定标注的位置，如图 4-13 所示。

用户也可以直接单击需要标注的线段进行标注，选中的线段会呈高亮显示，单击线段后拖曳出一定的标注距离即可，如图 4-14 所示。

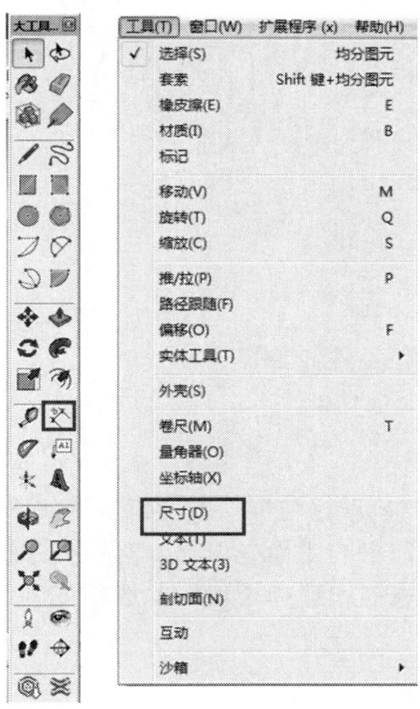

图 4-12　调用尺寸工具

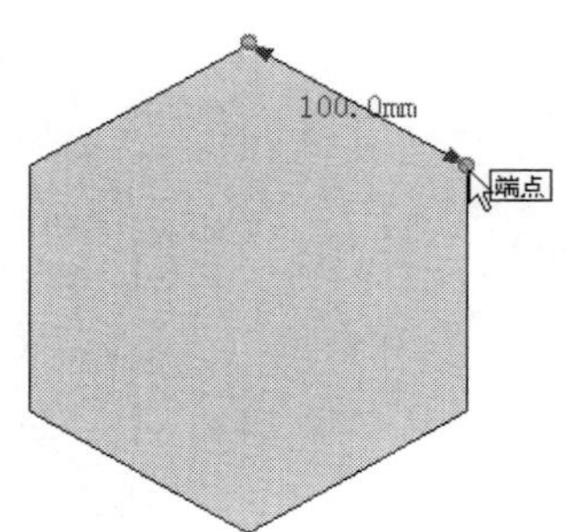

图 4-13　尺寸标注(1)

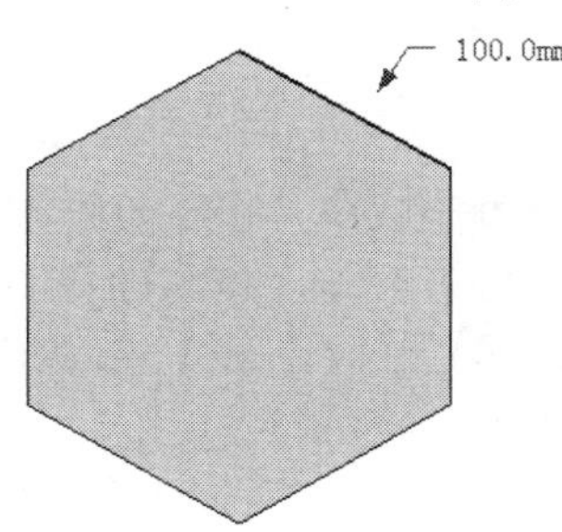

图 4-14　尺寸标注(2)

4.4.2　标注直径和半径

标注直径，首先需要激活尺寸工具，然后单击要标注的圆，接着移动鼠标，拖曳出标注的距离，再次单击鼠标左键确定标注的位置，如图 4-15 所示。

标注半径，首先需要激活尺寸工具，然后单击要标注的圆弧，接着拖曳鼠标确定标注的距离，如图 4-16 所示。

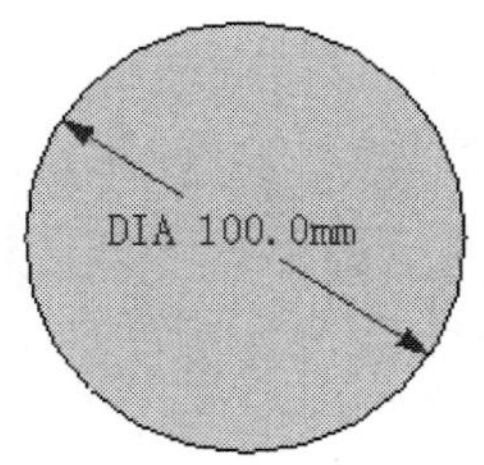

图 4-15　直径标注

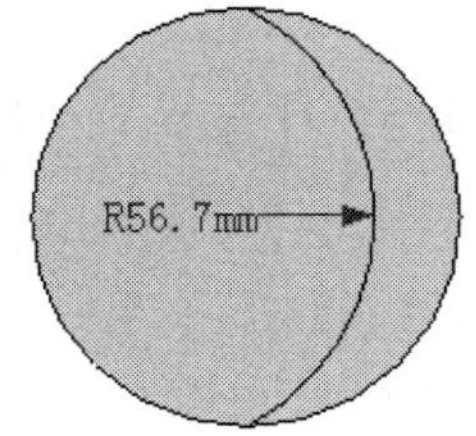

图 4-16　半径标注

4.4.3　互换直径标注和半径标注

在半径标注的右键菜单中选择【类型】|【直径】命令，可以将半径标注转换为直径标注，同样，选择【类型】|【半径】右键菜单命令，可以将直径标注转换为半径标注，如图 4-17 所示。

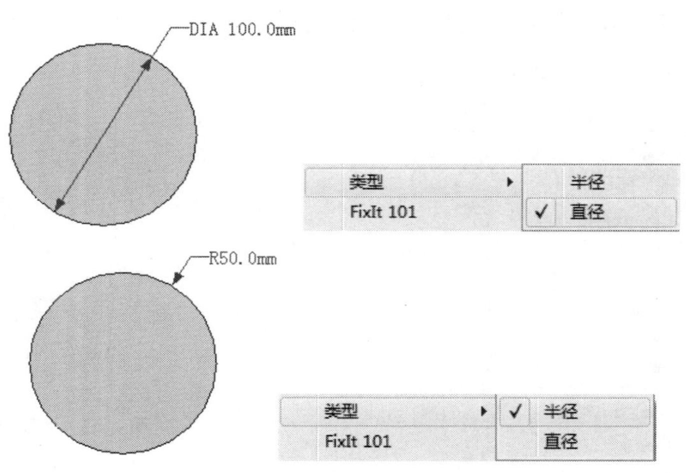

图 4-17　标注转换

SketchUp 中提供了多种标注的样式以供用户选择，修改标注样式的操作步骤如下。

选择【窗口】|【模型信息】菜单命令，然后在弹出的【模型信息】对话框中选择【尺寸】选项，然后在【引线】选项组的【端点】下拉列表框中选择【斜线】选项或者选择其他选项，如图 4-18 所示。

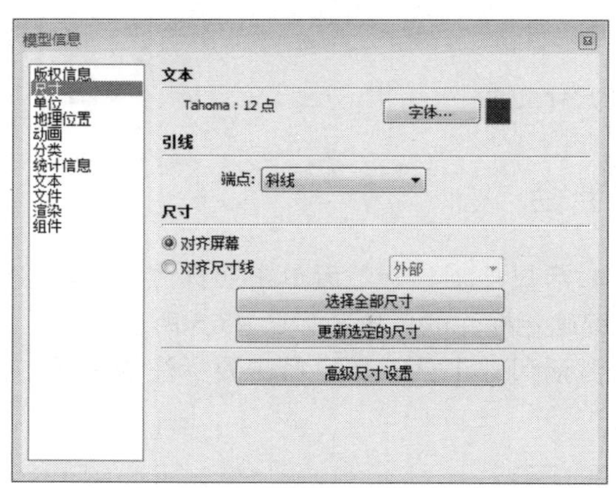

图 4-18　修改标注样式

4.5　文字标注工具

在建筑模型的绘制中，建筑上重要的文字必须要标注出来，这样才能显示出一些重要的信息和效果，表达设计师的设计思想。标注文字，可以让观察者更直观地看到模型的意义，更清楚地表达设计者的意图。同时，有些建筑效果中也需要文字效果，如标牌等，这也要进行文字的制作。

4.5.1 调用文字标注工具的方法

调用文字标注工具主要有以下几种方式，如图 4-19 所示。

(1) 在菜单栏中，选择【工具】|【文本】命令。

(2) 单击【大工具集】工具栏中的【文本】按钮。

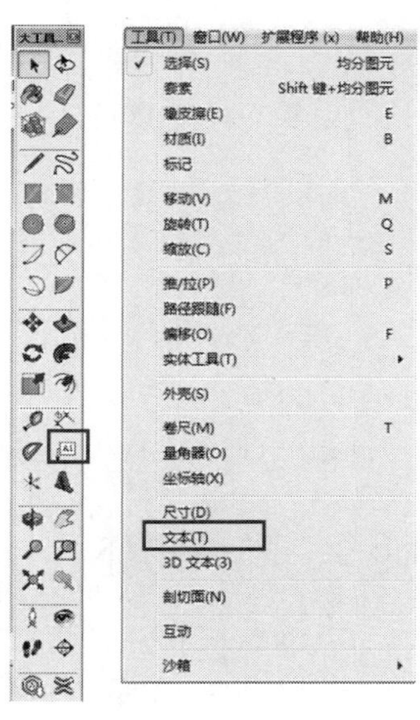

图 4-19 调用文字标注工具

4.5.2 引注文字

在插入引线文字的时候，先激活【文字标注工具】，然后在实体(表面、边线、顶点、组件、群组等)上单击，以指定引线指向的位置，接着拖曳出引线的长度，并单击确定文本框的位置，最后在文本框中输入注释文字，如图 4-20 所示。

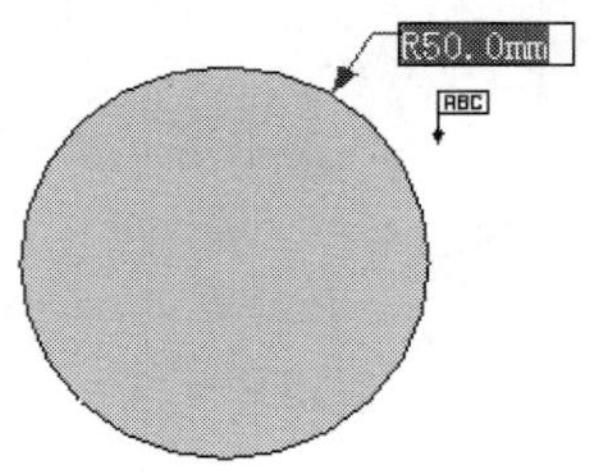

图 4-20 文本标注

在不同的位置单击，标注出的信息也不同。如在表面上单击，标注出的默认文本为面积(显示平方)；在端点上单击，标注出的是该点的三维坐标值。用户可按需要保持该默认值或者输入新的文本内容。

输入注释文字后，按两次 Enter 键或者单击文本框的外侧就可以完成输入，按 Esc 键可以取消操作。

文字也可以不需要引线而直接放置在实体上，只需在要插入文字的实体上双击即可，引线将被自动隐藏，如图 4-21 所示。

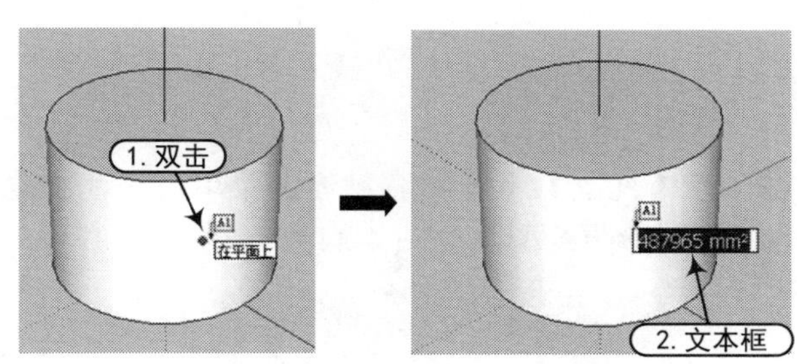

图 4-21 文字直接放置在实体上

4.5.3 屏幕文字和文字编辑

插入屏幕文字的时候，先激活文字标注工具，然后在屏幕的空白处单击，接着在弹出的文本框中输入注释文字，最后按两次 Enter 键或者单击文本框的外侧完成输入，如图 4-22 所示。

屏幕文字在屏幕上的位置是固定的，受视图改变的影响。另外，在已经编辑好的文字上双击鼠标左键即可重新编辑文字，可以在文字的右键菜单中选择【编辑文字】命令。

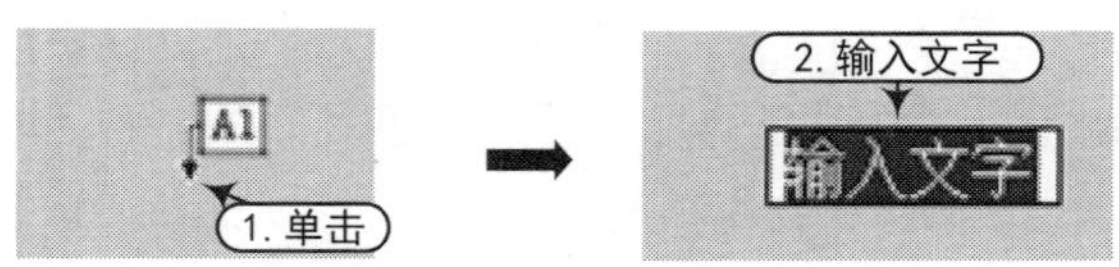

图 4-22　插入屏幕文字

4.6　隐 藏 工 具

隐藏工具主要用来对物体进行隐藏操作。

4.6.1　隐藏物体

在 SketchUp 中，可通过选择【编辑】|【隐藏】菜单命令，对选择的物体进行隐藏操作。另外，也可以通过右键快捷菜单中的【隐藏】命令，进行物体的隐藏，如图 4-23 所示。

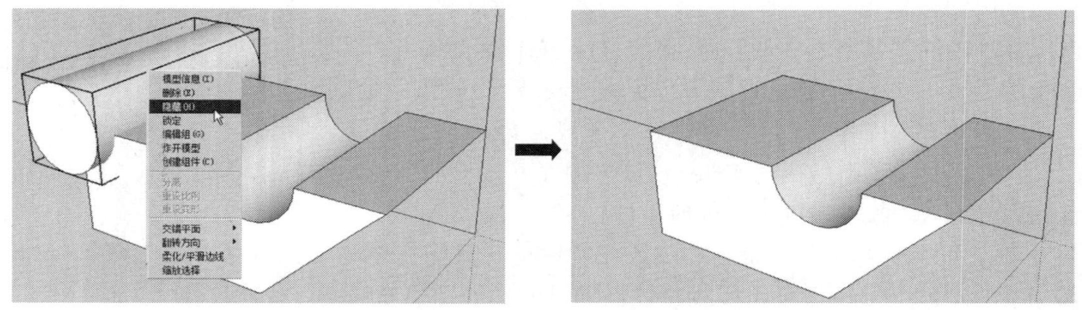

图 4-23　隐藏物体

4.6.2　显示隐藏物体

隐藏物体后，可通过选择【视图】|【隐藏物体】菜单命令，将隐藏的物体全部以虚显网格形式显示出来，以方便我们参照绘图，如图 4-24 所示。

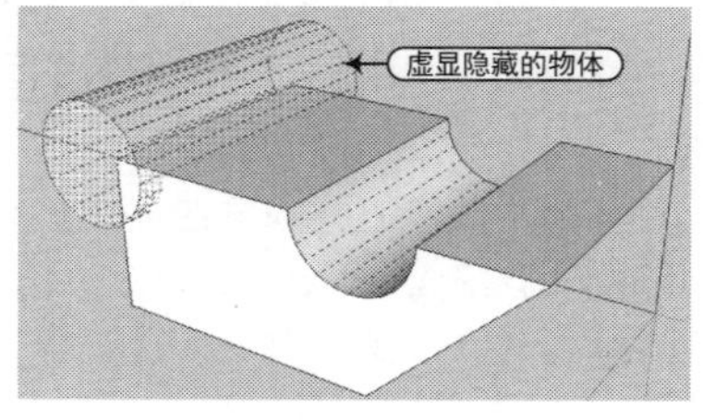

图 4-24　显示隐藏物体

4.6.3　取消隐藏

通过选择【编辑】|【撤销隐藏】|【全部】菜单命令，如图 4-25 所示，即可将场景中

所有隐藏的物体全部显示出来。

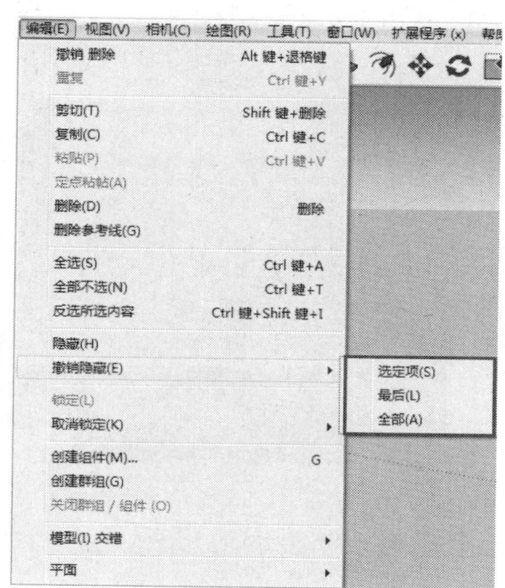

图 4-25　取消隐藏

通过选择【编辑】|【撤销隐藏】|【最后】菜单命令，即可将最后隐藏的物体显示出来。【编辑】|【撤销隐藏】|【选定项】菜单命令是针对被“虚显的隐藏物体”而言的。

4.7　设 计 范 例

4.7.1　建筑图尺寸标注范例

本范例操作文件： ywj/04/4-1a.skp
本范例完成文件： ywj/04/4-1.skp

1. 案例分析

本节就来介绍 SketchUp 中进行尺寸标注和文字标注的范例，主要介绍在绘制了物体图形后，想要给这个物体添加标注和文字描述的方法。

2. 案例操作

step 01 选择【文件】菜单中的【打开】菜单命令，打开 4-1a.skp 文件，选择【相机】|【标准视图】|【顶视图】菜单命令，展现文件顶视图，如图 4-26 所示。

step 02 单击【大工具集】工具栏中的【尺寸】按钮，在绘图区中，对右侧房间进行长度标注，如图 4-27 所示。

step 03 单击【大工具集】工具栏中的【尺寸】按钮，在绘图区中，对模型上部进行宽度标注，如图 4-28 所示。

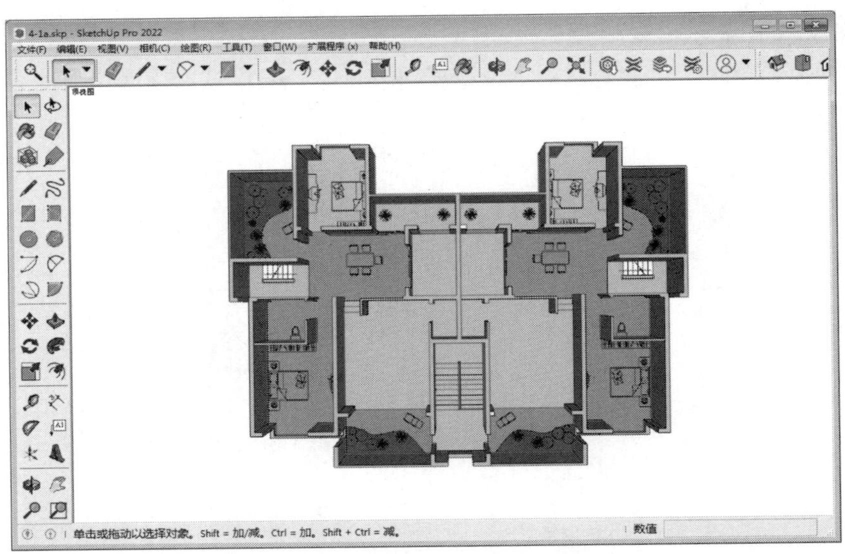

图 4-26　文件顶视图

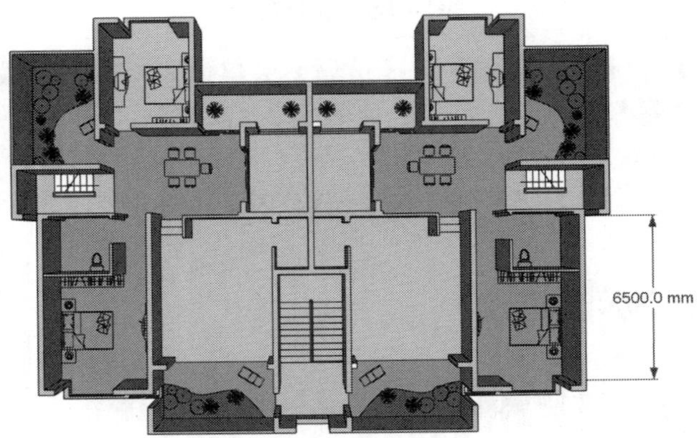

图 4-27　标注长度尺寸

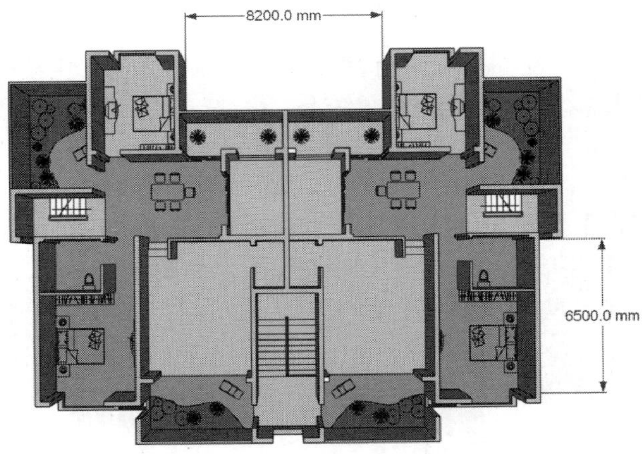

图 4-28　标注宽度尺寸

step 04 单击【大工具集】工具栏中的【文字】按钮，在绘图区中，对模型左侧房间进行面积的文字标注，如图 4-29 所示。

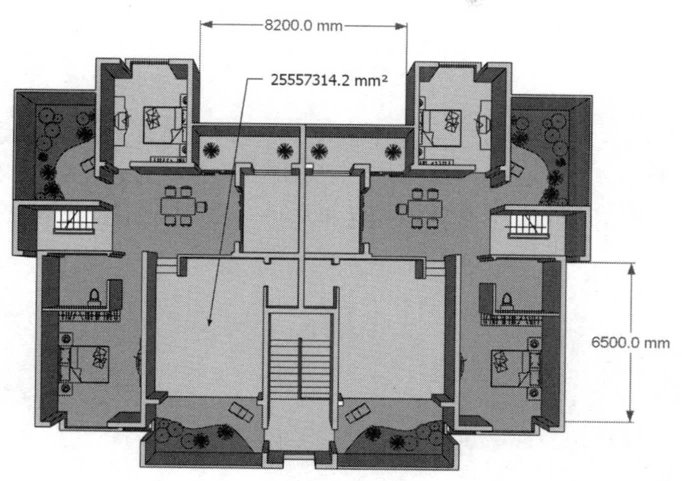

图 4-29　标注面积

step 05 单击【大工具集】工具栏中的【尺寸】按钮，在绘图区中，按照同样的方法标注其他尺寸，如图 4-30 所示，这样就完成了范例制作。

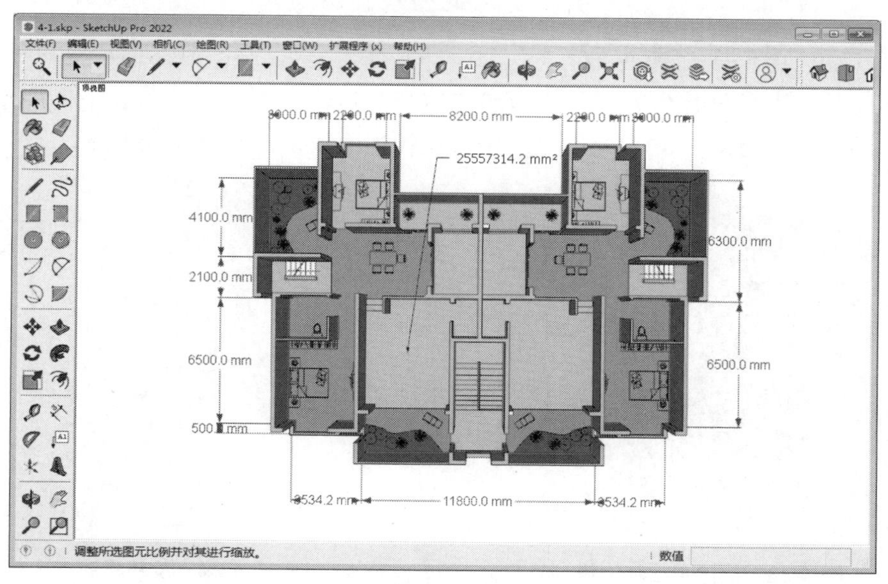

图 4-30　范例结果

4.7.2　绘制卧室角落模型范例

本范例操作文件：ywj/04/4-2.skp

1. 案例分析

本节就来介绍 SketchUp 中使用辅助工具绘制模型的范例，主要介绍辅助线、卷尺和造型等工具的使用，绘制出卧室角落的模型。

2. 案例操作

step 01 新建文件，单击【大工具集】工具栏中的【矩形】按钮，由原点绘制 4000mm 的正方形，如图 4-31 所示。

step 02 单击【大工具集】工具栏中的【推/拉】按钮，将其向上推拉出 4000 的高度，如图 4-32 所示。

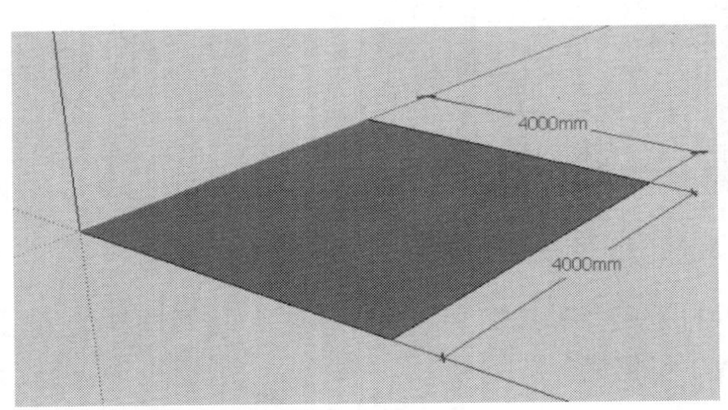

图 4-31　绘制正方形

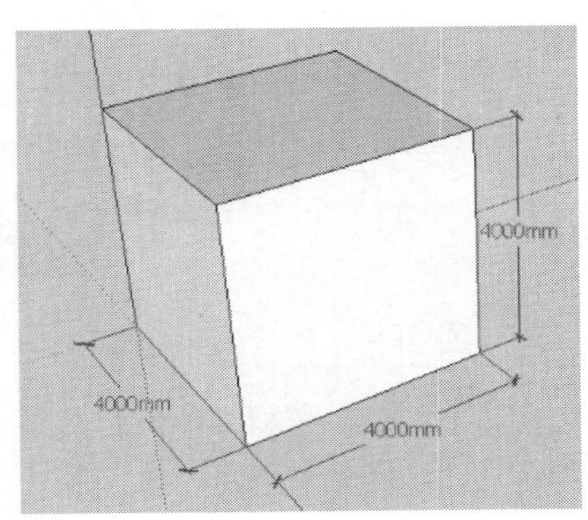

图 4-32　推拉出正方体

step 03 单击【大工具集】工具栏中的【擦除】按钮，删除前、右和上侧的平面及多余的边线，如图 4-33 所示。在内侧平面上右击，反转平面效果，如图 4-34 所示。

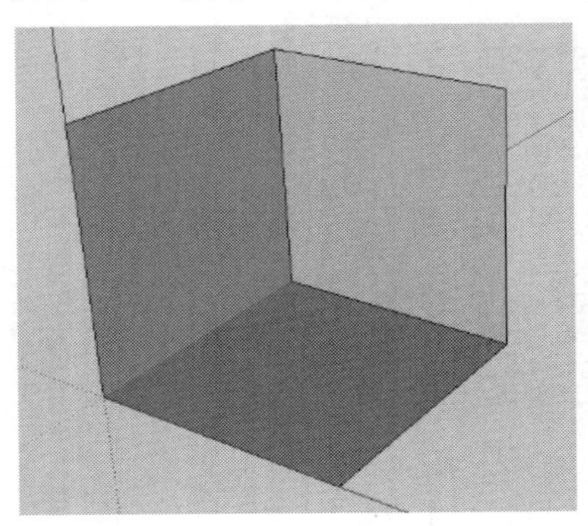

图 4-33　删除平面和边线

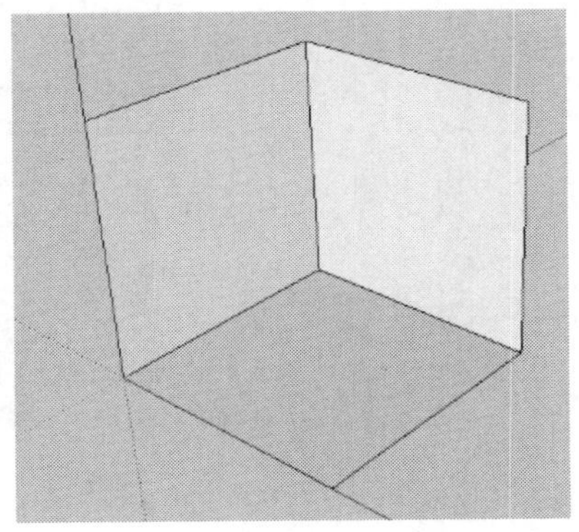

图 4-34　反转平面

step 04 单击【大工具集】工具栏中的【卷尺】按钮，单击底面边线作为参考点，向上拖动鼠标，然后输入 1100 并按 Enter 键，如图 4-35 所示绘制一条辅助线。再单击创建的辅助线作为参考点，继续向上拖动，输入 500 并按 Enter 键，如图 4-36 所示绘制一条与原辅助线相距 500 的辅助线。

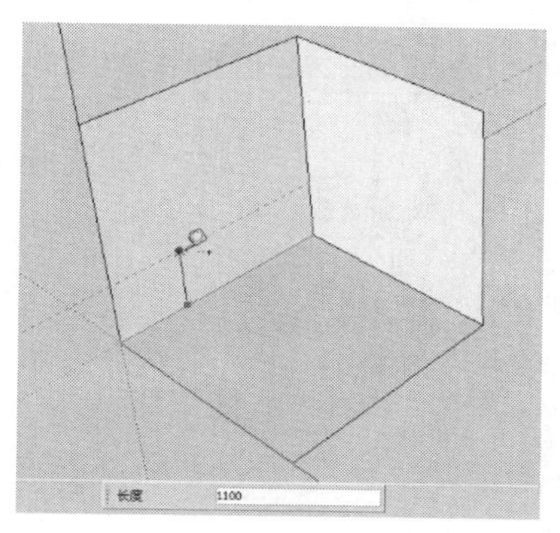

图 4-35　绘制辅助线(1)

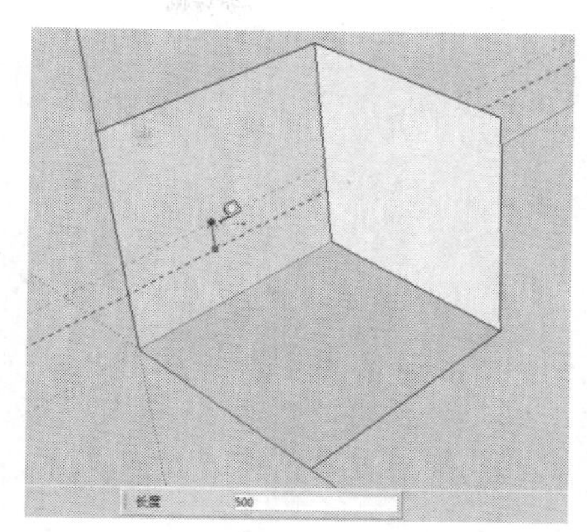

图 4-36　绘制辅助线(2)

step 05 单击【大工具集】工具栏中的【直线】按钮，沿着辅助线绘制平行的直线，如图 4-37 所示。

step 06 先将辅助线删除掉；再单击【材质】按钮，对墙体进行材质颜色的填充，如图 4-38 所示。

step 07 选择一个几何图块的材质，对平行线内的面进行填充，装饰墙面效果，如图 4-39 所示。

step 08 执行【窗口】|【默认面板】|【组件】菜单命令，打开【组件】面板，在其中选择一个“床”模型，然后在图形中的相应位置单击以插入“床”模型，如图 4-40 所示。

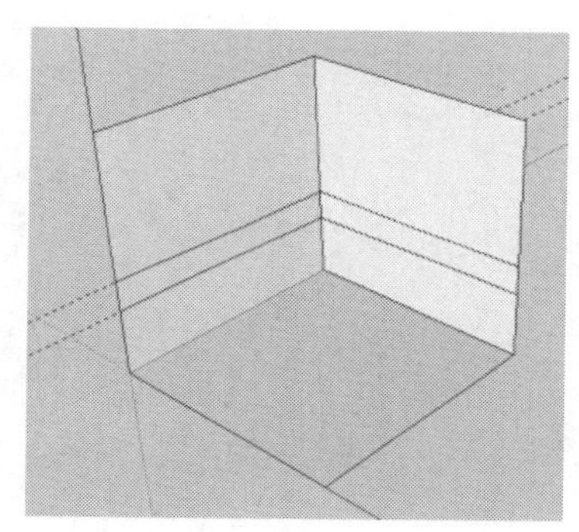

图 4-37　绘制直线

step 09 双击“床”模型，以进入其组编辑状态，再使用卷尺工具量取前侧边线的长度(测量显示 1486mm)，然后输入“1800”并按 Enter 键，将弹出提示对话框，单击“是”按钮，则床的宽度改变为 1800mm，如图 4-41 所示。

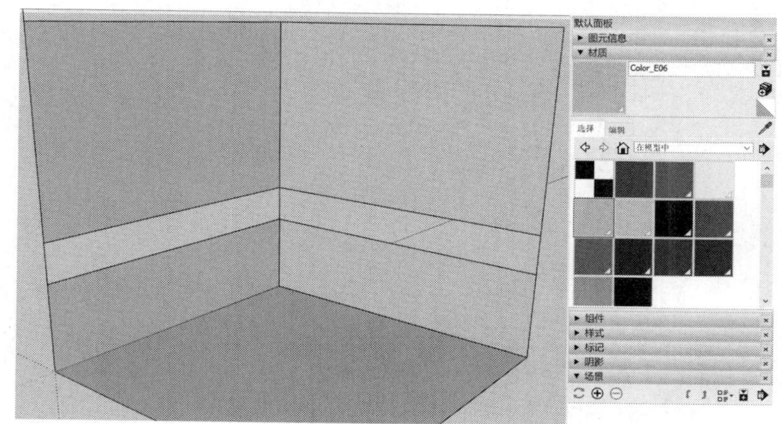

图 4-38　填充墙体材质

step 10 单击【材质】按钮，在组件编辑中，对床进行相应材质的赋予，然后退出组编辑，通过【移动】命令，将床移动到相应的位置，完成最终效果，如图 4-42 所示。

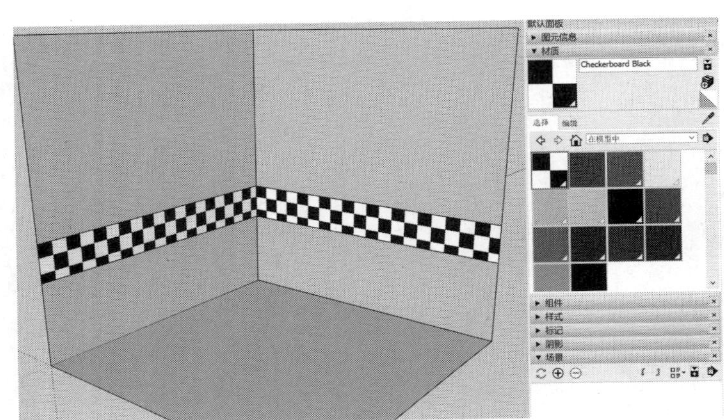

图 4-39　填充装饰墙面

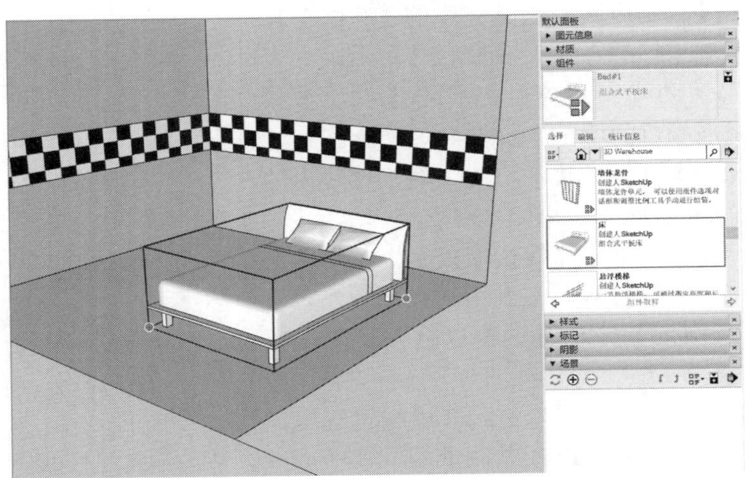

图 4-40　插入床模型

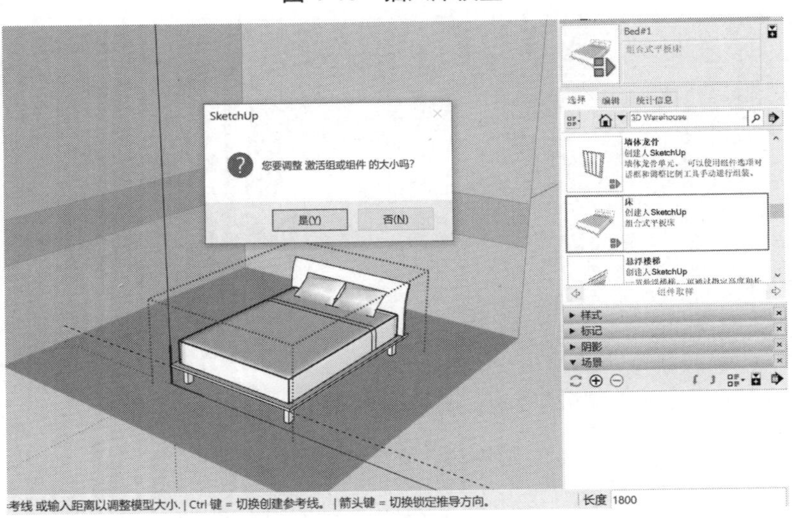

图 4-41　修改床的宽度

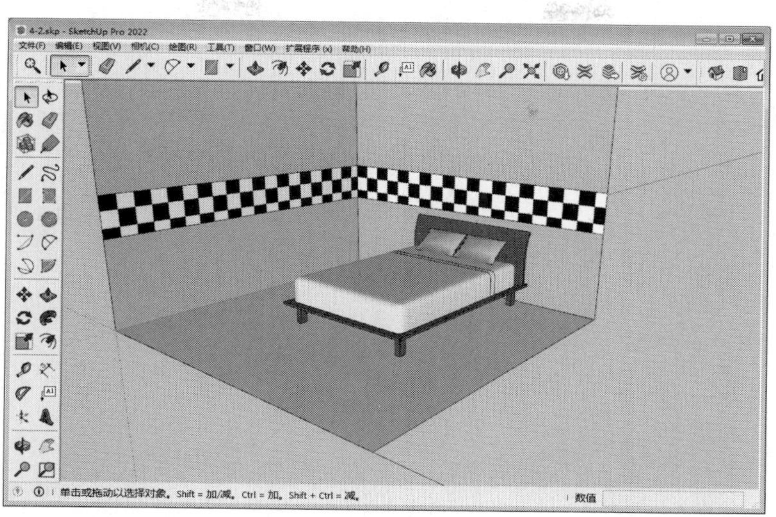

图 4-42　范例最终效果

4.8　本 章 小 结

本章学习了 SketchUp 中测量模型、尺寸标注和标注文字的功能方法。通过学习，可以熟练应用尺寸标注工具对模型进行尺寸标注和尺寸大小的控制，为模型添加文字说明。掌握这些实用的方法可以为后续学习打好基础。

第 5 章

群组和组件

本章导读

SketchUp 抓住了设计师的职业需求，提供了更加方便的“群组/组件”管理功能，这种分类与现实生活中物体的分类十分相似，用户之间还可以通过组或组件进行资源共享，并且它们十分容易修改。经过前面的学习，大家已经掌握了基本模型的制作方法。

本章主要来讲解 SketchUp 中群组和组件的相关知识，包括群组和组件的创建、编辑、共享及动态组件的制作原理。

5.1　创建和编辑群组

群组是一些点、线、面或者实体的集合，与组件的区别在于没有组件库和关联复制的特性。但是组可以作为临时性的群组管理，并且不占用组件库，也不会使文件变大，所以使用起来还是很方便的。

下面就来介绍模型的群组管理方法。

5.1.1　群组的优点

群组的优势有以下 5 点。

(1) 快速选择：选中一个组就选中了组内的所有元素。

(2) 几何体隔离：组内的物体和组外的物体相互隔离，操作互不影响。

(3) 协助组织模型：几个组还可以再次成组，形成一个具有层级结构的组。

(4) 提高建模速度：用组来管理和组织划分模型，有助于节省计算机资源，提高建模和显示速度。

(5) 快速赋予材质：分配给组的材质会由组内使用默认材质的几何体继承，而事先指定了材质的几何体则不会受影响，这样就可以大大提高赋予材质的效率。当组被炸开以后，此特性便无法应用了。

5.1.2　创建群组

执行【创建群组】命令主要有以下几种方式。

(1) 在菜单栏中，选择【编辑】|【创建组】命令。

(2) 从右键快捷菜单中选择【创建群组】命令。

选中要创建为组的物体，选择【编辑】|【创建组】菜单命令。组创建完成后，外侧会出现高亮显示的边界框。创建群组前后的效果如图 5-1 和图 5-2 所示。

图 5-1　创建组之前

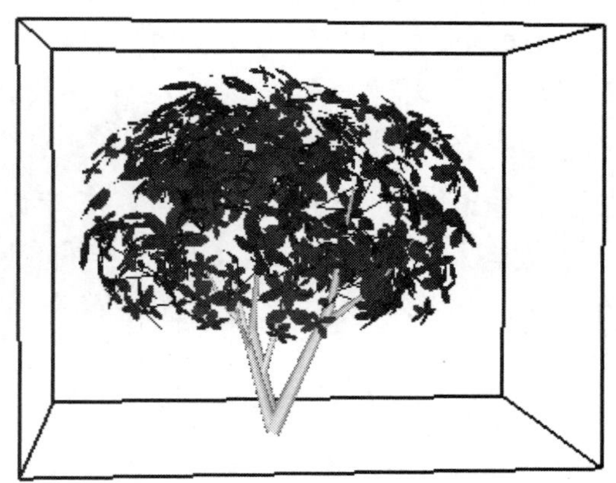

图 5-2　创建组之后

5.1.3 编辑群组

对创建的群组可以进行分解、编辑以及右键关联菜单的相关参数设置。

(1) 分解群组。

创建的群组可以被分解，分解后组将恢复到成组之前的状态，同时组内的几何体会和外部相连的几何体结合，并且嵌套在组内的组会变成独立的组。

分解群组的方法是：在要分解的组上右击鼠标，在弹出的快捷菜单中执行【炸开模型】命令，如图 5-3 所示。

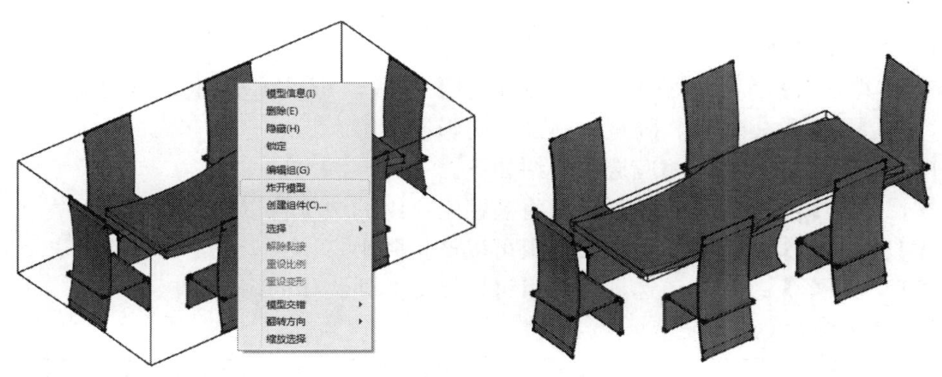

图 5-3 分解群组

(2) 编辑群组。

当需要编辑组内部的几何体时，就需要进入组的内部进行操作。在组上双击鼠标左键，进入组内部进行编辑；或者单击鼠标右键，在弹出的快捷菜单中选择【编辑组】命令，即可进入组进行编辑。

进入组的编辑状态后，组的外框会以虚线显示，其他外部物体以灰色显示(表示不可编辑)，如图 5-4 所示。在进行编辑时，可以使用外部几何体进行参考捕捉，但是组内编辑不会影响到外部几何体。

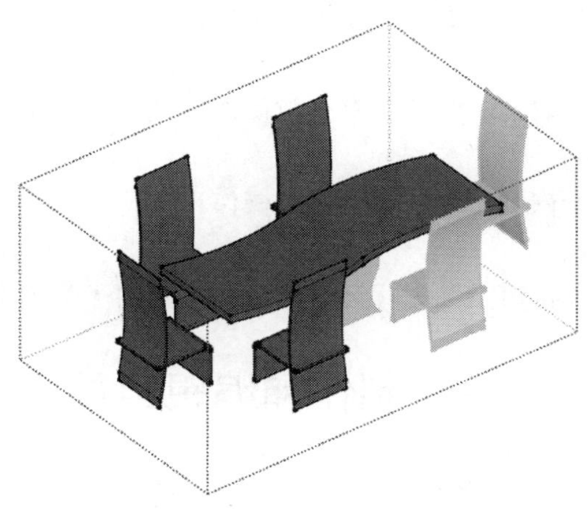

图 5-4 编辑群组

进入组的编辑状态后，默认情况下组外的物体被淡化，可以通过【模型信息】中的【组件】面板来进行外部物体显示的控制。

SketchUp 组件比组更加占用内存。SketchUp 中如果整个模型都细致地进行了分组，那么可以随时炸开某个组，而不会与其他几何体黏在一起。

5.1.4 群组的右键关联菜单

在创建的组上单击鼠标右键，将弹出一个快捷菜单，如图 5-3 所示，其中各命令的主要功能如下。

(1) 【模型信息】命令。

选择【模型信息】命令，将弹出【图元信息】面板，可以浏览和修改组的属性参数，包括材质、图层、名称、体积、隐藏、锁定、阴影设置等。

在【图元信息】面板中，相应选项介绍如下。

- 【已锁定】：选中该选项后，组将被锁定，组的边框将以红色亮显。
- 【投射阴影】：选中该选项后，组可以产生阴影。
- 【接受阴影】：选中该选项后，组可以接受其他物体的阴影。

(2) 【隐藏】命令。

【隐藏】命令用于隐藏当前选中的组。组被隐藏之后，若执行【视图】|【隐藏物体】菜单命令，可将所有隐藏的物体以网格显示并可选择。

(3) 【锁定】命令。

【锁定】命令用于锁定组，使其不能被编辑，以免进行错误操作，锁定的组边框显示为红色。执行该命令锁定组后，这里将变为【解锁】命令。

(4) 【创建组件】命令。

【创建组件】命令用于将组转换为组件。

(5) 【分离】命令。

如果一个组件是在一个表面上拉伸创建的，那么该组件在移动过程中就会存在吸附这个面的现象，这时就需要执行【分离】命令使组或组件自由活动。

(6) 【重设比例】命令。

【重设比例】命令用于取消对组的所有缩放操作，恢复原始比例和尺寸大小。

(7) 【重设变形】命令。

【重设变形】命令用于恢复对组的倾斜变形操作。

(8) 【翻转方向】命令。

【翻转方向】命令用于将组沿轴进行镜像，在该命令的子菜单中选择镜像的轴线即可。

5.2 制作和编辑组件

组件是将一个或多个几何体的集合定义为一个单位，使之可以像一个物体那样进行操作。组件可以是简单的一条线，也可以是整个模型，尺寸和范围也没有限制。组件与组类

似，但多个相同的组件之间具有关联性，可以进行批量操作，在与其他用户或其他 SketchUp 组件之间共享数据时也更为方便。

本节就主要来介绍组件操作的具体方法。

5.2.1 组件的优点

组件具有以下优点。

(1) 独立性：组件可以是独立的物体，小至一条线，大至住宅、公共建筑，包括附着于表面的物体，例如门窗、装饰构架等。

(2) 关联性：对一个组件进行编辑时，与其关联的组件将会同步更新。

(3) 附带组件库：SketchUp 附带一系列预设组件库，并且还支持自建组件库，只需将自建的模型定义为组件，并保存到安装目录的 Components 文件夹中即可。在【SketchUp 系统设置】对话框的【文件】选项设置界面中，可以查看组件库的位置，如图 5-5 所示。

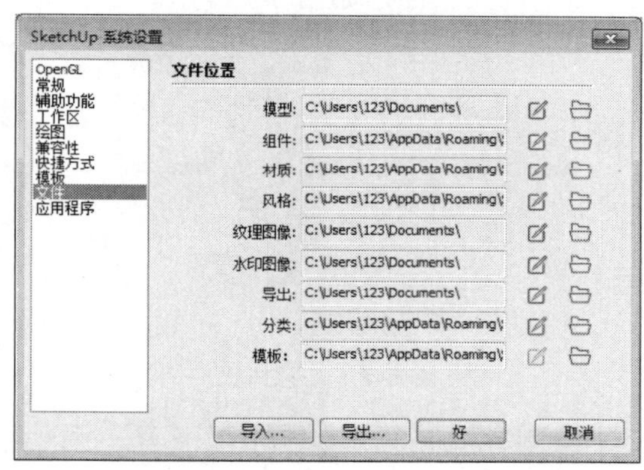

图 5-5 【SketchUp 系统设置】对话框

(4) 与其他文件链接：组件除了存在于创建它们的文件中，还可以导出到其他的 SketchUp 文件中。

(5) 组件替换：组件可以被其他文件中的组件所替换，以满足不同精度的建模和渲染要求。

(6) 特殊的行为对齐：组件可以对齐到不同的表面上，并且在附着的表面上挖洞开口。组件还拥有自己内部的坐标系。

灵活运用组件可以节省绘图时间，提升效率。

5.2.2 创建组件

下面介绍创建组件的方法。

执行【创建组件】命令主要有以下几种方式。

- 在菜单栏中，选择【编辑】|【创建组件】命令。
- 直接在键盘上按 G 键。

● 在右键快捷菜单中选择【创建组件】命令。

这时将打开【创建组件】对话框，如图 5-6 所示，就可以创建组件了。组件是将一个或多个几何体的集合定义为一个单位，使之可以像一个物体那样进行操作。组件可以是简单的一条线，也可以是整个模型，尺寸和范围也没有限制。

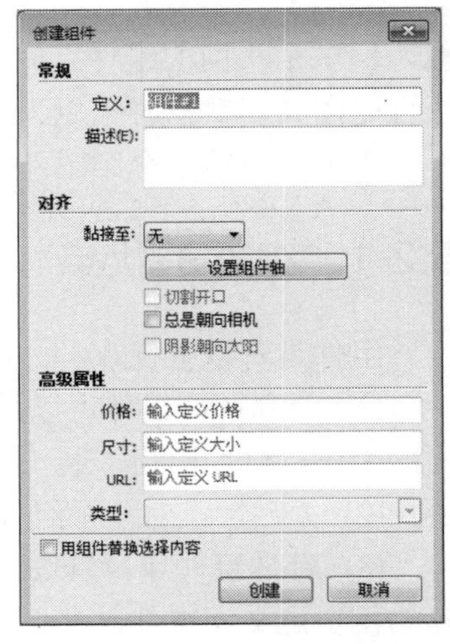

图 5-6 【创建组件】对话框

在【创建组件】对话框中，各功能介绍如下。

(1) 【定义】和【描述】文本框：在这两个文本框中可以为组件命名以及对组件的重要信息进行注释。

(2) 【黏接至】下拉列表框：用来指定组件插入时所要对齐的面，可以在其中选择【无】、【任意】、【水平】、【垂直】或【倾斜】选项。

● 若选择【任意】选项创建组件，则可以在任何(水平、垂直、倾斜)平面上插入组件，如图 5-7 所示。

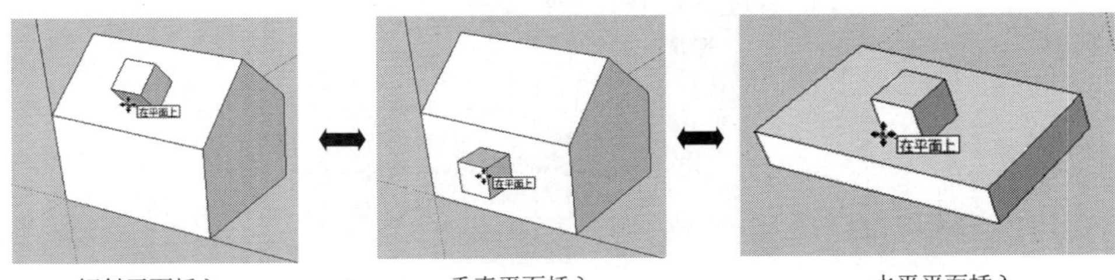

倾斜平面插入　　垂直平面插入　　水平平面插入

图 5-7 任意方式

● 若选择【水平】选项创建组件，只可以在水平平面上插入组件，如图 5-8 所示。

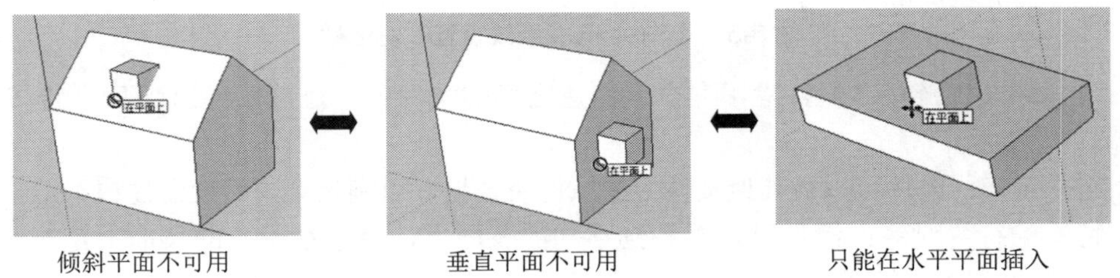

倾斜平面不可用　　垂直平面不可用　　只能在水平平面插入

图 5-8 水平方式

● 若选择【垂直】选项创建组件，则只可以在垂直平面上插入组件，如图 5-9 所示。

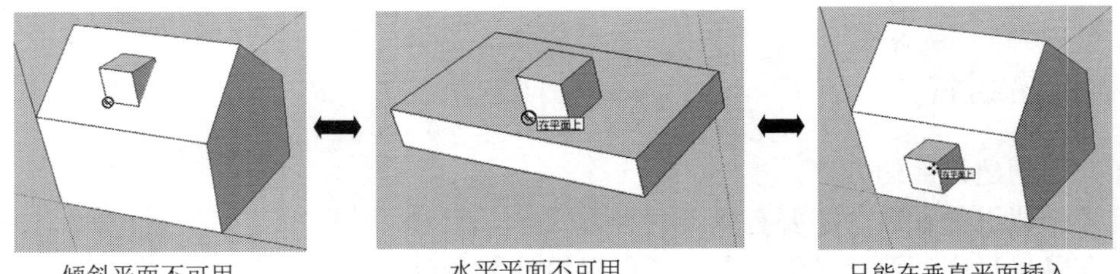

倾斜平面不可用　　水平平面不可用　　只能在垂直平面插入

图 5-9 垂直方式

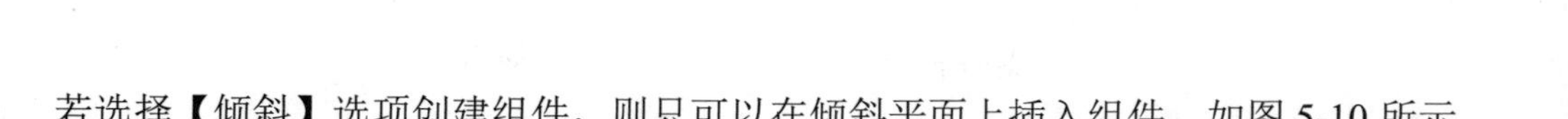

- 若选择【倾斜】选项创建组件，则只可以在倾斜平面上插入组件，如图 5-10 所示。

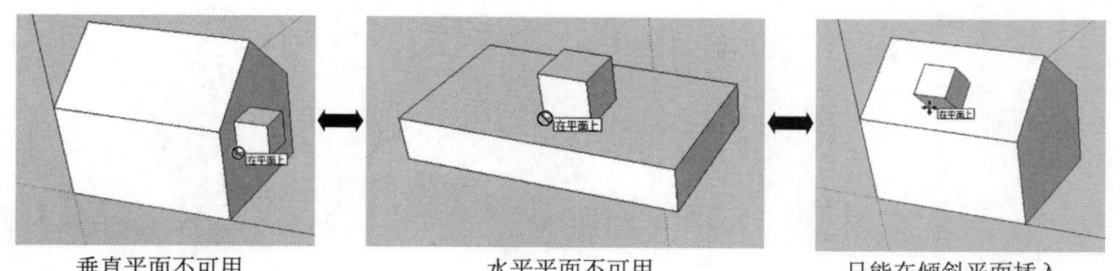

图 5-10 倾斜方式

- 选择【无】选项，可选中【总是朝向相机】和【阴影朝向太阳】复选框，表明物体(和阴影)始终对齐视图。此功能常用于二维组件的创建。

(3) 【切割开口】复选框：该复选框用于在创建的物体上开洞，例如门窗等。选中此复选框后，组件将在与表面相交的位置剪切开口，如图 5-11 所示。

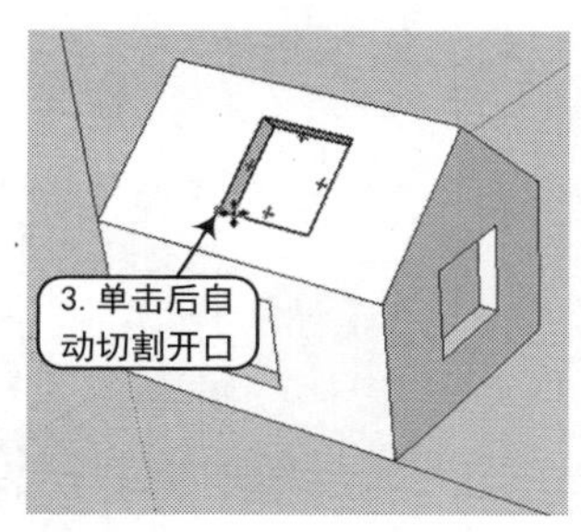

图 5-11 剪切开口

(4) 【总是朝向相机】复选框：该复选框可以使组件始终对齐视图，并且不受视图变更的影响，如图 5-12 所示。如果定义的组件为二维配景，则需要选中此复选框，这样可以用一些二维物体来代替三维物体。

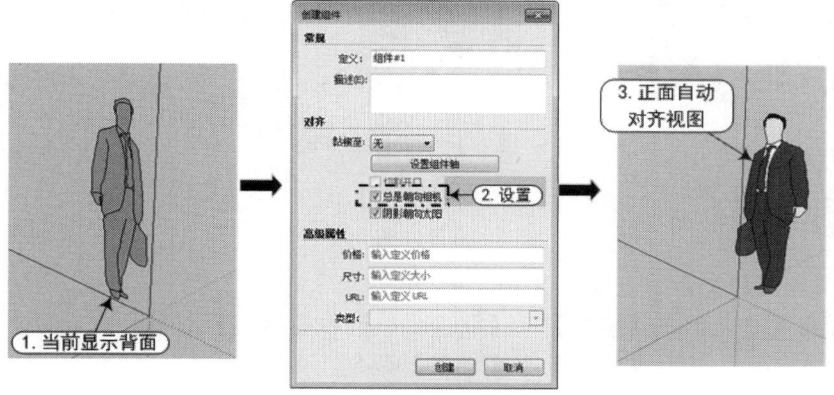

图 5-12 总是朝向相机

(5) 【阴影朝向太阳】复选框：该复选框只有在【总是朝向相机】复选框选中时才能生效，可以保证物体的阴影随着视图的变动而改变，如图 5-13 所示。

(6) 【设置组件轴】按钮：单击该按钮可以在组件内部设置坐标轴，坐标轴原点确定组件插入的基点，如图 5-14 所示。

(7) 【用组件替换选择内容】复选框：选中此复选框可以将制作组件的源物体转换为组件。如果取消选中此复选框，原来的几何体将没有任何变化，但是在组件库中可以发现制作的组件已经被添加进去，仅仅是模型中的物体没有变化而已。

图 5-13　阴影朝向太阳

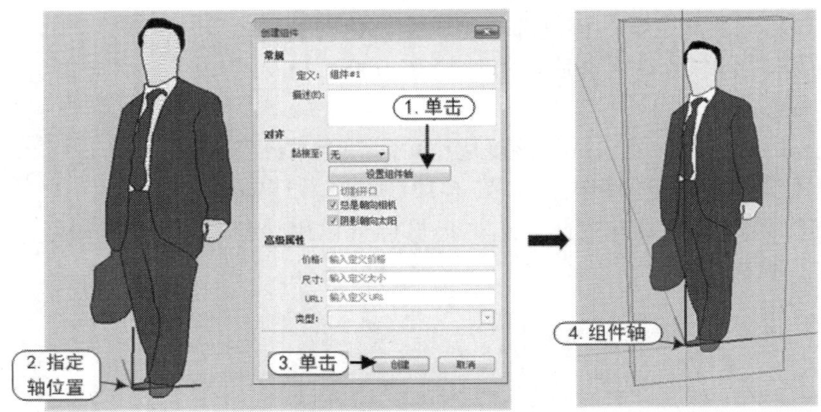

图 5-14　设置组件轴

5.2.3　插入组件

执行【插入组件】命令主要有以下几种方式。

(1) 在菜单栏中，选择【窗口】|【默认面板】|【组件】命令。

(2) 在菜单栏中，选择【文件】|【导入】命令。

在 SketchUp 2022 中自带了一些组件，这些组件可随视线的转动而面向相机，如果想使用这些组件，直接将其拖曳到绘图区即可，如图 5-15 所示。

SketchUp 中的配景也是通过插入组件的方式放置的，这些配景组件可以从外部获得，也可以自己制作。人、车、树配景既可以是二维组件物体，也可以是三维组件物体。

当组件被插入到当前模型中时，SketchUp 会自动激活移动/复制工具，并自动捕捉组件坐标的原点，组件将其内部坐标原点作为默认的插入点。

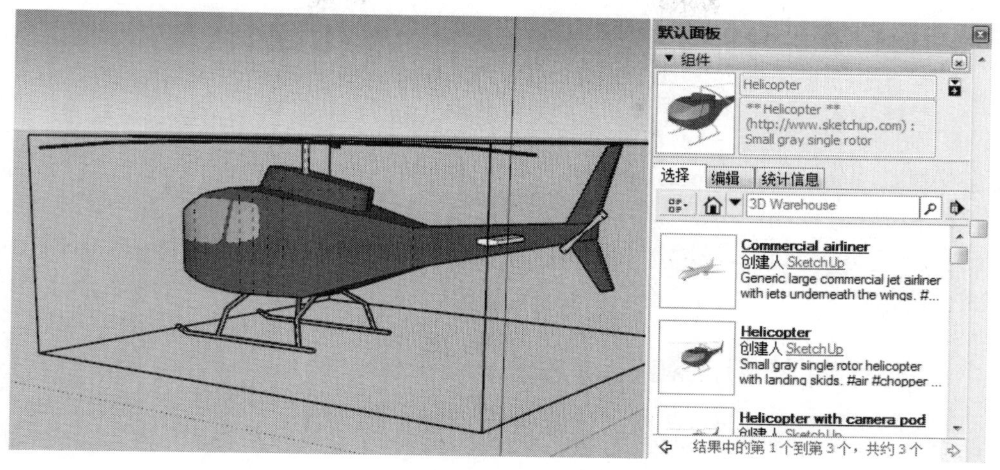

图 5-15　添加直升机组件

若要改变默认的插入点，必须在组件插入之前更改其内部坐标系。选择【窗口】|【模型信息】菜单命令，打开【模型信息】对话框，如图 5-16 所示，然后在【组件轴线】选项组中选中【显示组件轴线】复选框，即可显示内部坐标系。

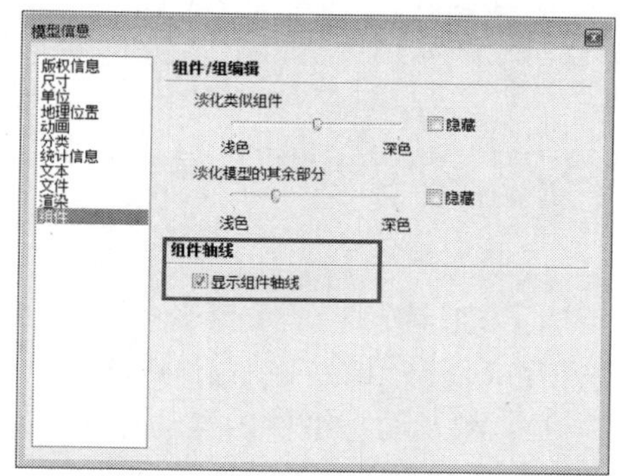

图 5-16　【模型信息】对话框

其实在安装完 SketchUp 后，就已经有了一些这样的素材。SketchUp 安装文件并没有附带全部的官方组件，可以登录官方网站，从 http://sketchup.google.com/3dwarehouse/下载全部的组件安装文件(注意，官方网站上的组件是不断更新和增加的，需要及时下载更新)。

另外，还可以从官方论坛网站 http://www.sketchupbbs.com 下载更多的组件，来充实自己的 SketchUp 配景库。

5.2.4　编辑组件

执行【编辑组件】命令主要有以下几种方式。

(1) 双击组件进入组件内部进行编辑。

(2) 从右键快捷菜单中选择【编辑组件】命令。

创建组件后，组件中的物体会被包含在组件中而与模型的其他物体分离。SketchUp 支持对组件中的物体进行编辑，这样可以避免炸开组件进行编辑后再重新制作组件。

如果要对组件进行编辑，最常用的是双击组件进入组件内部进行编辑。

SketchUp 中，所有复制的组件和源组件都会自动跟着改变。

5.3 动 态 组 件

动态组件(Dynamic Components)使用起来非常方便，在制作楼梯、门窗、地板、玻璃幕墙、篱笆栅栏等方面应用较为广泛，例如当你缩放一扇带边框的门窗时，由于事先固定了门(窗)框尺寸，就可以实现门(窗)框尺寸不变，而门(窗)整体尺寸变化。读者也可通过登录 Google 3D 模型库，下载所需动态组件。

5.3.1 动态组件的特点和启动方法

总结这些组件的属性并加以分析，可以发现动态组件包含以下特征：固定某个构件的参数(尺寸、位置等)，复制某个构件，调整某个构件的参数，调整某个构件的活动性等。具备以上一种或多种属性的组件即可称为动态组件。

在菜单栏中，选择【视图】|【工具栏】|【动态组件】命令，即可打开【动态组件】工具栏。

5.3.2 动态组件工具

【动态组件】工具栏包含 3 个工具，分别为【触发动态组件的互动行为工具】、【查看并配置动态组件的属性工具】和【创建并定义动态组件的行为和数据工具】，如图 5-17 所示。

图 5-17 动态组件工具

(1) 触发动态组件的互动行为。

激活【触发动态组件的互动行为工具】，然后将鼠标指针指向动态组件，此时鼠标指针上会多出一个星号，随着鼠标在动态地组件上单击，组件就会动态地显示不同的属性效果，如图 5-18 所示。

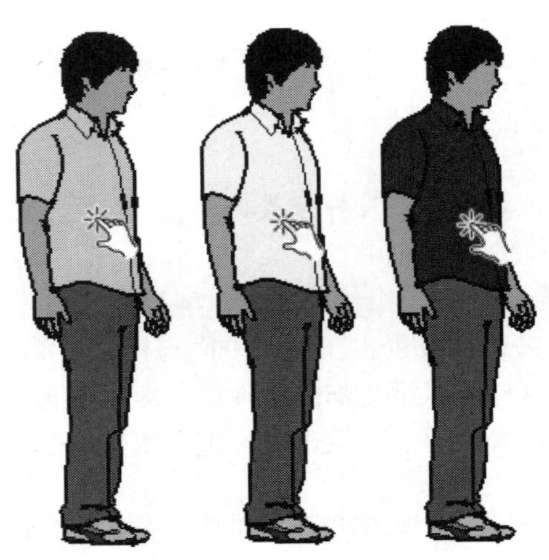

图 5-18 与动态组件互动

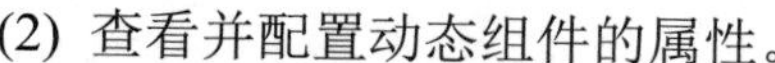

(2) 查看并配置动态组件的属性。

激活【查看并配置动态组件的属性工具】，将弹出【组件选项】对话框，如图 5-19 所示，该对话框主要用来配置组件的编码和内容。

(3) 创建并定义动态组件的行为和数据。

激活【创建并定义动态组件的行为和数据工具】，将会弹出【组件属性】面板，如图 5-20 所示，在该面板中可以为选中的动态组件定义行为和数据。

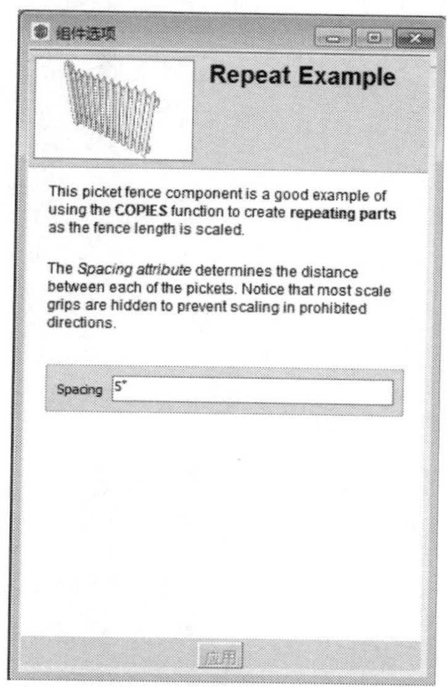

图 5-19 【组件选项】对话框

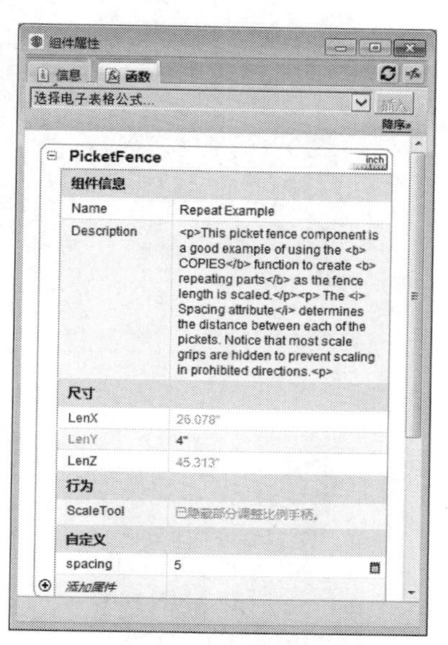

图 5-20 【组件属性】面板

5.4 设 计 范 例

5.4.1 小别墅窗户模型设计范例

本范例操作文件： ywj/05/5-1a.skp

本范例完成文件： ywj/05/5-1.skp

1. 案例分析

SketchUp 的组与组群可以对多个对象进行打包组合，与 3ds Max 的组模方式基本相同，但又有所独特之处，这里的窗户模型案例，就是使用组件来进行绘制窗户的操作。

2. 案例操作

step 01 选择【文件】菜单中的【打开】命令，打开 5-1a.skp 文件，在绘图区中打开模型，如图 5-21 所示，下面要在空白的墙体位置绘制窗户。

step 02 单击【大工具集】工具栏中的【直线】按钮，绘制窗户图形，如图 5-22 所示。

图 5-21　打开图形

图 5-22　绘制窗户

step 03 单击【大工具集】工具栏中的【矩形】按钮，绘制矩形窗台图形，如图 5-23 所示。

step 04 单击【大工具集】工具栏中的【圆弧】按钮，绘制圆弧图形，如图 5-24 所示。

step 05 单击【大工具集】工具栏中的【直线】按钮，绘制直线图形，如图 5-25 所示。

step 06 单击【大工具集】工具栏中的【推/拉】按钮，推拉图形，形成窗户模型，如图 5-26 所示。

step 07 选择图形，单击鼠标右键，在弹出的快捷菜单中选择【创建组件】命令，如图 5-27 所示。

step 08 在打开的【创建组件】对话框中选中【切割开口】复选框，如图 5-28 所示，单击【创建】按钮。

图 5-23 绘制矩形窗台

图 5-24 绘制圆弧

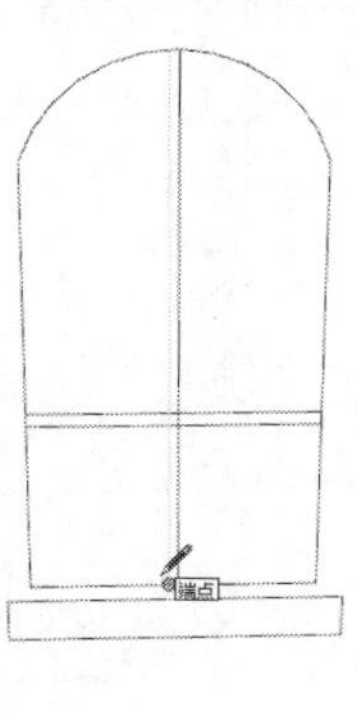

图 5-25 绘制直线

图 5-26　推拉图形

图 5-27　选择【创建组件】命令

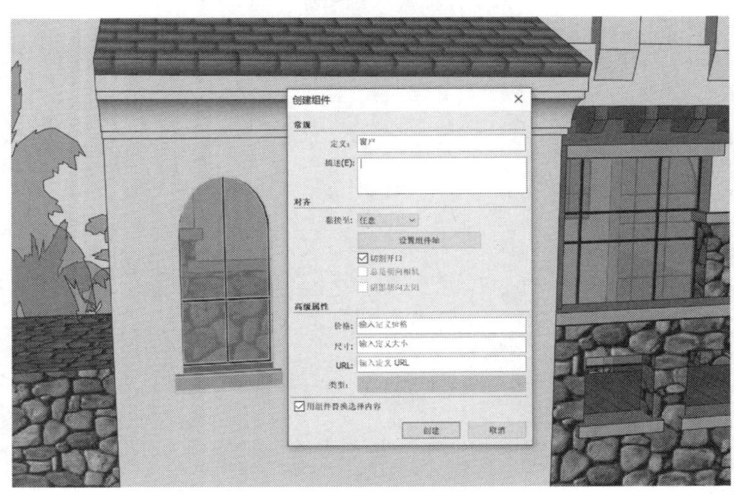

图 5-28　创建组件

step 09 单击【大工具集】工具栏中的【移动】按钮，按住键盘上的 Ctrl 键。选择创建好的窗户组件，将其移动复制到图 5-29 所示的位置，窗户会自动切割开口。

图 5-29 复制组件

至此，小别墅建筑模型制作完成，最终效果如图 5-30 所示。

图 5-30 最终效果

5.4.2 折窗模型设计范例

本范例完成文件：ywj/05/5-2.skp

1. 案例分析

本小节将介绍一个使用群组功能快速地绘制出折窗模型的范例，主要介绍绘制群组的方法，组件与群组有许多共同之处，很多情况下其使用区别不大，都可以将场景中众多的构件编辑成一个整体，在适当的时候把模型对象成组，可避免日后模型粘连情况的发生。

2. 案例操作

step 01 新建一个文件，然后单击大工具集中的【矩形】按钮，在绘图区中绘制宽度为120mm，长度为2380mm的矩形，如图5-31所示。

step 02 单击【大工具集】工具栏中的【推/拉】按钮，推拉矩形，推拉厚度为 50mm，如图5-32所示。

step 03 选择推拉后的模型，单击鼠标右键，在弹出的快捷菜单中选择【创建群组】命令，如图5-33所示。

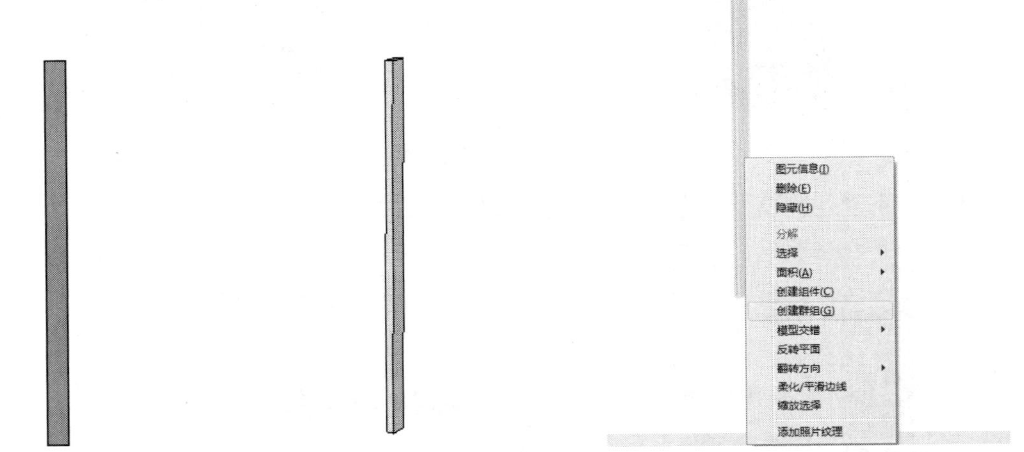

图 5-31　绘制矩形　　图 5-32　推拉矩形　　图 5-33　选择【创建群组】命令

step 04 单击【大工具集】工具栏中的【移动】按钮，按住键盘上的 Ctrl 键，选择创建好的群组，将其移动复制多个，如图5-34所示。

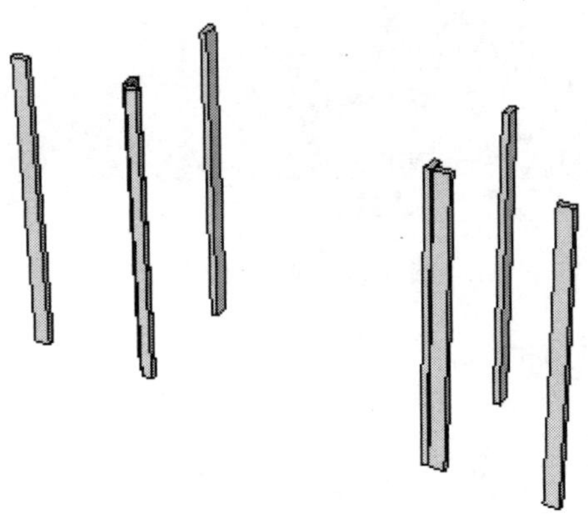

图 5-34　移动复制图形

step 05 单击【大工具集】工具栏中的【直线】按钮，绘制出窗户轮廓线条，如图 5-35所示。

step 06 单击【大工具集】工具栏中的【推/拉】按钮，推拉出窗户模型，然后选中模型，单击鼠标右键，在弹出的快捷菜单中选择【创建群组】命令，如图 5-36 所示。

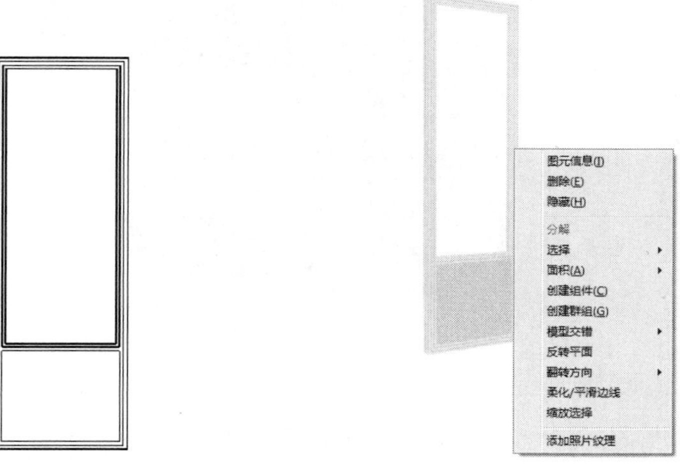

图 5-35 绘制窗户线条　　图 5-36 推拉图形创建群组

step 07 单击【大工具集】工具栏中的【直线】按钮，绘制出窗框内部及顶部结构轮廓线，如图 5-37 所示。

step 08 单击【大工具集】工具栏中的【推/拉】按钮，推拉出整体模型，然后选中模型，单击鼠标右键，在弹出的快捷菜单中选择【创建群组】命令，如图 5-38 所示。

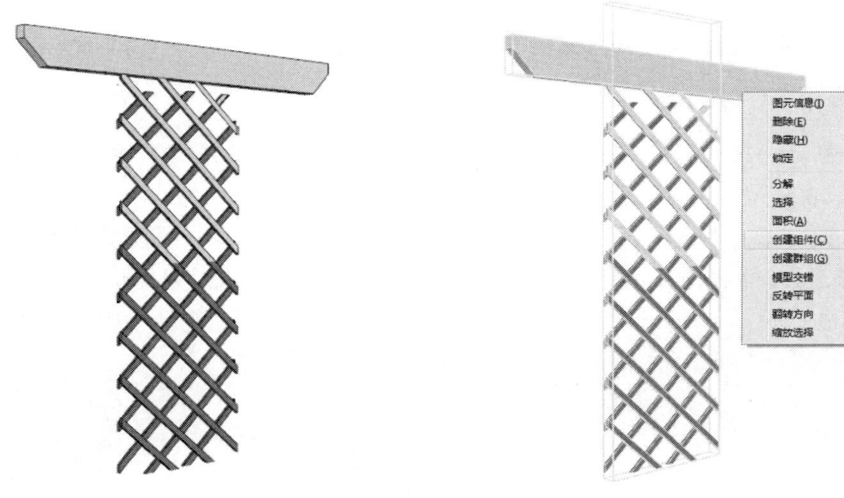

图 5-37 绘制线条轮廓　　图 5-38 推拉图形

step 09 单击【大工具集】工具栏中的【移动】按钮，按住键盘上的 Ctrl 键，选择创建好的群组，将其移动复制多个，最后添加材质，完成范例模型的绘制，效果如图 5-39 所示。

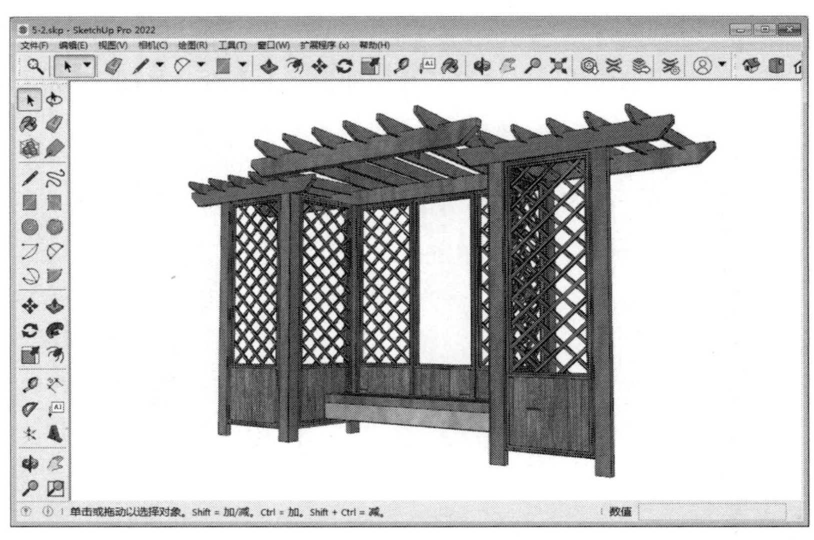

图 5-39　绘制完成的模型

5.4.3　鸡蛋餐盘模型设计范例

本范例完成文件：ywj/05/5-3.skp

1. 案例分析

本范例首先创建出餐盘模型，然后将其创建为群组，接着制作鸡蛋的模型，并将其创建为群组，进行复制，得到鸡蛋餐盘范例的效果。

2. 案例操作

step 01 新建一个文件，然后单击【大工具集】工具栏中的【圆】按钮，绘制半径为 100 的圆，如图 5-40 所示。

step 02 选择【相机】|【平行投影】菜单命令，切换视角，然后切换到前视图进行显示。使用矩形工具，以圆的外端点绘制一个 50×20 的矩形，如图 5-41 所示。

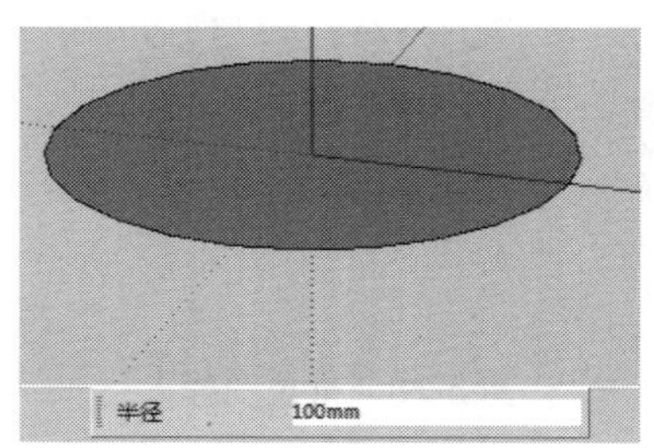

图 5-40　绘制圆

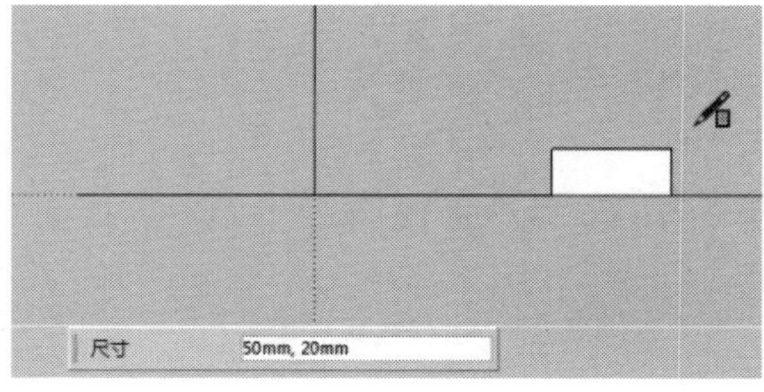

图 5-41　绘制矩形

step 03 通过使用直线工具和圆弧工具，在矩形平面上绘制如图 5-42 所示的轮廓线。

step 04 使用擦除工具，删除多余的面及边线，效果如图 5-43 所示。

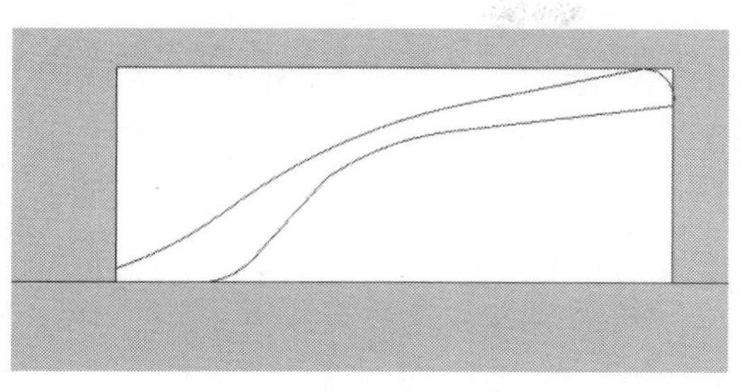

图 5-42 绘制轮廓线

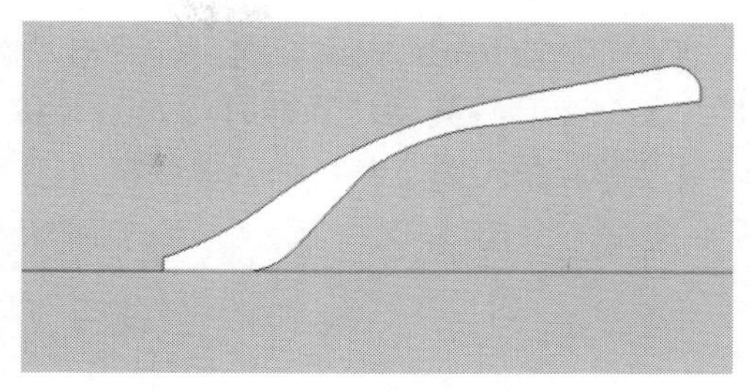

图 5-43 删除多余的图形

step 05 使用路径跟随工具，将截面以圆平面为路径进行放样，然后使用直线工具，捕捉内圆边线上的任意两点，如图 5-44 所示。

step 06 使用擦除工具，将绘制的直线删除，效果如图 5-45 所示。

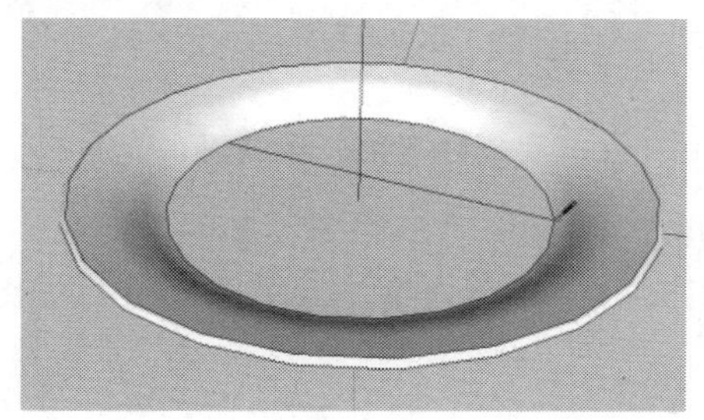

图 5-44 放样图形并绘制直线

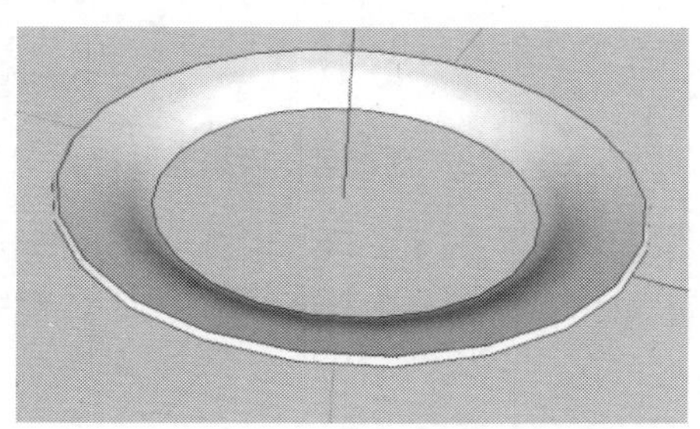

图 5-45 删除直线

step 07 按 Ctrl+A 组合键全选图形，然后单击鼠标右键，在弹出的快捷菜单中选择【柔化/平滑边线】命令，弹出【柔化边线】面板，对图形进行 180° 的柔化处理，如图 5-46 所示。

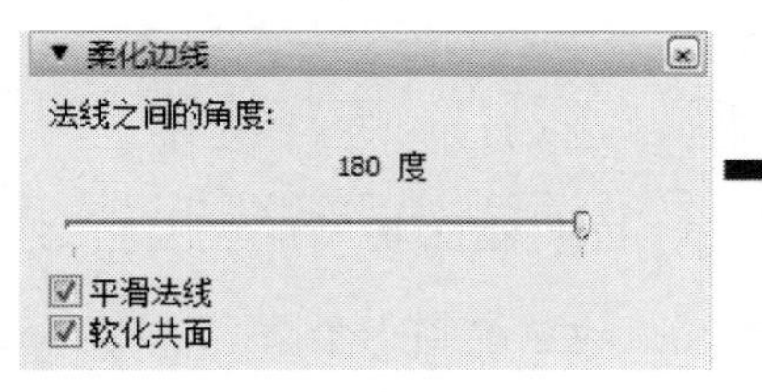

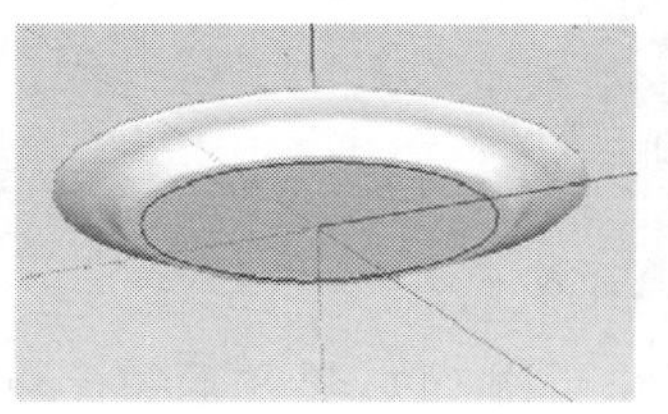

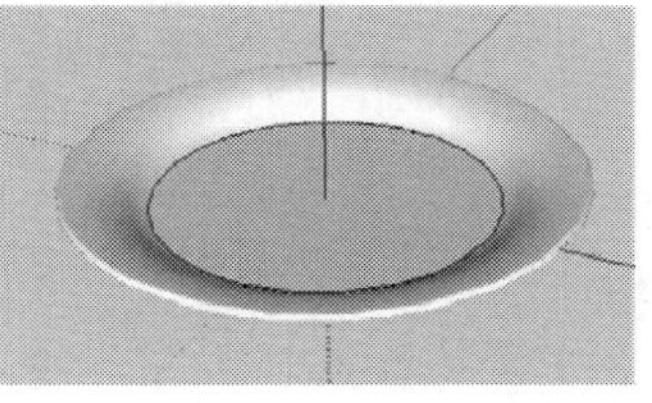

图 5-46 柔化边线

step 08 使用擦除工具，结合 Ctrl 键，将内外两个圆边线进行柔化，如图 5-47 所示。

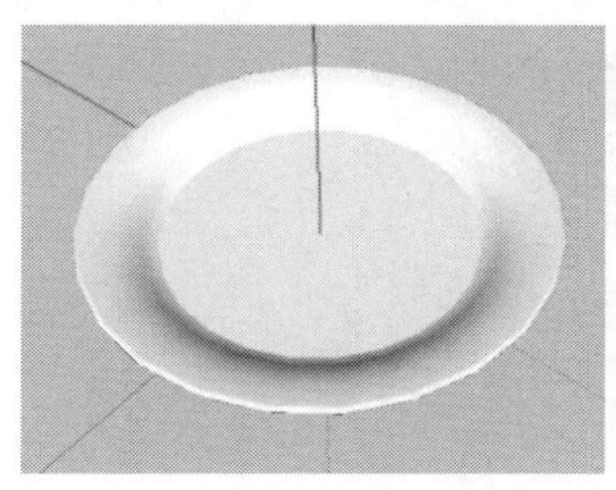

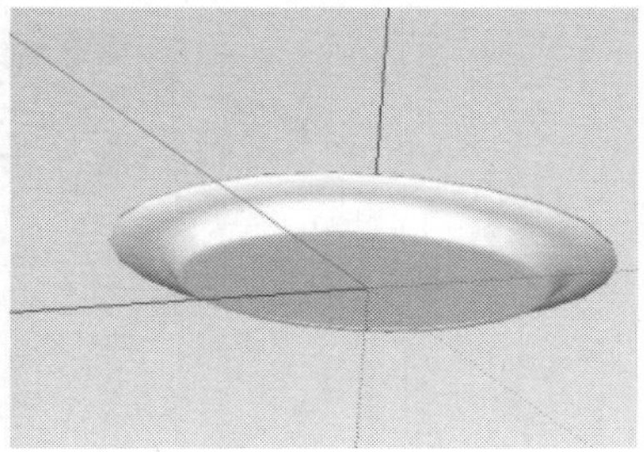

图 5-47 将内外两个圆边线柔化

step 09 按 Ctrl+A 组合键全选图形，然后单击鼠标右键，在弹出的快捷菜单中选择【创建群组】命令，将其创建为群组，如图 5-48 所示。

step 10 使用圆工具，在外侧绘制一个半径为 45 的圆，如图 5-49 所示。

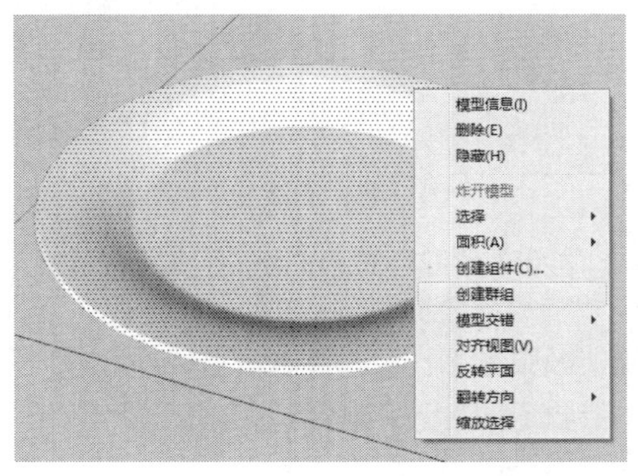

图 5-48　创建盘子模型为群组

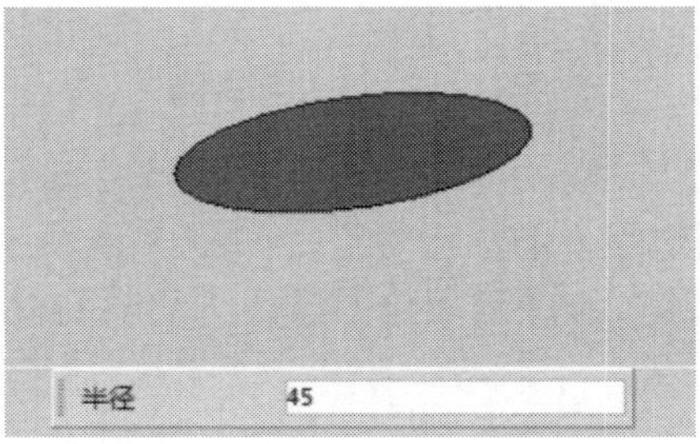

图 5-49　绘制圆

step 11 使用直线工具，由圆心在绿轴上向边线绘制直径线，如图 5-50 所示。

step 12 按空格键选择半圆，然后选择缩放工具，将其向外拉伸为椭圆形状，如图 5-51 所示。

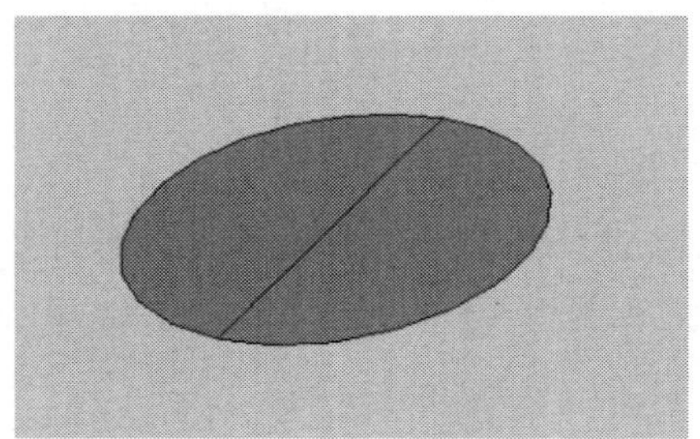

图 5-50　绘制直径线

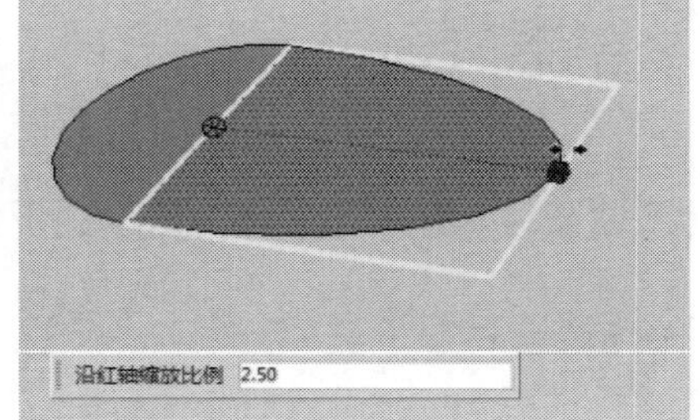

图 5-51　拉伸椭圆形状

step 13 旋转视图，使用圆工具，以 *YZ* 平面捕捉椭圆外端点随意绘制一个圆，如图 5-52 所示。

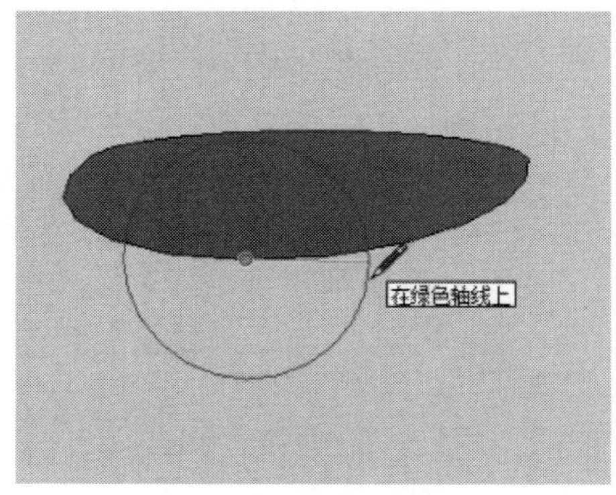

图 5-52　随意绘制一个圆

step 14 使用擦除工具，将分割圆的直线删除；再使用直线工具，由端点绘制直线，以将椭圆分割成两半，如图 5-53 所示。

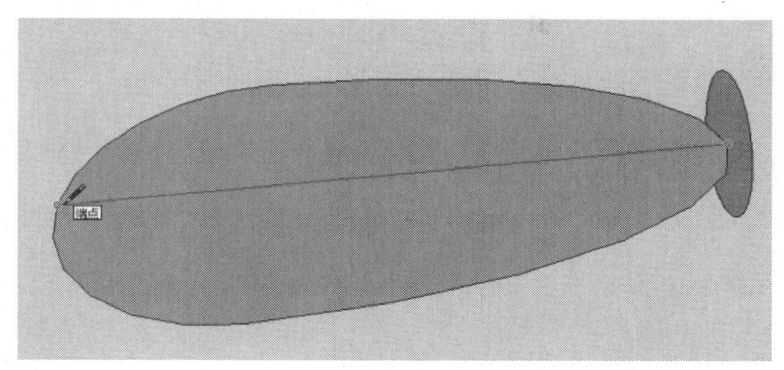

图 5-53　将椭圆分割成两半

step 15 使用擦除工具，将椭圆的其中一半删除，如图 5-54 所示。

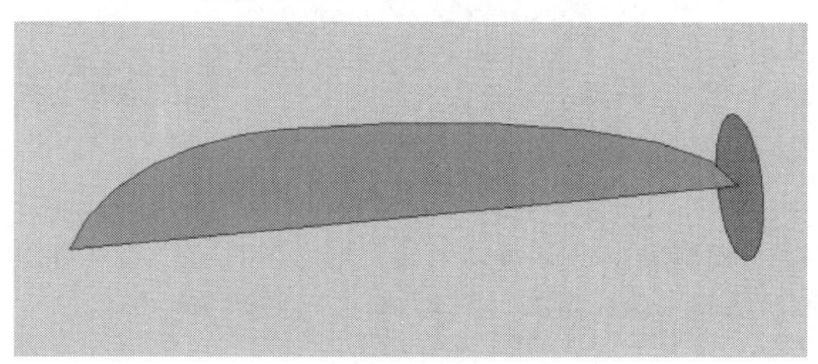

图 5-54　删除一半椭圆

step 16 使用路径跟随工具，将截面以圆平面为路径进行放样，效果如图 5-55 所示。

step 17 将作为路径的小圆删除；然后通过右键快捷菜单，将鸡蛋外表面进行平面反转，效果如图 5-56 所示。

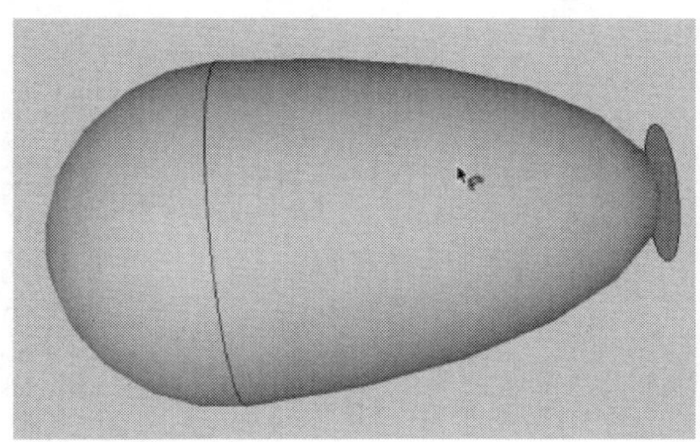

图 5-55　放样图形

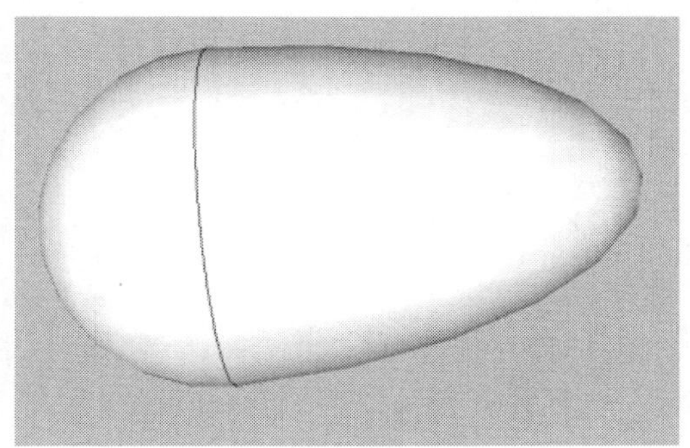

图 5-56　反转平面

step 18 选择整个鸡蛋，对鸡蛋模型进行柔化，如图 5-57 所示。

step 19 通过右键菜单为鸡蛋创建群组，然后使用移动工具和旋转工具，将鸡蛋放置到餐盘内，并进行相应的调整，如图 5-58 所示。

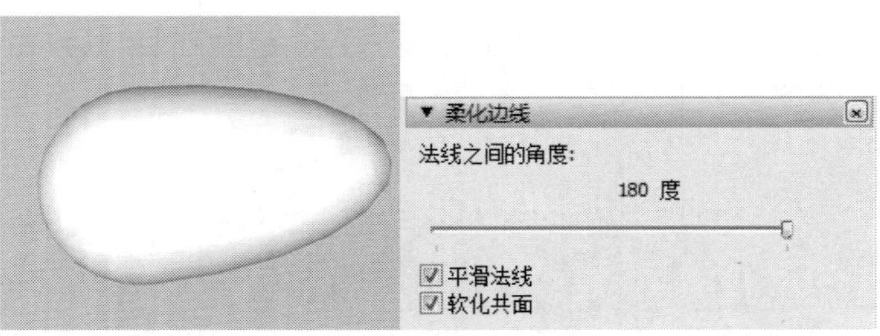

图 5-57　柔化鸡蛋模型

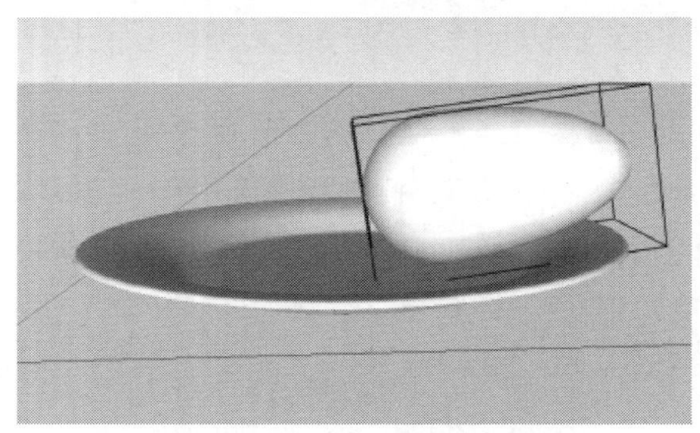

图 5-58　将鸡蛋放置到餐盘中

step 20 旋转视图到顶视图，使用旋转工具，将鸡蛋锁定在 *XY* 平面，结合 Ctrl 键捕捉到绿色轴上时单击，旋转复制一份，如图 5-59 所示。

step 21 在此基础上输入“X3”，以此角度为基础阵列复制 3 份，通过移动、缩放等命令，将鸡蛋图形移动开来，并调整相应的大小，如图 5-60 所示。

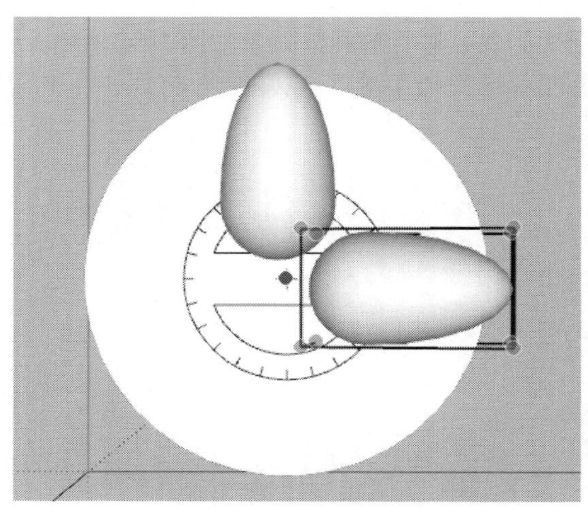

图 5-59　旋转复制鸡蛋

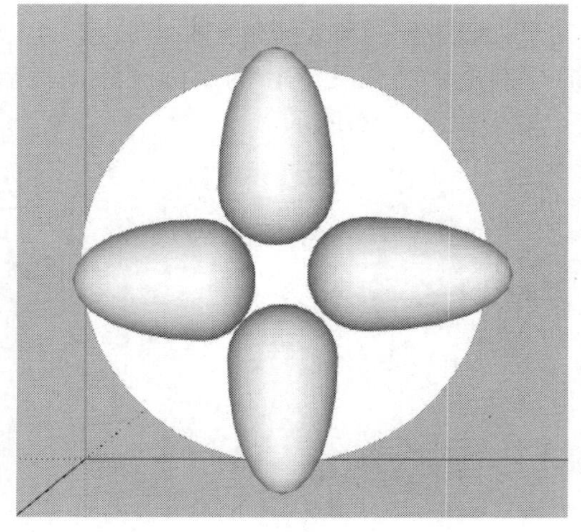

图 5-60　复制 3 份并调整

由于鸡蛋有个体大小的差异，所以对其大小缩放比较随意。

step 22 给鸡蛋赋上颜色材质，完成最终效果，如图 5-61 所示。

图 5-61　范例最终效果

5.5　本 章 小 结

本章学习了 SketchUp 中群组和组件的管理功能，使绘制的图形分类更加清晰，用户之间还可以通过组或组件进行资源共享，在修改图形的时候也会更加得心应手。

第 6 章

应用材质贴图与样式

本章导读

SketchUp 拥有强大的材质库，可以应用于边线、表面、文字、剖面、组和组件中，并实时显示材质效果，所见即所得。而且在赋予材质以后，可以方便地修改材质的名称、颜色、透明度、尺寸大小及位置等属性特征，这是 SketchUp 的优势之一。

本章将带领读者一起学习 SketchUp 材质功能的应用，包括材质的提取、填充、坐标调整、特殊形体的贴图以及 PNG 贴图的制作及应用等。

6.1 材质编辑器

建筑模型的材质可以体现建筑实际材质的应用效果，添加材质后的建筑模型会更加接近真实的建筑，因此在建筑草图模型设计中，材质和贴图设计都是非常重要的。

6.1.1 基本材质操作

在 SketchUp 中创建几何体的时候，会赋予默认的材质。默认材质的正反两面显示的颜色是不同的，这是因为 SketchUp 使用的是双面材质。默认材质正反两面的颜色可以在【样式】面板的【编辑】选项卡中进行设置，如图 6-1 所示。

双面材质的特性可以帮助用户更容易区分表面的正反朝向，以方便将模型导入其他软件时调整面的方向。

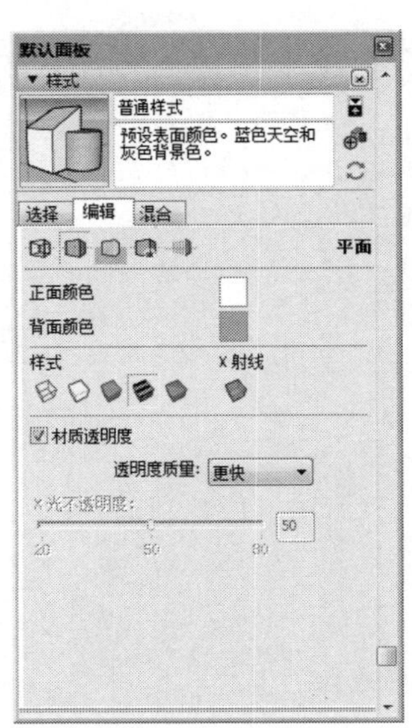

图 6-1 【样式】面板

6.1.2 【材质】面板

在菜单栏中选择【工具】|【材质】命令，即可打开【材质】面板，如图 6-2 所示。在【材质】面板中有【选择】和【编辑】两个选项卡，这两个选项卡用来选择与编辑材质，也可以浏览当前模型中使用的材质。

(1) 名称文本框：选择一个材质赋予模型以后，在名称文本框中将显示材质的名称，用户可以在这里为材质重新命名，如图 6-3 所示。

图 6-2 【材质】面板

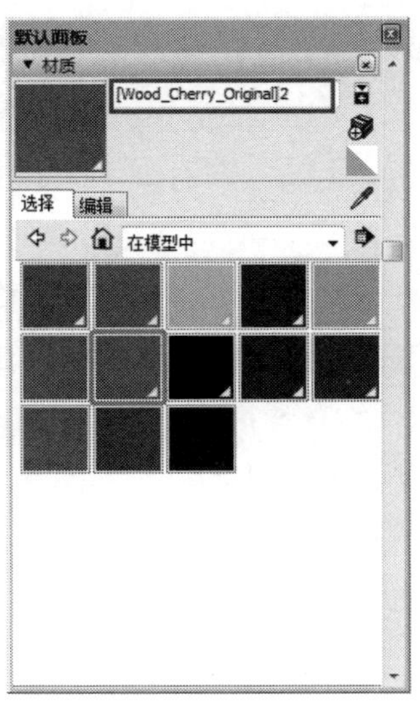

图 6-3 重新命名材质

(2) 【创建材质】按钮：单击该按钮将弹出【创建材质】对话框，在该对话框中可以设置材质的名称、颜色、大小等属性，如图 6-4 所示。

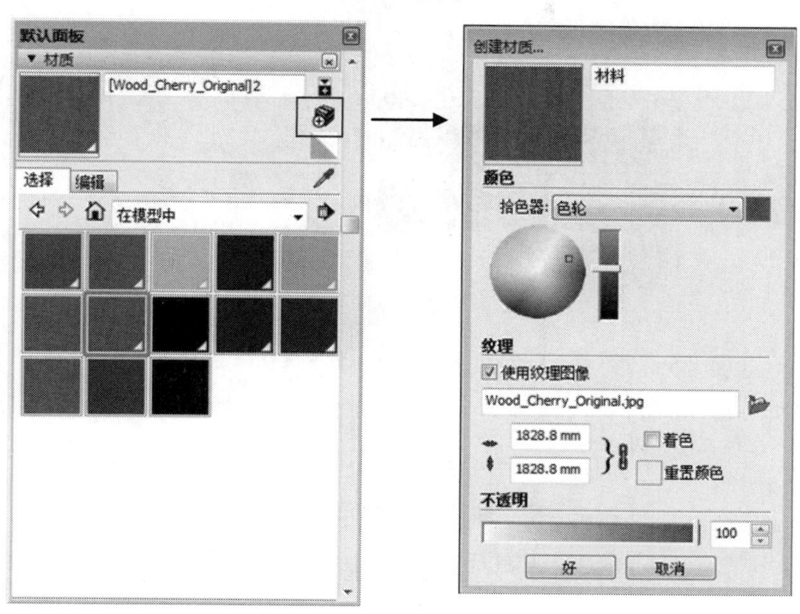

图 6-4　打开【创建材质】对话框

(3) 【将绘图材质设置为预设】按钮：单击该按钮，打开的相应的窗口实质就是用于材质预览的窗口，选择或者提取一个材质后，在该窗口中会显示这个材质，同时会自动激活材质工具。

6.1.3　【选择】选项卡

【选择】选项卡主要是对场景中的材质进行选择。下面来具体介绍。

(1) 主要功能按钮。

【后视图】按钮/【前进】按钮：在浏览材质库时，这两个按钮可以前进或者后退。

【在模型中】按钮：单击该按钮可以快速返回【在模型中】材质列表，显示出当前场景中使用的所有材质。

【样本颜料】工具：单击该按钮可以从场景中吸取材质，并将其设置为当前材质。

【详细信息】按钮：单击该按钮将弹出一个扩展菜单，通过该菜单下的命令，可调整材质图标的显示大小，或定义材质库，如图 6-5 所示。

材质类型列表框：在该下拉列表框中可以选择当前显示的材质类型，如图 6-6 所示。

(2) 在模型中的材质。

通常情况下，应用材质后，材质会被添加到【材质】面板的【在模型中】材质列表内，在对文件进行保存时，该列表中的材质会和模型一起被保存。

【在模型中】材质列表内显示的是当前场景中使用的材质。被赋予模型的材质右下角带有一个小三角符号，没有小三角符号的材质表示曾经在模型中使用过，但是现在没有使用。

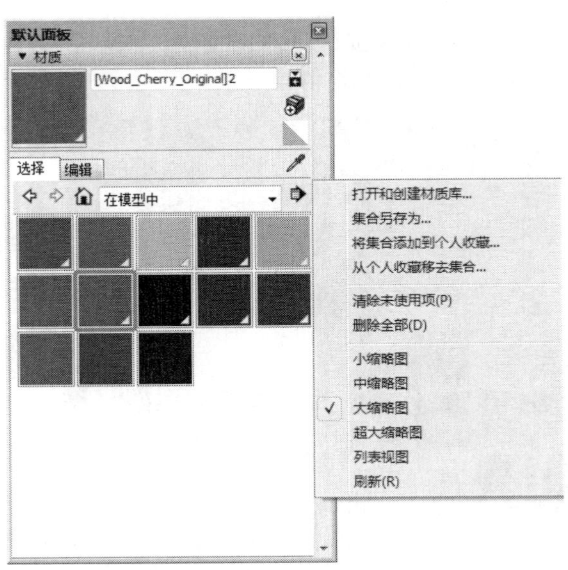

图 6-5　详细信息

如果在材质列表中的材质上单击鼠标右键，将弹出一个快捷菜单，如图 6-7 所示，其中相应命令介绍如下。

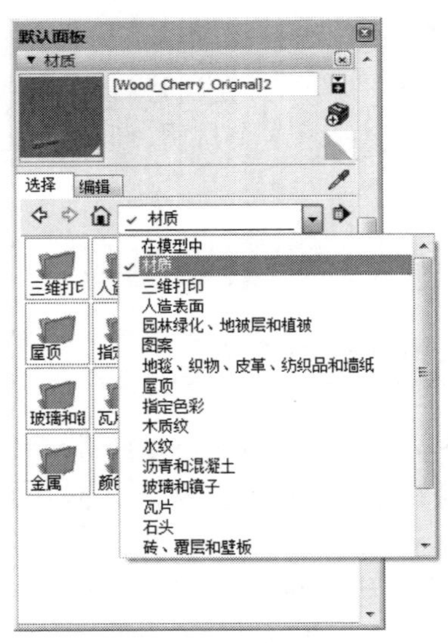

图 6-6　材质类型

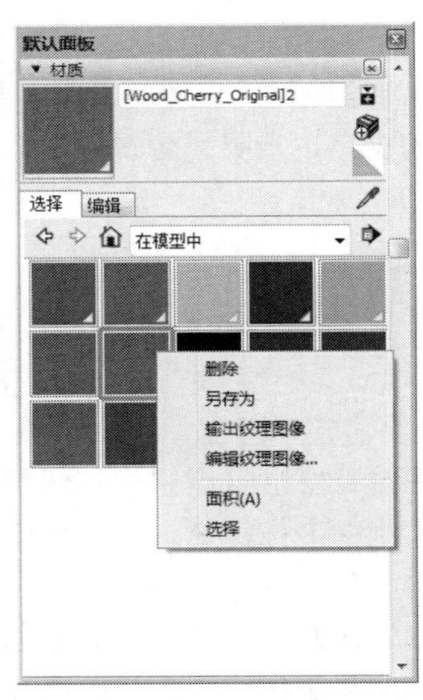

图 6-7　快捷菜单

【删除】：该命令用于将选择的材质从模型中删除，原来赋予该材质的物体将被赋予默认材质。

【另存为】：该命令用于将材质存储到其他材质库中。

【输出纹理图像】：该命令用于将贴图存储为图片格式。

【编辑纹理图像】：如果在【系统设置】对话框的【应用程序】面板中设置过默认的图像编辑软件，那么在执行【编辑纹理图像】命令的时候，会自动打开设置的图像编辑软件来

编辑该贴图图片。

【面积】：执行该命令将准确地计算出模型中所有应用此材质表面的表面积之和。

【选择】：该命令用于选中模型中应用此材质的表面。

(3) 材质。

在【材质】列表中显示的是材质库中的材质，如图 6-8 所示。

在【材质】列表中可以选择需要的材质，如选择【水纹】选项，那么在材质列表中会显示预设的水纹材质，如图 6-9 所示。

图 6-8 材质库中的材质

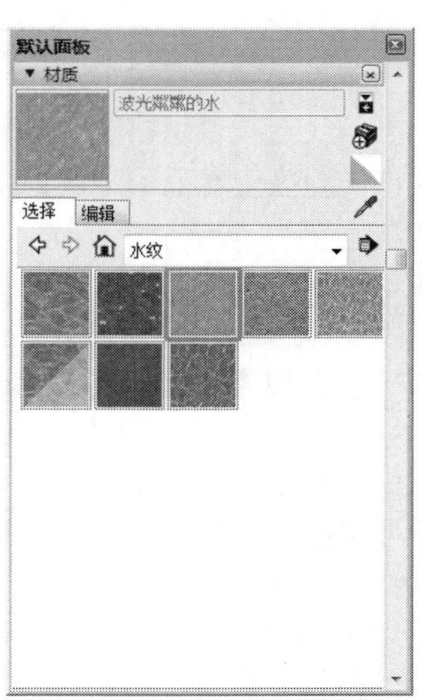

图 6-9 【水纹】材质

6.1.4 【编辑】选项卡

【编辑】选项卡的界面如图 6-10 所示，在此选项卡中可以对材质的属性进行修改，其主要选项介绍如下。

(1) 【拾色器】下拉列表框。

在该下拉列表框中可以选择 SketchUp 提供的 4 种颜色体系，如图 6-11 所示。

- 色轮：使用这种颜色体系可以从色盘上直接取色。用户可以使用鼠标在色盘内选择需要的颜色，选择的颜色会在【将绘图材质设置为预设】窗口◪和模型中实时显示以供参考。色盘右侧的滑块可以调节色彩的明度，越向上明度越高，越向下越接近于黑色。
- HLS：分别代表色相、亮度和饱和度，这种颜色体系最善于调节灰度值。

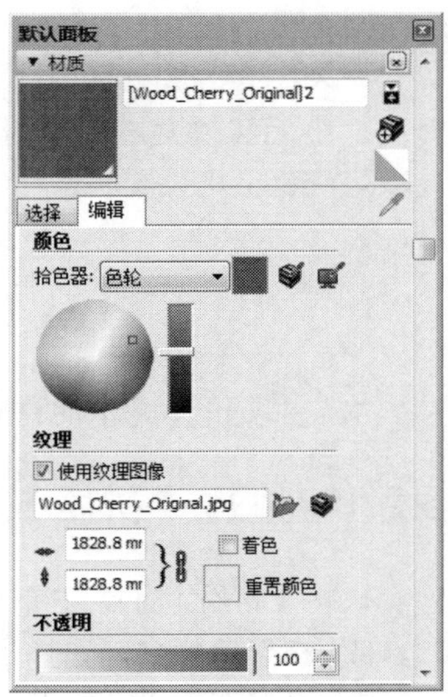

图 6-10 【编辑】选项卡

- HSB：分别代表色相、饱和度和明度，这种颜色体系最适合于调节非饱和颜色。
- RGB：分别代表红、绿、蓝三色，RGB 颜色体系中的 3 个滑块是互相关联的，改变其中一个，其他两个滑块也会改变。用户也可以在其右侧的微调框中输入数值进行调节。

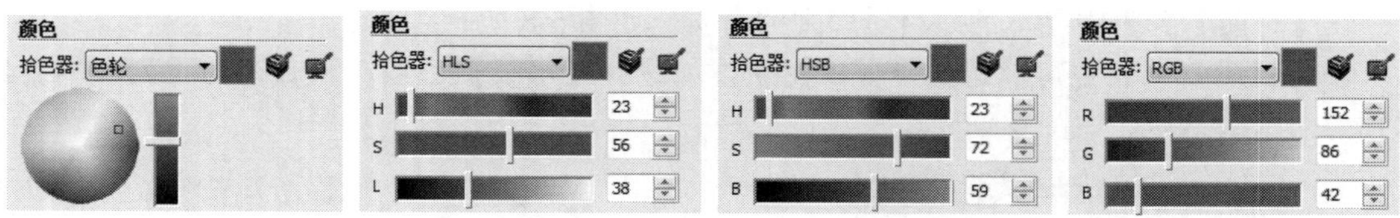

图 6-11 【拾色器】下拉列表框

(2) 【匹配模型中对象的颜色】按钮。

单击该按钮，将从模型中取样。

(3) 【匹配屏幕上的颜色】按钮。

单击该按钮将从屏幕中取样。

(4) 【宽度】和【高度】文本框。

在文本框中输入数值可以修改贴图单元的大小。默认的高宽比是锁定的，单击【锁定/解除锁定图像高宽比】按钮即可解锁，解锁后该图标变为。

(5) 【不透明度】选项。

材质的透明度介于 0～100 之间，值越小越透明。对表面应用透明材质可以使其具有透明性。通过材质编辑器可以对任何材质设置透明度，而且表面的正反两面都可以使用透明材质，也可以一个表面使用透明材质，另一面则不用。

如果没有为物体赋予材质，那么物体使用的是默认材质，是无法改变透明度的，而且【编辑】选项卡中各选项呈灰色不可设置状态，如图 6-12 所示。

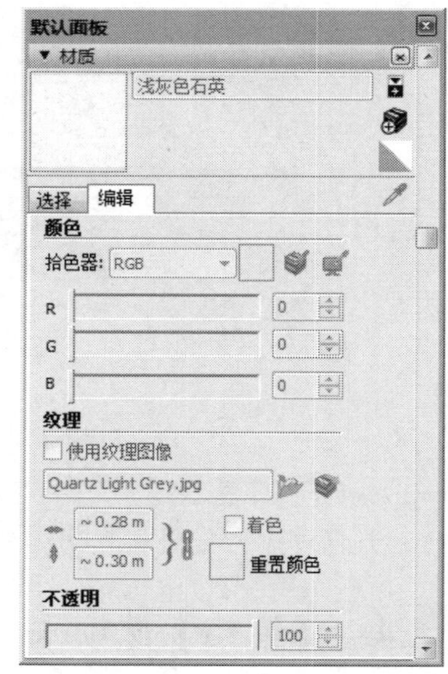

图 6-12 默认材质

6.2 设置材质

本节主要介绍基本的材质操作方法，基本的材质操作可以简单地为模型添加材质。

6.2.1 执行【材质】命令

执行【材质】命令主要有以下几种方式。

(1) 在菜单栏中，选择【工具】|【材质】命令。

(2) 直接在键盘上按 B 键。

(3) 单击【大工具集】工具栏中的【材质】按钮。

6.2.2 填充材质

使用材质工具，为模型中的实体赋予材质(包括材质与贴图)，既可以为单个元素上色，也可以填充一组组件相连的表面，同时还可以覆盖模型中的某些材质。下面介绍填充材质的几种常用方法。

(1) 单个填充(无须任何按键)。

激活【材质】工具后，在单个边线或表面上单击鼠标左键即可填充材质。如果事先选中了多个物体，则可以同时为选中的物体上色。

(2) 邻接填充(按住 Ctrl 键)。

激活【材质】工具的同时按住 Ctrl 键，可以同时填充与所选表面相邻接并且使用相同材质的所有表面。在这种情况下，当捕捉到可以填充的表面时，【材质】工具图标右下角会横放 3 个小方块，变为。如果事先选中了多个物体，那么邻接填充操作会被限制在所选范围之内。

(3) 替换填充(按住 Shift 键)。

激活材质工具的同时按住 Shift 键，【材质】工具图标右下角会直角排列 3 个小方块，变为，这时可以用当前材质替换所选表面的材质。模型中所有使用该材质的物体都会同时改变材质。

(4) 邻接替换(按住 Ctrl+Shift 组合键)。

激活材质工具的同时按住 Ctrl+Shift 组合键，可以实现【邻接填充】和【替换填充】的效果。在这种情况下，当捕捉到可以填充的表面时，【材质】工具图标右下角会竖直排列 3 个小方块，变为，单击即可替换所选表面的材质，但替换的对象将限制在所选表面有物理连接的几何体中。如果事先选择了多个物体，那么邻接替换操作会被限制在所选范围之内。

(5) 提取材质(按住 Alt 键)。

激活材质工具的同时按住 Alt 键，图标将变成，此时单击模型中的实体，就能提取该材质。提取的材质会被设置为当前材质，用户可以直接用来填充其他物体。

配合键盘上的按键，使用材质工具可以快速为多个表面同时填充材质。

6.3 基本贴图操作

绘制建筑物模型时，如果没有贴图效果，模型就无法表现出建筑的真实效果，应用贴图可以快速地将建筑物的一些表面效果真实地表现出来，因此贴图在建筑模型制作中是非常重要的。

在【材质】面板中可以使用 SketchUp 自带的材质库，当然，材质库中只是一些基本贴图，在实际工作中，还需自己动手编辑材质。从外部获得的贴图应尽量控制大小，如有必要可以使用压缩的图像格式来减小文件量，例如 JPEG 或者 PNG 格式。

6.3.1 贴图坐标介绍

如果需要从外部获得贴图纹理，可以在【材质】面板的【编辑】选项卡中选中【使用纹理图像】复选框，如图 6-13 所示，此时将弹出一个对话框，用于选择贴图并导入 SketchUp 中。

SketchUp 的贴图是作为平铺对象应用的，不管表面是垂直的、水平的还是倾斜的，贴图都附着在表面上，不受表面位置的影响。导致这种情况的原因在于贴图图片拥有一个坐标系统，坐标的原点就位于 SketchUp 坐标系的原点上。如果贴图被赋予物体的表面，就需要使物体的一个顶点正好与坐标系的原点相重合，这是非常不方便的。

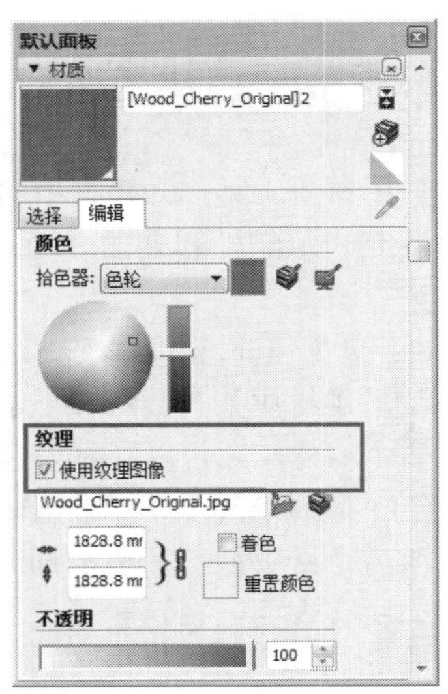

图 6-13　选中【使用纹理图像】复选框

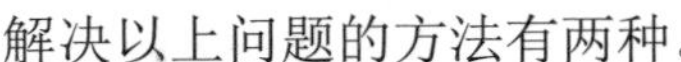

解决以上问题的方法有两种。

(1) 在贴图之前，先将物体制作成组件。由于组件都有其自身的坐标系，且该坐标系不会随着组件的移动而改变，因此先制作组件再赋予材质，就不会出现贴图不随着实体的移动而移动的问题。

(2) 利用 SketchUp 的贴图坐标，在贴图时用鼠标右键单击，在弹出的快捷菜单中执行【贴图坐标】命令，进入贴图坐标的编辑状态，然后什么也不用做，只需再次用鼠标右键单击，在弹出的菜单中执行【完成】命令即可。退出编辑状态后，贴图就可以随着实体一起移动了。

6.3.2 贴图坐标操作

执行【贴图坐标】命令的方法：打开右键菜单，选择【纹理】|【位置】命令。

SketchUp 2022 的贴图坐标有两种模式，分别为【固定图钉】模式和【自由图钉】模式。

(1) 【固定图钉】模式。

在物体的贴图上用鼠标右键单击，在弹出的快捷菜单中选择【纹理】|【位置】命令，此时物体的贴图将以透明方式显示，并且在贴图上会出现 4 个彩色的图钉，每一个图钉都有固定的特有功能，如图 6-14 所示。

图 6-14　彩色的图钉

【平行四边形变形】图钉：拖曳蓝色的图钉可以对贴图进行平行四边形变形操作。在移动【平行四边形变形】图钉时，位于下面的两个图钉(【移动】图钉和【缩放旋转】图钉)是固定的。

【移动】图钉：拖曳红色的图钉可以移动贴图。

【梯形变形】图钉：拖曳黄色的图钉，可以对贴图进行梯形变形操作，也可以形成透视效果。

【缩放旋转】图钉：拖曳绿色的图钉可以对贴图进行缩放和旋转操作。单击鼠标左键时贴图上将出现旋转的轮盘，移动鼠标时，从轮盘的中心点将放射出两条虚线，分别对应缩放和旋转操作前后比例与角度的变化。沿着虚线段和虚线弧的原点将显示出系统图像的现在尺寸和原始尺寸，或者也可以用鼠标右键单击，在弹出的快捷菜单中选择【重设】命令。进行重设时，会重新设置旋转和按比例缩放。

在对贴图进行编辑的过程中，按 Esc 键可以随时取消操作。完成贴图的调整后，用鼠标右键单击，在弹出的快捷菜单中选择【完成】命令或者按 Enter 键确定即可。

(2) 【自由图钉】模式。

【自由图钉】模式适合设置和消除照片的扭曲。在【自由图钉】模式下，图钉相互之间都不限制，这样就可以将图钉拖曳到任何位置。

如图 6-15 所示，只需在贴图的右键菜单中禁用【固定图钉】命令，即可将【固定图钉】模式调整为【自由图钉】模式，此时 4 个彩色的图钉都会变成相同模样的白色图钉，用户可以通过拖曳图钉进行贴图的调整。

为了更好地锁定贴图的角度，可以在【模型信息】对话框中设置角度的捕捉为 15° 或 45°，如图 6-16 所示。

图 6-15　转换为【自由图钉】模式操作

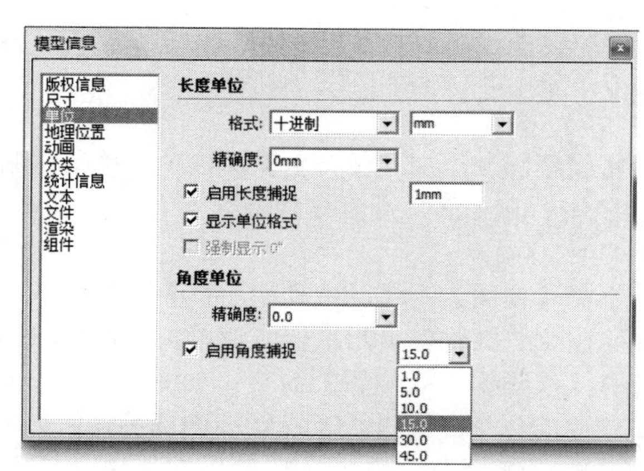

图 6-16　【模型信息】对话框

6.4　复杂贴图操作

贴图中有很多比较复杂的效果，如曲面贴图、无缝贴图等，这些贴图对于保证建筑模型中较为真实的效果非常实用。复杂贴图的运用，可以为模型赋予更为复杂的贴图材质，这样模型更能表现设计者的设计意图与想法。这里介绍的复杂贴图主要包括转角贴图、圆柱体的无缝贴图、投影贴图、球面贴图、PNG 贴图等。

6.4.1 转角贴图

将纹理图片添加到【材质】面板中，接着将贴图材质赋予石头的一个面，如图 6-17 所示。

在贴图表面用鼠标右键单击，然后在弹出的快捷菜单中选择【纹理】|【位置】命令，进入贴图坐标的操作状态，此时直接用鼠标右键单击，在弹出的快捷菜单中选择【完成】命令，如图 6-18 所示。

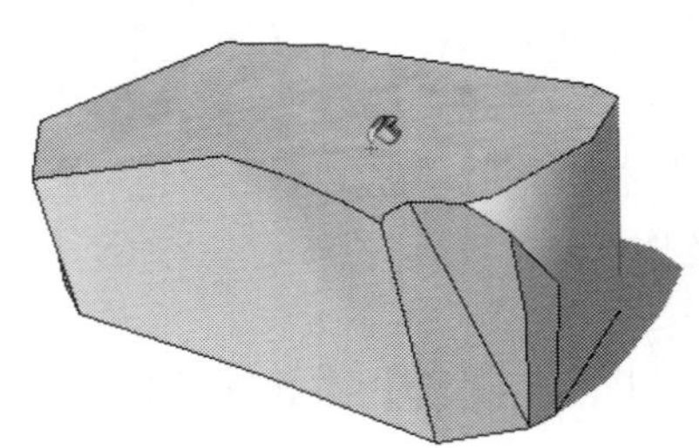

图 6-17 赋予材质

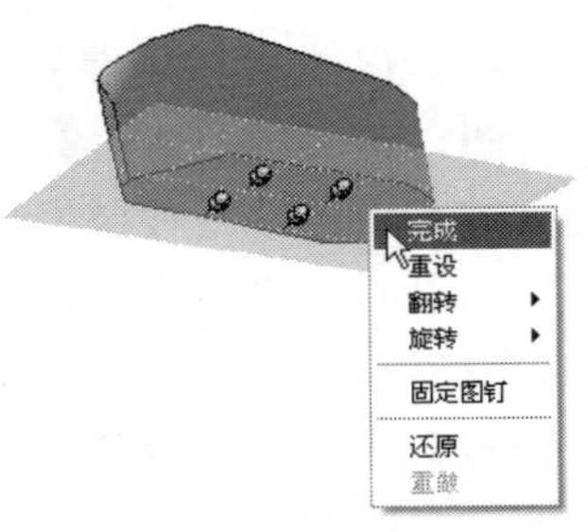

图 6-18 贴图

单击【材质】面板中的【样本颜料】按钮(或者使用材质工具并配合 Alt 键)，然后单击被赋予材质的面，进行材质取样，再单击其相邻的表面，将取样的材质赋予相邻的表面。完成贴图，效果如图 6-19 所示。

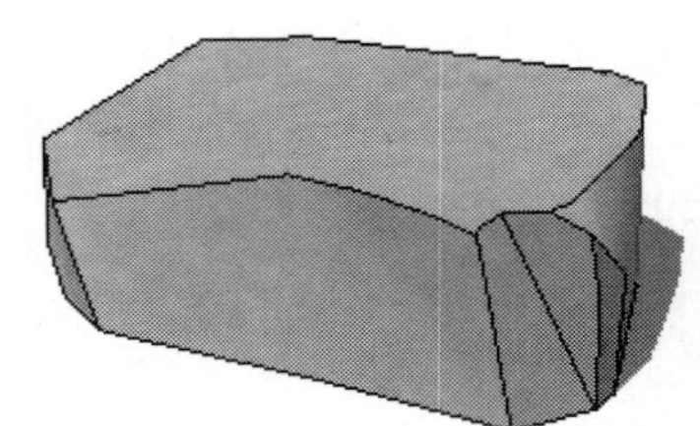

图 6-19 贴图材质

6.4.2 圆柱体的无缝贴图

将纹理图片添加到【材质】面板中，接着将贴图材质赋予圆柱体的一个面，会发现没有全部显示贴图，如图 6-20 所示。

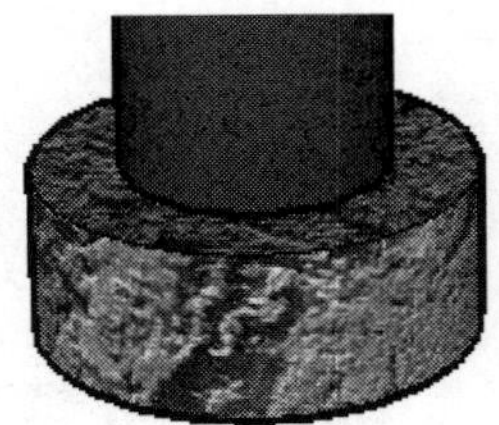

图 6-20 材质贴图

选择【视图】|【隐藏几何图形】菜单命令，将物体网格显示出来。在物体上用鼠标右键单击，在弹出的快捷菜单中选择【纹理】|【位置】命令，如图 6-21 所示，接着对圆柱体中的一个分面进行重设贴图坐标操作，如图 6-22 所示，再次用鼠标右键单击，在弹出的快捷菜单中选择【完成】命令。

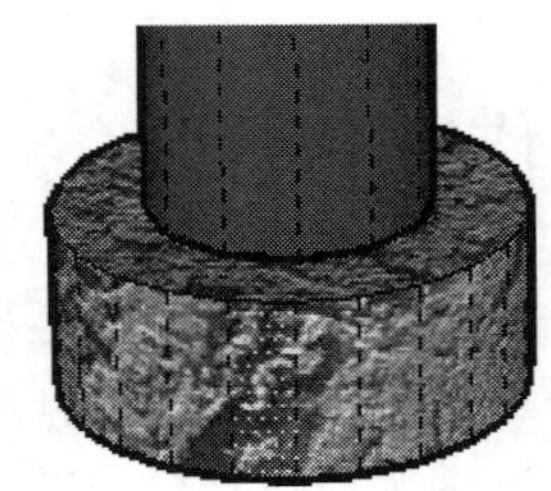

图 6-21 右键菜单命令

单击【材质】面板中的【样本颜料】按钮，然后单击已经赋予材质的圆柱体的面，进行材质取样，接着为圆柱体的其他面赋予材质，此时贴图没有出现错位现象，完成效果如图 6-23 所示。

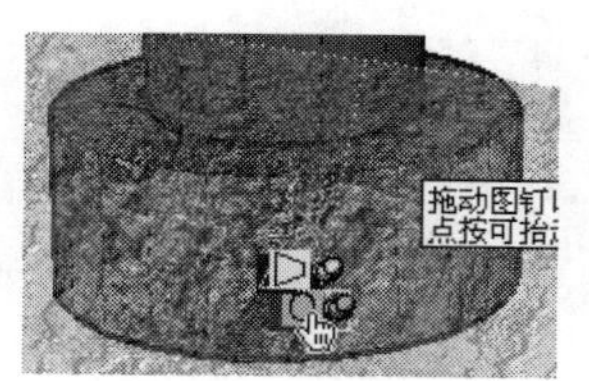

图 6-22　调节图片

图 6-23　完成贴图

6.4.3　其他贴图

其他主要的贴图如下。

(1) 投影贴图。

SketchUp 的贴图坐标可以投影贴图，就像将一个幻灯片用投影机投影一样。如果希望在模型上投影地形图像或者建筑图像，那么投影贴图就非常有用。任何曲面不论是否被柔化，都可以使用投影贴图来实现无缝拼接，效果如图 6-24 所示。

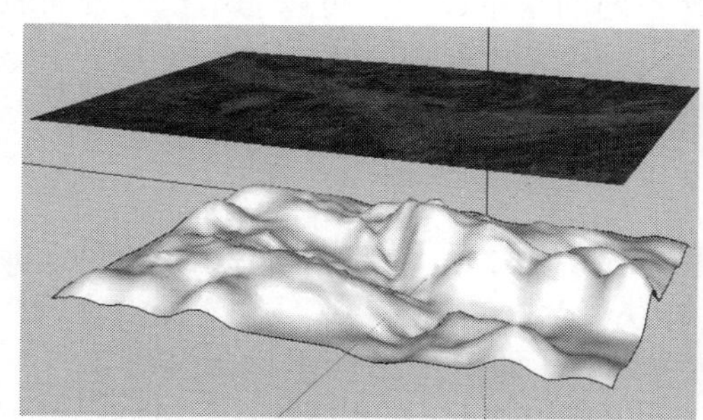

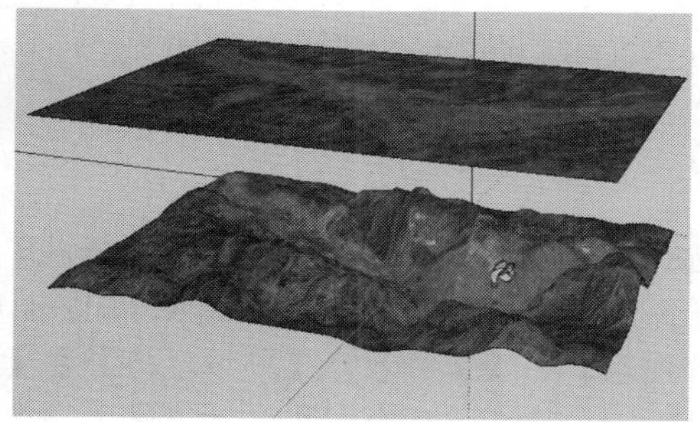

图 6-24　投影贴图

实际上，投影贴图不同于包裹贴图的花纹，是随着物体形状的转折而转折的，花纹大小不会改变，但是图像来源于平面，相当于把贴图拉伸，使其与三维实体相交，是贴图正面投影到物体上形成的形状。因此，使用投影贴图会使贴图有一定变形。

(2) 球面贴图。

熟悉了投影贴图的原理，那么曲面的贴图自然也就会了，因为曲面实际上就是由很多三角面组成的，球面贴图效果如图 6-25 所示。

(3) PNG 贴图。

PNG 格式是 20 世纪 90 年代中期开发的图像文件存储格式，其目的是想要替代 GIF 格式和 TIFF 格式。PNG 格式增加了一些 GIF 格式文件所不具备的特性，在 SketchUp 中主要运用它的透明性。PNG 格式的图片可以在 Photoshop 中进行制作。镂空贴图图片的格式要求为 PNG 格式，或者带有通道的 TIF 格式和 TGA 格式。

图 6-25　球面贴图

在【材质】编辑器中可以直接调用这些格式的图片。另外，SketchUp 不支持镂空显示阴影，如果想得到正确的镂空阴影效果，需要将模型中的物体平面进行修改和镂空，尽量与贴图大致相同。

6.5　样　　式

SketchUp 包含很多种显示模式，主要通过【样式】面板进行设置，【样式】面板中包含背景、天空、边线和表面等显示效果，通过选择不同的显示样式，可以让用户的画面表达更具艺术感，体现强烈的独特个性。

6.5.1　对象显示样式

选择【窗口】|【默认面板】|【样式】菜单命令，打开【样式】面板，SketchUp 2022 自带了 7 个样式目录，分别是【Style Builder 竞赛获奖者】、【手绘边线】、【混合风格】、【照片建模】、【直线】、【预设风格】和【颜色集】，如图 6-26 所示。

在每一个样式下还有多种显示风格。如单击【Style Builder 竞赛获奖者】风格，将展开该风格下的各种艺术风格。鼠标停留在风格图标按钮上，则会提示该样式的名称，如图 6-27 所示。通过选择不同的显示风格，来改变背景、天空、边线及表面的显示，让画面表达更具艺术效果。

图 6-26　【样式】面板

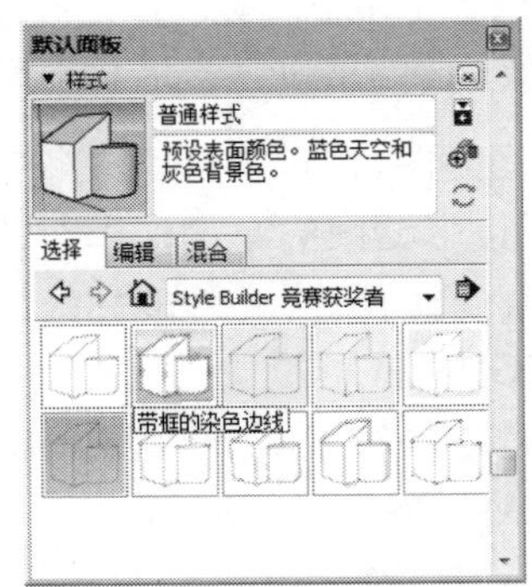

图 6-27　提示样式的名称

(1) Style Builder 竞赛获奖者。

在【Style Builder 竞赛获奖者】样式下，选择不同的风格，其对比如图 6-28 所示。

图 6-28 Style Builder 竞赛获奖者样式

(2) 手绘边线。

在样式下拉列表中，选择【手绘边线】样式，如图 6-29 所示。

图 6-29 选择【手绘边线】样式

在【手绘边线】样式中，可以选择不同的风格对比，其效果如图 6-30 所示。

(3) 混合风格。

在【混合风格】样式下，不同风格的对比如图 6-31 所示。

(4) 照片建模。

在【照片建模】样式下，不同风格的对比如图 6-32 所示。

(5) 直线。

【直线】样式下的各个风格表示使用不同粗细的笔头(像素单位)绘制的不同边线效果。【直线】样式下不同像素直线对比图形效果如图 6-33 所示。

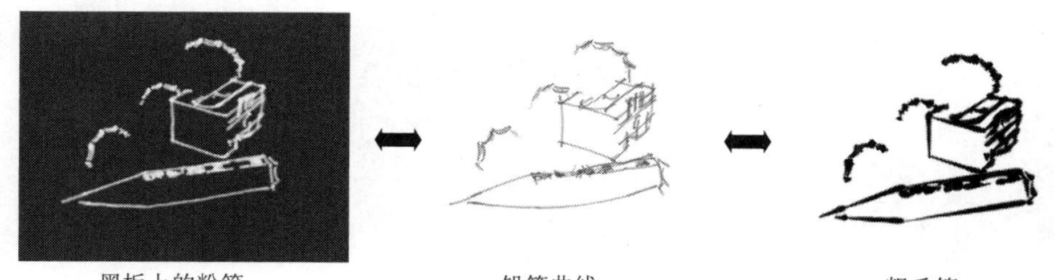

图 6-30 【手绘边线】不同风格对比

(6) 预设风格。

在【预设风格】样式下，不同风格的对比图形效果如图 6-34 所示。

(7) 颜色集。

在【颜色集】样式下，不同风格效果对比如图 6-35 所示。

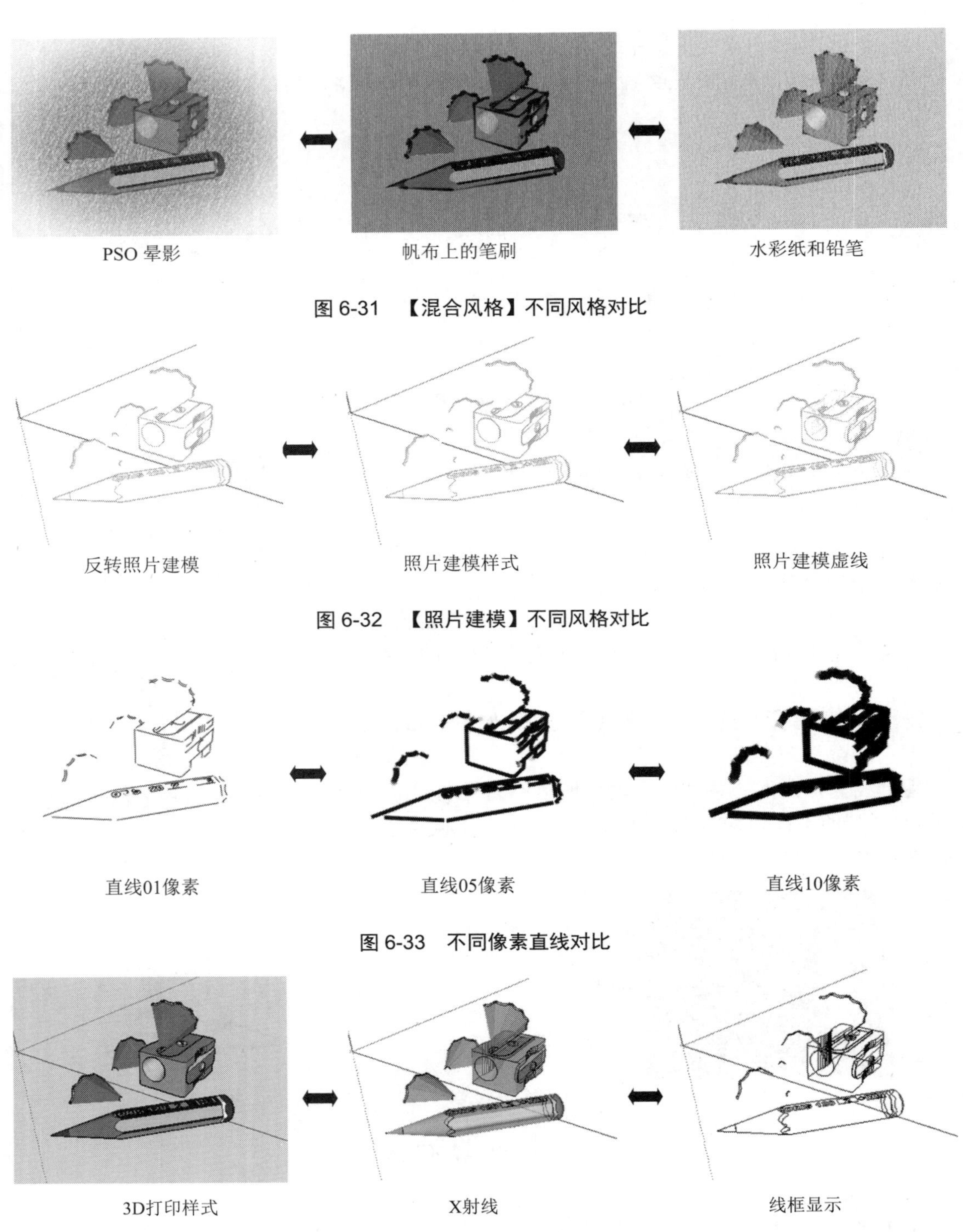

图 6-31 【混合风格】不同风格对比

图 6-32 【照片建模】不同风格对比

图 6-33 不同像素直线对比

图 6-34 【预设风格】不同风格对比

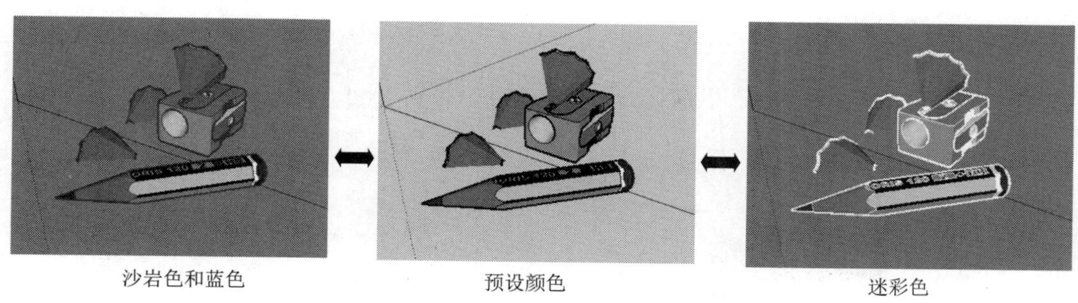

图 6-35 【颜色集】不同风格对比

6.5.2 边线显示样式

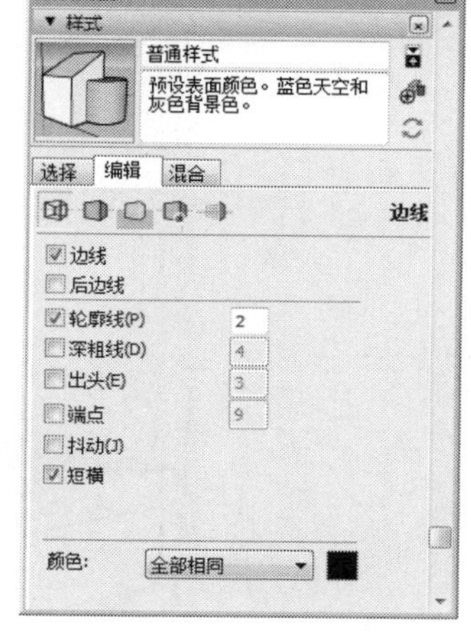

图 6-36 边线设置

在【样式】面板的【编辑】选项卡中，包含了 5 个不同的设置面板，分别为【边线设置】、【平面设置】、【背景设置】、【水印设置】和【建模设置】。而最左侧的面板即为【边线设置】面板，用于控制几何体边线的显示、隐藏、粗细及颜色等，如图 6-36 所示。

(1) 边线。

选中【边线】复选框(默认情况下是选中的)，会显示物体的边线，关闭则隐藏边线，如图 6-37 所示。

(2) 后边线。

选中【后边线】复选框，会以虚线形式显示物体背部被遮挡的边线，关闭则隐藏边线，如图 6-38 所示。

(3) 轮廓线。

【轮廓线】复选框用于设置轮廓线是否显示(借助于传统绘图技术，加重物体的轮廓线显示，突出三维物体的空间轮廓)，也可以调节轮廓线的粗细，如图 6-39 所示。

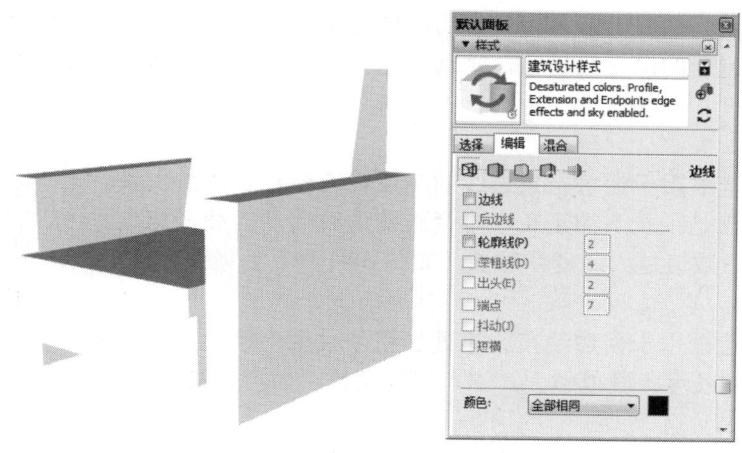

图 6-37 隐藏边线

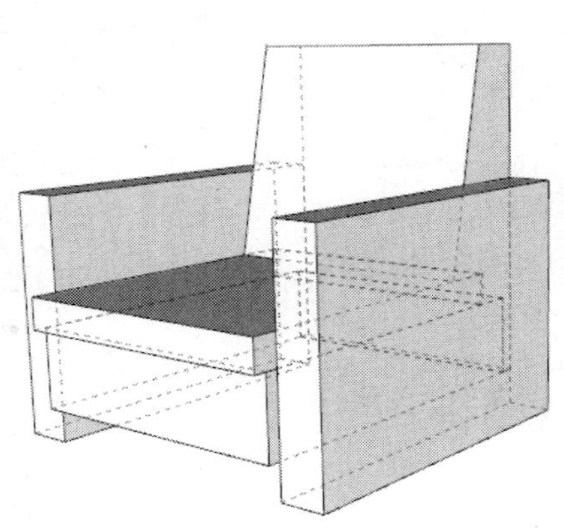

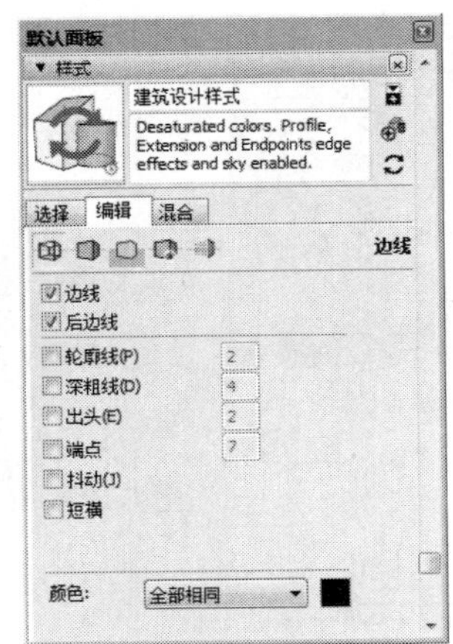

图 6-38　后边线

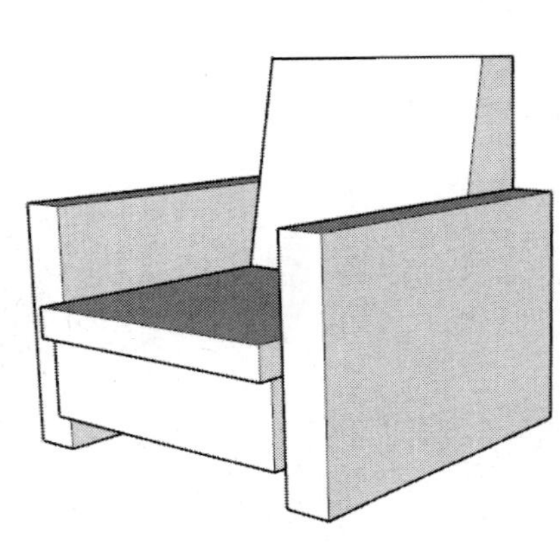

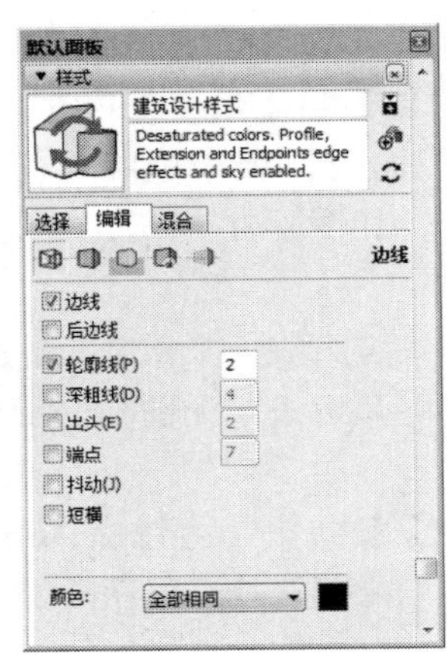

图 6-39　轮廓线

(4) 深粗线。

【深粗线】复选框用于强调场景中的物体前景线要强于背景线，类似于画素描线条的强弱差别。离相机越近的深粗线越强，越远的越弱。可以在其文本框中设置深粗线的粗细，如图 6-40 所示。

(5) 出头。

【出头】复选框用于使每一条边线的端点都向外延长，给模型一个“未完成的草图”的感觉。延长线纯粹是视觉上的延长，不会影响边线端点的参考捕捉。可以在其文本框中设置边线出头的长度，数值越大，延伸越长，如图 6-41 所示。

(6) 端点。

【端点】复选框用于使边线在结尾处加粗，模拟手绘效果图的显示效果。可以在其文本框中设置端点线的长度，数值越大，端点延伸越长，如图 6-42 所示。

(7) 抖动。

选中【抖动】复选框可以模拟草稿线抖动的效果，渲染出的线条会有所偏移，但不会影响参考捕捉，如图 6-43 所示。

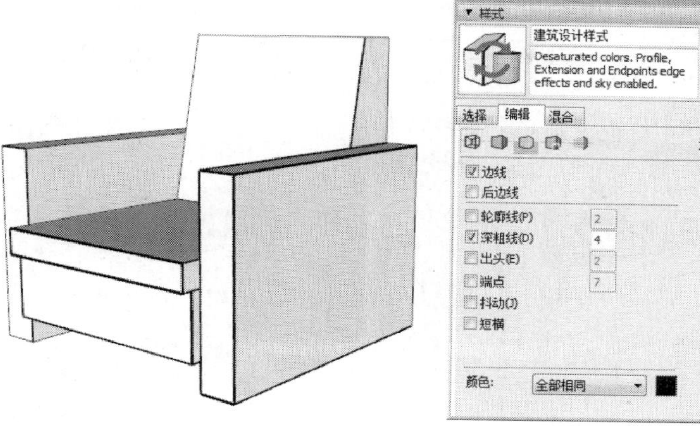

图 6-40 深粗线

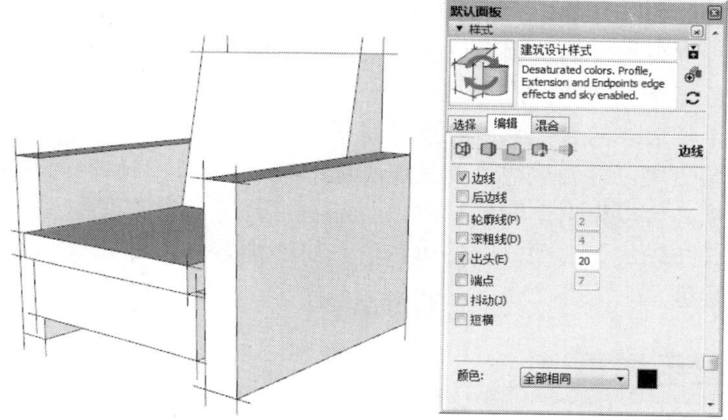

图 6-41 出头

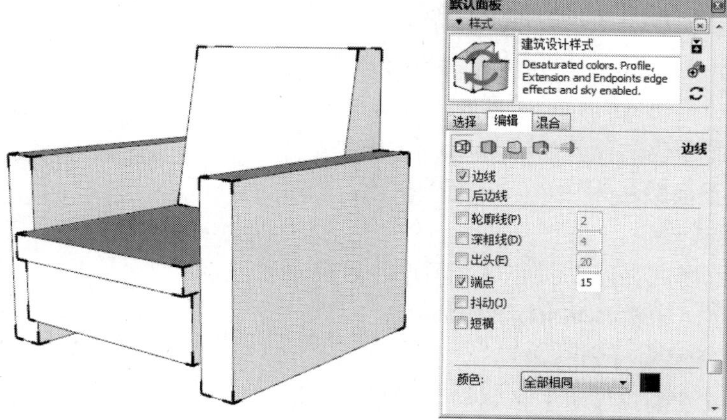

图 6-42 端点

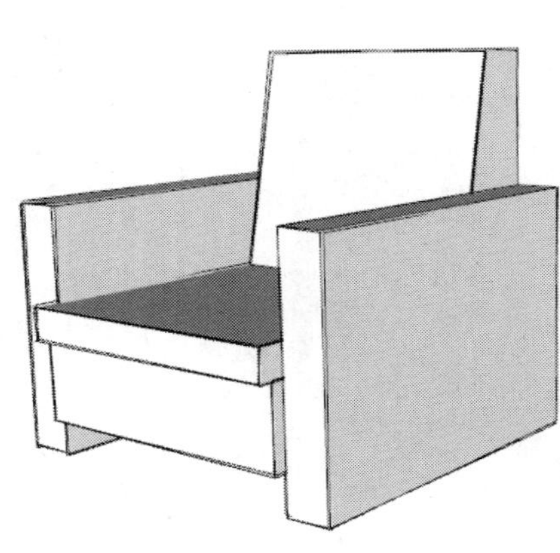

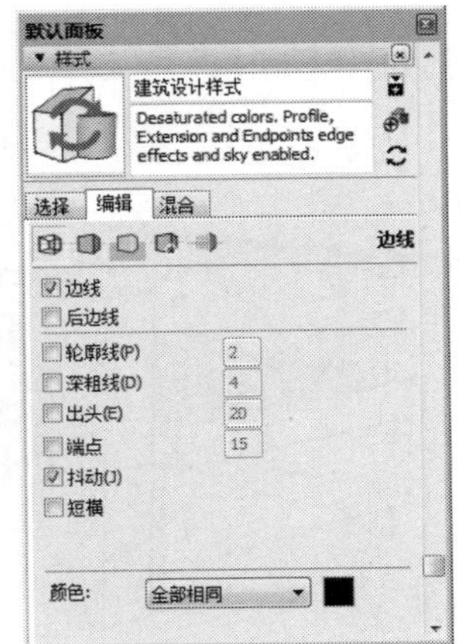

图 6-43　抖动

(8) 颜色。

【颜色】下拉列表框中的选项可以控制模型边线的颜色，包含三种颜色显示方式(见图 6-44)：第一种是【全部相同】选项，用于使边线的显示颜色一致，默认颜色为黑色，单击右侧的颜色块可以为边线设置其他颜色；第二种是【按材质】选项，可以根据不同的材质显示不同的边线颜色；第三种是【按轴线】选项，通过边线对齐的轴线不同而显示不同的颜色。

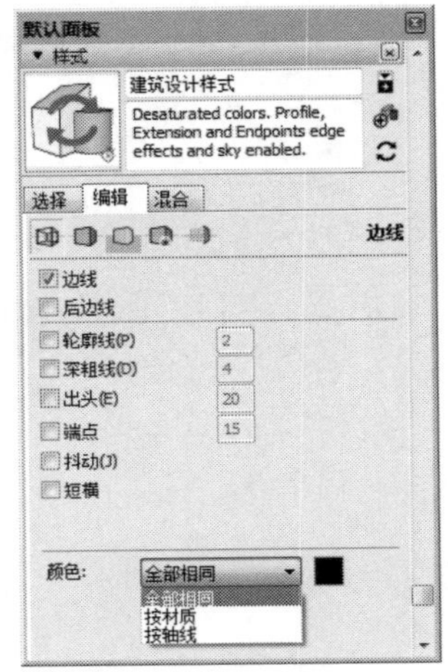

图 6-44　颜色显示方式

6.5.3　平面显示样式

【平面设置】面板中包含了 6 种表面显示模式，分别是【以线框模式显示】、【以隐藏线模式显示】、【以阴影模式显示】、【使用纹理显示阴影】、【使用相同的选项显示有着色显示的内容】和【以 X 光透视模式显示】，如图 6-45 所示。另外，在该面板中列出了正面颜色和背面颜色的设置(SketchUp 使用的是双面材质)，系统默认的正面颜色为白色，背面为灰色。

(1) 以线框模式显示。

单击【以线框模式显示】按钮，图形将以简单的线条显示，而没有面，如图 6-46 所示。

(2) 以隐藏线模式显示。

单击【以隐藏线模式显示】按钮，图形将以消隐线模式显示模型，隐藏了内部不可见的边线和平面，并继承背景色的颜色，如图 6-47 所示。这种模式常用于输出图像进行后期处理。

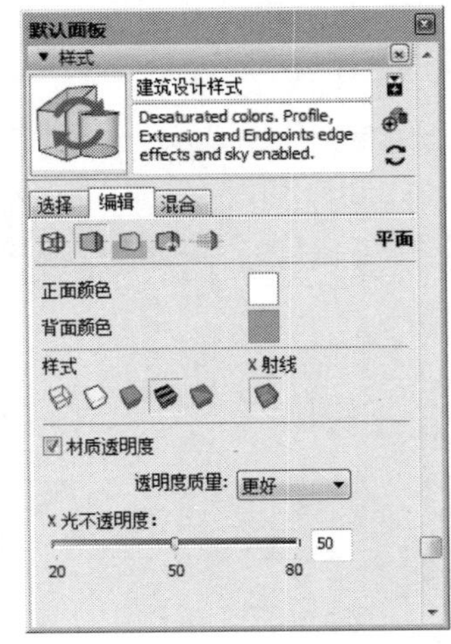

图 6-45　平面设置

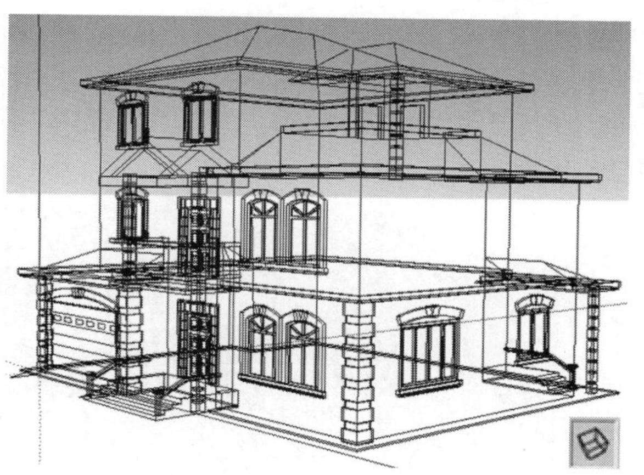

图 6-46　以线框模式显示

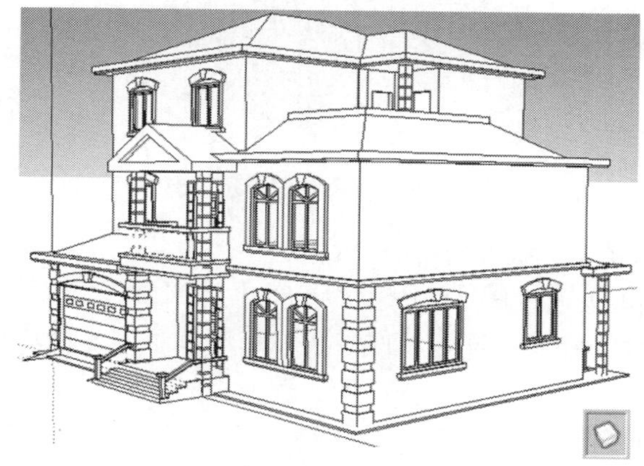

图 6-47　以隐藏线模式显示

(3) 以阴影模式显示。

单击【以阴影模式显示】按钮，将会显示所有应用到面的材质，以及根据光源应用的颜色，如图 6-48 所示。

图 6-48　以阴影模式显示

(4) 使用纹理显示阴影。

单击【使用纹理显示阴影】按钮，将进入贴图着色模式，所有应用到面的贴图都将被显示出来，如图 6-49 所示。在某些情况下，贴图会降低 SketchUp 操作的速度，所以在操作过程中也可以暂时切换到其他模式。

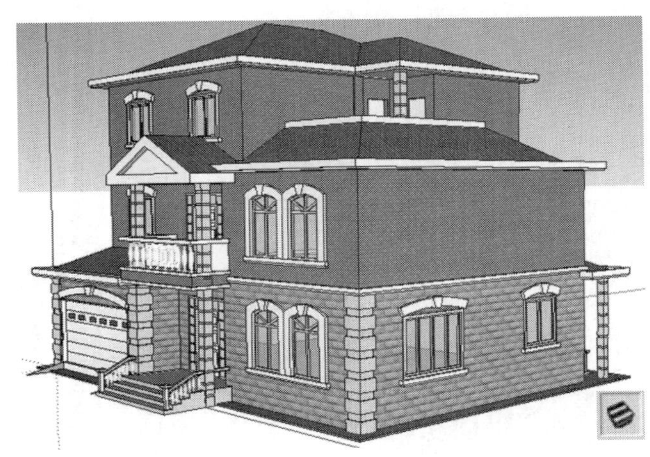

图 6-49　使用纹理显示阴影

(5) 使用相同的选项显示有着色显示的内容。

单击【使用相同的选项显示有着色显示的内容】按钮，在该模式下，模型就像线和面的集合体，与消隐模式有点相似。此模式能分辨模型的正反面来默认材质的颜色，如图 6-50 所示。

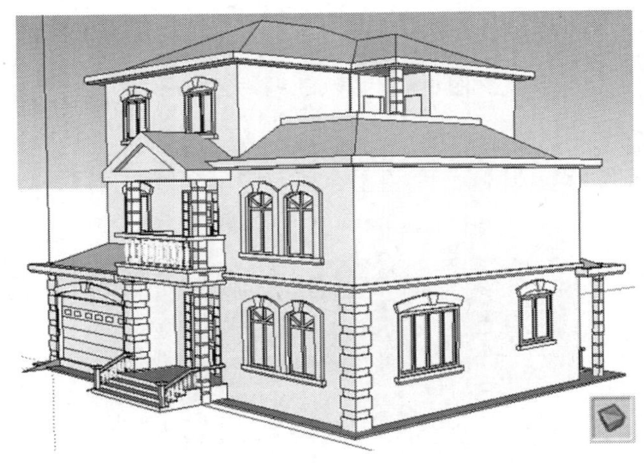

图 6-50　使用相同的选项显示有着色显示的内容

(6) 以 X 光透视模式显示。

单击【以 X 光透视模式显示】按钮，X 光模式可以和其他模式联合使用，将所有的面都显示成透明样式，这样就可以通过模型编辑所有的边线，如图 6-51 所示。

图 6-51　以 X 光透视模式显示

6.5.4　背景设置

系统默认的背景颜色为灰白色，用户可以根据绘图需要进行更改。打开【样式】面板，切换到【编辑】选项卡的【背景设置】面板中，如图 6-52 所示。背景设置功能详解如下。

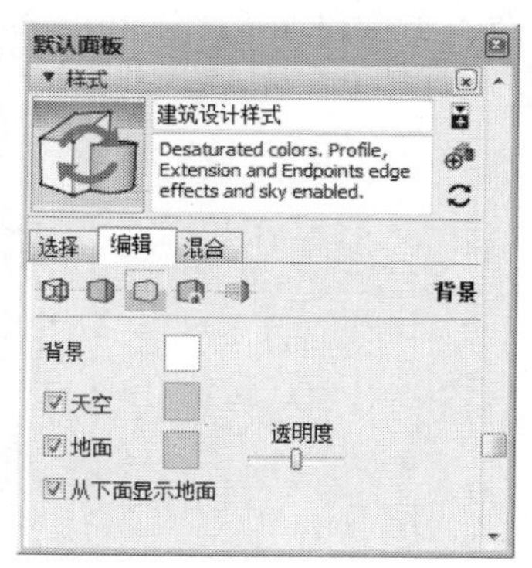

图 6-52　【背景设置】面板

(1) 背景。

单击【背景】项右侧的色块，可以打开【选择颜色】对话框，在该对话框中可以改变场景中的背景颜色，但前提是取消选中【天空】和【地面】复选框，效果如图 6-53 所示。

图 6-53　改变场景中的背景颜色

(2) 天空。

选中【天空】复选框后，场景中将显示渐变的天空效果，用户可以单击该复选框右侧的色块调整天空的颜色，选择的颜色将自动应用渐变，如图 6-54 所示。

图 6-54　调整天空的颜色

(3) 地面。

选中【地面】复选框后，在背景处从地平线开始向下显示指定颜色渐变的地面效果，此时背景色会自动被天空和地面的颜色所覆盖，如图 6-55 所示。

图 6-55　设置地面

(4) 【透明度】滑块。

该滑块用于显示不同透明等级的渐变地面效果，可以让用户看到地平面以下的几何体，如图 6-56 所示。

图 6-56　透明度设置

(5) 从下面显示地面。

选中【从下面显示地面】复选框后，当照相机从地平面下方往上看时，可以看到渐变的地面效果，如图 6-57 所示。

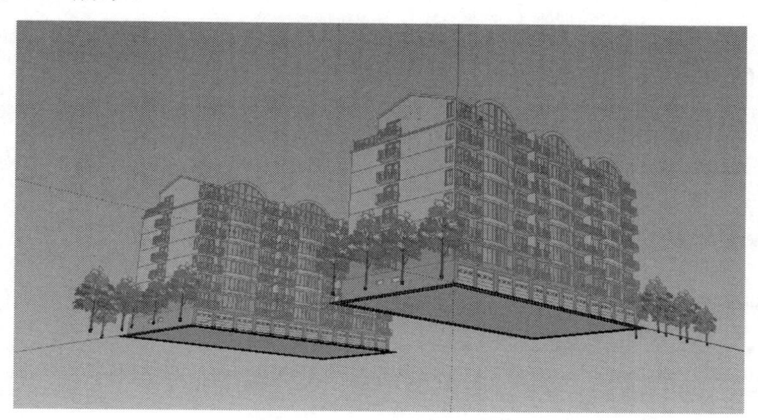

图 6-57 从下面显示地面

6.5.5 水印设置

水印特性可以在模型周围放置 2D 图像，用来创造背景，或者在带纹理的表面(如画布)上模拟绘图的效果，放在前景里的图像可以为模型添加标签。打开【样式】面板，切换到【编辑】选项卡，然后单击【水印设置】按钮，切换到【水印】面板，如图 6-58 所示。水印设置的相关知识如下。

(1) 添加水印。

该操作主要通过【添加水印】按钮来实现，单击该按钮可以添加水印，具体的操作方法如下。

单击【添加水印】按钮，水印图片将出现在模型中，同时弹出【创建水印】对话框，选中【背景】复选框，如图 6-59 所示，然后单击【下一步】按钮。

图 6-58 水印设置

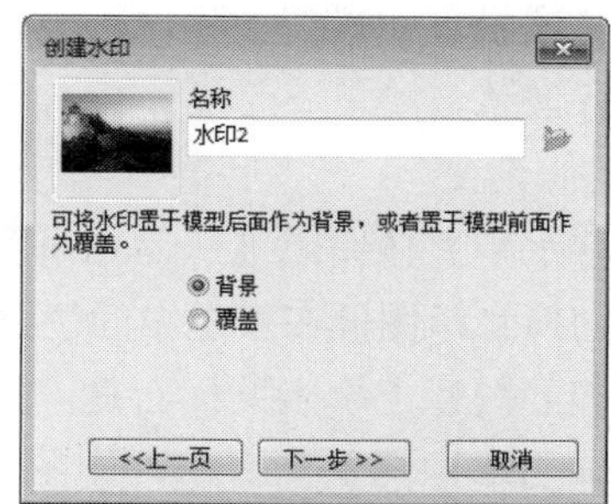

图 6-59 【创建水印】对话框

在弹出的对话框中可以更改透明度以使图像与模型混合。将滑块移到最右端，即不进行透明混合显示，如图 6-60 所示，然后单击【下一步】按钮。

在弹出的对话框中选中【拉伸以适合屏幕大小】单选按钮，并取消选中【锁定图像高宽比】复选框，如图 6-61 所示，然后单击【完成】按钮。这样，水印就在模型的后方，被作为背景图，如图 6-62 所示。

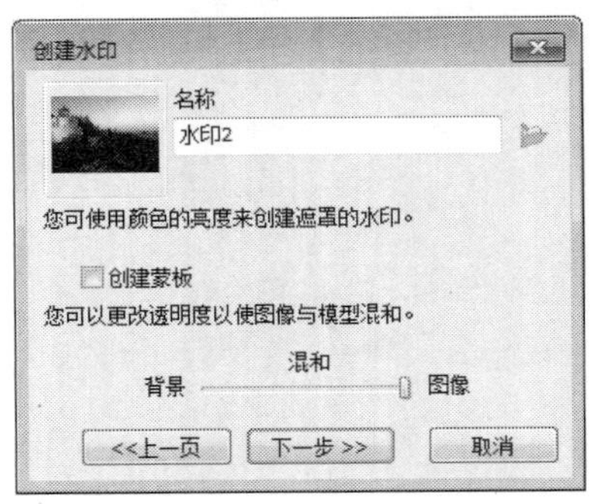

图 6-60　更改透明度和混合

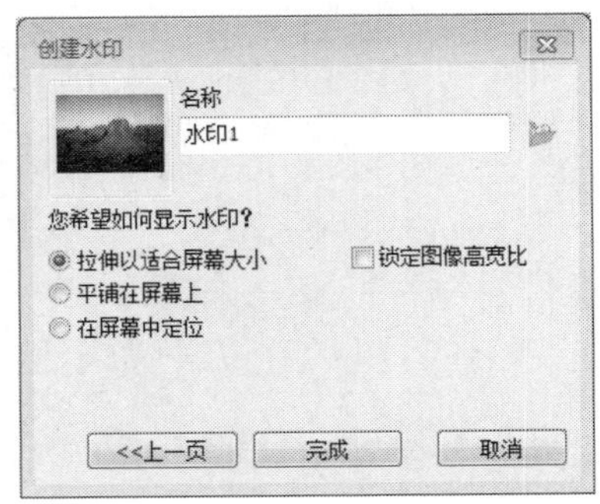

图 6-61　完成参数设置

图 6-62　设置背景的效果

(2) 删除水印。

单击【删除水印】按钮⊖即可以删除水印。

(3) 编辑水印设置。

单击【编辑水印设置】按钮可以对水印的位置、大小等进行调整。

(4) 其他设置。

【下移水印】按钮/【上移水印】按钮：这两个按钮用于切换水印图像在模型中的位置。

在水印的图标上单击鼠标右键，在弹出的快捷菜单中执行【输出水印图像】命令，如图 6-63 所示，即可将模型中的水印图片导出。

图 6-63　执行【输出水印图像】命令

6.6 设计范例

6.6.1 景观亭设计范例

本范例完成文件：ywj/06/6-1.skp

1. 案例分析

合理地搭配 SketchUp 的材质贴图，可以给模型增色不少，本小节将通过为景观亭设置材质的例子讲解材质的综合应用。

2. 案例操作

step 01 新建文件，单击【大工具集】工具栏中的【矩形】按钮，在绘图区中绘制长度为 82000mm、宽度为 65000mm 的矩形，如图 6-64 所示。

step 02 分别单击【大工具集】工具栏中的【直线】按钮和【圆】按钮，在矩形面上绘制亭子地面的轮廓，如图 6-65 所示。

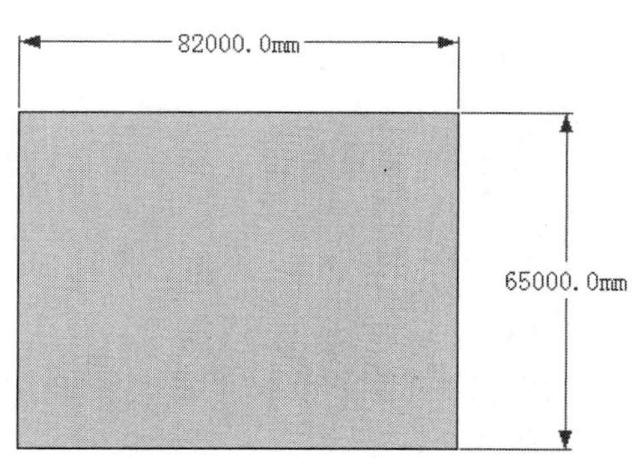

图 6-64　绘制矩形

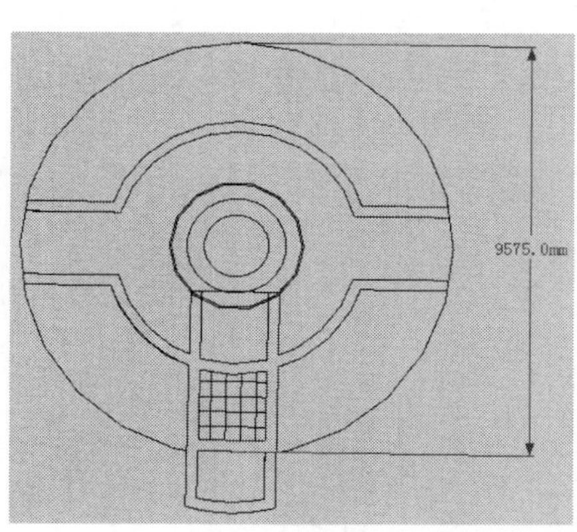

图 6-65　绘制亭子地面的轮廓

step 03 单击【大工具集】工具栏中的【推/拉】按钮，推拉出亭子地面，如图 6-66 所示。

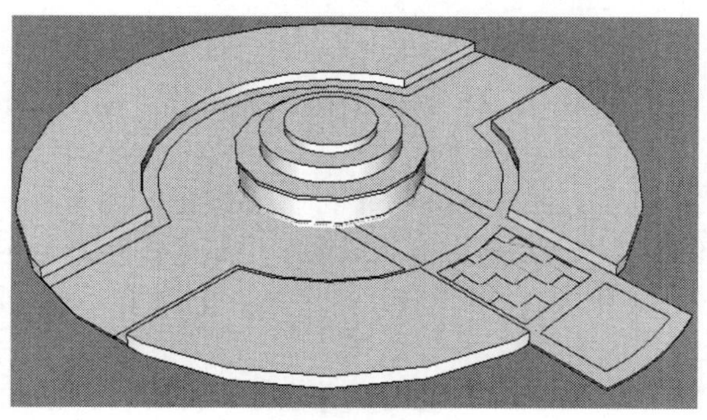

图 6-66　推拉出亭子地面

step 04 单击【大工具集】工具栏中的【直线】按钮，在绘图区中绘制石凳与亭子柱子的底部轮廓线，如图 6-67 所示。

step 05 分别单击【大工具集】工具栏中的【推/拉】按钮和【偏移】按钮，绘制出石凳与景观亭柱子，如图 6-68 所示。

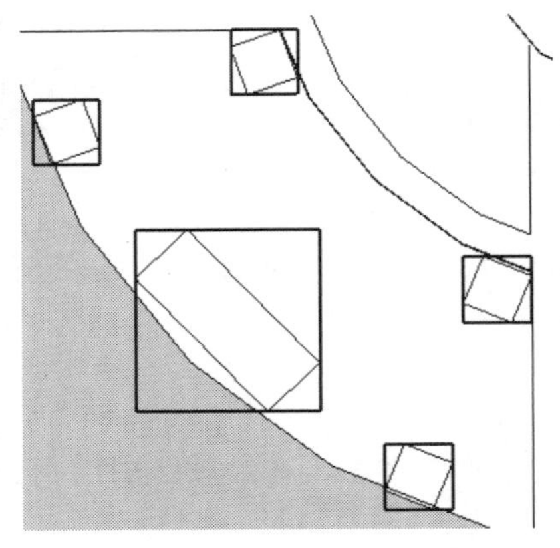

图 6-67 绘制石凳与柱子底部的轮廓线

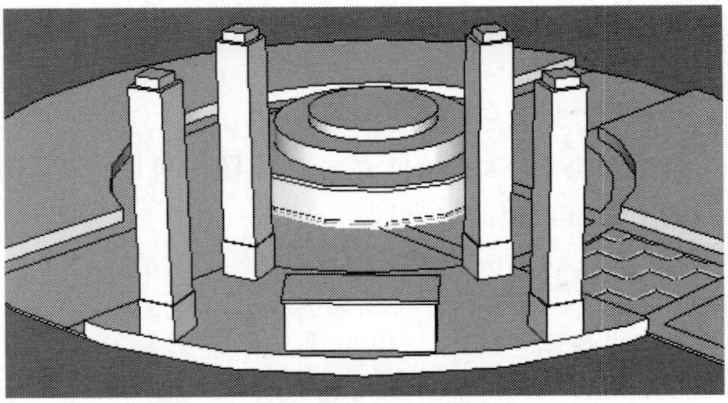

图 6-68 绘制石凳与景观亭柱子

step 06 分别单击【直线】按钮和【圆弧】按钮，在绘图区中绘制景观亭顶部轮廓线，如图 6-69 所示。

step 07 单击【推/拉】按钮，推拉出顶部结构，如图 6-70 所示。

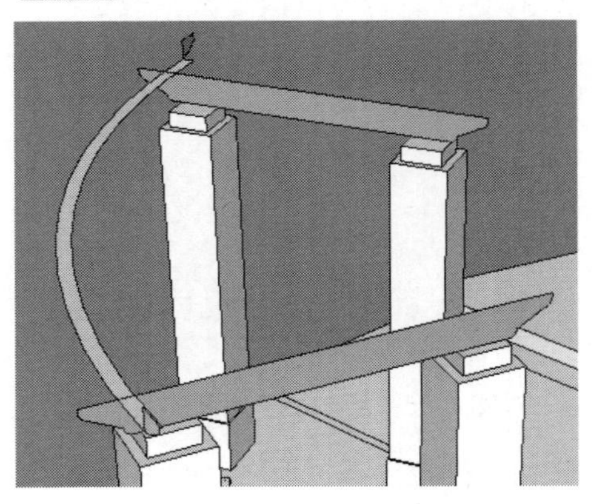

图 6-69 绘制景观亭顶部轮廓线

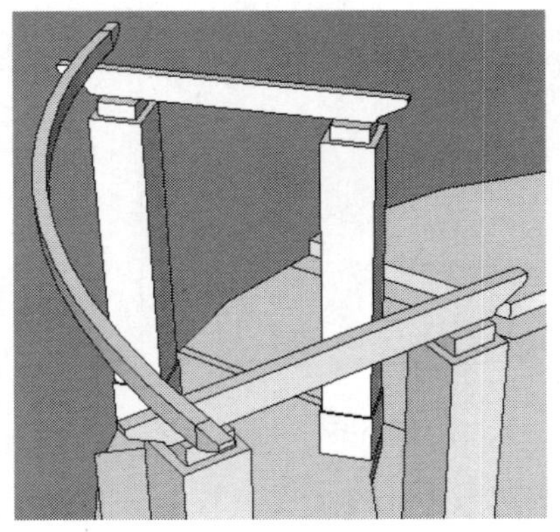

图 6-70 推拉顶部结构

step 08 使用移动工具和旋转工具，选择绘制好的构件，按住 Ctrl 键复制出其他的景观构件，效果如图 6-71 所示。

step 09 单击【大工具集】工具栏中的【材质】按钮，在【材质】面板中选择【木质纹】材质列表中的【原色樱桃木】材质，赋予景观亭顶部构件，如图 6-72 所示。

step 10 在【材质】面板中选择【石头】材质列表中的【大理石】材质，赋予柱子等景观石材部分，如图 6-73 所示。

step 11 在【材质】面板中选择木质的材质并进行编辑，赋予地面的木质部分，如图 6-74 所示。

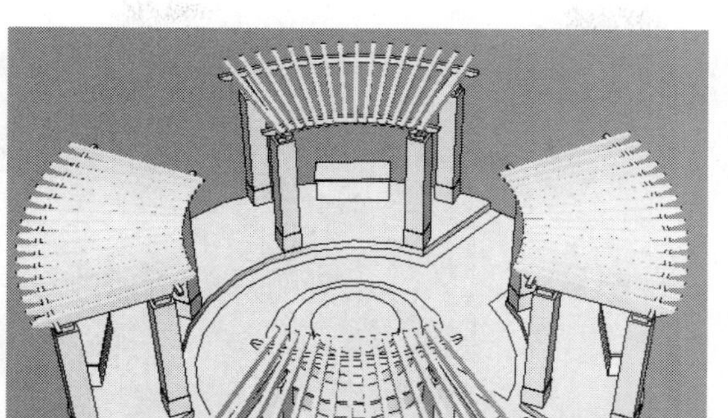

图 6-71 复制出其他景观构件

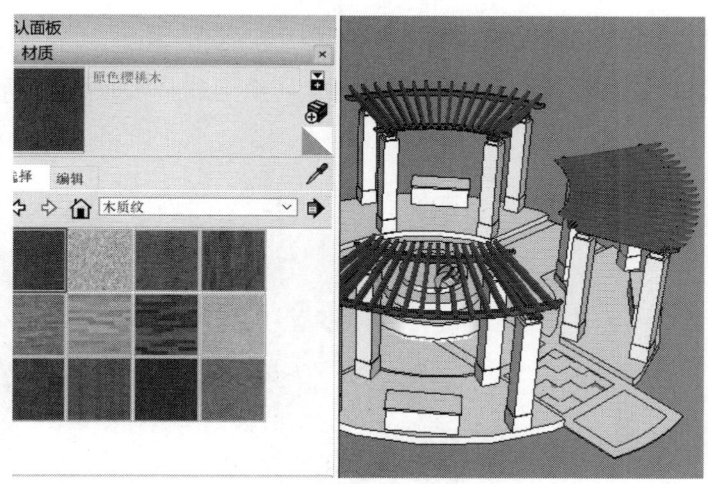

图 6-72 设置顶部的材质贴图

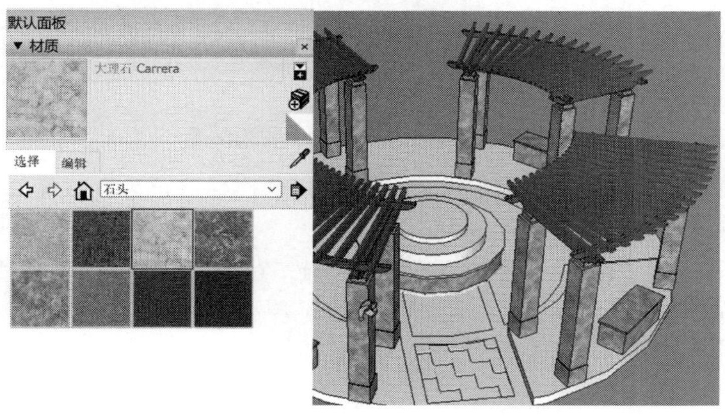

图 6-73 设置景观石材部分的材质贴图

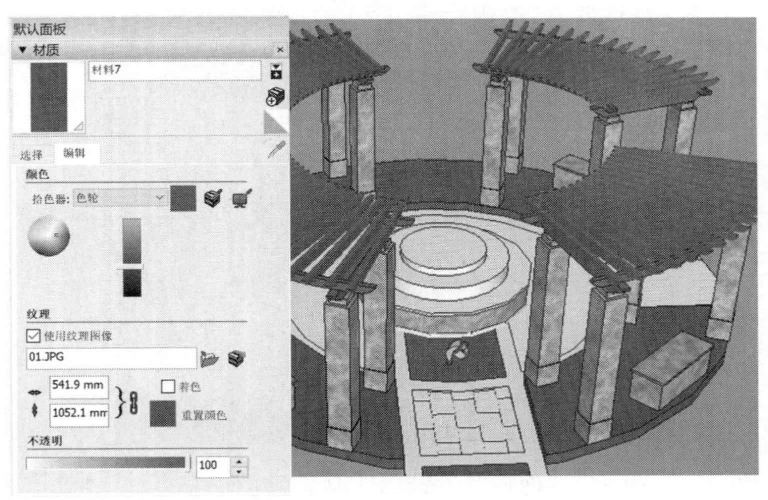

图 6-74　设置地面木质部分的材质贴图

step 12 在【材质】面板中选择砖石建筑的材质，赋予景观亭地面的砖石部分，如图 6-75 所示。

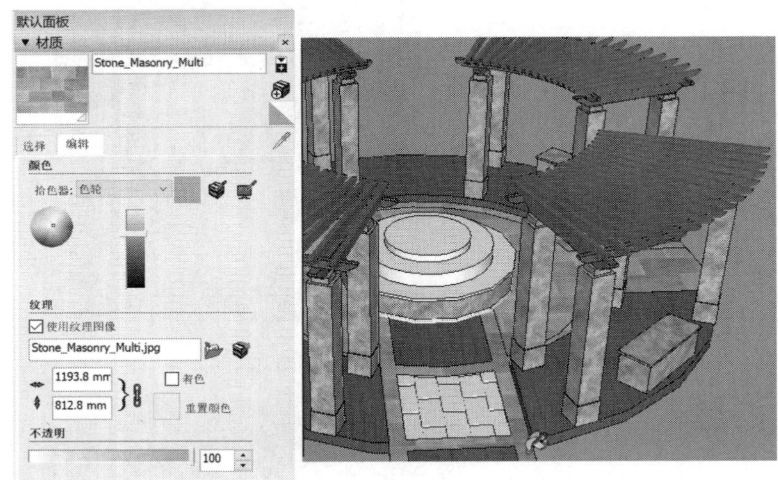

图 6-75　赋予亭子地面的材质贴图

step 13 选择地面材质，单击鼠标右键，在弹出的快捷菜单中选择【纹理】|【位置】命令，调整地面材质贴图的位置，如图 6-76 所示。

step 14 在【材质】面板中选择草地的材质，赋予草地与中心台子，如图 6-77 所示。

step 15 为场景添加草木的组件，绘制完成景观亭，范例最终效果如图 6-78 所示。

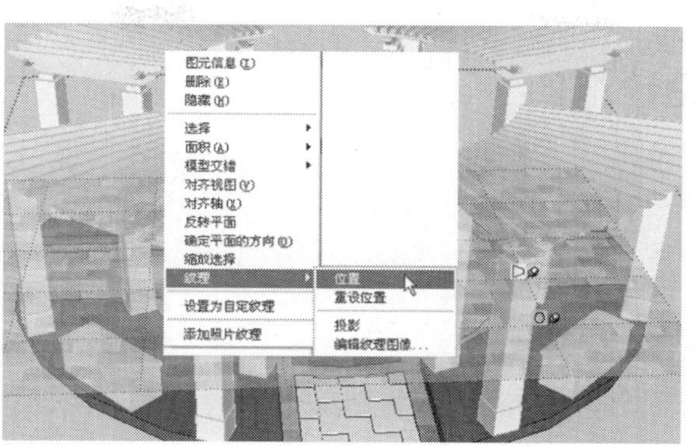

图 6-76 调整亭子地面的贴图

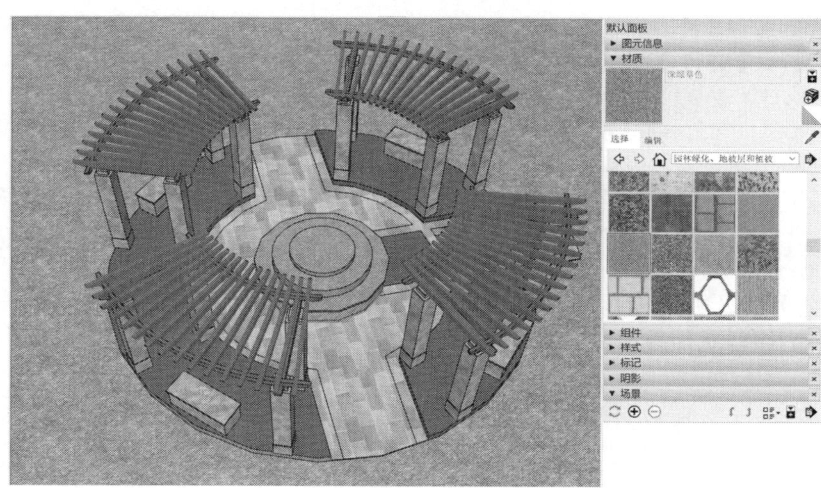

图 6-77 设置草地与中心台子的材质贴图

图 6-78 绘制完成的景观亭

6.6.2 图书贴图设计范例

本范例操作文件： ywj/06/6-2a.skp

本范例完成文件： ywj/06/6-2.skp

1. 案例分析

本案例主要以制作图书贴图为实例，讲解如何为转角表面添加一幅完整的无缝贴图，主要使用贴图坐标调整的方法。

2. 案例操作

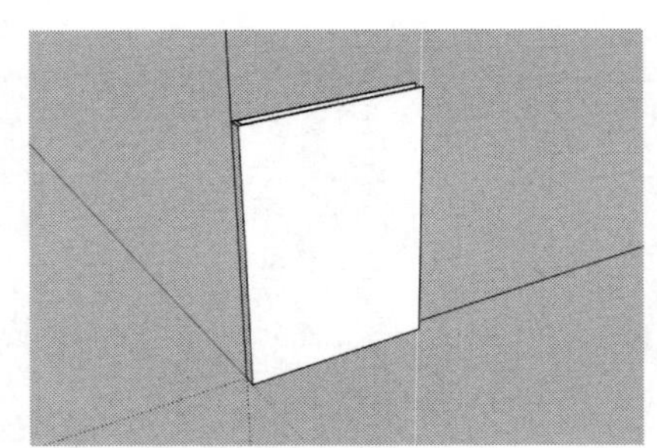

图 6-79 打开书本模型

step 01 选择【文件】菜单中的【打开】命令，打开 6-2a.skp 文件，在绘图区中打开书本模型，如图 6-79 所示。

step 02 单击【大工具集】工具栏中的【材质】按钮，打开【材质】面板，单击【创建材质】按钮，在弹出的【创建材质】对话框中选中【使用纹理图像】复选框，在弹出的【选择图像】对话框中添加本案例的“图书.BMP”文件，然后单击【打开】按钮，如图 6-80 所示。

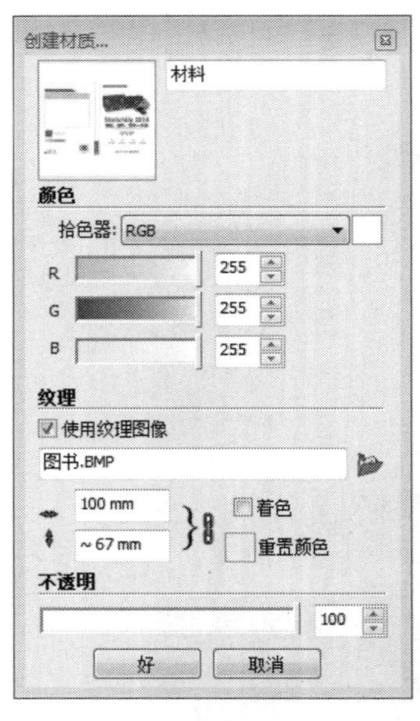

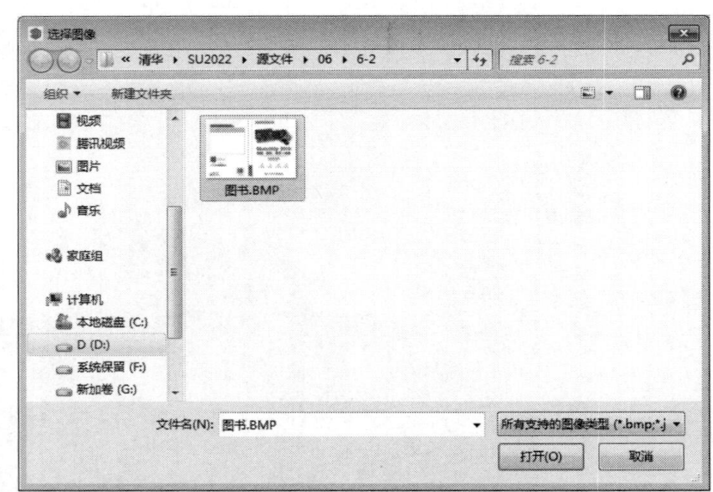

图 6-80 创建新材质

step 03 由于图书是一个组件，双击进入该组编辑，单击添加的贴图材质，对图书表面进行填充，如图 6-81 所示。

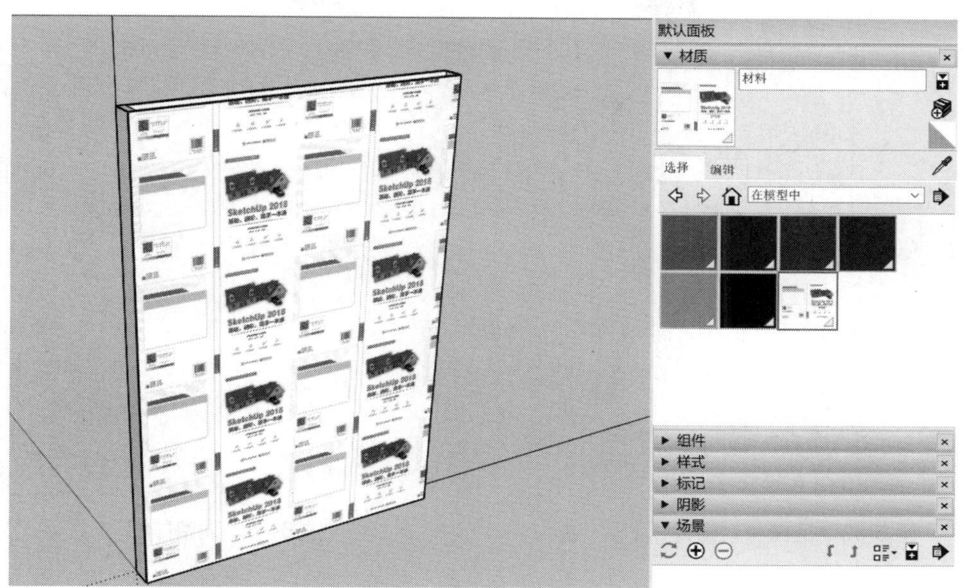

图 6-81 填充材质

step 04 在填充的面上右击，在弹出的快捷菜单中选择【纹理】|【位置】命令，则进入贴图编辑状态，右击贴图使其上面的图钉成为自由图钉模式，如图 6-82 所示。

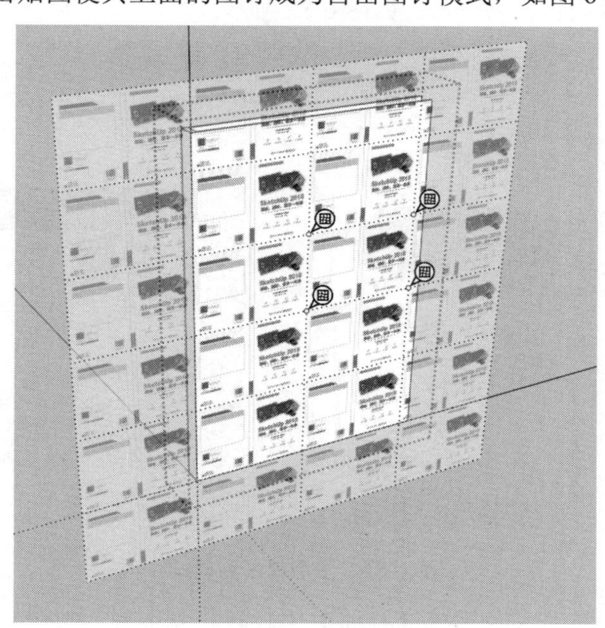

图 6-82 贴图编辑状态

step 05 分别拖曳 4 个图钉到该平面的 4 个顶角点，如图 6-83 所示。

step 06 由于该图片是三开(正、反面及侧面)，再沿着轴拖曳左侧的两个图钉，使平面上显示出整本图书的正面，如图 6-84 所示。

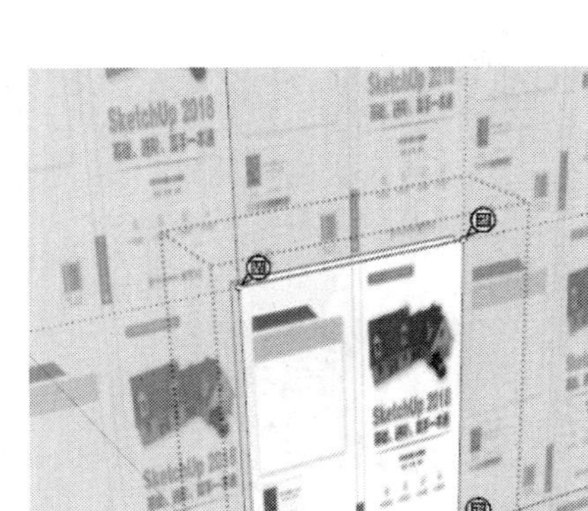

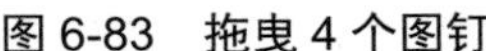

图 6-83　拖曳 4 个图钉　　　　图 6-84　调整贴图

移动一个图钉后，再移动另一个图钉时，会出现一条对齐轴线，以方便对齐捕捉。

step 07 调整好后，按 Enter 键确定。使用【材质】面板中的【样本颜料】工具，在调整好的贴图处单击以提取材质为样本，如图 6-85 所示。

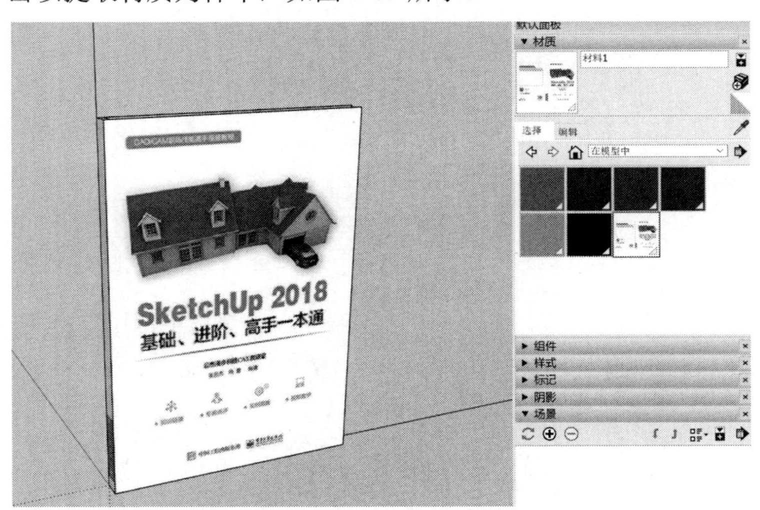

图 6-85　提取材质为样本

step 08 提取材质后，即刻激活【材质】工具，接着单击与其相邻的侧面，将取样的材质赋予相邻表面，赋予的材质贴图会自动无错位相接，如图 6-86 所示。

step 09 在材质工具状态下结合 Alt 键，鼠标变成【提取材质工具】，再提取侧面上的材质贴图，如图 6-87 所示。

step 10 提取后激活【材质】工具，旋转视图到背面，再对背面进行相邻表面无缝贴图，这样范例就制作完成了，效果如图 6-88 所示。

图 6-86　将取样的材质赋予相邻表面

图 6-87　提取侧面上的材质贴图

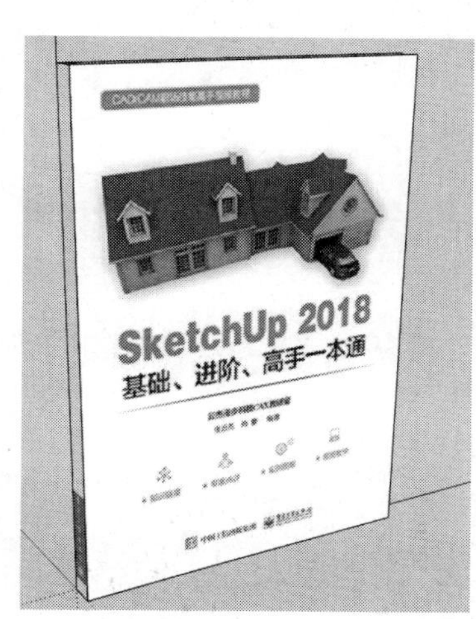

图 6-88　范例最终效果

6.6.3　餐盘材质设计范例

本范例操作文件：ywj/06/6-3a.skp
本范例完成文件：ywj/06/6-3.skp

1. 案例分析

本案例演示如何使用贴图制作材质以及曲面贴图的方法。

2. 案例操作

step 01 选择【文件】菜单中的【打开】命令，打开 6-3a.skp 文件，在绘图区中打开模型，如图 6-89 所示，分别查看图面上两个碗形模型的材质表现。

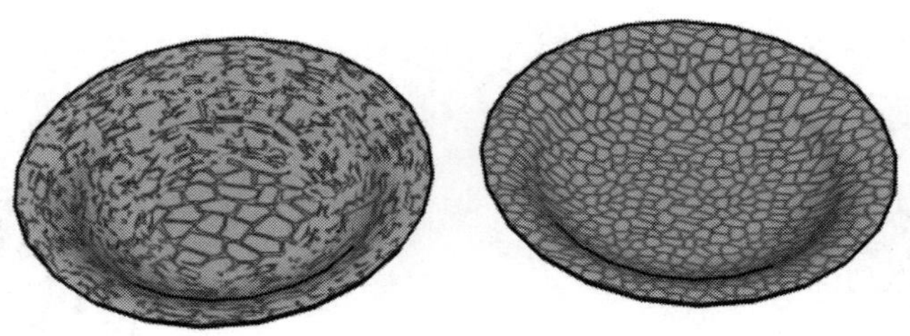

图 6-89　碗形模型的材质表现

step 02 在【材质】面板中单击素材，可以查看材质的详细信息，如图 6-90 所示，此时会发现两个模型的材质信息是相同的。通过材质工具直接赋予曲面材质，材质上的纹理就会发生变形。

step 03 单击【材质】面板中的【创建材质】按钮，新建一个材质，并命名为“盘子”，如图 6-91 所示。

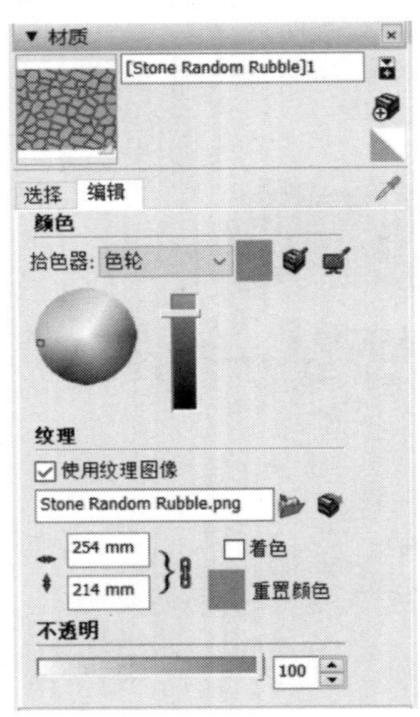

图 6-90　材质信息

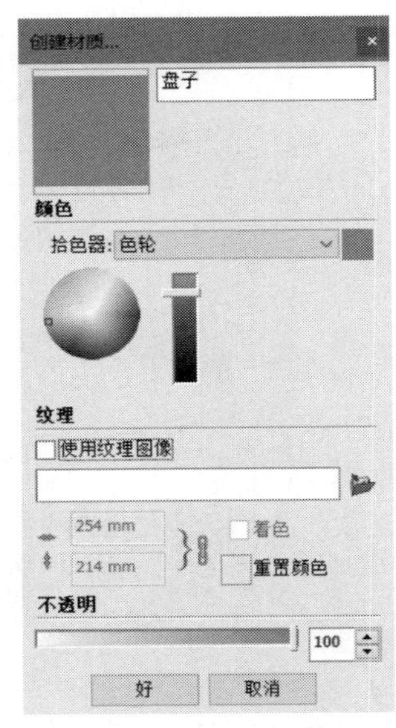

图 6-91　新建材质

step 04 选中【使用纹理图像】复选框或直接单击【浏览材质图像】按钮，在弹出的【选择图像】对话框中找到素材材质目录，如图 6-92 所示，打开贴图。

提示　在【材质】面板中单击【在模型中】按钮，就可以显示出模型内用到的与新建的材质。

step 05 在圆盘的正上方创建一个 200mm 的圆形(与圆盘直径相同)，作为贴图投影辅助面，如图 6-93 所示。

step 06 单击【材质】面板中新建的材质，然后单击平面赋予材质，如图 6-94 所示。

step 07 此时会发现贴图大小与位置都不对。选中平面，单击鼠标右键，在弹出的快捷菜单中选择【纹理】|【位置】命令，进入纹理编辑状态，如图 6-95 所示。

图 6-92　选择贴图

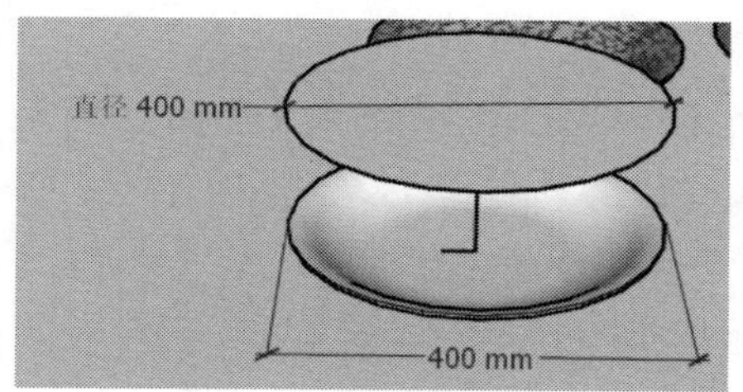

图 6-93　创建投影辅助面

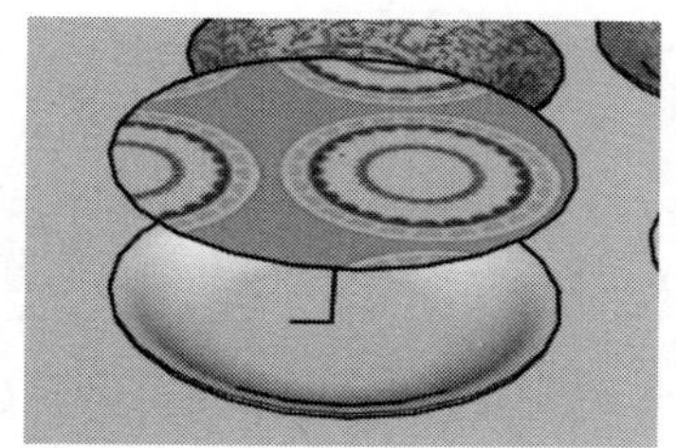

图 6-94　赋予材质

step 08 以鼠标左键拖曳可以进行图片平移，拖曳 进行贴图的旋转与缩放，调整其位置使贴图刚好落在整个圆形上，如图 6-96 所示。

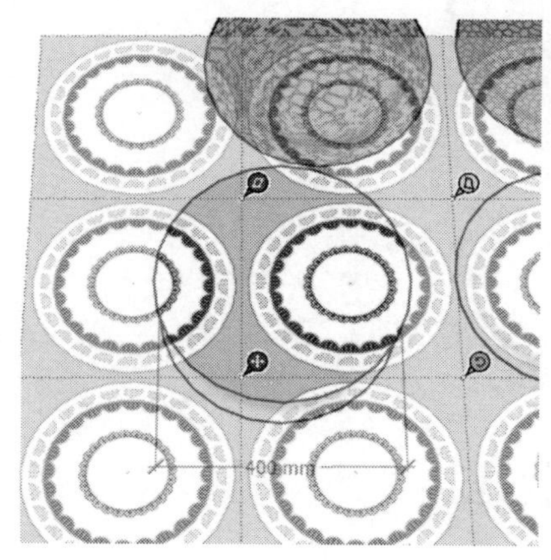

图 6-95　进入纹理编辑状态

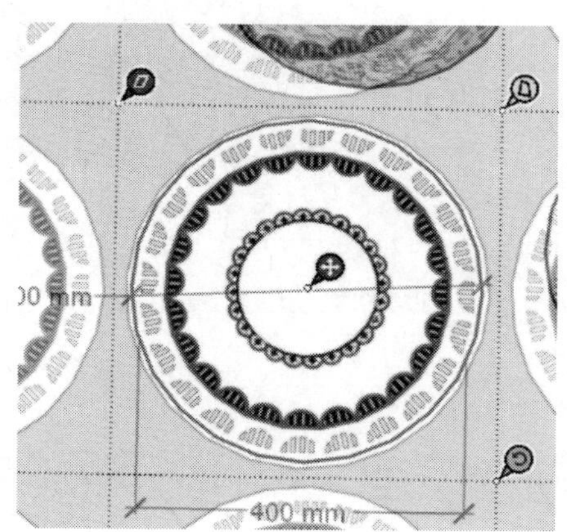

图 6-96　调整纹理

step 09 单击鼠标右键，在弹出的快捷菜单中选择【完成】命令，得到贴图调整结果，如图 6-97 所示。

step 10 单击鼠标右键，在弹出的快捷菜单中选择【纹理】|【投影】命令，然后单击【材质】面板中的【样本颜料】按钮，拾取圆形上的材质，此时鼠标会变成【材质】按钮

的形状，然后单击盘子的曲面，将材质赋予盘子，如图 6-98 所示。

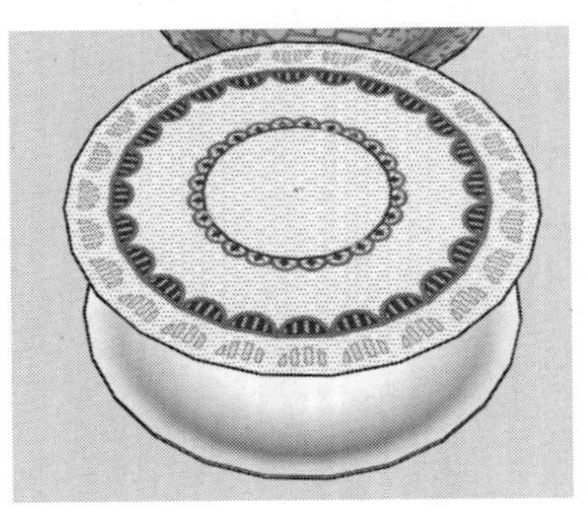

图 6-97　贴图调整结果

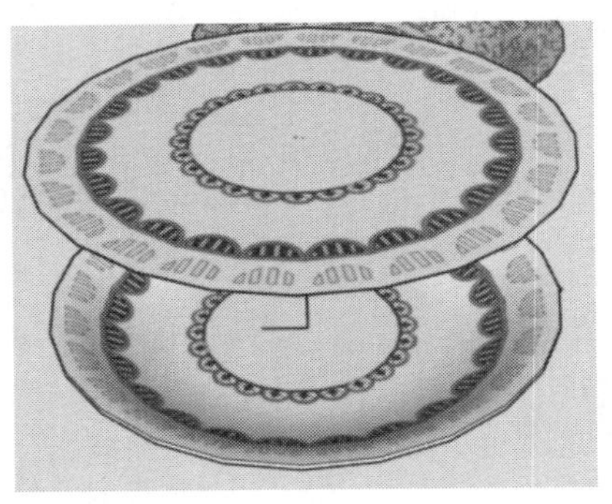

图 6-98　提取材质并赋予盘子

曲面投影贴图一定不要在组外进行，否则也会发生贴图变形。

step 11 为桌子赋予木头的材质，这样就完成了范例的操作，最终效果如图 6-99 所示。

图 6-99　范例最终效果

6.7　本章小结

本章主要学习了如何使用 SketchUp 的材质与贴图给模型赋予材质，熟悉了调整材质坐标的方法，了解了如何运用材质贴图来创建模型。一个好的材质贴图可以更准确地表达设计意图，所以读者要多加练习，来巩固所学的知识。

第 7 章

应用场景和动画

本章导读

在设计方案初步确定以后，我们一般会以不同的镜头角度或属性设置不同的储存场景，通过【场景】标签的选择，可以方便地进行多个场景视图的切换，对方案进行多角度对比。另外，通过场景的设置，可以批量导出图片。SketchUp 还可以制作展示动画，并结合阴影制作出生动有趣的光影动画，为实现动态设计提供了条件。

SketchUp 还有根据镜头角度衍生的照片匹配功能，它可以根据实景照片计算出相机的位置和视角，然后在模型中创建与照片相似的环境。

本章将系统地介绍设计后期的页面设计、场景的设置和动画制作等内容，并介绍照片匹配功能的应用。

7.1 场景页面管理

在 SketchUp 设计中，选择适合的角度透视效果，作为一个页面(一张图片)。要出另外一个角度的透视效果时，需要添加新的页面。对每一个页面做出角度或者阴影等调整后产生新效果的时候，应该对其进行“页面更新”，否则此页面将不会在该页面中保存所做的相应改动。因此，摄像机角度在页面设计中很重要。

7.1.1 【场景】面板

SketchUp 中场景的功能主要用于保存视图和创建动画，场景可以存储显示设置、图层设置、阴影和视图等，通过绘图窗口上方的场景标签可以快速地切换场景显示。SketchUp 2022 包含了场景缩略图功能，用户可以在【场景】面板中进行直观的浏览和选择。

进入【场景】面板命令的方式为：如图 7-1 所示，在菜单栏中，选择【窗口】|【默认面板】|【场景】命令，即可打开【场景】面板，通过【场景】面板可以添加和删除场景，也可以对场景进行属性修改，如图 7-2 所示。

图 7-1 选择【场景】命令

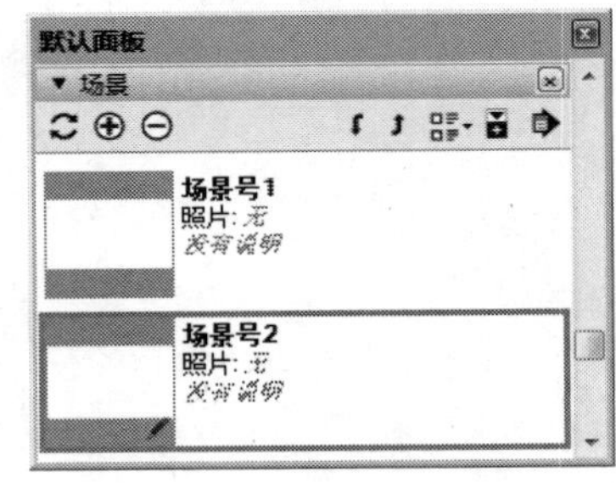

图 7-2 【场景】面板

(1) 【更新场景】按钮：如果对场景进行了改变，则需要单击该按钮进行更新，也可以在场景标签上用鼠标右键单击，然后在弹出的快捷菜单中选择【更新】命令。

(2) 【添加场景】按钮：单击该按钮，将在当前相机设置下添加一个新的场景。

(3) 【删除场景】按钮：单击该按钮将删除选择的场景，也可以在场景标签上用鼠标右键单击，然后在弹出的快捷菜单中执行【删除】命令进行删除。

(4) 【向下移动场景】按钮 /【向上移动场景】按钮：这两个按钮用于移动场景的前后位置，也可以在场景标签上用鼠标右键单击，然后在弹出的快捷菜单中选择【左移】或者【右移】命令。

(5) 【查看选项】按钮：单击此按钮可以改变场景视图的显示方式，如图 7-3 所示。

注意

在缩略图右下角有一个铅笔的场景，表示为当前场景。在场景数量多并且难以快速准确地找到所需场景的情况下，这项新增功能显得非常重要。

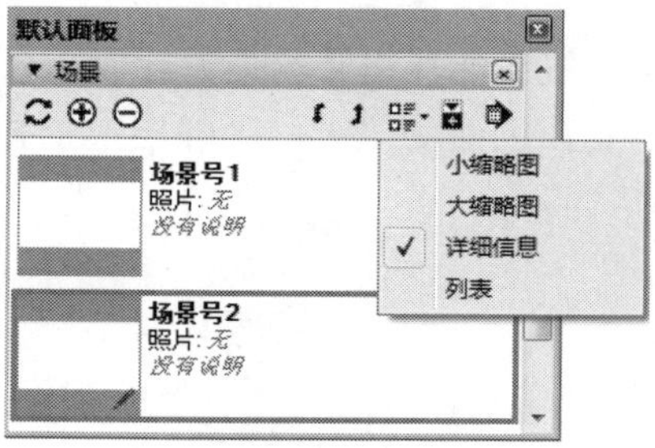

图 7-3 查看选项

(6) 【隐藏/显示详细信息】按钮：每一个场景都包含了很多属性设置，单击该按钮即可显示或者隐藏这些属性，如图 7-4 所示。

- 【名称】：可以改变场景的名称，也可以使用默认的场景名称。
- 【说明】：可以为场景添加简单的描述。
- 【包含在动画中】：当动画被激活以后，选中该复选框则场景会连续显示在动画中。如果取消选中此复选框，则播放动画时会自动跳过该场景。
- 【要保存的属性】：包含了很多属性选项复选框，选中复选框则记录相关属性的变化，取消选中复选框则不记录。在取消选中复选框的情况下，当前场景的这个属性会延续上一个场景的特征。例如取消选中【阴影设置】复选框，那么从前一个场景切换到当前场景时，阴影将停留在前一个场景的阴影状态下；同时，当前场景的阴影状态将被自动取消。如果需要恢复，就必须再次选中【阴影设置】复选框，并重新设置阴影，还需要再次刷新。

SketchUp 2022 的【场景】面板中包含了场景缩略图，可以直观地显示场景视图，使查找场景变得更加方便，也可以用鼠标右键单击缩略图进行场景的添加、更新等操作，如图 7-5 所示。

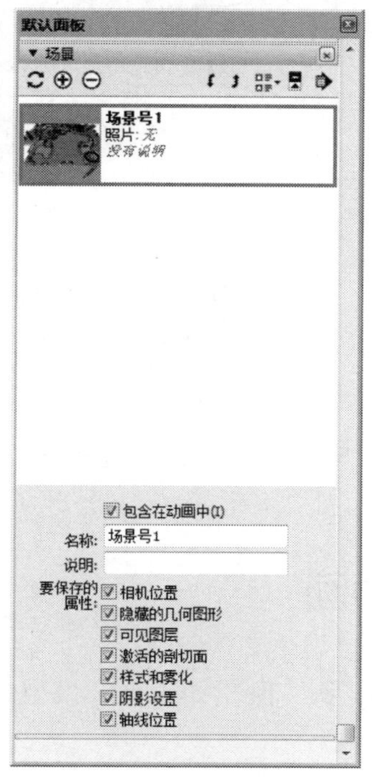

图 7-4 显示详细信息

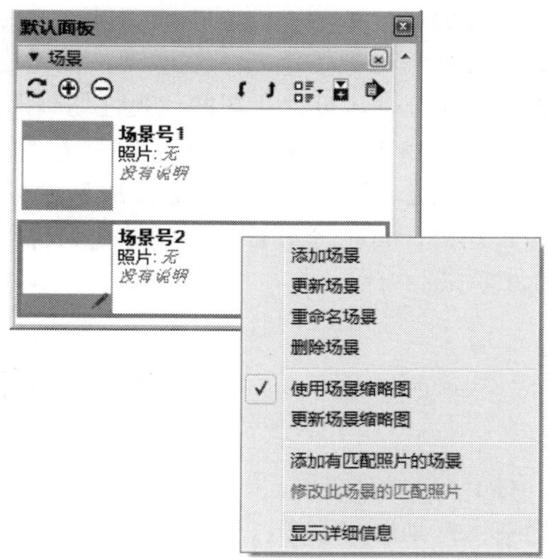

图 7-5 右键菜单

单击绘图窗口左上方的场景标签可以快速地切换所记录的视图窗口。用鼠标右键单击场景标签也能弹出【场景】管理命令，可对场景进行更新、添加或删除等操作，如图 7-6 所示。

在创建场景时，会弹出一个警告对话框，如图 7-7 所示，提示对场景进行保存。

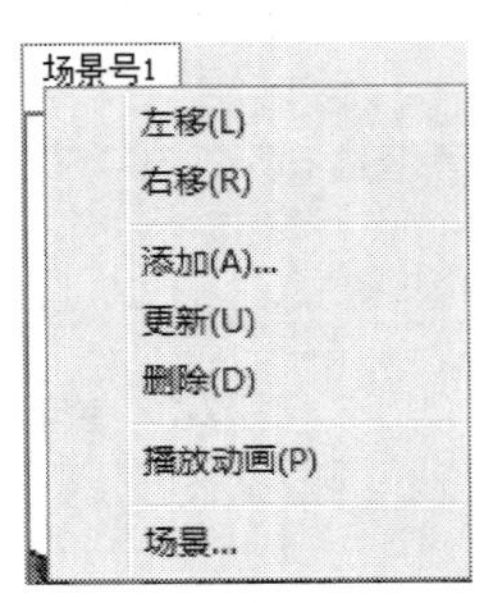

图 7-6　右键菜单

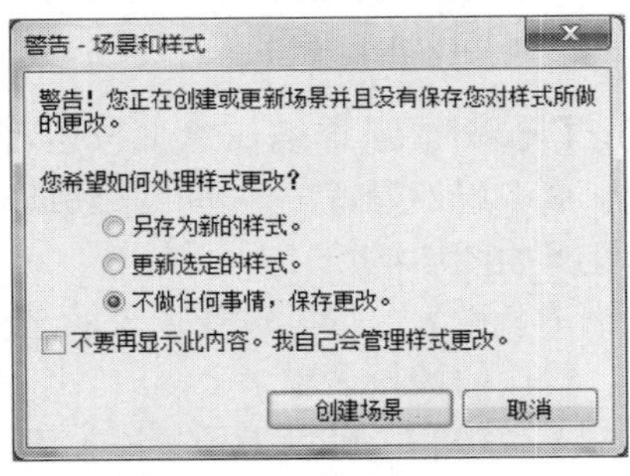

图 7-7　警告对话框

在某个页面中增加或删除几何体会影响到整个模型，其他页面也会相应地增加或删除，而每个页面的显示属性却都是独立的。

7.1.2　幻灯片演示

通过【场景】标签的选择，可以方便地进行多个场景视图的切换，方便对方案进行多角度对比，形成幻灯片演示效果。

幻灯片演示效果的实现，主要是通过【播放】命令，在菜单栏中，选择【视图】|【动画】|【播放】命令，如图 7-8 所示。

首先设定一系列不同视角的场景，并尽量使得相邻场景之间的视角与视距不要相差太远，数量也不宜太多，只需选择能充分表达设计意图的代表性场景即可。

然后选择【视图】|【动画】|【播放】命令，可以打开【动画】对话框，单击【播放】按钮即可播放场景的展示动画，单击【暂停】按钮即可暂停动画的播放，如图 7-9 所示。

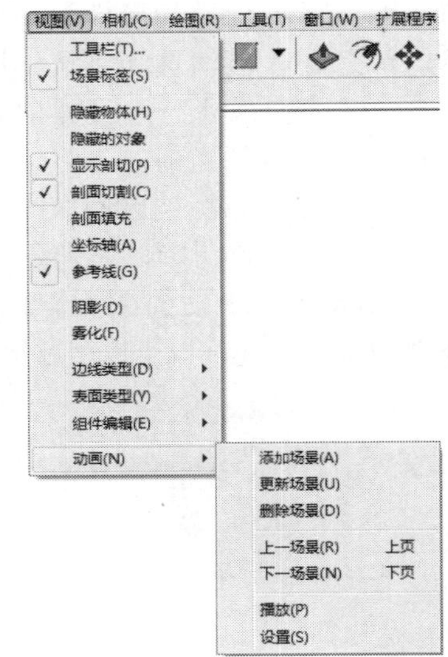

图 7-8　选择【播放】命令

图 7-9　【动画】对话框

7.2　幻灯片和动画

对于简单的模型，采用幻灯片播放能保持平滑动态显示，但在处理复杂模型的时候，如果仍要保持画面的流畅，就需要导出动画文件了。

7.2.1　导出视频动画

采用幻灯片播放时，每秒显示的帧数取决于计算机的即时运算能力，而导出视频文件的话，SketchUp 会使用额外的时间来渲染更多的帧，以保证画面的流畅播放。因此导出视频文件需要更多的时间。

要想导出动画文件，只需选择【文件】|【导出】|【动画】菜单命令，然后在打开的【输出动画】对话框中设定导出格式为【MP4 H.264 视频文件(*.mp4)】格式，如图 7-10 所示，接着对导出选项进行设置即可，如图 7-11 所示。

图 7-10　【输出动画】对话框

【宽度】和【高度】：这两个文本框的数值用于控制每帧画面的尺寸，以像素为单位。一般情况下，帧画面尺寸设为 400 像素×300 像素或者 320 像素×240 像素即可。如果是 640 像素×480 像素的视频文件，则可以实现全屏播放。对视频而言，人脑在一定时间内对于信息量的处理能力是有限的，其运动连贯性比静态图像的细节更重要。所以，可以从模型中分别提取高分辨率的图像和较小帧画面尺寸的视频，既可以展示细节，又可以动态展示空间关系。如果是用 DVD 播放，画面的宽度需要 720 像素。电视机、大多数计算机屏幕和 1950 年以前电影的标准比例是 4∶3，宽影屏显示(包括数字电视、等离子电视等)的标准比例是 16∶9。

【帧速率】：帧速率是指每秒产生的帧画面数。帧速率与渲染时间以及视频文件大小呈正比，帧速率

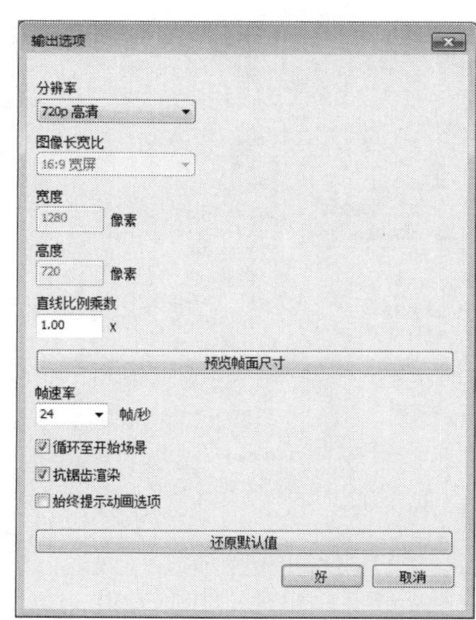

图 7-11　【输出选项】对话框

的值越大，渲染所花费的时间以及输出后的视频文件就越大。将帧速率设置为每秒 3～10 帧是画面连续的最低要求；每秒 12～15 帧则既可以控制文件的大小，也可以保证流畅播放；每秒 24～30 帧的设置就相当于全速播放了。当然，还可以设置每秒 5 帧来渲染一个粗糙的动画以预览效果，这样能节约大量的时间，并且发现一些潜在的问题，例如高宽比不对、照相机穿墙等。

【循环至开始场景】：选中该复选框可以从最后一个场景倒退到第一个场景，创建无限循环的动画。

【抗锯齿渲染】：选中该复选框后，SketchUp 会对导出的图像做平滑处理。需要更多的导出时间，但是可以减少图像中的线条锯齿。

【始终提示动画选项】：在创建视频文件之前总是先显示这个选项的对话框。

建议在建模时使用英文名称的材质，文件也保存为英文或者拼音名，保存路径最好不要设置在中文名称的文件夹内(包括电脑的桌面上也不行)，而是新建一个英文名称的文件夹，然后保存在某个盘的根目录下。

除了前文讲述的直接将多个场景导出为动画以外，我们还可以将 SketchUp 的动画功能与其他功能结合起来生成动画，如可以将剖切功能与场景功能结合，生成剖切生长动画。

7.2.2 批量导出场景图像

当场景设置过多的时候，就需要批量导出图像，这样可以避免在场景之间进行频繁的切换，并能节省大量的出图等待时间，此时采用【图像集】命令方式。

在菜单栏中，选择【文件】|【导出】|【动画】命令，然后在打开的【输出动画】对话框中设定导出格式为*.jpg 格式，如图 7-12 所示，接着同样对导出选项进行设置即可，如图 7-13 所示。

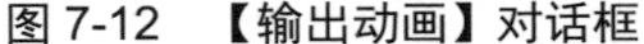
图 7-12 【输出动画】对话框

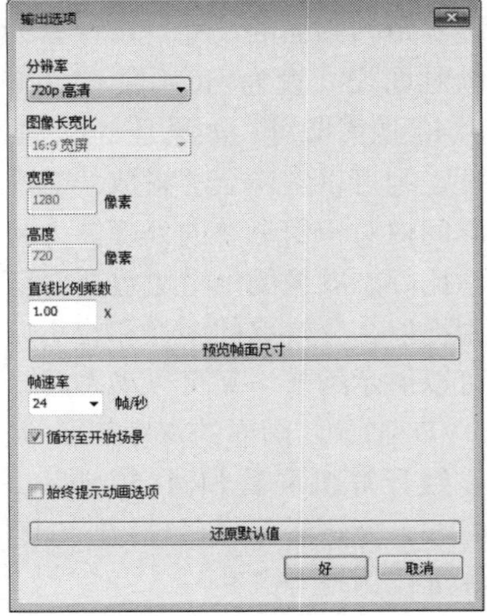

图 7-13 【输出选项】对话框

7.2.3 阴影动画

使用阴影可以使模型更具立体感，并能实时模拟模型的日照效果。可以结合 SketchUp 的阴影设置和场景功能生成阴影动画，为模型带来阴影变化的视觉效果。下面介绍其使用方法。

(1) 选择【窗口】|【默认面板】|【阴影】菜单命令，打开【阴影】面板。单击【显示/隐藏阴影】按钮，开启阴影显示；将日期设置为 2022 年 1 月 1 日，将【时间】滑块拖动到最左端，如图 7-14 所示，则模型显示 1 月 1 日 7 点 28 分的阴影状态。如果选中【使用阳光参数区分明暗面】复选框，则不显示阴影，但在模型上区分明暗面。

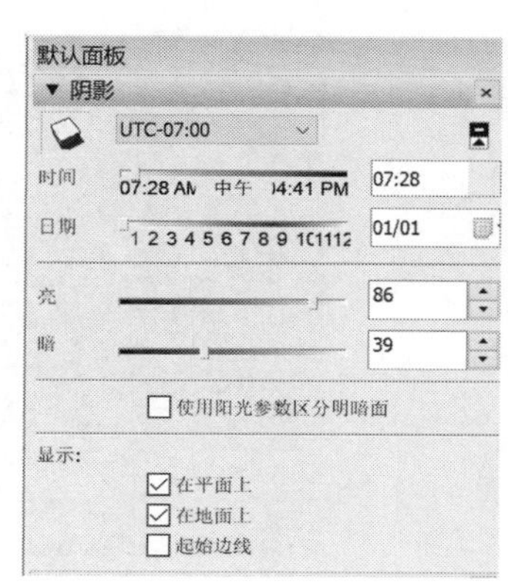

图 7-14 【阴影】面板

(2) 选择【窗口】|【默认面板】|【场景】菜单命令，打开【场景】面板，单击【添加场景】按钮，为当前场景添加一个页面，如图 7-15 所示。

图 7-15 添加场景页面

(3) 通过上面的方法，将时间设置为 10:00，并添加一个新的页面，如图 7-16 所示。

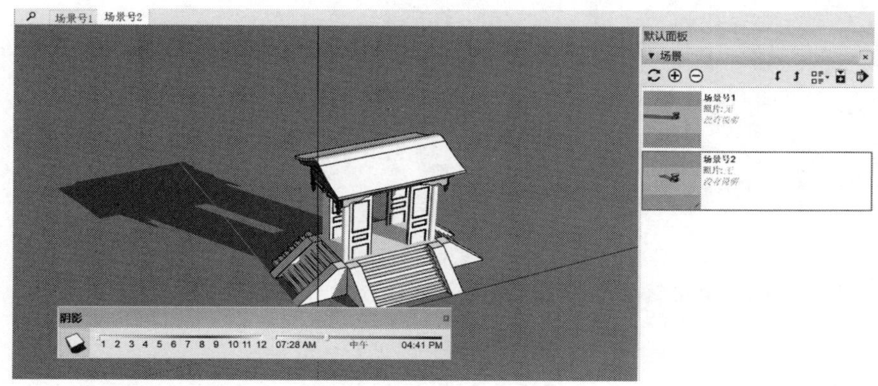

图 7-16 添加 10:00 的场景

(4) 以此类推，分别在 12:00、14:00、16:41 的时间处添加场景，如图 7-17～图 7-19 所示。

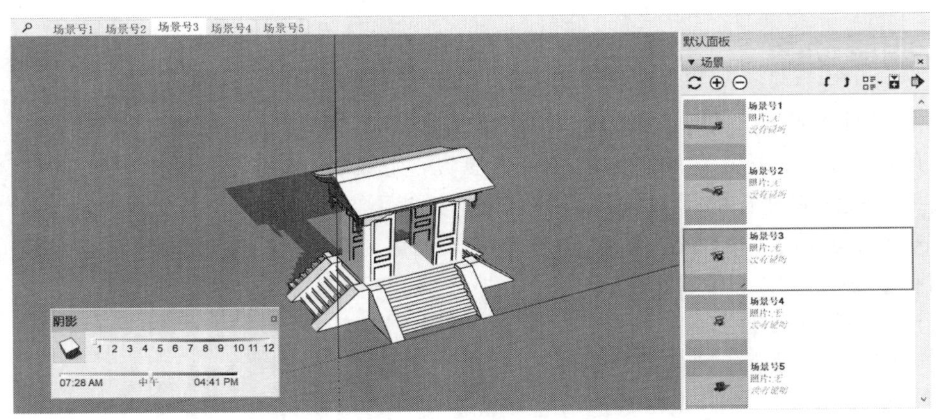

图 7-17　添加 12:00 的场景

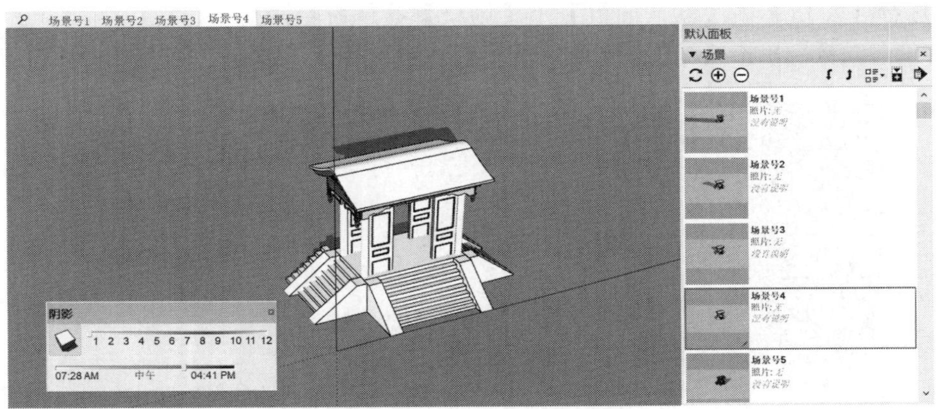

图 7-18　添加 14:00 的场景

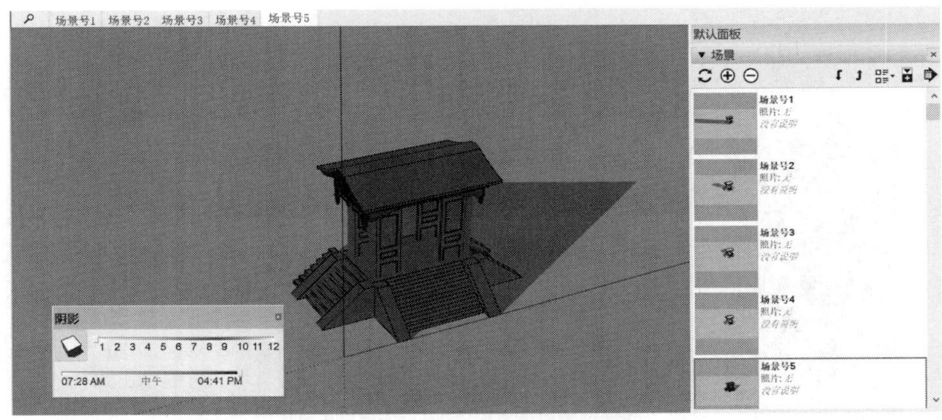

图 7-19　添加 16:41 的场景

(5) 选择【视图】|【动画】|【设置】菜单命令，弹出【模型信息】对话框，设置场景转换时间为 1 秒，场景暂停时间为 0，并开启场景过渡，如图 7-20 所示。完成以上设置后，可将场景导出为阴影动画。

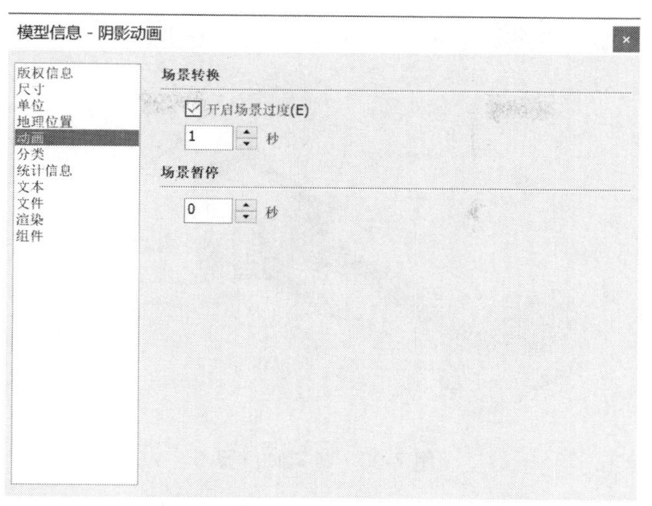

图 7-20　设置动画参数

7.3　照 片 匹 配

SketchUp 的照片匹配功能可以根据实景照片计算出相机的位置和视角，然后在模型中创建与照片相似的环境。

7.3.1　关于照片匹配的命令

关于照片匹配的命令有两个，分别是【匹配新照片】命令和【编辑匹配照片】命令，这两个命令可以在【相机】菜单中找到，如图 7-21 所示。

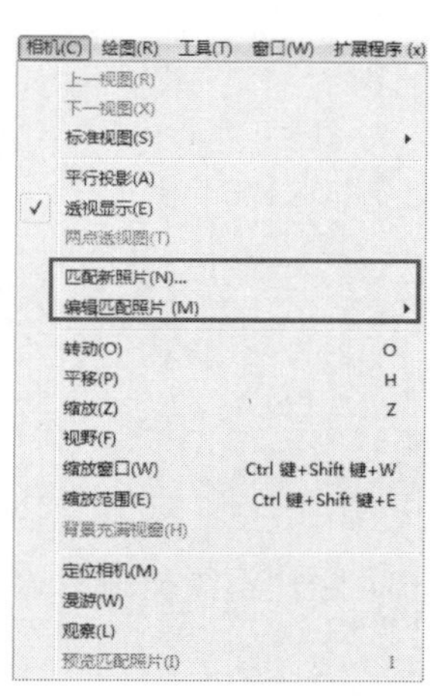

图 7-21　匹配新照片

7.3.2　照片匹配的设置

当视图中不存在照片匹配时，【编辑匹配照片】命令将显示为灰色状态，这时不能使用该命令，当一个照片被匹配后，【编辑匹配照片】命令才能被激活。用户在新建照片匹配时，将弹出【照片匹配】面板，如图 7-22 所示。

图 7-22　【照片匹配】面板

(1) 【从照片投影纹理】按钮：单击该按钮，将会把照片作为贴图覆盖模型的表面材质。

(2) 【栅格】选项组：该选项组包含 3 种网格，分别为【样式】、【平面】和【间距】。

照片匹配功能对建模所需参照的照片要求很多，主要如下。

(1) 照片拍摄的角度要符合严格的两点透视，也就是说，建筑物离相机最近的位置应该是一个墙角，照片上要能

看清建筑物相邻的两个墙面，最好呈 45 度夹角，如图 7-23 所示。

图 7-23　建筑物位置

(2) 照片上的建筑物不能被任何树木、植物、车辆、人物等遮挡，如图 7-24 所示。

图 7-24　建筑物不能被遮挡

(3) 照片不能被裁剪过，如图 7-25 所示。

图 7-25　照片不能被裁剪

除此之外，照片匹配建模所用的投影贴图原理限制了对象建筑物必须是简单的、方正的形状。因此，要得到符合要求的照片，难度很大，照片匹配功能使用起来并不太方便，其应用也比较少了。

7.4 设计范例

7.4.1 小镇展示动画设计范例

本范例操作文件： ywj/07/7-1a.skp
本范例完成文件： ywj/07/7-1.skp，7-1.mp4

1. 案例分析

创建 SketchUp 场景，可以更好地观察想要设定的场景展现，本案例就是利用现有的小镇模型，经过多个场景的创建，从而形成多页面的场景效果，以展示小镇风采。

2. 案例操作

step 01 选择【文件】菜单中的【打开】命令，打开 7-1a.skp 文件，即创建好的小镇模型范例，如图 7-26 所示。

图 7-26 打开图形

step 02 选择【窗口】|【默认面板】|【场景】菜单命令，打开【场景】面板，在其中单击【添加场景】按钮，创建“场景号 1”，如图 7-27 所示。

图 7-27　创建“场景号 1”

先调整好视图角度，再创建场景。

step 03 改变场景角度后继续单击【添加场景】按钮依次添加场景，标签上显示出多个场景号，如图 7-28 所示。

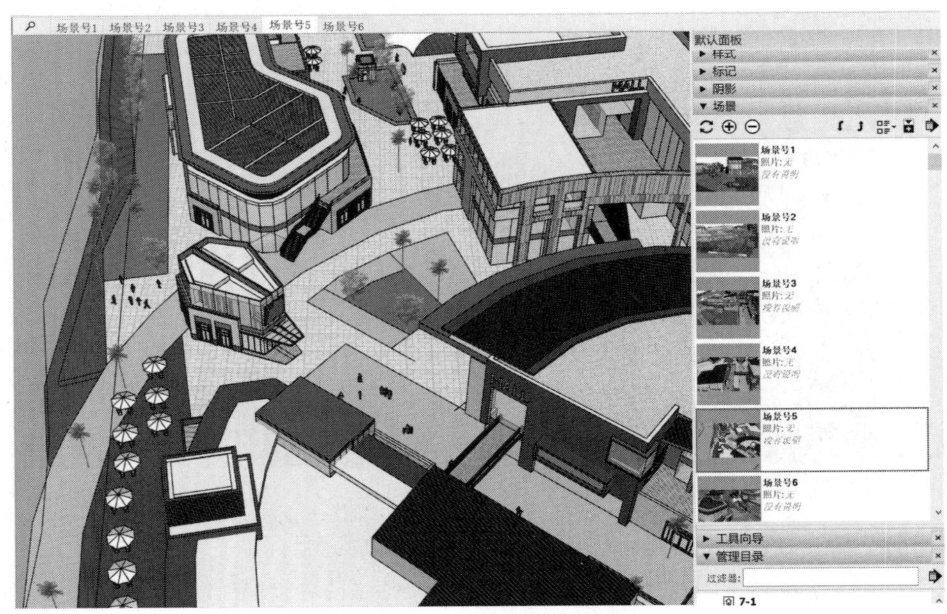

图 7-28　添加多个场景

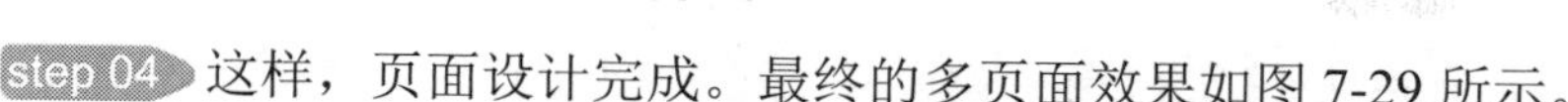

step 04 这样，页面设计完成。最终的多页面效果如图 7-29 所示。

图 7-29　最终的多页面效果

step 05 选择【文件】|【导出】|【动画】菜单命令，打开【输出动画】对话框，设置【保存类型】为视频文件，并设置输出的文件名称，如图 7-30 所示。

图 7-30　【输出动画】对话框

step 06 单击【输出动画】对话框中的【选项】按钮，将打开【输出选项】对话框，设置其中的参数，如图 7-31 所示，最后单击【好】按钮。

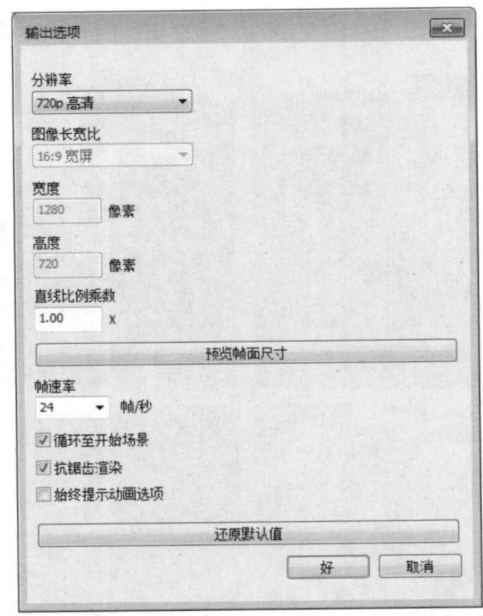

图 7-31 【输出选项】对话框

step 07 单击【输出动画】对话框中的【导出】按钮，打开【正在导出动画…】对话框，如图 7-32 所示，进行输出，输出完成后，形成本例最终的 MP4 动画视频。

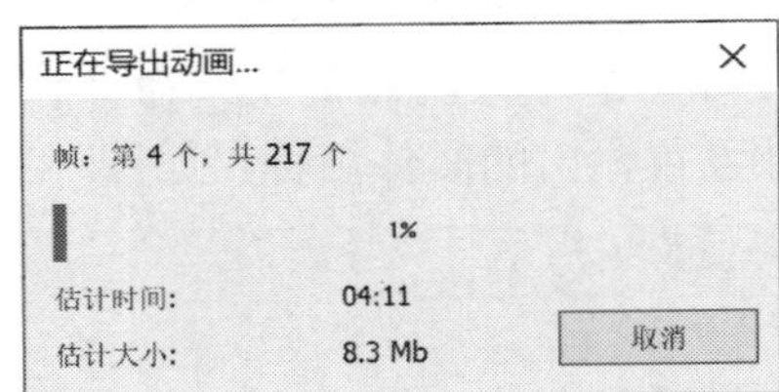

图 7-32 导出动画

7.4.2 商场多页面展示动画设计范例

本范例操作文件： ywj/07/7-2.skp
本范例完成文件： ywj/07/7-2.skp，7-2.mp4，图片集

1. 案例分析

本案例利用现有的商场建筑模型，使用页面设计创建多个场景，从而形成多页面场景，以展示商场各个角度的效果。

2. 案例操作

step 01 选择【文件】菜单中的【打开】命令，打开 7-2.skp 图形文件，可以看到在其中已经设置好了 9 个场景，如图 7-33 所示。

step 02 选择【窗口】|【默认面板】|【阴影】菜单命令，打开【阴影】面板，在其

中设置阴影参数，如图 7-34 所示。

图 7-33　打开图形

图 7-34　场景号 1 的阴影设置

step 03 依次单击各场景号的标签，打开不同场景和场景阴影，在【阴影】面板中，设置不同场景的阴影参数，如图 7-35 所示。

step 04 选择【窗口】|【模型信息】菜单命令，打开【模型信息】对话框，选择其中的【动画】选项，设置场景转换和场景暂停参数，如图 7-36 所示。

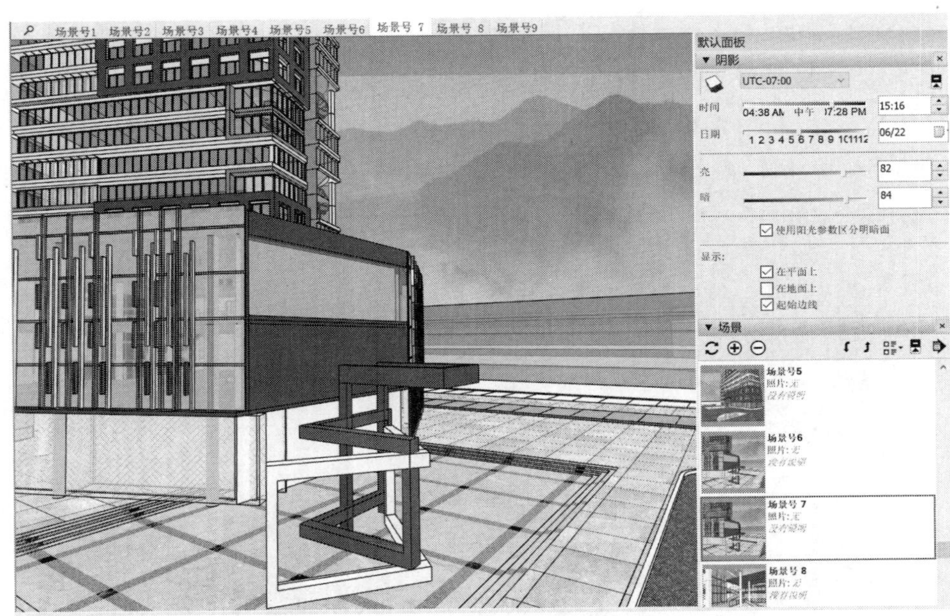

图 7-35　各个场景的阴影设置

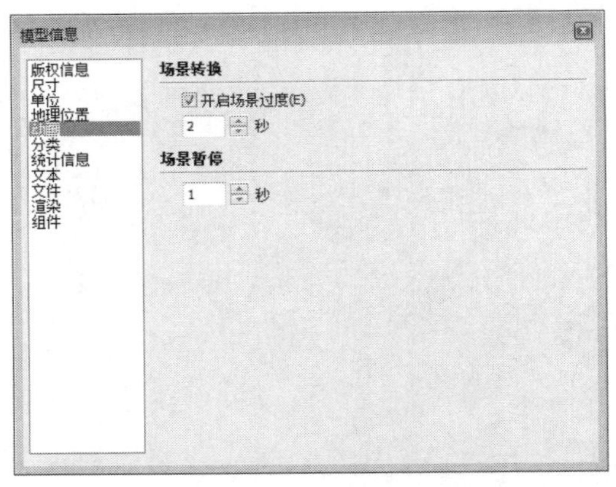

图 7-36　【模型信息】对话框

step 05 选择【文件】|【导出】|【动画】菜单命令，打开【输出动画】对话框，设置【保存类型】为视频文件，并设置输出文件的名称，如图 7-37 所示。

step 06 单击【选项】按钮，将打开【输出选项】对话框，设置其中的参数，如图 7-38 所示，最后单击【好】按钮。

step 07 单击【导出】按钮，将打开【正在导出动画】对话框，进行输出，输出完成后，形成本例最终的 MP4 动画视频。

step 08 选择【文件】|【导出】|【动画】菜单命令，打开【输出动画】对话框，设置【保存类型】为【JPEG 图像集】，然后设置输出图像集的名称，如图 7-39 所示。

step 09 单击【选项】按钮，打开【输出选项】对话框，设置其中的参数，如图 7-40 所示，单击【好】按钮。

图 7-37 设置输出文件的名称

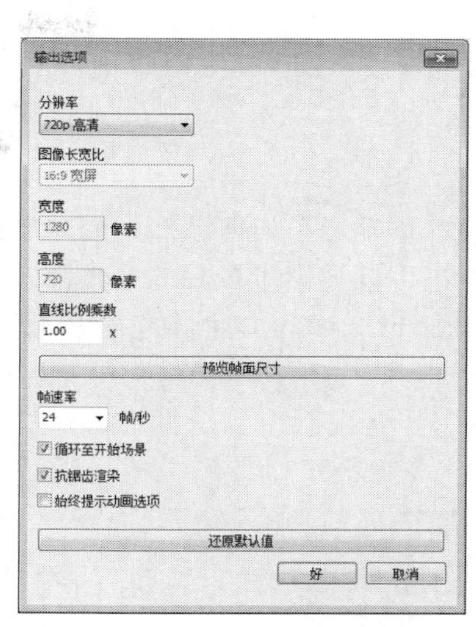

图 7-38 设置动画输出选项

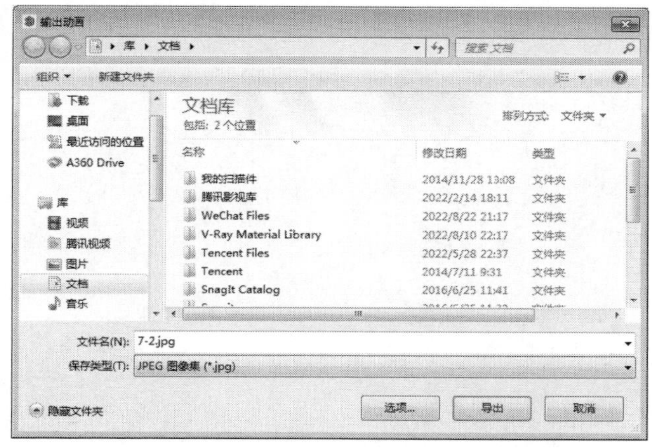

图 7-39 设置输出图像集的名称

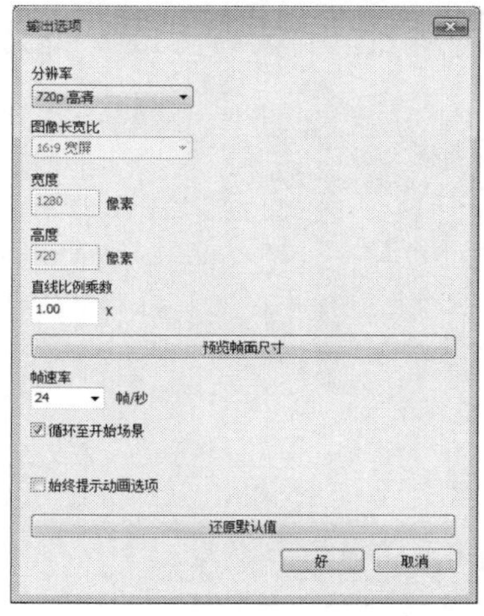

图 7-40 设置图像集输出选项

step 10 单击【输出动画】对话框中的【导出】按钮，进行输出，输出完成后的图像集如图 7-41 所示。至此，范例就制作完成了。

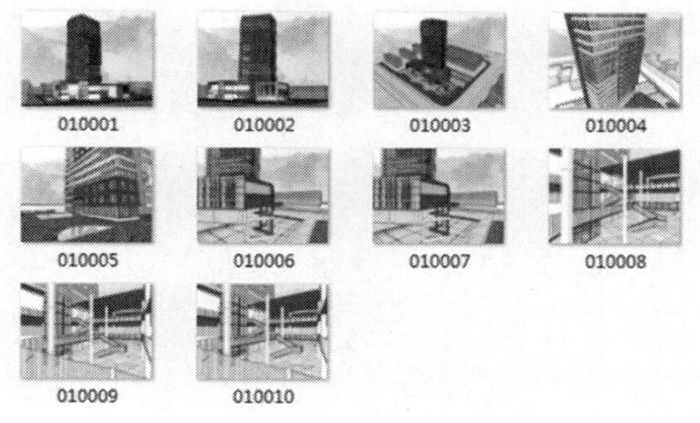

图 7-41 输出的图像集

7.5 本章小结

本章学习了如何添加不同角度的场景并保存，可以方便地进行多个场景视图的切换。另外，也可以导出设置好的场景图片，让设计师能更好地从多角度观察图形。希望读者全面掌握 SketchUp 中导出动画的方法以及批量导出场景图像的方法。

第 8 章

剖切平面和沙箱工具

本章导读

建筑模型效果虽然可以通过不同角度进行观察，但是主要看到的还是建筑的外部效果，如果想要同时看到内部效果，如同建筑剖面图一样，就要使用剖切平面的功能。另外，不管是城市规划、园林景观设计还是游戏动画的场景，创建出一个好的地形环境能为设计增色不少。地形是建筑效果和景观效果中很重要的部分，SketchUp 创建地形有其独特的优势，也很方便快捷，从 SketchUp 5 以后，创建地形使用的都是沙箱工具。

本章主要讲解剖切平面功能的使用方法，包括创建剖面、编辑剖面和导出剖面，以及制作剖面动画。另外本章还将介绍使用沙箱工具创建地形的方法。

8.1 创建和编辑剖切面

【剖切面】命令是 SketchUp 中的特殊命令，用来控制截面效果。物体在空间的位置以及与群组和组件的关系，决定了剖切效果的本质。

8.1.1 创建剖切面

创建剖切面可以更方便地观察模型的内部结构，在进行展示的时候，可以让观察者更多、更全面地了解模型。

执行【剖切面】命令主要有以下几种方式。

(1) 在菜单栏中，选择【工具】|【剖切面】命令，如图 8-1 所示。

(2) 在菜单栏中，选择【视图】|【工具栏】|【截面】命令，打开【截面】工具栏，如图 8-2 所示，单击剖切面工具。

此时打开【放置剖切面】对话框，如图 8-3 所示，单击【放置】按钮后光标会出现一个剖切面，接着移动光标到几何体上，剖切面会对齐到所在表面上，如图 8-4 所示。移动截面至适当位置，然后用鼠标右键单击放置截面即可，如图 8-5 所示。

在创建对齐的剖切面时，按住 Shift 键可以锁定在当前选择的平面上绘制与该平面平行的剖切面。

图 8-1 选择【剖切面】菜单命令

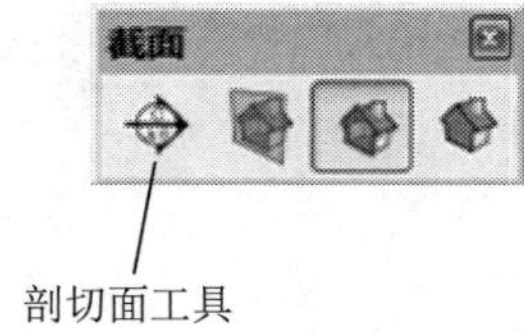

图 8-2 【截面】工具栏

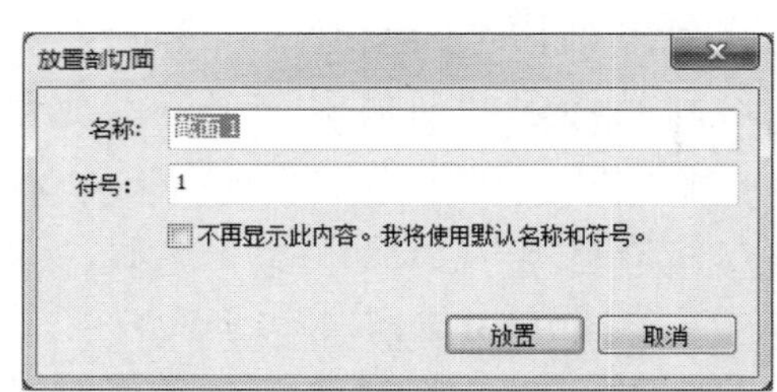

图 8-3 【放置剖切面】对话框

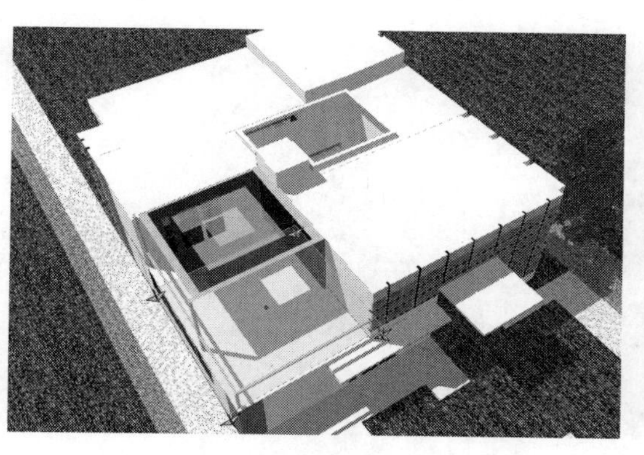

图 8-4　选择截面

图 8-5　放置截面

用户可以控制截面线的颜色，或者将截面线创建为组。使用【剖切面】命令可以方便地对物体的内部模型进行观察和编辑，展示模型内部的空间关系，减少编辑模型时所需的隐藏操作。在【样式】面板中可以对截面线的粗细和颜色进行调整，如图 8-6 所示。

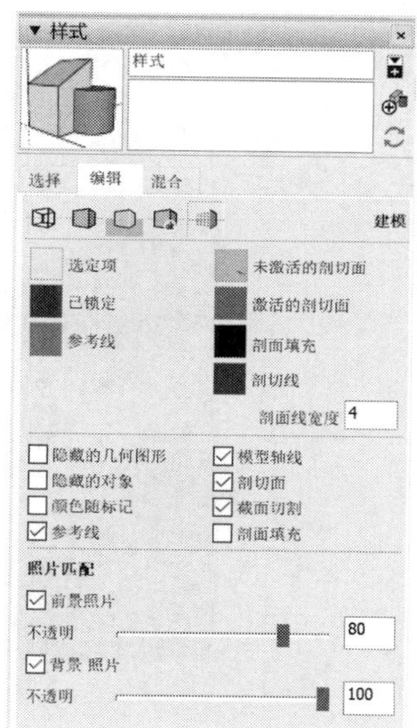

图 8-6　样式设置

8.1.2　编辑剖切面

编辑剖切面可以更方便地展示模型，可以把需要显示的地方表现出来，使观察者更好地观察模型内部。

(1) 【截面】工具栏。

【截面】工具栏中的工具可以控制全局截面的显示和隐藏。选择【视图】|【工具栏】|【截面】菜单命令，即可打开【截面】工具栏，该工具栏共有 4 个工具，分别为【剖切面】工具、【显示剖切面】工具、【显示剖面切割】工具和【显示剖面填充】工具，如图 8-7 所示。

图 8-7　【截面】工具栏

- 显示剖切面工具：该工具用于在截面视图和完整模型之间进行切换，如图 8-8 和图 8-9 所示。
- 显示剖面切割工具：该工具用于快速显示和隐藏所有剖切的面，如图 8-10 和图 8-11 所示。

在剖面符号上右击，在弹出的快捷菜单中选择【隐藏】命令，同样可以对剖面符号进行隐藏。但使用该命令后，若要恢复剖面符号的显示，只能通过【编辑】|【取消隐藏】菜单命令来执行。

- 显示剖面填充工具：该工具用于快速显示和隐藏剖切面的填充效果。

(2) 移动和旋转剖切面。

使用移动工具和旋转工具，可以对剖切面进行移动和旋转。

图 8-8　隐藏截平面

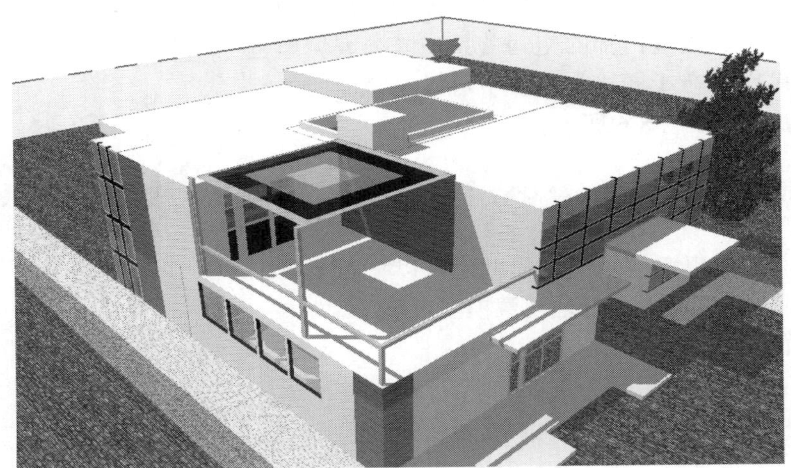

图 8-9　显示截平面

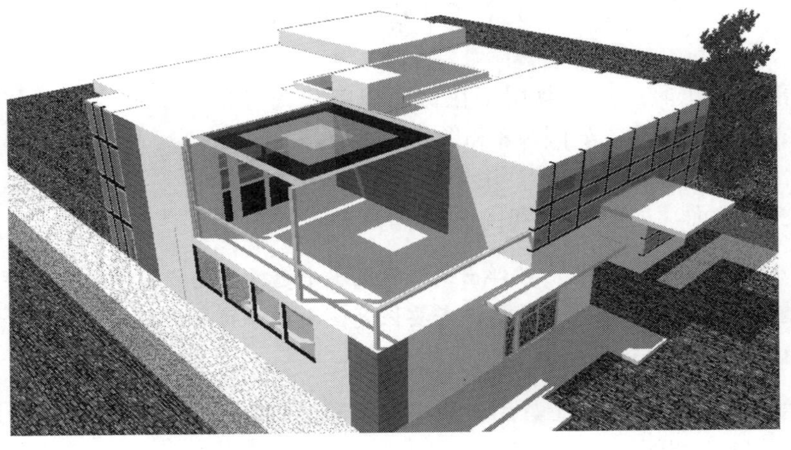

图 8-10　隐藏截面切割

图 8-11　显示截面切割

与其他实体一样，使用移动工具和旋转工具可以对剖切面进行移动和旋转，如图 8-12 和图 8-13 所示。

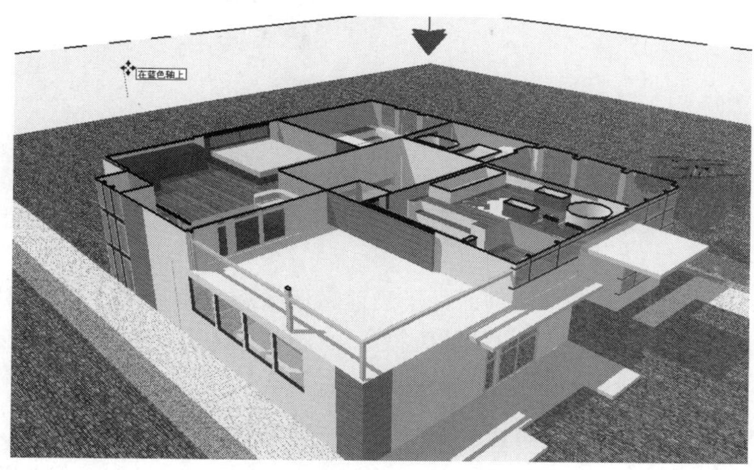

图 8-12　移动剖切面

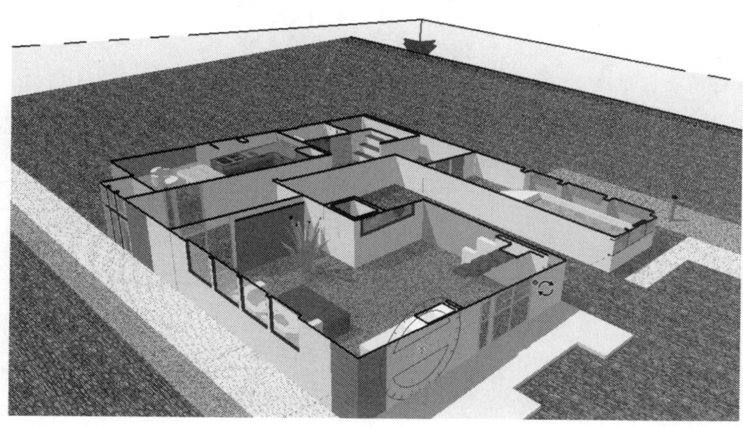

图 8-13　旋转剖切面

(3) 反转剖切面的方向。

在剖切面上单击鼠标右键，然后在弹出的快捷菜单中选择【反转】命令，或者直接选择【编辑】|【剖切面】|【翻转】菜单命令，则可以翻转剖切的方向，如图 8-14 所示。

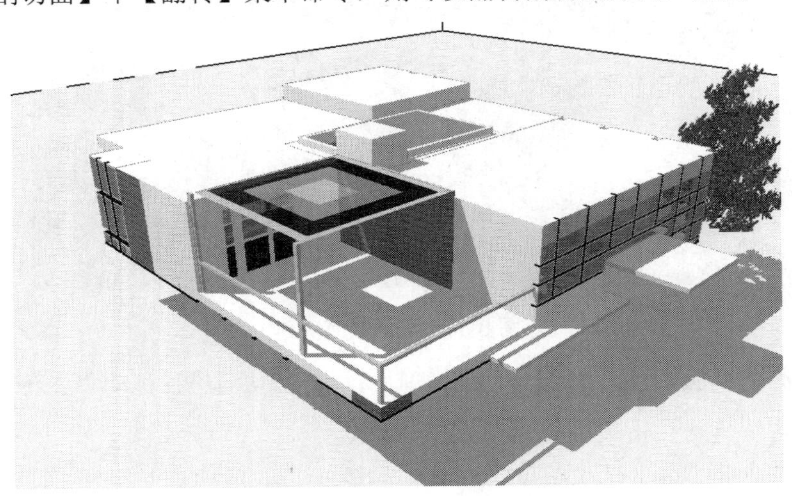

图 8-14　反转剖切面

(4) 激活剖面。

放置一个新的剖面后，该剖面会自动激活。在同一个模型中可以放置多个剖面，但一次只能激活一个剖面，默认以最后创建的剖面为活动剖面，激活一个剖面的同时会自动淡化其他剖面。

在 SketchUp 2022 中只能有一个剖面处于当前激活状态，而且新添加的剖切面自动成为当前激活剖面，其剖面符号有颜色显示(默认为橙色)，淡化掉的剖切面变灰，而且切割面消失，如图 8-15 所示。

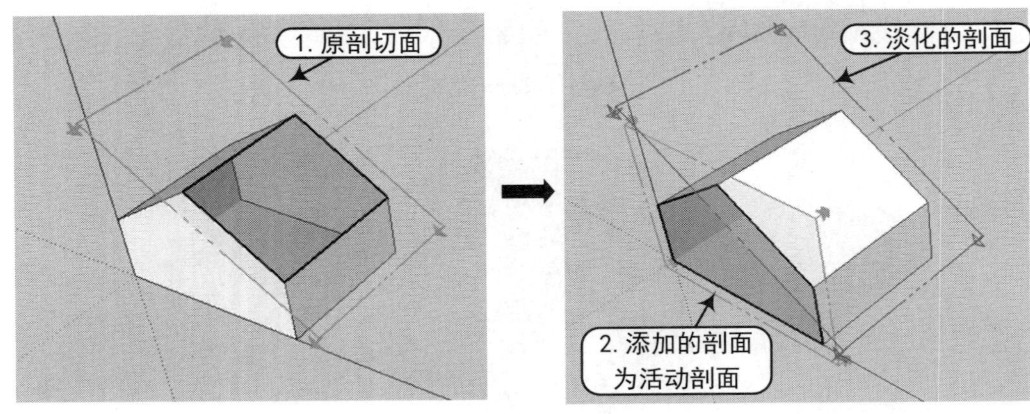

图 8-15　自动激活剖面

用户也可以根据绘图需要来激活相应的剖面：使用【选择】工具在需要的剖面上双击；或在剖面上单击鼠标右键，在弹出的快捷菜单中执行【显示剖切】命令，如图 8-16 所示。

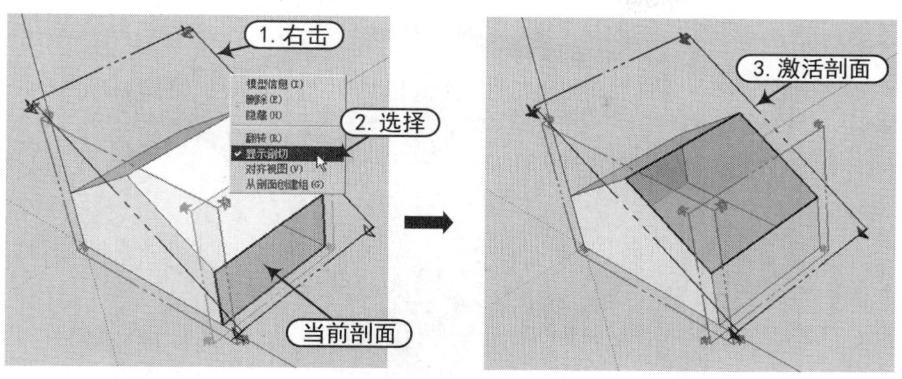

图 8-16　显示剖切面

虽然一次只能激活一个剖面，但是群组和组件相当于“模型中的模型”，在它们内部还可以有各自的激活剖面。例如一个组里还嵌套了两个带剖切面的组，并且分别具有不同的剖切方向，再加上这个组的一个剖面，那么在这个模型中就能对该组同时进行 3 个方向的剖切，也就是说，剖切面能作用于它所在的模型等级(包括整个模型、组合嵌套组等)中的所有几何体。

(5) 将剖面对齐到视图。

要得到一个传统的剖面视图，可以在截面上用鼠标右键单击，然后在弹出的快捷菜单中选择【对齐视图】命令。此时截面对齐到屏幕，显示为一点透视截面或者正视平面截面，如图 8-17 所示。

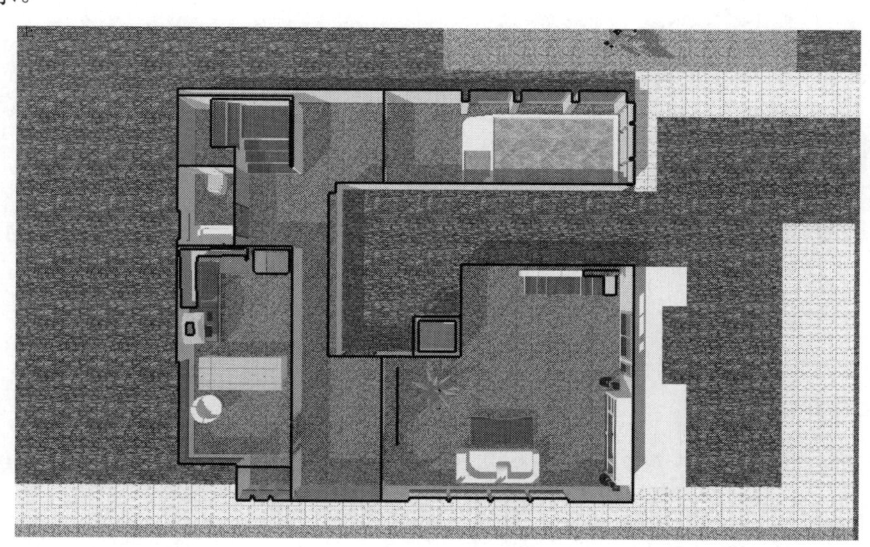

图 8-17　对齐视图

(6) 从剖面创建组。

在截面上用鼠标右键单击，然后在弹出的快捷菜单中选择【从剖面创建组】命令。在截面与模型表面相交的位置会产生新的边线，并封装在一个组中，如图 8-18 所示。从剖切口创建的组可以被移动，也可以被分解。

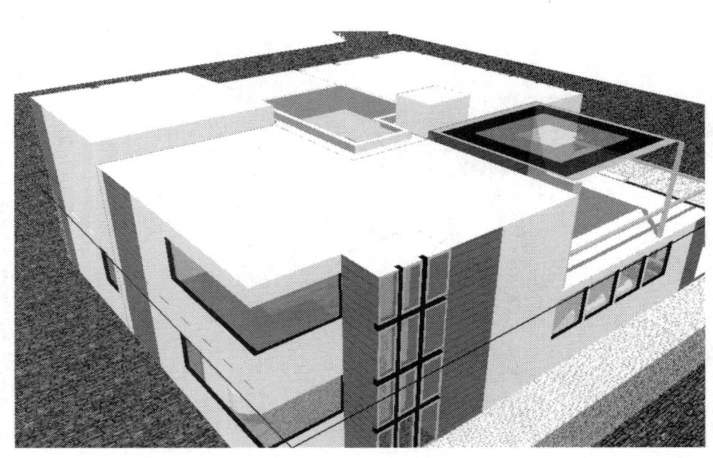

图 8-18　从剖面创建组

(7) 删除剖面。

在剖面上单击鼠标右键，在弹出的快捷菜单中执行【删除】命令，即可将模型中的相应剖面进行删除，如图 8-19 所示。同样也可以直接选择剖面，然后按键盘上的 Delete 键一次性删除。

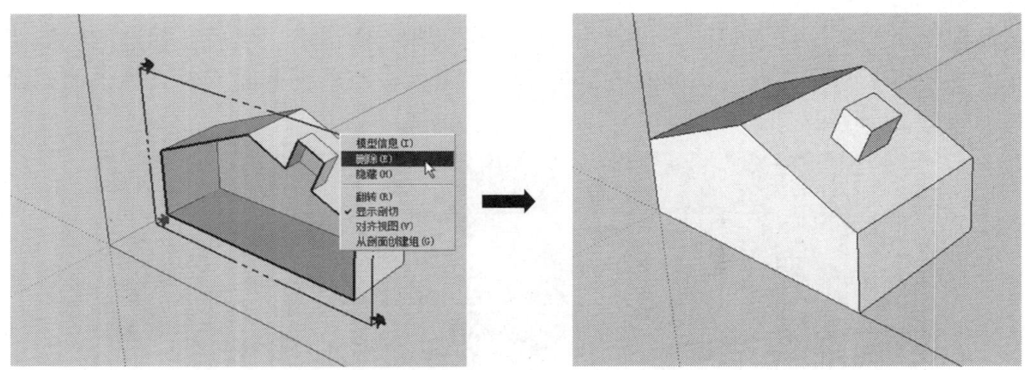

图 8-19　删除剖面

8.2　导出剖切面和动画

导出剖切平面，可以很方便地应用到其他绘图软件中，例如将剖面导出为 DWG 或 DXF 格式的文件，这两种格式的文件可以直接应用于 AutoCAD 中。这样可以利用其他软件对图形进行修改。另外，结合 SketchUp 的剖面功能和页面功能可以生成剖面动画。例如在建筑设计方案中，可以制作剖面生长动画，带来建筑层层生长的视觉效果。

8.2.1　导出剖切面

SketchUp 的剖面可以导出为以下两种类型。

(1) 将剖切视图导出为光栅图像文件。只要模型视图中有激活的剖切面，任何光栅图像导出都会包括剖切效果。

(2) 将剖面导出为 DWG 或 DXF 格式的文件，这两种格式的文件可以直接应用于 AutoCAD 中。

选择【文件】|【导出】|【剖面】菜单命令，打开【输出二维剖面】对话框，设置【保存类型】为【AutoCAD DWG 文件(*.dwg)】，如图 8-20 所示。

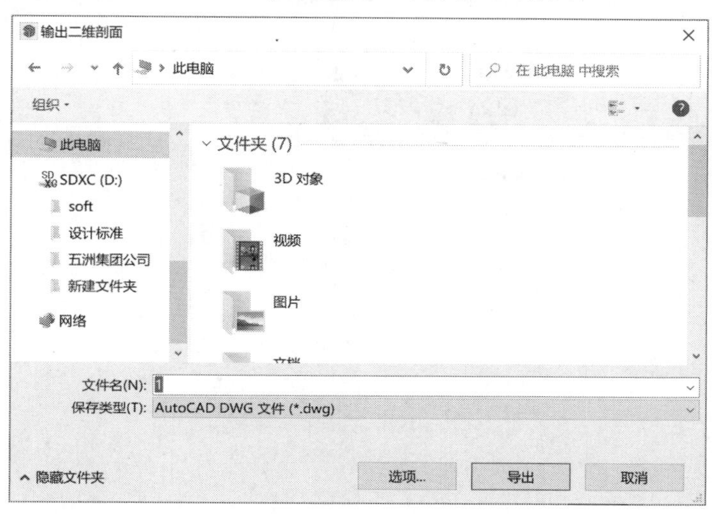

图 8-20 输出二维剖面

设置文件的保存类型后即可直接导出，也可以单击【选项】按钮，打开【DWG/DXF 输出选项】对话框，如图 8-21 所示，然后在该对话框中进行相应的设置，再进行输出。

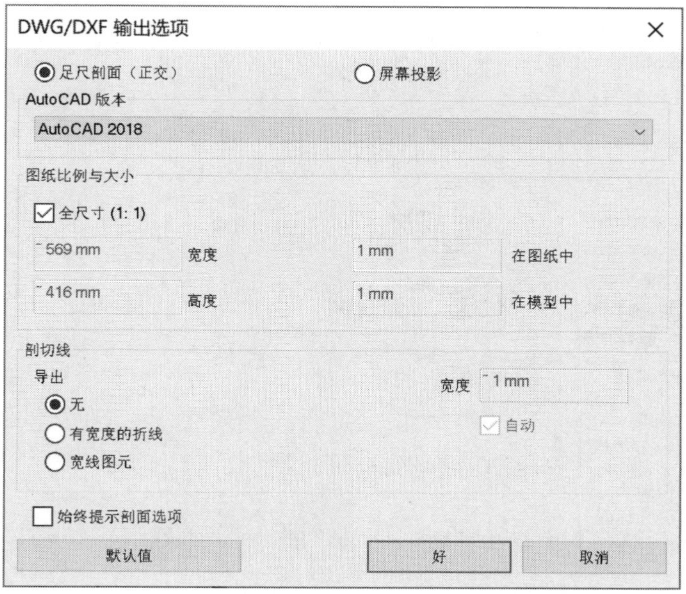

图 8-21 输出选项设置

8.2.2 输出剖切面动画

要制作剖切面动画，首先要完成模型信息的设置。

(1) 选择【窗口】|【模型信息】菜单命令，打开【模型信息】对话框，如图 8-22 所示。在【动画】选项设置界面中设置【开启场景过度】和【场景暂停】参数。

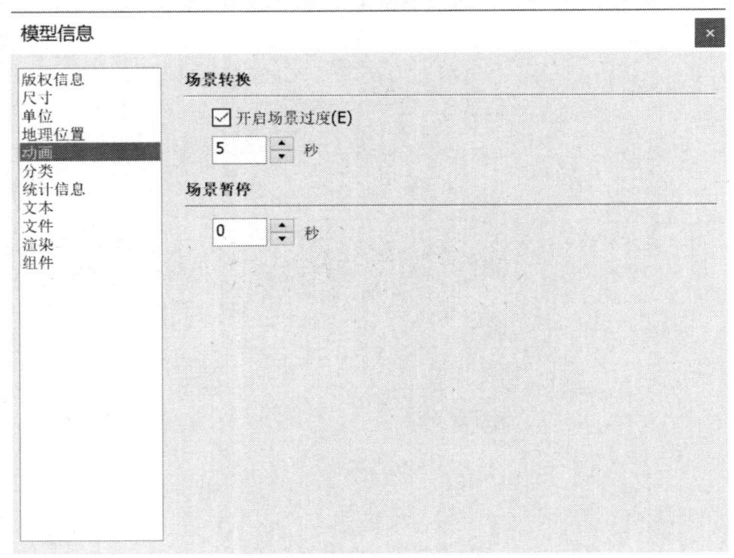

图 8-22 模型信息设置

(2) 选择【文件】|【导出】|【动画】菜单命令，就可以导出动画，如图 8-23 和图 8-24 所示。

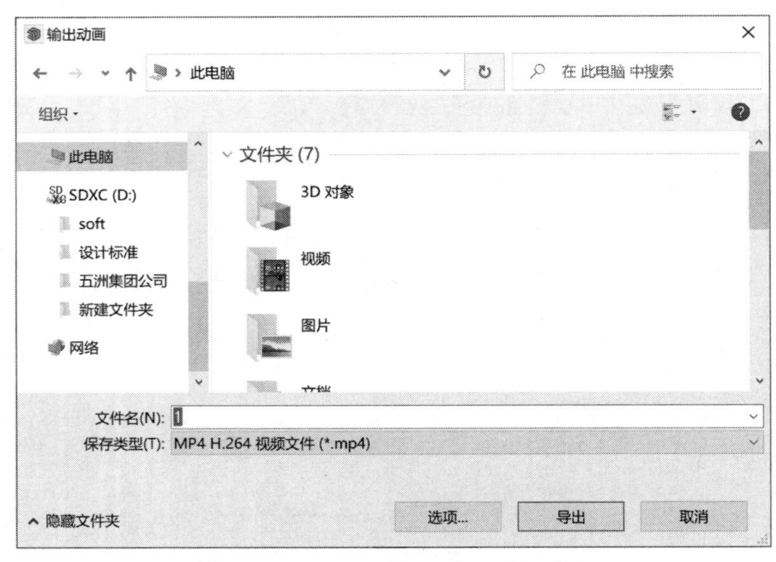

图 8-23 【输出动画】对话框

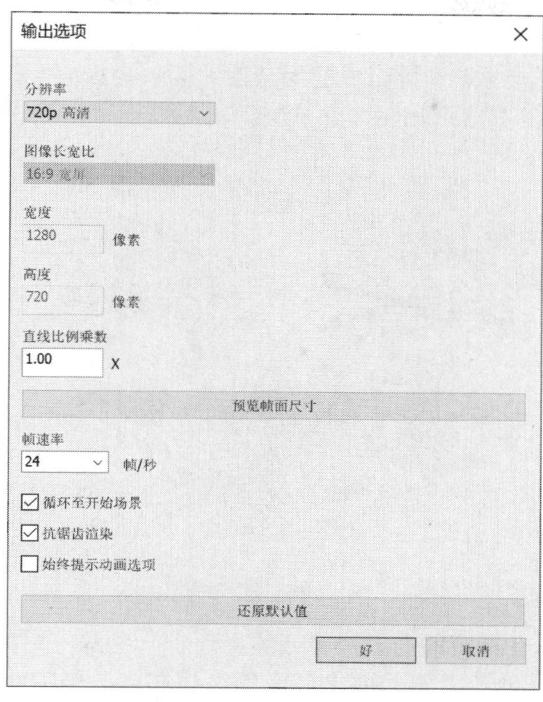

图 8-24　【输出选项】对话框

8.3　应用沙箱工具

确切地说，沙箱工具也是一个插件，它是用 Ruby 语言结合 SketchUp Ruby API 编写的，并对其源文件进行了加密处理。从 SketchUp 2014 开始，其沙箱功能就自动加载到了软件中，本节就来对沙箱工具进行讲解。

8.3.1　【沙箱】工具栏

选择【视图】|【工具栏】|【沙箱】菜单命令，将打开【沙箱】工具栏，该工具栏中包含了 7 个工具，分别是【根据等高线创建】工具、【根据网格创建】工具、【曲面起伏】工具、【曲面平整】工具、【曲面投射】工具、【添加细部】工具和【对调角线】工具，如图 8-25 所示。下面分别介绍沙箱工具的用途和使用方法。

图 8-25　【沙箱】工具栏

8.3.2　根据等高线创建工具

使用【根据等高线创建】工具(或选择【绘图】|【沙箱】|【根据等高线创建】菜单命令)，可以让相邻的封闭等高线形成三角面。

等高线可以是直线、圆弧、圆、曲线等，使用该工具将会使这些闭合或不闭合的线封闭

成面，从而形成坡地。下面具体介绍一下等高线的知识。

在地面上海拔高度相同的点连接而成的闭合曲线垂直投影到一个标准面上，并按比例缩小画在图纸上，就得到了等高线，如图 8-26 所示。

图 8-26 等高线

通常，每条等高线都有指定的高度，等高线上还有一些符号，指出地形变化的方向。地形图上的等高线，可以正确地表示地面上各点的海拔高度、坡度大小及地貌形态等地理要素，等高线与实际地形的对比如图 8-27 所示。根据等高线可以计算地面坡度、估算水库库容、平整土地、设计道路及建筑等，所以等高线有很高的实用价值。

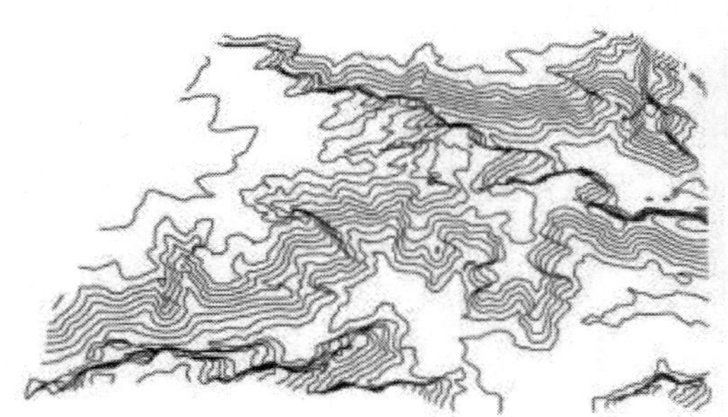 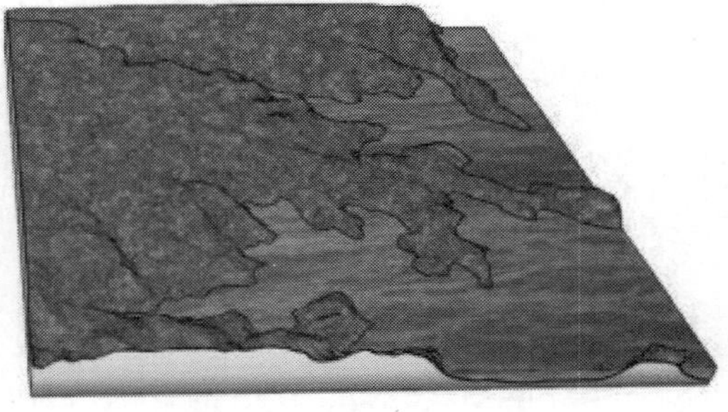

图 8-27 等高线与实际地形的对比

下面简单介绍一下等高线创建模型的方法。使用【手绘线】工具 在视图中创建地形，如图 8-28 所示。

图 8-28 徒手画地形

选择绘制好的等高线，然后使用根据等高线创建工具，生成的等高线地形会自动形成一

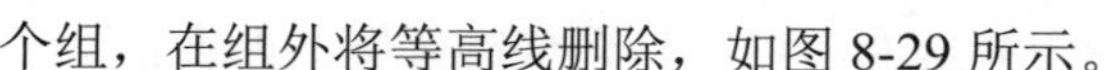
个组，在组外将等高线删除，如图 8-29 所示。

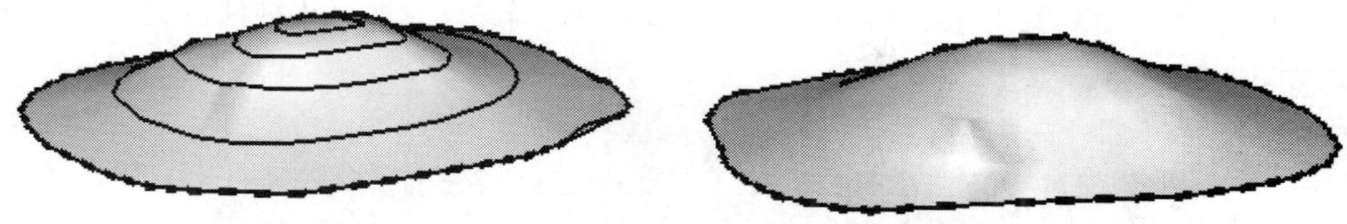

图 8-29 根据等高线创建模型

8.3.3 根据网格创建工具

使用【根据网格创建】工具(或者选择【绘图】|【沙箱】|【根据网格创建】菜单命令)可以创建地形，网格如图 8-30 所示。当然，创建的只是大体的地形空间，并不十分精确。如果需要精确的地形，还要使用前面介绍的根据等高线创建工具。

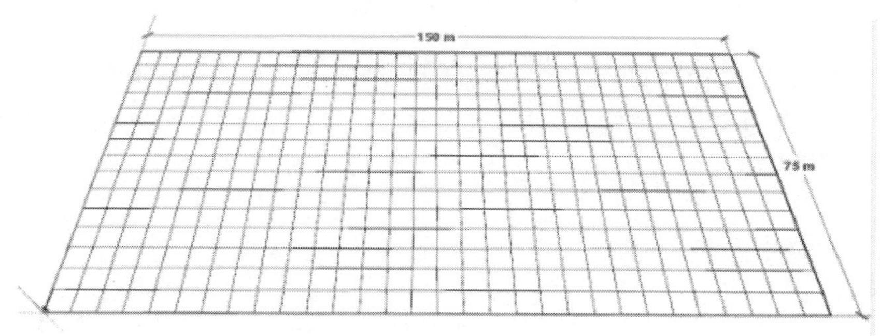

图 8-30 创建网格

8.3.4 曲面起伏工具

使用【曲面起伏】工具可以对网格中的部分位置进行曲面拉伸，效果如图 8-31 所示。在 SketchUp 中，设置场景坐标轴与显示十字光标这两个操作并不常用，特别是对于初学者来说，不需要过多地去研究，有一定的了解即可。

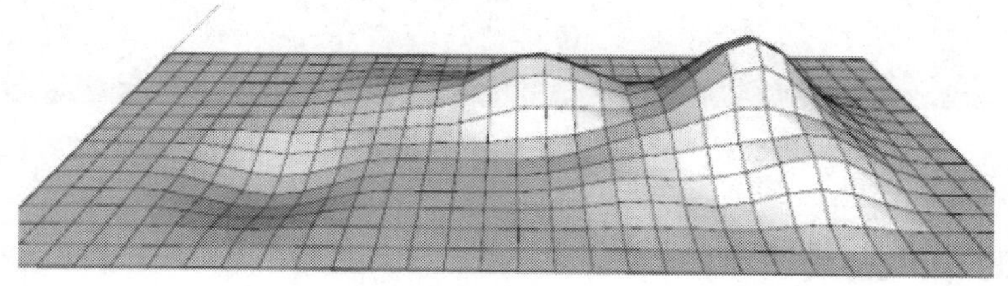

图 8-31 曲面起伏

8.3.5 曲面平整工具

使用【曲面平整】工具可以在复杂的地形表面上创建建筑基面和平整场地，使建筑物能够与地面更好地结合。使用曲面平整工具不支持镂空的情况，遇到有镂空的面会自动闭合；同时，也不支持 90 度垂直方向或大于 90 度以上的转折，遇到此种情况会自动断开，如图 8-32 所示。

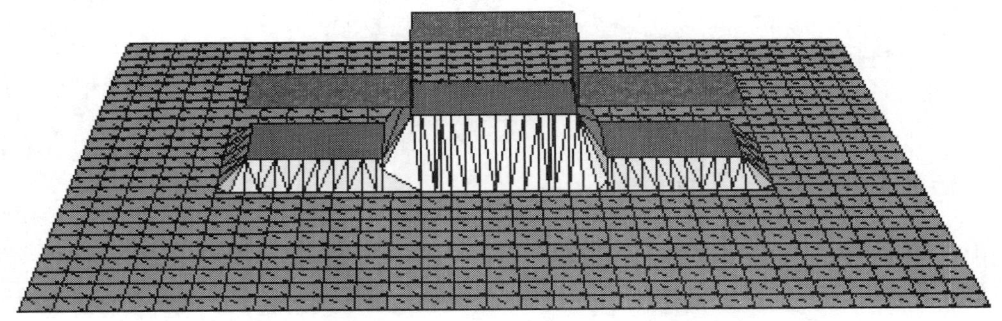

图 8-32　曲面平整

在 SketchUp 中剖面图的绘制、调整、显示很方便，可以随意地完成需要的剖面图，设计师可以根据方案中垂直方向的结构、构件等去选择剖面图，而不是为了绘制剖面图而绘制。

8.3.6　曲面投射工具

使用【曲面投射】工具可以将物体的形状投射到地形上。与曲面平整工具不同的是，曲面平整工具是在地形上建立一个基底平面，使建筑物与地面更好地结合，而曲面投射工具是在地形上划分一个投射面物体的形状，如图 8-33 所示。

图 8-33　曲面投射

8.3.7　添加细部工具

使用【添加细部】工具可以在根据网格创建地形不够精确的情况下，对网格进行进一步修改。细分的原则是将一个网格分成 4 块，共形成 8 个三角面，但破面的网格会有所不同，如图 8-34 所示。

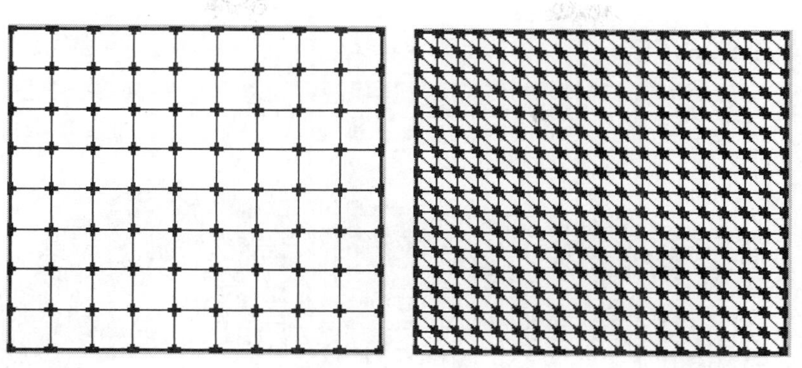

图 8-34 添加细部

8.3.8 对调角线工具

使用【对调角线】工具 可以人为地改变地形网格边线的方向，对地形的局部进行调整，如图 8-35 所示。某些情况下，对于一些地形起伏不能顺势而下的情况，选择对调角线工具，可以改变边线凹凸的方向，就可以很好地解决此问题。

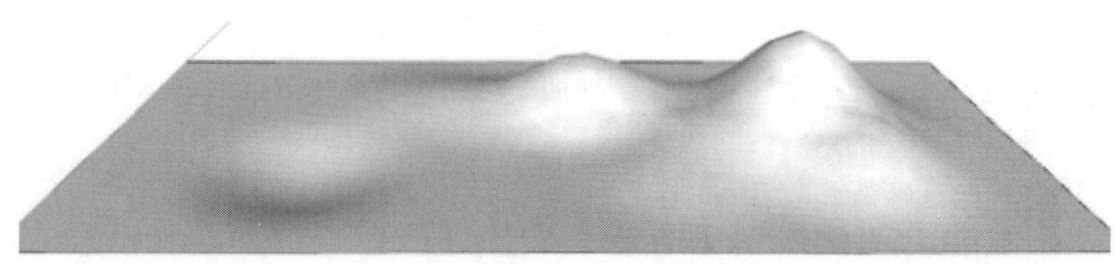

图 8-35 对调角线

8.4 设 计 范 例

8.4.1 休闲吧剖切面动画设计范例

本范例操作文件：ywj/08/8-1a.skp
本范例完成文件：ywj/08/8-1.skp，8-1b.skp，8-1.mp4

1. 案例分析

本范例就是通过剖切面工具展示一个休闲吧建筑内部结构或者空间效果，同时制作出建筑生长的动画效果。剖切面经常会用到快速表现建筑、景观方案，同时在本范例中还讲解了使用 SketchUp 制作建筑生长动画效果的方法。

2. 案例操作

step 01 选择【文件】菜单中的【打开】命令，打开 8-1a.skp 文件。打开的创建好的休闲吧模型范例如图 8-36 所示。

图 8-36　打开图形

step 02 在【截面】工具栏中单击【剖切面】按钮，将鼠标放在需要剖切的地方，显示出剖切平面，如图 8-37 所示。

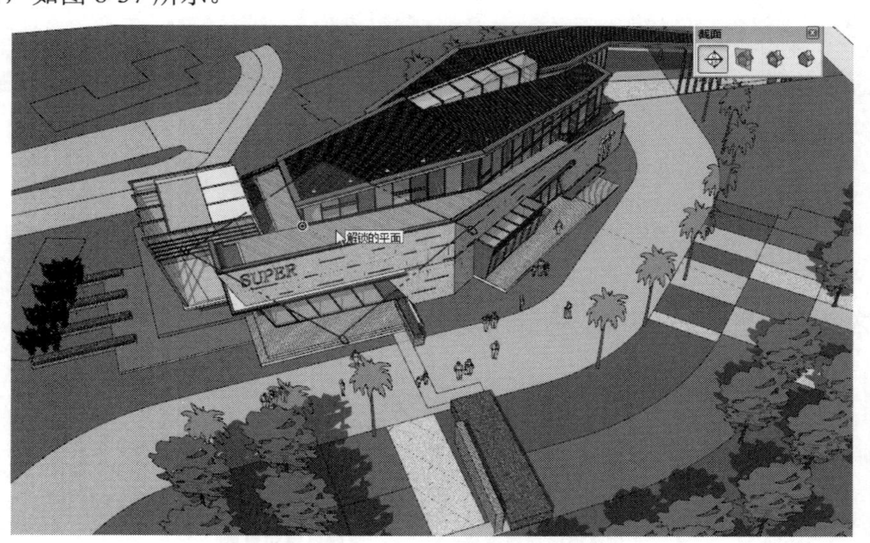

图 8-37　选中剖切面工具

step 03 此时红色区域就是选择的剖切面，灰色区域就是剖切面，如图 8-38 所示。

step 04 在【截面】工具栏中单击【显示剖切面】按钮，可以在视图中显示剖切面，如图 8-39 所示。

step 05 在【截面】工具栏中单击【显示剖面切割】按钮，在视图中显示剖面切割，得到剖切面的最终效果，如图 8-40 所示，将文件保存为 8-1.skp。

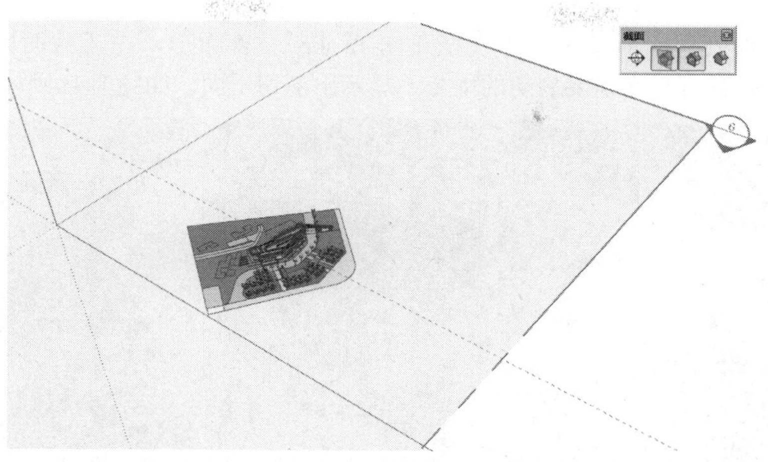

图 8-38 剖切面

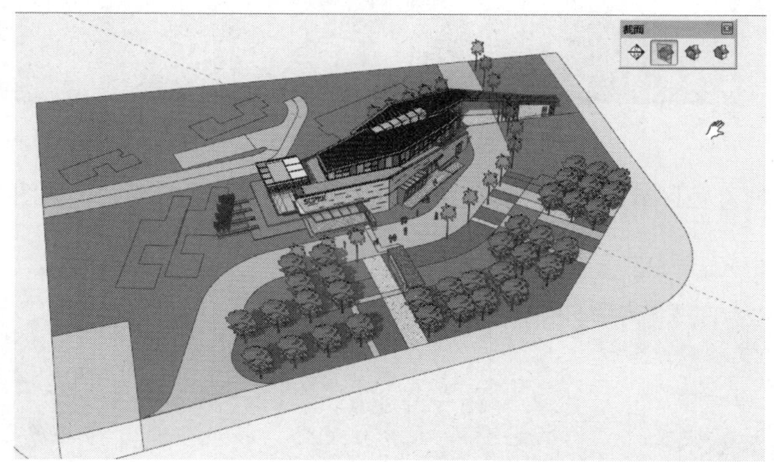

图 8-39 显示剖切面

图 8-40 显示剖面切割

step 06 下面制作剖面动画。再次打开 8-1a.skp 文件图形，在【截面】工具栏中单击【剖切面】按钮，鼠标放在需要剖切的地方，显示出剖切平面，如图 8-41 所示。

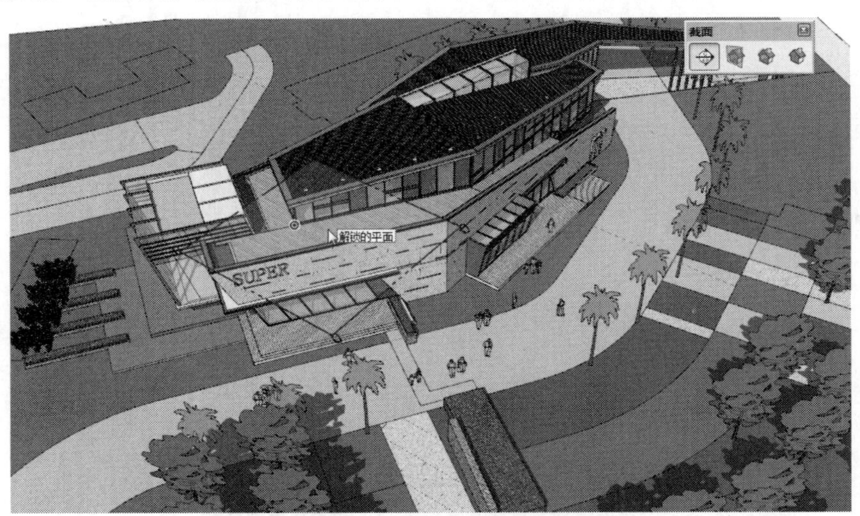

图 8-41 选中剖切面工具

step 07 此时红色区域就是选择的剖切面，这里先从底部进行剖切，如图 8-42 所示。

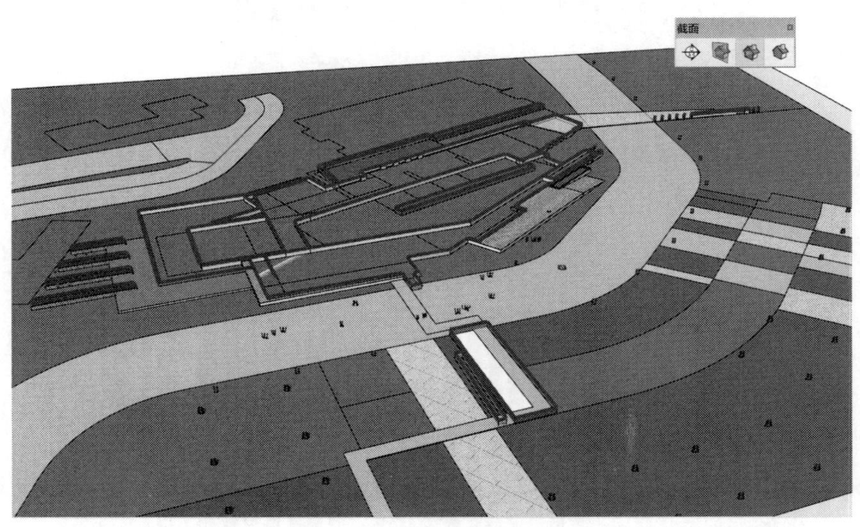

图 8-42 制作剖切面

step 08 在【场景】面板中单击【添加场景】按钮，添加“场景号 1”场景，如图 8-43 所示。

step 09 选择剖切面，选择移动工具，按住 Ctrl 键移动复制剖切面，如图 8-44 所示。

step 10 选择下面的剖切面，用鼠标右键单击，在弹出的快捷菜单中选择【隐藏】命令，将剖切面隐藏起来，如图 8-45 所示。

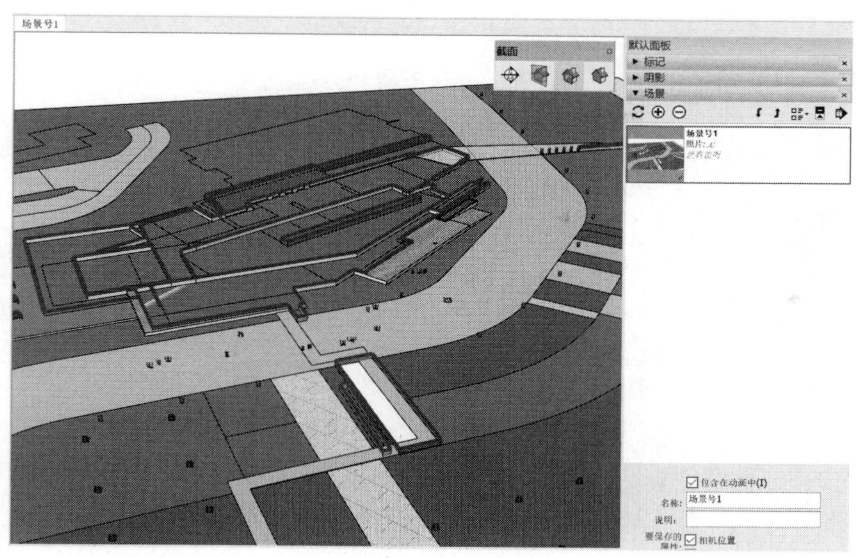

图 8-43　添加“场景号 1”场景

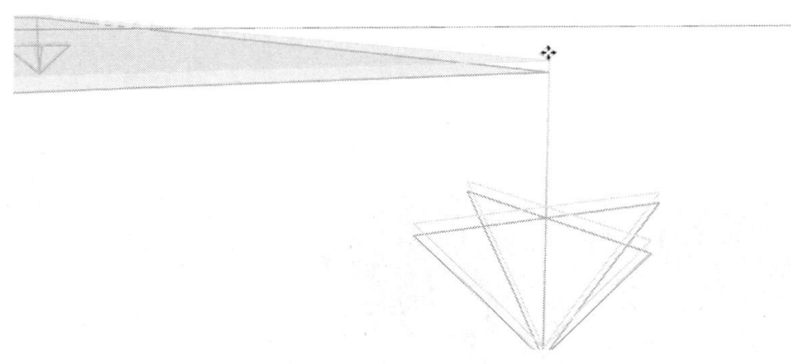

图 8-44　移动复制剖切面

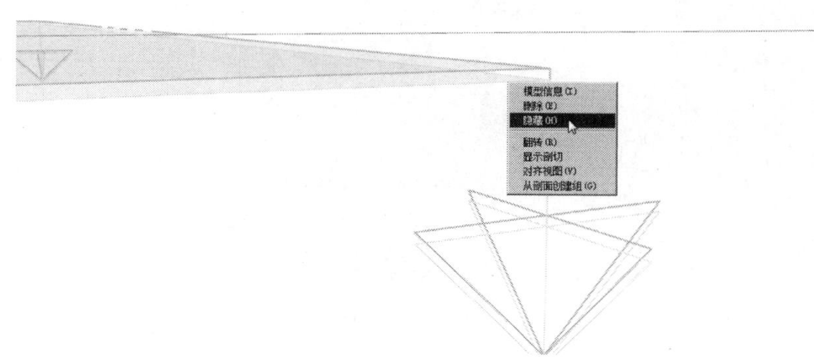

图 8-45　隐藏剖切面

step 11 在【场景】面板中单击【添加场景】按钮，创建“场景号 2”场景，如图 8-46 所示。

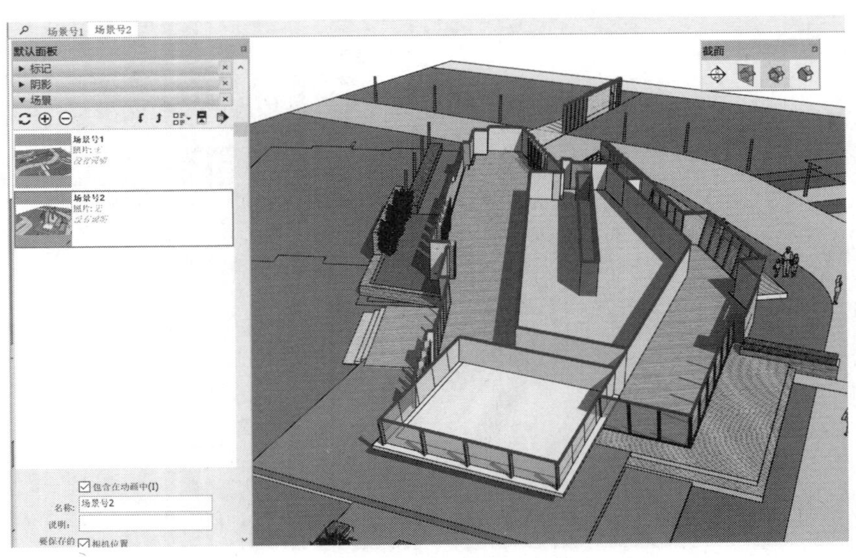

图 8-46　创建“场景号 2”场景

step 12 按照同样的方法创建其他场景，单击场景标签转换到其他的场景，如图 8-47 所示。

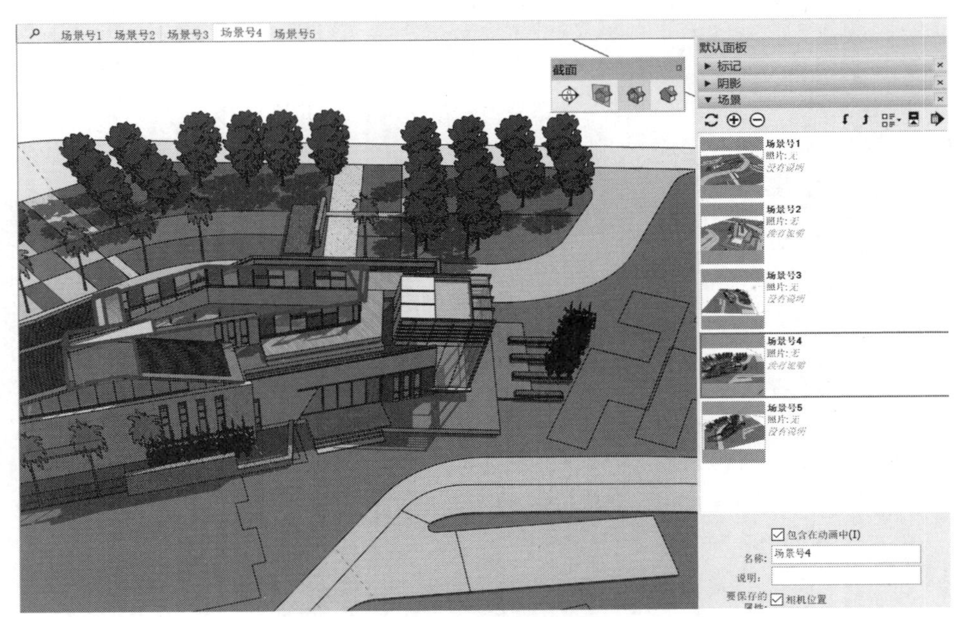

图 8-47　创建其他的场景

step 13 选择【文件】|【导出】|【动画】|【视频】菜单命令，打开【输出动画】对话框，单击【导出】按钮，即可输出动画，效果截图如图 8-48 所示。这样，休闲吧剖切面动画设计范例就制作完成了。

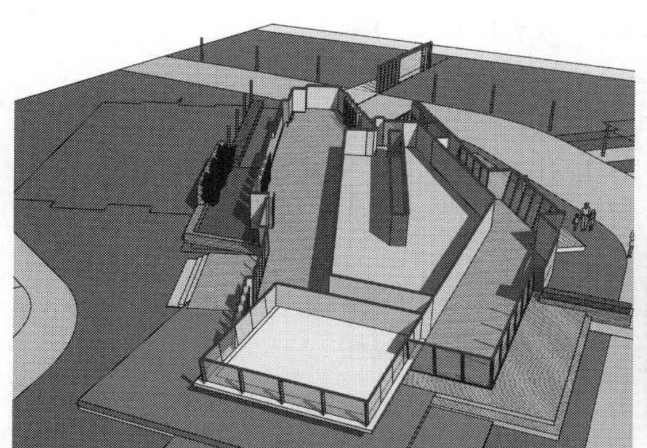
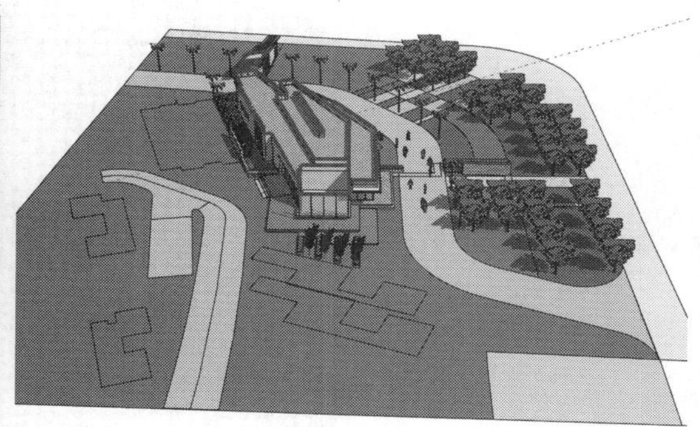

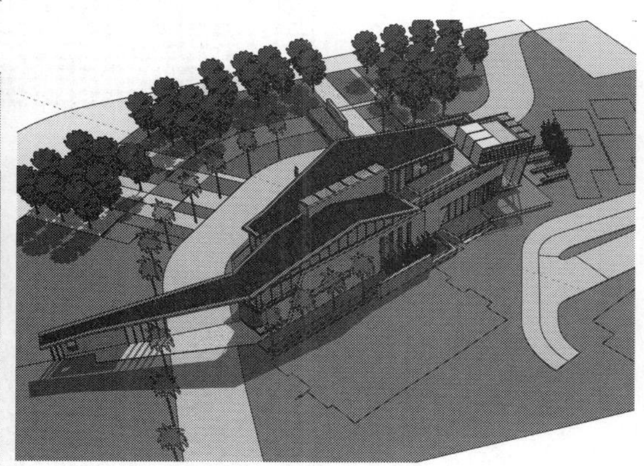

图 8-48 动画效果截图

8.4.2 山地模型设计范例

本范例完成文件：ywj/08/8-2.skp

1. 案例分析

本小节范例就是利用沙箱工具制作山地效果，沙箱工具的曲面投射也叫悬置、投影等，是曲面建模过程中一个较方便的命令，该案例主要就是运用这个命令。

2. 案例操作

step 01 新建一个文件，在【沙箱】工具栏中单击【根据网格创建】工具，在绘图区中绘制间隔宽度为 100mm 的网格，如图 8-49 所示。

step 02 在【沙箱】工具栏中单击【曲面起伏】工具，选择网格面进行拉伸，如图 8-50 所示。

step 03 在【大工具集】工具栏中单击【矩形】按钮，在绘图区中绘制一个矩形，如图 8-51 所示。

step 04 将绘制好的矩形移动到地形上方，如图 8-52 所示。

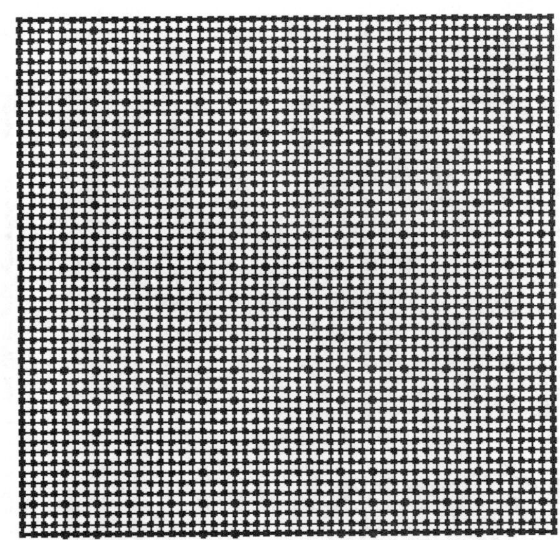

图 8-49　绘制网格

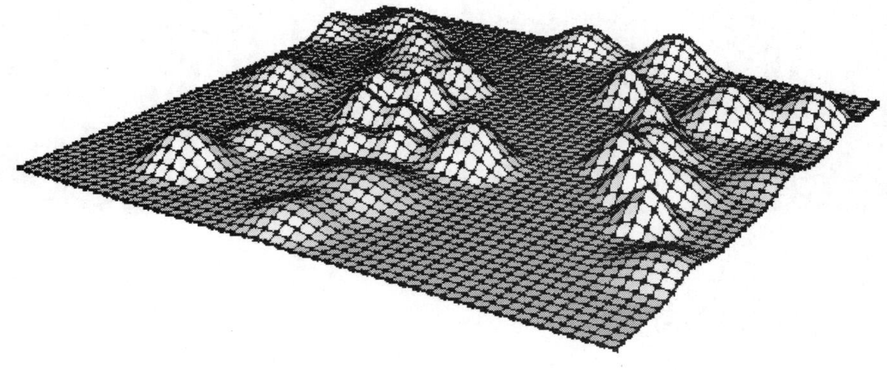

图 8-50　拉伸网格面

图 8-51　绘制矩形

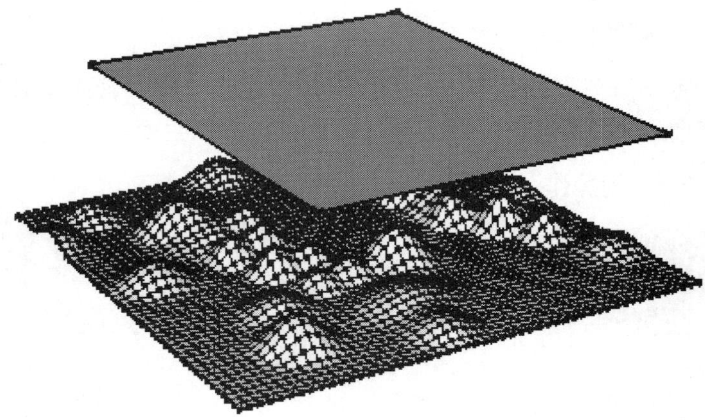

图 8-52　移动矩形

step 05 在【大工具集】工具栏中单击【圆弧】按钮，在矩形面上绘制圆弧形状，如图 8-53 所示。

step 06 在【沙箱】工具栏中单击【曲面投射】按钮，将圆弧投射在地形上，形成山间的道路，如图 8-54 所示。

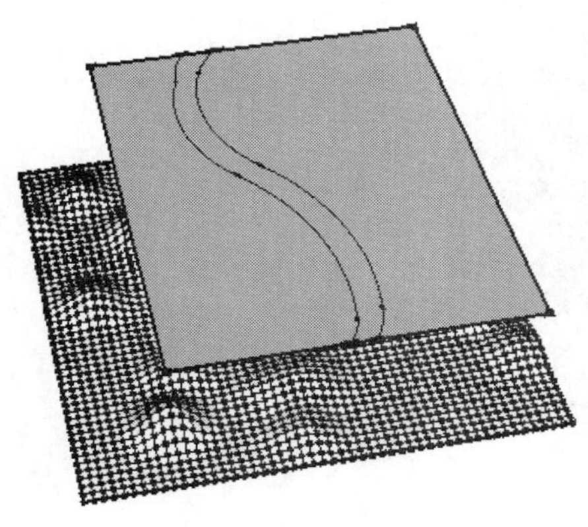

图 8-53 绘制圆弧

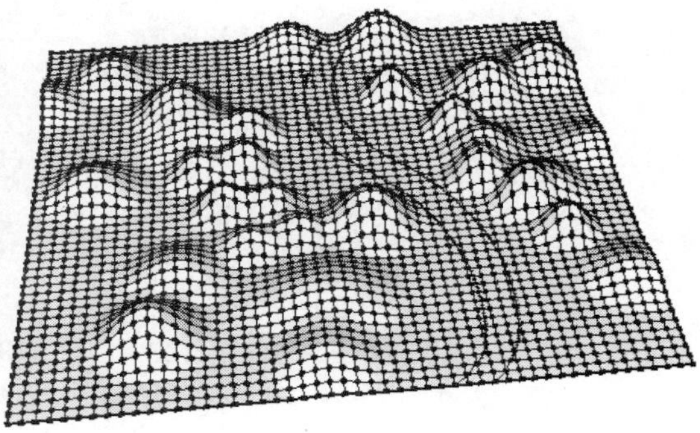

图 8-54 创建地形路面

step 07 单击【大工具集】工具栏中的【材质】按钮，打开【材质】面板，选择【人工草被】材质，将材质赋予山地，如图 8-55 所示。

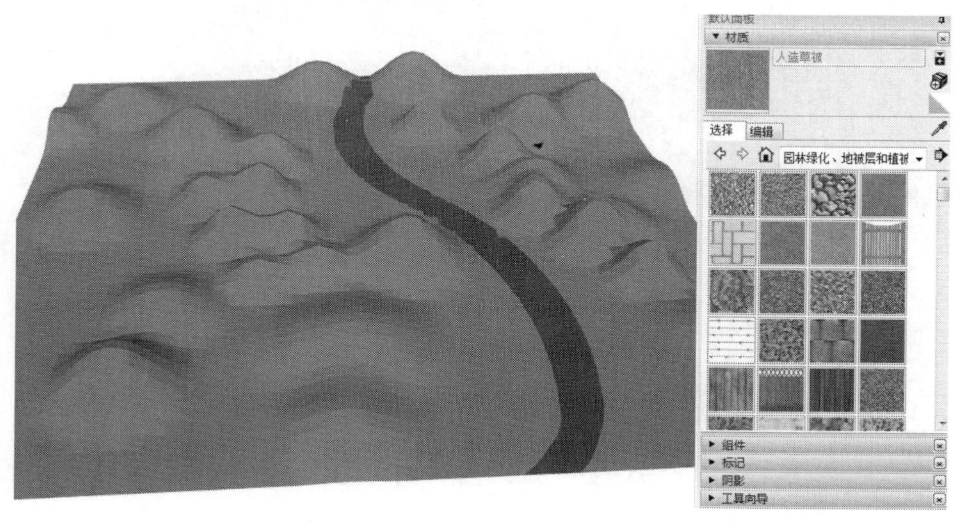

图 8-55 添加地面材质

step 08 在【材质】面板中选择【新柏油路】材质，将材质赋予道路，如图 8-56 所示。这样山地模型设计范例就制作完成了，完成的山地模型如图 8-57 所示。

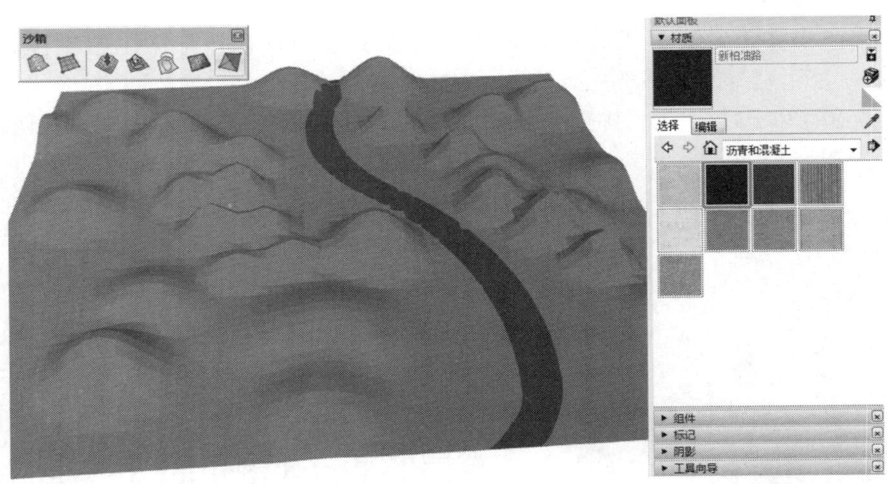

图 8-56　添加路面材质

图 8-57　完成的山地模型

8.5　本 章 小 结

通过对本章的学习，读者应掌握了 SketchUp 中创建截面的方法、编辑截面的方法、导出截面的方法和截面生长动画的制作，创建截面可以了解所创建模型的内部结构。同时，还希望读者能够掌握 SketchUp 沙箱工具的使用方法。

第 9 章

应用插件和渲染工具

本章导读

使用插件可以快速简洁地完成很多模型效果，这在 SketchUp 设计中很有用，安装和使用插件是设计师在草图设计中的必修课。为了让用户熟悉 SketchUp 的基本工具和使用技巧，通常没有使用 SketchUp 以外的工具。但是在制作一些复杂模型时，使用 SketchUp 自身的工具来制作就会很烦琐，在这种时候，使用插件会起到事半功倍的作用。

本章主要介绍一些常用插件，这些插件都是专门针对 SketchUp 的缺陷而设计开发的。另外，本章还介绍了模型渲染工具(它也是一种插件)的使用方法，从而可以更加深入地展示模型效果。

9.1　扩展程序和插件

SketchUp 的插件也称为脚本(Script)，它是用 Ruby 语言编制的实用程序，通常在 SketchUp 中作为扩展程序。

9.1.1　插件和扩展程序管理器简介

2004 年 SketchUp 在发布 4.0 版本的时候，增加了针对 Ruby 语言的接口，这是一个完全开放的接口，任何人只要熟悉一下 Ruby 语言，就可以自行扩展 SketchUp 的功能。

Ruby 语言是由日本人松本行弘开发的，是一种为面向对象程序设计而创建的脚本语言，掌握起来比较简单，容易上手。这就使得 SketchUp 的插件如同雨后春笋般发展起来，到目前为止，SketchUp 的插件数量已不下千种。正是由于 SketchUp 插件的繁荣，才给 SketchUp 带来了无尽的活力。插件程序文件的后缀名通常为.rb。一个简单的 SketchUp 插件只有一个.rb 文件，复杂一点的可能会有多个.rb 文件，并带有自己的文件夹和工具图标。安装插件时只需要将它们复制到 SketchUp 安装的 P1ugins 子文件夹中即可。个别插件有专门的安装文件，可以像 Windows 应用程序一样进行安装。

SketchUp 插件可以通过互联网来获取，某些网站提供了大量的插件，很多插件都可以通过这些网站下载使用。

(1) Ruby 控制台。

在【窗口】菜单中有一个【Ruby 控制台】命令，可以打开【Ruby 控制台】对话框，如图 9-1 所示，插件程序文件的编写者也可以用它来安装和调试插件。

图 9-1　【Ruby 控制台】对话框

(2) 扩展程序管理器。

在【扩展程序】菜单中选择【扩展程序管理器】命令，就可以打开【扩展程序管理器】对话框，如图 9-2 所示，从这里可以看到，有一些 SketchUp 自带的功能也是以插件的形式提供的，在【扩展程序管理器】对话框中也可以禁用这些功能。另外，可以单击【扩展程序管理器】对话框中的【安装扩展程序】按钮，弹出【打开】对话框，如图 9-3 所示，选择插件程序进行安装。

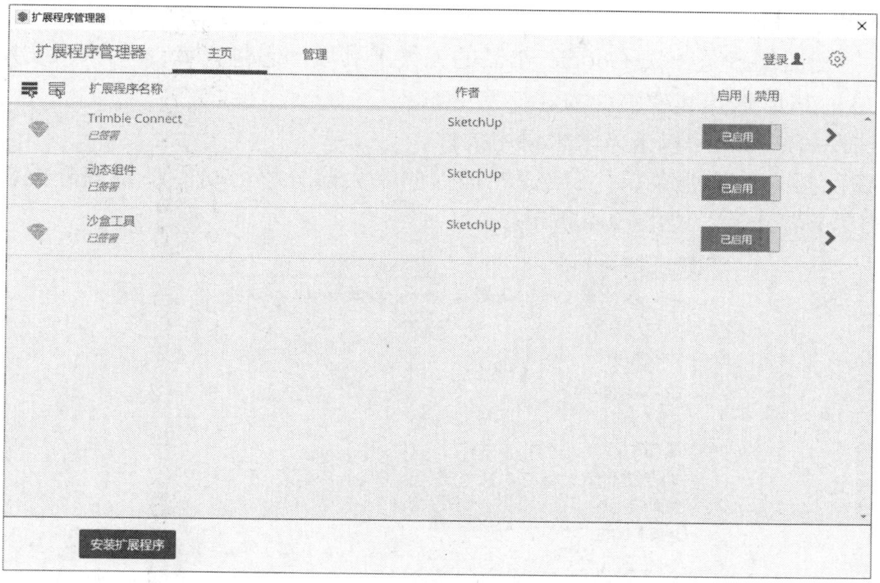

图 9-2 【扩展程序管理器】对话框

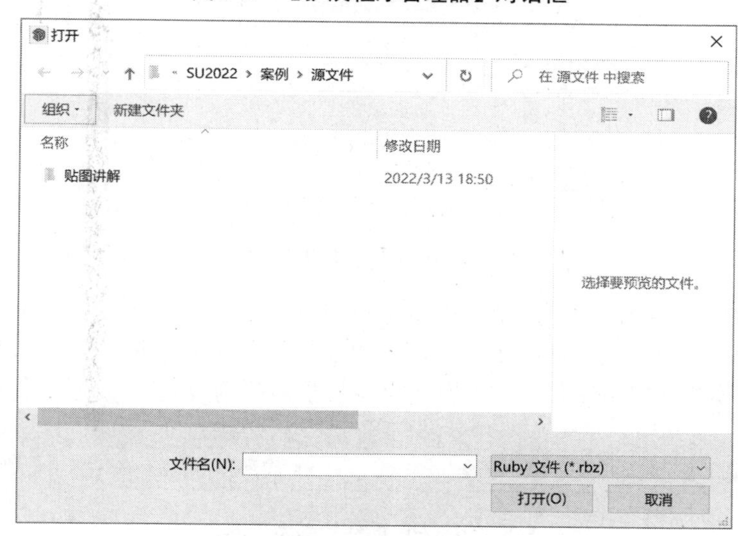

图 9-3 安装扩展程序

(3) 使用插件的风险。

合理地使用插件，可以让 SketchUp 自动完成很多繁复的操作，加快建模速度，减少建模难度。但是插件也会有很多问题，比如恶意插件。幸运的是 SketchUp 目前还没有发现恶意插件，但这并不能说明使用 SketchUp 插件就是百分之百安全的。目前插件已经成为 SketchUp 应用领域的重要生态之一，众多插件给用户带来方便的同时，也带来了很多烦恼，如很多不明原因的 SketchUp 故障乃至崩溃退出，都是插件惹的祸。现存于世的 SketchUp 插件数量无从统计，这些插件中，有的专业可靠，有的还不成熟可能导致问题。因此，广大用户在使用插件的同时一定要有风险意识。

(4) SUAPP 插件库。

SUAPP 中文插件库是一款 Google 出品的强大工具集，它包含有 100 余项实用功能，大幅度扩展了 SketchUp 快速建模的能力。

安装好插件后，可使用以下方法来调用插件。

① SUAPP 插件的增强菜单：SUAPP 插件的绝大部分核心功能都整理分类在【扩展程序】菜单中(10 个大分类)，如图 9-4 所示。

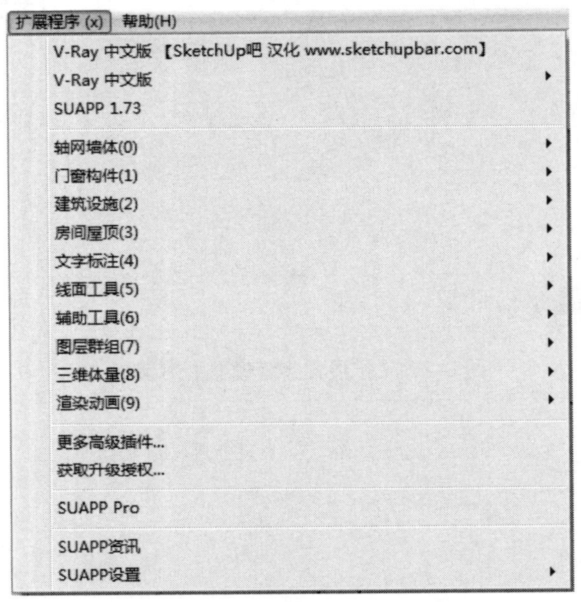

图 9-4 【扩展程序】菜单

② SUAPP 插件的基本工具栏：从 SUAPP 插件的增强菜单中提取了 26 项常用而具代表性的功能，通过图标工具栏的方式显示出来，方便用户操作，如图 9-5 所示。SUAPP 插件库方便的基本工具栏使操作更加顺手便捷，并且可以通过扩展栏的设置，方便地进行启用和关闭。

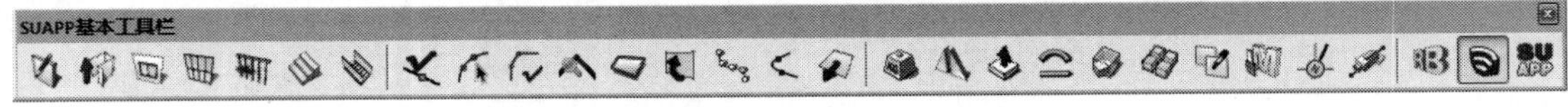

图 9-5 SUAPP 插件的基本工具栏

下面介绍 SUAPP 插件库中几种较为常用插件的运用，希望读者能对这些插件产生兴趣，并尝试着摸索其他 SUAPP 插件命令的操作方法。

9.1.2 查找线头插件

执行【标记线头】命令的方法为：在菜单栏中，选择【扩展程序】|【线面工具】|【查找线头】命令，如图 9-6 所示。

这款插件在进行封面操作时非常有用，可以快速地显示导入的 CAD 图形线段之间的缺口。

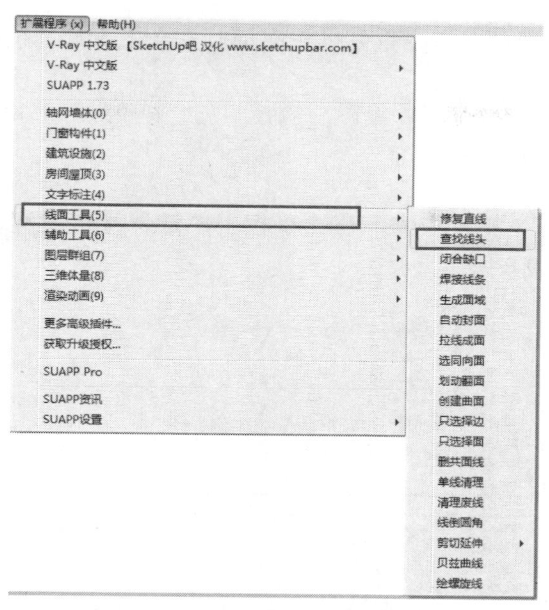

图 9-6 选择【查找线头】菜单命令

9.1.3 焊接线条插件

执行【焊接线条】命令的方法为：在菜单栏中，选择【扩展程序】|【线面工具】|【焊接线条】命令，如图 9-7 所示。

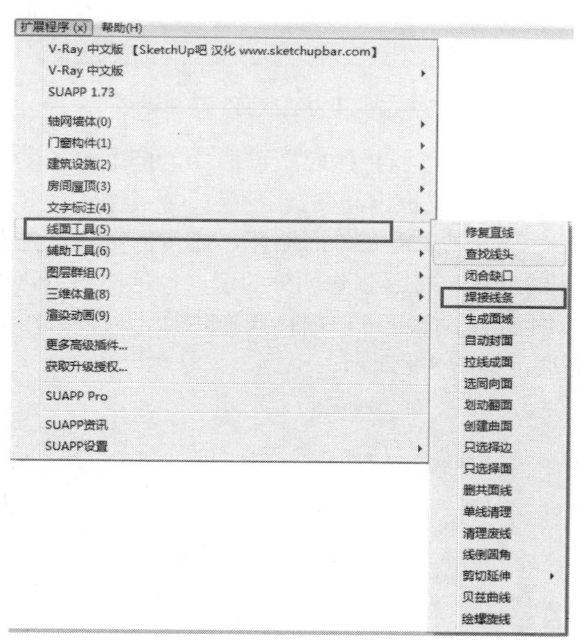

图 9-7 选择【焊接线条】菜单命令

在使用 SketchUp 建模的过程中，经常会遇到某些边线会变成分离的多个小线段的问题，很不方便选择和管理，特别是在需要重复操作它们时，会更麻烦，而使用【焊接线条】命令就很容易解决这个问题。

9.1.4 拉线成面插件

执行【拉线成面】命令的方法为：在菜单栏中，选择【扩展程序】|【线面工具】|【拉线成面】命令，如图 9-8 所示。

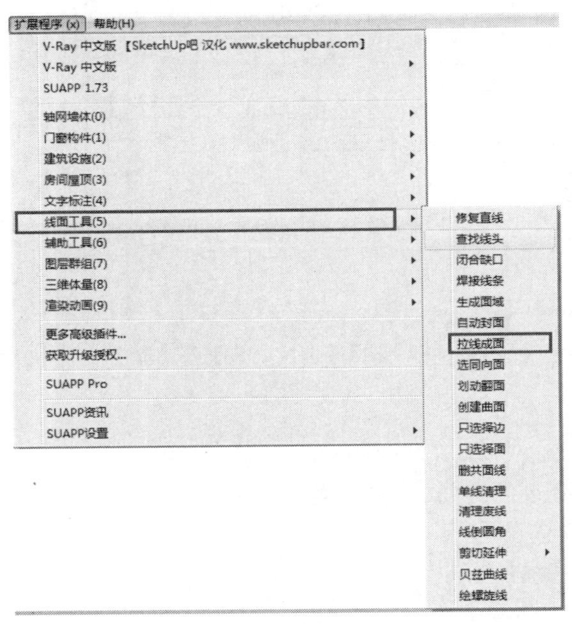

图 9-8 选择【拉线成面】菜单命令

使用时选定需要挤压的线，就可以直接应用该插件，挤压的高度可以在数值框中输入准确数值，也可以通过拖曳光标的方式拖出高度。

在制作室内场景时，有时可能只需要单面墙体，通常的做法是先做好墙体截面，然后使用推/拉工具推出具有厚度的墙体，接着删除朝外的墙面，才能得到需要的室内墙面，操作起来比较麻烦。而使用【拉线成面】命令可以简化操作步骤，只需要绘制出室内墙线，就可以通过这个插件挤压出单面墙，如图 9-9 所示。

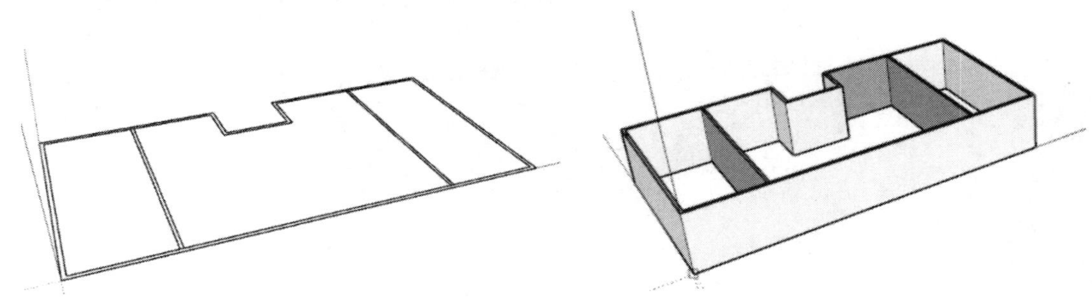

图 9-9 拉线成面绘制单面墙

【拉线成面】命令不但可以对一个平面上的线进行挤压，而且对空间曲线同样适用。例如，在制作旋转楼梯的扶手侧边曲面时，有了这个命令后，就可以直接挤压出曲面，如图9-10所示。

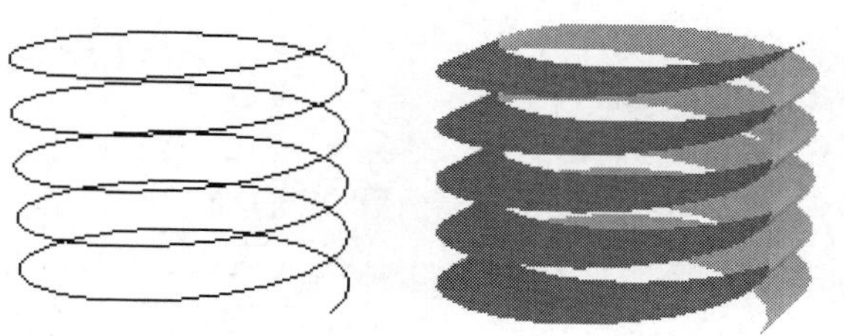

图9-10　拉线成面挤压出曲线

9.1.5　双跑楼梯插件

执行【双跑楼梯】命令的方法为：在菜单栏中，选择【扩展程序】|【建筑设施】|【双跑楼梯】命令，如图9-11所示。

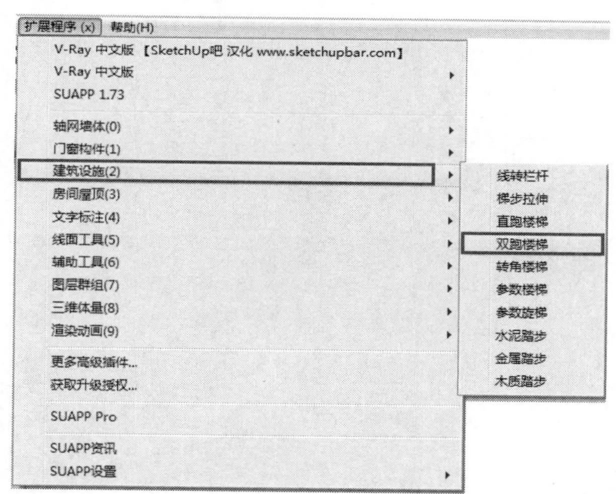

图9-11　选择【双跑楼梯】菜单命令

随后弹出【参数设置】对话框，在其中设置相应的参数，在这里使用默认的参数设置，然后单击【好】按钮，如图9-12所示。

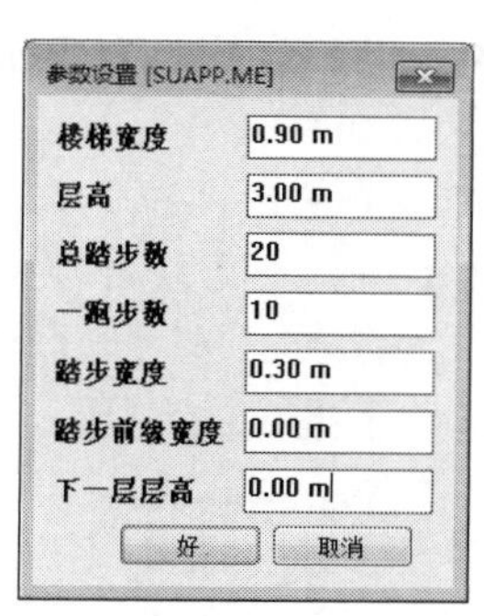

图9-12　【参数设置】对话框

操作后便自动在图形区域创建一个楼梯，并提示是否创建楼梯平台和该平面的位置，在【休息平台位置】下拉列表框中选择【楼梯末端】选项，再单击【好】按钮，如图9-13所示。此时，在楼梯上端创建了一个休息平台，如图9-14所示。

创建好的楼梯段、休息平台、栏杆扶手都是组件，在绘制楼梯栏杆立柱时，直接在组外绘制，不受干扰，然后也将

绘制的立柱栏杆成组。

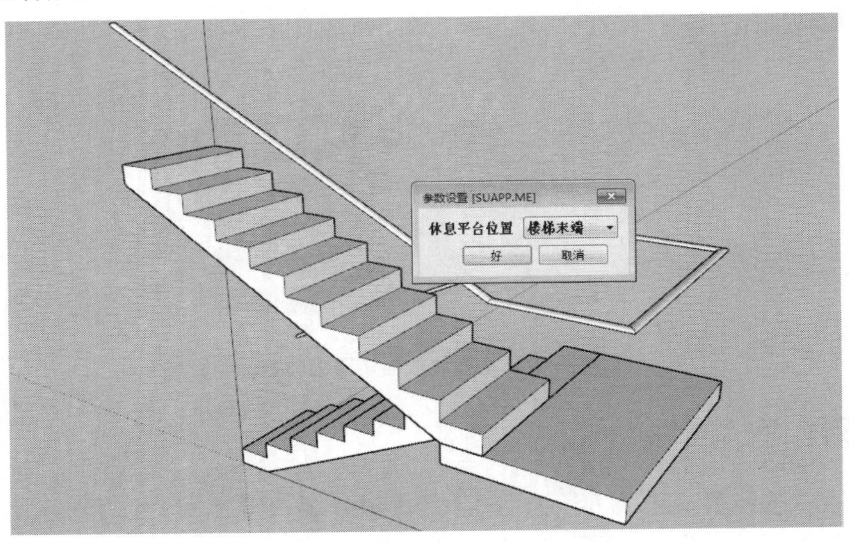

图 9-13　选择楼梯末端

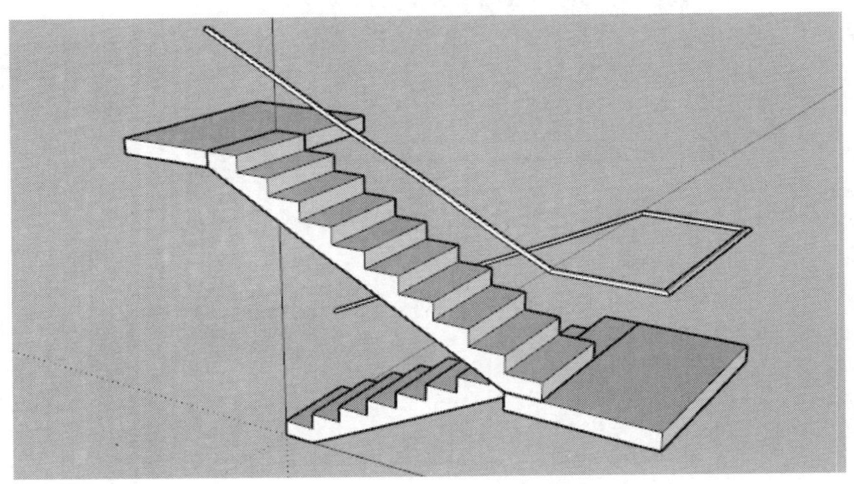

图 9-14　创建的双跑楼梯

9.1.6　联合推拉插件

执行【联合推拉】命令的方法为：在菜单栏中，选择【扩展程序】|【三维体量】|【超级推拉】|【联合推拉】命令，如图 9-15 所示。

推/拉工具只能对平面进行推拉，而【联合推拉】命令则可以在曲面上进行推拉，这样就大大延伸了推拉的范围。【超级推拉】子菜单中有多个推拉工具，最常用的超级推拉工具为【联合推拉】工具。

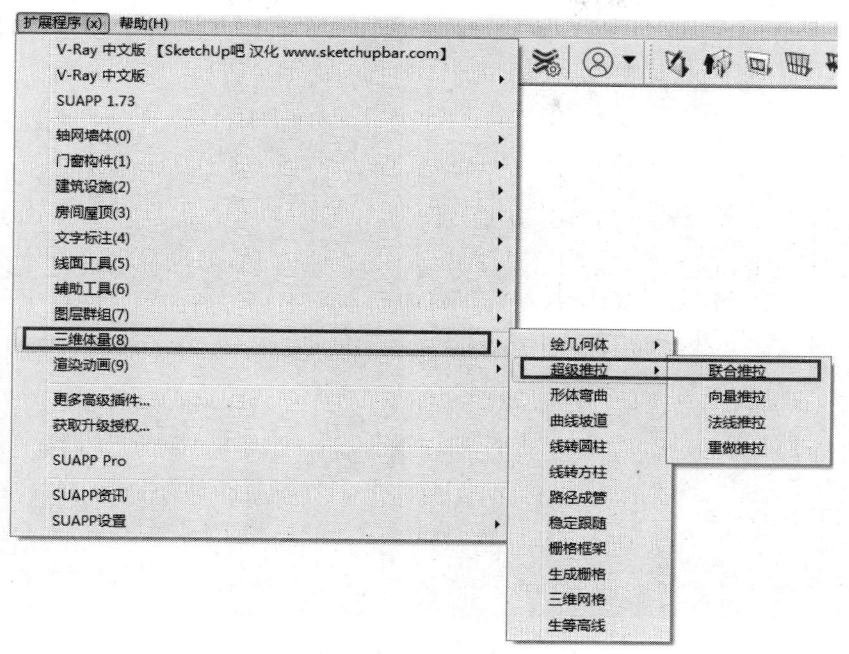

图 9-15 选择【联合推拉】菜单命令

9.2 V-Ray 模型渲染

虽然直接从 SketchUp 导出的图片已经具有比较好的效果，但是要想获得更具说服力的效果图，就需要在模型的材质以及空间的光影关系方面进行更加深入的刻画。以前处理效果图的方法通常是将 SketchUp 模型导入 3ds Max 中调整模型的材质，然后借助当前的主流渲染器 V-Ray for Max 获得商业效果图，但是这一环节制约了设计师对细节的掌控和完善，因此一款能够和 SketchUp 完美兼容的渲染器成为设计人员的渴望。在这种情况下，V-Ray for SketchUp 就诞生了。

9.2.1 V-Ray 基础

V-Ray 作为一款功能强大的全局光渲染器，可以直接安装在 SketchUp 软件中，能够在 SketchUp 中渲染出照片级别的效果图。其应用在 SketchUp 中的时间并不长，2007 年推出了它的第一个正式版本 V-Ray 1.0 for SketchUp，作为一个完整内置的正式渲染插件，在工程、建筑设计和动画等多个领域，都可以利用 V-Ray 提供的强大的全局光照明和光线追踪等功能渲染出非常真实的图像。由于 V-Ray 1.0 for SketchUp 是第一个正式版本，还存在着各种各样的 Bug(漏洞)，给用户带来了一些不便，因此，ASGVIS 公司根据用户反馈意见，不断完善 V-Ray，现在已经升级到 5.2 版本。如图 9-16 所示是 V-Ray for SketchUp 渲染的一些作品。

图 9-16　V-Ray for SketchUp 渲染的作品

V-Ray for SketchUp 具有以下特征。

(1) 优秀的全局照明(GI)。

传统的渲染器在应付复杂的场景时，必须花费大量时间来调整不同位置的多个灯光，以得到均匀的照明效果。而全局光照明则不同，它用一个类似于球状的发光体包围整个场景，让场景的每一个角落都能受到光线的照射。V-Ray 支持全局照明，而且与同类渲染程序相比，其效果更好，速度更快。在不放置任何灯光的场景中，V-Ray 利用 GI 就可以计算出比较自然的光线效果。

(2) 超强的渲染引擎。

V-Ray for SketchUp 提供了 4 种渲染引擎：发光贴图、光子贴图、纯蒙特卡罗和灯光缓存，每个渲染引擎都有各自的特性，计算方法不一样，渲染效果也不一样。用户可以根据场景的大小、类型、出图像素要求以及出图品质要求来选择合适的渲染引擎。

(3) 支持高动态贴图(HDRI)。

一般的 24bit 图片从最暗到最亮的 256 阶无法完整表现真实世界中的真正亮度，例如户外的太阳强光就比白色要亮上百万倍。而高动态贴图 HDRI 是一种 32bit 的图片，它记录了某个场景环境的真实光线，因此 HDRI 对亮度数值的真实描述能力就可以成为渲染程序用来模拟环境光源的依据。

(4) 强大的材质系统。

V-Ray for SketchUp 的材质功能系统强大且设置灵活。除了常见的漫射、反射和折射，还增加有自发光的灯光材质，支持透明贴图、双面材质、纹理贴图以及凹凸贴图，每个主要材质层后面还可以增加第二层、第三层，来得到真实的效果。利用光泽度和控制，也能计算如磨砂玻璃、磨砂金属以及其他磨砂材质的效果，更可以通过“光线分散”计算如玉石、蜡和皮肤等表面稍微透光的材质。默认的多个程序控制的纹理贴图可以用来设置特殊的材质

效果。

(5) 便捷的布光方法。

灯光照明在渲染出图中扮演着重要的角色，没有好的照明条件便得不到好的渲染品质。光线的来源分为直接光源和间接光源。V-Ray for SketchUp 的全方向灯(点光)、矩形灯、自发光物体都是直接光源；环境选项里的 GI 天光(环境光)、间接照明选项里的一、二次反射等都是间接光源。利用这些，V-Ray for SketchUp 可以完美地模拟出现实世界的光照效果。

(6) 超快的渲染速度。

相比 Brazil 和 Maxwell 等渲染程序，V-Ray 的渲染速度更快。关闭默认灯光、打开 GI，其他都使用 V-Ray 默认的参数设置，就可以得到逼真的透明玻璃的折射、物体反射以及非常高品质的阴影。值得一提的是，几个常用的渲染引擎所计算出来的光照资料都可以单独存储起来，在调整材质或者渲染大尺寸图片时，可以直接导出而无须重新计算，可以节省很多计算时间，从而提高作图的效率。

(7) 简单易学。

V-Ray for SketchUp 参数较少、材质调节灵活、灯光简单而强大。只要掌握了正确的学习方法，多思考、勤练习，借助 V-Ray for SketchUp 很容易就可以做出照明级别的效果图。

9.2.2 主界面结构

V-Ray for SketchUp 的操作界面很简洁，安装好 V-Ray 后，SketchUp 的界面上会出现四个工具栏，包括渲染工具栏、灯光工具栏、实用工具栏和物体工具栏，对 V-Ray for SketchUp 的所有操作，都可以通过这四个工具栏完成。

如果界面中没有这四个工具栏，可以选择【视图】|【工具栏】菜单命令，接着将打开【工具栏】对话框，如图 9-17 所示，在其中对 V-Ray 有关的工具栏选项进行设置，从而打开 V-Ray for SketchUp 的四个工具栏，如图 9-18 所示。

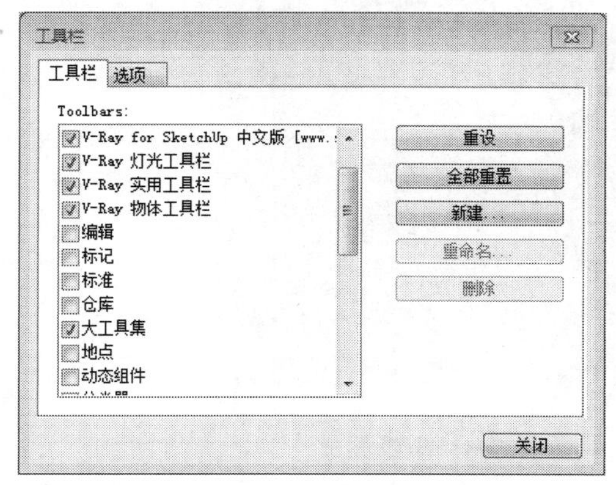

图 9-17 【工具栏】对话框

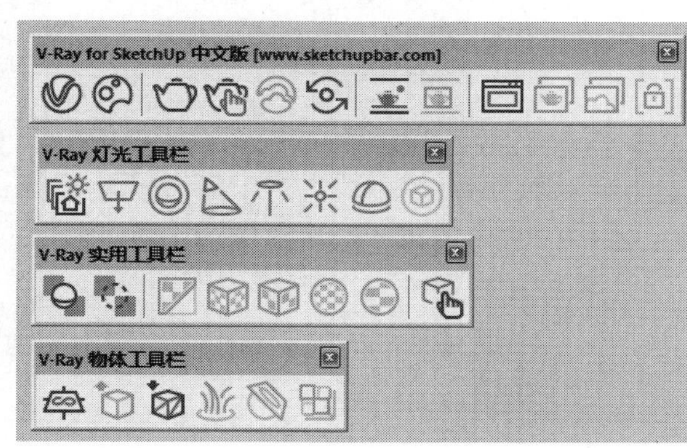

图 9-18 V-Ray for SketchUp 的四个工具栏

在 SketchUp 2022 的扩展程序中还有 V-Ray 的菜单，用来运行 V-Ray 的各个工具，其中【资源管理器】命令用来打开编辑各工具的参数面板，如图 9-19 所示。

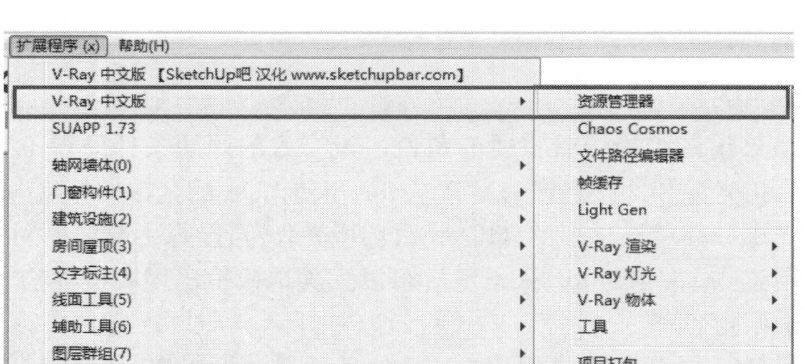

图 9-19 选择【资源管理器】命令

9.2.3 设置材质

选择【扩展程序】|【V-Ray 中文版】|【资源管理器】菜单命令可以打开【V-Ray 资源编辑器】对话框，单击【材质】按钮可以打开 V-Ray 材质编辑面板，它主要分为 3 个区域，如图 9-20 所示。

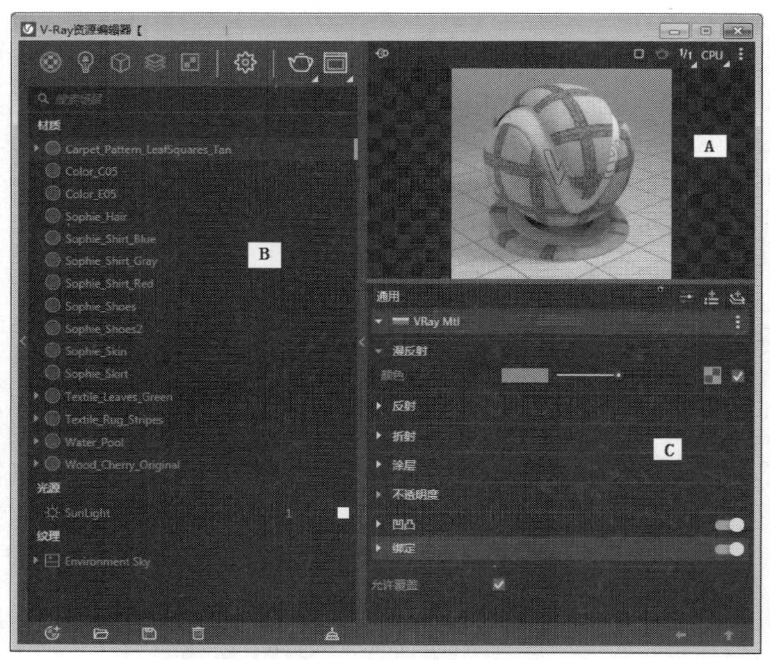

图 9-20 【V-Ray 资源编辑器】对话框的材质编辑面板

各区域功能介绍如下：A 区为材质效果预览区，在这里可以粗略地观看材质效果，修改材质参数后可以单击【点击更新预览】按钮更新材质效果；B 区为材质工作区，在这里可以重命名、复制、保存和删除材质，也可应用材质到场景中；C 区为材质的参数区，可以在各层的卷展栏中设置材质的各类参数，也可以增加层参数，增加后参数中会出现相应的卷展栏。

下面介绍设置材质的各项操作。

(1) 重命名材质。

若要为新建的材质重命名，可在该材质的右键菜单中选择【重命名】命令，然后输入新的材质名称即可，如图 9-21 所示。

(2) 复制材质。

如果要让新建的材质与现在的材质参数近似，可以通过对已有材质进行复制并修改相应参数来完成，这样可以提高工作效率，其方法是在已有材质的右键菜单中选择【复制】命令，如图 9-22 所示。

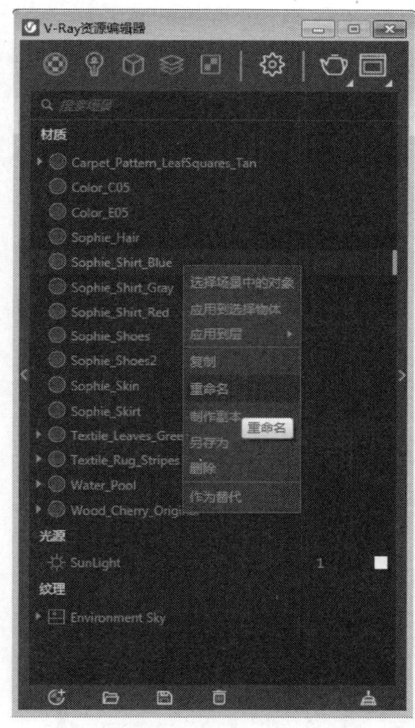

图 9-21 重命名材质

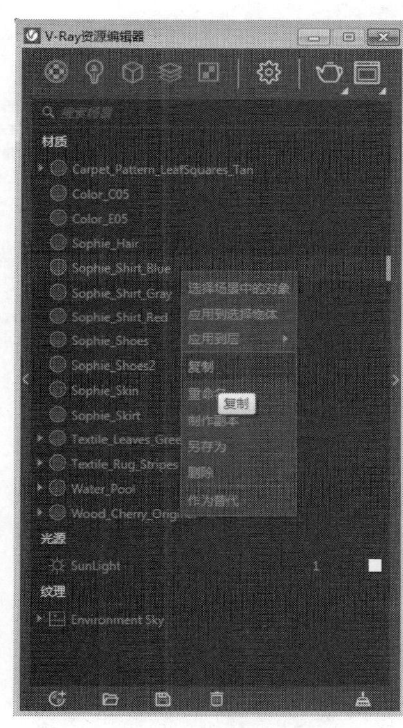

图 9-22 复制材质

(3) 保存材质。

若要保存设置好的材质，可在材质的右键菜单中选择【另存为】命令，如图 9-23 所示。这样就可以打开 Save V-Ray Asset File As(保存材质参数文件)对话框，如图 9-24 所示，单击【保存】按钮即可保存材质。

(4) 删除材质。

若要删除已有的材质，可在材质的右键菜单中选择【删除】命令。如果该材质已赋予场景中的物体，则会提示该材质已被使用，是否确定删除它，单击【是】按钮可删除材质，删除后物体的材质会被 SketchUp 的默认材质所替换，如图 9-25 所示。

(5) 应用材质。

若要将 V-Ray 材质分配给物体，首先要在场景中选择物体，然后在材质列表中要分配的材质上右击，在弹出的快捷菜单中选择【应用到选择物体】命令即可，如图 9-26 所示。

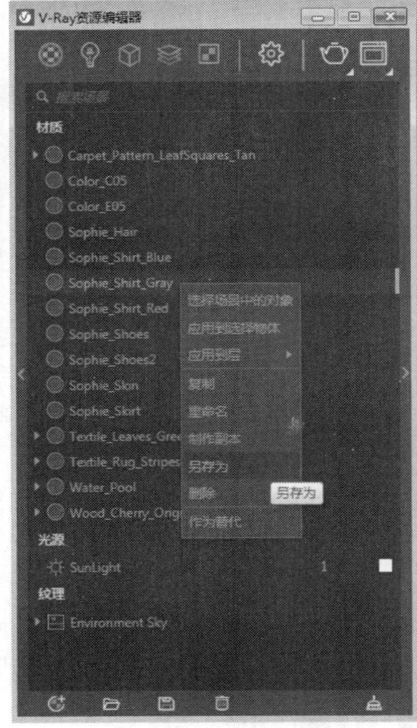

图 9-23　保存材质

图 9-24　Save V-Ray Asset File As 对话框

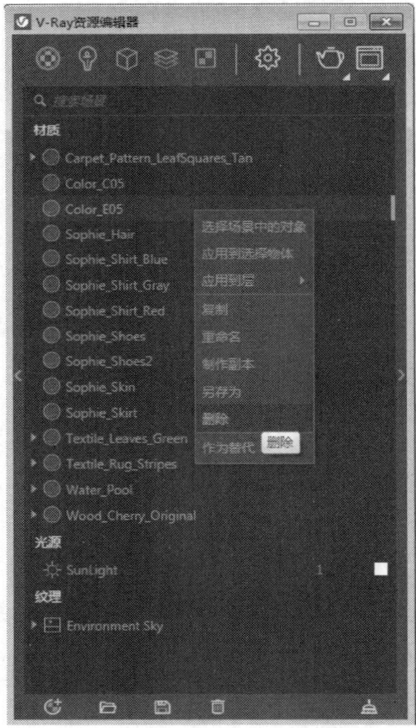

图 9-25　删除材质

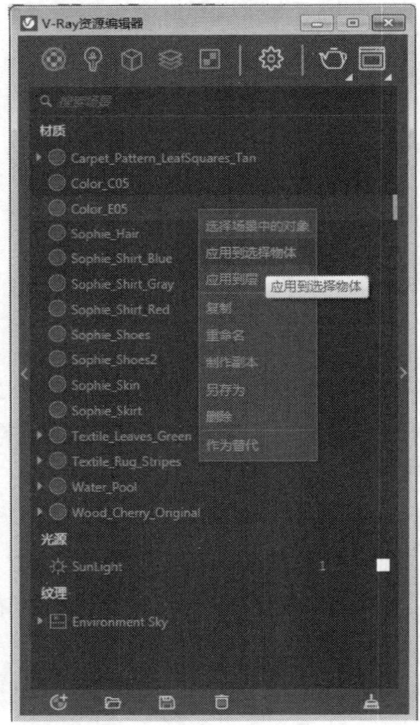

图 9-26　应用材质

9.2.4 设置灯光

V-Ray for SketchUp 灯光主要在如图 9-27 所示的 V-Ray 灯光工具栏中，主要包括 Light Gen(灯光生成器)、矩形灯、球灯、聚光灯、IES(光域网)灯、泛光灯、穹顶灯、转换网格灯等灯光。下面介绍几种常用的灯光。

(1) 泛光灯。

V-Ray for SketchUp 提供了泛光灯，在 V-Ray 灯光工具栏中有灯光创建按钮，单击【泛光灯】按钮，然后在需要创建灯光的位置单击，就可以创建出泛光灯，这是 V-Ray for SketchUp 最直观，也是使用频率最高的光源之一。

泛光灯像 SketchUp 物体一样，以实体形式存在，如图 9-28 所示。可以对泛光灯进行移动、旋转、缩放和复制等操作。点光源的实体大小与灯光的强弱和阴影无关，也就是说，任意改变点光源实体的大小和形状都不会影响它对场景的照明效果。

图 9-27　V-Ray 灯光工具栏

图 9-28　创建泛光灯

若要调整灯光的参数，可选择【扩展程序】|【V-Ray 中文版】|【资源管理器】菜单命令，打开【V-Ray 资源编辑器】对话框后，单击【灯光】按钮，将打开光源编辑面板，设置点泛光灯的参数，如图 9-29 所示。

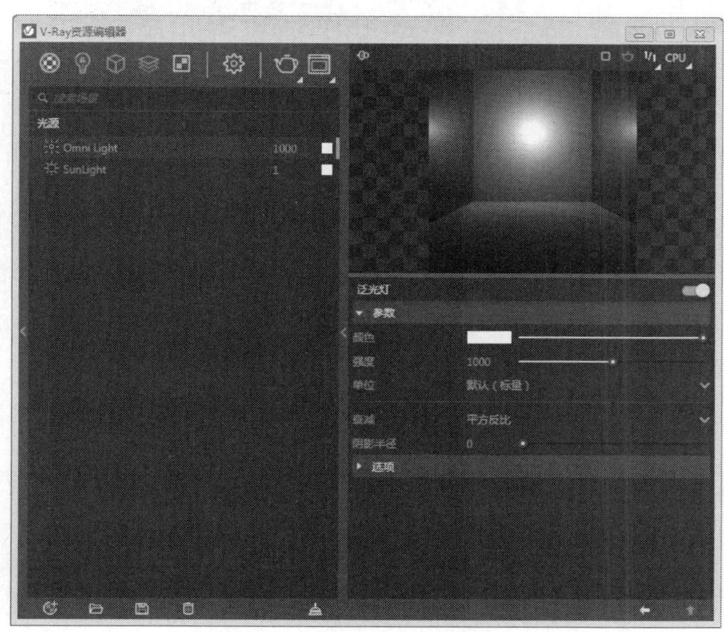

图 9-29　泛光灯参数设置

(2) 矩形灯。

V-Ray for SketchUp 提供了面光源，在 V-Ray 灯光工具栏中单击【矩形灯】按钮，通过单击两对角点，就可以创建出面光源，这是 V-Ray for SketchUp 最直观也是使用频率最高的光源之一。

在 SketchUp 中，面光源以面的方式存在。面光源的大小对灯光的强度和阴影都没有影响。

若要调整灯光参数，同样按前面介绍的方法打开光源编辑面板进行参数设置，如图 9-30 所示。

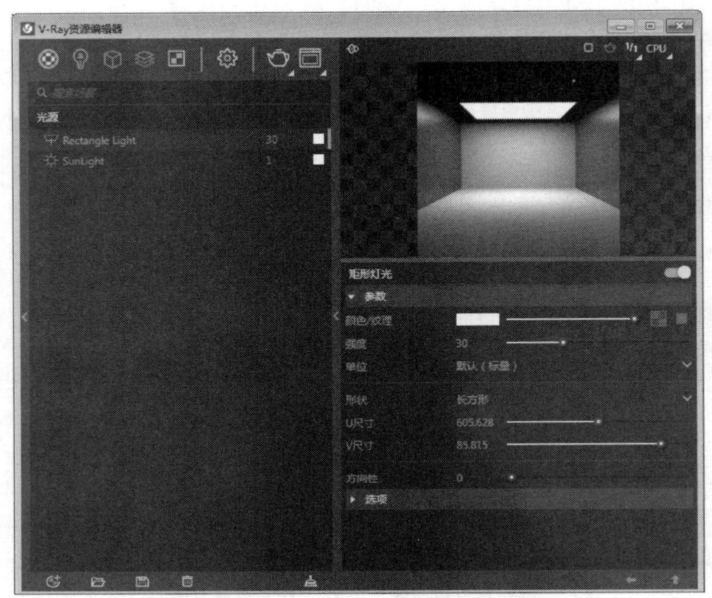

图 9-30　矩形灯光参数设置

(3) 聚光灯。

V-Ray for SketchUp 提供了聚光灯，单击【聚光灯】按钮，在相应位置单击，就可以创建聚光灯，这同样是 V-Ray for SketchUp 最直观、使用频率最高的光源之一。

聚光灯像 SketchUp 物体一样，以实体形式存在，可以对它们进行移动、旋转、缩放和复制等操作。

若要调整灯光的参数，可打开光源编辑面板进行参数设置，如图 9-31 所示。

(4) IES 灯。

光域网是一种关于光源亮度分布的三维表现形式，存储于 IES 文件中。这种文件通常可以从灯光的制造厂商那里获得，其格式主要有 IES、LTLI 或 CIBSE。

其实，光域网大家都见过，只是不知道而已，光域网是灯光的一种物理性质，确定光在空气中发散的方式，不同的灯在空气中发散方式是不一样的。比如手电筒，它会发出一个光束，还有一些壁灯、台灯，它们发出的光又是另外一种形状，这种形状不同的光，就是由于灯自身特性的不同所呈现出来的。那些不同形状图案就是光域网造成的。之所以会有不同的图案，是因每个灯在出厂时，厂家对它们都指定了不同的光域网。在三维软件里，如果给灯光指定一个特殊的文件，就可以产生与现实生活中相同的发散效果，这种特殊的文件，标准

格式是 IES，很多地方都有下载。

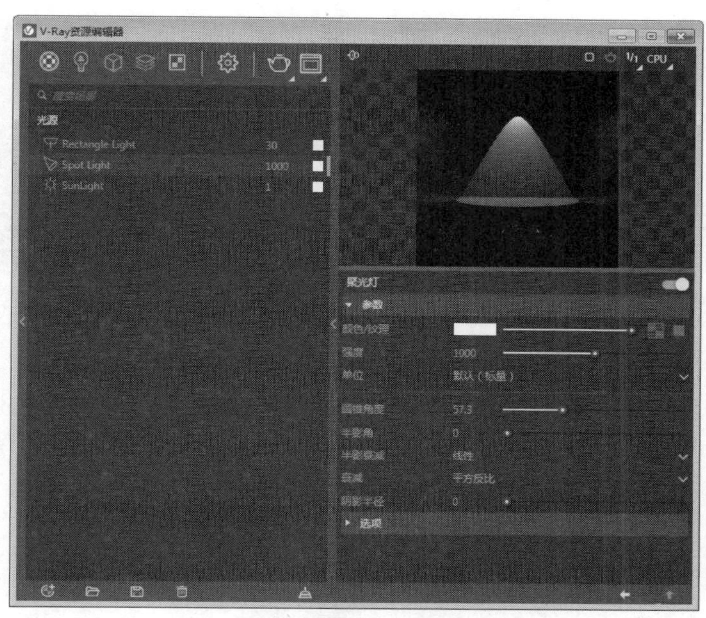

图 9-31　聚光灯参数设置

V-Ray for SketchUp 提供了光域网灯光，单击【IES 灯】按钮，就可以创建出光域网灯光，这仍是 V-Ray for SketchUp 使用频率最高的光源之一。

光域网光源像 SketchUp 物体一样，以实体形式存在，可以对它们进行移动、旋转、缩放和复制等操作。若要调整灯光的参数，可打开光源编辑面板进行编辑，如图 9-32 所示。

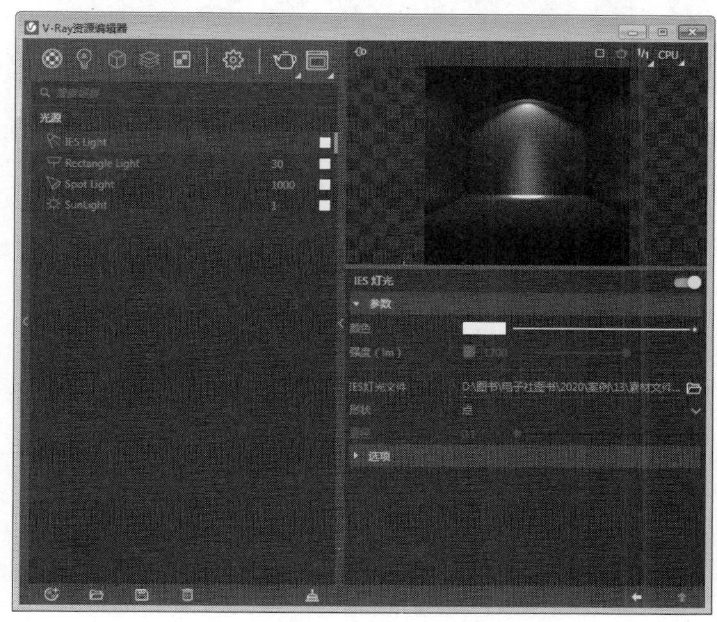

图 9-32　IES 灯光参数设置

使用光域网，可以让光线在一定的空间范围内形成特殊的效果，如图 9-33 所示。

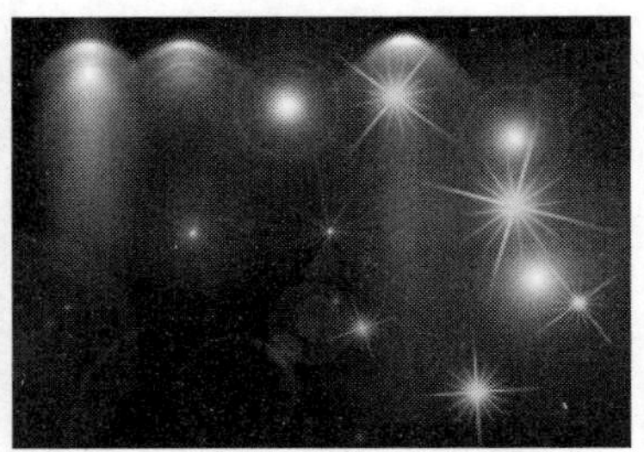

图 9-33　光域网效果

(5) V-Ray 的太阳光。

V-Ray 的 SunLight(太阳光)可以模拟真实世界中的太阳光，会受大气环境、阳光强度和色调的影响，其参数设置如图 9-34 所示。渲染出的 V-Ray 阳光效果如图 9-35 所示。

图 9-34　太阳光参数设置

图 9-35　V-Ray 阳光效果

(6) 其他灯光。

V-Ray 的其他灯光，如穹顶灯和球灯，由于使用得不多，这里就不详细介绍了，其主要参数设置如图 9-36 和图 9-37 所示。

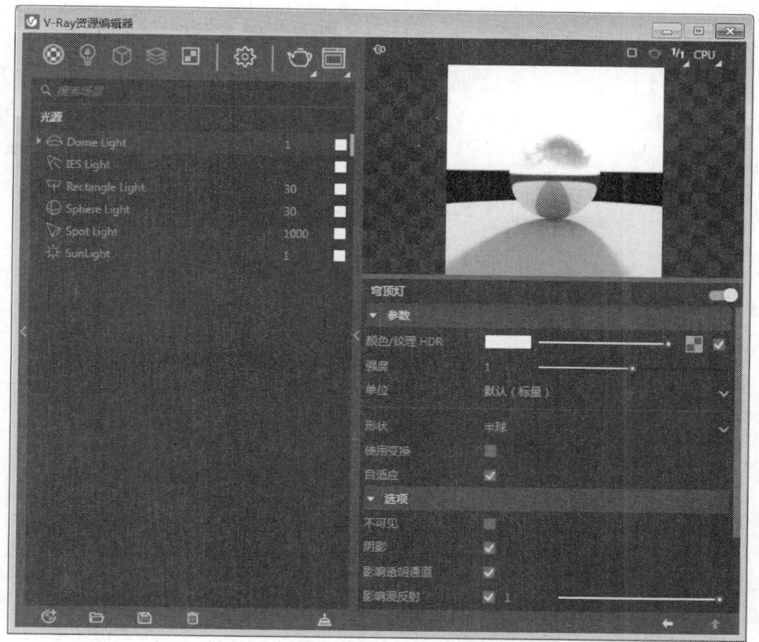

图 9-36　穹顶灯参数设置

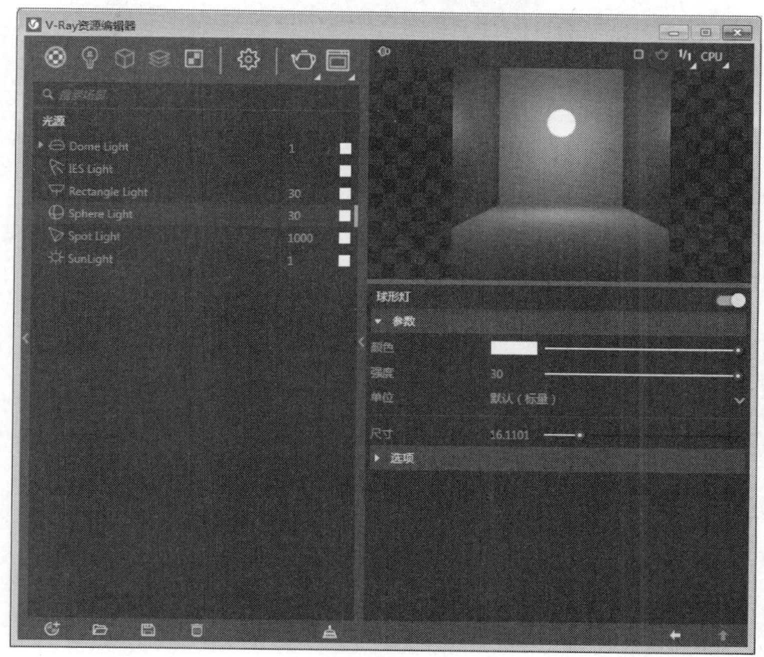

图 9-37　球形灯参数设置

9.2.5 设置渲染参数

V-Ray for SketchUp 大部分渲染参数都在渲染设置面板中完成，选择【扩展程序】|【V-Ray 中文版】|【资源管理器】菜单命令，打开【V-Ray 资源编辑器】对话框，然后单击【设置】按钮，可以打开【渲染设置】面板，【渲染设置】面板中有多个参数卷展栏，分别是【渲染】、【相机设置】、【渲染输出】、【动画】、【环境】、【渲染质量】、【全局照明】、【高级摄像机参数】、【空间环境】、【降噪器】、【轮廓】等卷展栏，如图 9-38 所示。由于各卷展栏的参数比较多，结合实例讲解起来更为适合，这里就不再详述了。

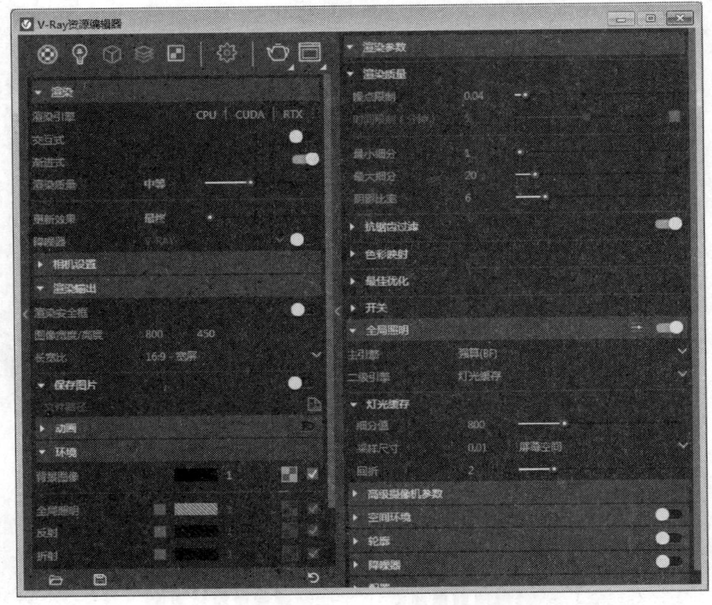

图 9-38　渲染参数设置

9.3 设 计 范 例

9.3.1 水池设计范例

本范例完成文件：ywj/09/9-1.skp

1. 案例分析

本案例是使用插件制作一个水池的效果，插件的使用可以让绘图更加高效，节省时间，能制作出更加复杂的模型。

2. 案例操作

step 01 新建一个文件，使用圆和推/拉工具绘制出高为 300、圆半径为 1000 的圆柱体，

如图 9-39 所示。

step 02 用空格键选择圆柱体侧面，选择【三维体量】|【超级推拉】|【联合推拉】菜单命令，在该弧形侧面上，会捕捉到其中一个分面，出现该面红色的边框，如图 9-40 所示。

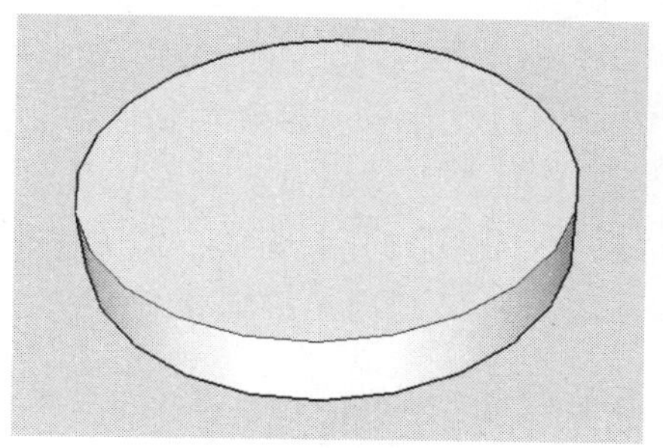

图 9-39　绘制圆柱体

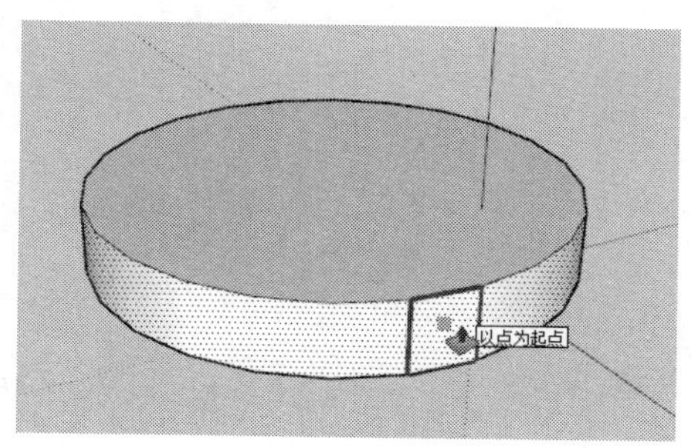

图 9-40　选择联合推拉工具

step 03 此时按下鼠标左键向外拖动，如图 9-41 所示。

step 04 释放鼠标，然后输入推拉值为 300 并按 Enter 键，效果如图 9-42 所示。

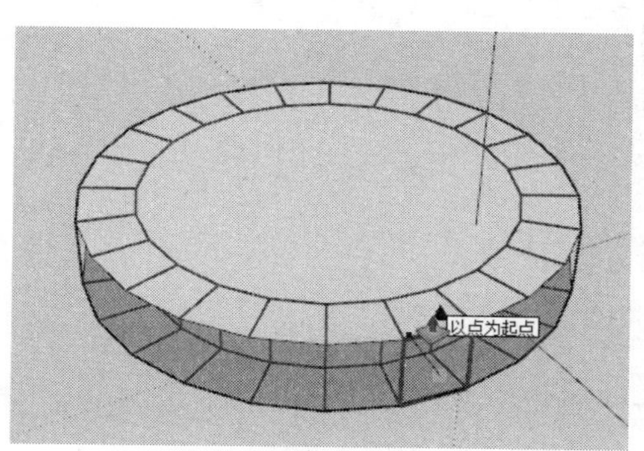

图 9-41　向外拖动

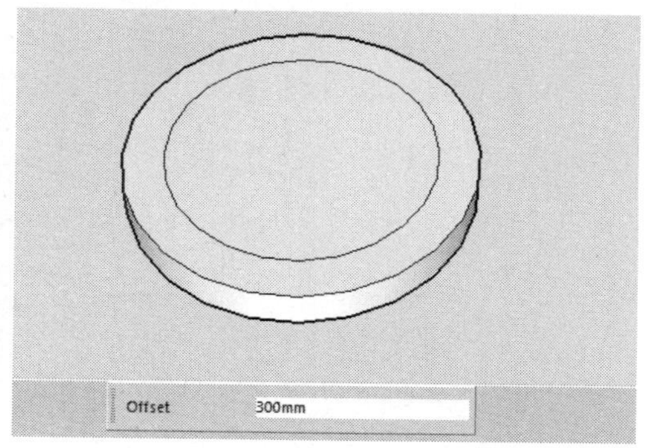

图 9-42　首次联合推拉

step 05 继续使用【联合推拉】工具，将外圆环曲面继续向外推拉出 2000，如图 9-43 所示。

step 06 用同样的方法，再将最外圆环曲面向外推拉出 500，如图 9-44 所示。

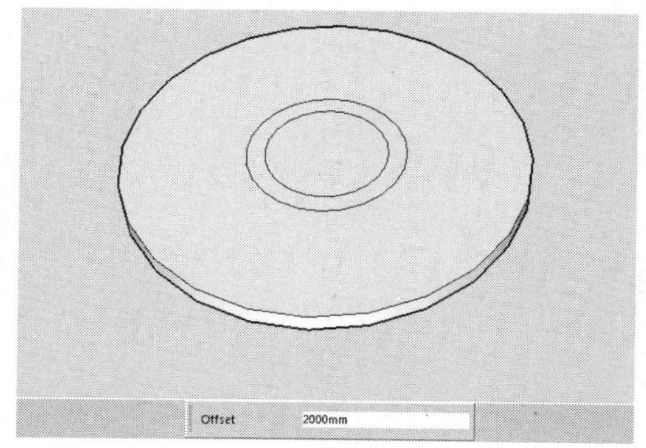

图 9-43　第二次联合推拉

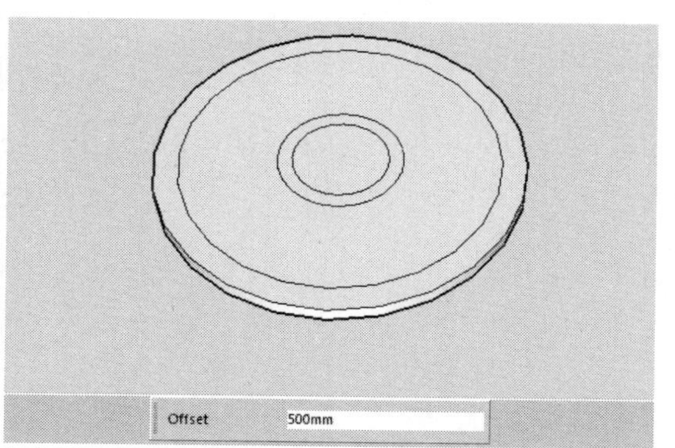

图 9-44　第三次联合推拉

step 07 使用擦除工具，删除多余的表面，如图 9-45 所示。选择【视图】|【隐藏物体】菜单命令，将隐藏的法线显示出来。

图 9-45 删除多余表面

step 08 用空格键切换成选择工具，结合 Ctrl 键选择表面上相邻的分隔面，然后使用联合推拉工具，拾取其中一个面，如图 9-46 所示。

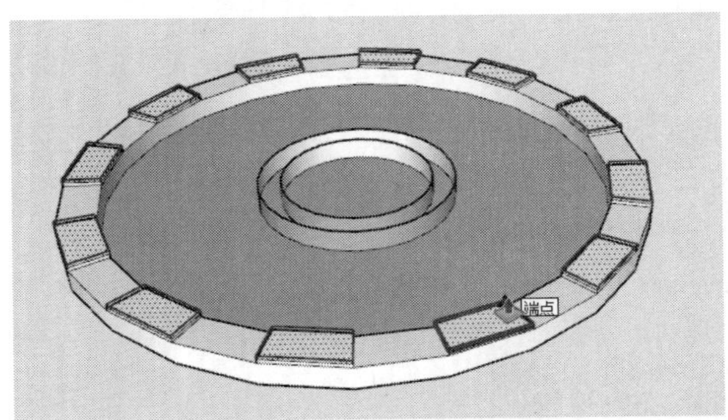

图 9-46 选取一个面

使用传统的推/拉工具，一次性只能对一个面对象进行推拉，而使用联合推拉工具，一次性可推拉多个面。当选择连续的面时，推拉出的物体之间是完全吻合的。而推拉相邻的面时，则各个面按照自身的法线进行挤压。

step 09 按住鼠标左键不放向上拖动以拉伸，并输入高度为 50，推拉效果如图 9-47 所示。

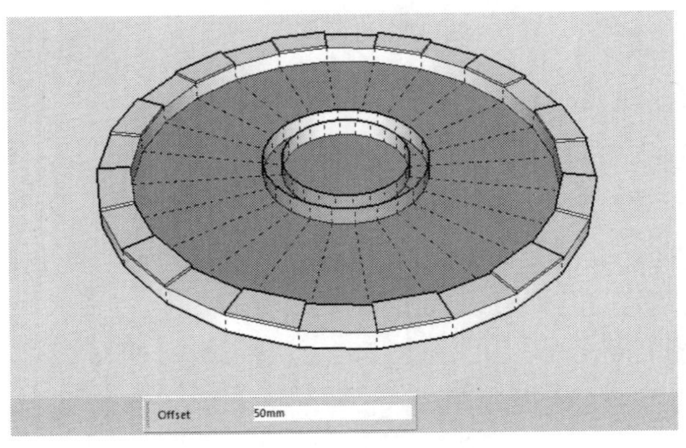

图 9-47 进行联合推拉

step 10 对水池进行相应的材质填充，完成水池范例的制作，最终效果如图 9-48 所示。

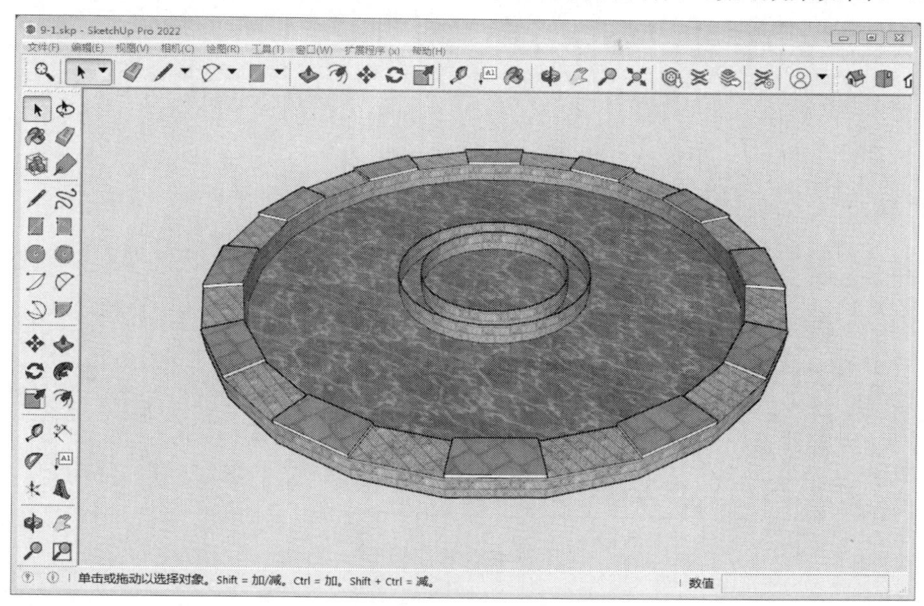

图 9-48 范例最终效果

9.3.2 客厅室内渲染设计范例

本范例操作文件： ywj/09/9-2a.skp
本范例完成文件： ywj/09/9-2.skp、客厅效果图

1. 案例分析

本案例使用 V-Ray 渲染器渲染一个客厅室内的模型，使读者熟悉使用 V-Ray 渲染器渲染的方法，从而得到最终的室内效果。

2. 案例操作

step 01 选择【文件】菜单中的【打开】命令，打开 9-2a.skp 文件。创建好的客厅模型如图 9-49 所示。

step 02 选择【扩展程序】|【V-Ray 中文版】|【资源管理器】菜单命令，打开【V-Ray 资源编辑器】对话框，单击【材质】按钮，打开 V-Ray 材质编辑面板。首先设置茶几的材质。用 SketchUp 材质编辑器中的【样本颜料】工具吸取茶几面材质，V-Ray 材质面板会自动跳转到该材质的属性上，表明 SketchUP 场景中的所有材质都映射到了 V-Ray 材质器上，如图 9-50 所示。由于该材质具有一定的反射属性，打开 【反射】卷展栏和【漫反射】卷展栏，在【反射】卷展栏中设置反射光泽度为 0.9，其他值不变，可以预览调整好参数的材质球，如图 9-51 所示。

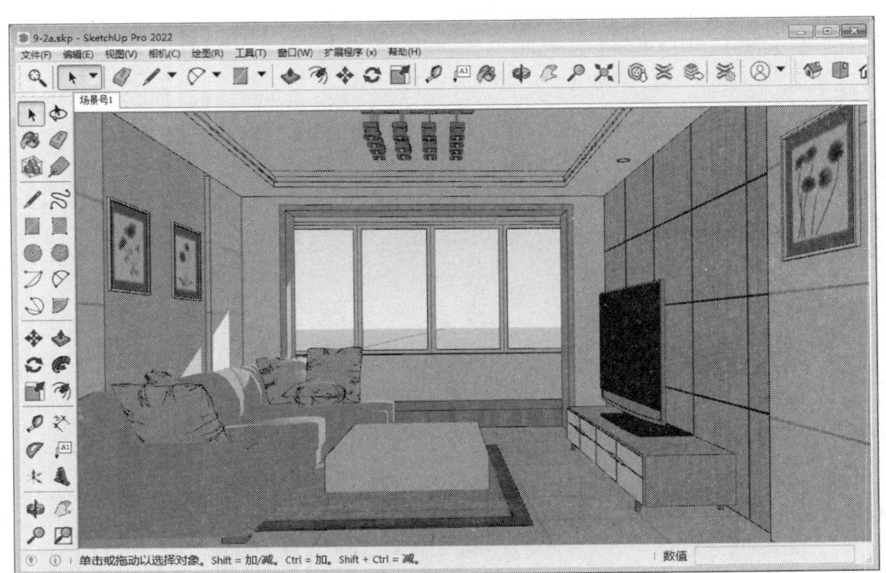

图 9-49　客厅模型

图 9-50　打开 V-Ray 材质编辑面板

step 03 设置不锈钢材质。由于 V-Ray 中的材质与模型中的材质是相对应的，下面直接在 V-Ray 中调整这些标准材质。在【不锈钢】材质上右击，并按照如图 9-52 所示设置无贴图、光泽度，其他保持默认值。

step 04 设置电视柜木材质。在【电视柜-木】材质上打开【反射】卷展栏，设置相应的反射参数。然后在【凹凸】卷展栏中选择【凹凸贴图】选项，设置【数量】为 0.01，然后单击按钮，打开【位图】面板，并将“木纹理.jpg”文件添加为位图，材质参数的设置如图 9-53 所示。

图 9-51　设置茶几材质

图 9-52　设置不锈钢材质

step 05 设置黑色嵌缝材质。在【黑色嵌缝】材质的【漫反射】卷展栏中设置颜色为“全黑色(RGB 均为 0)”、无贴图，如图 9-54 所示。

图 9-53　设置电视柜木材质

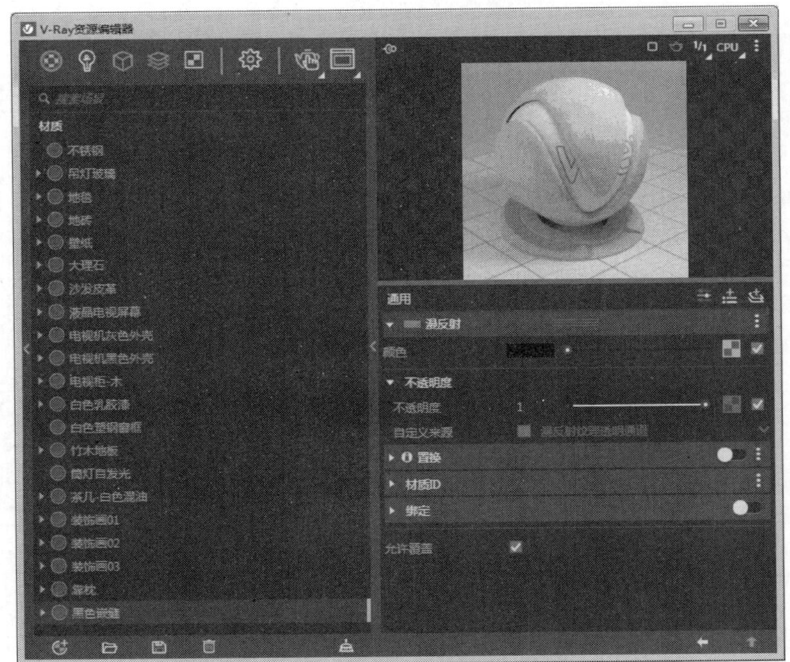

图 9-54　设置黑色嵌缝材质

step 06 设置液晶电视屏幕材质。首先设置【反射】卷展栏中的反射值，然后在该材质的【漫反射】卷展栏中设置其 RGB 颜色，如图 9-55 所示。

图 9-55　设置液晶电视屏幕材质

step 07 设置电视机黑色外壳材质。为电视机黑色外壳材质设置反射强度，并调整高光和反射的光泽度，其他参数不变，如图 9-56 所示。

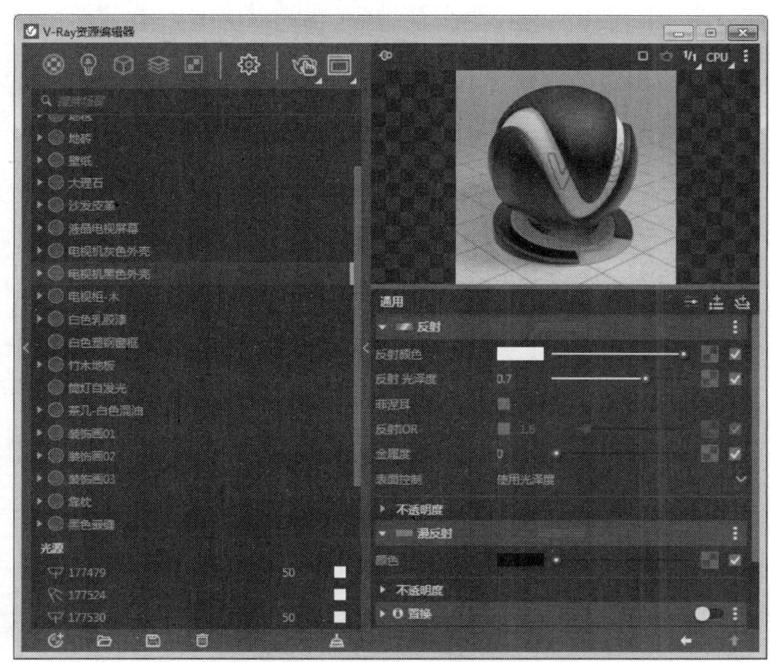

图 9-56　设置电视机黑色外壳材质

step 08 设置大理石材质。为大理石材质设置反射参数，并设置相应的光泽度，并设置漫反射贴图为“大理石.jpg”，其他保持默认值，如图 9-57 所示。

图 9-57　设置大理石材质

step 09 设置壁纸材质。为壁纸材质设置反射参数，取消选中【反射 IOR】复选框，如图 9-58 所示。然后在【凹凸】卷展栏中选择【凹凸贴图】选项，设置凹凸值为 0.2，为其添加一个位图“壁纸.jpg”，如图 9-59 所示。

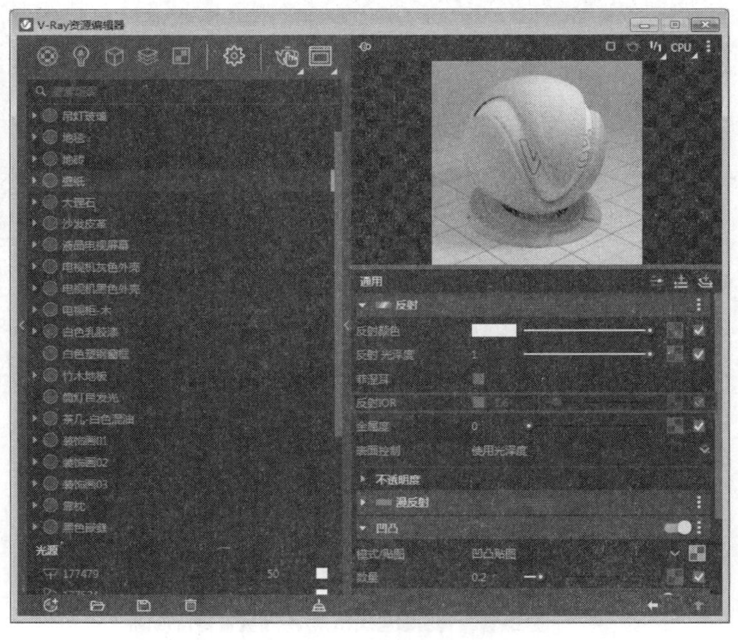

图 9-58　设置壁纸材质

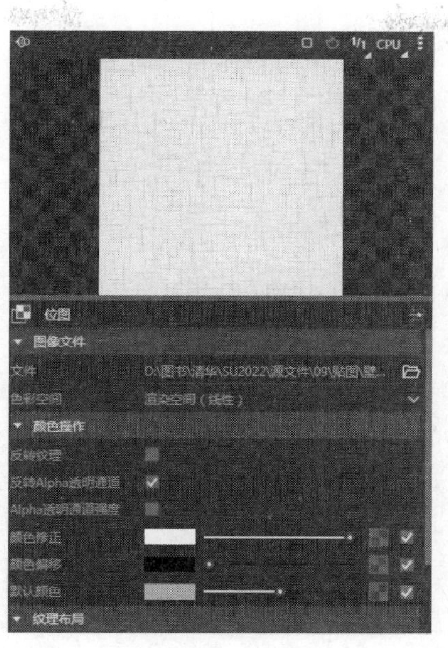

图 9-59 位图设置

step 10 设置装饰画材质。在装饰画 01 材质上打开【反射】卷展栏，并设置其高光光泽度为 0.9，其他值保持默认，如图 9-60 所示。根据这样的方法对装饰画 02、装饰画 03 进行设置。

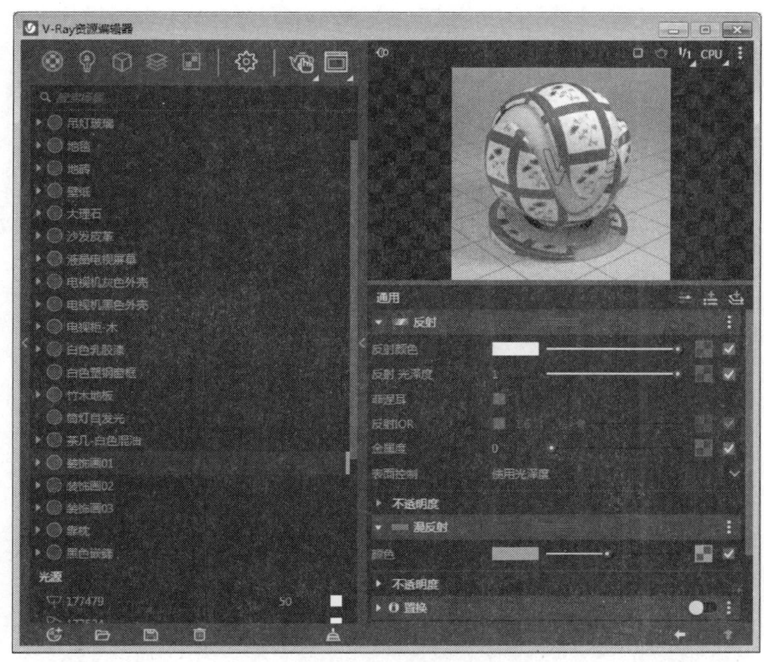

图 9-60 设置装饰画材质

step 11 设置沙发皮革材质。打开【反射】卷展栏，设置反射光泽度为 0.8，在【凹凸】卷展栏中选择【凹凸贴图】选项，设置凹凸值为 0.1，为其添加一个位图“皮革.jpg”，如图 9-61

所示。

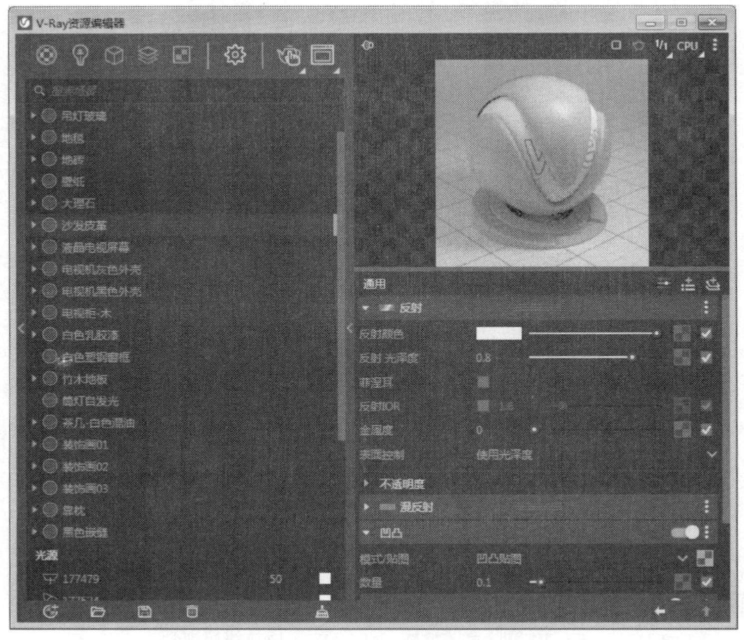

图 9-61　设置沙发皮革材质

step 12 设置筒灯自发光材质。在筒灯自发光材质上打开【自发光】卷展栏，并设置参数，其他参数采用默认设置，如图 9-62 所示。

图 9-62　设置筒灯自发光材质

step 13 设置吊灯玻璃材质。打开【反射】卷展栏，设置反射光泽度为 1，其他参数保持默认设置，如图 9-63 所示。

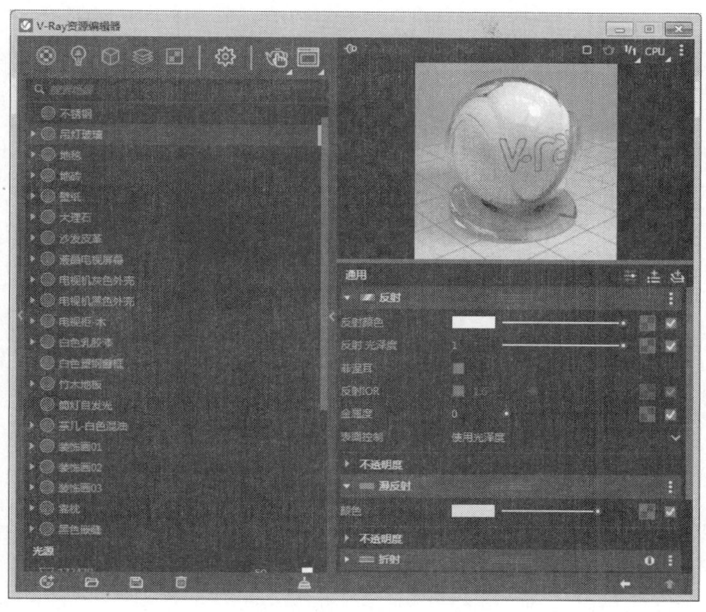

图 9-63　设置吊灯玻璃材质

step 14 设置白色乳胶漆材质。打开【反射】卷展栏，设置参数值，并取消选中【反射 IOR】复选框，如图 9-64 所示。根据前面设置材质的方法，对其他材质进行相应的设置，这里不做详述。

图 9-64　设置白色乳胶漆材质

step 15 在 V-Ray 灯光工具栏上单击【矩形灯】按钮，结合移动工具和缩放工具，在吊灯下面相应的位置创建一个同等长宽的方形矩形灯光源，如图 9-65 所示。

图 9-65　创建方形矩形灯光源

step 16 打开光源编辑面板，设置矩形灯光源的强度为 150，双面、不可见，如图 9-66 所示。

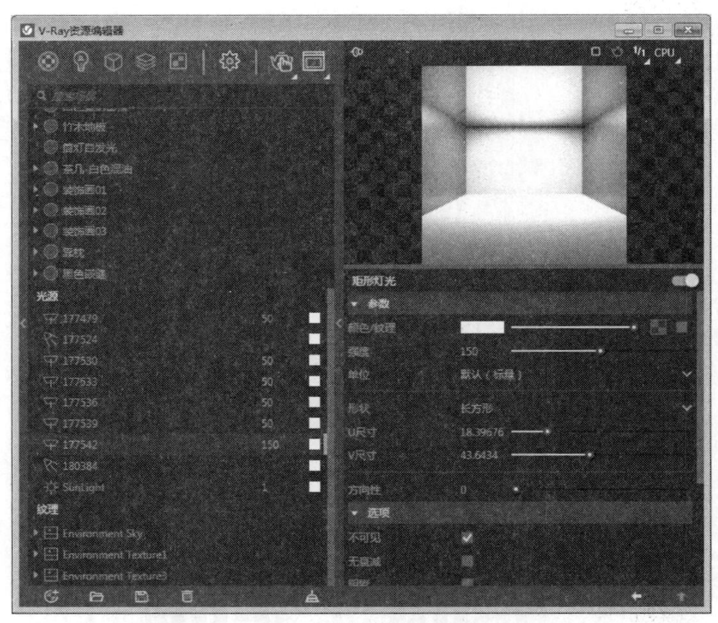

图 9-66　设置方形矩形灯光参数

提示　双面表示该面光源上下两面都可发光；“不可见”控制该面光源物体在渲染时的显示与否。

step 17 根据这样的方法，在顶棚凹槽内建立相应长宽的矩形灯光源作为灯带，并调整该面光源的正面方向在上方，如图 9-67 所示。

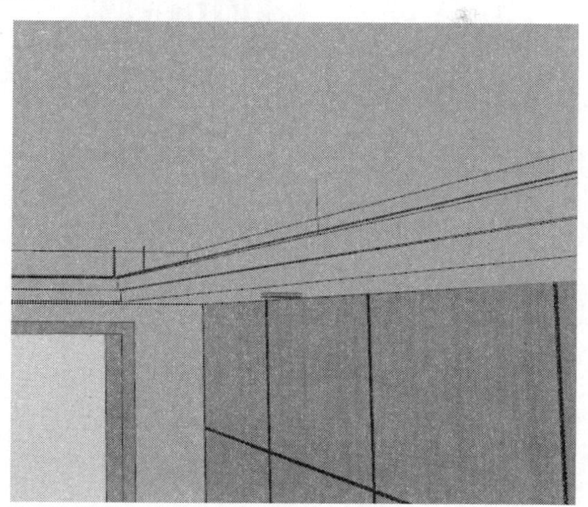

图 9-67 创建长方形矩形灯光源

step 18 右击编辑光源，打开光源编辑面板，设置长方形矩形灯光源的颜色为黄色，强度为 50，如图 9-68 所示。根据相同的方法建立顶棚其他三边的面光源。

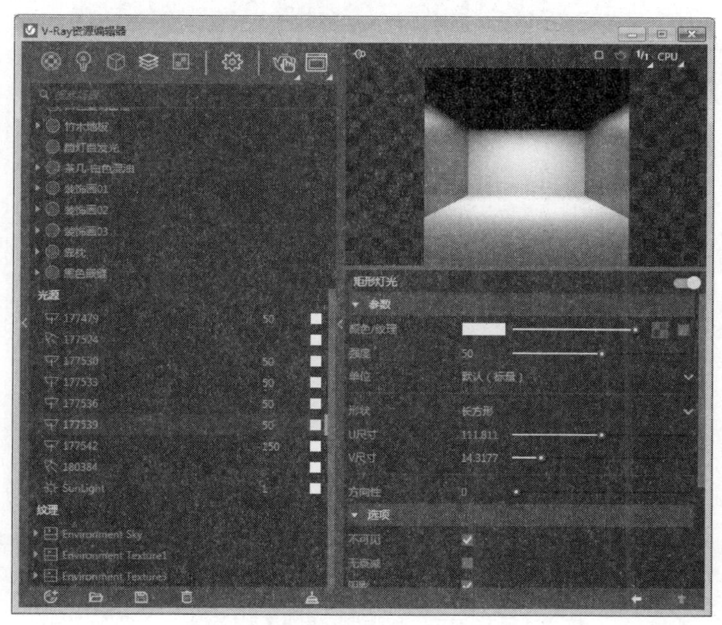

图 9-68 设置长方形矩形灯光参数

step 19 单击【IES 灯】按钮，结合移动和缩放工具，在筒灯处建立一个 IES 灯光源；然后右击，在弹出的快捷菜单中选择相应的命令，如图 9-69 所示。

step 20 在打开的光源编辑面板中，设置 IES 灯的强度为 100，然后单击【IES 灯光文件】选项后面的按钮，找到 IES 文件并打开，完成光源的设置，如图 9-70 所示。

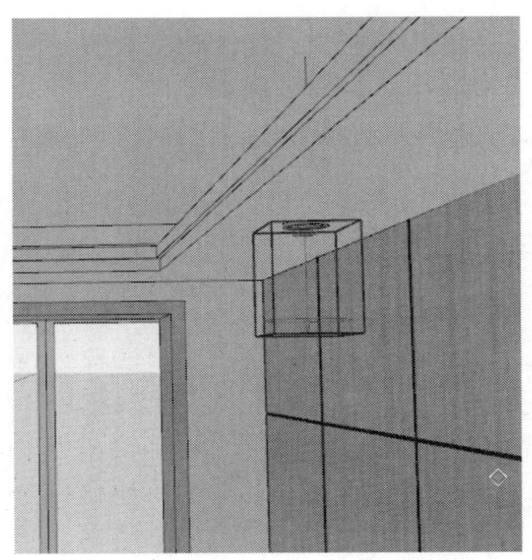

图 9-69　创建 IES 灯

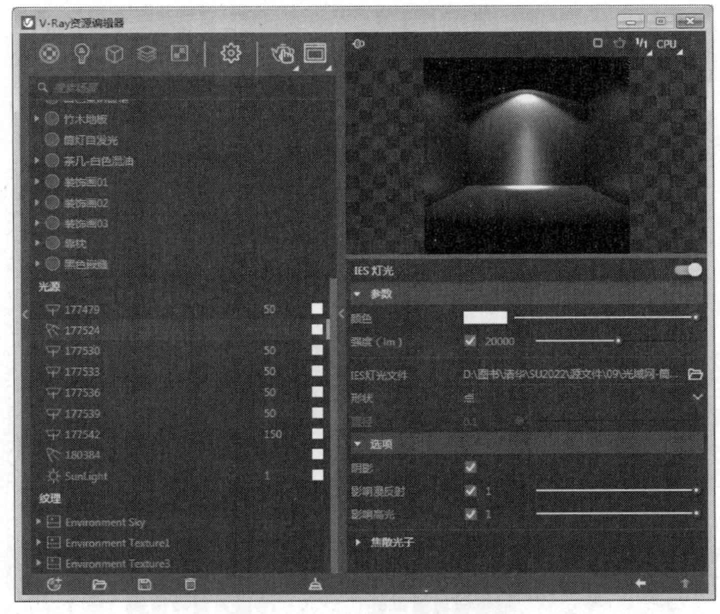

图 9-70　设置 IES 灯光参数

step 21 把调整好的光域网光源再复制一份到另一筒灯处。这样就调整好灯光了。制作好的模型如图 9-71 所示。

step 22 选择【扩展程序】|【V-Ray 中文版】|【资源管理器】菜单命令，打开【V-Ray 资源编辑器】对话框，单击【设置】按钮，可以打开渲染设置面板，如图 9-72 所示。

step 23 在【渲染参数】卷展栏里，对色彩、优化、抗锯齿等参数进行设置，如图 9-73 所示，以获得细腻的效果。

step 24 在【渲染输出】卷展栏中，根据需要修改输出尺寸，并在【渲染】卷展栏中设置好参数，如图 9-74 所示。

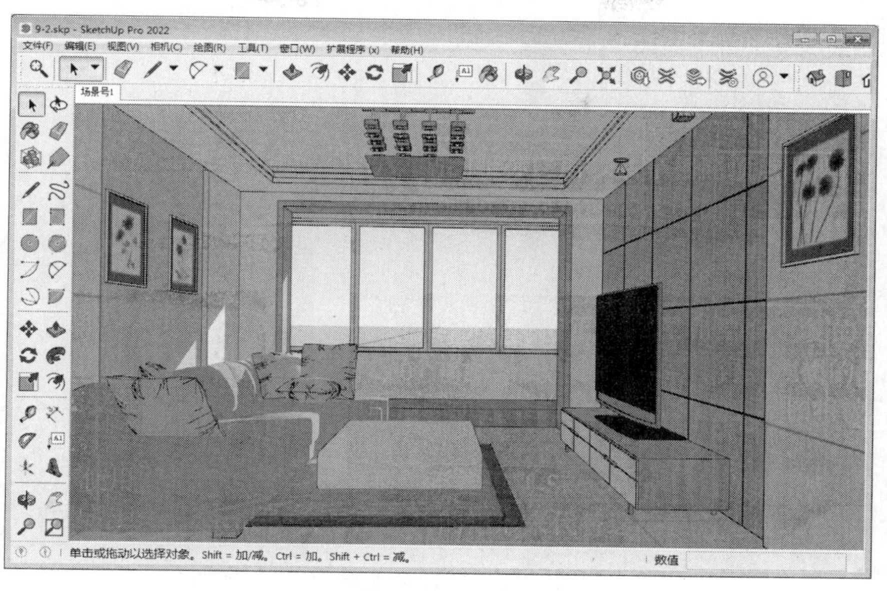

图 9-71 制作好的模型

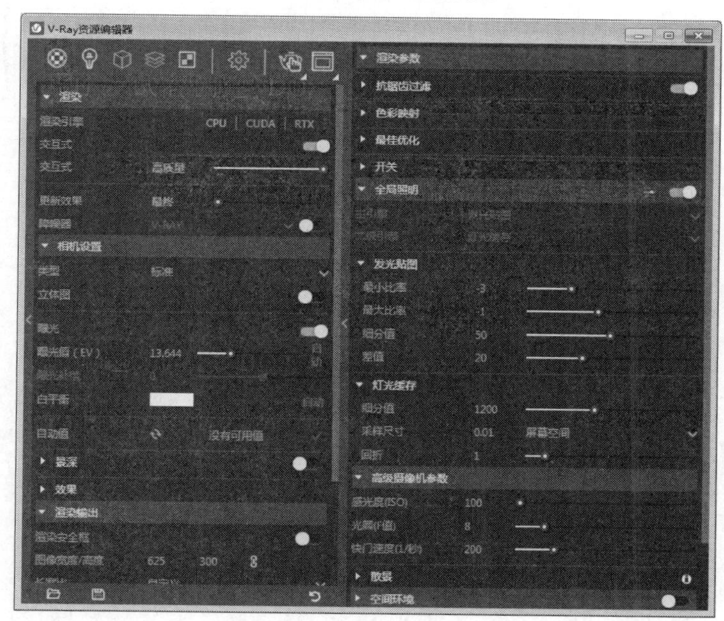

图 9-72 渲染设置面板

step 25 在【全局照明】卷展栏中，将照明光的细分参数设置为 1200，其他参数为默认设置，同时设置【环境】卷展栏中的参数，如图 9-75 所示。

step 26 渲染参数设置好以后，可单击【开始渲染】按钮，进行长时间的等待，即可渲染出 RGB 效果图，如图 9-76 所示。效果图出来以后，在效果图窗口中单击【保存】按钮，将其保存到相应的路径下。

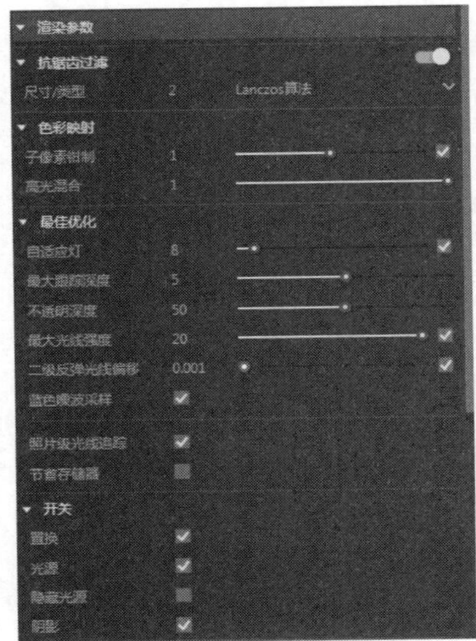

图 9-73 渲染参数设置

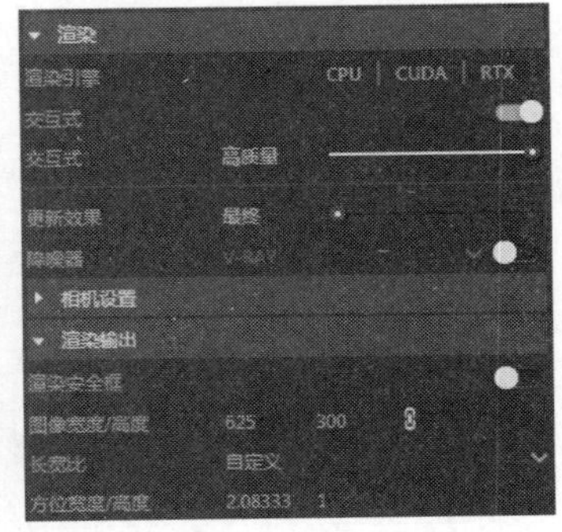

图 9-74 渲染输出和渲染设置

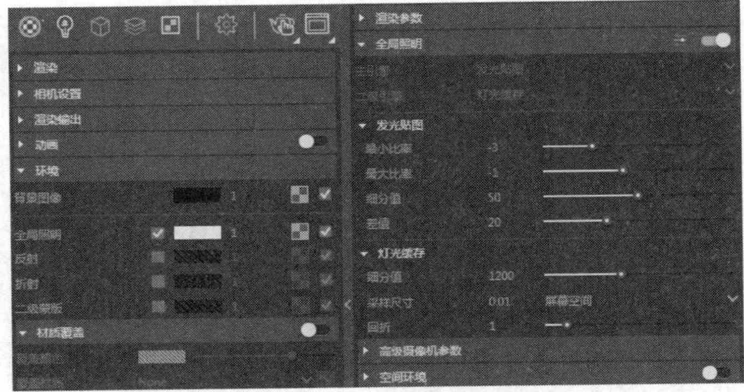

图 9-75 其他参数设置

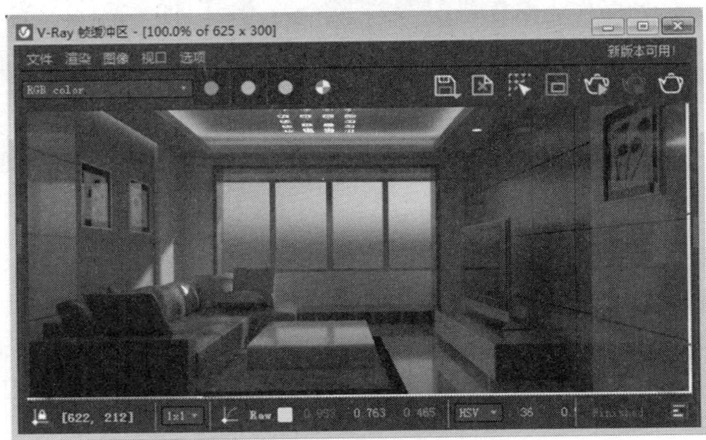

图 9-76 渲染出 RGB 效果图

由于 JPG 格式的文件为有损压缩格式，会失真。因此保存效果图可选择 TGA 或 TIF 格式。这里保存到本案例的素材文件夹下。

step 27 在渲染窗口中选择 Alpha 选项，同样单击【保存】按钮，将图 9-77 渲染出的 Alpha 通道图保存到同一个路径下。

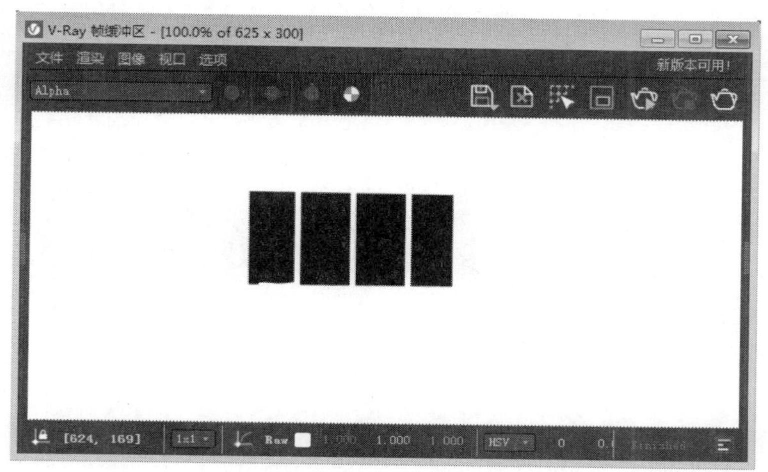

图 9-77 渲染出 Alpha 通道图

渲染时，会同时渲染得到 RGB 颜色效果图和 Alpha 通道图，需要分别进行保存，以方便后面在图像编辑软件中使用。

step 28 在 Photoshop 软件中打开前面完成的“客厅效果.tif”和“通道图.tif”两个图形文件，经过调整，客厅效果图就基本调整好了，为了丰富场景，可添加一些装饰配景，完成的最终效果如图 9-78 所示。

图 9-78 范例最终效果

9.4 本章小结

在本章学习中，要掌握插件的使用方法，并达到熟练运用的程度。另外，还要掌握模型渲染的方法，渲染效果设计更能展现设计成果与意图，所以要勤加练习。

第 10 章

扩 展 功 能

本章导读

SketchUp 可以与 AutoCAD、3ds Max 等图形处理软件共享数据成果，以弥补 SketchUp 在精确建模方面的不足。另外，LayOut 正在成为“方案推敲到全套文档”中的重要环节，它已经在 SketchUp 模型到传统图纸和电子演示文档转化方面起到举足轻重的作用。

本章主要介绍 SketchUp 与其他文件的导入、导出方法，重点包括 CAD 文件、二维图形和 3DS 格式的文件。同时还简要介绍了 LayOut(布局器)的作用和特点。

10.1　CAD 文件的导入和导出

SketchUp 在建模之后还可以导出准确的平面图、立面图和剖面图，为下一步施工图的制作提供基础条件。本节将详细介绍 SketchUp 与几种常用软件的衔接，不同格式文件的导入导出操作。

将 CAD 文件导入 SketchUp 之前，要设置好坐标原点。有时候导入 SU 后，会发现 SU 离坐标很远，这是因为 CAD 中如果有“块”，每个块的坐标原点都是在很远的地方。在 SU 中简单地把整个模型移动到坐标原点解决不了破面问题，需要重新设置每个组的轴坐标。所以，在画 CAD 图时，就应养成设置好原点坐标的习惯，在拿到别人的 CAD 建模时，也应先检查一下坐标原点。

AutoCAD 中有宽度的多段线导入 SketchUp 中可以变成面，而填充命令生成的面导入 SketchUp 中则不生成面。

10.1.1　导入 DWG/DXF 格式的文件

作为真正的方案推敲软件，SketchUp 必须支持方案设计的全过程。粗略抽象的概念设计是重要的，但精确的图纸也同样重要。因此，SketchUp 一开始就支持导入和导出 AutoCAD 的 DWG/DXF 格式的文件。

选择【文件】|【导入】菜单命令，在弹出的【导入】对话框中设置【文件类型】为【AutoCAD 文件(*. dwg，*. dxf)】，如图 10-1 所示。

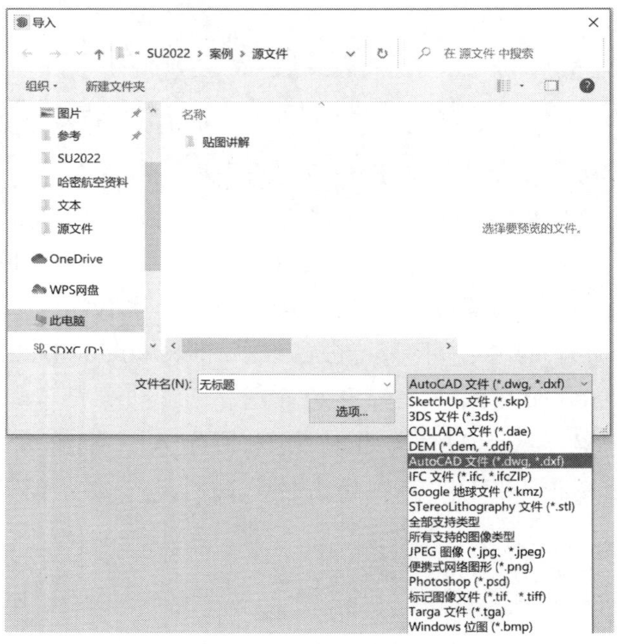

图 10-1　【导入】对话框

选择需要导入的文件，然后单击【选项】按钮，接着在弹出的【导入 AutoCAD DWG/DXF 选项】对话框中，根据导入文件的属性设置导入的单位，一般设置为【毫米】或者【米】，如图 10-2 所示，最后单击【确定】按钮。

有些文件可能包含非标准的单位、共面的表面以及朝向不一致的表面，用户可以通过选中【导入 AutoCAD DWG/DXF 选项】对话框中的【合并共面平面】复选框和【平面方向一致】复选框纠正这些问题。

- 【合并共面平面】：导入 DWG 或 DXF 格式的文件时，会发现一些平面上有三角形的划分线。手工删除这些多余的线是很麻烦的，可以使用该选项让 SketchUp 自动删除多余的划分线。
- 【平面方向一致】；选中该复选框后，系统会自动分析导入表面的朝向，并统一表面的法线方向。

完成设置后单击【好】按钮，开始导入文件。导入完成后，SketchUp 会显示一个导入实体的报告，如图 10-3 所示。

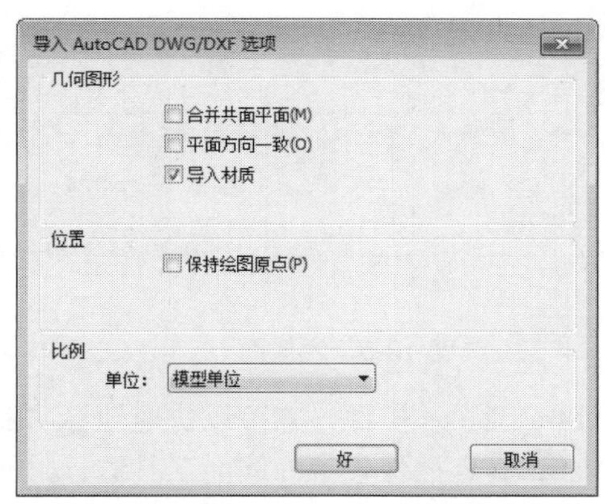

图 10-2　【导入 AutoCAD DWG/DXF 选项】对话框

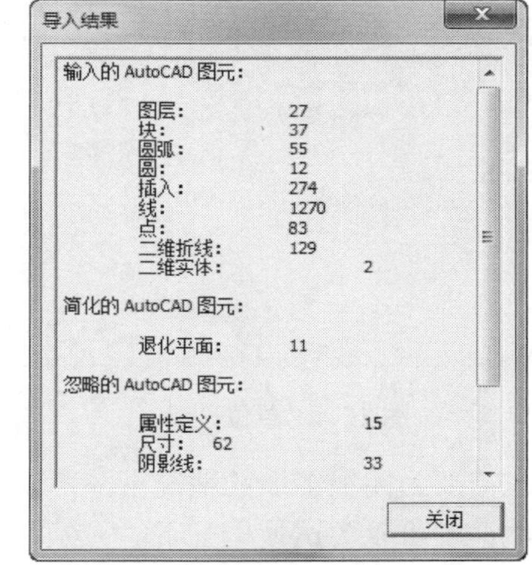

图 10-3　导入结果

如果导入之前 SketchUp 中已经有了别的实体，那么所有导入的几何体会合并为一个组，以免干扰已有的几何体，但如果是导入到空白文件中，就不会创建组。

SketchUp 支持导入的 AutoCAD 实体包括线、圆弧、圆、多段线、面、有厚度的实体、三维面、嵌套的图块以及图层。目前，SketchUp 还不能支持 AutoCAD 实心体、区域、样条线、锥形宽度的多段线、XREFS、填充图案、尺寸标注、文字和 ADT、ARX 物体，这些在导入时将被忽略。如果想导入这些未被支持的实体，需要 AutoCAD 中先将其分解(快捷键为 X)，有些物体还需要分解多次，才能在导出时转换为 SketchUp 几何体，有些即使被分解也无法导入，需要用户注意。

在导入文件的时候，尽量简化文件，只导入需要的几何体。这是因为导入一个大的 AutoCAD 文件时，系统会对每个图形实体都进行分析，这需要很长的时间，而且一旦导入后，由于 SketchUp 中智能化的线和表面需要比 AutoCAD 更多的系统资源，复杂的文件会影响 SketchUp 的系统性能。

一些 AutoCAD 文件以统一的单位来保存数据，例如 DXF 格式的文件，这意味着导入时必须指定导入文件使用的单位以保证进行正确的缩放。如果已知 AutoCAD 文件使用的单位为毫米，而在导入时却选择了米，那么就意味着图形放大了 1000 倍。

在 SketchUp 中导入 DWG 格式的文件时，在【导入】对话框中单击【选项】按钮并在弹出的对话框中设置导入的单位为毫米即可，如图 10-4 所示。

不过，需要注意的是，在 SketchUp 中只能识别 0.001 平方单位以上的表面，如果导入的模型有 0.01 单位长度的边线，将不能导入，因为 0.01×0.01=0.0001 平方单位。所以在导入未知单位文件时，宁愿设定大的单位也不要选择小的单位，因为模型比例缩小会使一些过小的表面在 SketchUp 中被忽略，剩余的表面也可能发生变形。如果指定单位为米，导入的模型虽然过大，但所有的表面都被正确导入了，可以缩放模型到正确的尺寸。

导入的 AutoCAD 图形需要在 SketchUp 中生成面，然后才能拉伸。对于在同一平面内本来就封闭的线，只需要绘制其中一小段线段就会自动封闭成面；对于开口的线，将开口处用线连接好，就会生成面，如图 10-5 所示。

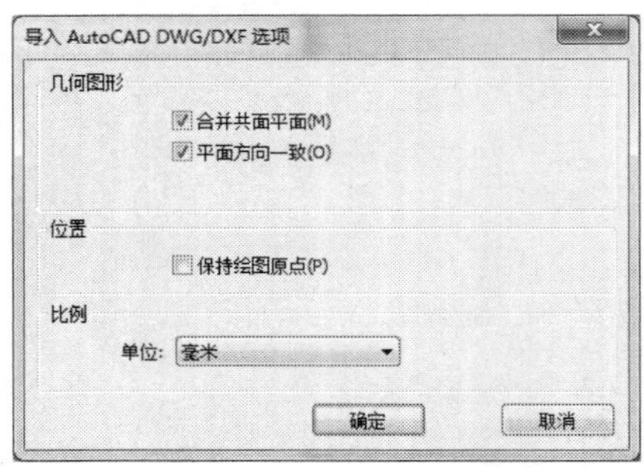

图 10-4　单位设置

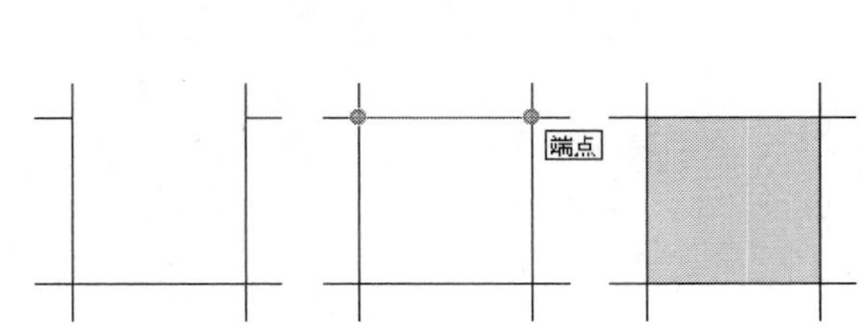

图 10-5　生成面

在需要封闭很多面的情况下，可以使用 Label Stray Lines 插件，它可以快速地标明图形的缺口，读者可以尝试使用一下。另外，还可以使用 SUAPP 插件集中的线面工具进行封面。具体步骤为：选中要封面的线，选择【插件】|【线面工具】|【生成面域】菜单命令。在运用插件进行封面的时候需要等待一段时间，在绘图区下方会显示一条进度条，指示封面的进程。插件没有封到的面可以使用【线条】工具进行补充。

在导入 AutoCAD 图形时，有时候会发现导入的线段不在一个面上，可能是在 AutoCAD 中没有对线的标高进行统一。如果已经统一了标高，但是导入后仍然出现线条弯曲或者线条晃动的情况，建议复制这些线条，然后重新打开 SketchUp 并粘贴至一个新的文件中。

10.1.2　导出 DWG/DXF 格式的二维矢量图文件

SketchUp 允许将模型导出为多种格式的二维矢量图，包括 DWG、DXF、EPS 和 PDF 格式。导出的二维矢量图可以方便地在任何 CAD 软件或矢量处理软件中导入和编辑。SketchUp 的一些图形特性无法导出到二维矢量图中，包括贴图、阴影和透明度。

在绘图窗口中先调整好视图的视角(SketchUp 会将当前视图导出，并忽略贴图、阴影等不

支持的特性)。选择【文件】|【导出】|【二维图形】菜单命令，打开【输出二维图形】对话框，然后设置【保存类型】为【AutoCAD DWG 文件(*. dwg)】或者【AutoCAD DWG 文件(*. dxf)】，接着设置导出的文件名，如图 10-6 所示。

图 10-6 【输出二维图形】对话框

单击【选项】按钮，弹出【DWG/DXF 输出选项】对话框，从中设置输出的参数，如图 10-7 所示。完成设置后单击【好】按钮，即可进行输出。

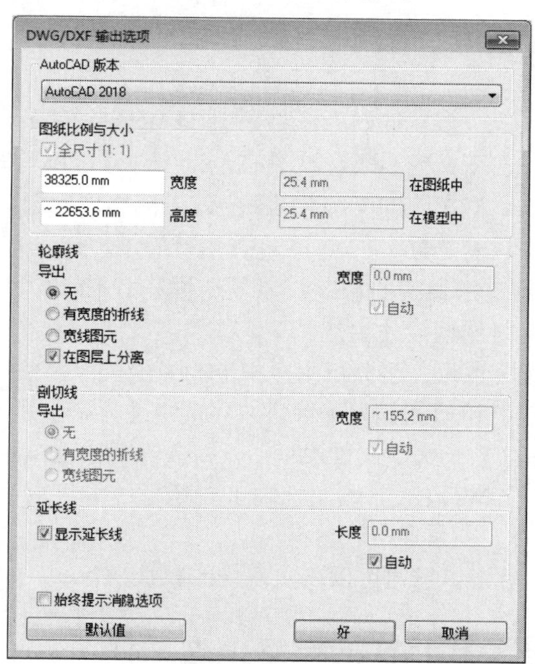

图 10-7 【DWG/DXF 输出选项】对话框

(1) 【AutoCAD 版本】选项组。

在该选项组中可以设置导出的 AutoCAD 版本。

(2) 【图纸比例与大小】选项组。

- 【全尺寸】：选中该复选框，将按真实尺寸 1∶1 导出。
- 【宽度】/【高度】：定义导出图形的宽度和高度。
- 【在图纸中】/【在模型中】：在图纸中和在模型中的比例就是导出时的缩放比例。例如，【在图纸中】/【在模型中】为 1mm/1m，那就相当于导出 1∶1000 的图形。另外，在开启【透视显示】模式时不能定义这两项的比例，即使在【平行投影】模式下，也必须是表面的法线垂直视图时才可以。

(3) 【轮廓线】选项组。

- 【无】：如果设置【导出】为【无】，则导出时会忽略屏幕显示效果而导出正常的线条；如果没有设置该项，则 SketchUp 中显示的轮廓线会导出为较粗的线。
- 【有宽度的折线】：如果设置【导出】为【有宽度的折线】，则导出的轮廓线为多段线实体。
- 【宽线图元】：如果设置【导出】为【宽线图元】，则导出的剖面线为粗线实体。该项只有在导出 AutoCAD 2000 以上版本的 DWG 文件时才有效。
- 【在图层上分离】：如果设置【导出】为【在图层上分离】，将导出专门的轮廓线图层，便于在其他程序中设置和修改。SketchUp 的图层设置在导出二维消隐线矢量图时不会直接转换。

(4) 【剖切线】选项组。

【剖切线】选项组与【轮廓线】选项组类似，这里不再赘述。

(5) 【延长线】选项组。

- 【显示延长线】：选中该复选框后，将导出 SketchUp 中显示的延长线。如果取消选中该复选框，将导出正常的线条。这里有一点要注意，延长线在 SketchUp 中对捕捉参考系统没有影响，但在别的 CAD 程序中就可能出现问题，如果想编辑导出的矢量图，最好取消选中该复选框。
- 【长度】：用于指定延长线的长度。该复选框只有在选中【显示延长线】复选框并取消选中【自动】复选框后才生效。
- 【自动】：选中该复选框，将分析用户指定的导出尺寸，并匹配延长线的长度，让延长线和屏幕上显示的相似。该复选框只有在选中【显示延长线】复选框时才生效。

(6) 【始终提示消隐选项】：选中该复选框后，每次在导出 DWG 和 DXF 格式的二维矢量图文件时都会自动打开【DWG/DXF 输出选项】对话框；如果取消选中该复选框，将使用上次的导出设置。

(7) 【默认值】按钮：单击该按钮可以恢复系统的默认值。

10.1.3 导出 DWG/DXF 格式的三维模型文件

导出 DWG 和 DXF 格式的三维模型文件的具体操作步骤如下。

选择【文件】|【导出】|【三维模型】菜单命令，然后在打开的【输出模型】对话框中设置【保存类型】为【AutoCAD DWG 文件(*.dwg)】或者【AutoCAD DXF 文件(*.dxf)】。

完成设置后即可按当前设置进行保存，也可以对导出选项进行设置后再保存，如图 10-8 所示。

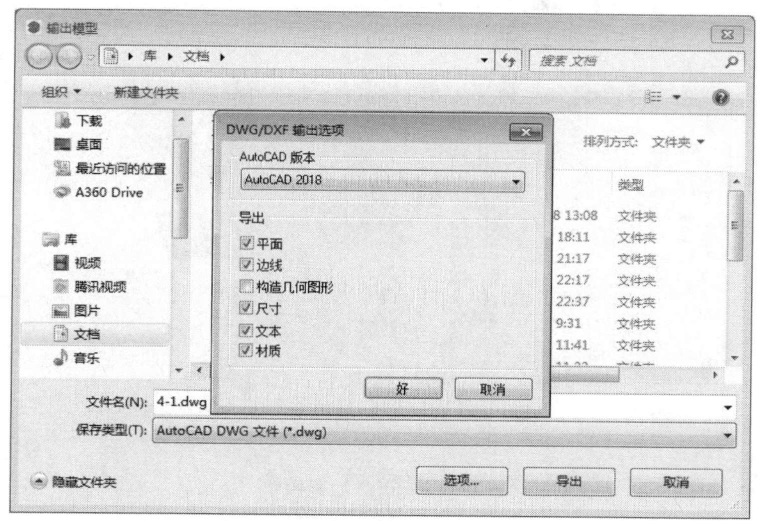

图 10-8 输出模型选项设置

SketchUp 可以导出面、线(线框)或辅助线，所有 SketchUp 的表面都将导出为三角形的多段网格面。

导出为 AutoCAD 文件时，SketchUp 使用当前的文件单位导出。例如，SketchUp 的当前单位设置是十进制(米)，以此为单位导出的 DWG 文件在 AutoCAD 中也必须将单位设置为十进制(米)才能正确地转换模型。还有一点需要注意，导出时，SketchUp 中多段折线实体不会被创建为 AutoCAD 的多段线实体。

10.2 图形图像文件的导入和导出

作为一名设计师，可能经常需要对扫描图、传真、图片等图像进行描绘，SketchUp 允许用户导入 JPEG、PNG、TGA、BMP 和 TIF 格式的图像到模型中。另外，在绘图过程中，三维图形的导入也可以提高我们的工作效率，同时也能减少工作量。

通常导出的和导入的图像文件分为两种：二维图片和三维图形(3DS 格式文件)。SketchUp 可以导出 JPG、BMP、TGA、TIF、PNG 和 Epix 等格式的二维光栅图像，也可以导出 3DS 格式、VRML 格式和 OBJ 格式的文件。

10.2.1 导入二维图片

选择【文件】|【导入】菜单命令，弹出【导入】对话框，从中选择图片进行导入，如图 10-9 所示。

也可以用鼠标右键单击桌面左下角的【开始】按钮，选择【文件资源管理器】命令，打开图像所在的文件夹，选中图像，拖放至 SketchUp 绘图窗口中。

图 10-9 【导入】对话框

10.2.2 导入 3DS 格式的文件

导入 3DS 格式文件的具体操作步骤如下。

选择【文件】|【导入】菜单命令，然后在弹出的【导入】对话框中找到需要导入的文件并将其导入。在导入前，可以先设置导入的单位为【3DS 文件(*.3ds)】，单击【选项】按钮，弹出【3DS 导入选项】对话框，如图 10-10 所示。

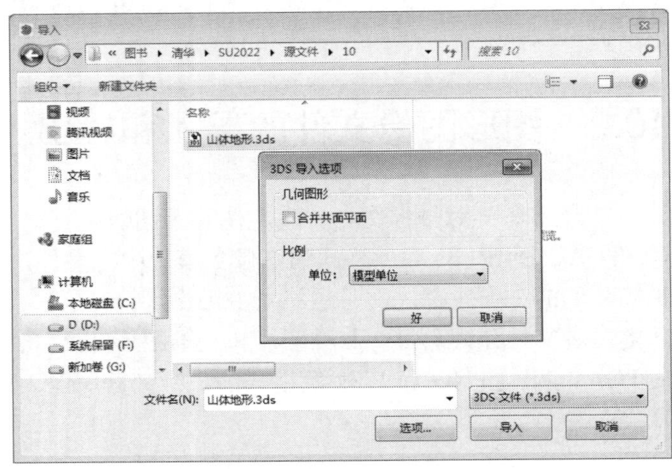

图 10-10 导入 3DS 格式文件

10.2.3 导出 JPG 格式的图像

在绘图窗口中设置好需要导出的模型视图，选择【文件】|【导出】|【二维图像】菜单命令，打开【输出二维图形】对话框，设置好输出的文件名和文件格式(JPG 格式)，单击

【选项】按钮，弹出【输出选项】对话框，如图10-11所示。

图10-11　导出JPG格式的图像

(1) 【输出选项】对话框中各参数的设置如下。

- 【使用视图大小】：选中该复选框则导出图像的尺寸大小为当前视图窗口的大小，取消选中该复选框则可以自定义图像尺寸。
- 【宽度】/【高度】：指定图像的尺寸，以【像素】为单位，指定的尺寸越大，导出时间越长，消耗的内存越多，生成的图像文件也越大，最好按需要导出相应大小的图像文件。
- 【消除锯齿】：选中该复选框后，SketchUp会对导出图像做平滑处理。需要更多的导出时间，但可以减少图像中的线条锯齿。

(2) 在SketchUp中导出高质量位图的方法。

SketchUp的图片导出质量与显卡的硬件质量有很大关系，显卡越好，抗锯齿的能力就越强，导出的图片就越清晰。

选择【窗口】|【系统设置】菜单命令，打开【SketchUp 系统设置】对话框，然后在【OpenGL 设置】选项组中选中【使用快速反馈】复选框，如图10-12所示。

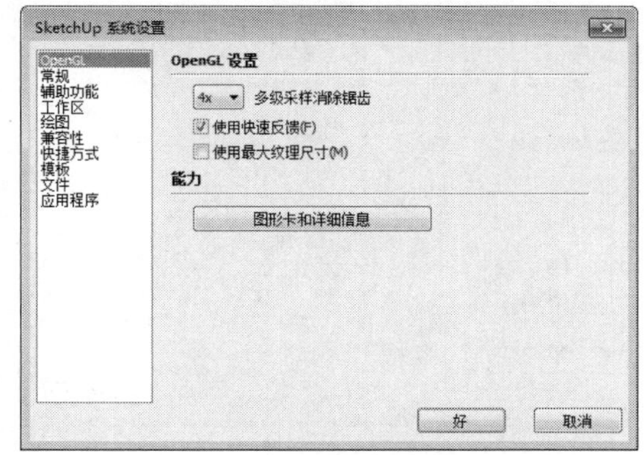

图10-12　【SketchUp 系统设置】对话框

10.2.4 导出 PDF 格式的图像

PDF 文件是 Adobe 公司开发的开放式电子文档，支持各种字体、图片、格式和颜色，是压缩过的文件，便于发布、浏览和打印。

导出 PDF 格式的最初目的是矢量图输出，因此导出文件中可以包括线条和填充区域，但不能导出贴图、阴影、平滑着色、背景和透明度等显示效果。另外，由于 SketchUp 没有使用 OpenGL 来输出矢量图，因此也不能导出由 OpenGL 渲染出来的效果。如果想要导出所见即所得的图像，可以导出为光栅图像。

设置好视图后，选择【文件】|【导出】|【二维图像】菜单命令，打开【输出二维图形】对话框，然后设置好导出的文件名和文件格式(PDF 格式)，如图 10-13 所示，单击【选项】按钮，弹出【PDF 导出选项】对话框，如图 10-14 所示。

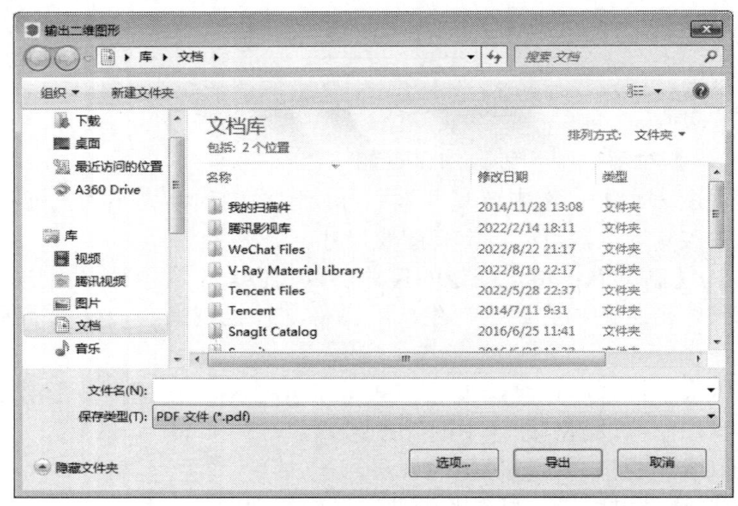

图 10-13　输出二维图形

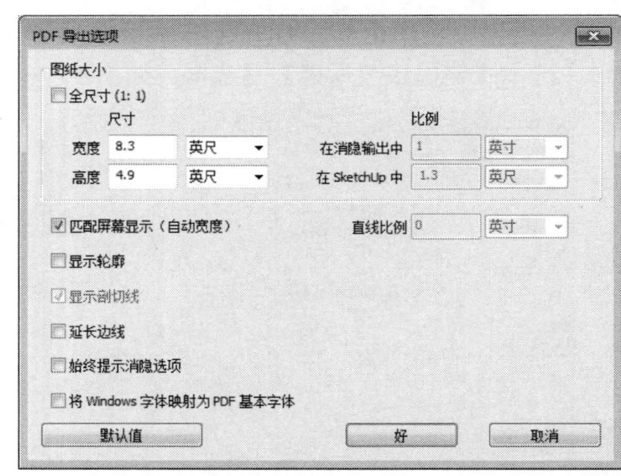

图 10-14　【PDF 导出选项】对话框

10.2.5 导出 3DS 格式的文件

3DS 格式的文件支持 SketchUp 导出材质、贴图和照相机，比 DWG 格式和 DXF 格式更能完美地转换 SketchUp 模型。

选择【文件】|【导出】|【三维模型】菜单命令，打开【输出模型】对话框，然后设置好导出的文件名和文件格式(3DS 格式)，如图 10-15 所示，单击【选项】按钮，弹出【3DS 导出选项】对话框，如图 10-16 所示。

图 10-15 输出模型

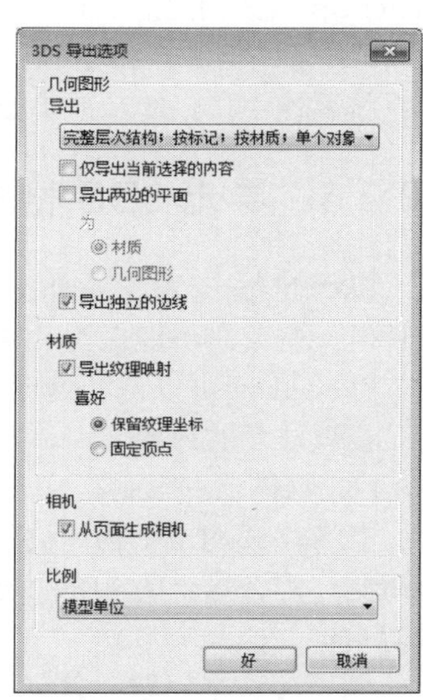

图 10-16 3DS 导出选项

(1) 【几何图形】选项组用于设置导出的模式。

① 【导出】下拉列表框中包含了 4 个内容，分别介绍如下。

【完整层次结构】：SketchUp 将按组与组件的层级关系导出模型。

【按标记】：模型将按同一标记上的物体导出。

【按材质】：SketchUp 将按材质贴图导出模型。

【单个对象】：用于将整个模型导出为一个已命名的物体，常用于导出为大型基地模型创建的物体，例如导出一个单一的建筑模型。

② 【仅导出当前选择的内容】：选中该复选框，将只导出当前选中的实体。

③ 【导出两边的平面】：选中该复选框将激活下面的【材质】和【几何图形】单选按钮，其中【材质】单选按钮能开启 3DS 材质定义中的双面标记，该单选按钮导出的多边形数量和单面导出的多边形数量一样，但渲染速度会下降，特别是在开启阴影和反射效果的时候。另外，该单选按钮无法使用 SketchUp 中的表面背面的材质。相反，【几何图形】单选按钮则是将每个 SketchUp 的面都导出两次，一次导出正面，另一次导出背面，导出的多边形数量增加一倍，同样渲染速度也会下降，但是导出的模型两个面都可以渲染，并且正反两面可有不同的材质。

(2) 【材质】选项组。

① 【导出纹理映射】：选中该复选框，可以导出模型的材质贴图。

② 【保留纹理坐标】：该单选按钮用于在导出 3DS 文件时，不改变 SketchUp 材质贴图的坐标。只有选中【导出纹理映射】复选框后，该单选按钮和【固定顶点】单选按钮才能被激活。

③ 【固定顶点】：该单选按钮用于在导出 3DS 文件时，保持贴图坐标与平面视图对齐。

(3) 【从页面生成相机】：该复选框用于保存时为当前视图创建照相机，也为每个 SketchUp 页面创建照相机。

(4) 【比例】：指定导出模型使用的测量单位。默认设置是【模型单位】，即 SketchUp 的系统属性中指定的当前单位。

10.2.6 导出 3DS 格式文件的问题和限制

SketchUp 专为方案推敲而设计，它的一些特性不同于其他的 3D 建模程序。在导出 3DS 文件时一些信息不能保留，3DS 格式本身也有一些局限性。

SketchUp 可以自动处理一些限制性问题，并提供一系列导出选项以适应不同的需要。以下是需要注意的内容。

(1) 物体顶点限制。

3DS 格式的一个物体被限制为 64000 个顶点和 64000 个面。如果 SketchUp 的模型超出这个限制，那么导出的 3DS 文件可能无法在其他的程序中导入。SketchUp 会自动监视并显示警告对话框。

要处理这个问题，首先要确定选中【仅导出当前选择的内容】复选框，然后试着将模型单个依次导出。

(2) 嵌套的组或组件。

目前，SketchUp 不能导出组合组件的层级到 3DS 文件中。换句话说，组中嵌套的组会被打散并附属于最高层级的组。

(3) 双面的表面。

在一些 3D 程序中，多边形的表面法线方向是很重要的，因为默认情况下只有表面的正面可见。这好像违反了直觉，真实世界的物体并不是这样的，但这样能提高渲染效率。

而在 SketchUp 中，一个表面的两个面都可见，用户不必担心面的朝向。例如，在 SketchUp 中创建一个带默认材质的立方体，立方体的外表面为棕色而内表面为蓝色。如果内外表面都赋予相同的材质，那么表面的方向就不重要了。

但是，导出的模型如果没有统一法线，那在其他的应用程序中就可能出现“丢面”的现象。并不是真的丢失了，而是面的朝向不对。

解决这个问题的一个方法是利用【将面翻转】命令对表面进行手工复位，或者利用【统一面的方向】命令将所有相邻表面的法线方向统一，这样可以同时修正多个表面法线的问题。另外，【3DS 导出选项】对话框中的【导出两边的平面】复选框也可以修正这个问题，这是一种强而有效的方法，如果没时间手工修改表面法线时，使用该复选框非常方便。

(4) 双面贴图。

表面有正反两面，但只有正面的UV贴图可以导出。

(5) 复数的UV顶点。

3DS 文件中每个顶点只能使用一个 UV 贴图坐标，所以共享相同顶点的两个面上无法具有不同的贴图。为了打破这个限制，SketchUp 通过分割几何体，让在同一平面上的多边形的组拥有各自的顶点，这样虽然可以保持材料贴图，但由于顶点重复，也可能会导致无法正确进行一些3D模型操作，例如平滑或布尔运算。

幸运的是，当前的大部分 3D 应用程序都可以保持正确贴图和结合重复的顶点，在由SketchUp导出的3DS文件中进行此操作时，不论是贴图、模型，都能得到理想的结果。

这里有一点需要注意，表面的正反两面都赋予材质的话，背面的UV贴图将被忽略。

(6) 独立边线。

一些3D程序使用的是【顶点-面】模型，不能识别SketchUp的独立边线定义，3DS文件也是如此，要导出边线，SketchUp 会导出细长的矩形来代替这些独立边线，但可能导致无效的3DS文件。如果可能，不要将独立边线导出到3DS文件中。

(7) 贴图名称。

3DS 文件使用的贴图文件名格式有基于 DOS 系统的字符限制，不支持长文件名和一些特殊字符。

SketchUp 在导出时会试着创建 DOS 标准的文件名。例如，一个命名为 corrugated metal.jpg 的文件在3DS文件中被描述为corrug-1.jpg。其他的使用相同的头6个字符的文件被描述为corrug-2.jpg，以此类推。

不过这样的话，如果要在其他的3D程序中使用贴图，就必须重新指定贴图文件或修改贴图文件的名称。

(8) 贴图路径。

保存 SketchUp 文件时，使用的材质会封装到文件中。当用户将文件发送给他人时，无须担心找不到材质贴图的问题。但是，3DS 文件只是提供了贴图文件的链接，没有保存贴图的实际路径和信息；这一局限性很容易破坏贴图分配，最容易的解决办法就是在导入模型的 3D 程序中添加SketchUp的贴图文件目录，这样就能解决贴图文件找不到的问题。

如果贴图文件不是保存在本地文件夹中，就不能使用。如果别人将 SketchUp 文件发送给自己，该文件封装了自定义的贴图材质，这些材质是无法导出到 3DS 文件中的，这就需要另外再把贴图文件传送过来，或者将SKP文件中的贴图导出为图像文件。

(9) 材质名称。

SketchUp 允许使用多种字符的长文件名，而 3DS 文件不行。因此，导出时，材质名称会被修改并截至12个字符。

(10) 可见性。

只有当前可见的物体才能导出到 3DS 文件中，隐藏的物体或处于隐藏图层中的物体是不会被导出的。

(11) 图层。

3DS 格式不支持图层，所有 SketchUp 图层在导出时都将丢失。如果要保留图层，最好导出为DWG格式。

(12) 单位。

SketchUp 导出 3DS 文件时，可以在选项中指定单位。例如，在 SketchUp 中边长为 1 米的立方体在设置单位为“米”时，导出到 3DS 文件后，边长为 1。如果将导出单位设置成“厘米”，则该立方体的导出边长为 100。

3DS 格式通过比例因子来记录单位信息，这样其他的程序读取 3DS 文件时都可以自动转换为真实尺寸。例如上面的立方体虽然边长一个为 1，另一个为 100，但导入程序后，却是一样的大小。

有些程序忽略了单位缩放信息，这将导致边长为 100 厘米的立方体在导入后是边长为 1 米的立方体的 100 倍。遇到这种情况，只能在导出时就把单位设置成其他程序导入时所需要的单位。

10.3 LayOut(布局器)简介

现代的设计文档不再限于传统的平面图纸，也包括实体模型、演示图文稿、动画、全景、VR 三维现实仿真等。非常幸运，我们正在学习的 SketchUp 加上配套的 LayOut，几乎可以完成从方案推敲一直到上述这些设计文档的创建生成等全部操作。LayOut 正在成为“方案推敲到全套文档”中的重要环节，它已经在 SketchUp 模型到传统图纸和电子演示文档转化方面起到举足轻重的作用。

10.3.1 LayOut 发展史

在计算机辅助设计普及之前，工程师们主要负责设计，他们在纸上画草图，而后交给专业的描图员根据草图在半透明的硫酸纸上描绘出底图，最后用晒图机和氨桶熏出最终的“蓝图”。如果需要效果图，又需要另一批专业人员，用所谓“喷绘渲染”的方式来制作(当今电脑渲染的鼻祖)。“喷绘渲染”要用到各种蒙版，各种奇奇怪怪的喷枪和工具，还需要各种专业的技巧，其中很多术语都被当今的电脑软件所沿用。负责设计的工程师通常接受过该专业的高等教育；描图员只要中技或中专的资历；制作喷绘的专门人才，通常接受过工程与美术专业教育及长期的训练，非常难觅。

最近二三十年，特别是近十多年以来，计算机辅助设计快速发展，上面所说的，从第一次工业革命以前开始，沿用了几百年的设计制图流程完全被改变；当今时代，大多数合格的设计师都具备了从方案推敲到编制专业文档的全面技能。现代的所谓专业文档，并不限于传统的平面图纸，也包括三维的实体模型、供演示用的图文稿(PPT 或幻灯片)印刷品、有声有色的动画，甚至 360 度全景视图、VR 三维现实仿真等。

LayOut 从 SketchUp 6.0 版开始，作为 SketchUp 的附属部分进入我们的电脑，算起来已经有 12 个不同的版本了：LayOut 1.0、2.0 和 3.0 三个版本是由 Google 公司发布的；从 LayOut 2013 到现在的 2019，一共 9 个版本，是由天宝公司发布的。

这里要告诉刚接触 SketchUp 的新手们一个事实：很多年以来，LayOut 就是个公认的几乎没有使用价值的累赘，为什么这么说？刚开始的五六个版本，存在着占用大量计算机资源

的问题，只要一打开 LayOut，电脑就像患了三年大病，动一下都困难，根本不能用。还有，它对双字节汉字的支持非常不友好，LayOut 里只有一个系统默认的宋体可用，有时候出现的汉字还缺胳膊少腿。另外，各种小毛病非常多(很多毛病还一直延续到最新的 2021 版)。

10.3.2 LayOut 的主要作用

LayOut 是 SketchUp 的一项功能，它包含一系列工具，能帮助用户创建包含 SketchUp 模型的设计演示。LayOut 可帮助设计者准备文档集，传达其设计理念。使用简单的布局工具，设计者即可放置、排列、命名和标注 SketchUp 模型、草图、照片和其他组成演示及文档图片的绘图元素。通过 LayOut，设计者可创建演示看板、小型手册和幻灯片。如图 10-17 所示为 LayOut 的主界面。

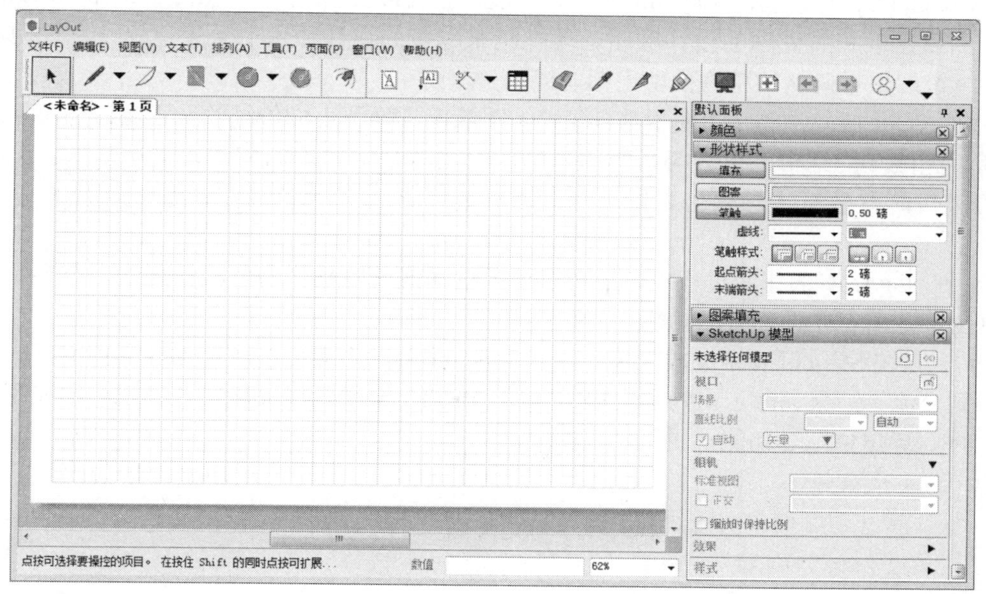

图 10-17 LayOut 的主界面

要明确 LayOut 可以做、善于做的事情只是“传达设计理念的演示”，它的特长是创建“演示看板”“小型手册”和“幻灯片”，它不是渲染工具，也不能当作 2D 的 CAD 来用；至于用 LayOut 制作施工图则是“一些用户开始的尝试”，官方始终没有把 LayOut 定义为“施工图工具”，因为他们清楚地知道 LayOut 擅长做什么和不擅长做什么。

10.3.2 LayOut 的特点

LayOut 翻译成中文可以是“布局”“安排”“布置”“规划”等，大多数文献中被译为“布局”。很多软件都有 LayOut 的功能，如最常见的 AutoCAD。“布局”的目的是输出(不限于图纸)。而输出之前的“布局”，说通俗点就是“排版”(包括尺寸、文字标注等)。跟 AutoCAD 里的 LayOut 不同，我们现在讨论的 SketchUp 里的 LayOut 跟 CAD 里的 LayOut 相比有很多的特殊性，包括从 3D 模型方便地生成三视图、透视图，及 SketchUp 的“同步联动特性”“众多的输出方式”等。

LayOut 正在成为“方案推敲到全套文档”中的重要环节，它至少可以在生成传统图纸和电子演示文档方面起到举足轻重的作用。在工程施工过程中，传统的二维图纸目前仍然是传递设计信息的主要方式；而演示表达用的电子文档，则是各部门沟通交流，乃至争取业务项目的重要手段。

接着再说说 LayOut 与其他软件比较的特殊性(优点)。在作者看来，除了其他软件都有的功能之外，至少还有以下几点是值得介绍的。

(1) SketchUp 与配套的 LayOut 的综合功能，开始在慢慢撼动 1982 年以来稳坐江山几十年的 AutoCAD 在设计界的地位。不过，它要彻底代替 AutoCAD，还有相当长的路要走，最难逾越的是人们先入为主的习惯与现有的生态环境。

(2) SketchUp 与配套的 LayOut 的综合功能，正在改变传统的以 AutoCAD 的 dwg 线稿为依据，然后建模和后处理的设计顺序。现在越来越多的设计师走上了先建模→发现问题→反复修改→最后依据确认的精确模型出图的捷径。

(3) LayOut 成功地将 3D 模型带到了 2D 图纸里，除了生成传统的三视图，还可用无限多的视角、无限多的细节，以人类最容易理解的真实透视形式展示创意，这种功能在丁字尺三角板的年代简直是无法想象的，即便是现在，也不是每一种设计工具都能如此方便地做到这样。

(4) 在 LayOut 的排版过程中，还可以插入位图或剪贴画作为背景或配景，令设计更加生动，这也不是所有软件都有的功能。

(5) 一旦在 SketchUp 中完成建模，导入 LayOut 后，不但可以快速生成各种图纸，同时还可以得到交流、汇报、演示用的图文稿(类似于 PPT)；至于输出矢量图、输出打印和印刷用的 PDF 文件、导出位图等功能，更是手到擒来。

10.4 设 计 范 例

10.4.1 导入 DWG 平面图并创建墙体范例

本范例完成文件：ywj/10/10-1.skp

1. 案例分析

本案例就是导入现有的 DWG 平面图后，再创建墙体效果，主要进行导入 AutoCAD 图形的操作练习。

2. 案例操作

step 01 新建一个文件，选择【文件】|【导入】菜单命令，弹出【导入】对话框，设置文件类型为【AutoCAD 文件(*.dwg，*.dxf)】，如图 10-18 所示。

step 02 找到本案例素材文件“平面图纸.dwg”，然后单击【选项】按钮，弹出【导入 AutoCAD DWG/DXF 选项】对话框，设置导入的单位为【毫米】，如图 10-19 所示。

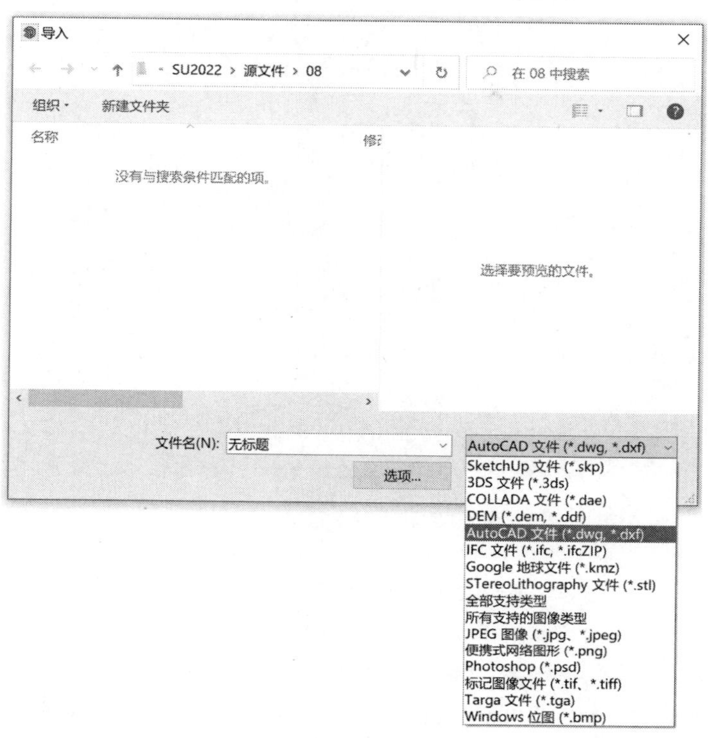

图 10-18 选择导入文件类型

step 03 依次单击【好】和【导入】按钮，则开始导入文件，若文件比较大，可能需要几分钟时间，导入完成后，SketchUp 中会显示一个导入结果的报告，如图 10-20 所示。

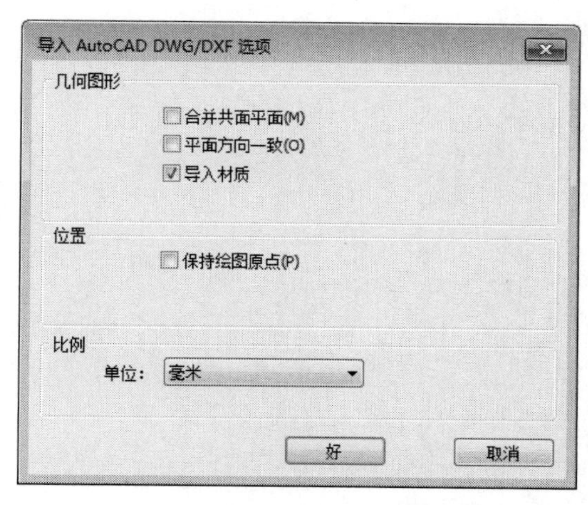

图 10-19 【导入 AutoCAD DWG/DXF 选项】对话框

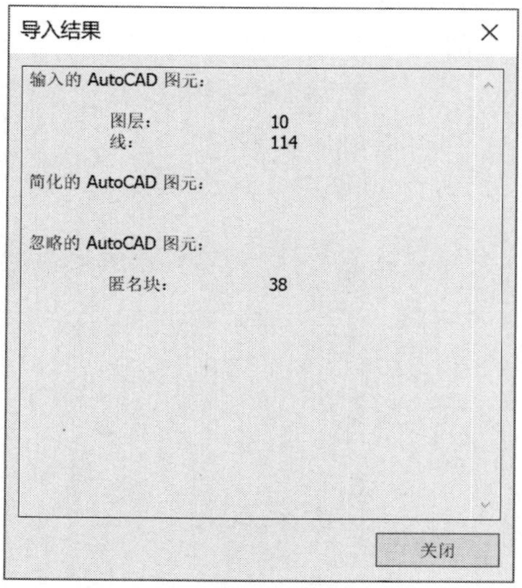

导入结果
输入的 AutoCAD 图元：
图层： 10
线： 114
简化的 AutoCAD 图元：
忽略的 AutoCAD 图元：
匿名块： 38
关闭

图 10-20 导入结果显示

step 04 单击【关闭】按钮，则将 CAD 图形导入到 SketchUp 中，如图 10-21 所示。

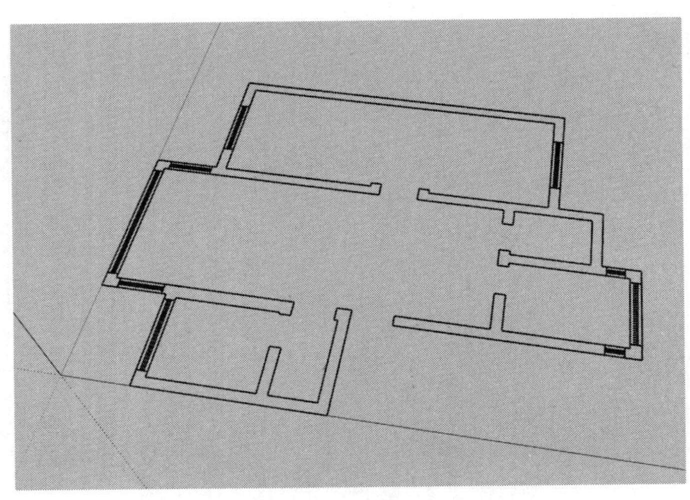

图 10-21　导入的 CAD 图形

如果在导入 DWG 文件之前，SketchUp 已经存在其他的实体，那么导入的几何体会自动成为一个组，以免干扰到已有的几何体；但如果是导入到空白的 SketchUp 文件中，导入的图形为单独的线条。SketchUp 支持导入的 AutoCAD 实体包括线、圆弧、圆、宽度一致的多段线、图块和图层等；不支持 AutoCAD 实心体、面域、宽度不一致的多段线、样条曲线、填充图案、文字、尺寸标注等。部分不支持的图形在 CAD 中分解后可被导入(如部分填充图案)。

step 05 将导入的图形编辑成群组，选择【相机】|【标准视图】|【顶视图】菜单命令，切换到顶视图平面中。使用直线工具，捕捉平面图相应的端点，勾勒出墙体轮廓，形成封面，如图 10-22 所示。

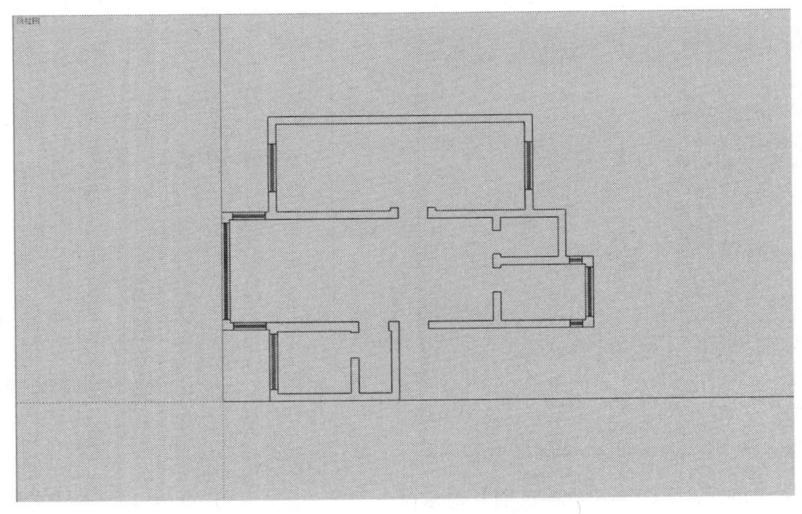

图 10-22　勾勒出墙体轮廓

在勾勒墙体线时，可忽略掉窗位置，直接绘制该方向上的一整条线，因为窗也是在墙体上开启窗洞所得。

step 06 旋转成透视图，使用推/拉工具，将平面向上推拉为 2800 高的墙体，完成范例制作，效果如图 10-23 所示。

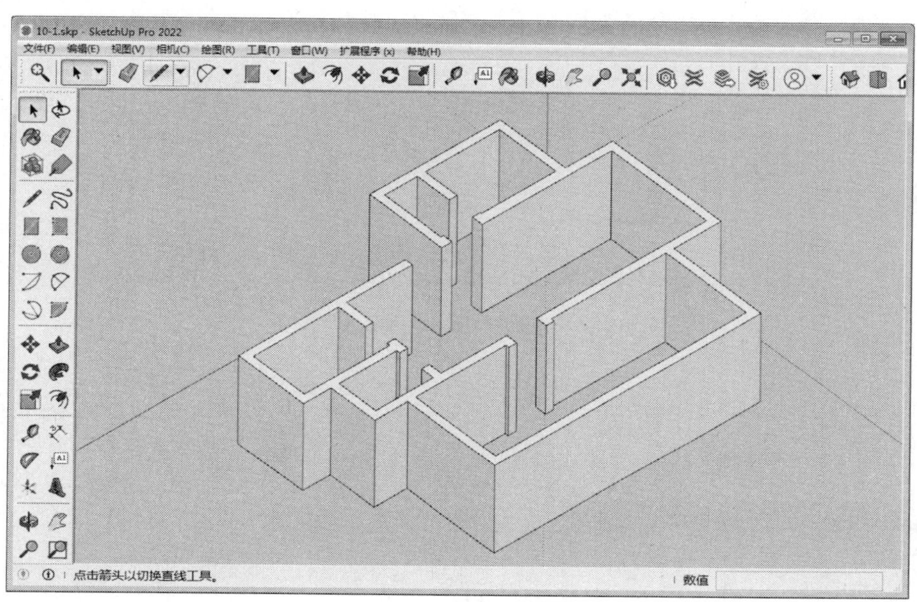

图 10-23　范例最终效果

10.4.2　导入 3DS 格式文件并导出图片

本范例完成文件：ywj/10/10-2.skp、10-2.jpg

1. 案例分析

本案例就是导入现有的 3DS 格式的文件后，再将其导出为图片，主要进行导入导出二维和三维图形的操作练习。

2. 案例操作

step 01 新建一个文件，选择【文件】|【导入】菜单命令，弹出【导入】对话框，设置格式为【3DS 文件(*.3ds)】，选择“山体地形.3ds”文件，如图 10-24 所示。

step 02 单击【选项】按钮，弹出【3DS 导入选项】对话框，在其中设置导入的单位，然后单击【好】按钮，如图 10-25 所示。

step 03 返回【导入】对话框中，单击【导入】按钮，对文件进行导入。经过几秒钟的等待，弹出【导入结果】对话框，提示导入的 3ds 图元，如图 10-26 所示。

step 04 单击【关闭】按钮，鼠标上将附着该三维模型，在相应位置单击以插入，如图 10-27 所示。

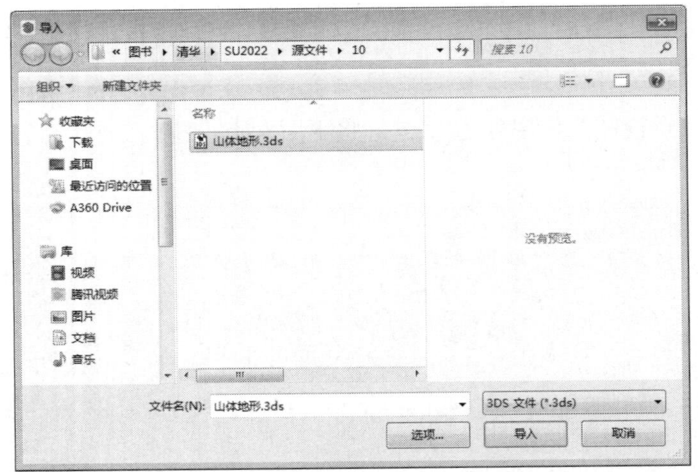

图 10-24　选择“山体地形.3ds”文件

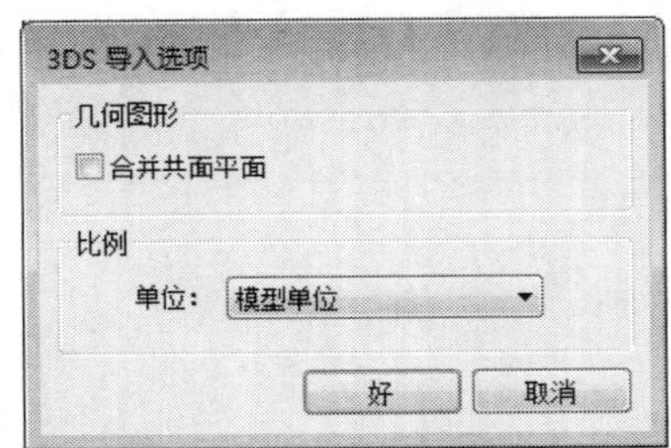

图 10-25　【3DS 导入选项】对话框

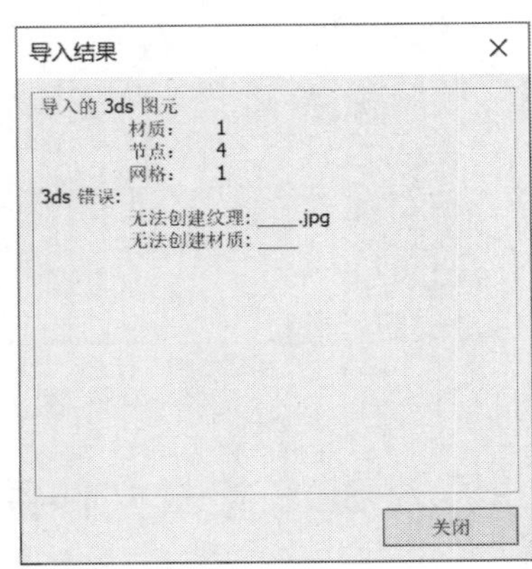

图 10-26　【导入结果】对话框

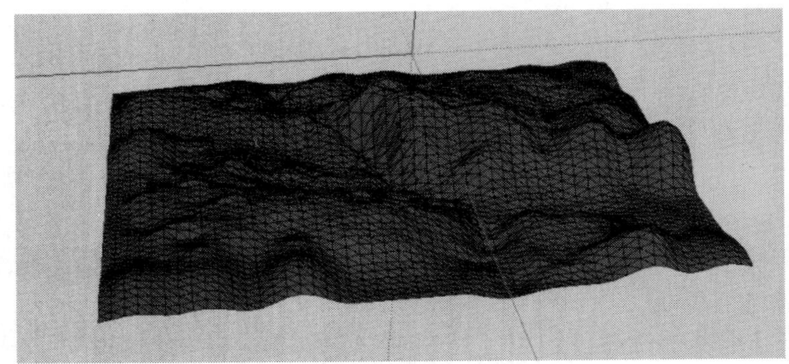

图 10-27　导入三维模型

根据导入的 3DS 文件可知，无论在导入或导出三维模型时，贴图纹理是不能被导入或导出的。

step 05 用鼠标中键旋转和放大视图，形成如图 10-28 所示的视图位置，保存文件为“10-2”。

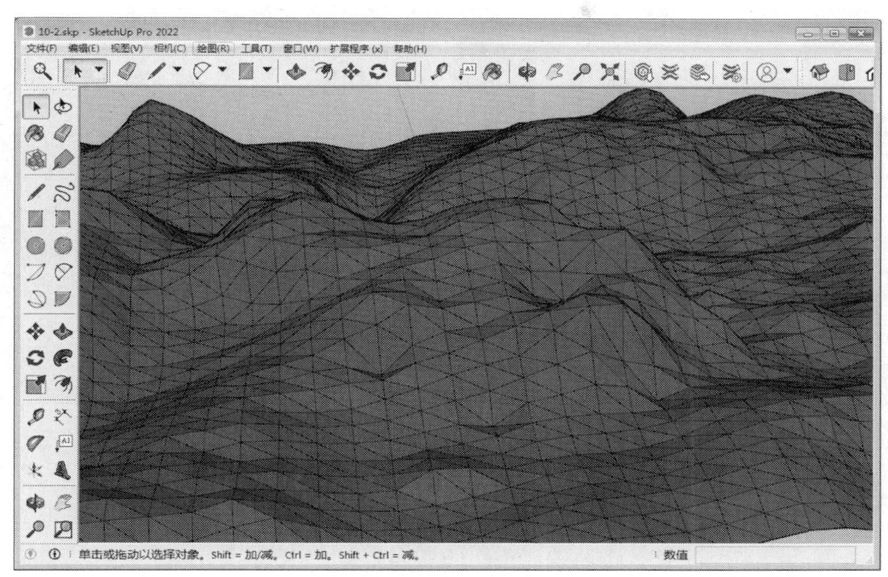

图 10-28 调整视图

step 06 选择【文件】|【导出】|【二维图像】菜单命令，弹出【输出二维图形】对话框，设置【保存类型】为【JPEG 图像(*.jpg)】，输入名称为“10-2”，如图 10-29 所示。

step 07 单击【选项】按钮，在弹出的【输出选项】对话框中进行设置，如图 10-30 所示，然后单击【好】按钮。

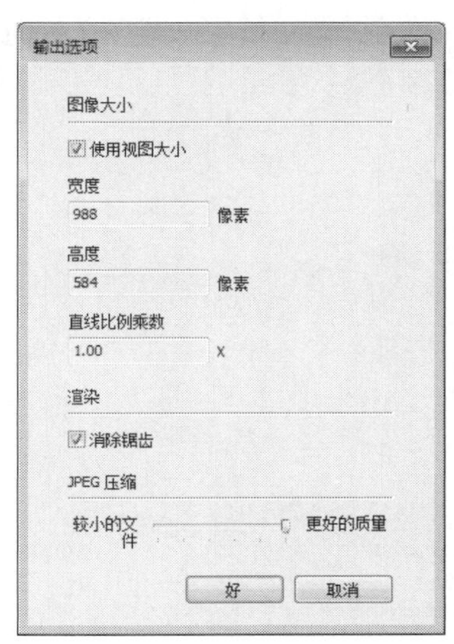

图 10-29 【输出二维图形】对话框　　图 10-30 【输出选项】对话框

step 08 在【输出二维图形】对话框中单击【导出】按钮，在输出的文件夹下即可看到导出的“10-2.jpg”文件，双击即可查看，如图 10-31 所示。

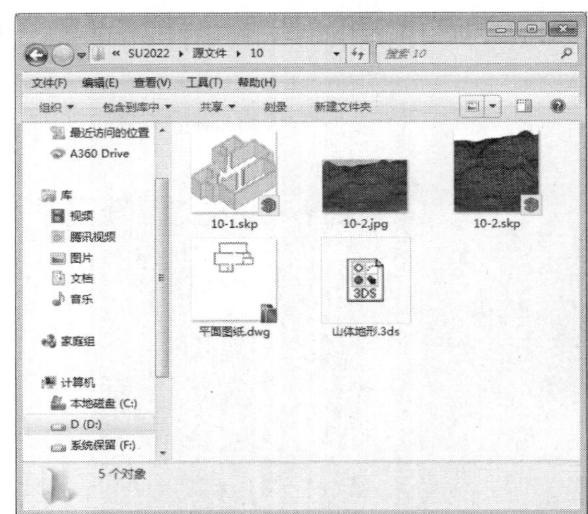

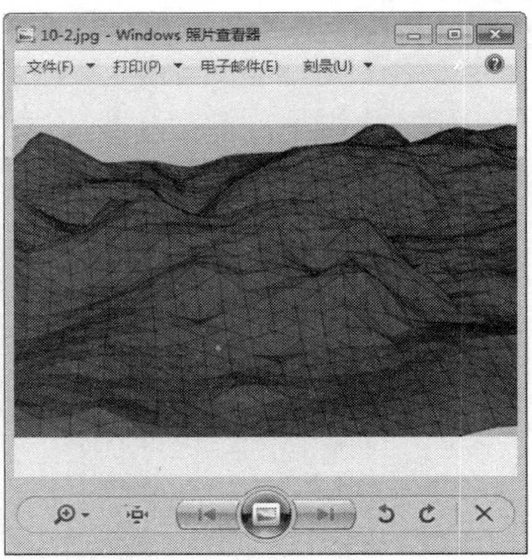

图 10-31　导出的图片

在 SketchUp 中导出的图像都是根据当前的视图显示而确定的，导出之前首先要确定需要导出图片的视图位置，不同的视图位置导出的图片也不同。

至此范例制作完成。

10.5　本 章 小 结

在本章学习中，读者对于 LayOut(布局器)有基本的了解即可，希望大家能认真学习，掌握 CAD 文件和图形图像文件的导入导出方法。掌握这些方法，可以帮助我们在建模时更加得心应手。

第 11 章

综合设计范例

本章导读

在学习了 SketchUp 的主要设计功能后，本章开始介绍 SketchUp 在建筑等设计领域的综合范例，以加深读者对 SketchUp 设计方法的理解和掌握，同时增强设计实战经验。本章介绍的两个案例是 SketchUp 建筑设计中最为典型的案例，分别是别墅建筑设计和室内家居设计，覆盖了 SketchUp 在建筑设计中的主要应用，具有很强的代表性，希望读者能认真学习掌握。

11.1 别墅建筑设计范例

本范例完成文件：ywj/11/11-1.skp

11.1.1 范例分析

建筑表现这个名词进入我们的生活也就几年的时间，简单地说，效果图就是将一个还没有实现的构思，通过我们的笔、电脑等工具将其体积、色彩、结构提前展示在我们眼前，以便我们更好地认识这个物体。它现阶段主要用于建筑业、工业、装修业。SketchUp 在建筑方案设计中应用较为广泛，从前期现状场地的构建，到建筑大概形体的确定，再到建筑造型及立面设计，SketchUp 都以其直观快捷的优点，渐渐取代了其他三维建模软件，成为在方案设计阶段的首选软件。如图 11-1 所示为结合 SketchUp 构建的建筑方案效果。

图 11-1 建筑方案效果

本节范例讲解别墅模型的创建过程，最后进行图像的合成操作。在制作过程中，要运用到推拉、复制和门窗插件等命令，组件方面要用到树木、花等。

范例的制作步骤如下。

(1) 通过推拉方式制作模型主体。

(2) 使用推拉工具等制作门、窗、台阶等。

(3) 添加相应材质完成模型。

11.1.2 范例操作

step 01 新建一个文件，首先创建别墅建筑模型，单击【大工具集】工具栏中的【矩形】按钮，绘制 30000mm×30000mm 的矩形，如图 11-2 所示。

step 02 单击【大工具集】工具栏中的【卷尺】按钮，按照实际测量尺寸做出辅助线，再单击【大工具集】工具栏中的【直线】按钮，绘制别墅首层轮廓，如图 11-3 所示。

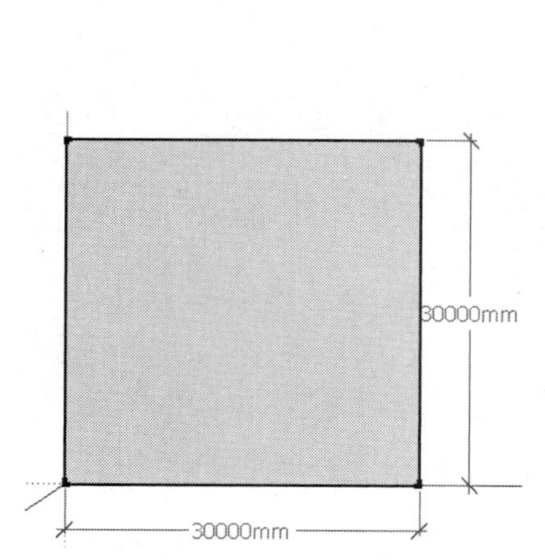

图 11-2　绘制矩形

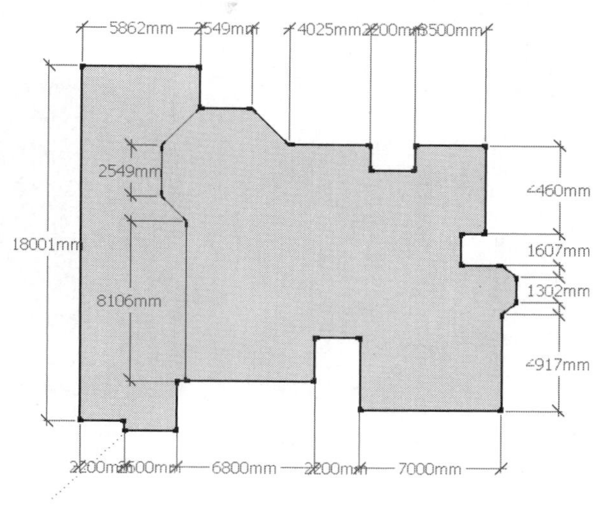

图 11-3　绘制别墅首层轮廓

step 03 使用卷尺工具，按照实际测量尺寸做出台阶辅助线，如图 11-4 所示。单击【大工具集】工具栏中的【推/拉】按钮，推拉首层台阶，高为 400mm，如图 11-5 所示。

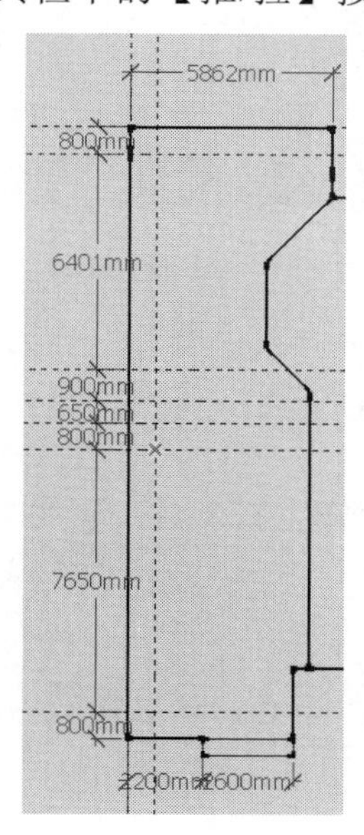

图 11-4　绘制台阶辅助线

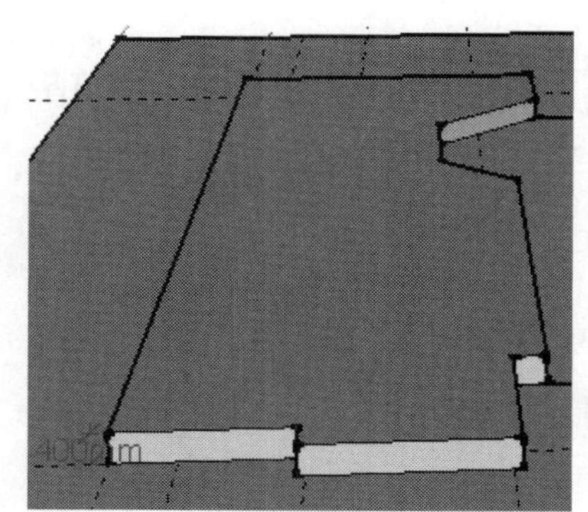

图 11-5　推拉首层台阶

step 04 使用【卷尺】工具，绘制二层台阶辅助线，如图 11-6 所示。使用推/拉工具，推拉出二层台阶，高为 600mm，如图 11-7 所示。

step 05 使用矩形工具，绘制首层 800mm×800mm 台阶柱台轮廓，如图 11-8 所示。使用推/拉工具，推拉首层台阶柱台，高为 1100mm，如图 11-9 所示。

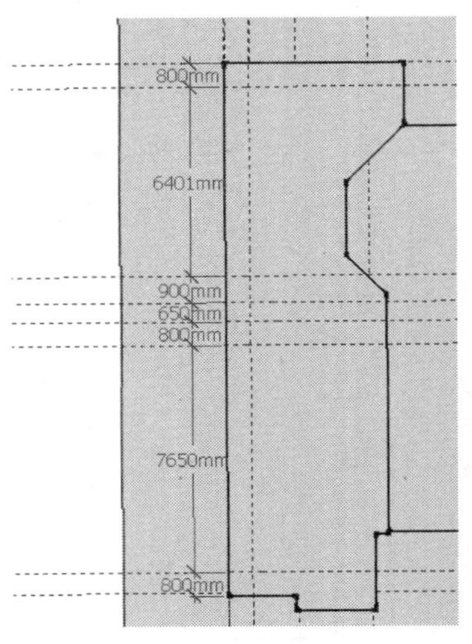

图 11-6　绘制二层台阶辅助线

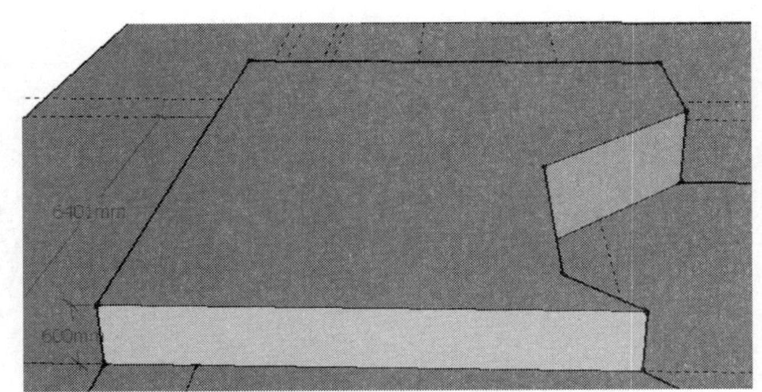

图 11-7　推拉二层台阶

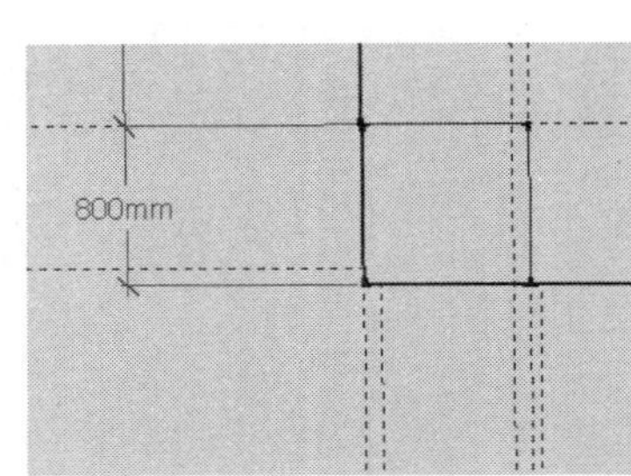

图 11-8　首层台阶柱台轮廓

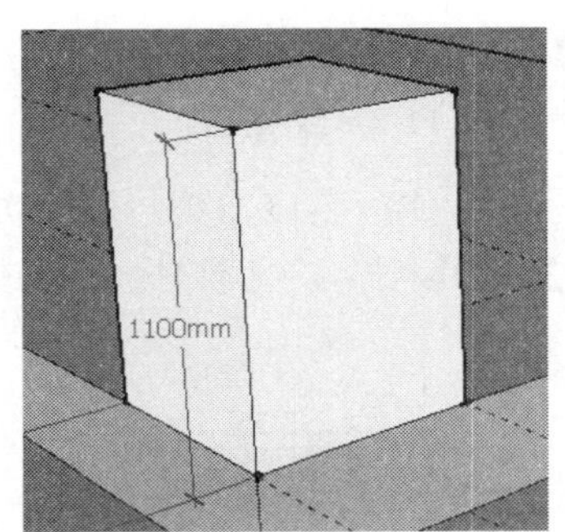

图 11-9　推拉台阶柱台

step 06 单击【大工具集】工具栏中的【偏移】按钮，选中柱台顶面向外偏移 20mm，如图 11-10 所示。使用推/拉工具，选中偏移出来的外轮廓，向上推拉 20mm，如图 11-11 所示。

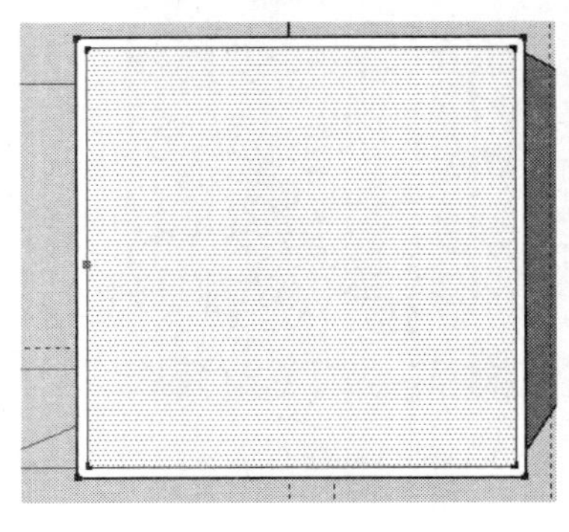

图 11-10　偏移顶面

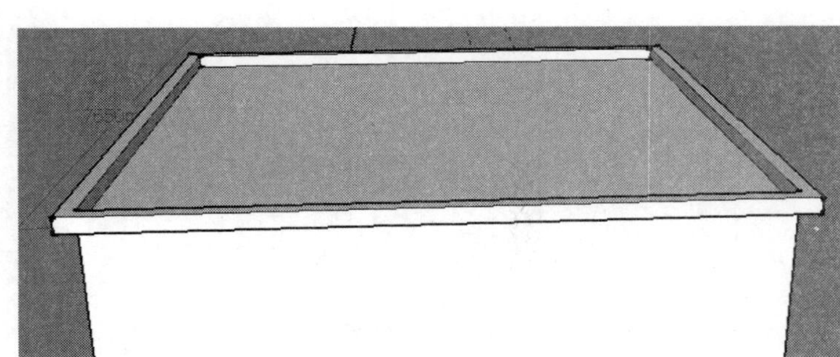

图 11-11　推拉轮廓

step 07 使用偏移工具，向外偏移 20mm，如图 11-12 所示。使用推/拉工具，选中偏移出来的外轮廓，向上推拉 80mm，如图 11-13 所示。

图 11-12 向外偏移

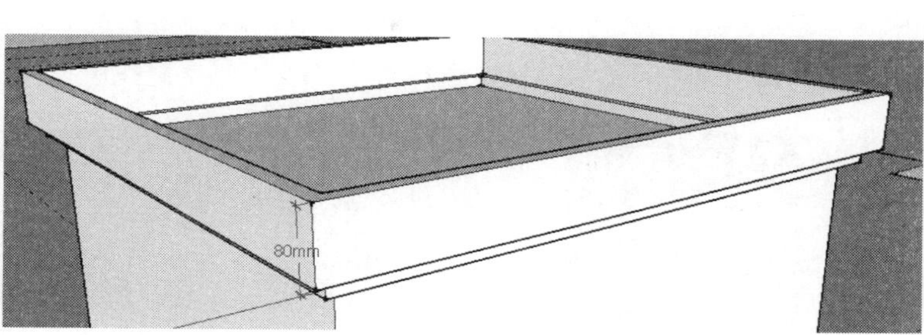

图 11-13 推拉外轮廓

step 08 使用偏移工具，向外偏移 15mm，如图 11-14 所示。使用推/拉工具，向上推拉 20mm，如图 11-15 所示。

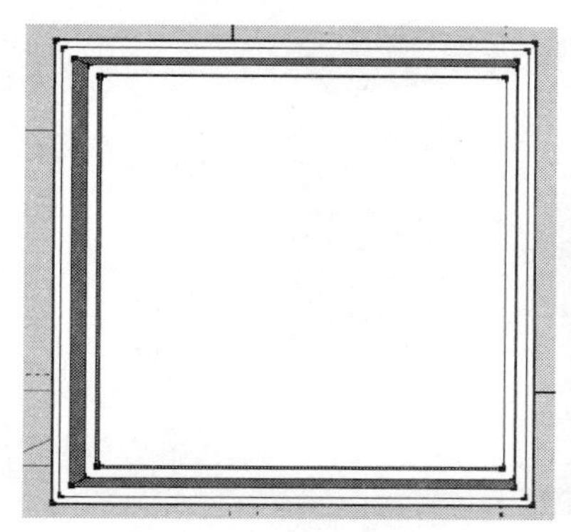

图 11-14 向外偏移

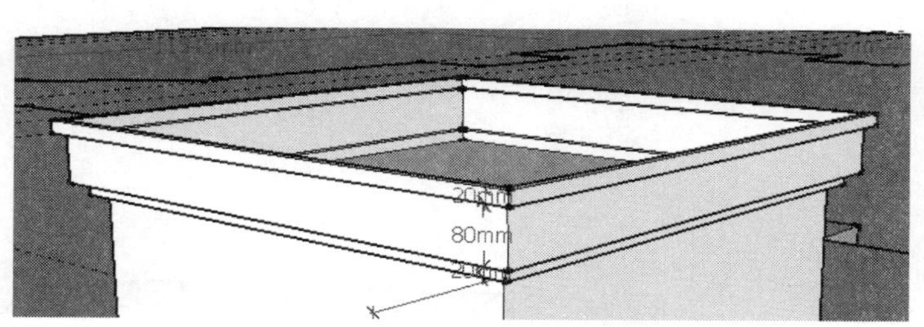

图 11-15 向上推拉

step 09 单击【大工具集】工具栏中的【圆弧】按钮，在顶部图形外侧选中两点，将圆弧向外移动 4mm，如图 11-16 所示。使用矩形工具，补充柱台上镂空的矩形，如图 11-17 所示。

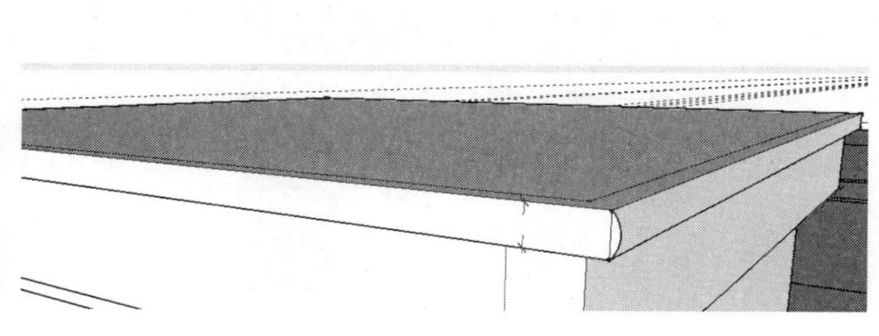

图 11-16 创建弧度

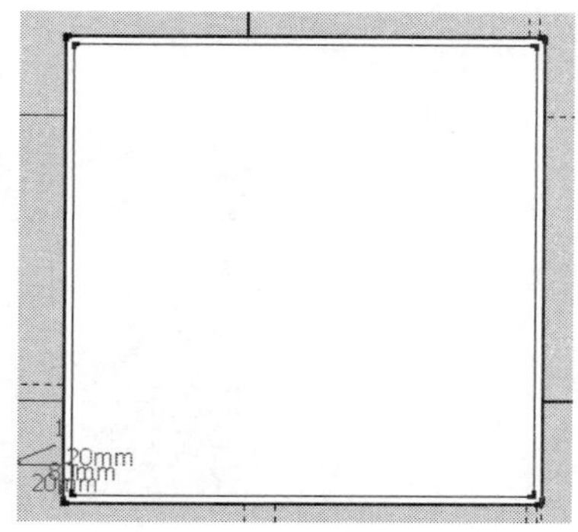

图 11-17 补充矩形

step 10 单击柱台顶面，单击【大工具集】工具栏中的【路径跟随】按钮，单击刚才画出的半圆，绘制外侧圆弧边缘，如图 11-18 所示。使用偏移工具，向外偏移 25mm，如

图 11-19 所示。

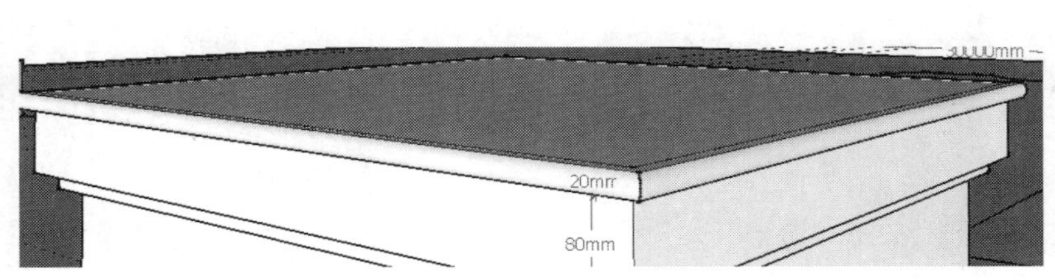

图 11-18　绘制外侧圆弧边缘

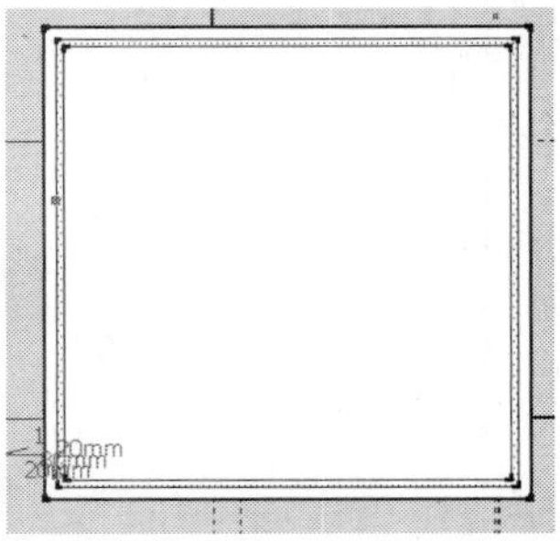

图 11-19　向外偏移

step 11 使用推/拉工具，向上推拉 30mm，如图 11-20 所示。再次使用推/拉工具，按住 Ctrl 键向上推拉 70mm，如图 11-21 所示。

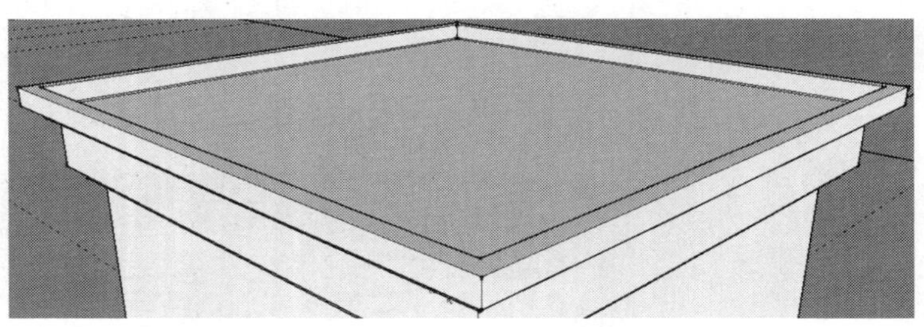

图 11-20　向上推拉

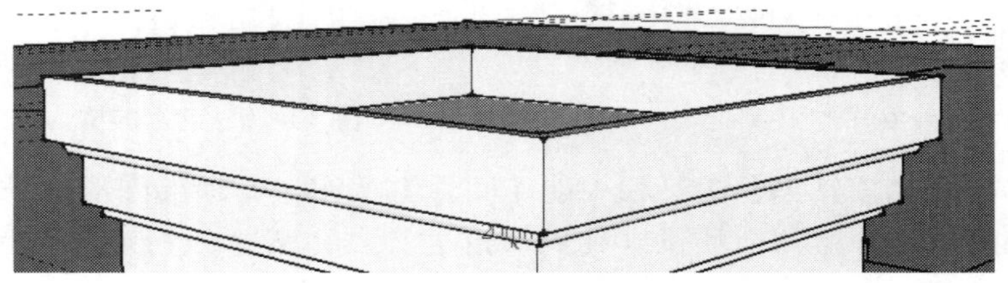

图 11-21　继续向上推拉

step 12 运用与前面相同的方法，用路径跟随工具绘制外侧椭圆形，如图 11-22 所示。

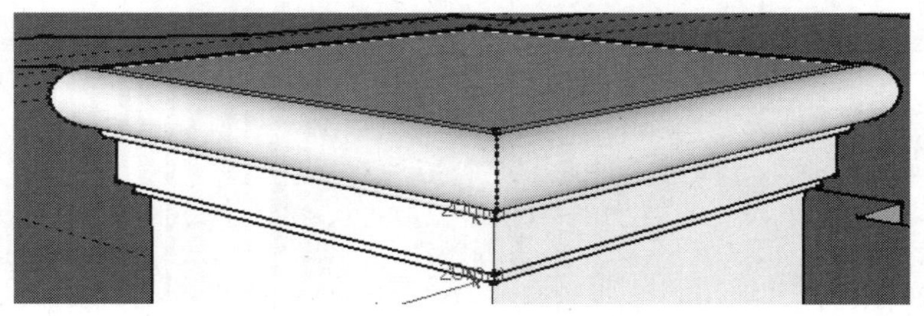

图 11-22　绘制外侧椭圆形

step 13 选中所做的柱台，使用组件工具，将所做的柱台作为一个整体，如图 11-23 所示。

step 14 使用卷尺工具，按照实际测量尺寸，绘制出其他柱台所在位置辅助线，如图 11-24

所示。单击所做柱台组件，按住 Ctrl 键，使用移动工具，按照所做辅助线移动到指定位置，如图 11-25 所示。

图 11-23 制作台阶栏杆柱台组件

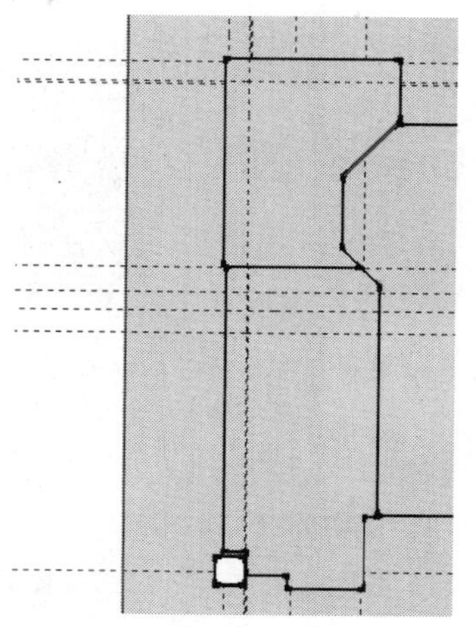

图 11-24 绘制其余台阶柱台轮廓

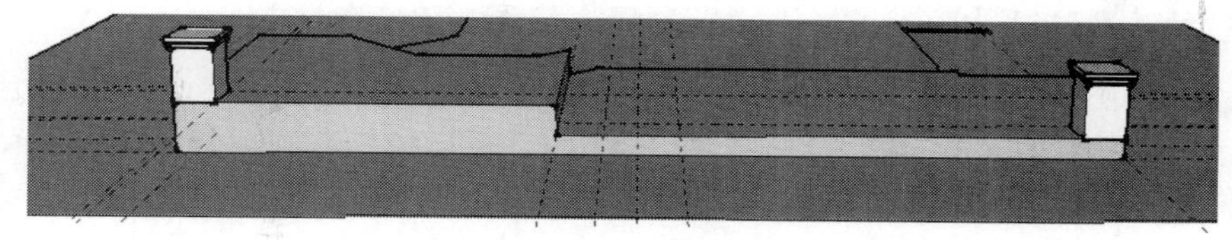

图 11-25 制作其余栏杆柱台

step 15 使用矩形工具，绘制中间柱台底座 800mm×800mm，如图 11-26 所示。使用推/拉工具，单击柱台底座，按住 Ctrl 键向上推拉 600mm，如图 11-27 所示。

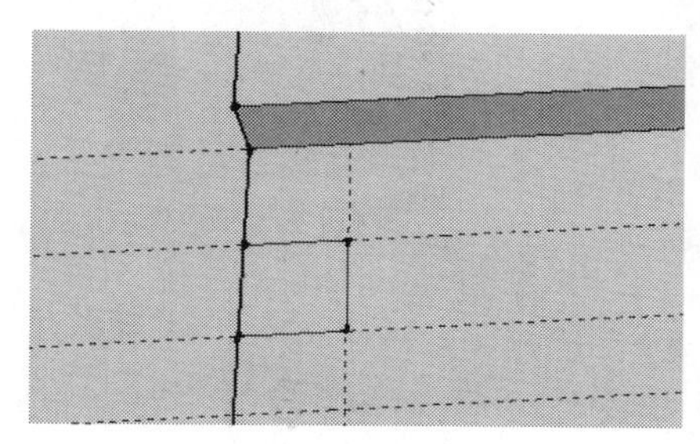

图 11-26 绘制中间柱台底座

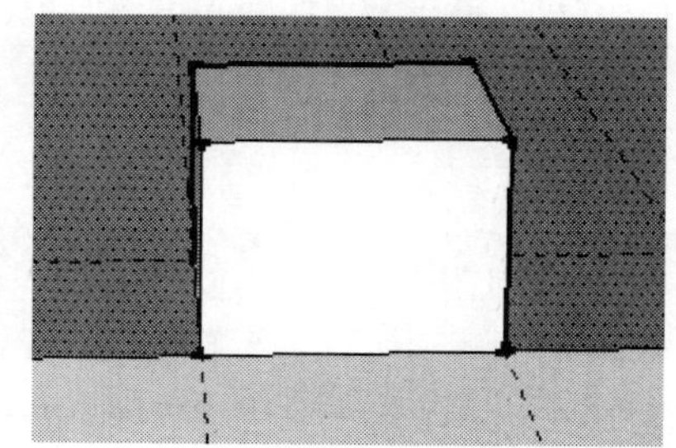

图 11-27 推拉底座

step 16 使用移动工具，选择柱台组件，按住 Ctrl 键复制组件到柱台底座上，如图 11-28 所示。

step 17 使用卷尺工具，做出台阶外侧栏杆辅助线，选择首层台阶外侧边线，向上移动 40mm，同样使用卷尺工具，再次向上偏移 60mm，同时将两条辅助线向左偏移 80mm，如图 11-29 所示。

step 18 使用矩形工具，用所做辅助线，绘制出矩形，如图 11-30 所示。使用推/拉工具，向左侧推拉 8300mm，绘制出栏杆，如图 11-31 所示。

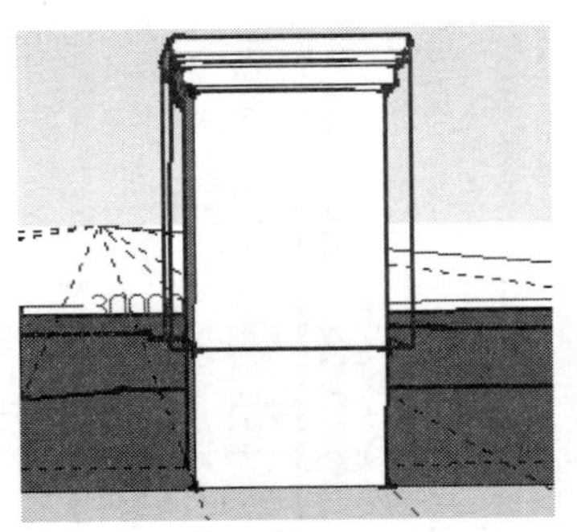

图 11-28　将台阶栏杆柱台放置到底座上

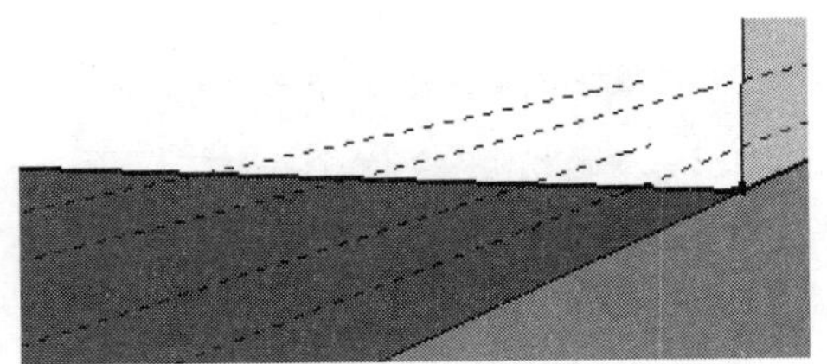

图 11-29　绘制栏杆辅助线

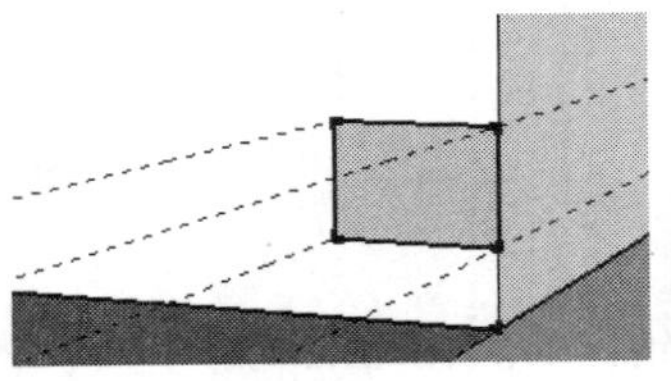

图 11-30　绘制栏杆矩形

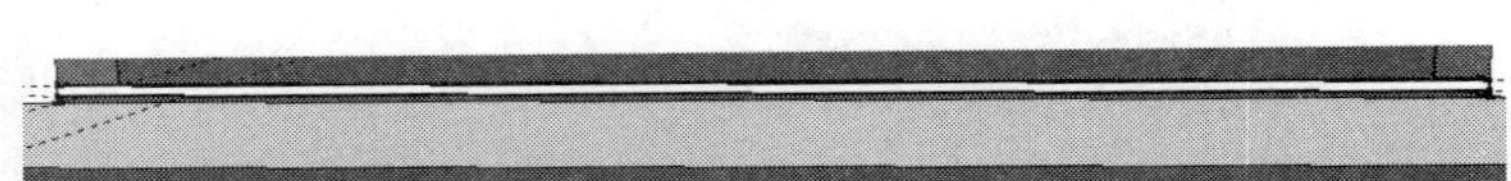

图 11-31　绘制栏杆

step 19 使用卷尺工具，在绘制栏杆矩形上做出辅助线，台阶最外侧柱台向左偏移 150mm，每根柱子长 60mm、宽 60mm、高 820mm，再用辅助线向左偏移 150mm，做出下一个柱子的距离，如图 11-32 所示。使用推/拉工具，向上推拉矩形，高 720mm，并将其设置为组件，如图 11-33 所示。

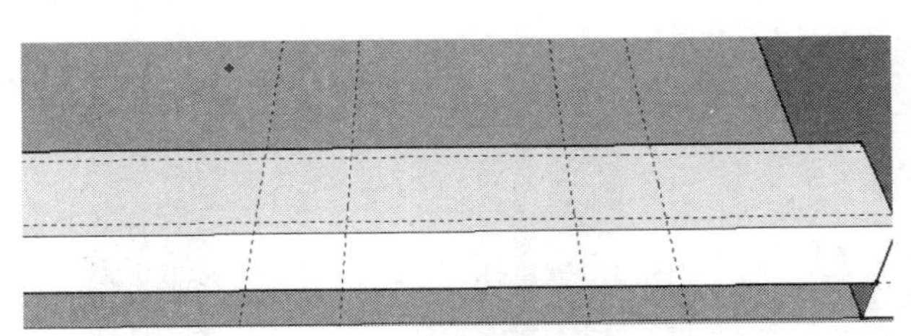

图 11-32　绘制辅助线

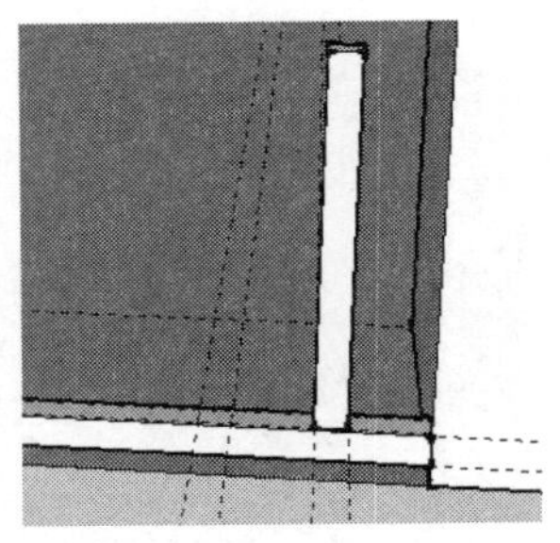

图 11-33　推拉矩形

step 20 使用移动工具，将上述做好的立柱选中后按住 Ctrl 键复制到做好的辅助线上，输入“x40”，绘制栏杆，如图 11-34 所示。将已做好的横向栏杆进行复制，如图 11-35 所示。

step 21 将栏杆设置成群组，如图 11-36 所示。

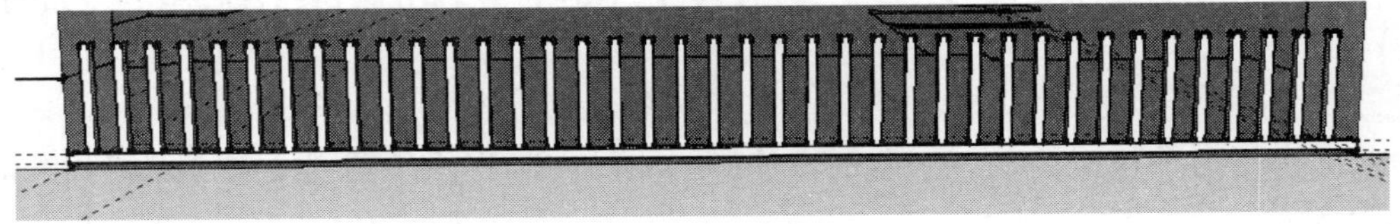

图 11-34　绘制栏杆

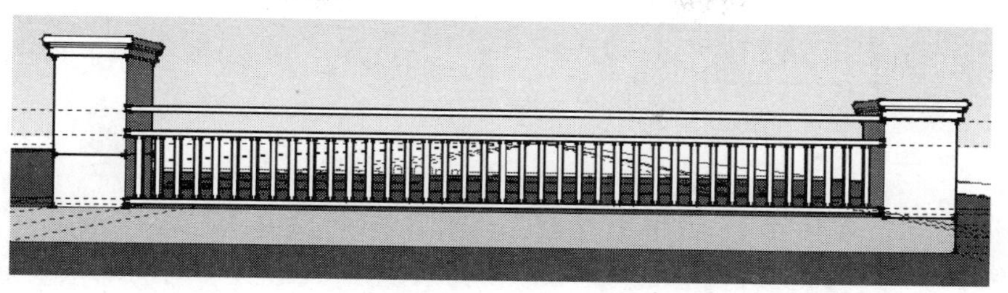

图 11-35 复制栏杆

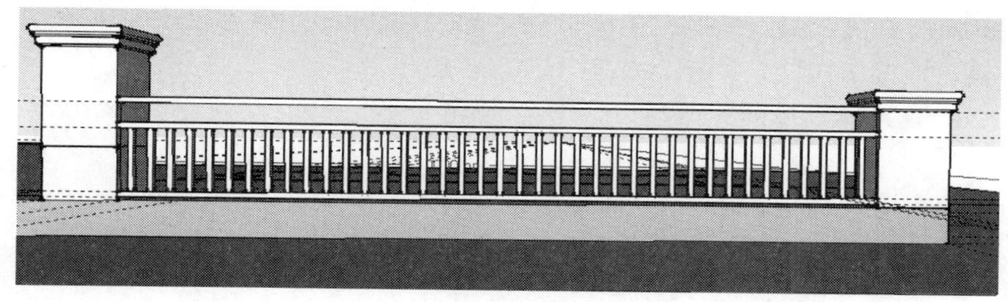

图 11-36 栏杆成组

step 22 使用卷尺工具，做出二层台阶花池及台阶辅助线，如图 11-37 所示。使用矩形工具，绘制花池及台阶，尺寸分别为 1400mm、900mm，2000mm、900mm，如图 11-38 所示。

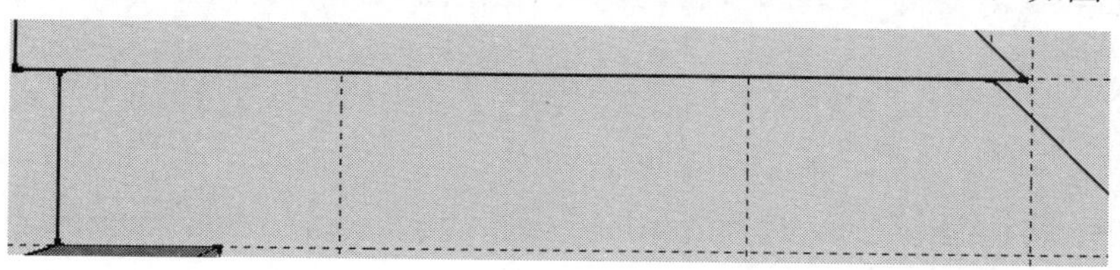

图 11-37 绘制二层台阶花池辅助线

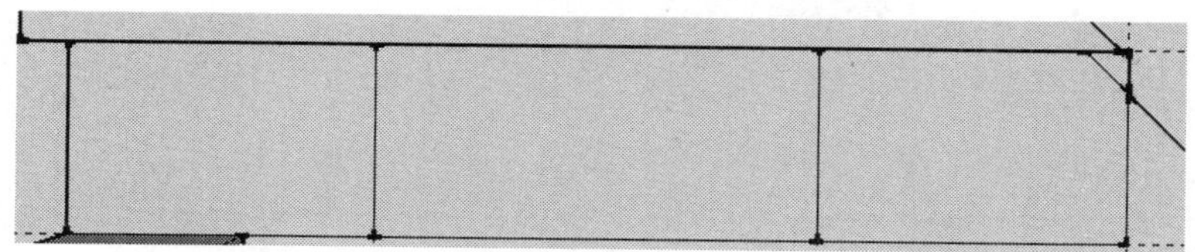

图 11-38 绘制二层台阶花池轮廓

step 23 使用偏移工具，将两侧花池向内偏移 200mm，如图 11-39 所示。使用推/拉工具，将花池及台阶向上推拉 600mm，如图 11-40 所示。

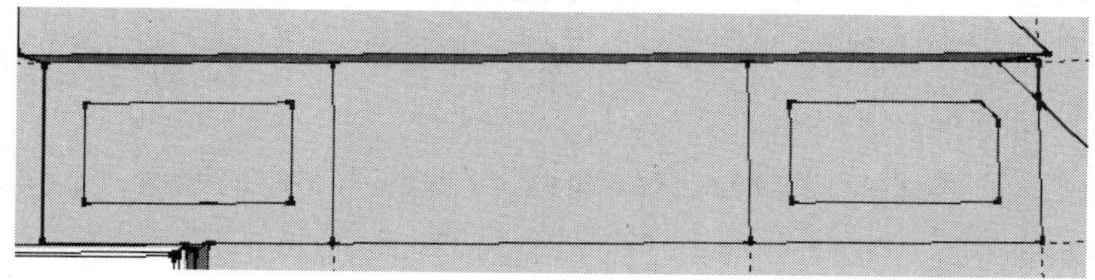

图 11-39 偏移花池

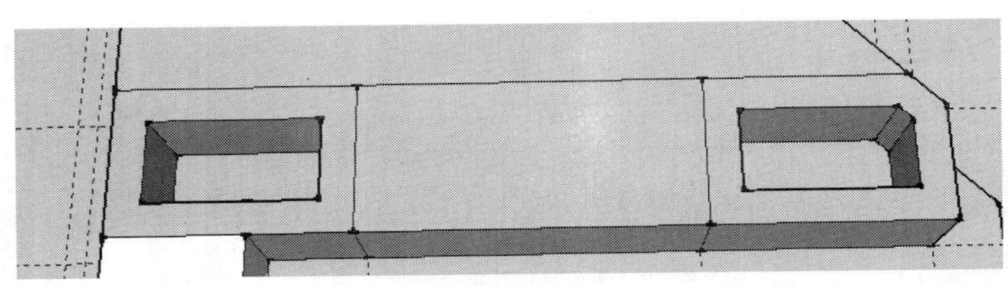

图 11-40　推拉花池及台阶

step 24 使用卷尺工具，绘制台阶辅助线，高为 150mm，分为 4 份，如图 11-41 所示。使用直线工具，连接所做的辅助线，如图 11-42 所示。

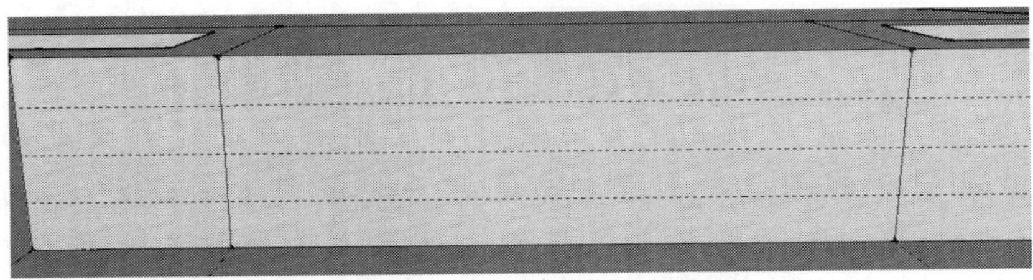

图 11-41　绘制二层台阶辅助线

图 11-42　连接辅助线

step 25 使用推/拉工具，从上到下分别向内推拉 900mm、600mm、300mm，如图 11-43 所示，推拉出二层台阶。

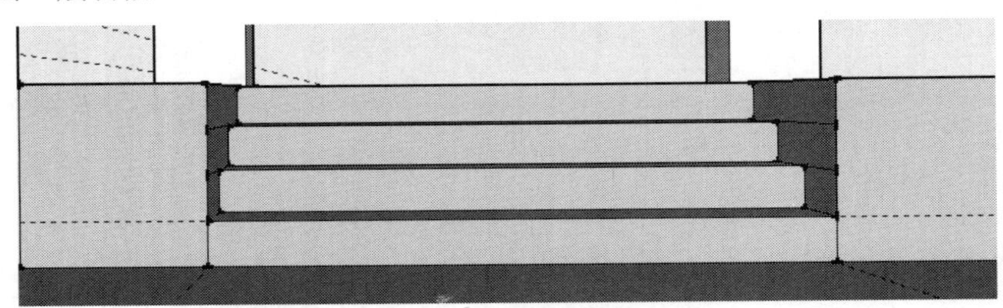

图 11-43　绘制二层台阶

step 26 使用卷尺工具，绘制出栏杆边缘的定位辅助线，再使用移动工具，按住 Ctrl 键复制出一个新组件，移动到已做好的定位辅助线上，如图 11-44 所示。

step 27 使用卷尺工具，在首层台阶处做出辅助线，两侧向内偏移 100mm，外侧向内偏移 600mm，如图 11-45 所示。使用矩形工具，画出矩形，尺寸为 2400mm×600mm，如图 11-46 所示。

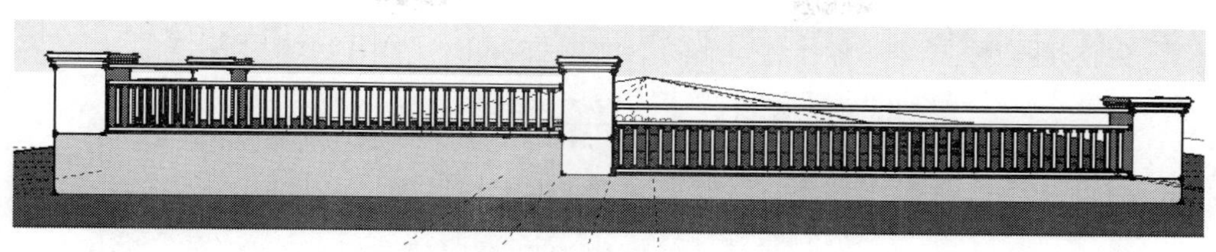

图 11-44 制作其余栏杆

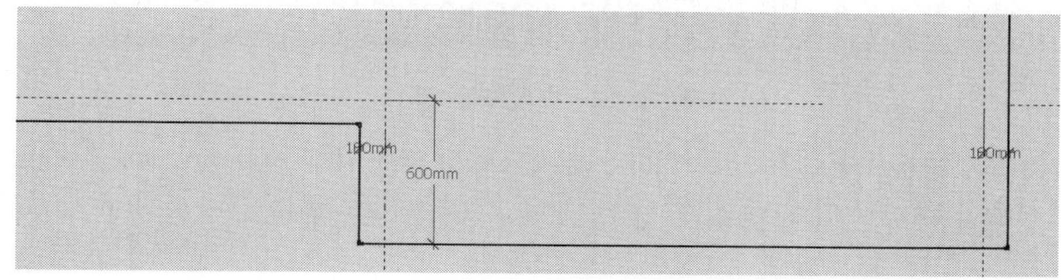

图 11-45 绘制首层台阶辅助线

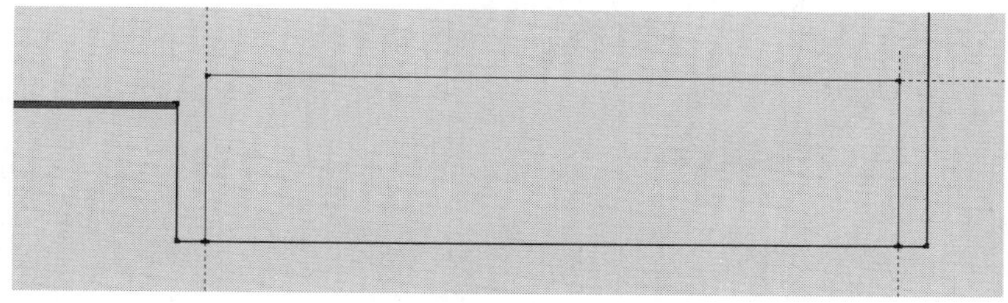

图 11-46 绘制矩形

step 28 使用卷尺工具，将绘制好的台阶矩形向内偏移 300mm 做出辅助线，如图 11-47 所示。使用推/拉工具，将内侧矩形向下推拉 100mm，如图 11-48 所示。

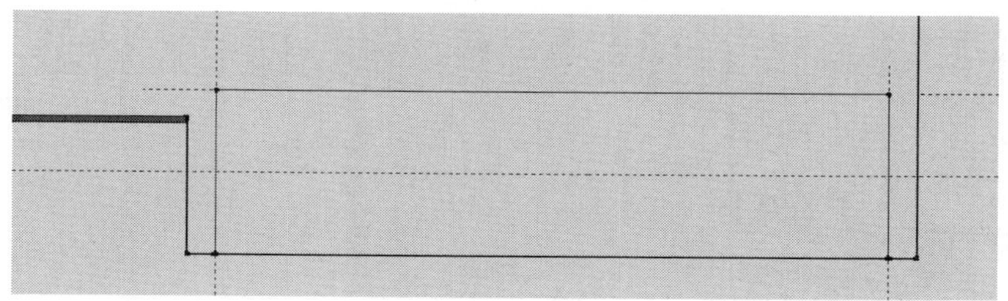

图 11-47 偏移矩形

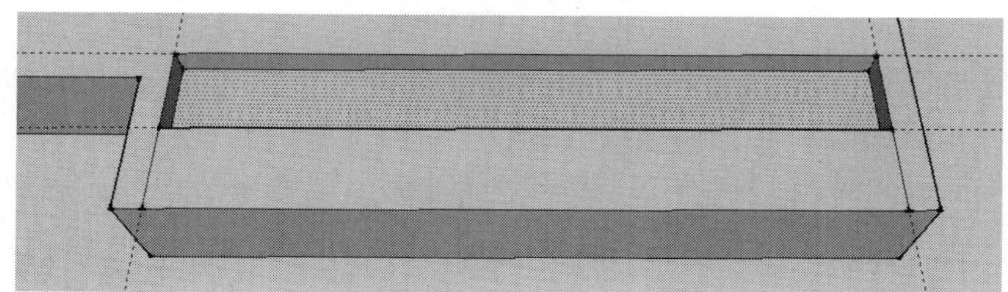

图 11-48 推拉矩形

step 29 使用推/拉工具，将外侧矩形向下推拉 250mm，如图 11-49 所示。

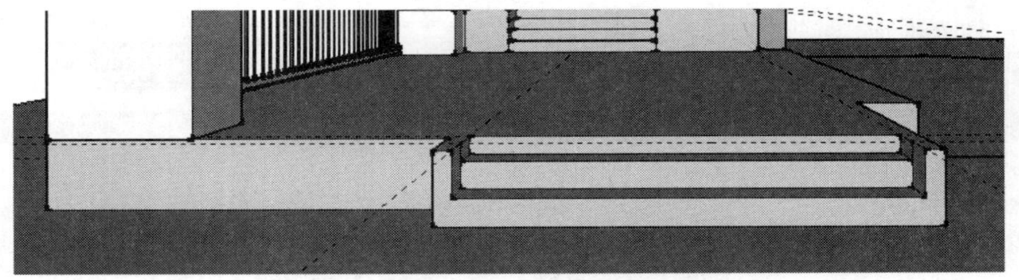

图 11-49　推拉外侧矩形

step 30 使用偏移工具，将先前绘制好的墙体轮廓向内偏移 100mm，如图 11-50 所示，绘制出别墅首层轮廓。使用推/拉工具，将已画好的墙体轮廓向上推拉 4950mm，如图 11-51 所示。

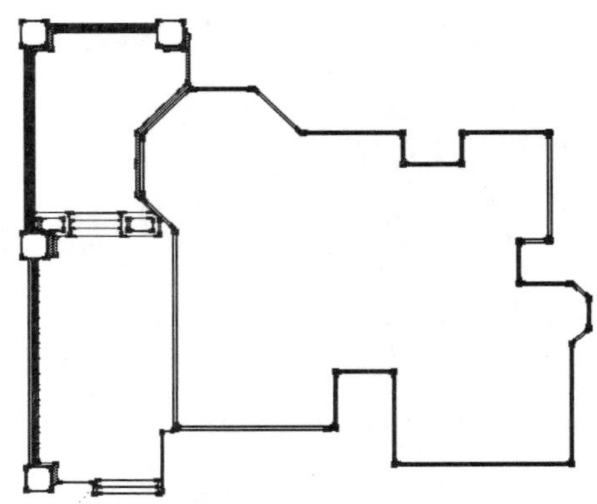

图 11-50　绘制别墅首层轮廓

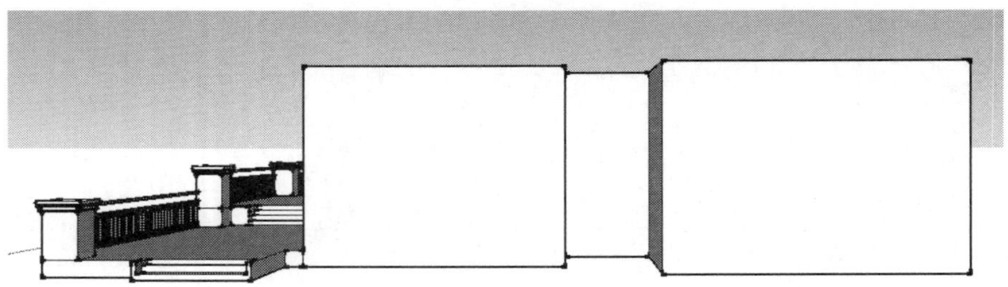

图 11-51　推拉墙体

step 31 使用卷尺工具，绘制别墅台阶轮廓辅助线，如图 11-52 所示。使用矩形工具，在已做出的别墅台阶轮廓辅助线上绘制出台阶底部图形，如图 11-53 所示。

step 32 使用推/拉工具，将已做出的别墅台阶向上推拉 900mm，如图 11-54 所示。

step 33 使用卷尺工具，绘制台阶的高度辅助线，高度为 150mm，共 6 阶台阶，如图 11-55 所示。

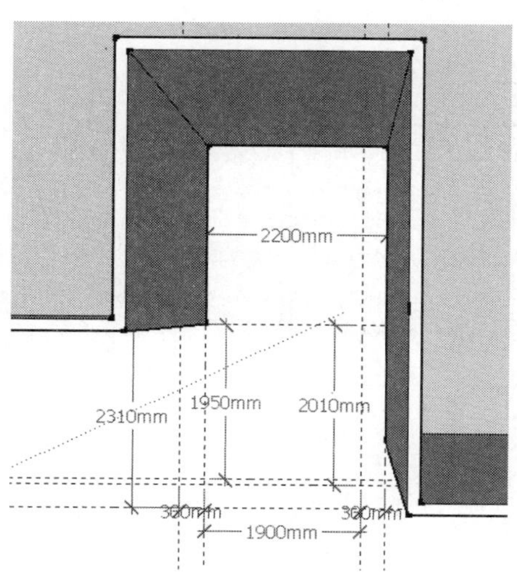

图 11-52　绘制别墅台阶辅助线

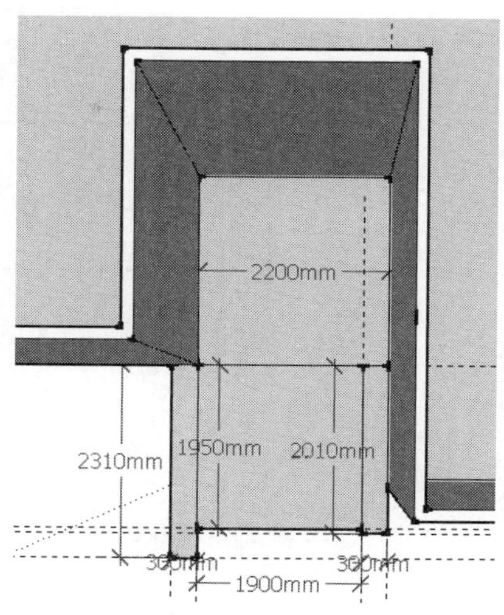

图 11-53　绘制台阶底部图形

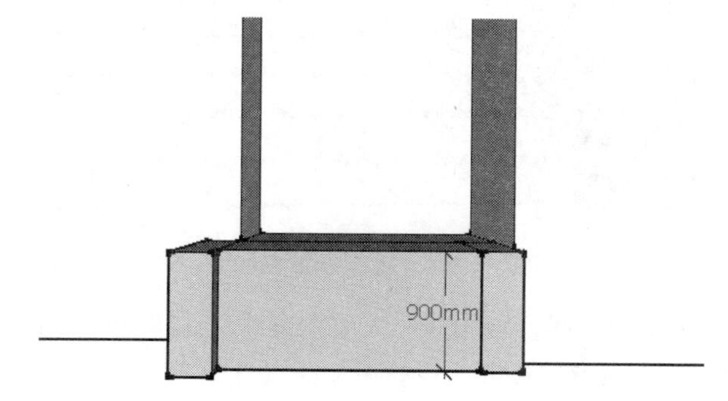

图 11-54　推拉别墅台阶

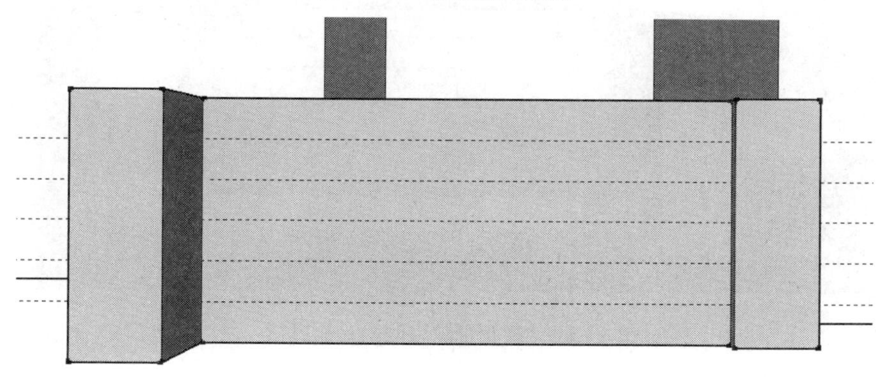

图 11-55　绘制台阶的高度辅助线

step 34 单击【大工具集】工具栏中的【直线】工具，绘制台阶轮廓，如图 11-56 所示。使用【推/拉】工具，从上至下向内推拉，分别为 1500mm、1200mm、900mm、600mm、300mm，别墅台阶如图 11-57 所示。

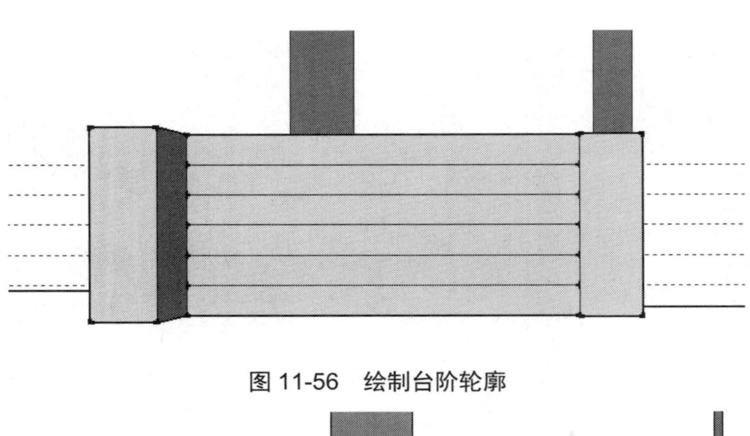

图 11-56　绘制台阶轮廓

图 11-57　绘制别墅台阶

step 35 使用卷尺工具，将台阶两侧柱台从顶端向下分别画出 20mm、30mm 辅助线，使用矩形工具，将其绘制出来，如图 11-58 所示。

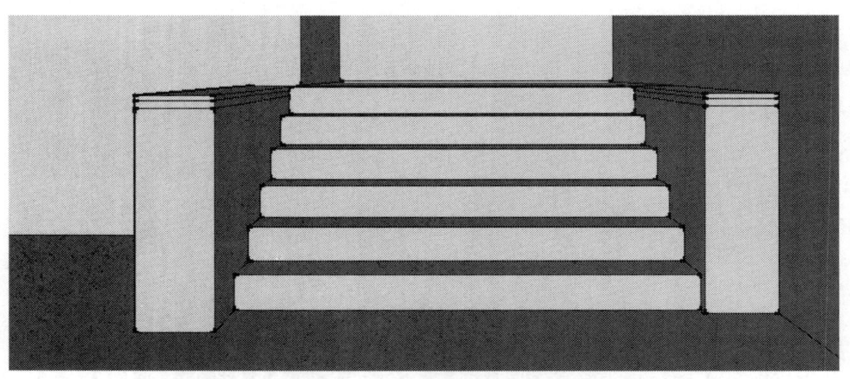

图 11-58　绘制别墅台阶柱台辅助线

step 36 运用与绘制栏杆柱台相同的方法绘制出装饰条，如图 11-59 所示。

step 37 使用卷尺工具，绘制窗台辅助线，选择外墙地面线，向上移动 770mm，绘制窗台辅助线。绘制出的一层窗台高 50mm、宽 110mm；二层窗台高 70mm、宽 150mm，如图 11-60 所示。

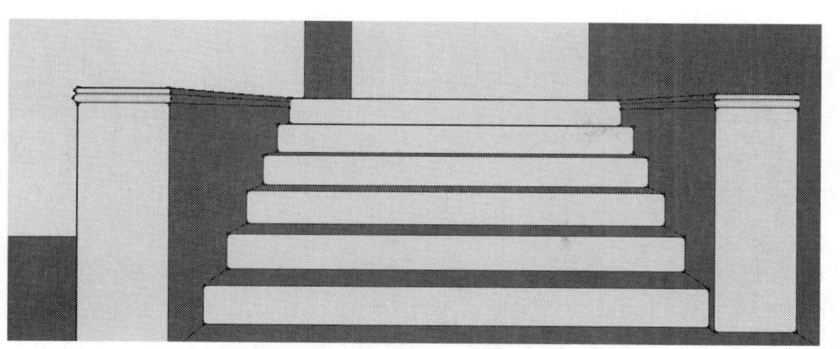

图 11-59 绘制装饰条

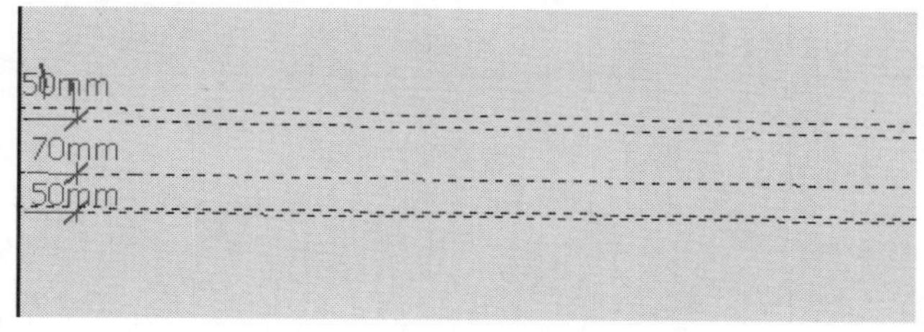

图 11-60 绘制窗台辅助线

step 38 使用矩形工具，绘制出窗台，如图 11-61 所示。向右推拉 6450mm，并向栏杆柱台一样做出装饰条，如图 11-62 所示。

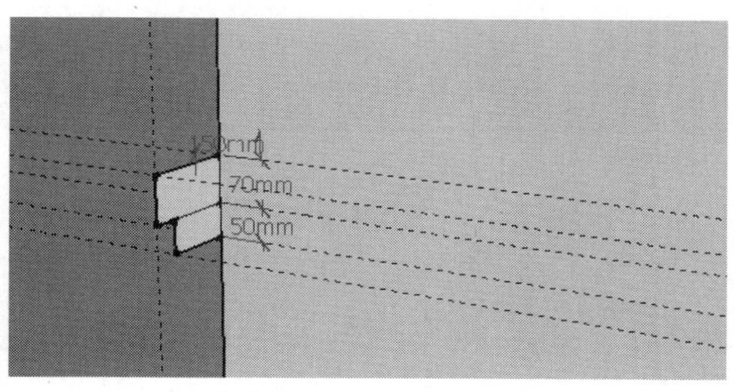

图 11-61 绘制窗台

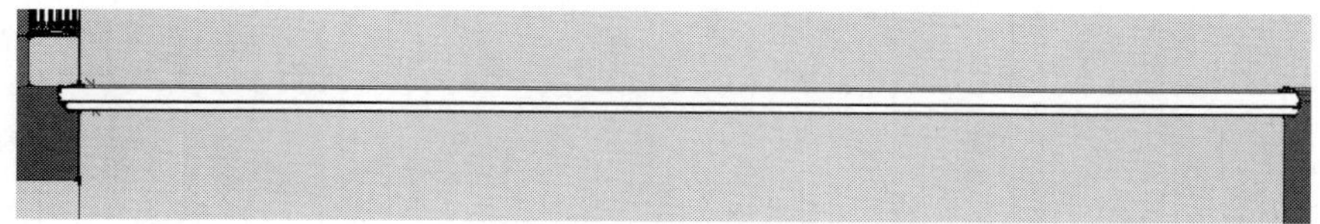

图 11-62 推拉窗台

step 39 使用卷尺工具，做出窗户辅助线，两个窗户尺寸为 1500mm×2700mm，距墙尺寸为 882mm，如图 11-63 所示。使用矩形工具和圆弧工具，绘制窗户，如图 11-64 所示。

step 40 使用移动工具，将已画完的窗户轮廓复制出来，按住 Ctrl 键复制，如图 11-65 所示。使用偏移工具，向内偏移 100mm，窗户尺寸为 425mm×625mm，由下至上分成四份，窗框尺寸均为 50mm，使用矩形工具，再使用推/拉工具向外推拉 50mm，绘制窗户，如图 11-66

所示。

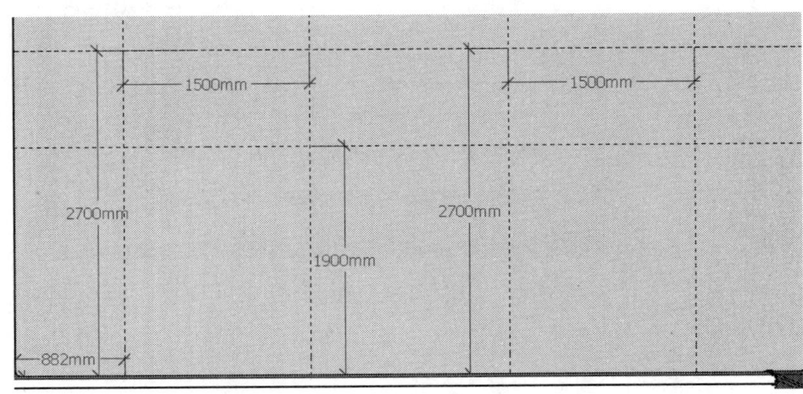

图 11-63　绘制窗户辅助线

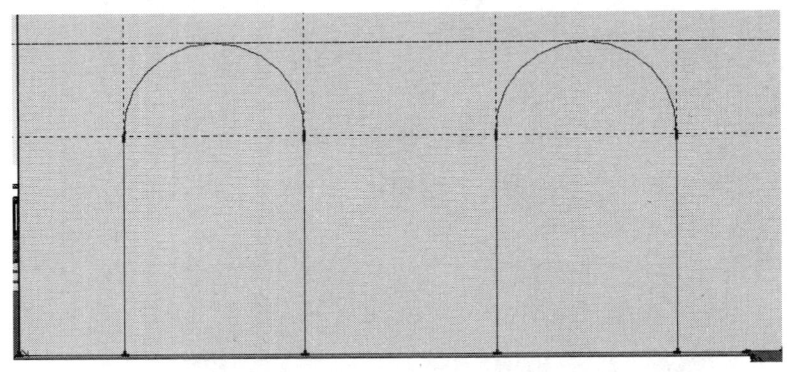

图 11-64　绘制窗户

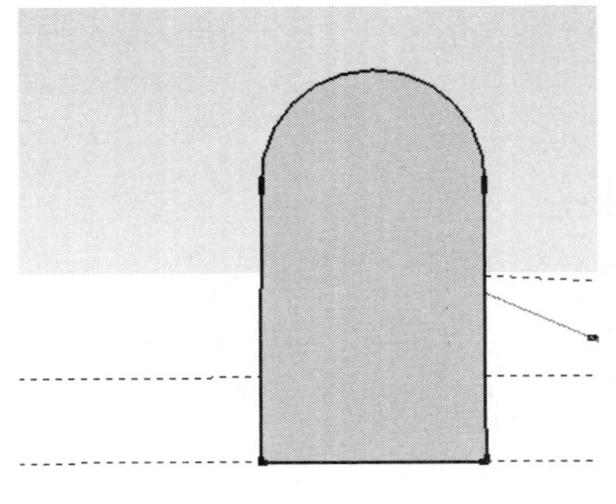

图 11-65　复制窗户轮廓

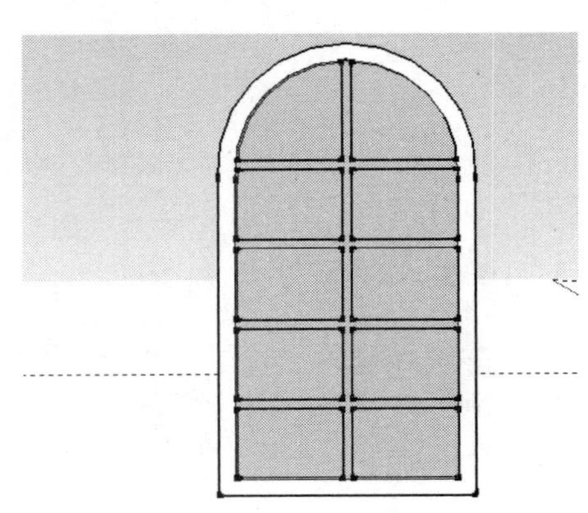

图 11-66　绘制窗户

step 41 使用偏移工具，将原窗框分别向外推拉 150mm、50mm、100mm，使用推/拉工具，向内推拉 100mm，如图 11-67 所示。接着使用推/拉工具，将向外偏移的窗框，由内至外分别推拉 50mm、100mm、150mm，并将已做好的窗户复制到原窗框上，如图 11-68 所示。

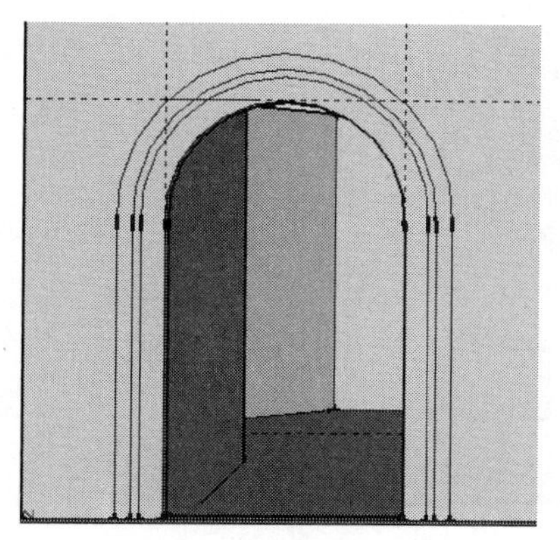

图 11-67　推拉原窗框

图 11-68　推拉向外偏移的窗框

step 42 按照上述方法绘制出右侧窗户，如图 11-69 所示。

图 11-69　绘制右侧窗户

step 43 使用卷尺工具，做出窗户外侧柱子的辅助线，长 2500mm、宽 500mm，如图 11-70 所示。

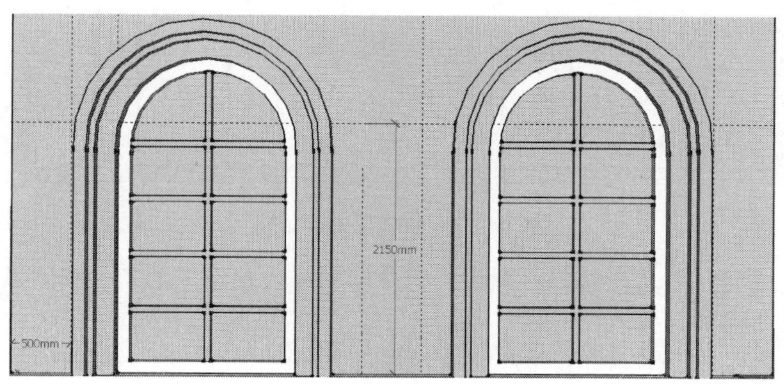

图 11-70　绘制窗户外侧柱子的辅助线

step 44 使用矩形工具，将已做出辅助线的柱子绘制完整，同时使用推/拉工具，向外推拉 60mm 绘制装饰柱，如图 11-71 所示。

图 11-71　绘制装饰柱

step 45 使用推/拉工具，按住 Ctrl 键，向上推拉 20mm，并像制作栏杆柱台一样做出装饰条，同样做出 3 个高 20mm、1 个高 50mm 的装饰条，如图 11-72 所示。

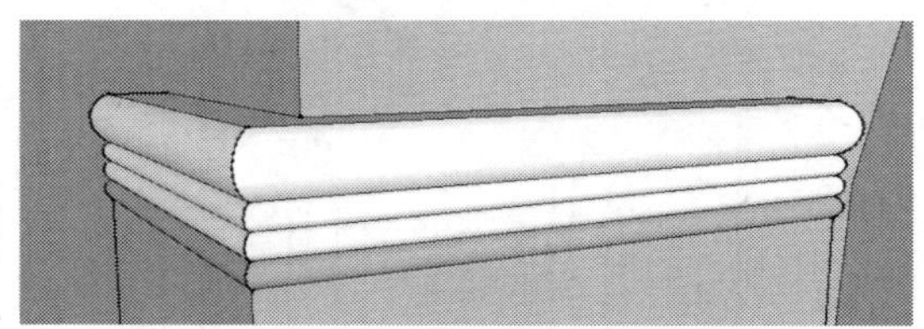

图 11-72　推拉出装饰条

step 46 使用同样的方法绘制出其他柱子的装饰条，如图 11-73 所示。

图 11-73　绘制其他装饰条

step 47 使用卷尺工具，做出台阶处的窗户辅助线，使用矩形工具和圆弧工具，绘制出窗户轮廓，如图 11-74 所示。

step 48 使用卷尺工具，做出侧面处的窗户辅助线，窗户尺寸如图 11-75 所示。

step 49 使用偏移工具，选中窗框边线，分别向外偏移 50mm、100mm。然后使用推/拉工具，由内到外分别向外推拉 500mm、100mm，如图 11-76 所示。

step 50 使用矩形工具，按照所给出的尺寸绘制矩形。然后使用推/拉工具，向外推拉 50mm，将做好的窗户移动至窗框，如图 11-77 所示。

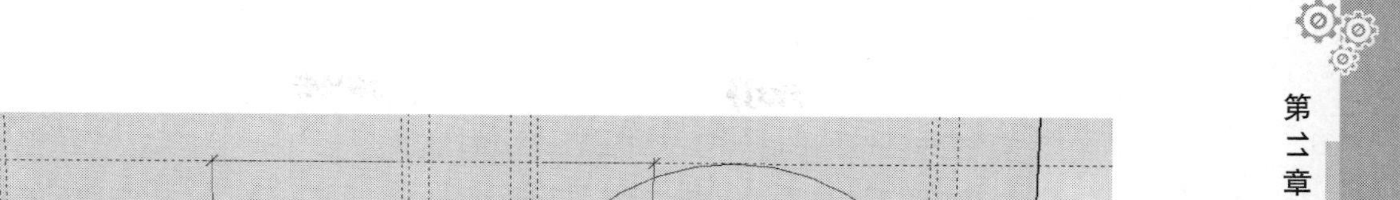

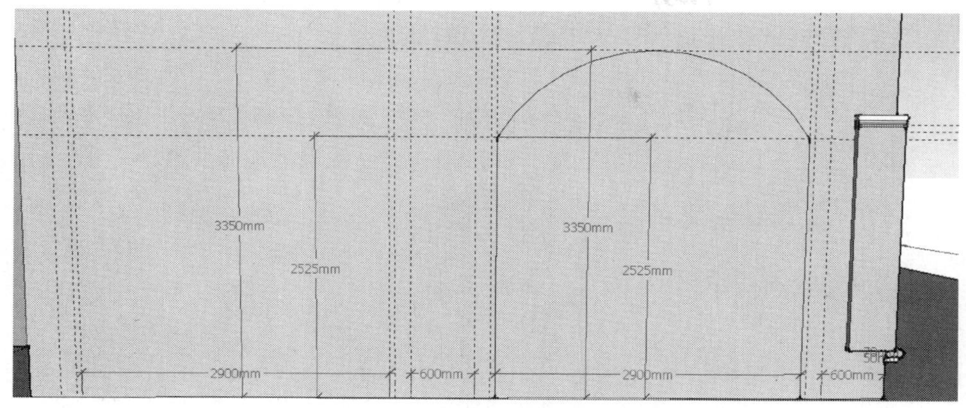

图 11-74　绘制窗户

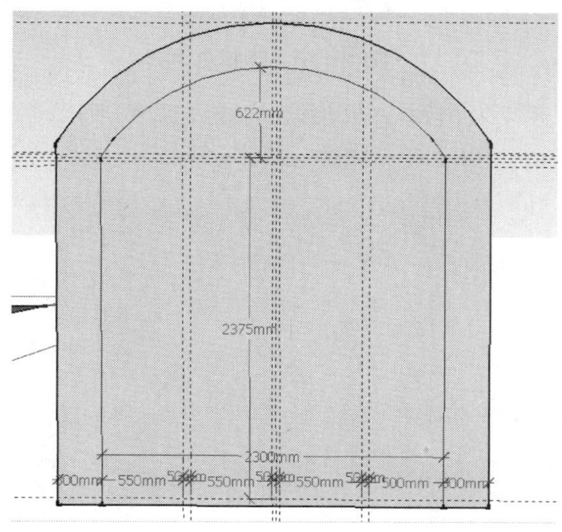

图 11-75　绘制侧面窗户辅助线

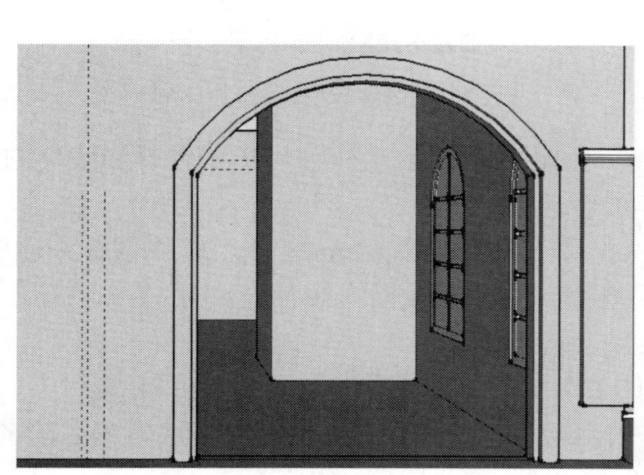

图 11-76　偏移推拉窗框

图 11-77　调整窗户

step 51 复制先前做好的窗户，如图 11-78 所示。

图 11-78　复制窗户

step 52 使用卷尺工具，做出窗户辅助线，如图 11-79 所示。按照先前的方法，将所做的窗外框分别向外推拉 50mm、100mm，如图 11-80 所示。

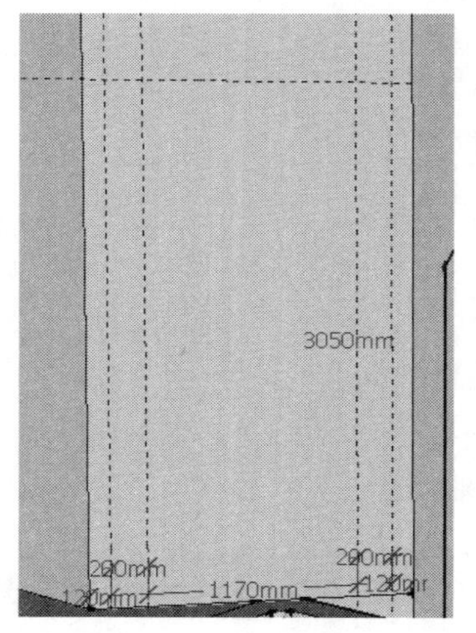

图 11-79　绘制窗户辅助线

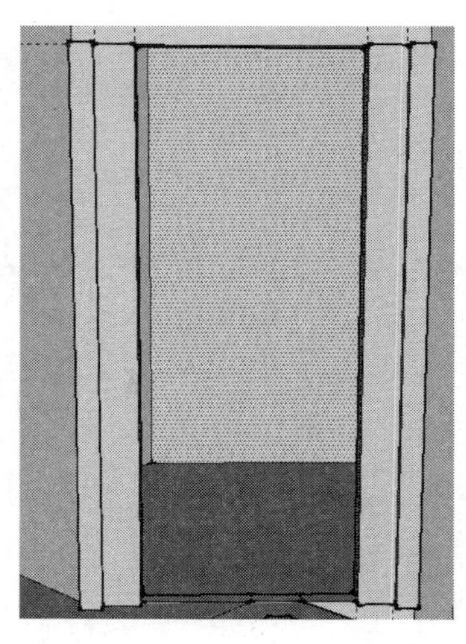

图 11-80　向外推拉窗外框

step 53 使用卷尺工具，绘制窗户辅助线，如图 11-81 所示。使用矩形工具和推/拉工具，绘制窗户轮廓，向外推拉 50mm，如图 11-82 所示。

step 54 使用圆工具，绘制直径为 120mm 的圆，向外偏移 60mm。使用偏移工具，向内偏移 30mm、向内推拉 30mm。按照前面的方法继续向内偏移及向内推拉，如图 11-83 所示，绘制窗户上的装饰。

step 55 按照前面的方法，将其他窗户上的装饰全部绘制完成，如图 11-84 所示。

step 56 使用卷尺工具，做出辅助线，并标出尺寸；使用直线工具，绘制右侧台阶轮廓，如图 11-85 所示。

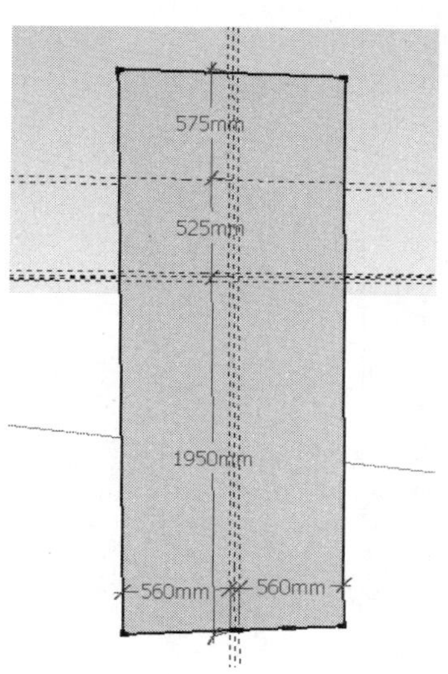

图 11-81 绘制窗户辅助线

图 11-82 绘制窗户外轮廓

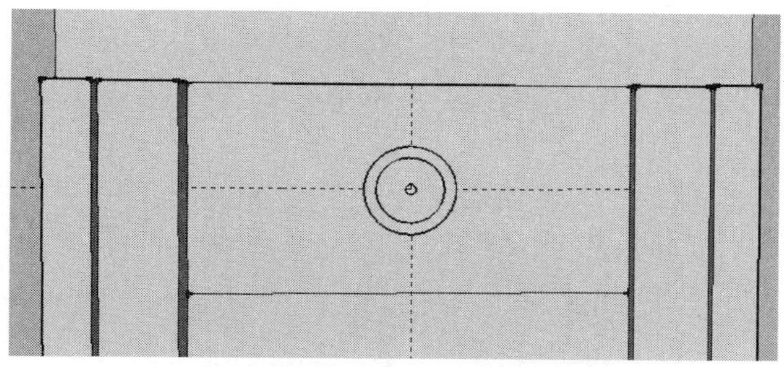

图 11-83 绘制窗户上的装饰

图 11-84 绘制其他窗户上的装饰

step 57 使用推/拉工具，向上推拉 150mm，选择台阶外边线，使用偏移工具，向内偏移 260mm，然后向上推拉 150mm，如图 11-86 所示。

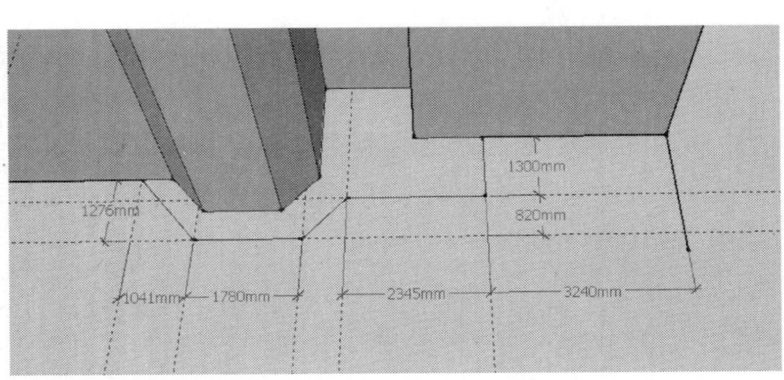

图 11-85　绘制右侧台阶轮廓

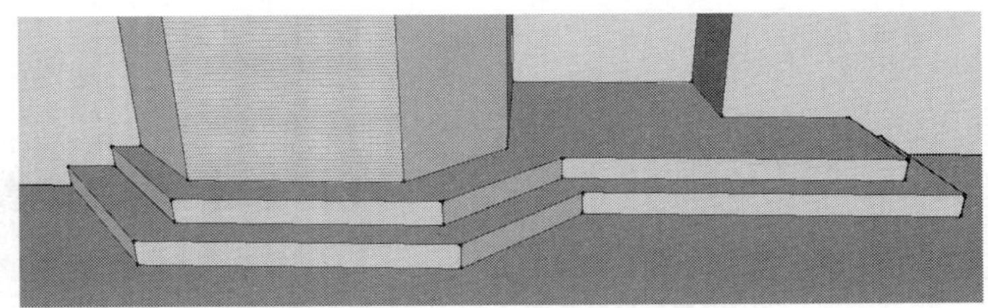

图 11-86　推拉偏移台阶

step 58 使用卷尺工具，做出辅助线，并标出尺寸；使用直线工具，绘制台阶轮廓，如图 11-87 所示。

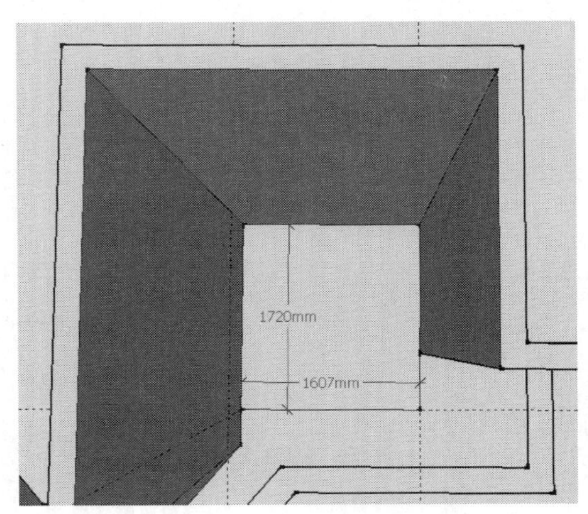

图 11-87　绘制台阶轮廓

step 59 使用推/拉工具，向上推拉 750。使用卷尺工具，将台阶分成四份，由上至下数值分别为 150mm、150mm、150mm、300mm。再使用推/拉工具，由上至下分别向内推拉 780mm、520mm、260mm，如图 11-88 所示。

step 60 使用卷尺工具，将正门做出辅助线并标注尺寸，如图 11-89 所示。使用推/拉工具，将绘制出来的图形向前推拉 2360mm，使用卷尺工具，做出辅助线，并用直线工具，绘制出门口装饰图形，如图 11-90 所示。

图 11-88 推拉台阶

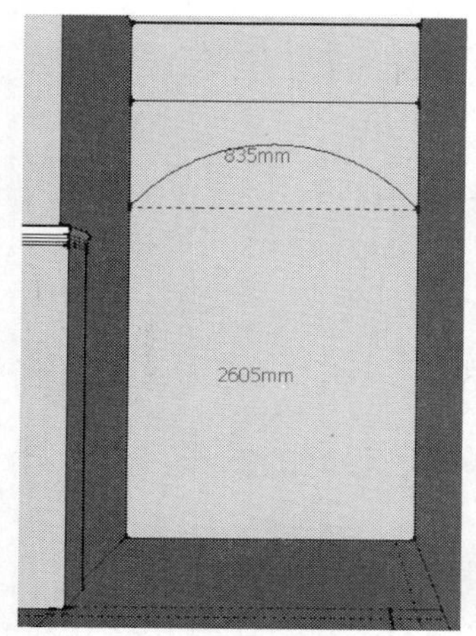

图 11-89 绘制正门辅助线

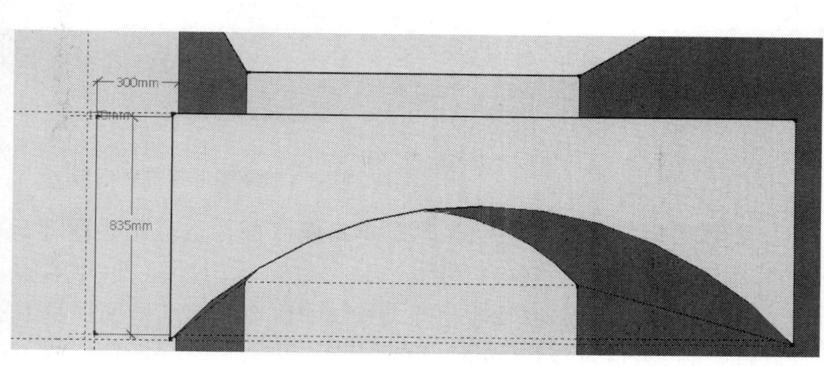

图 11-90 绘制正门门口装饰

step 61 使用偏移工具，选中半圆外边线向内偏移 50mm，然后使用推/拉工具，向内偏移 100mm。将偏移出的半圆向上推拉 100mm，使用偏移工具，向内偏移 50mm，如图 11-91 所示。

step 62 使用卷尺工具，做出圆形装饰柱辅助线，使用矩形工具，绘制出圆形装饰柱底座轮廓，如图 11-92 所示。

图 11-91 调整正门门口装饰

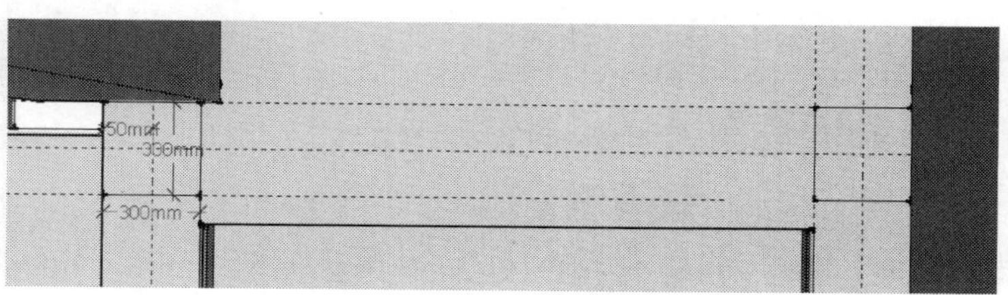

图 11-92 绘制圆形装饰柱底座轮廓

step 63 使用圆工具，绘制半径为 124 的圆，使用推/拉工具，向上推拉 50mm。使用直线工具，在圆中心做一条垂直圆的直线，长 180mm。然后使用卷尺工具，做出所需要的图形辅助线及尺寸。使用圆弧工具，将所需要的图形连接，如图 11-93 所示。

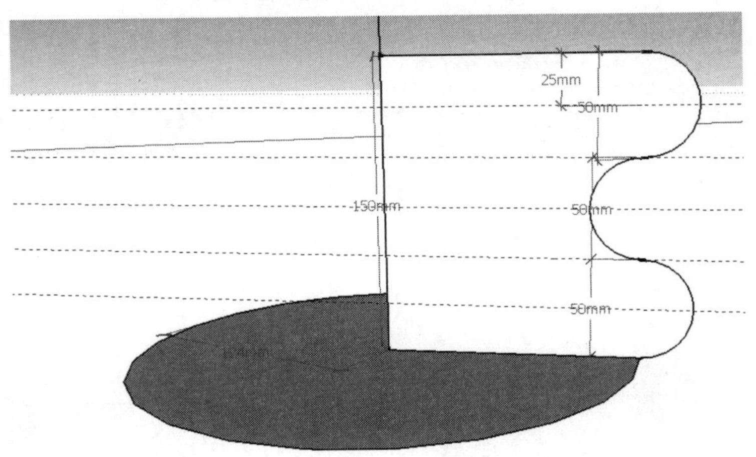

图 11-93 绘制圆形装饰柱底座

step 64 使用路径跟随工具，单击圆底面，选择路径跟随，单击已做好的图形，圆形装饰柱就做好了，如图 11-94 所示。

step 65 使用移动工具，将已做好的圆形装饰柱底座移至大门旁，然后使用推/拉工具，将圆顶面向上推拉 2100mm。再使用推/拉工具，按住 Ctrl 键向上推拉 20mm，使用擦除工具，按住 Shift 键擦除不需要的边线，结果如图 11-95 所示。

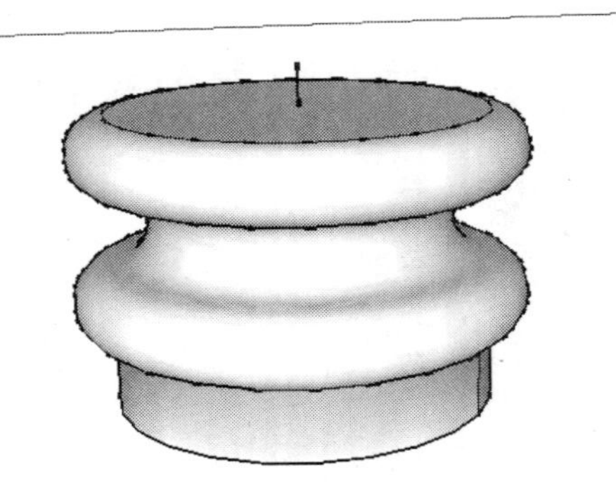

图 11-94 绘制完成的圆形装饰柱底座

图 11-95 调整圆形装饰柱

step 66 使用推/拉工具，按住 Ctrl 键向上推拉 20mm，按照底座做法绘制装饰条，同上步，向上推拉 70mm，按住 Ctrl 键向上推拉 20mm，绘制装饰条。使用偏移工具，向外偏移 10mm，向上推拉 10mm。同上，向上偏移 50mm，做出装饰条。再向上推拉 20mm，向外偏移 20mm，最后向上推拉 70mm，并复制，如图 11-96 所示。

step 67 使用偏移工具，将正门上方拱形门框顶面向外偏移 25mm，使用推/拉工具，向上推拉 50mm。同上，再将顶面向外偏移 25mm，向上推拉 50mm。最后将顶面向内偏移 50mm，再向上推拉 310mm，如图 11-97 所示。

图 11-96 绘制装饰条

图 11-97 调整拱形门框顶面

step 68 使用卷尺工具，做出二层辅助线，使用直线工具，绘制完成二层轮廓线，如图 11-98 所示。然后使用偏移工具，向内偏移 100mm，如图 11-99 所示。

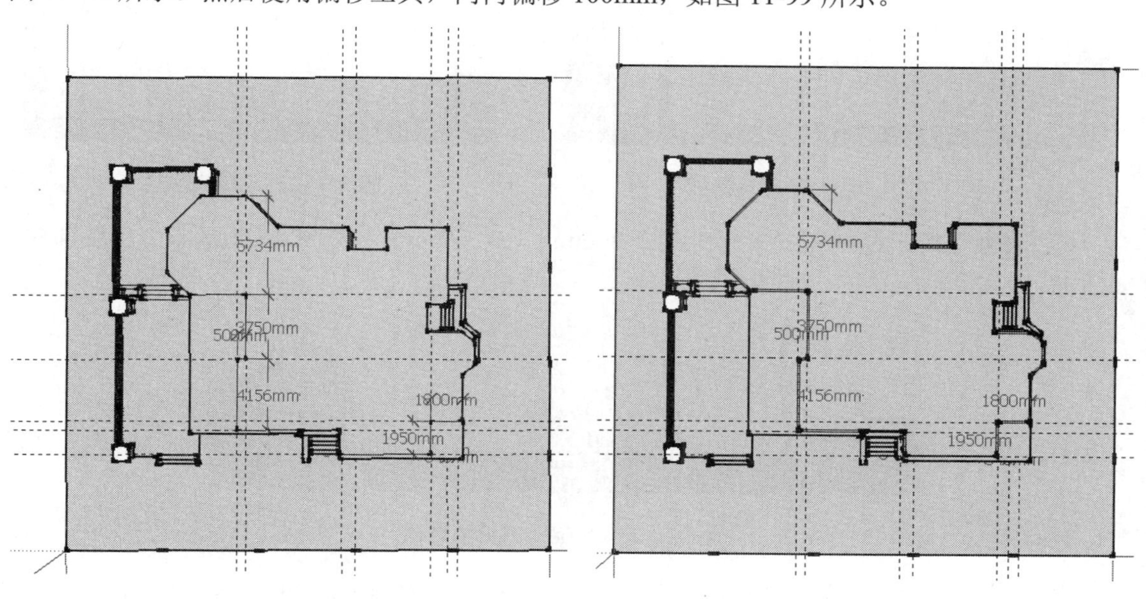

图 11-98 绘制别墅二层轮廓

图 11-99 偏移别墅二层轮廓

step 69 使用推/拉工具，将已做好的二层墙面向上推拉 2930mm，如图 11-100 所示。

step 70 使用卷尺工具，做出装饰柱辅助线，长 640mm、宽 460mm。使用推/拉工具，向上推拉 6030mm，绘制出矩形装饰柱，如图 11-101 所示。

图 11-100　推拉墙面

step 71 使用偏移工具，向外偏移 20mm，使用推/拉工具，向上推拉 80mm。然后再向外偏移 20mm，向上推拉 30mm，做出弧形装饰条。按照同样的方法再向外偏移 20mm，向上推拉 30mm。最后再向上偏移 100mm，做出另一弧形装饰条，如图 11-102 所示。

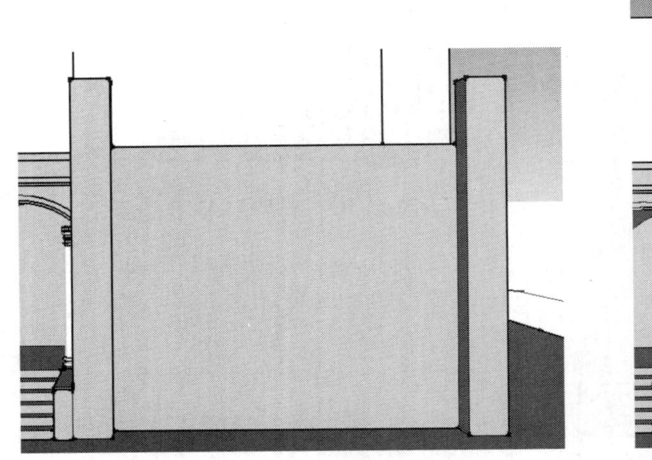

图 11-101　绘制矩形装饰柱

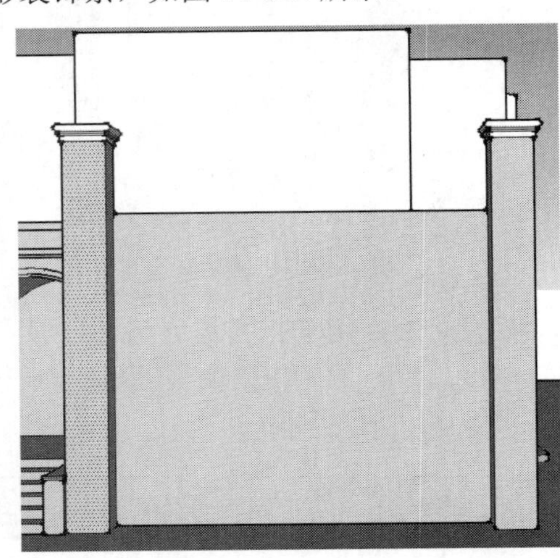

图 11-102　绘制装饰条

step 72 使用上述同样方法绘制出长 800mm、宽 800mm、高 900mm 的长方体装饰柱，如图 11-103 所示。

图 11-103　绘制长方体装饰柱

step 73 使用卷尺工具，做出墙面装饰辅助线，使用直线工具和弧形工具，绘制出墙面装饰线图形，如图 11-104 所示。然后使用推/拉工具，由上到下分别向外推拉 350mm、250mm、150mm、100mm，再使用矩形工具，按照一定比例绘制装饰矩形，并相应地向内推拉一定厚度，如图 11-105 所示。

step 74 使用卷尺工具，做出中心柱辅助线，长 640mm、宽 460mm，使用直线工具将其连接成型，如图 11-106 所示。然后使用推/拉工具，分别向外推拉 460mm、200mm、100mm，接着使用移动工具将已做好的装饰柱上方图形复制到新做出的装饰柱上，如图 11-107 所示。

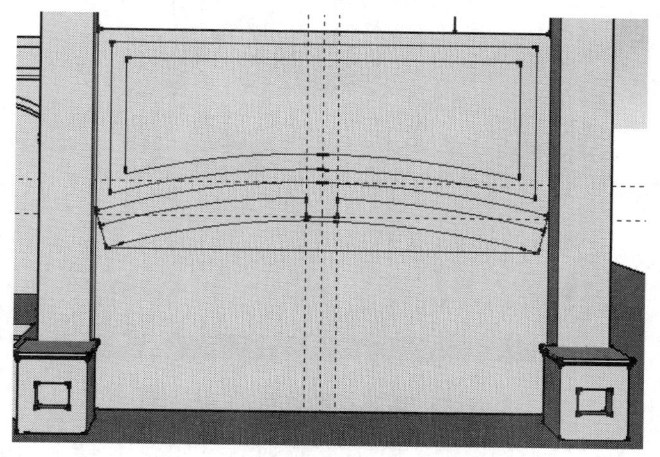

图 11-104　绘制墙面装饰辅助线

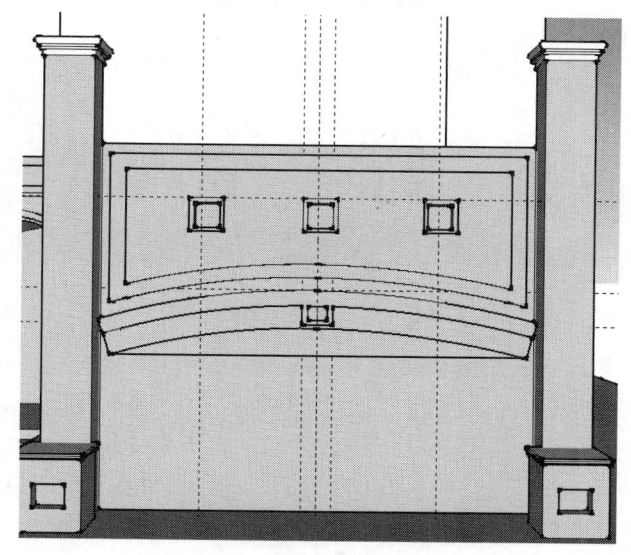

图 11-105　绘制正门装饰墙

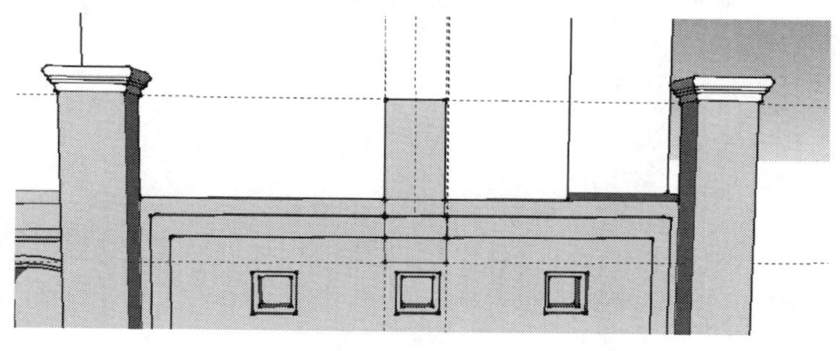

图 11-106　绘制中心柱辅助线

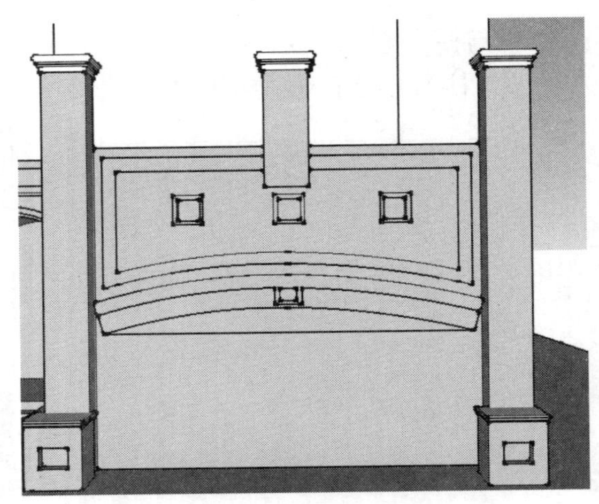

图 11-107　移动矩形装饰柱

step 75 将先前做好的圆形构造柱、栏杆复制到指定位置，如图 11-108 所示。

图 11-108　复制圆形构造柱、栏杆

step 76 使用卷尺工具做出门框辅助线，再使用矩形工具连接门框，如图 11-109 所示。然后使用偏移工具，将上边线、左边线、右边线选中，向内偏移 200mm，设置门玻璃外框宽 50mm，玻璃尺寸为长 325mm、宽 325mm 的正方形，接下来使用矩形工具绘制门玻璃，将墙面门框向内偏移 100mm，将已做好的门移动到门框上，结果如图 11-110 所示。

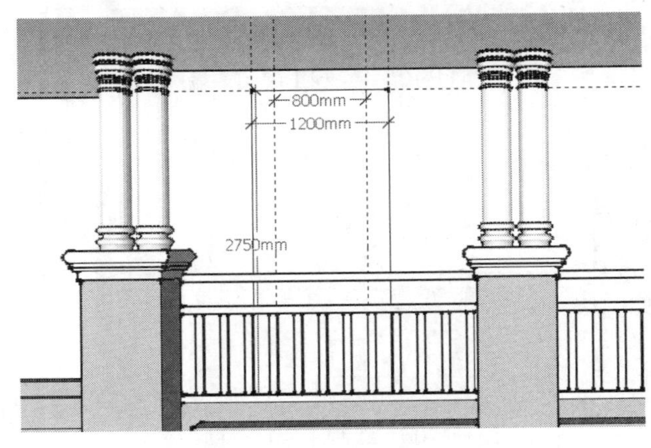

图 11-109　绘制门框辅助线

图 11-110　绘制别墅二层门

step 77 使用上述相同方法绘制其他门，如图 11-111 所示。此门只是内部玻璃框，设置尺寸为长 395mm、宽 500mm，其余均与二层正门的门一致，结果如图 11-112 所示。

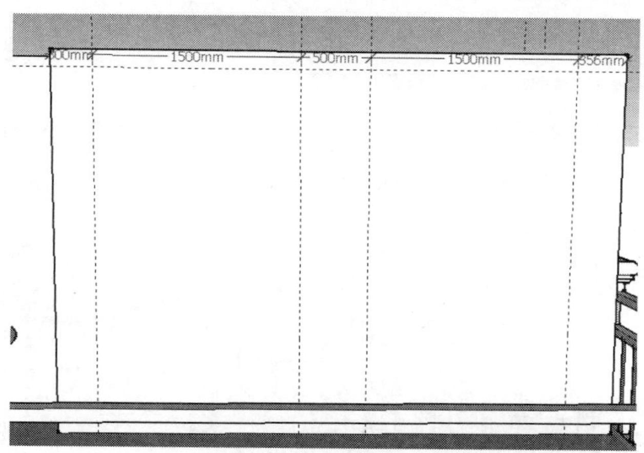

图 11-111　绘制其他门

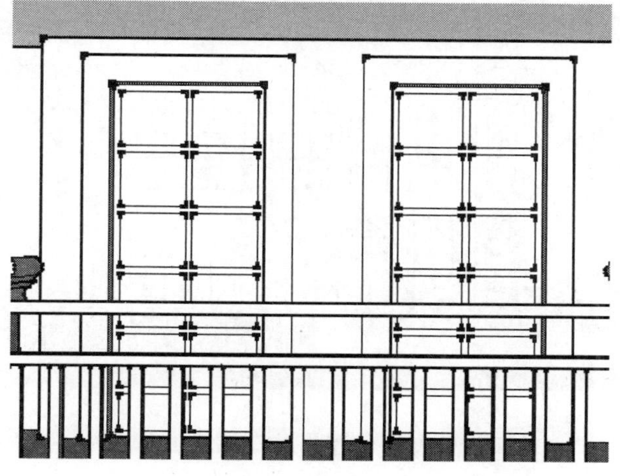

图 11-112　绘制别墅二层门内部玻璃框

step 78 使用卷尺工具做出门框辅助线，再使用矩形工具连接门框，如图 11-113 所示。然后将上边线、左边线、右边线选中，向内偏移 200mm 后再偏移 100mm，做出辅助线后，使用矩形工具绘制窗。使用推/拉工具，由外至内分别推拉 200mm、150mm、100mm，移动到已做好的位置处，如图 11-114 所示。

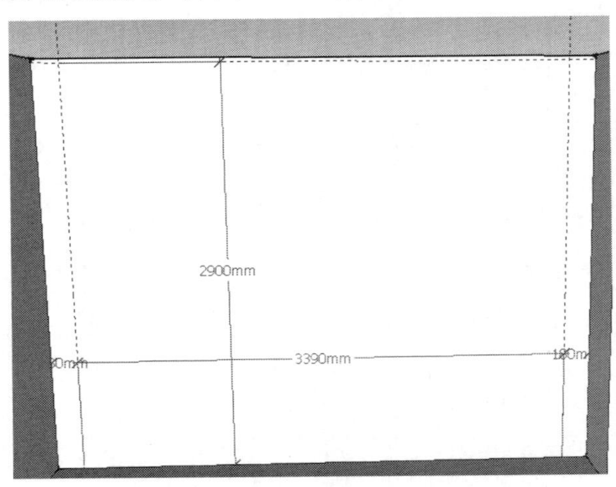

图 11-113 绘制门框辅助线

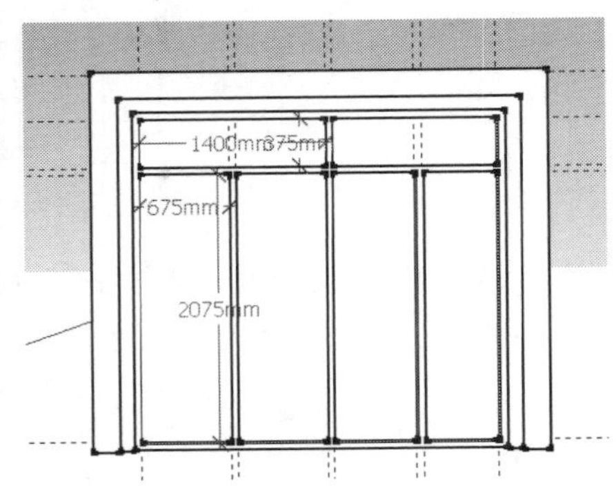

图 11-114 绘制别墅二层窗子

step 79 按照同样的方法将所有窗户制作完成，结果如图 11-115 所示。

图 11-115 绘制别墅二层其他窗

step 80 下面来制作别墅屋顶。使用偏移工具向外偏移 100mm，再使用推/拉工具向上推

拉 250mm，然后再向外偏移 500mm，向上推拉 60mm，最后再向外偏移 300，向上推拉 60，结果如图 11-116 所示。使用直线工具，在屋顶上多画几条垂直于屋面的直线，将屋顶外边线与之连接，形成坡屋面，如图 11-117 所示。

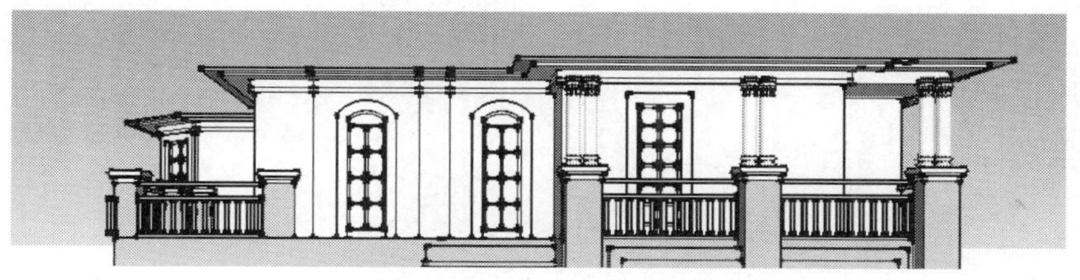

图 11-116　制作别墅屋顶

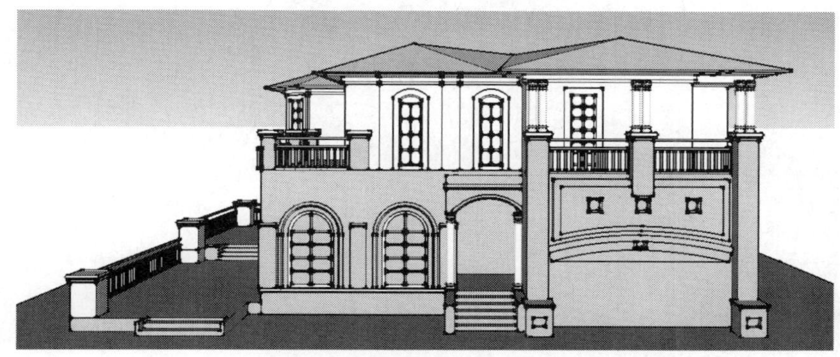

图 11-117　制作别墅坡屋面

step 81 选择【文件】|【导入】菜单命令，选择导入背景图片及树木，结果如图 11-118 所示。

图 11-118　导入背景及树木

step 82 设置材质。单击【大工具集】工具栏中的【材质】按钮，打开【材质】面板，将瓦片材质设置为屋顶材质，如图 11-119 所示。

step 83 在【材质】面板中，设置玻璃材质颜色参数，并将不透明度调至 40，将其设置为门窗玻璃材质，如图 11-120 所示。

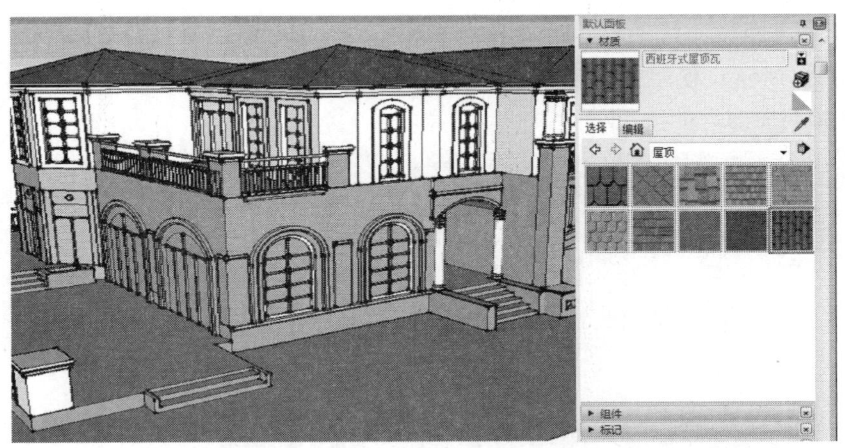

图 11-119　设置屋顶材质

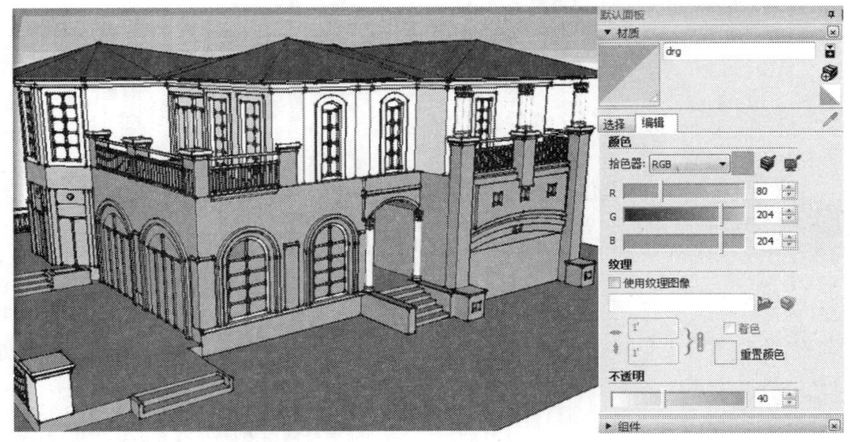

图 11-120　设置门窗玻璃材质

step 84 在【材质】面板中，选择一个砖块材质，添加贴图，并设置外墙纹理，作为墙围材质，如图 11-121 所示。

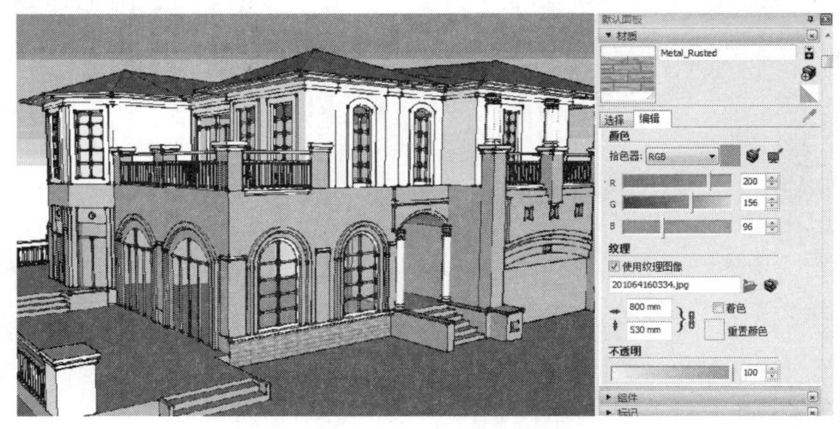

图 11-121　设置墙围材质

step 85 在【材质】面板中，选择一个砖块材质并添加贴图，然后设置外墙纹理，调整砖尺寸为1500mm、1162mm，将其设置为左侧台阶材质，如图11-122所示。

图11-122　设置左侧台阶材质

step 86 在【材质】面板的【金属】列表框中选择【有缝金属】选项，将其设置为栏杆材质，如图11-123所示。

图11-123　设置栏杆材质

step 87 在【材质】面板的【颜色】列表框中选择【M00 色】选项，将其设置为外墙材质，如图11-124所示。

step 88 在【材质】面板的【石头】列表框中选择一个材质并添加贴图，然后设置外墙纹理，调整砖尺寸为600mm、600mm，将其设置为正门台阶材质，如图11-125所示。

step 89 在【材质】面板的【颜色】列表框中选择【C01 色】选项，作为窗台及门框材质，如图11-126所示。

step 90 在【材质】面板的【植被】列表框中选择【人造草被】选项，将其设置为地面材质，如图11-127所示。这样，材质就设置完成了。

图 11-124　设置外墙材质

图 11-125　设置正门台阶材质

图 11-126　设置窗台及门框材质

step 91 打开【阴影】面板，调整阴影设置，将阴影显示出来，如图 11-128 所示。

图 11-127　设置地面材质

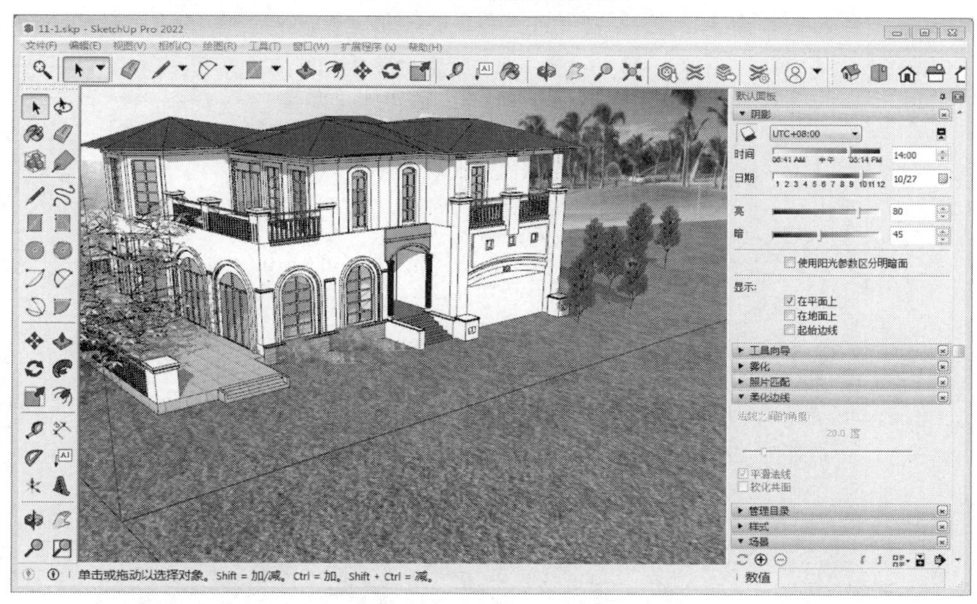

图 11-128　调整阴影设置

step 92 设置 V-Ray 材质，并进行渲染。选择【扩展程序】|【V-Ray 中文版】|【资源管理器】菜单命令，打开【V-Ray 资源编辑器】对话框，单击【材质】按钮，打开 V-Ray 材质编辑面板。设置屋顶材质的参数，设置【反射】卷展栏中的参数，如图 11-129 所示。

step 93 设置金属材质，使金属材质有一定的模糊反射效果，参数设置如图 11-130 所示。按照同样的方法设置其他材质参数。

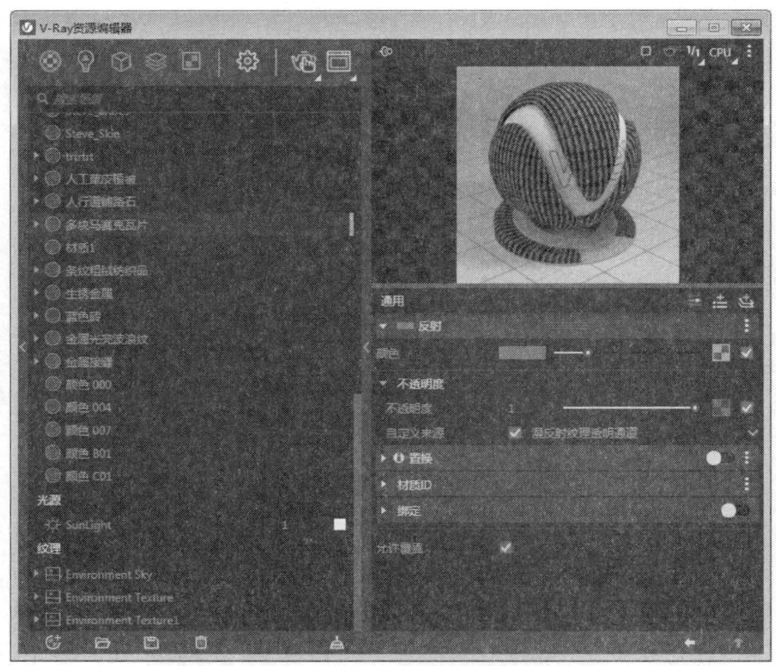

图 11-129　设置屋顶材质参数

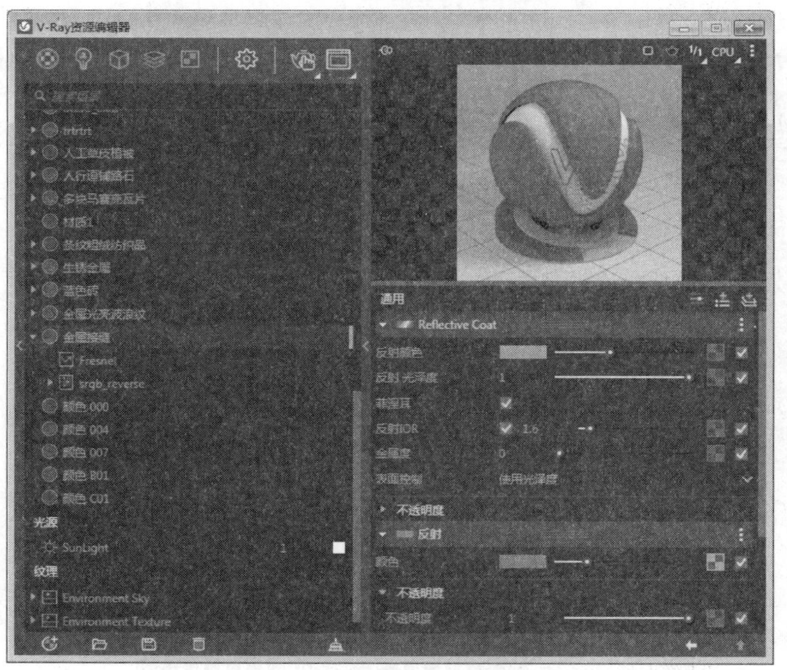

图 11-130　设置金属材质参数

step 94 单击【灯光】按钮，打开光源编辑面板，设置全局光的参数，如图 11-131 所示。

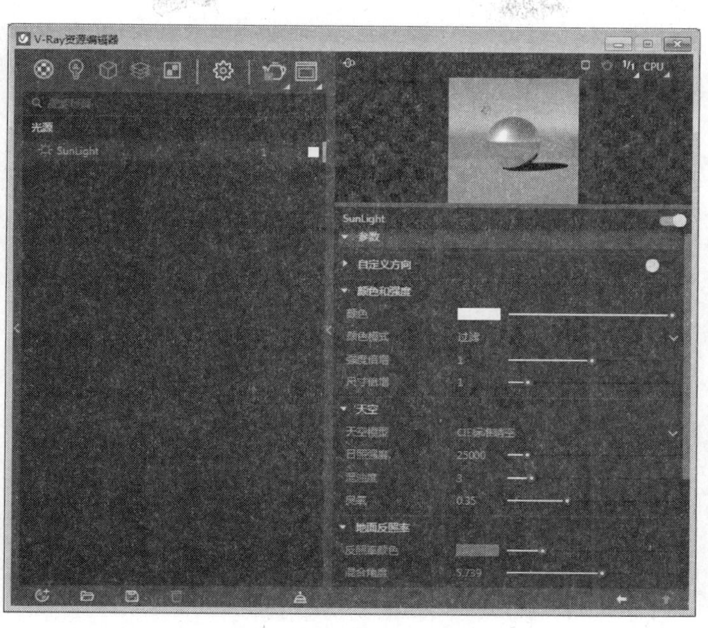

图 11-131 环境全局光参数设置

step 95 单击【设置】按钮，可以打开【渲染设置】面板，设置【渲染输出】卷展栏中的【图像宽度/高度】参数为 800×600，设置【发光贴图】卷展栏中参数的数值，将【最小比率】改成-3，【最大比率】改成 0，设置的【渲染质量】卷展栏中的参数，主要提高【噪点限制】参数数值，使图面噪波进一步减小，其他相应参数也进行设置，如图 11-132 所示。设置完成后就可以渲染了。至此，该范例制作完成，最终渲染的结果如图 11-133 所示。

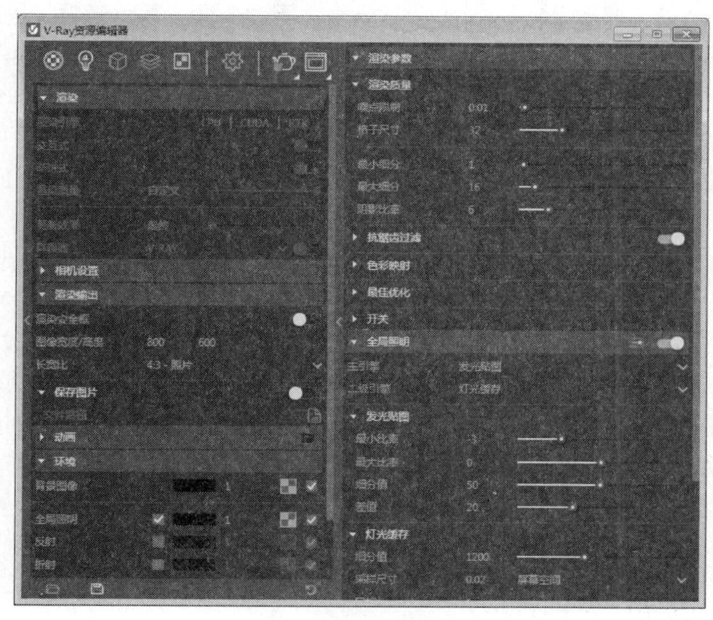

图 11-132 渲染参数的设置

图 11-133　完成的别墅图片

11.2　室内家居设计范例

本范例完成文件：ywj/11/11-2.skp

11.2.1　范例分析

建筑室内空间造型是室内方案设计最直观的展现，设计师要考虑好室内设计风格、装饰装修、家居摆放设置等细部元素，细化建筑内部造型，室内方案效果如图 11-134 所示。利用 SketchUp 可以灵活构建三维几何形体，由于计算机拥有对模型参数的强大处理能力，可以使模型构建更为精确和可计量化。在构建建筑形体的时候，SketchUp 灵活的图像处理功能又可以不断地激发设计师的灵感，生成原本没有考虑到的新颖的造型形态，还可以不断地转换观察角度，随时对造型进行探索和完善，并即时显现修改过程，最终帮助完成设计。

本范例将介绍创建室内家居效果的方法，详细讲解室内各功能间模型的创建，其中包括创建室内墙体及门窗洞口、创建客厅模型、创建厨房模型、创建书房模型、创建儿童房模型、创建卫生间模型、创建主卧室模型等相关内容。通过这个范例的操作，将熟悉以下内容。

(1) 创建墙体及门窗洞口。

(2) 创建客厅模型。

(3) 创建厨房模型。

(4) 创建书房模型。

(5) 创建儿童房模型。

(6) 创建卫生间模型。

(7) 创建主卧室模型。

图 11-134　室内方案效果

11.2.2　范例操作

step 01 新建一个文件。首先创建室内墙体。选择【文件】|【导入】菜单命令，在弹出的【导入】对话框中选择“墙体线.dwg”文件，然后单击【选项】按钮，在弹出的对话框中将【单位】设置为【毫米】，如图 11-135 所示，再单击【确定】按钮，返回【导入】对话框，单击【导入】按钮，将 CAD 图像导入 SketchUp 软件中，结果如图 11-136 所示。

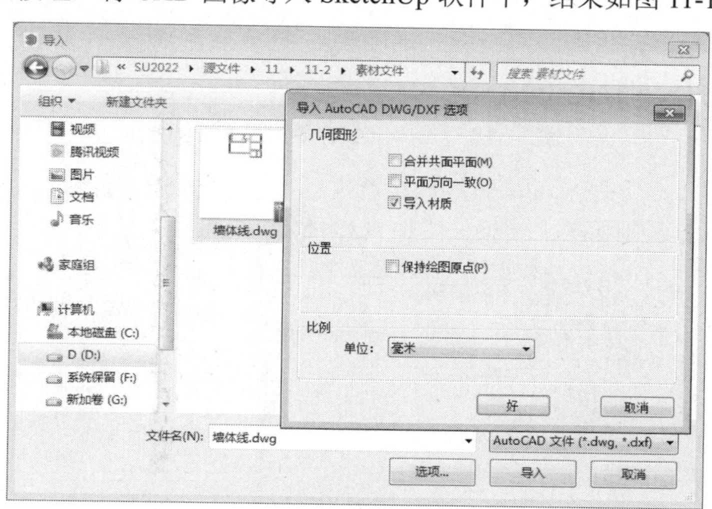

图 11-135　导入 CAD 文件

step 02 使用直线工具，捕捉导入 CAD 图像中的相应端点，绘制出室内平面图的墙体线，如图 11-137 所示。

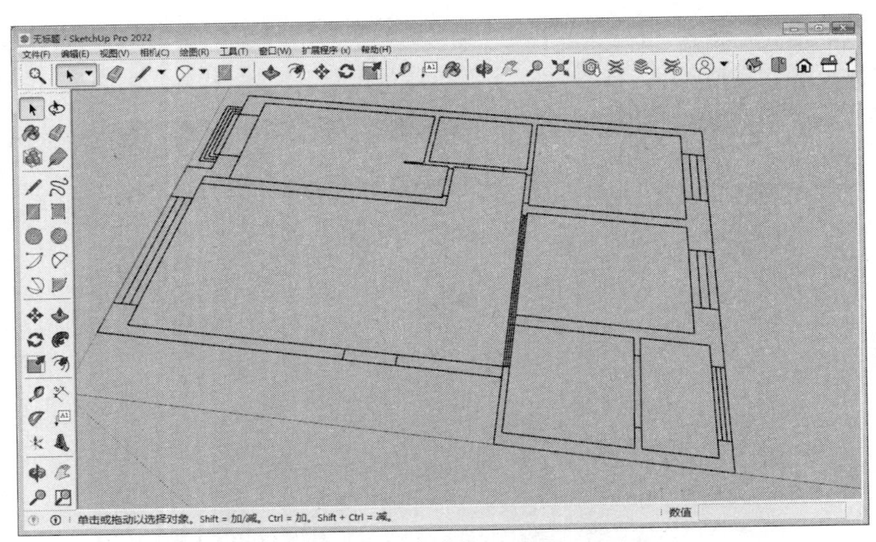

图 11-136　导入后的图像

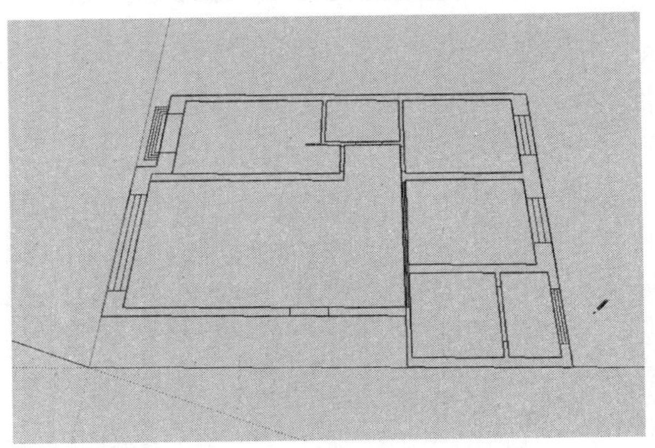

图 11-137　绘制出室内平面图的墙体线

step 03 全选上一步绘制的墙体线，接着执行【扩展程序】|【线面工具】|【生成面域】菜单命令，使用插件绘制面域，结果如图 11-138 所示。

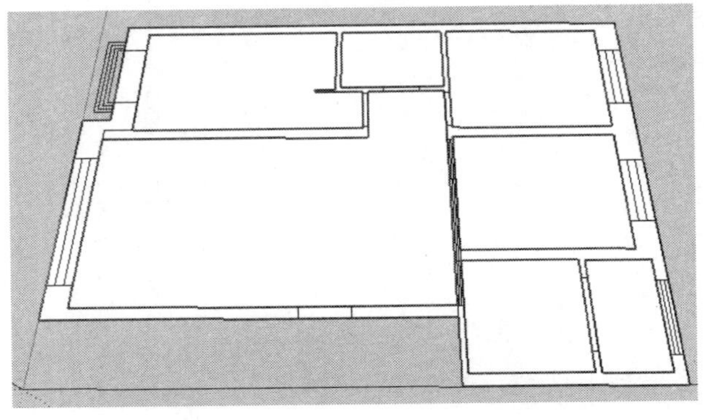

图 11-138　绘制面域

step 04 使用推/拉工具，将墙体面域向上推拉 2900mm 的高度，如图 11-139 所示。

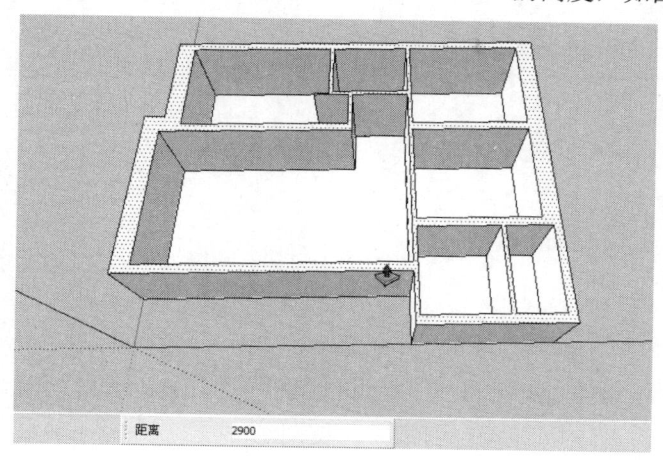

图 11-139　推拉出墙体

step 05 开启门窗洞口。使用移动工具，将推拉墙体下侧的 CAD 平面图垂直移动到墙体的上方，如图 11-140 所示。

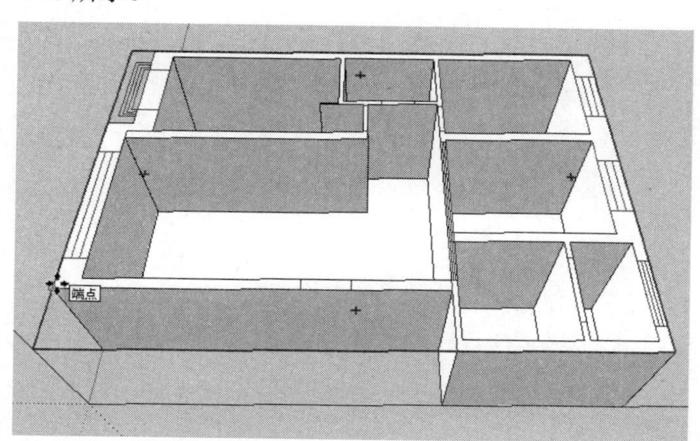

图 11-140　移动 CAD 图形

step 06 使用卷尺工具，捕捉 CAD 平面图上相应门洞口线上的端点，绘制两条垂直的辅助参考线，然后捕捉墙体上侧的相应边线，向下绘制一条与其距离为 900mm 的辅助参考线，如图 11-141 所示。使用矩形工具，借助上一步绘制的辅助线，在相应的墙体表面上绘制一个矩形，如图 11-142 所示。

step 07 使用推/拉工具，将上一步绘制的矩形面向内进行推拉，从而开启了一个门洞口，如图 11-143 所示。接下来使用矩形工具，在前面开启的门洞口下侧绘制一个矩形面作为门槛石轮廓，如图 11-144 所示。

step 08 使用卷尺工具，捕捉客厅位置 CAD 平面图相应窗洞口线上的端点，绘制两条垂直的辅助线，如图 11-145 所示。继续使用卷尺工具，捕捉墙体上侧的相应边线，向下绘制两条水平辅助线，如图 11-146 所示。

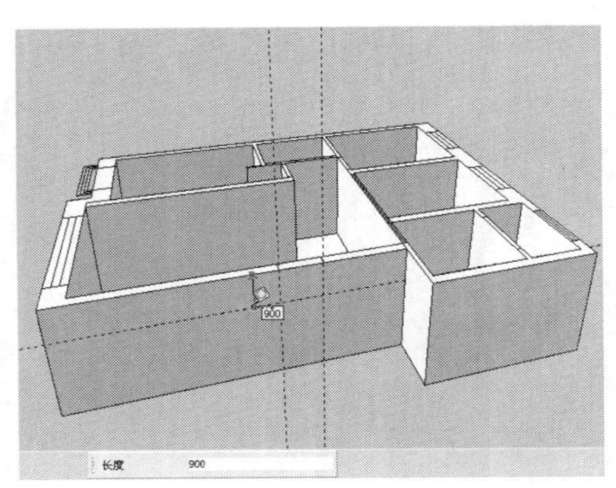

图 11-141　绘制辅助线

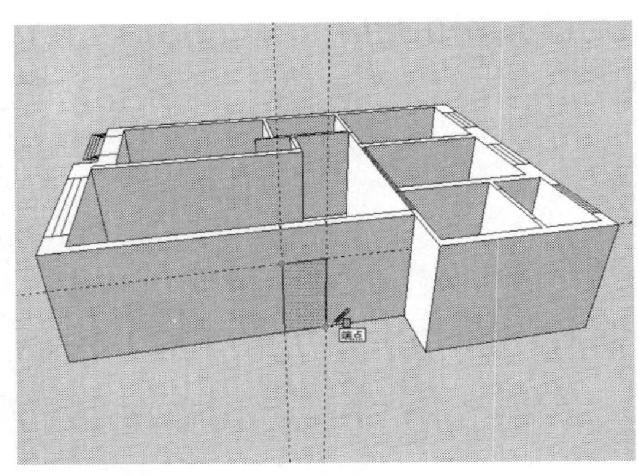

图 11-142　绘制一个矩形

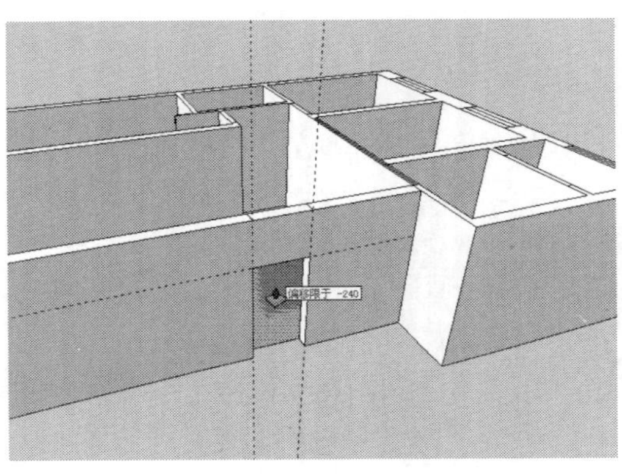

图 11-143　开启门洞口

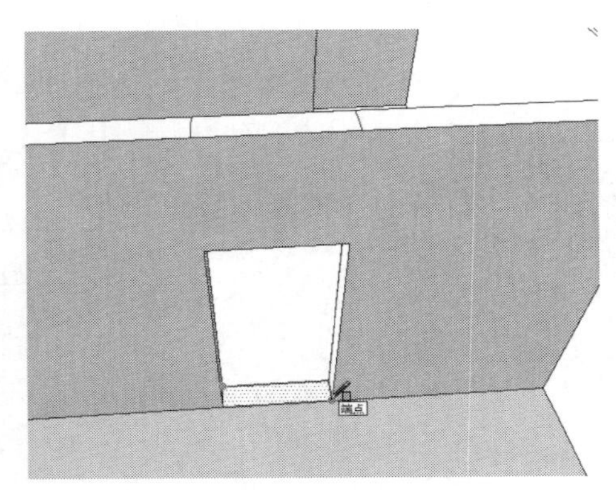

图 11-144　绘制门槛石轮廓

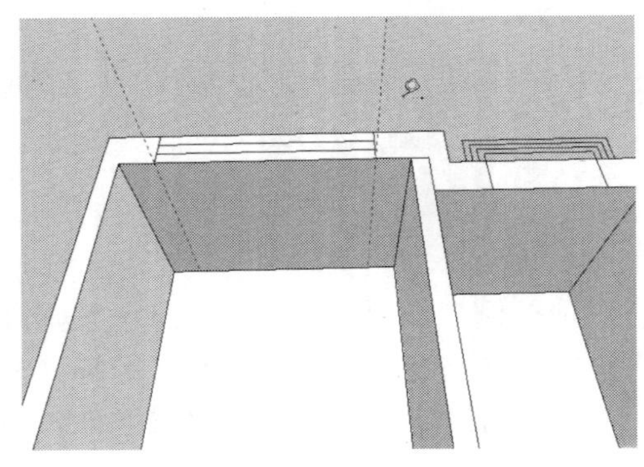

图 11-145　绘制垂直辅助线

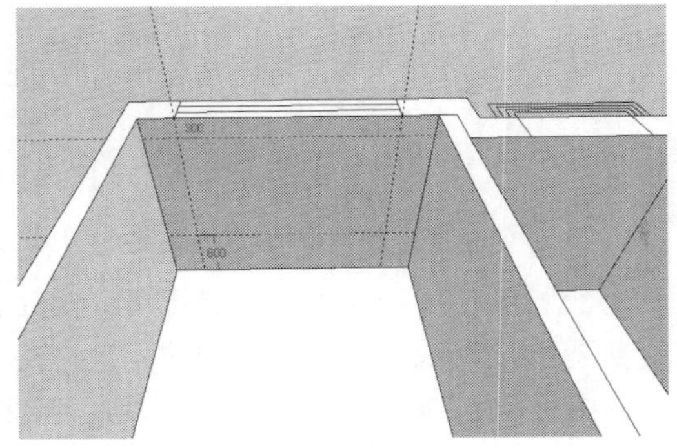

图 11-146　绘制水平辅助线

step 09 使用矩形工具，借助辅助线在相应的墙体表面上绘制一个矩形，如图 11-147 所示。使用推/拉工具，将绘制的矩形面向外进行推拉，从而开启一个窗洞口，如图 11-148 所示。

step 10 使用相同的方法，完成其他房间门窗洞口的开启，如图 11-149 所示。

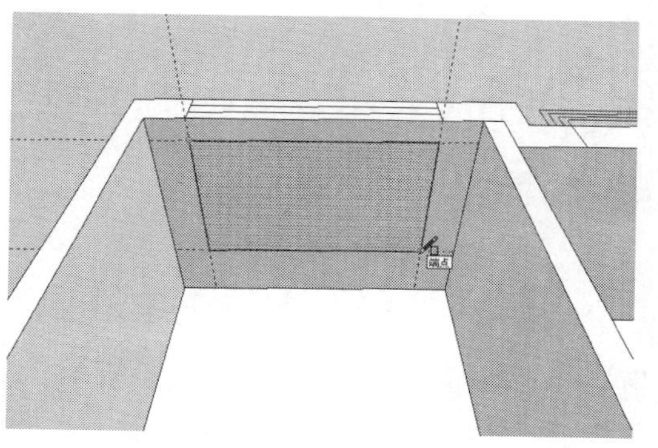

图 11-147　绘制矩形

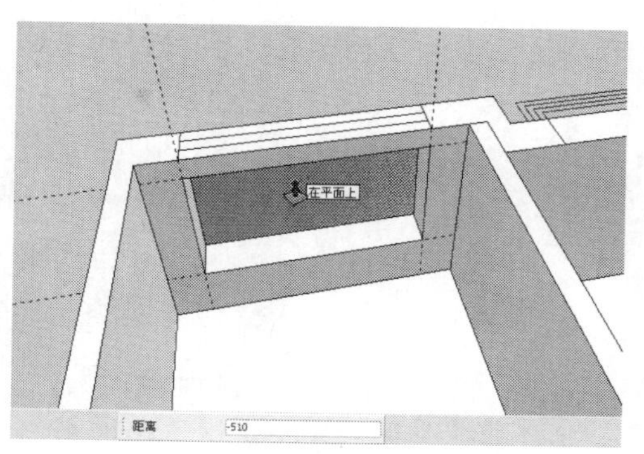

图 11-148　开启窗洞口

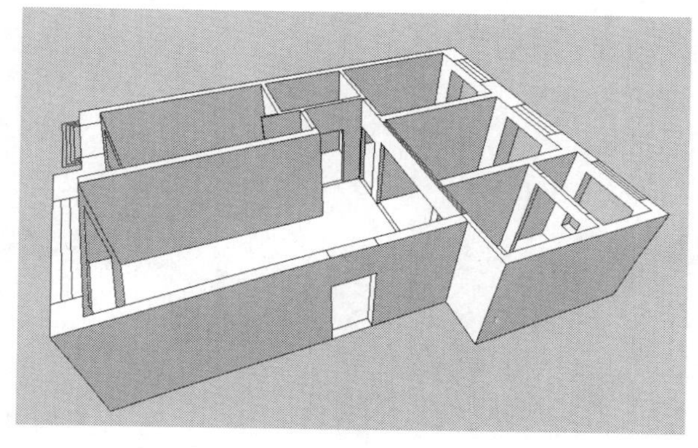
图 11-149　完成其他房间门窗洞口的开启

step 11 使用材质工具，打开【材质】面板，为客厅的墙面赋予墙纸材质，为客厅地面赋予地砖材质，然后为门洞下侧的门槛石赋予石材材质，如图 11-150 所示。

step 12 创建客厅窗户及窗帘。使用矩形工具，在客厅的窗洞口位置绘制一个矩形面，并将其创建为组，如图 11-151 所示。双击创建的组，进入组的内部编辑状态，然后使用推/拉工具将矩形面向上推拉 40mm 的厚度，如图 11-152 所示。

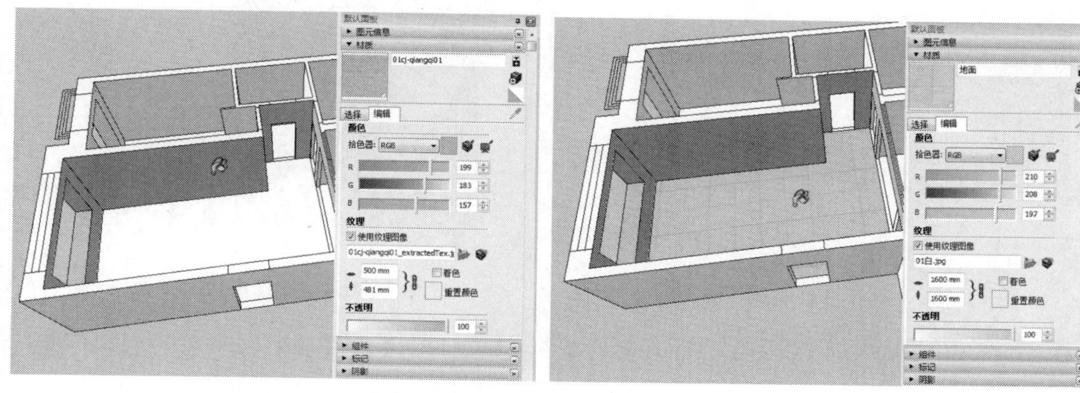
图 11-150　为客厅墙面、地面和门槛石赋予材质

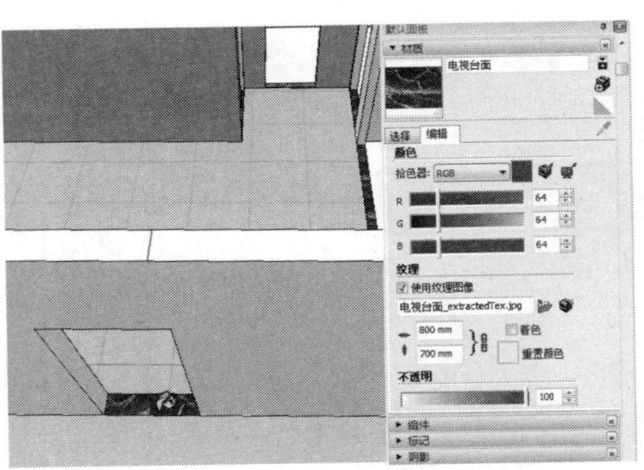

图 11-150　为客厅墙面、地面和门槛石赋予材质(续)

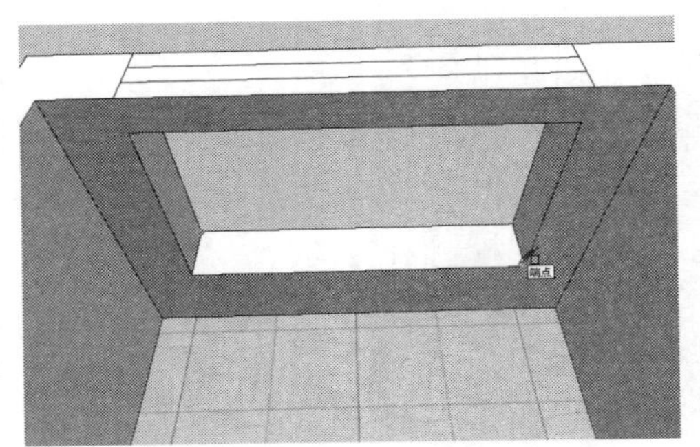

图 11-151　绘制矩形面

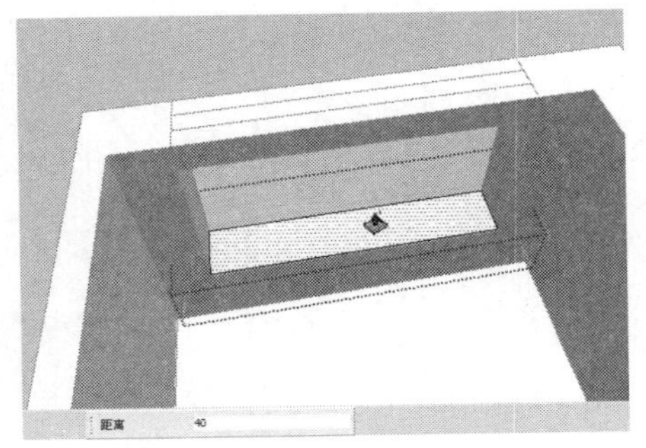

图 11-152　推拉矩形面

step 13 使用推/拉工具并按住 Ctrl 键，将上一步推拉立方体的外侧面向外推拉复制 40mm 的距离，如图 11-153 所示。继续使用推/拉工具，将左侧的相应面向外推拉 100mm 的距离，如图 11-154 所示。

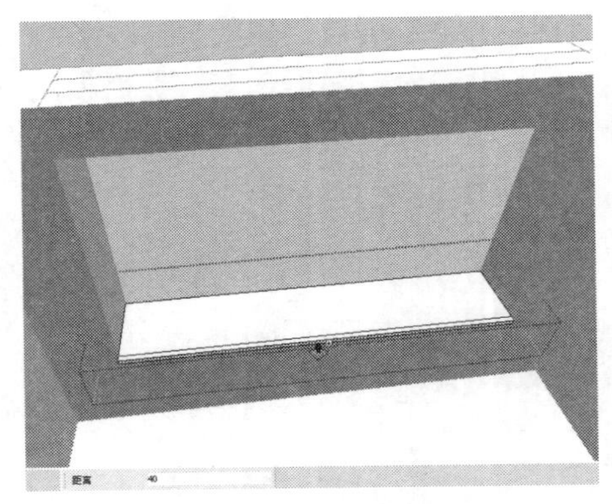

图 11-153　向外推拉复制外侧面

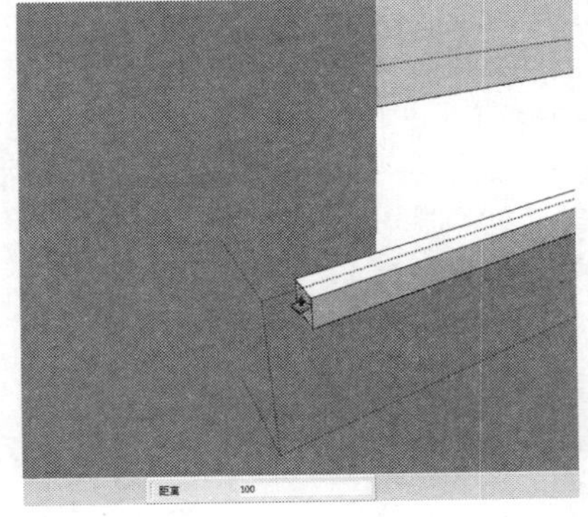

图 11-154　向外推拉左侧面

step 14 继续使用推/拉工具，将右侧的相应面向外推拉 100mm 的距离，如图 11-155 所示。

step 15 使用材质工具，打开【材质】面板，为创建的窗台石赋予石材材质，如图 11-156 所示。

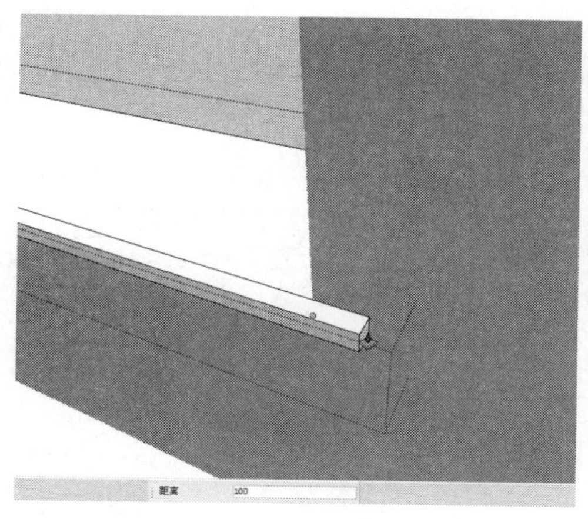

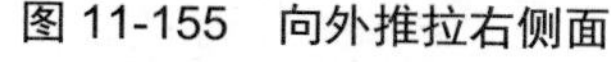

图 11-155　向外推拉右侧面

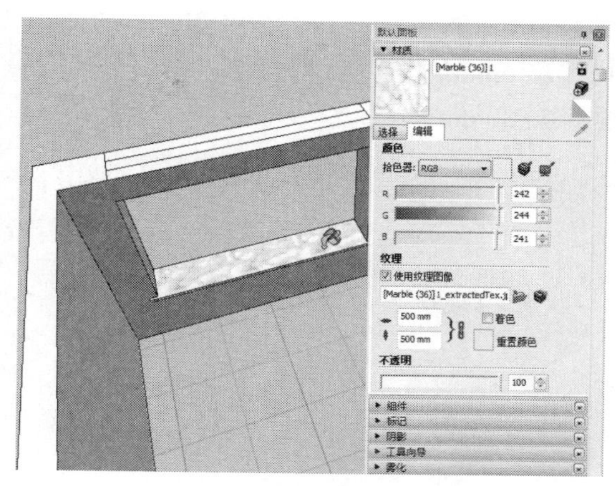

图 11-156　为窗台石赋予材质

step 16 使用矩形工具，绘制一个 3000mm×1800mm 的立面矩形，如图 11-157 所示。结合偏移工具及移动工具，在矩形的内部绘制出窗框的轮廓，如图 11-158 所示。

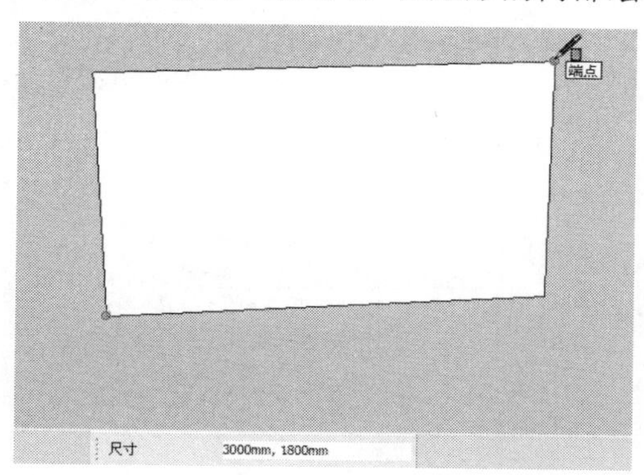

图 11-157　绘制立面矩形

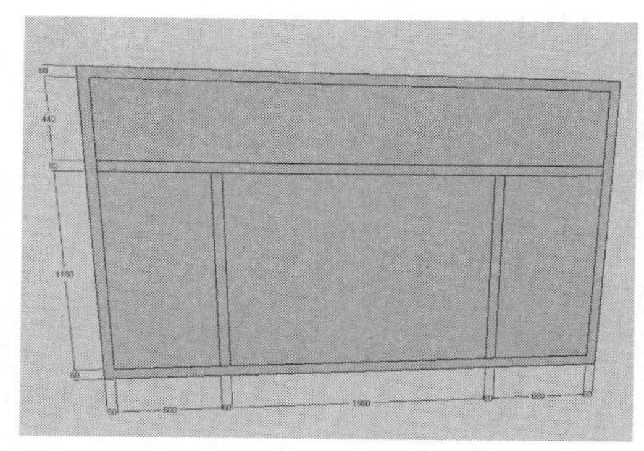

图 11-158　绘制窗框轮廓

step 17 先删除窗框内部多余的面，然后使用推/拉工具，将窗框推拉 40mm 的厚度，如图 11-159 所示。使用矩形工具，捕捉窗框上的相应端点绘制一个矩形面，并将绘制的矩形面创建为组，如图 11-160 所示。

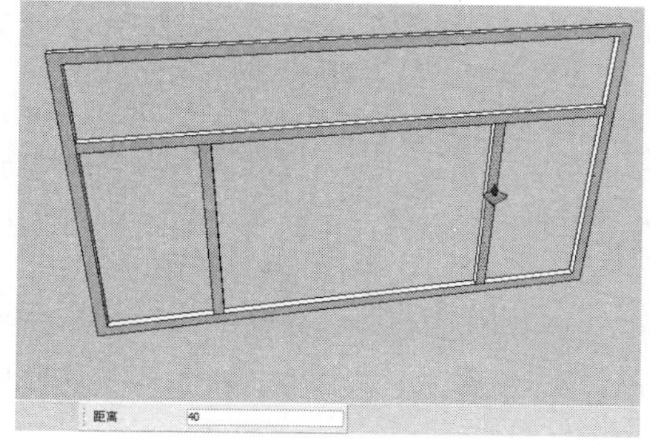

图 11-159　推拉窗框

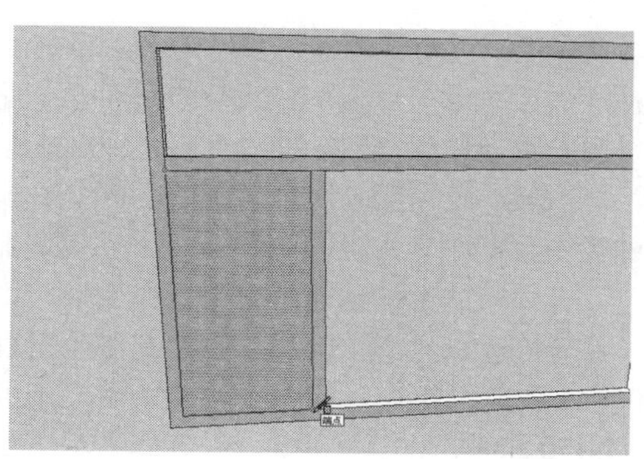

图 11-160　绘制矩形面

step 18 双击上一步创建的组，进入组的内部编辑状态，然后使用偏移工具，将矩形面向内偏移 60mm 的距离，如图 11-161 所示。将内侧的矩形面删除掉，然后使用推/拉工具，将窗框推拉 80mm 的厚度，如图 11-162 所示。

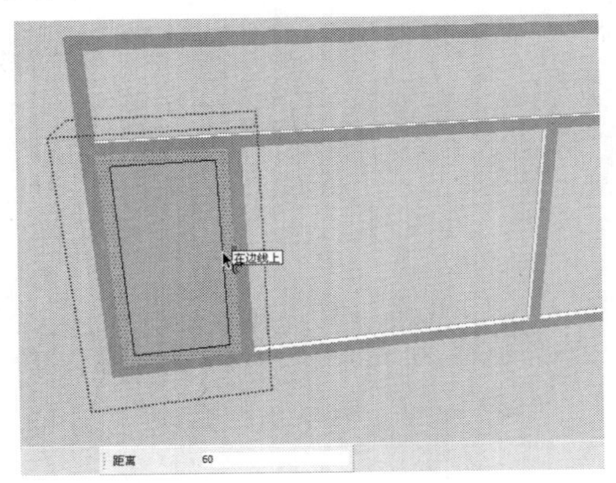

图 11-161　将矩形面向内偏移

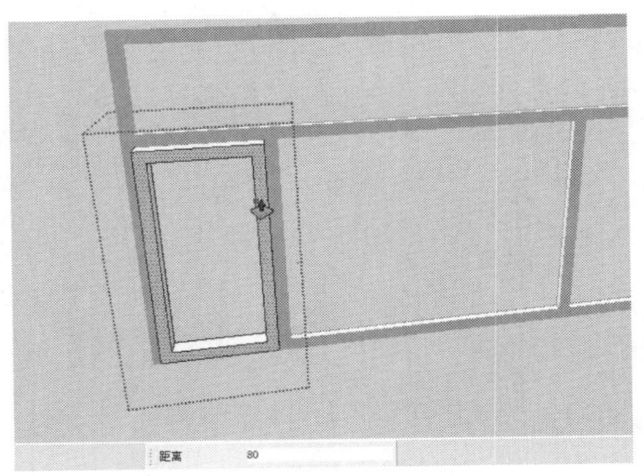

图 11-162　再次推拉窗框

step 19 使用移动工具并配合 Ctrl 键，将上一步推拉的窗框向右复制一份，如图 11-163 所示。使用矩形及推/拉工具，在创建的窗框内部创建出窗玻璃，并为创建的窗玻璃赋予玻璃材质，然后将创建的窗户移动到客厅的窗洞口位置，如图 11-164 所示。

图 11-163　复制窗框

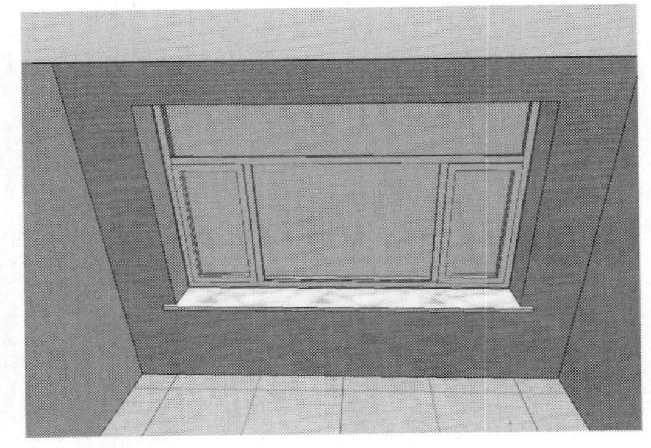
图 11-164　创建好窗户

step 20 使用手绘线工具，绘制出窗帘的截面轮廓曲线，如图 11-165 所示。然后全选窗帘截面轮廓曲线，执行【扩展程序】|【线面工具】|【拉线成面】菜单命令，单击线上某一点，向上移动鼠标，然后输入高度 2700mm，如图 11-166 所示。

step 21 此时生成的曲面窗帘造型如图 11-167 所示。使用移动工具并结合 Ctrl 键，将创建的窗帘移动到客厅的窗户位置，并将其复制一份到窗户的另一侧，再结合矩形工具及推/拉工具，在窗帘的上侧创建出窗帘盒的效果，如图 11-168 所示。

step 22 下面创建客厅电视墙及沙发背景墙。使用矩形工具，创建一个 3000mm×2900mm 的立面矩形，如图 11-169 所示。使用推/拉工具，将立面矩形推拉 50mm 的厚度，如图 11-170 所示。

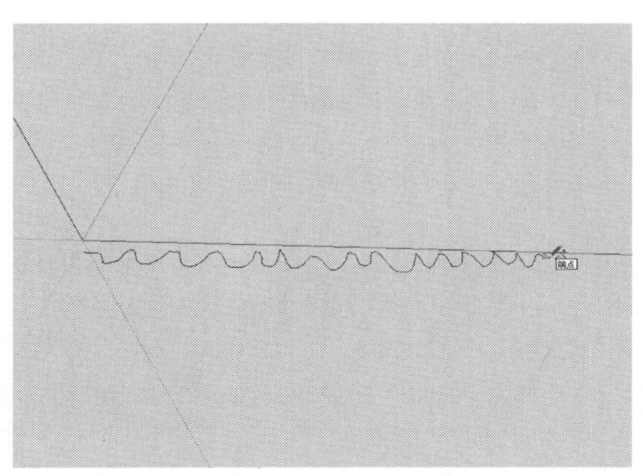

图 11-165 绘制窗帘截面轮廓曲线

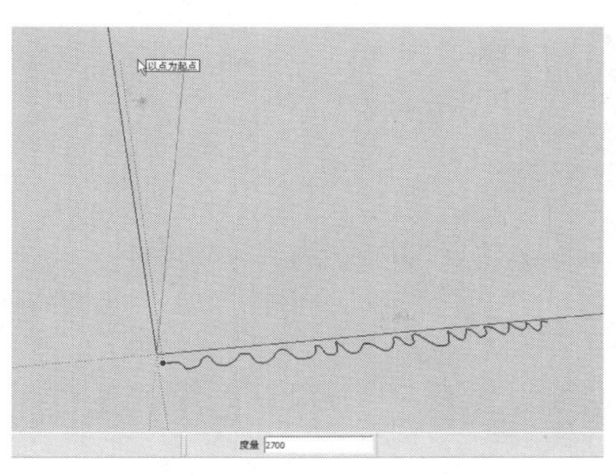

图 11-166 拉线成面

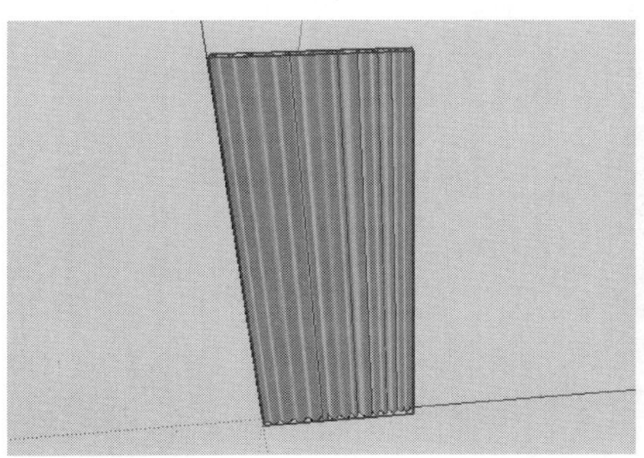

图 11-167 曲面窗帘造型

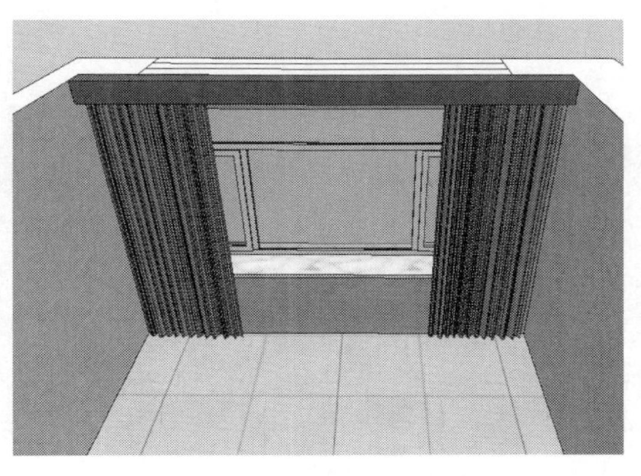

图 11-168 复制窗帘并创建窗帘盒

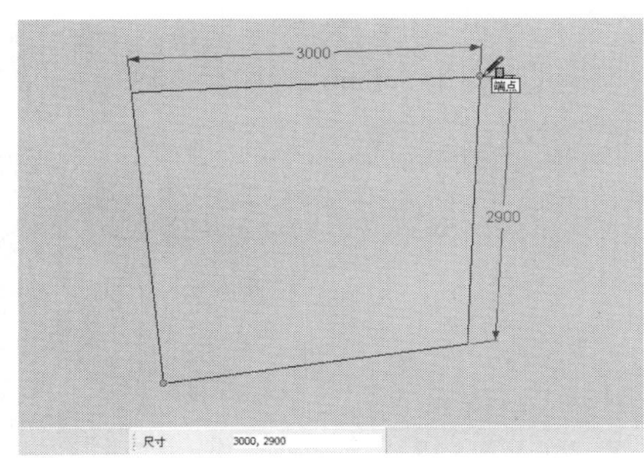

图 11-169 创建立面矩形

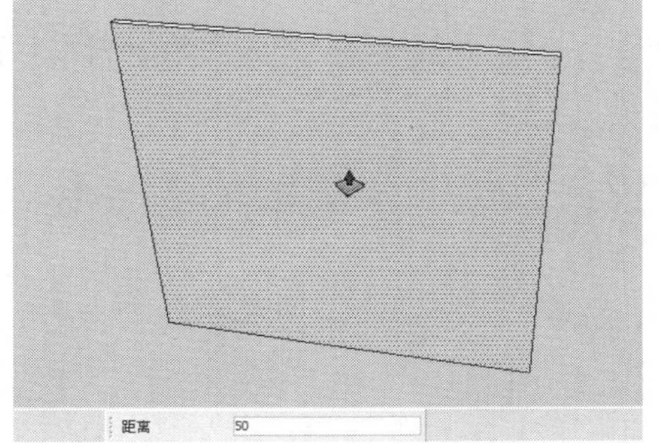

图 11-170 推拉立面矩形

step 23 使用圆弧工具，在上一步推拉的表面上绘制出如图 11-171 所示的花纹图案。使用推/拉工具，将花纹图案向内推拉 10mm 的距离，如图 11-172 所示。

step 24 使用材质工具，打开【材质】面板，为创建的电视墙赋予颜色材质，如图 11-172 所示。

图 11-171　绘制花纹图案

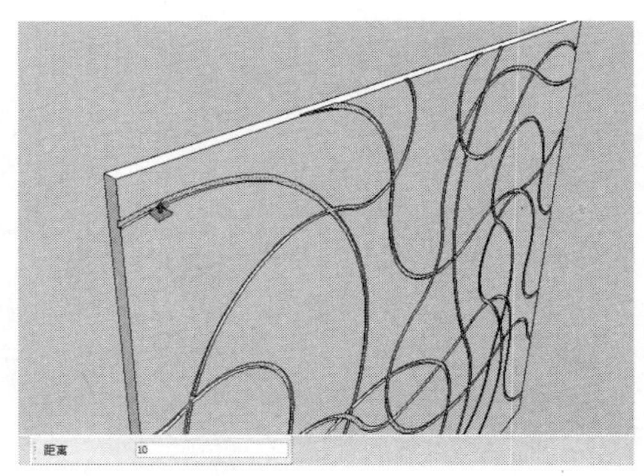

图 11-172　向内推拉花纹图案

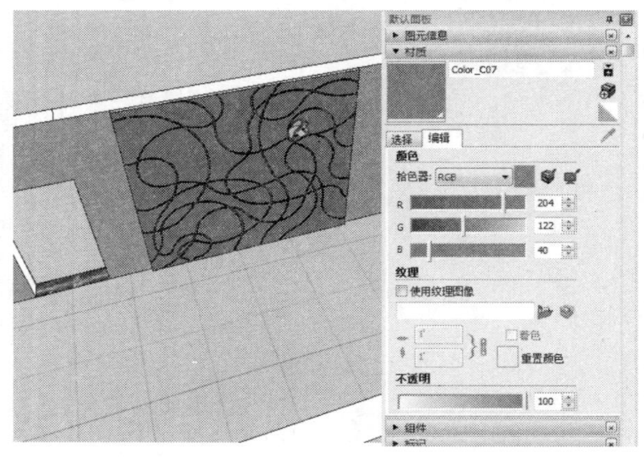

图 11-173　赋予电视墙的材质

step 25 使用直线工具，在客厅沙发背景墙的下侧绘制如图 11-174 所示的线段。使用偏移工具，将绘制的线段向外偏移复制一份，其偏移复制的距离为 80mm，如图 11-175 所示。

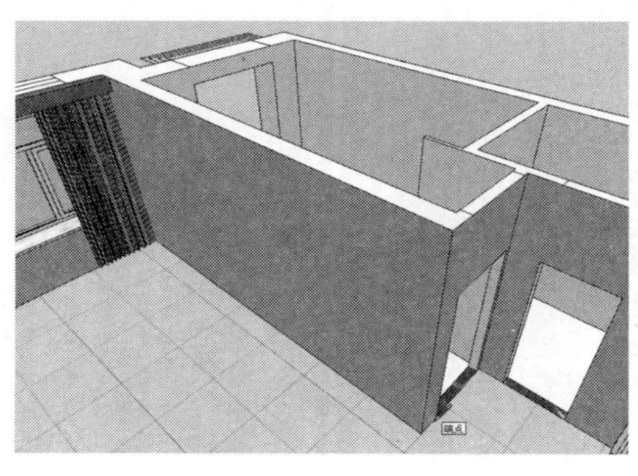

图 11-174　绘制线段

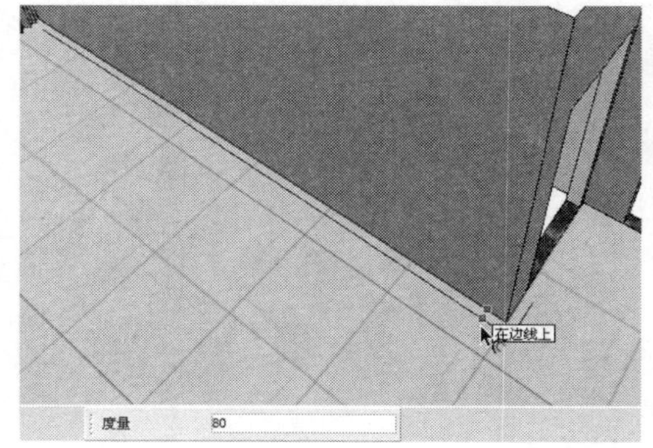

图 11-175　复制线段

step 26 使用直线工具，对前面绘制线段的末端进行封闭，如图 11-176 所示。使用推/拉工具，将前面封闭的造型面向上推拉 2100mm 的高度，如图 11-177 所示。

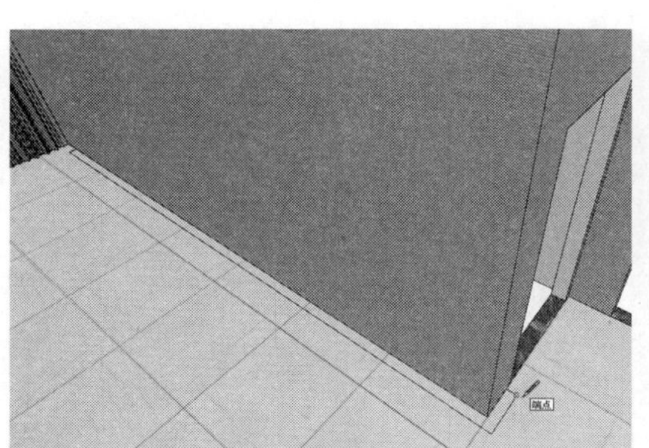

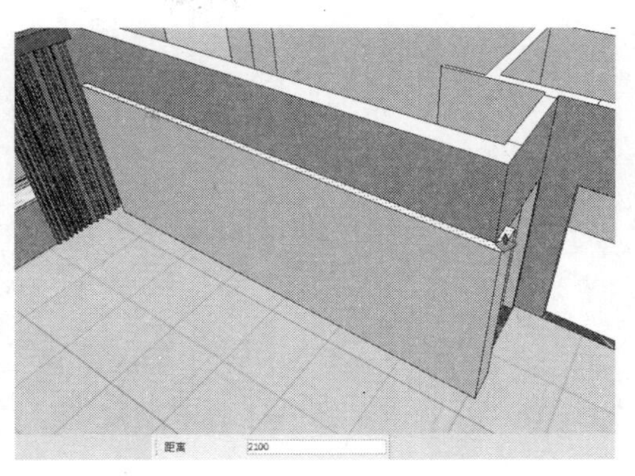

图 11-176　封闭线段　　　　图 11-177　推拉图形

step 27 使用卷尺工具，在上一步推拉模型的外表面上绘制如图 11-178 所示的几条辅助线。使用矩形工具，借助上一步绘制的辅助参考线在相应的模型表面上绘制一个矩形面，如图 11-179 所示。使用推/拉工具，将绘制的矩形面向内推拉 150mm 的距离，如图 11-180 所示。

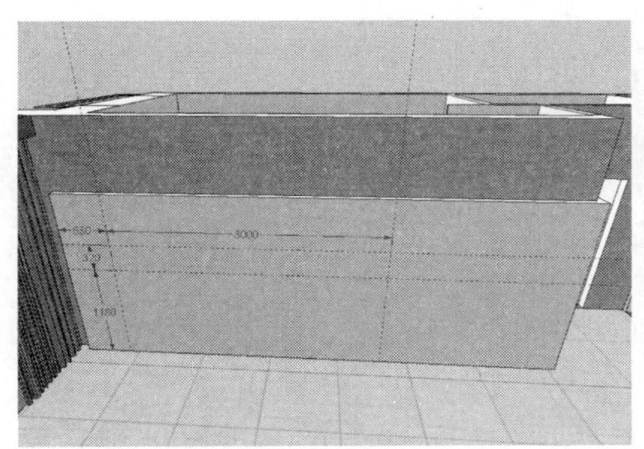

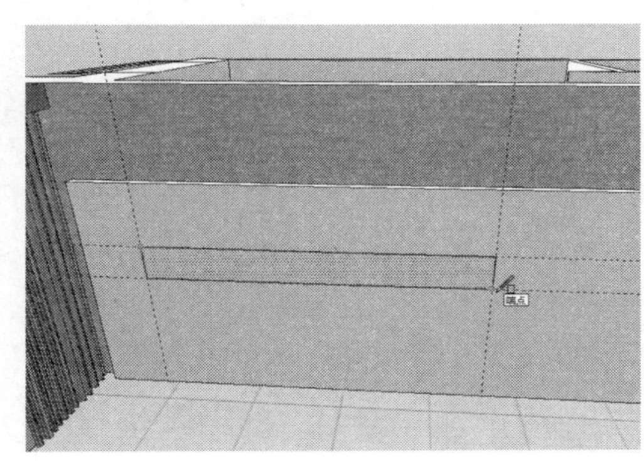

图 11-178　绘制辅助线　　　　图 11-179　绘制矩形面

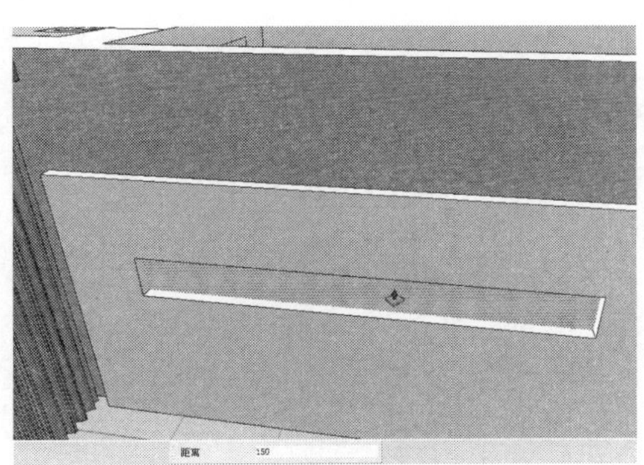

图 11-180　向内推拉矩形面

step 28 使用矩形工具，在上一步推拉的表面上绘制一个 3000mm×40mm 的矩形面，如图 11-181 所示。使用推/拉工具，将矩形面向外推拉 190mm 的厚度，如图 11-182 所示。

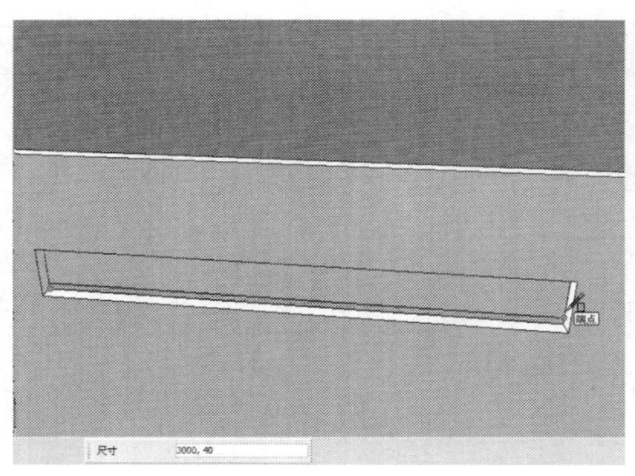
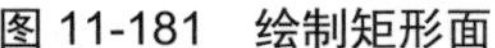

图 11-181　绘制矩形面

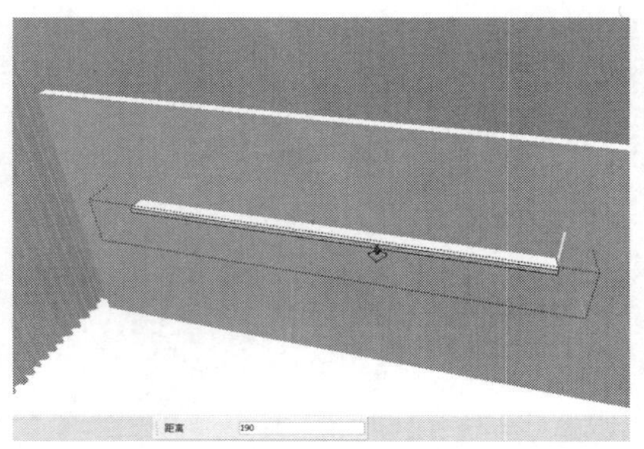

图 11-182　向外推拉矩形面

step 29 选择模型下侧相应的两条边线，然后使用移动工具并配合 Ctrl 键，将其垂直向上复制 6 份，如图 11-183 所示。

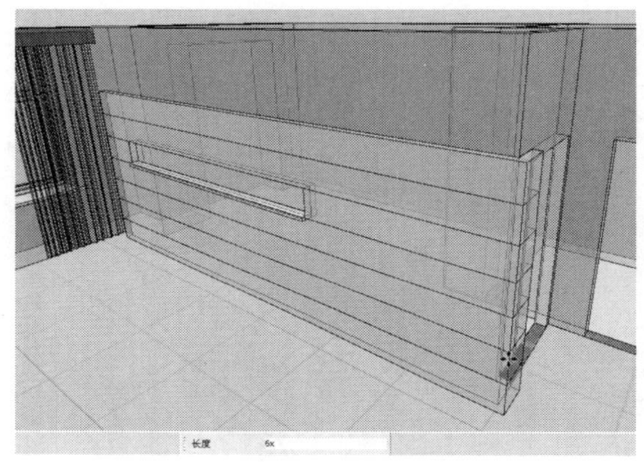

图 11-183　复制 6 份

step 30 使用材质工具，打开【材质】面板，为创建的沙发背景墙赋予相应的材质，如图 11-184 所示。

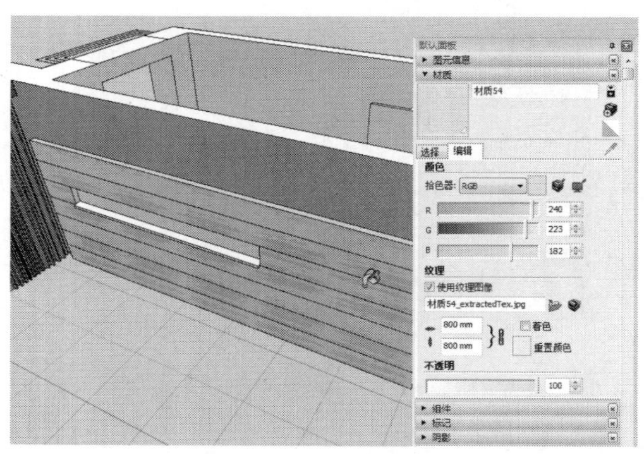

图 11-184　为沙发背景墙赋材质

step 31 接下来创建厨房及书房推拉门。使用矩形工具，捕捉厨房门洞口位置模型上的相应端点，绘制一个立面矩形，并创建为群组，如图 11-185 所示。双击群组，进入组的内部编辑状态，然后使用偏移工具，将矩形面向内偏移 40mm 的距离，如图 11-186 所示。

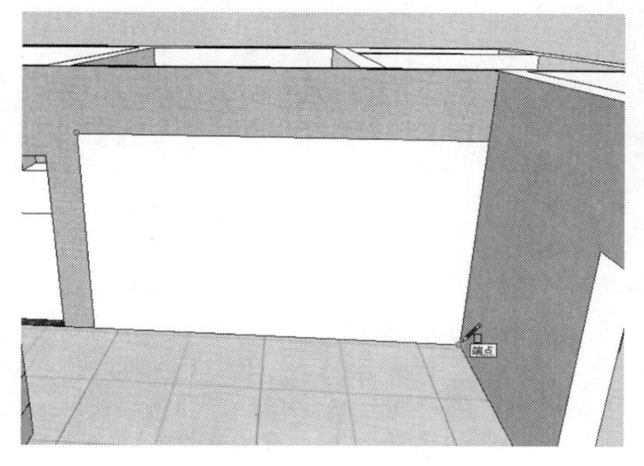

图 11-185　绘制立面矩形

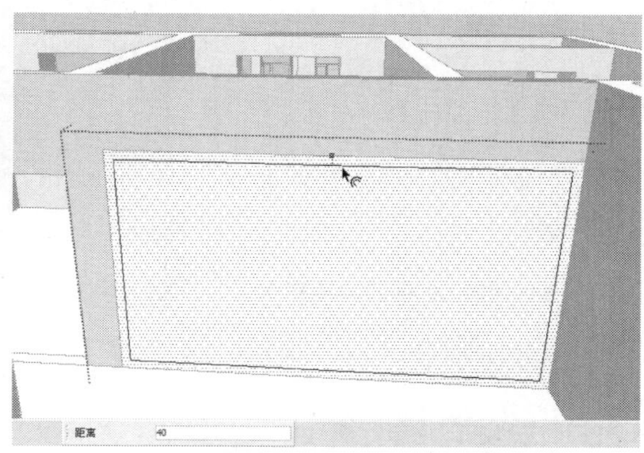

图 11-186　向内偏移矩形面

step 32 使用直线工具，在立面矩形的下侧相应位置补上两条垂线段，如图 11-187 所示。然后删除立面矩形上多余的线面，再使用推/拉工具，将造型面推拉 160mm 的厚度，从而形成厨房门框的效果，如图 11-188 所示。

图 11-187　绘制垂线段

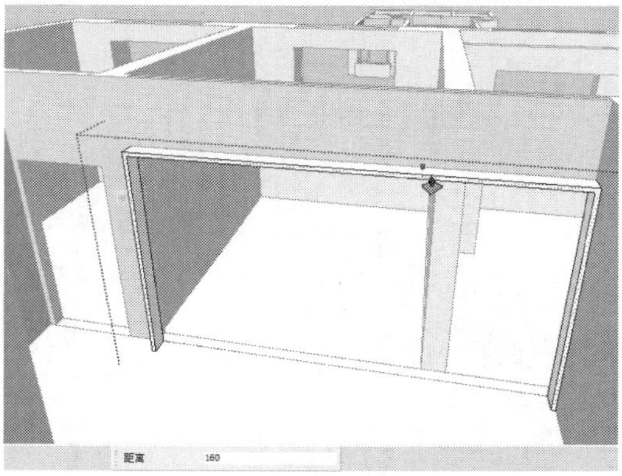

图 11-188　绘制厨房门框

step 33 使用矩形工具，绘制一个 1000mm×2200mm 的立面矩形，如图 11-189 所示。使用偏移工具，将矩形面向内偏移 60mm 的距离，如图 11-190 所示。使用【偏移】工具，将矩形面内相应的边线向上进行偏移复制，如图 11-191 所示。

step 34 删除矩形内的相应线面，然后使用推/拉工具，将剩余的面推拉 60mm 的厚度，如图 11-192 所示。使用矩形工具及推/拉工具，在门框内部创建几个立方体，如图 11-193 所示。

step 35 使用材质工具，打开【材质】面板，为创建完成的推拉门赋予相应的材质，并将其创建为群组，如图 11-194 所示。使用移动工具，将创建的推拉门布置到相应的门洞口位置，并将其复制一个到门洞口的右侧，如图 11-195 所示。

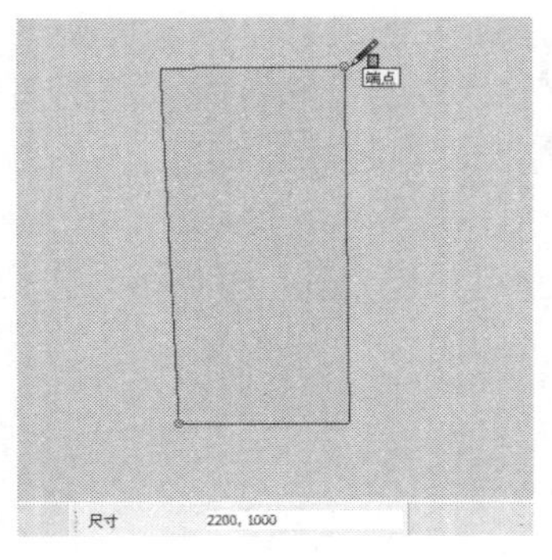

图 11-189　绘制立面矩形

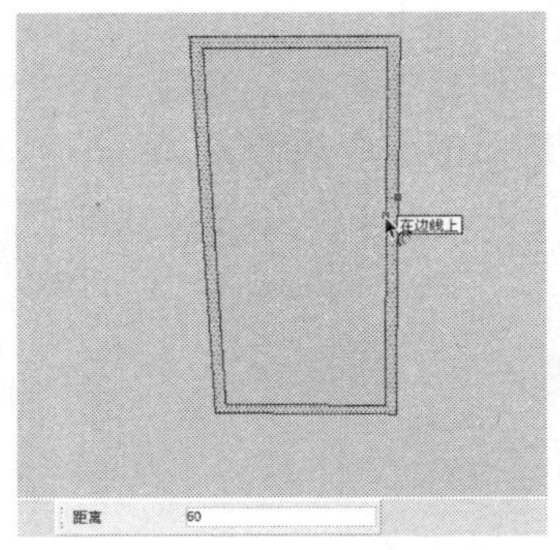

图 11-190　向内偏移矩形面

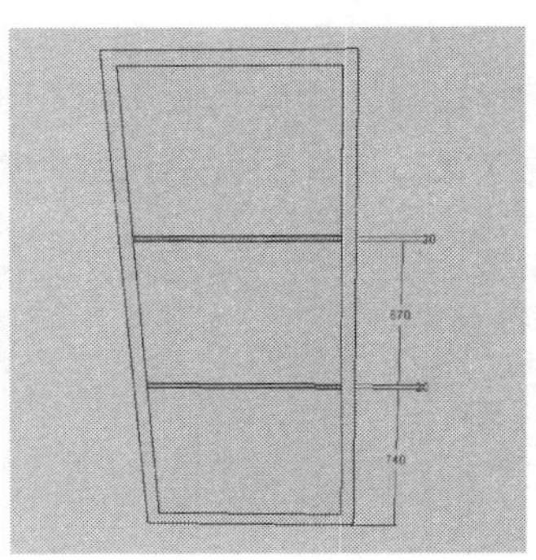

图 11-191　向上偏移复制

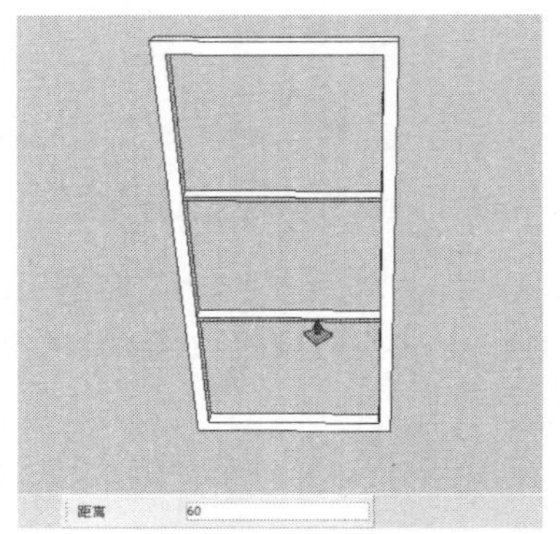

图 11-192　推拉出门框

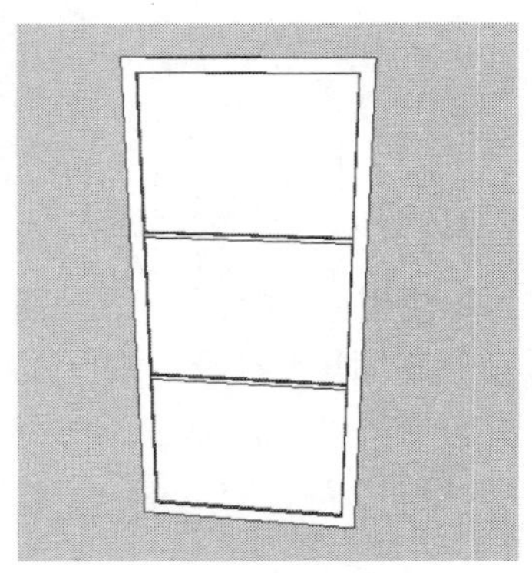

图 11-193　创建门内部

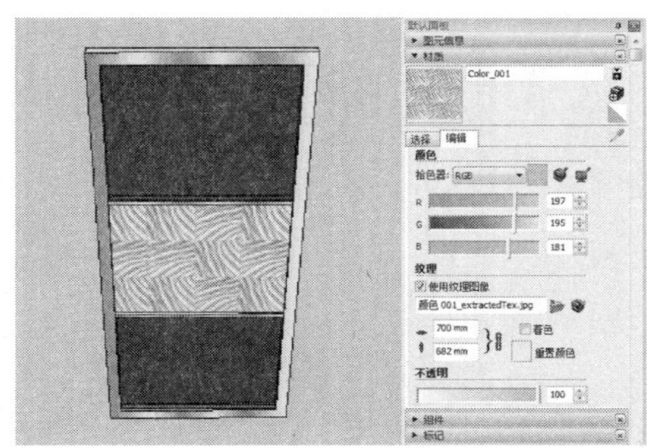

图 11-194　赋推拉门材质

图 11-195　摆放推拉门

step 36 使用矩形工具，绘制一个 70mm×80mm 的立面矩形，如图 11-196 所示。使用直线工具及圆弧工具，在矩形面上绘制如图 11-197 所示的轮廓。使用擦除工具，将矩形面上多余的线面擦除掉，如图 11-198 所示。

step 37 使用矩形工具，绘制一个 1880mm×2200mm 的立面矩形，如图 11-199 所示。使用擦除工具，将立面矩形上多余的线面删除掉，然后使用直线工具及圆弧工具，在轮廓线的下侧绘制一个放样截面，如图 11-200 所示。

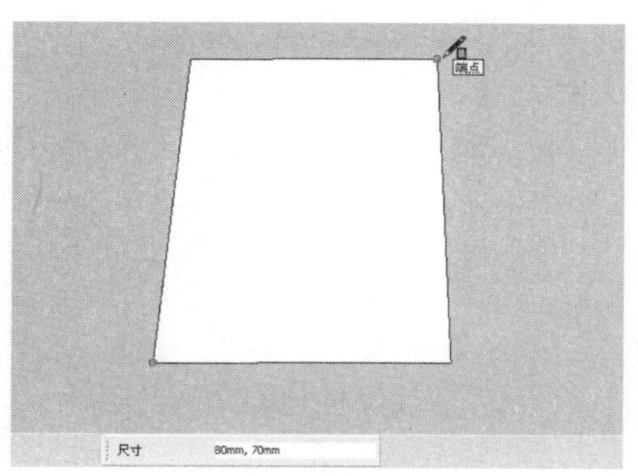

图 11-196　绘制立面矩形

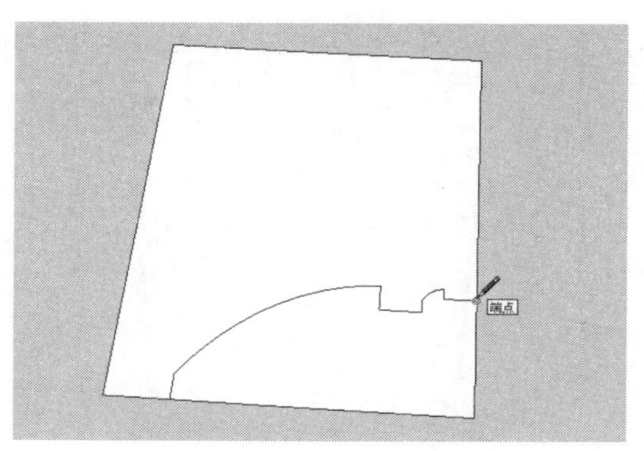

图 11-197　绘制轮廓线

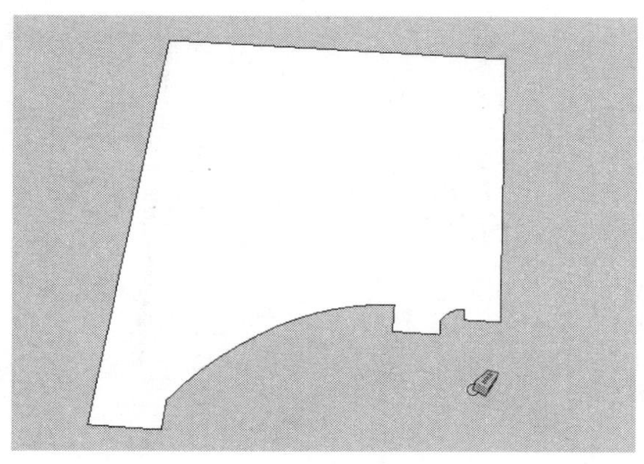

图 11-198　擦除线面

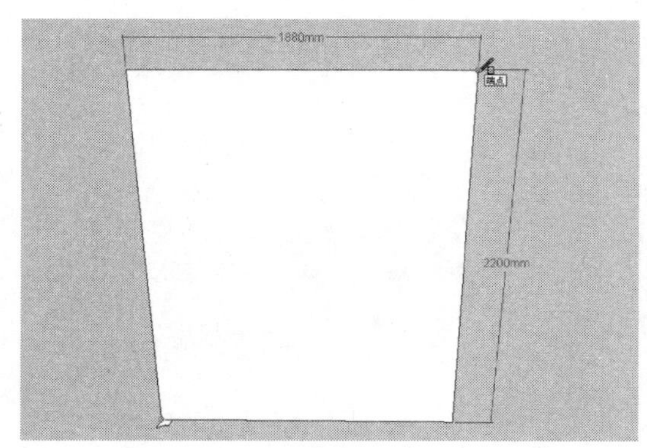

图 11-199　绘制立面矩形

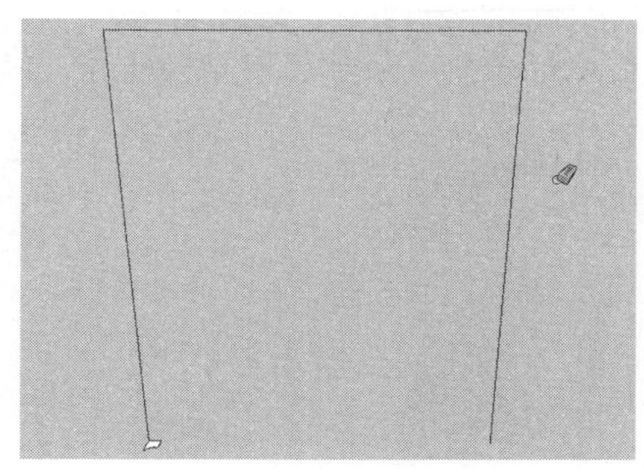

图 11-200　绘制放样截面

step 38 使用路径跟随工具，对上一步的路径及截面进行放样，从而形成门框的效果，如图 11-201 所示。使用矩形工具，捕捉门框上的相应轮廓，绘制一个 2130mm×1740mm 的立面矩形，如图 11-202 所示。

step 39 使用推/拉工具，将绘制的立面矩形向外推拉出 30mm 的厚度，如图 11-203 所示。使用相应的绘图工具，创建出矩形面上的细节造型效果，如图 11-204 所示。

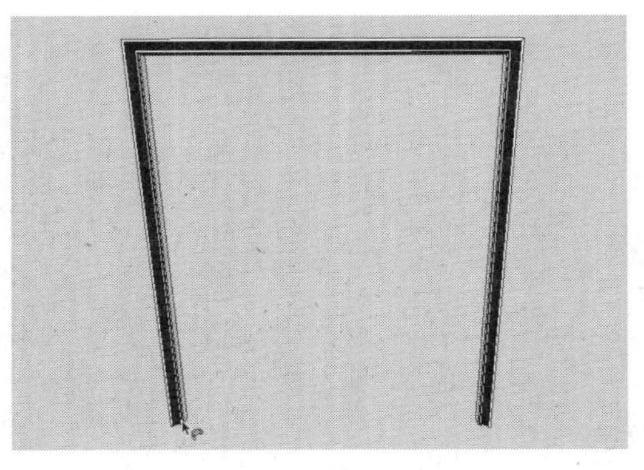

图 11-201　绘制门框

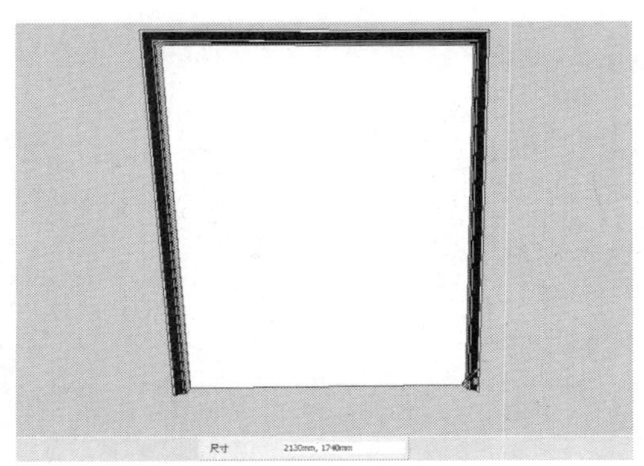

图 11-202　绘制立面矩形

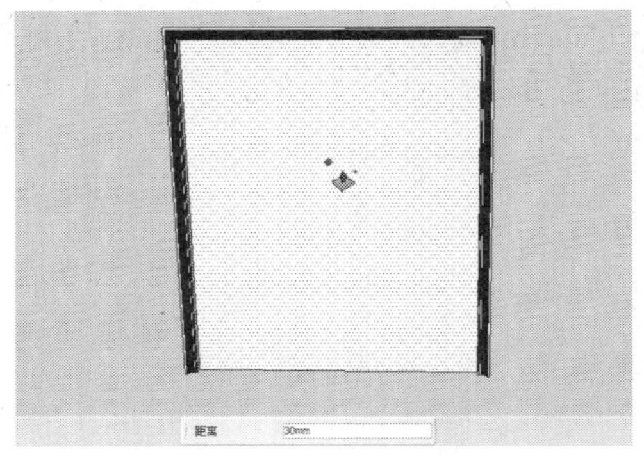

图 11-203　向外推拉矩形

图 11-204　绘制细节造型

step 40 使用材质工具，打开【材质】面板，为创建完成的餐厅装饰墙赋予相应的材质，并将其创建为群组，如图 11-205 所示。使用移动工具，将创建的装饰造型布置到厨房相应的门洞口位置，如图 11-206 所示。

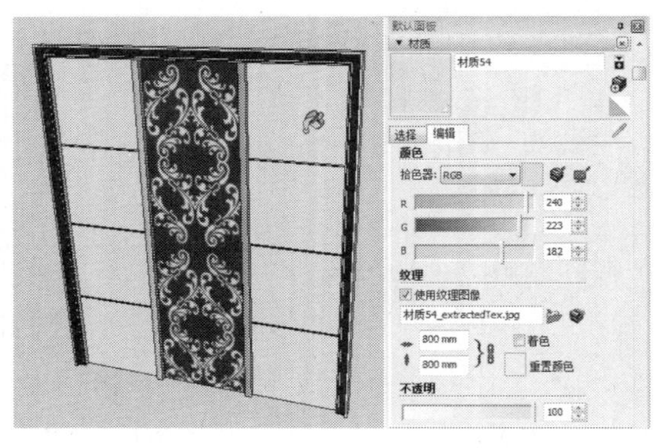

图 11-205　赋餐厅装饰墙材质

图 11-206　布置装饰造型

step 41 最后插入室内门及创建踢脚线。选择【文件】|【导入】菜单命令，打开【导入】对话框，然后将“室内门.3ds”文件导入，如图 11-207 所示。

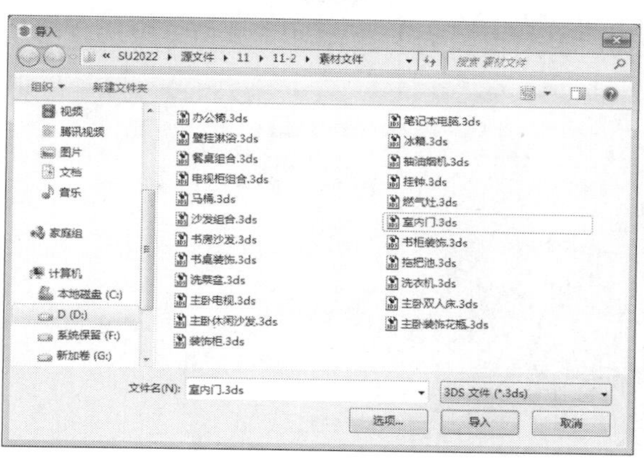

图 11-207　导入室内门

step 42 使用移动工具及旋转工具，将上一步插入的室内门布置到相应的门洞口位置，如图 11-208 所示。

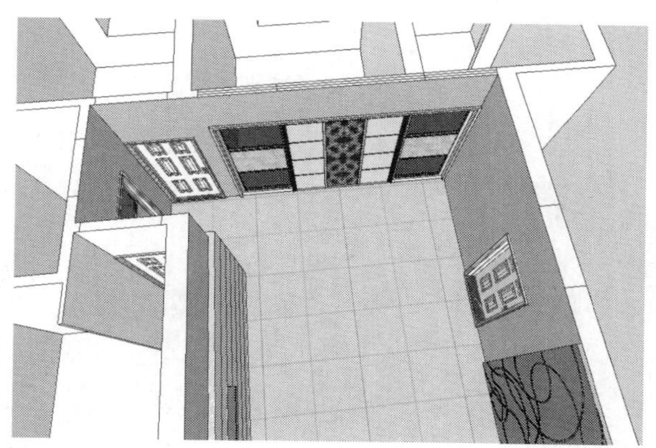

图 11-208　布置室内门

step 43 使用矩形工具，捕捉墙体下侧的相应轮廓，绘制一个立面矩形，并将其创建为群组，如图 11-209 所示。双击上一步创建的群组，进入组的内部编辑状态，然后使用推/拉工具，将上一步绘制的立面矩形向外推拉出 20mm 的厚度，如图 11-210 所示。

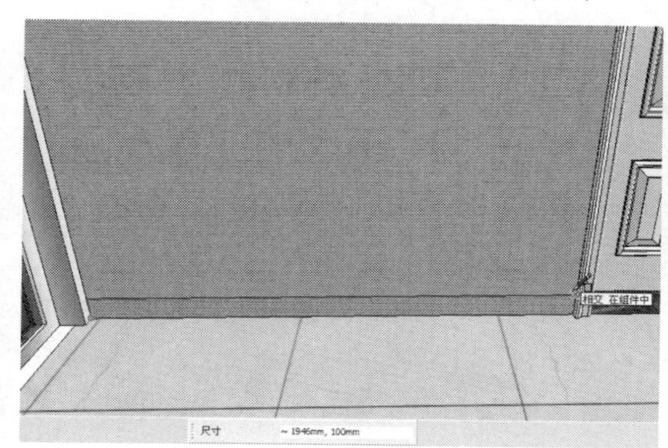

图 11-209　绘制立面矩形

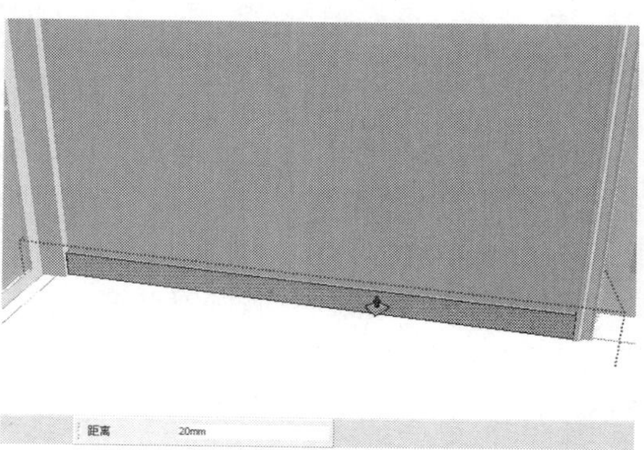

图 11-210　绘制踢脚线

step 44 使用材质工具，打开【材质】面板，为创建完成的踢脚线模型赋予一种白颜色材质，如图 11-211 所示。

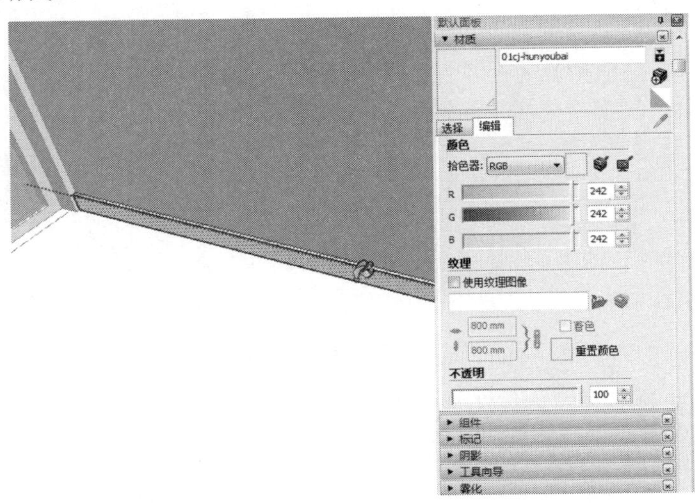

图 11-211　赋予踢脚线材质

step 45 使用相同的方法，创建出墙体下侧的踢脚线效果，如图 11-212 所示。

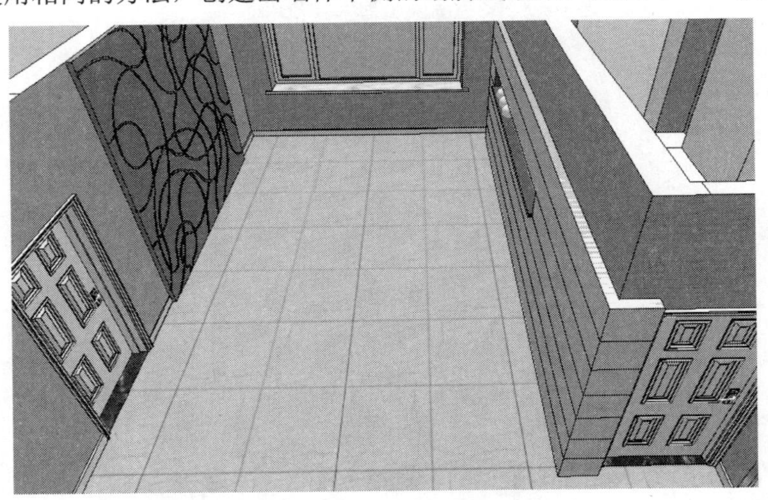

图 11-212　绘制其他踢脚线

step 46 选择【文件】|【导入】菜单命令，打开【导入】对话框，如图 11-213 所示，选择客厅中的相关模型导入，将模型布置到客厅的相应位置，这样客厅模型就制作完成了，结果如图 11-214 所示。

step 47 下面来创建主卧室凸窗及门框造型。使用矩形工具，捕捉主卧室窗户上侧相应的图纸内容，绘制一个矩形面，并将其创建为组，如图 11-215 所示。双击上一步创建的组，进入组的内部编辑状态，然后使用推/拉工具，将上一步绘制的矩形面向下推拉 300mm 的厚度，如图 11-216 所示。

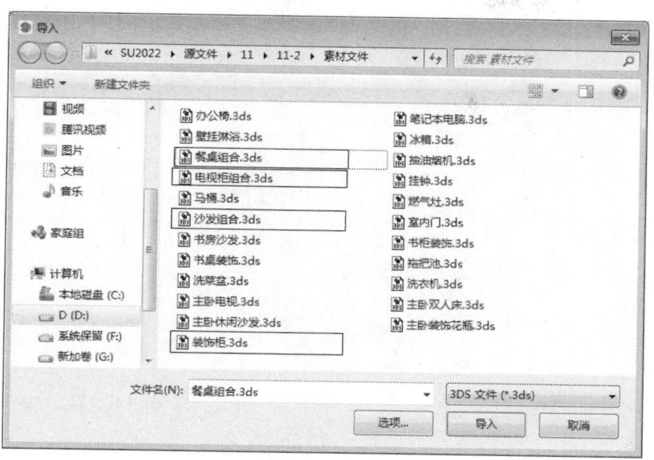

图 11-213　导入客厅中的相关模型

图 11-214　客厅最终效果

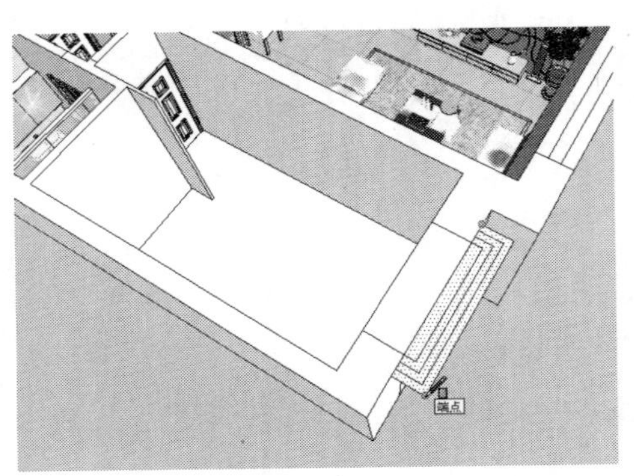

图 11-215　绘制矩形面

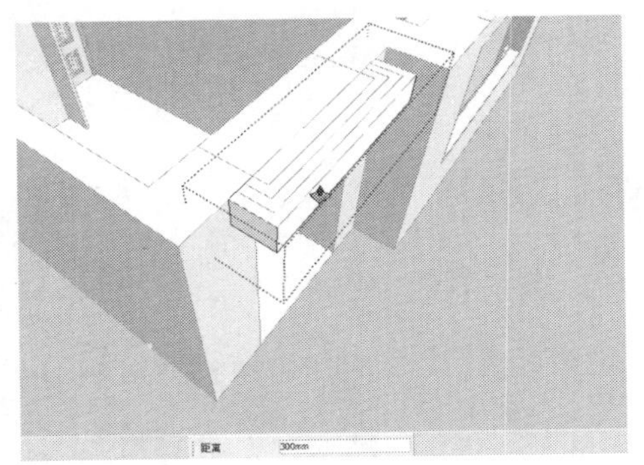

图 11-216　制作窗户上沿

step 48 使用移动工具并配合 Ctrl 键，将上一步推拉后的立方体向下复制一份，如图 11-217 所示。双击上一步复制的立方体，进入组的内部编辑状态，然后使用推/拉工具，将立方体的上侧矩形面向上推拉 500mm 的高度，如图 11-218 所示。

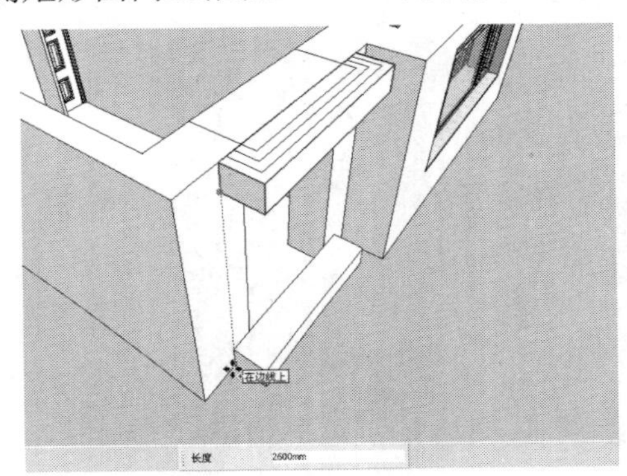

图 11-217　复制窗下沿

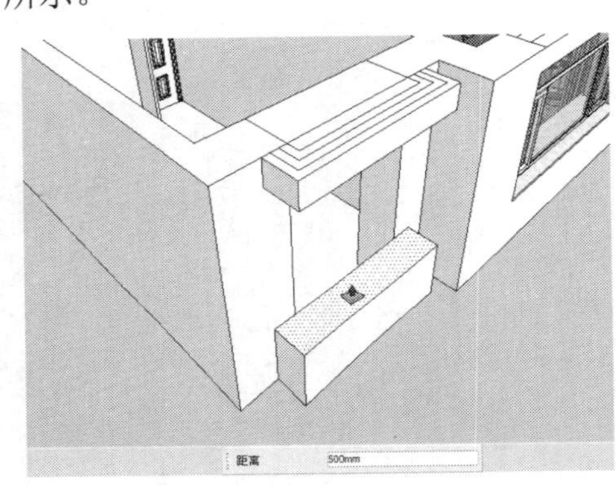

图 11-218　向上推拉矩形面

step 49 使用推/拉工具，将上一步推拉立方体的内侧矩形面向外推拉 140mm 的距离，如图 11-219 所示。结合矩形工具、偏移工具、推/拉工具等，创建出窗户的窗框及窗玻璃造型，如图 11-220 所示。

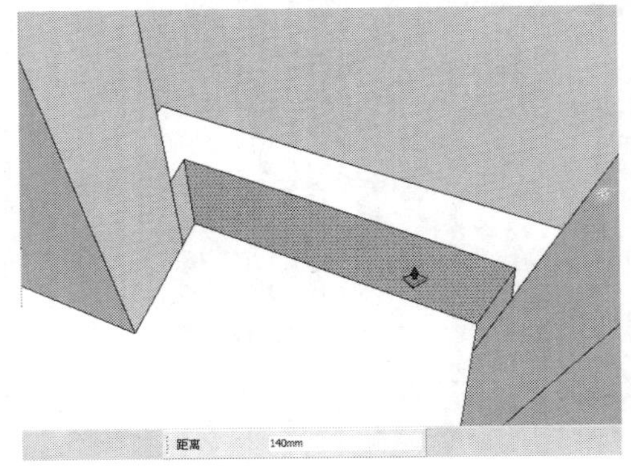

图 11-219　向外推拉

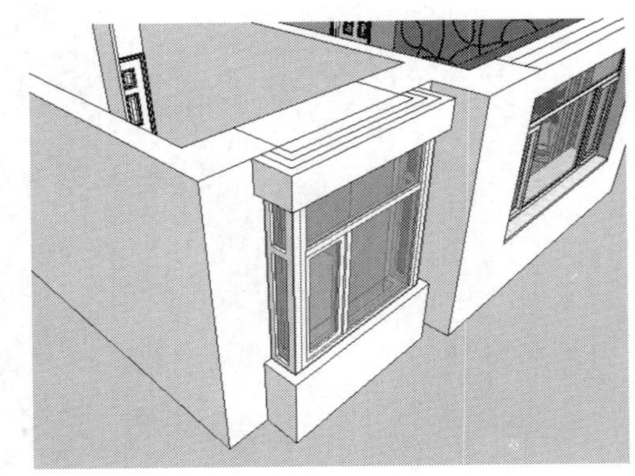

图 11-220　窗框及窗玻璃造型

step 50 结合矩形工具及推/拉工具，创建出窗台造型，并将其赋予一种石材材质，如图 11-221 所示。

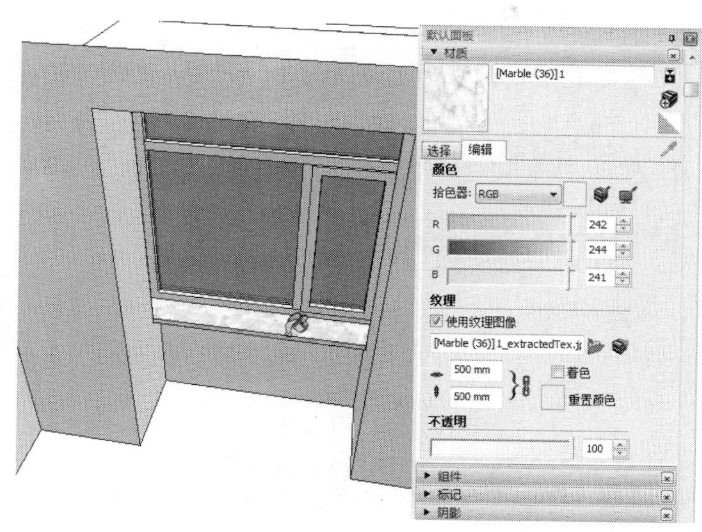

图 11-221　窗台造型

step 51 选择门框上的相应边线，然后使用偏移工具，将选择的边线向外偏移 40mm 的距离，如图 11-222 所示。使用直线工具，在偏移线段的上侧补上两条垂线段，接着使用推/拉工具，将绘制的门框造型面向外推拉 20mm 的厚度，如图 11-223 所示。

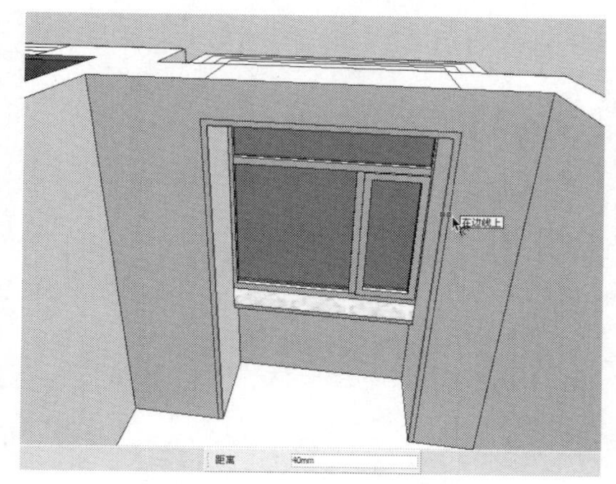

图 11-222　向外偏移边线

图 11-223　向外推拉门框造型面

step 52 使用材质工具，打开【材质】面板，为前面创建的门框赋予一种木纹材质，如图 11-224 所示。

step 53 使用矩形工具及推/拉工具，创建出主卧室的踢脚线造型，如图 11-225 所示。

step 54 创建主卧电视柜及床头软包造型。使用卷尺工具，在主卧室电视背景墙的墙面右侧分别绘制水平及垂直的辅助线，如图 11-226 所示。使用矩形工具，以两条辅助线的交点为起点，绘制一个 2040×290mm 的矩形面，如图 11-227 所示。

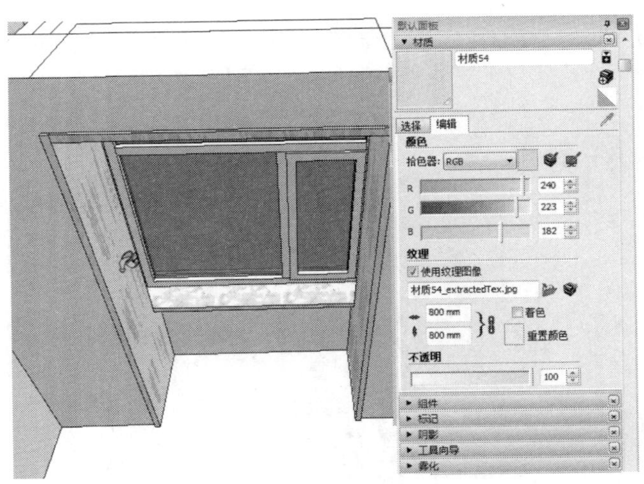

图 11-224　赋门框材质

图 11-225　创建主卧室的踢脚线

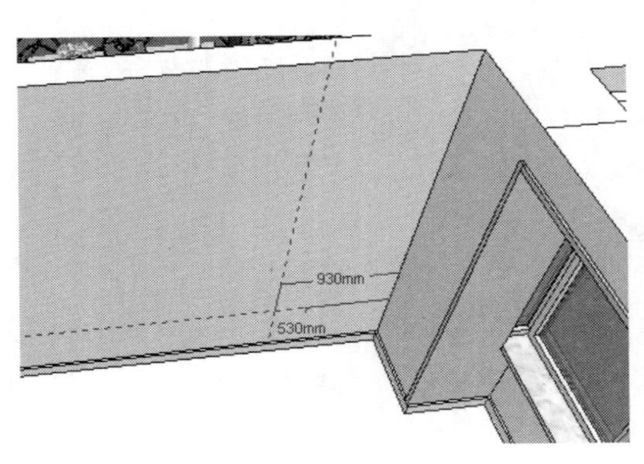

图 11-226　绘制辅助线

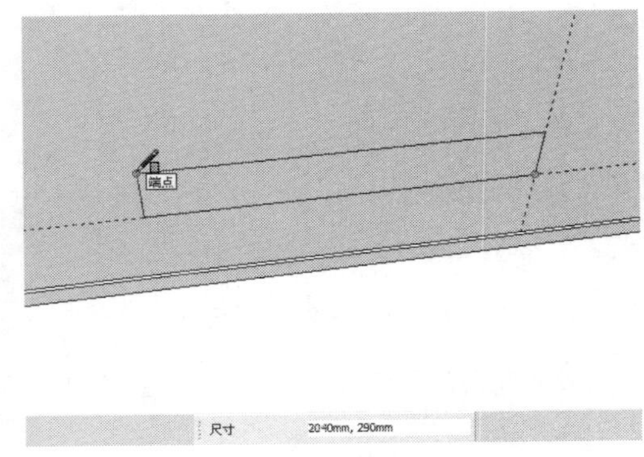

图 11-227　绘制矩形面

step 55 使用推/拉工具，将上一步绘制的矩形面向外推拉 10mm 的厚度，如图 11-228 所示。使用偏移工具，将推拉模型的外侧面向内偏移 20mm 的距离，如图 11-229 所示。

step 56 使用推/拉工具，将图中相应的面向内推拉 110mm 的距离，如图 11-230 所示。

使用矩形工具，捕捉图中相应的端点绘制一个2000mm×190mm的矩形面，如图11-231所示。

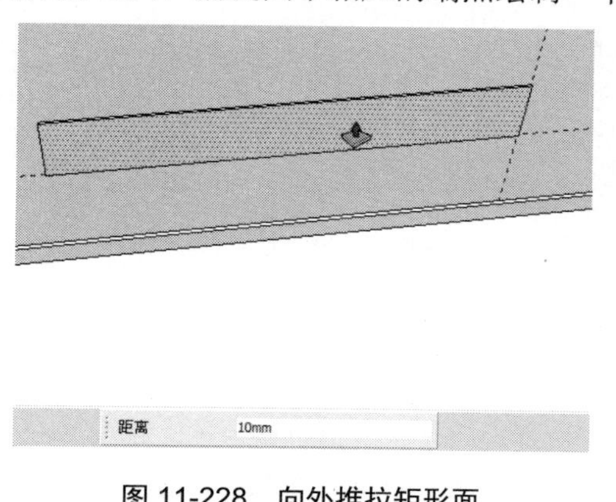

图11-228　向外推拉矩形面

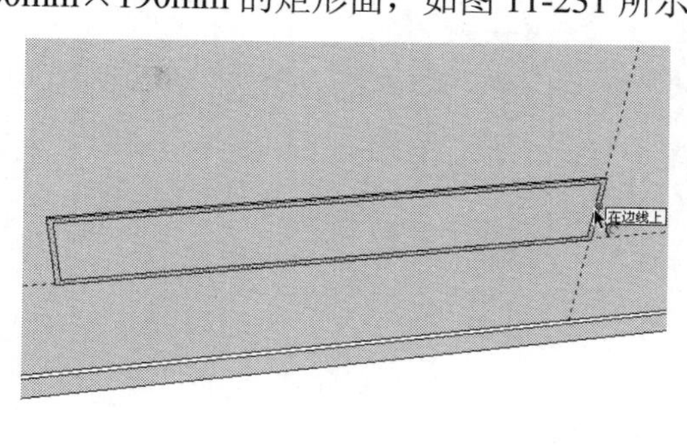

图11-229　外侧面向内偏移

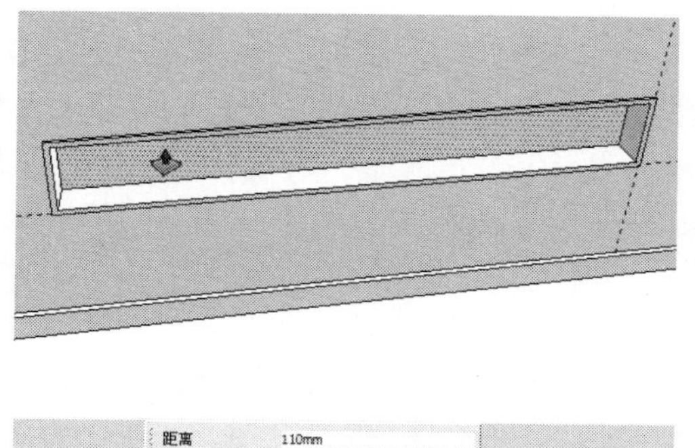

图11-230　向内推拉面

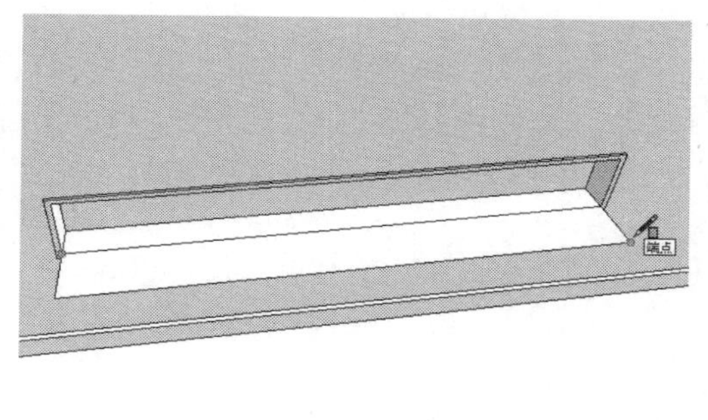

图11-231　绘制矩形面

step 57 使用矩形工具，捕捉图中相应的端点，绘制一个100mm×100mm的矩形面，如图11-232所示。使用圆工具，以矩形的右上角端点为圆心绘制一个半径为100mm的圆，如图11-233所示。

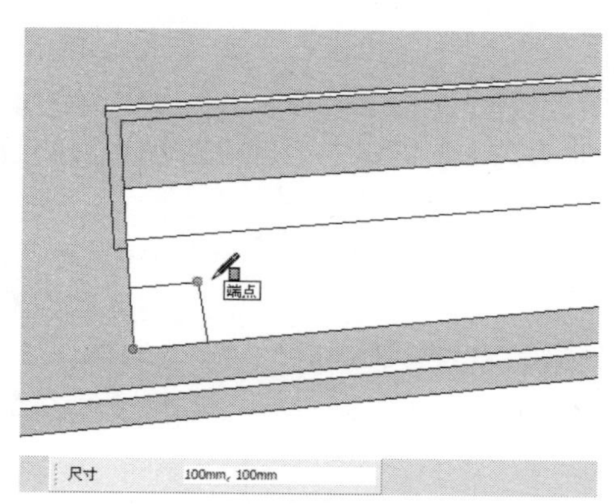

图11-232　绘制方矩形面

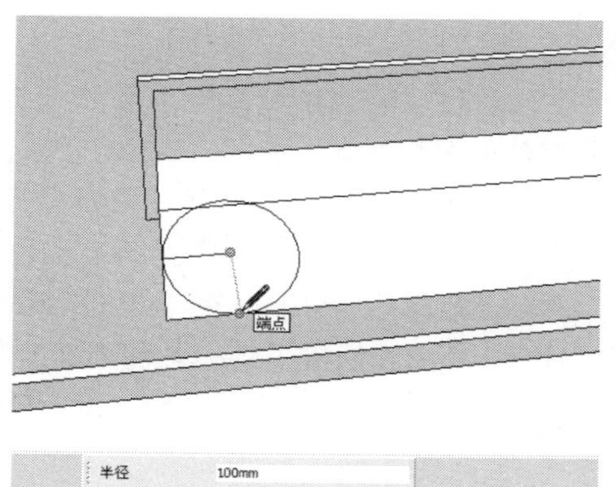

图11-233　绘制圆形

step 58 使用擦除工具，删除图中多余的边线及面域，如图11-234所示。使用相同的方法，创建出矩形右侧角上的圆弧造型效果，如图11-235所示。

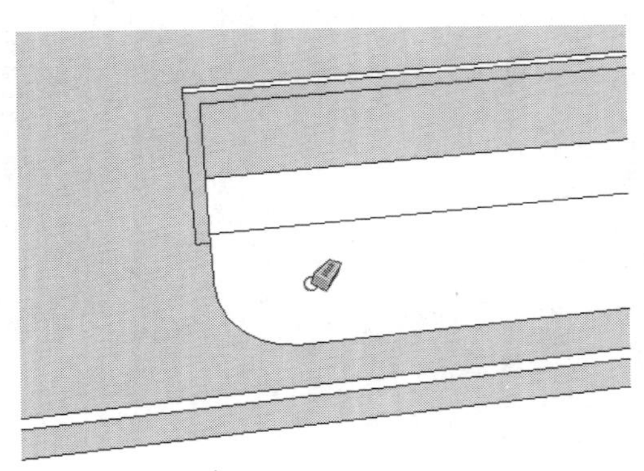

图 11-234　擦除边线和面域

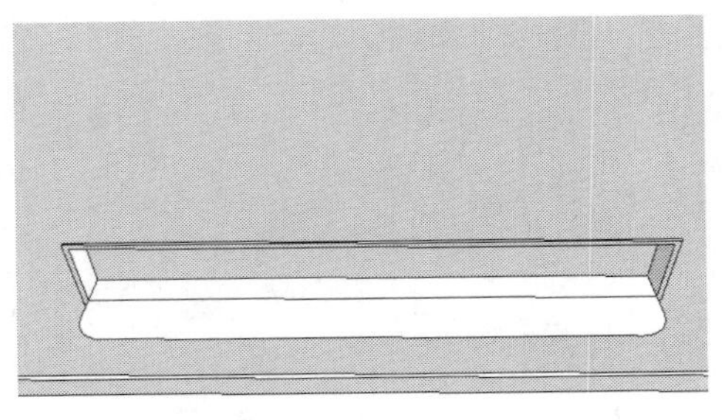

图 11-235　创建圆弧造型

step 59 使用推/拉工具，将图中相应的面域向上推拉 40mm 的厚度，以形成电视柜台面的效果，如图 11-236 所示。

step 60 使用材质工具，打开【材质】面板，为创建的主卧电视柜造型赋予一种木纹材质，如图 11-237 所示。

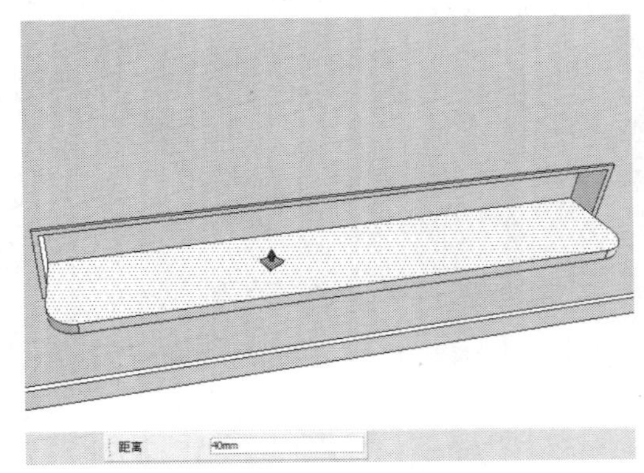

图 11-236　制作电视柜台面

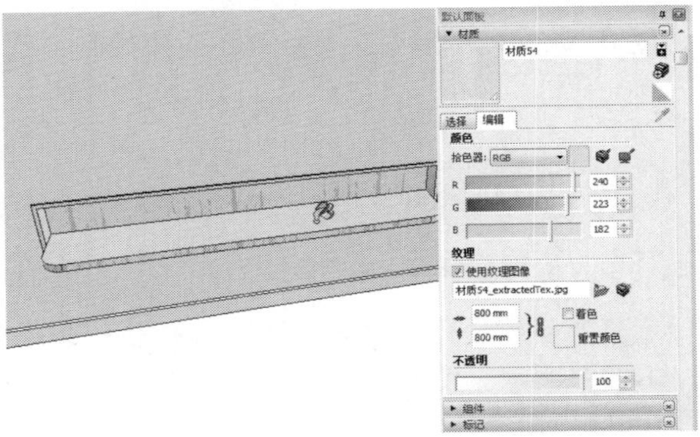

图 11-237　赋主卧电视柜材质

step 61 使用矩形工具，在主卧的床头背景墙面上绘制一个 2000mm×2200mm 的矩形面，并将其创建为群组，如图 11-238 所示。双击矩形面，进入群组的内部编辑状态，然后使用推/拉工具，将矩形面向外推拉 30mm 的厚度，图 11-239 所示。

step 62 使用矩形工具，在上一步推拉立方体的左上角绘制一个 1000mm×440mm 的矩形面，并将该矩形面创建为群组，如图 11-240 所示。双击上一步绘制的矩形面，进入群组的内部编辑状态，然后使用推/拉工具，将矩形面向外推拉 20mm 的厚度，如图 11-241 所示。

step 63 使用移动工具并配合 Ctrl 键，将立方体进行复制，以形成床头软包的造型效果，如图 11-242 所示。

step 64 使用材质工具，打开【材质】面板，为创建的床头软包赋予一种布纹材质，如图 11-243 所示。

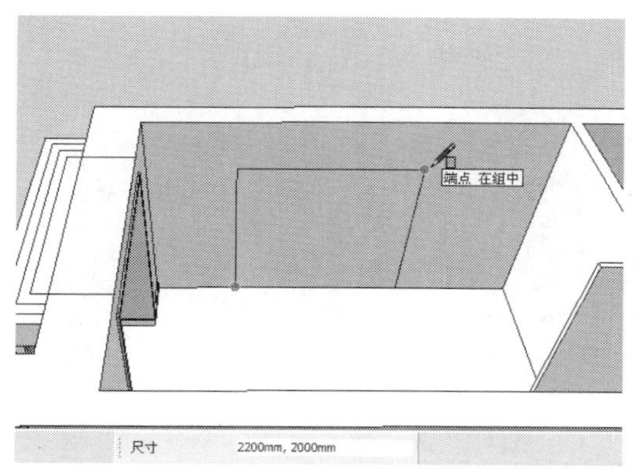

图 11-238　绘制矩形面

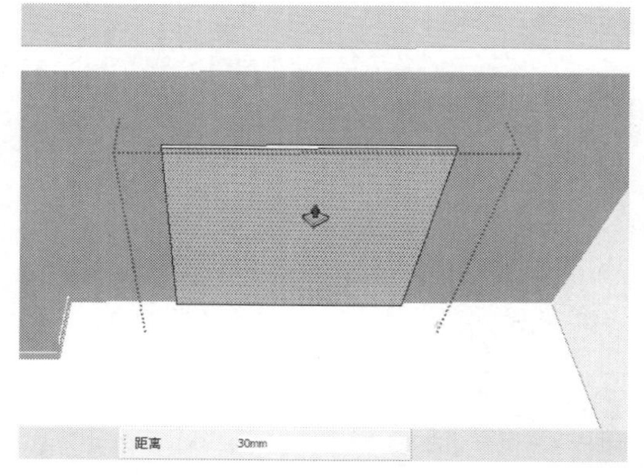

图 11-239　向外推拉矩形面

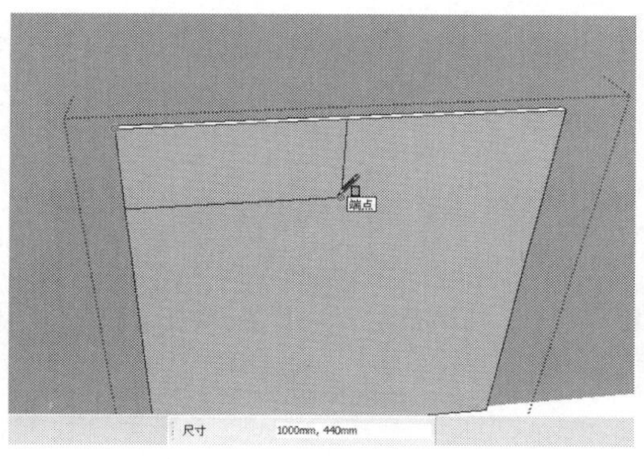

图 11-240　绘制矩形面

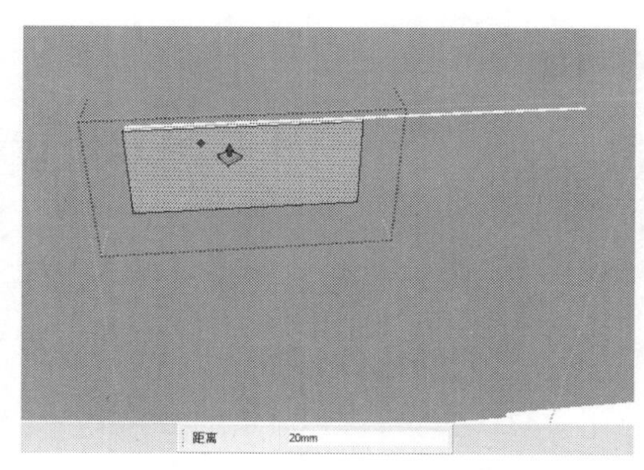

图 11-241　向外推拉矩形面

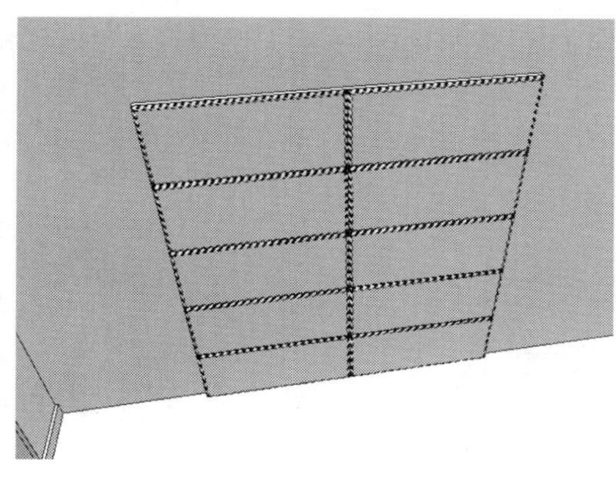

图 11-242　制作床头软包

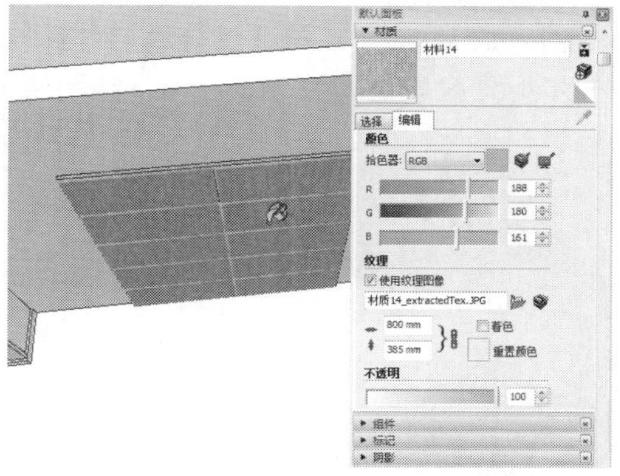

图 11-243　赋床头软包材质

step 65 下面创建主卧大衣柜。使用矩形工具，在主卧室的相应墙面位置绘制一个2300mm×1695mm 的矩形面，如图 11-244 所示。使用推/拉工具，将矩形面向外推拉 410mm 的厚度，如图 11-245 所示。

step 66 使用矩形工具，在上一步推拉立方体的外侧表面的右下角位置绘制一个 1130mm×300mm 的矩形面，如图 11-246 所示。使用推/拉工具，将矩形面向内推拉 410mm 的距离，如图 11-247 所示。

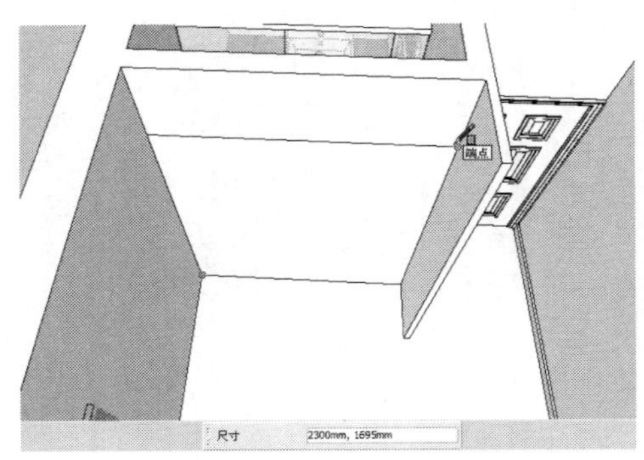

图 11-244　绘制矩形面

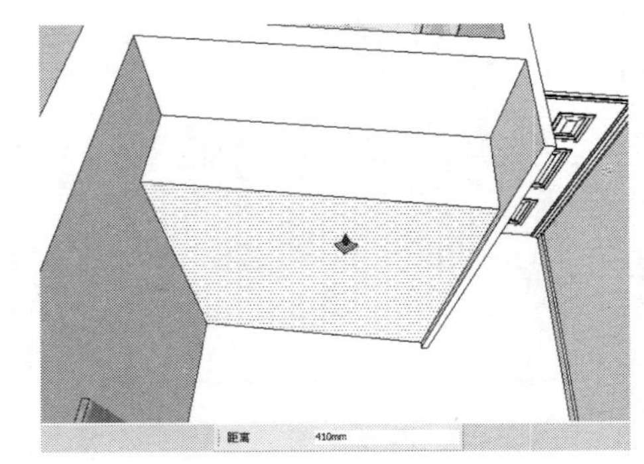

图 11-245　向外推拉矩形面

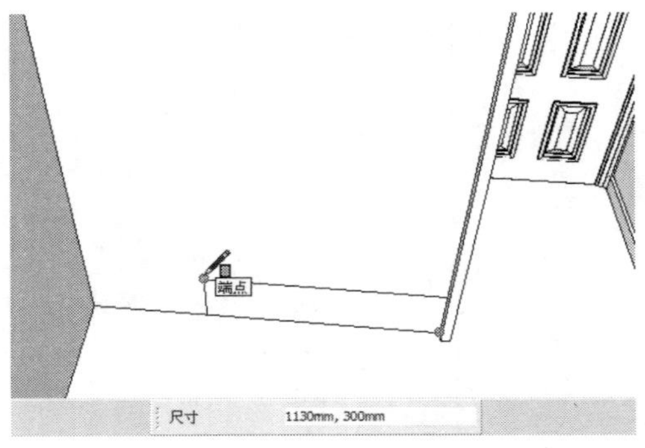

图 11-246　绘制矩形面

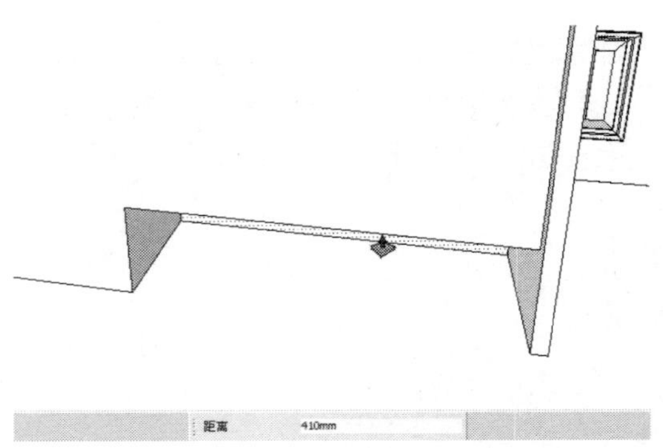

图 11-247　向内推拉矩形面

step 67 选择衣柜上侧的相应边线，然后在右键快捷菜单中选择【拆分】命令，并在数值框中输入数字“3”，将其拆分为 3 段等长的线条，如图 11-248 所示。使用直线工具，捕捉上一步拆分线条上的等分点，向下绘制两条垂线段，如图 11-249 所示。

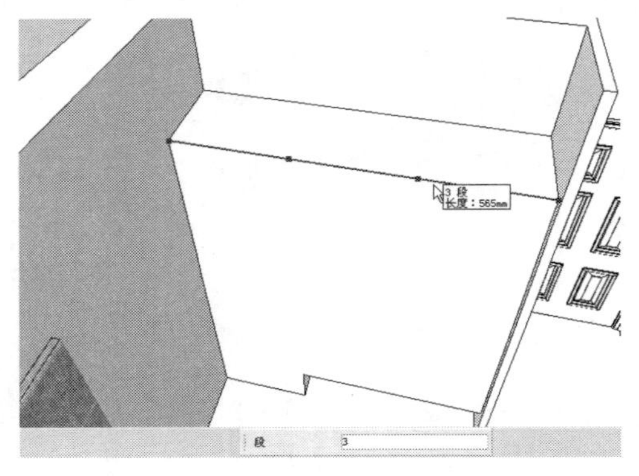

图 11-248　拆分线条

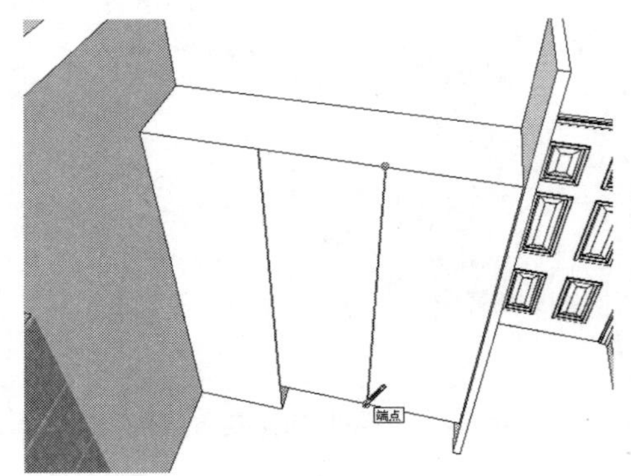

图 11-249　绘制垂线段

step 68 使用矩形工具，在垂线段上绘制两个适当大小的矩形面，作为衣柜拉手的位置，如图 11-250 所示。使用推/拉工具，将绘制的矩形面向内推拉 40mm 的距离，如图 11-251 所示。

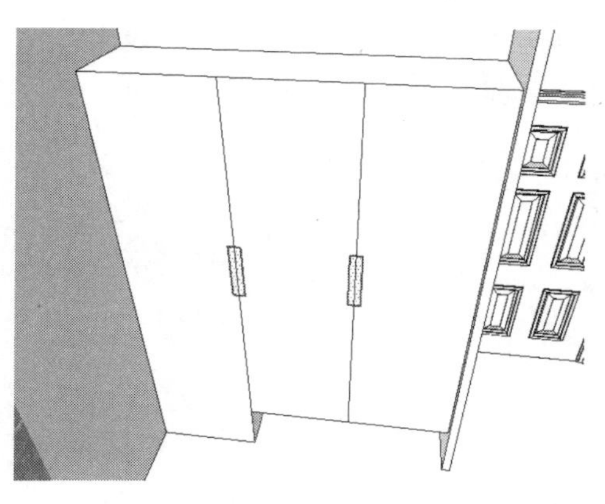

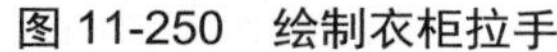

图 11-250 绘制衣柜拉手

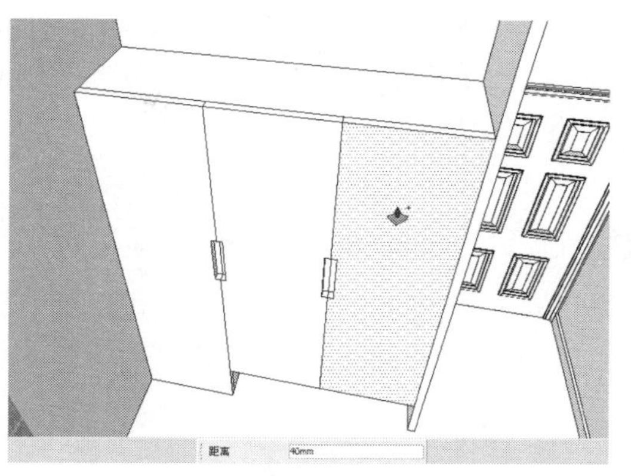

图 11-251 向内推拉矩形面

step 69 使用材质工具，打开【材质】面板，为创建的衣柜模型赋予一种木纹，如图 11-252 所示。继续使用材质工具，为主卧室的地面赋予一种地板材质，如图 11-253 所示。为主卧室的床头背景赋予一种深灰色的乳胶漆材质，如图 11-254 所示。为主卧室的其他墙面赋予一种墙纸材质，如图 11-255 所示。

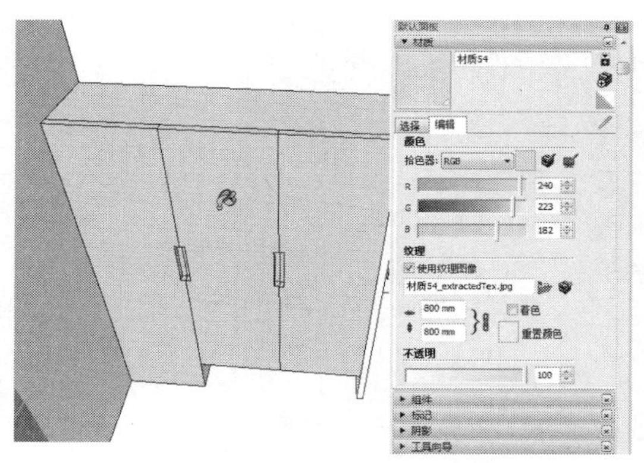

图 11-252 赋衣柜模型材质

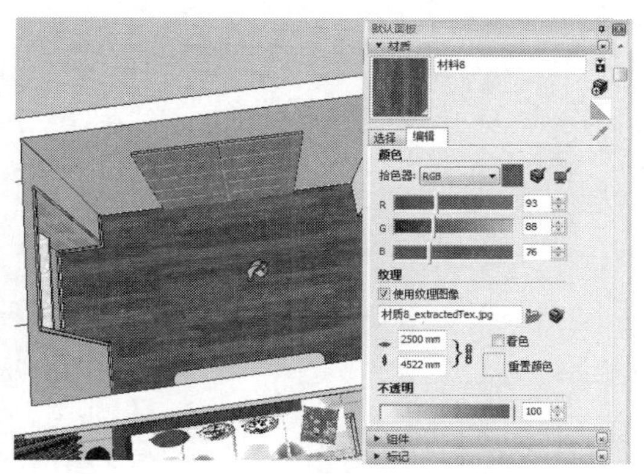

图 11-253 赋地板材质

图 11-254 赋床头背景材质

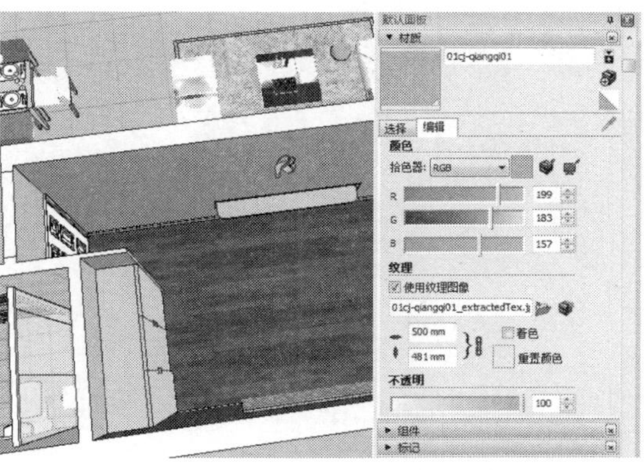

图 11-255 赋其他墙面材质

step 70 选择【文件】|【导入】菜单命令，打开【导入】对话框，如图 11-256 所示，选择主卧室中的相关模型导入，然后布置到主卧室中，这样就完成了主卧室的创建，效果如图 11-257 所示。

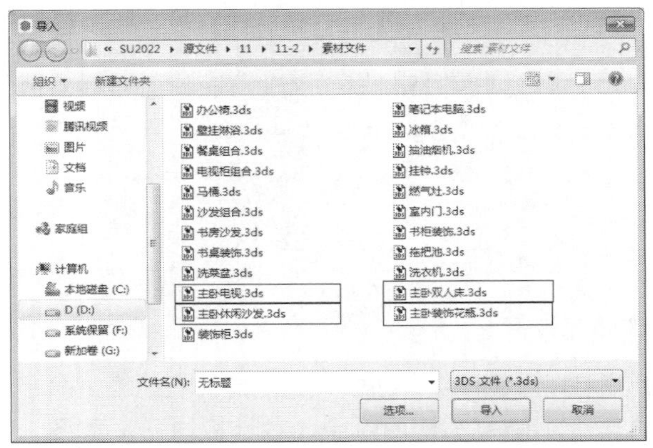

图 11-256　导入主卧室相关模型

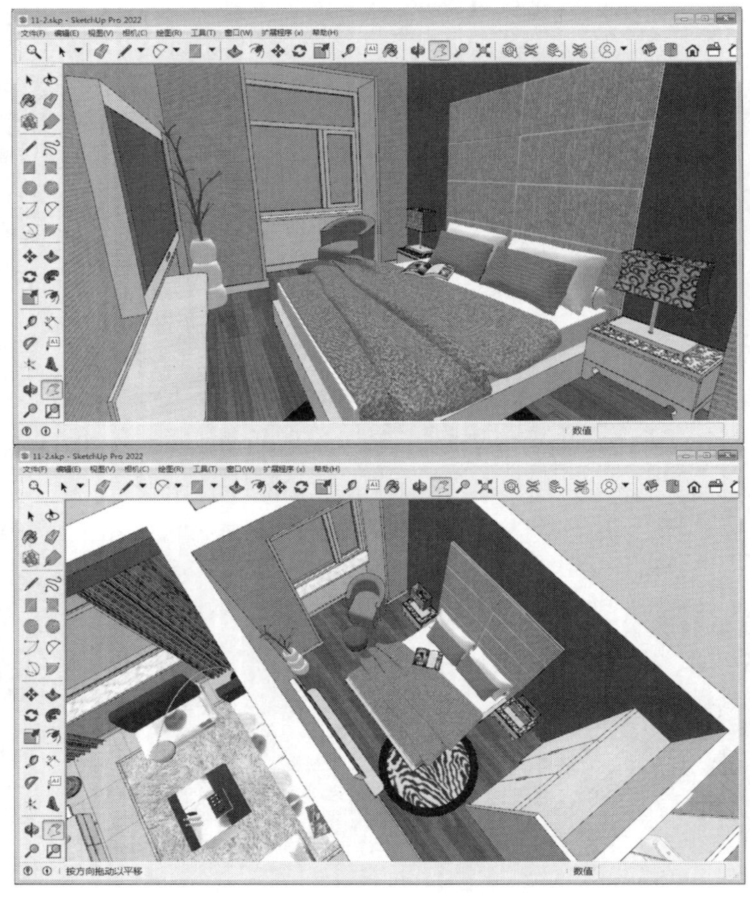

图 11-257　主卧室的最终效果

step 71 下面来创建书柜。使用矩形工具，绘制一个 320mm×150mm 的矩形，如图 11-258 所示。使用推/拉工具，将上一步绘制的矩形面向上推拉出 2200mm 的高度，如图 11-259 所示。

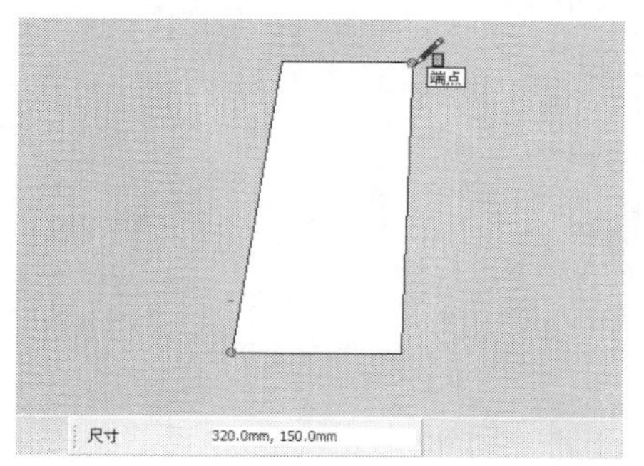

图 11-258　绘制矩形

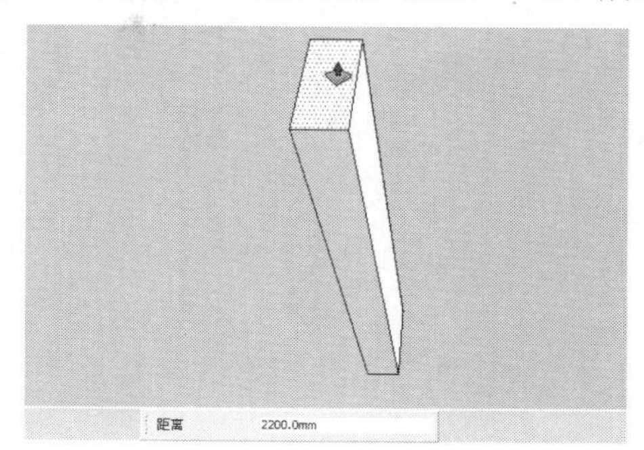

图 11-259　绘制挡板

step 72 使用矩形工具，捕捉模型上的相应轮廓，绘制一个 3120mm×300mm 的矩形面，如图 11-260 所示。使用推/拉工具，将上一步绘制的矩形面向上推拉出 100mm 的高度，并将推拉后的立方体创建为群组，如图 11-261 所示。

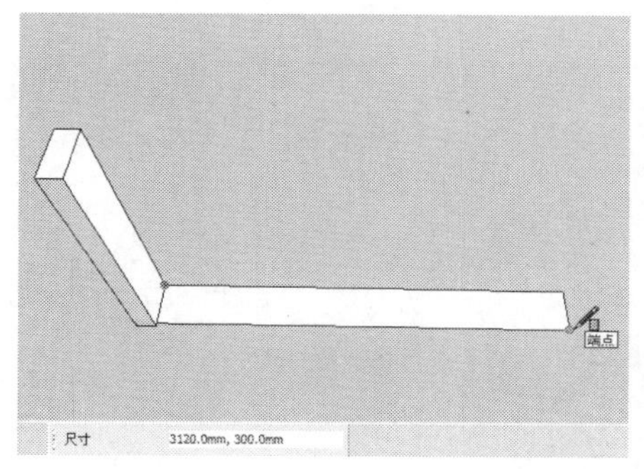

图 11-260　再次绘制矩形面

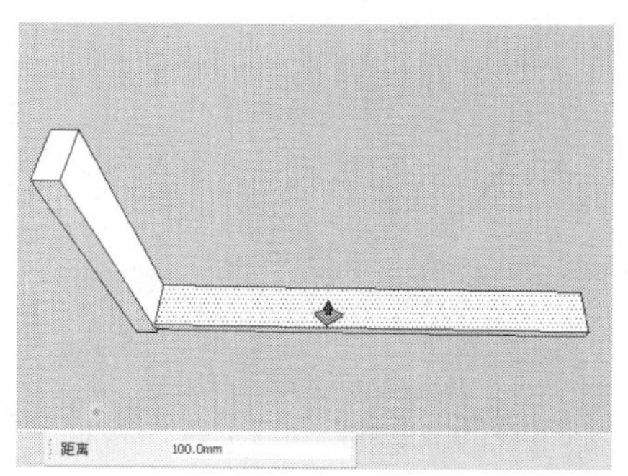

图 11-261　绘制底板

step 73 使用移动工具并配合 Ctrl 键，将上一步推拉后的立方体垂直向上复制 4 份，如图 11-262 所示。然后将书柜左侧的挡板复制一份到书柜的右侧，如图 11-263 所示。

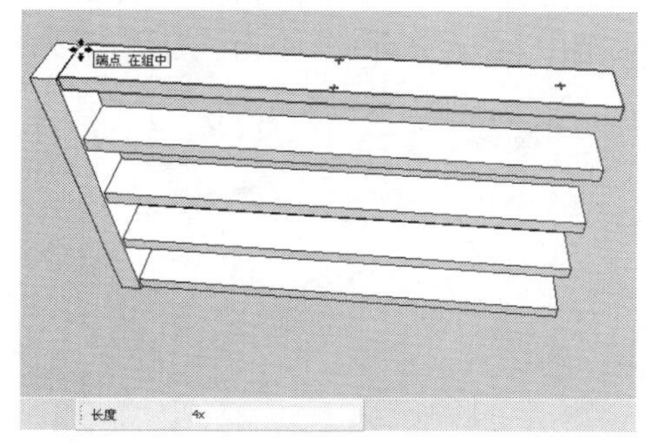

图 11-262　复制底板

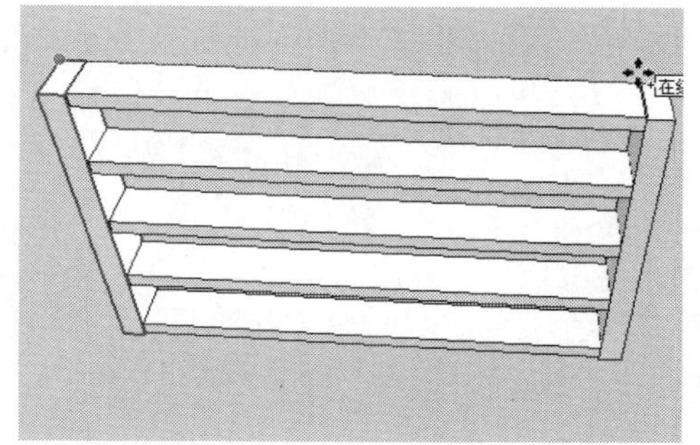

图 11-263　复制挡板

step 74 使用材质工具，打开【材质】面板，为创建的书柜赋予一种木纹材质，如图 11-264 所示。

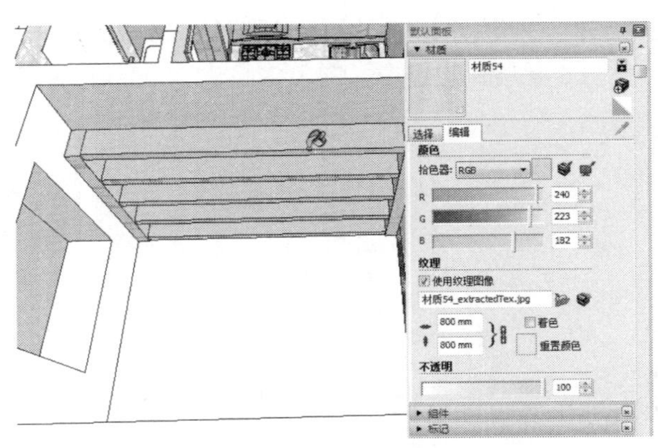

图 11-264　赋书柜材质

step 75 接下来创建书房书桌。使用矩形工具，绘制一个 700mm×60mm 的矩形面，使用推/拉工具，将矩形面向上推拉 690mm 的高度，并将推拉后的立方体创建为群组，如图 11-265 所示。使用移动工具并配合 Ctrl 键，将创建的立方体水平向右复制一份，其移动复制的距离为 1740mm，如图 11-266 所示。

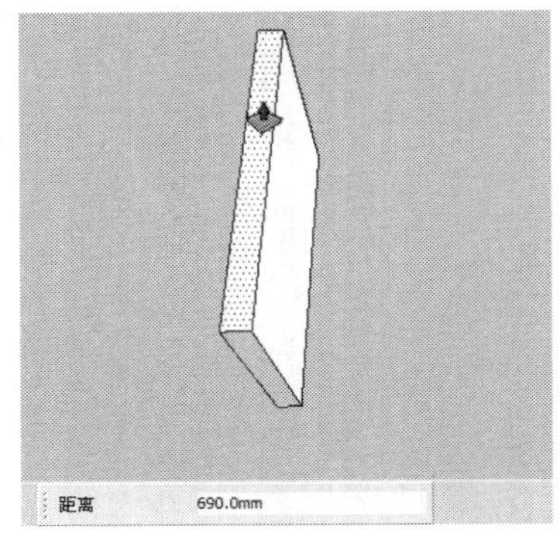

图 11-265　绘制书桌腿

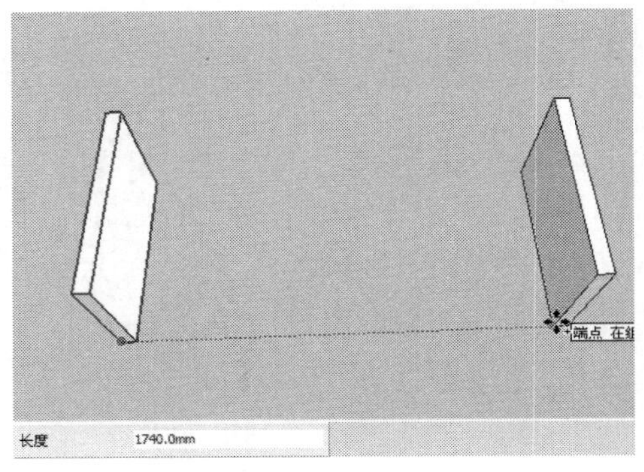

图 11-266　复制书桌腿

step 76 使用矩形工具，捕捉模型上的相应轮廓，绘制一个矩形面，如图 11-267 所示。使用推/拉工具，将矩形面向上推拉 60mm 的高度，如图 11-268 所示。

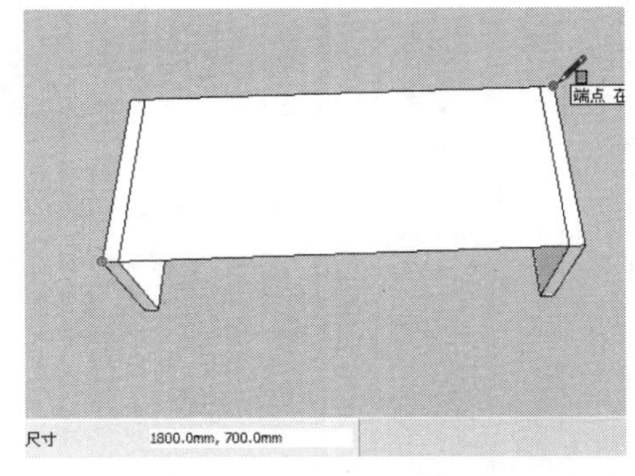

图 11-267　绘制桌面轮廓

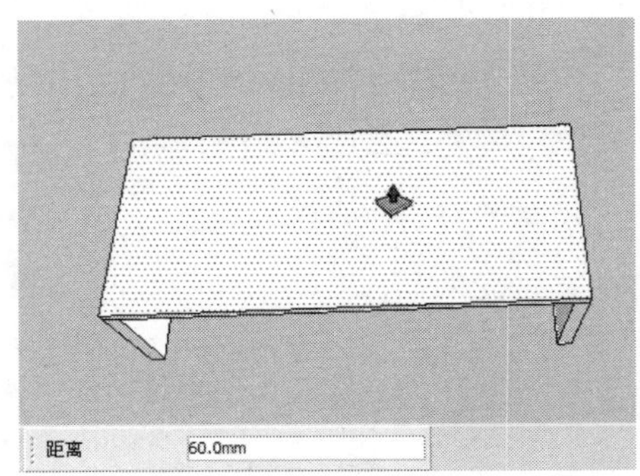

图 11-268　制作桌面

step 77 使用移动工具并配合 Ctrl 键，将上侧矩形面的左右两侧垂直边分别向内移动复制一份，其移动复制的距离为 250mm，如图 11-269 所示。然后将上侧矩形面的上下两侧水平边分别向内移动复制一份，其移动复制的距离为 25mm，如图 11-270 所示。

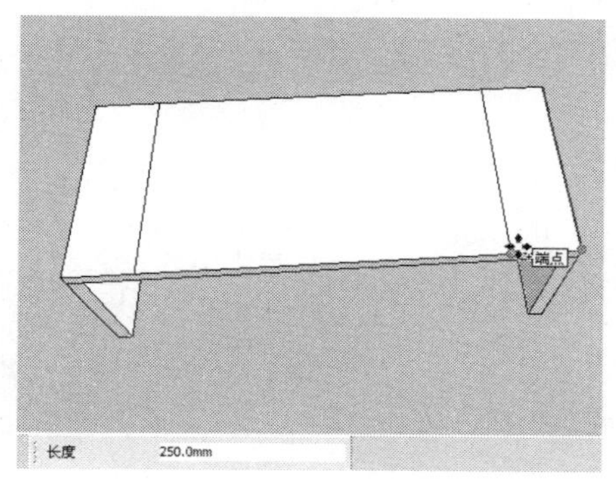

图 11-269　复制垂直边

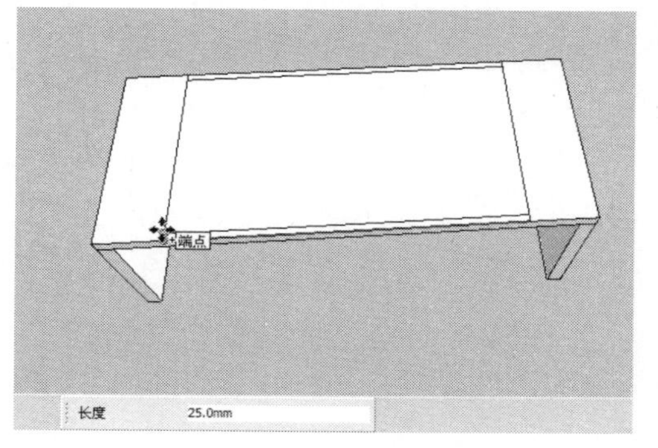

图 11-270　复制水平边

step 78 使用擦除工具，将矩形面上的多余线段擦除掉，如图 11-271 所示。使用推/拉工具，将图中相应矩形面向下推拉 25mm 的距离，如图 11-272 所示。

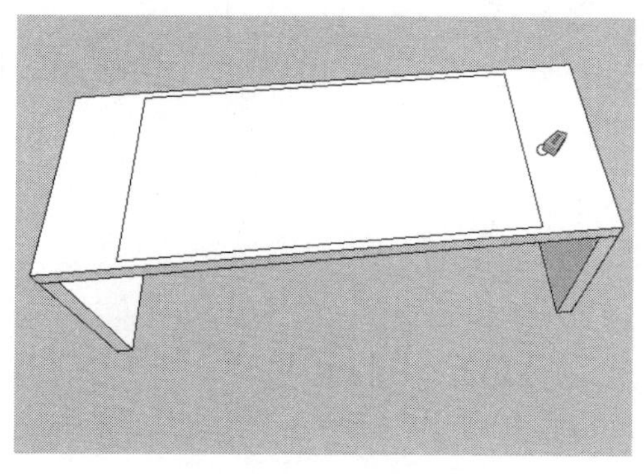

图 11-271　擦除多余线段

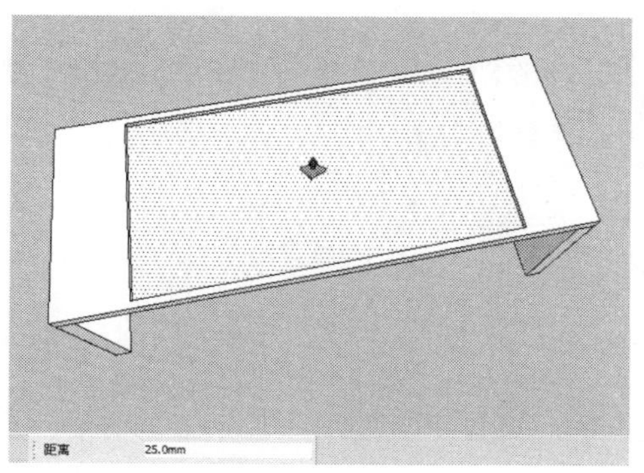

图 11-272　向下推拉矩形面

step 79 使用圆弧工具及推/拉工具，在书桌上侧的凹槽内创建出雕花的效果，如图 11-273 所示。使用矩形工具，绘制一个 1300mm×650mm 的矩形面，然后使用推/拉工具，将矩形面向上推拉 8mm 的高度，并将推拉后的立方体创建为群组，如图 11-274 所示。

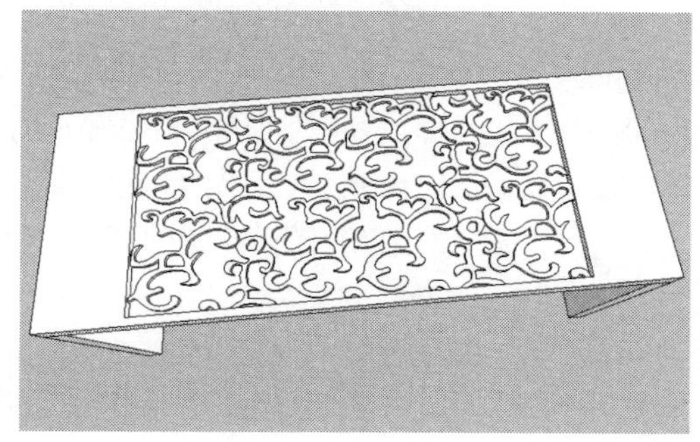

图 11-273　创建雕花

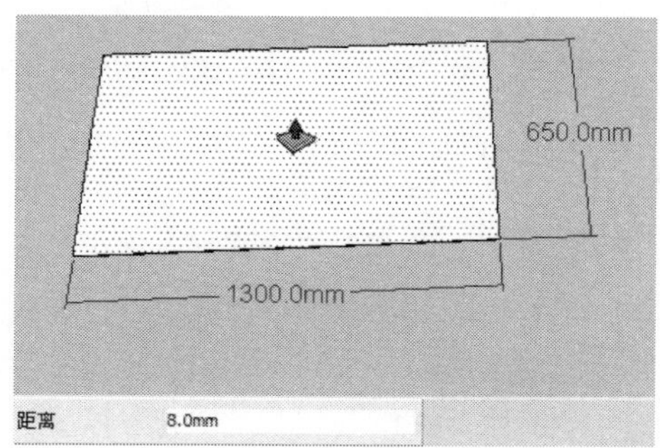

图 11-274　绘制板

step 80 使用移动工具，将上一步创建的立方体移动到书桌上侧相应位置，如图 11-275 所示。

step 81 使用材质工具，打开【材质】面板，为创建的书桌赋予相应的材质，并将其移动到书房内相应的位置处，如图 11-276 所示。

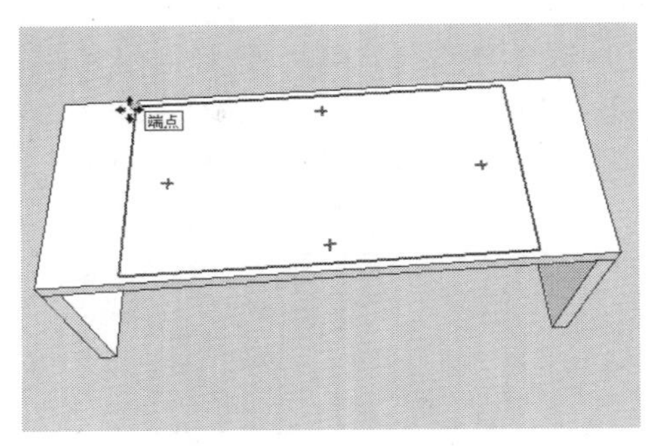

图 11-275 移动立方体

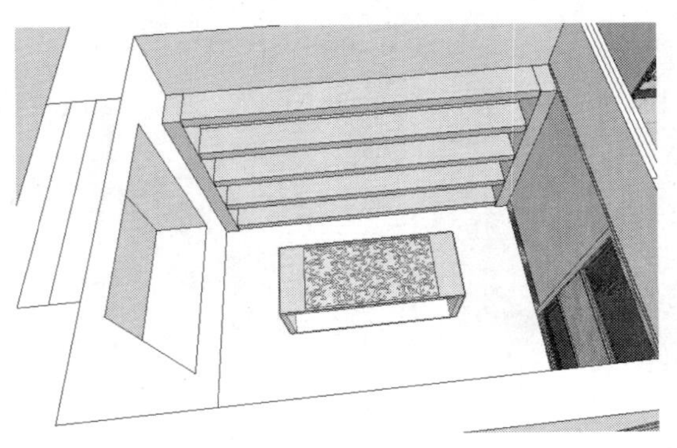

图 11-276 赋书桌材质

step 82 下面创建书房中的装饰物。使用矩形工具，绘制一个 300mm×40mm 的矩形面，然后使用移动工具并配合 Ctrl 键，将上一步绘制矩形的下侧边线向上移动复制一份，其移动复制的距离为 20mm，如图 11-277 所示。使用圆弧工具，捕捉相应线段上的端点及中点绘制一条圆弧，如图 11-278 所示。

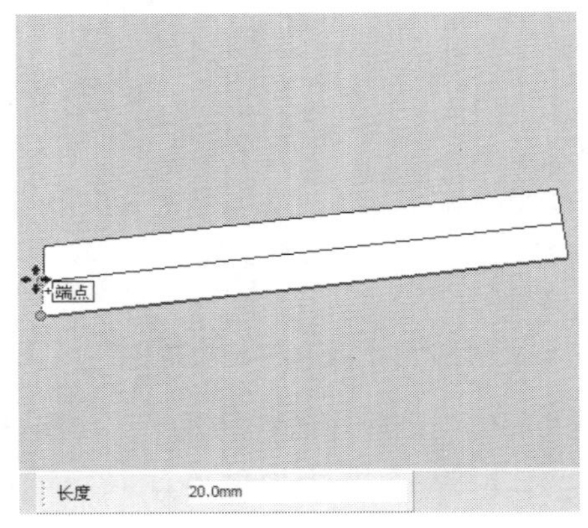

图 11-277 绘制并复制方体

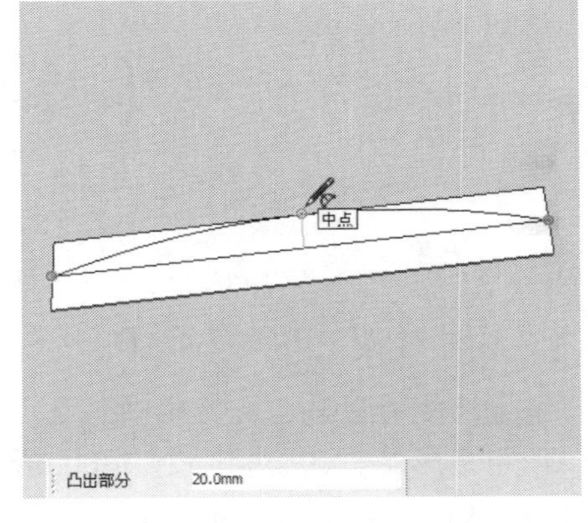

图 11-278 绘制圆弧

step 83 使用橡除工具，将矩形面上的多余线面擦除掉，如图 11-279 所示。使用推/拉工具，将造型面向上推拉 300mm 的高度，并将创建的装饰块创建为群组，如图 11-280 所示。结合移动工具及旋转工具，将创建的装饰块复制几个，并对其进行组合，如图 11-281 所示。

step 84 使用材质工具，打开【材质】面板，为创建的装饰造型赋予相应的材质，并将其移动到书房内相应的位置处，如图 11-282 所示。

step 85 使用矩形工具，绘制一个 640mm×860mm 的立面矩形，使用推/拉工具，将矩形面向外推拉 5mm 的厚度，如图 11-283 所示。再使用推/拉工具并按住 Ctrl 键，将长方体的外侧矩形面向外推拉复制 15mm 的距离，如图 11-284 所示。

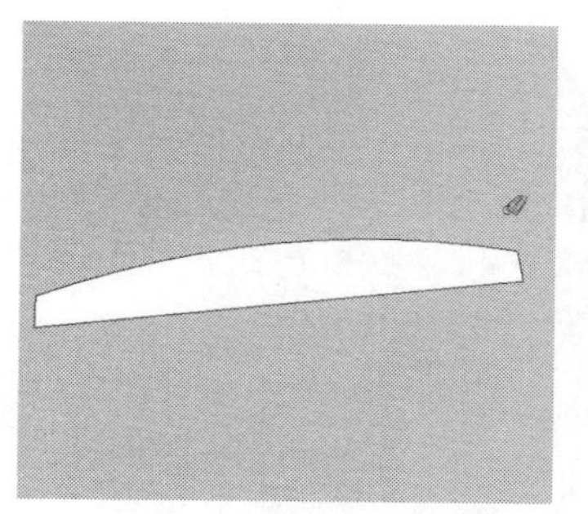

图 11-279　擦除多余线面

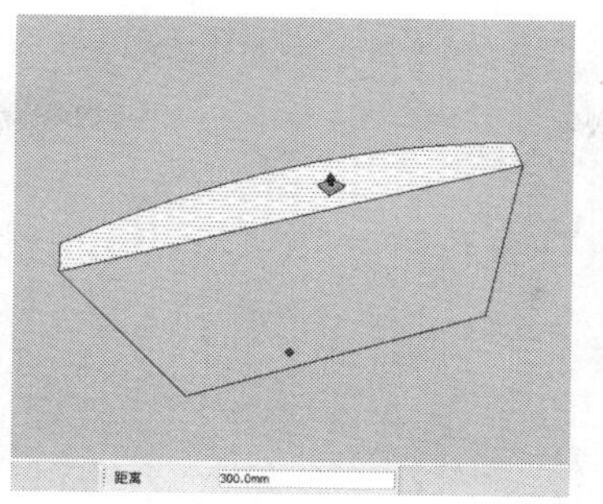

图 11-280　创建装饰块

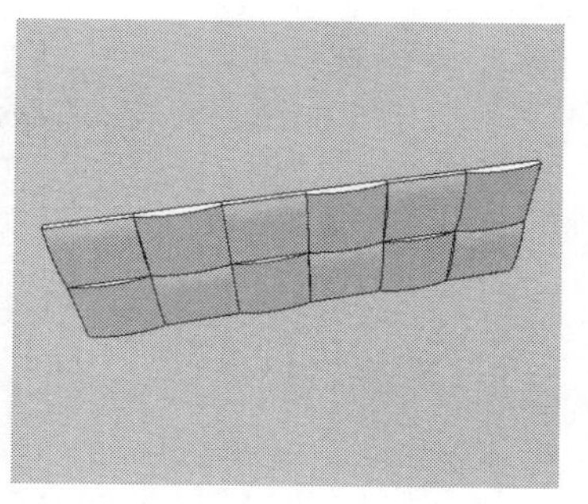

图 11-281　复制几个装饰块

图 11-282　赋装饰造型材质并移动

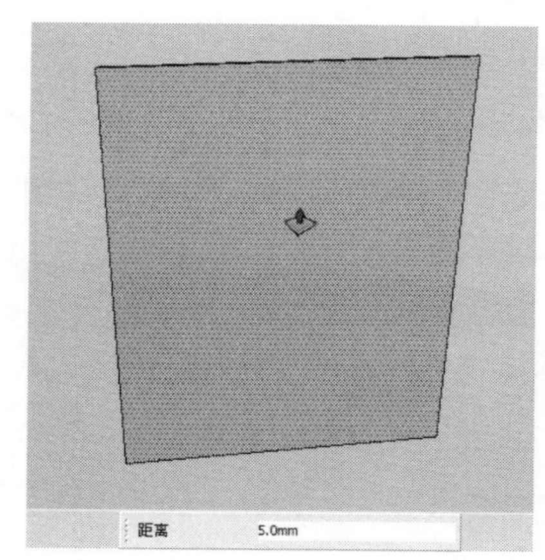

图 11-283　绘制长方体

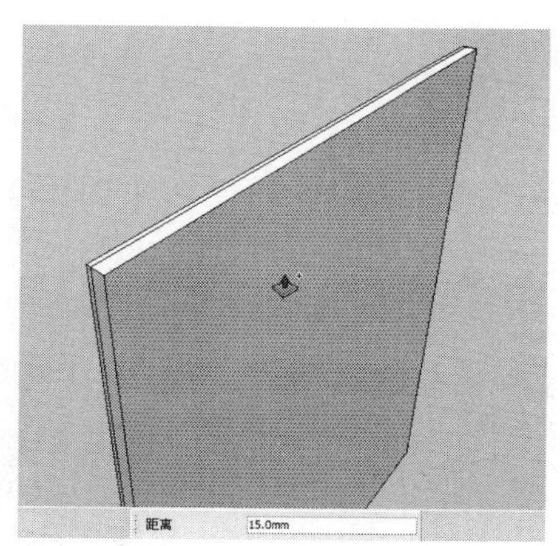

图 11-284　向外推拉外侧矩形面

step 86 使用缩放工具，对推拉后的外侧矩形面进行缩放，然后使用偏移工具及推/拉工具，制作出画框内部的细节造型，如图 11-285 所示。使用材质工具，为创建的装饰画赋予相应的材质，如图 11-286 所示。

图 11-285　制作画框

图 11-286　赋装饰画材质

step 87 使用移动工具，将创建完成的装饰画模型布置到书房内相应的位置处，如图 11-287 所示。

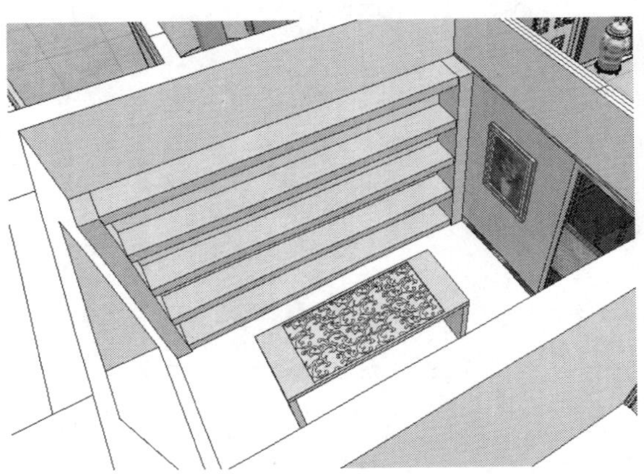

图 11-287　布置装饰画

step 88 使用材质工具，打开【材质】面板，为书房的地面赋予一种地板材质，如图 11-288 所示。然后为书房的墙面赋予一种黄色乳胶漆材质，如图 11-289 所示。

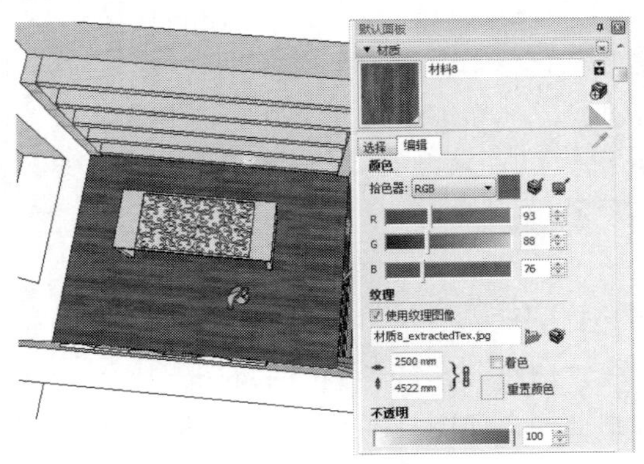

图 11-288　赋书房地板材质

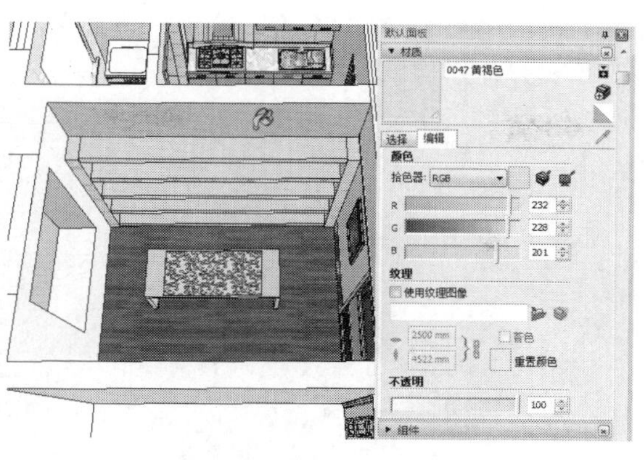

图 11-289　赋书房墙面材质

step 89 选择书房墙体下侧相应的两条边线，使用移动工具并按住 Ctrl 键，将两条边线垂直向上移动复制一份，其移动复制的距离为 100mm，如图 11-290 所示。使用推/拉工具，将复制边线后所产生的下侧面向外推拉 20mm 的距离，从而形成书房踢脚线的效果，如图 11-291 所示。

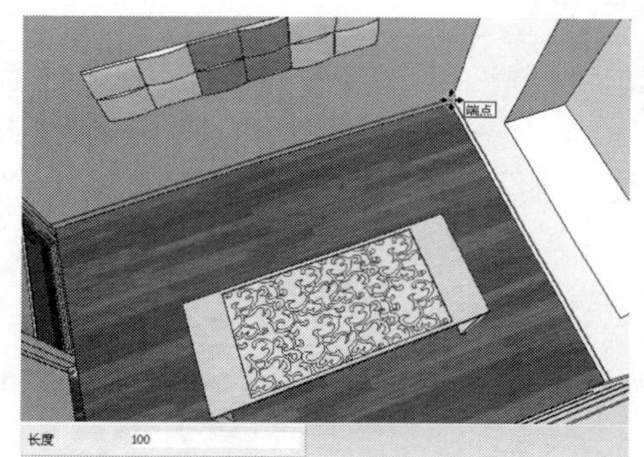

图 11-290　复制两条边线

图 11-291　制作书房踢脚线

step 90 选择【文件】|【导入】菜单命令，打开【导入】对话框，如图 11-292 所示，将书房中的部分模型导入，然后布置到书房的相应位置，完成书房创建，效果如图 11-293 所示。

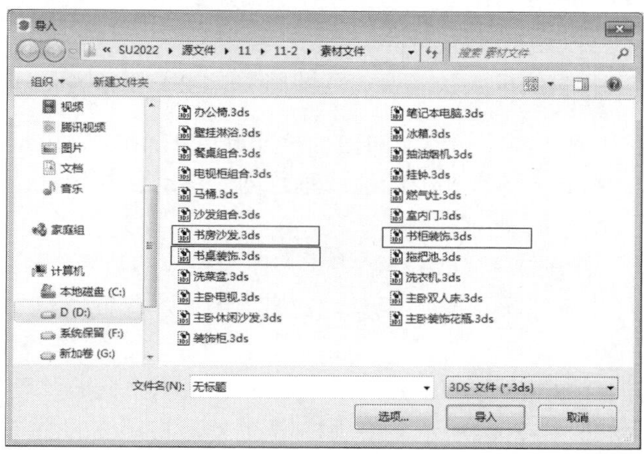

图 11-292　导入书房中的部分模型

图 11-293　书房的模型效果

step 91 下面创建儿童房单人床。使用矩形工具，绘制一个 2760×1200mm 的矩形面，然后使用推/拉工具，将矩形面向上推拉 400mm 的高度，如图 11-294 所示。使用移动工具并按住 Ctrl 键，将长方体上相应的边线垂直向上移动复制一份，其移动复制的距离为 320mm，如图 11-295 所示。

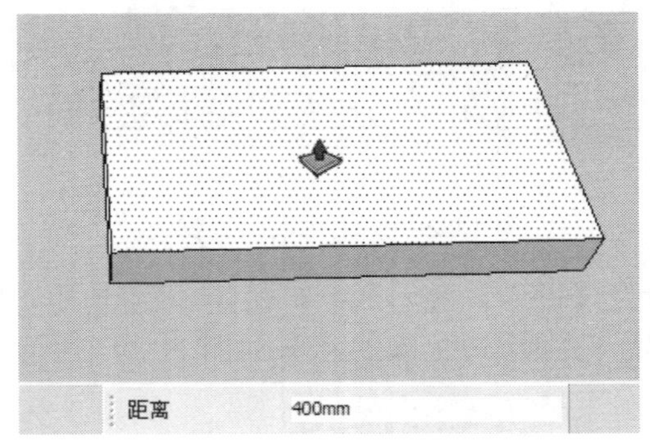

图 11-294　绘制长方体

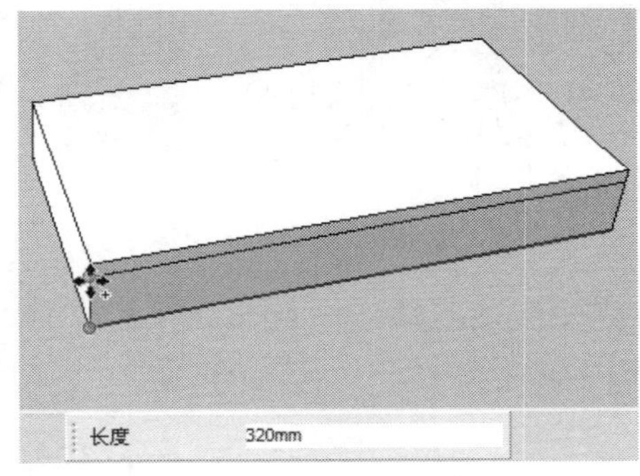

图 11-295　向上移动复制边线

step 92 使用推/拉工具，将相应的面向内推拉 40mm 的距离，如图 11-296 所示。使用移动工具并按住 Ctrl 键，将长方体上相应的边线垂直向上移动复制一份，其移动复制的距离为 80mm，如图 11-297 所示。

step 93 使用移动工具并按住 Ctrl 键，将长方体上相应的边线水平向左移动复制 5 份，如图 11-298 所示。使用矩形工具及推/拉工具，在床上的相应位置创建几个立方体作为抽屉上的拉手，如图 11-299 所示。

step 94 使用移动工具并按住 Ctrl 键，将相应的边线水平向右移动复制一份，其移动复制的距离为 400mm，如图 11-300 所示。使用推/拉工具，将相应的面向上推拉 700mm 的高度，如图 11-301 所示。

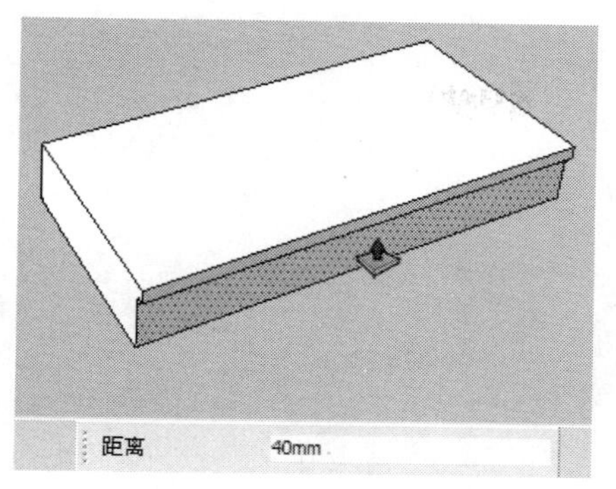

图 11-296　向内推拉面

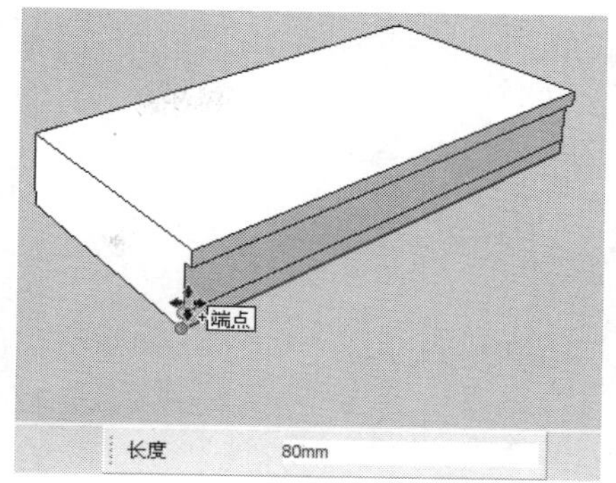

图 11-297　向上移动复制边线

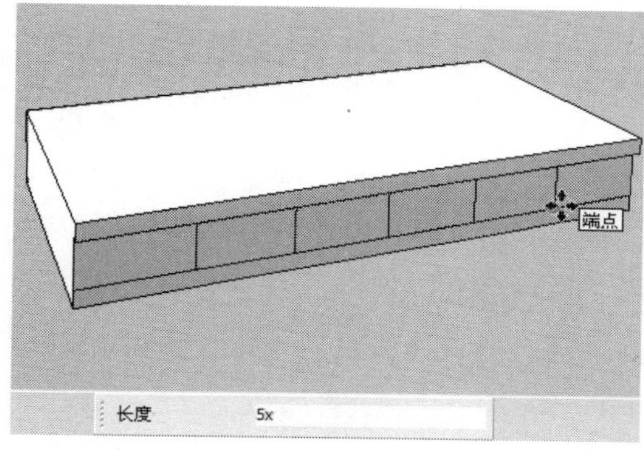

图 11-298　向左移动复制 5 条边线

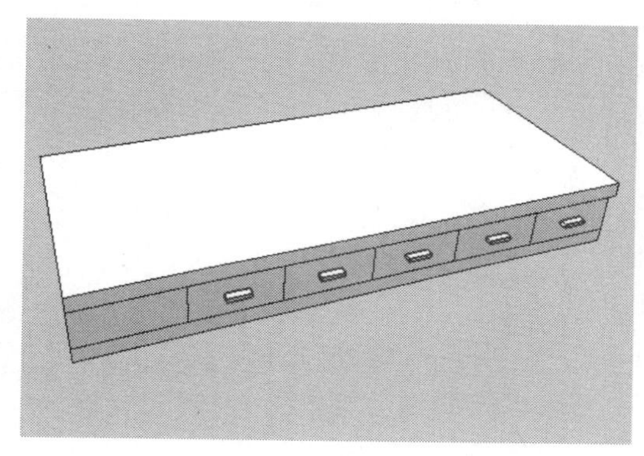

图 11-299　绘制抽屉拉手

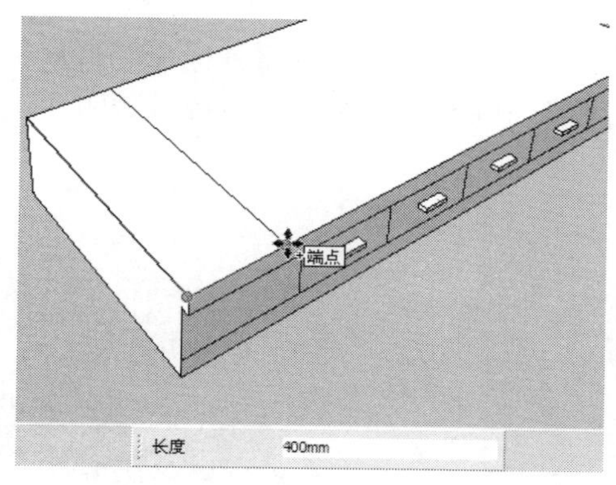

图 11-300　向右移动复制边线

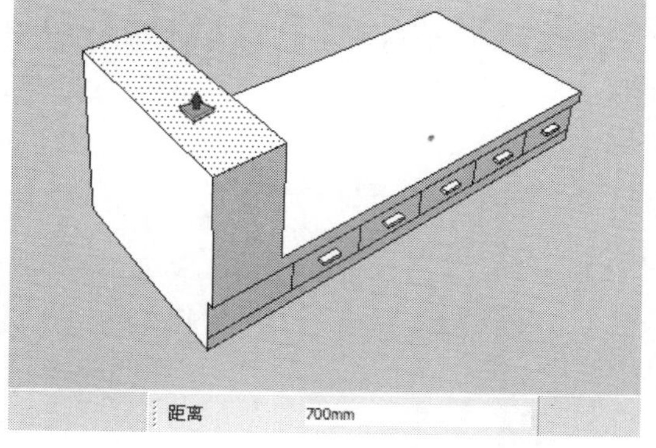

图 11-301　向上推拉面

step 95 使用矩形工具，捕捉图中相应的轮廓，绘制一个 1200mm×85mm 的矩形面，并将绘制的矩形面创建为群组，如图 11-302 所示。双击矩形面，进入组的内部编辑状态，然后使用推/拉工具，将矩形面向上推拉 700mm 的高度，如图 11-303 所示。

step 96 使用矩形工具，捕捉图中相应的轮廓，绘制一个 2000mm×1200mm 的矩形面，并将绘制的矩形面创建为群组，如图 11-304 所示。双击矩形面，进入组的内部编辑状态，然后使用推/拉工具，将矩形面向上推拉 160mm 的高度，如图 11-305 所示。

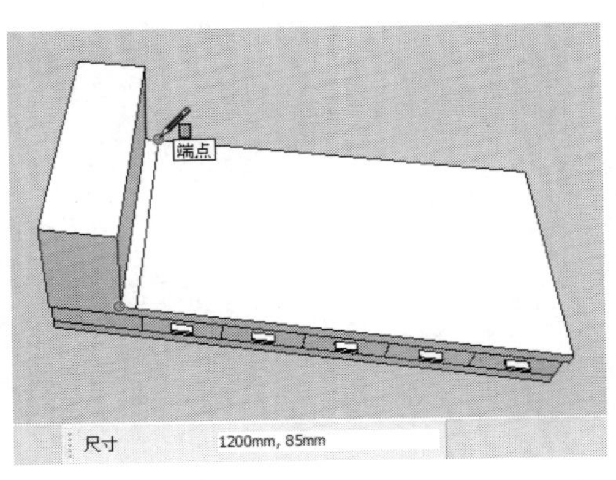

图 11-302　绘制矩形面

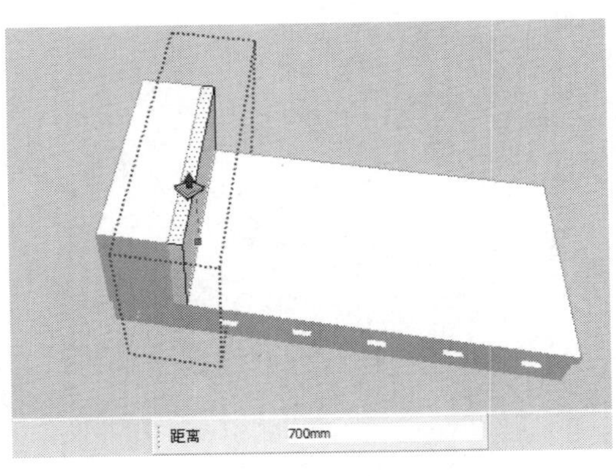

图 11-303　向上推拉矩形面

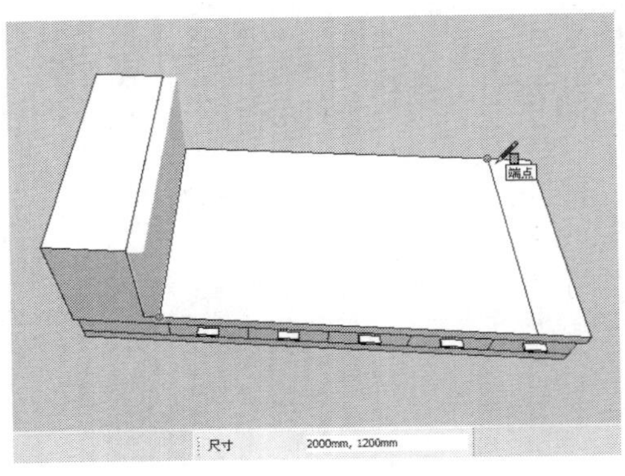

图 11-304　绘制矩形面

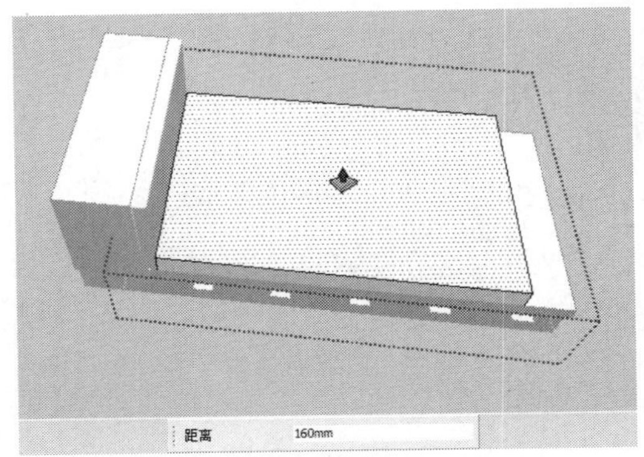

图 11-305　向上推拉矩形面

step 97 使用材质工具，为创建的单人床模型赋予相应的材质，并将其创建为群组，如图 11-306 所示。使用移动工具，将创建的单人床布置到儿童房内的相应位置处，如图 11-307 所示。

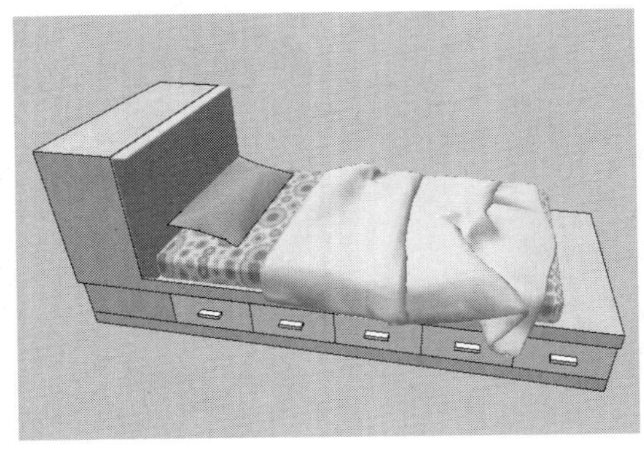

图 11-306　赋单人床材质

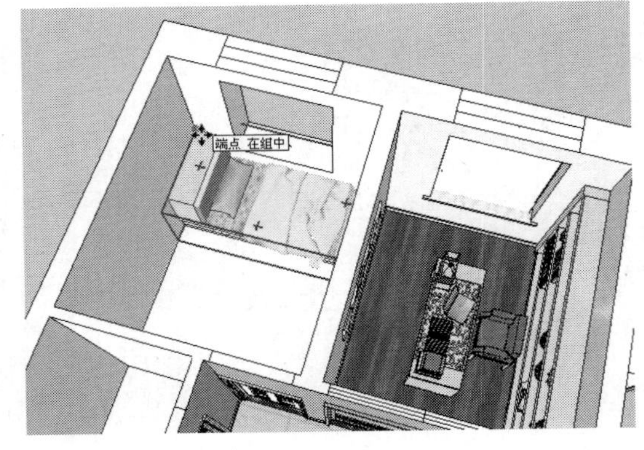

图 11-307　布置单人床

step 98 接下来创建儿童房电脑桌。使用矩形工具，绘制一个 1700×500mm 的矩形面，使用推/拉工具，将矩形面向上推拉 700mm 的高度，如图 11-308 所示。使用移动工具并按住

Ctrl 键，将图中相应的边线水平向右移动复制一份，其移动复制的距离为 1130mm，如图 11-309 所示。

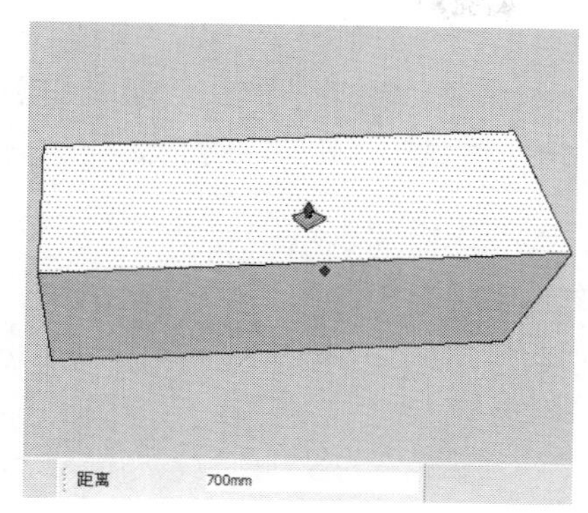

图 11-308　绘制长方体

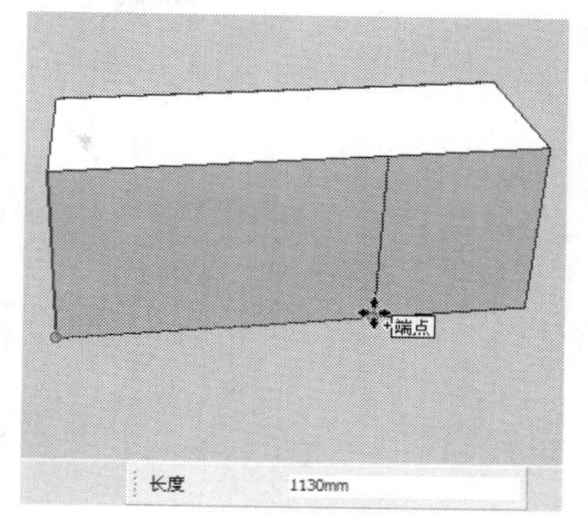

图 11-309　向右移动复制边线

step 99 使用移动工具并按住 Ctrl 键，将相应的边线垂直向下移动复制一份，其移动复制的距离为 150mm，如图 11-310 所示。使用推/拉工具，将相应的矩形面向内推拉 500mm 的距离，如图 11-311 所示。

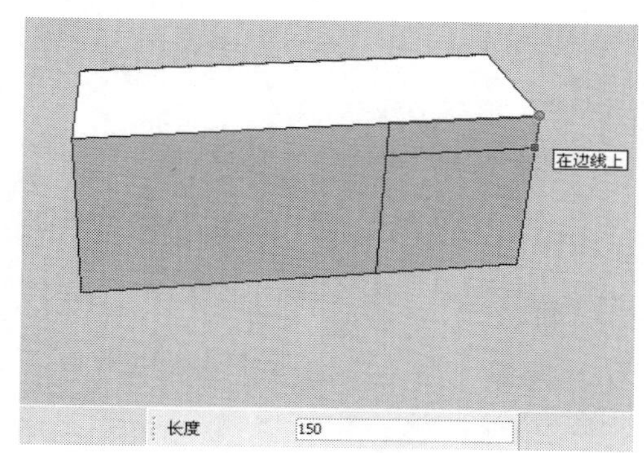

图 11-310　向下移动复制边线

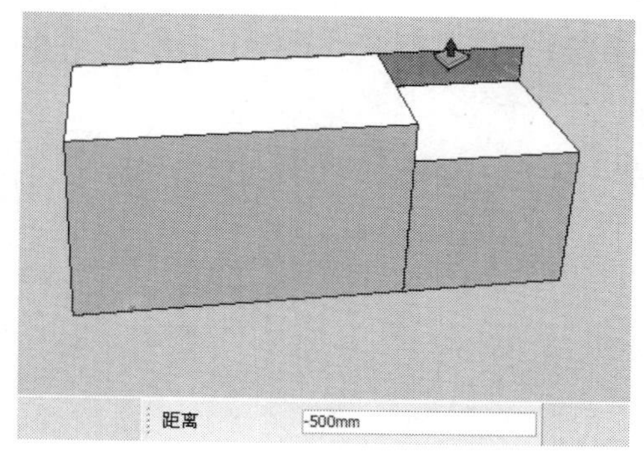

图 11-311　向内推拉矩形面

step 100 使用偏移工具及直线工具，在相应的表面上绘制出电脑桌的轮廓，如图 11-312 所示。使用推/拉工具，将图 11-313 中相应的造型面向内推拉 500mm 的距离。

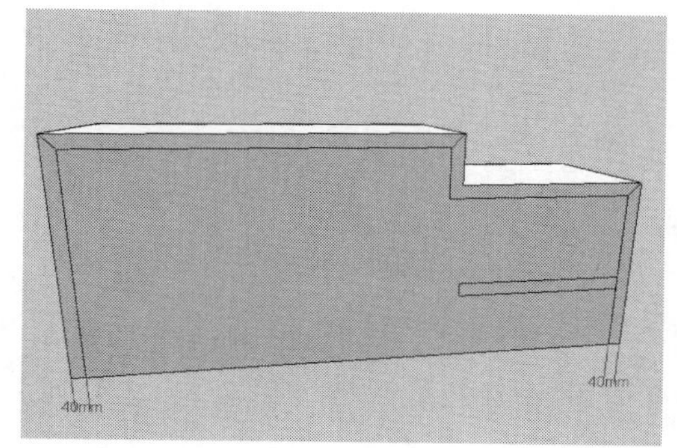

图 11-312　绘制电脑桌的轮廓

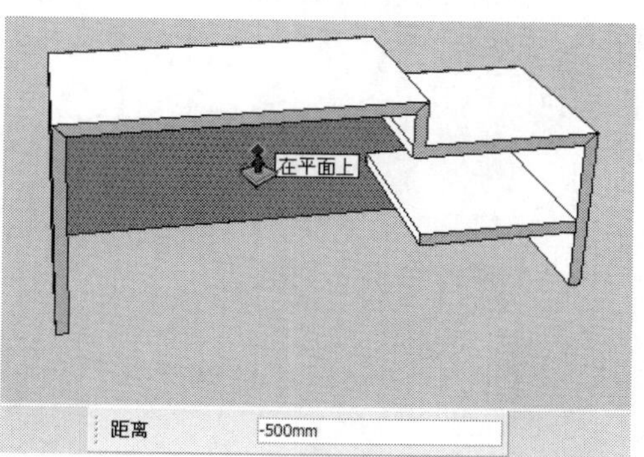

图 11-313　向内推拉面

step 101 使用矩形工具，捕捉模型上的轮廓，绘制一个矩形面，使用推/拉工具，将矩形面推拉捕捉至相应的边线上，如图 11-314 所示。使用移动工具并按住 Ctrl 键，将模型上相应的边线水平向右移动复制 2 份，如图 11-315 所示。

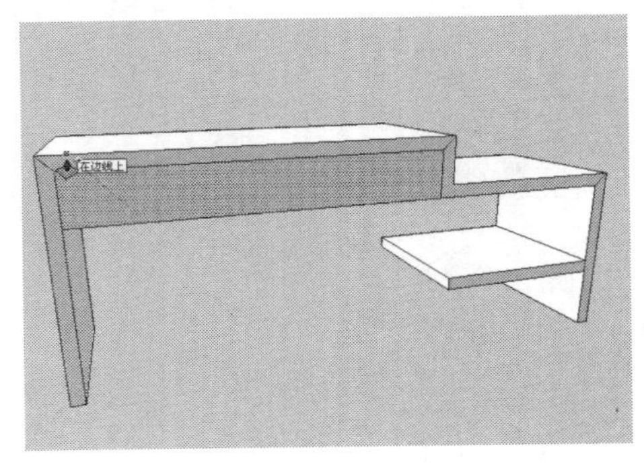

图 11-314 推拉矩形面

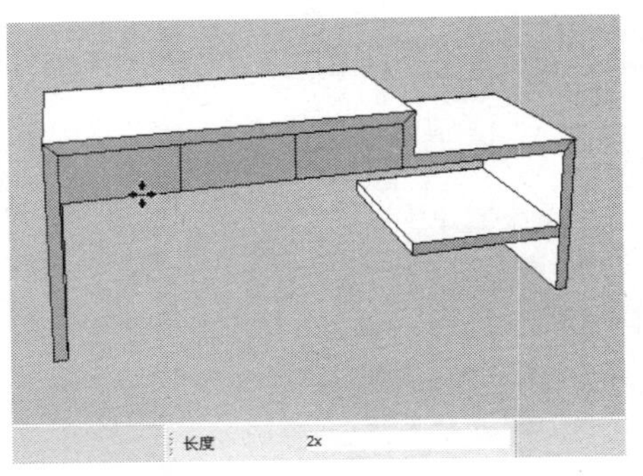

图 11-315 向右移动复制边线

step 102 使用矩形工具，捕捉相应的轮廓，绘制一个 1700×460mm 的立面矩形，并将其创建为群组，如图 11-316 所示。双击群组，进入组的内部编辑状态，然后使用偏移工具及直线工具，在立面矩形内部绘制出书架的轮廓造型，如图 11-317 所示。

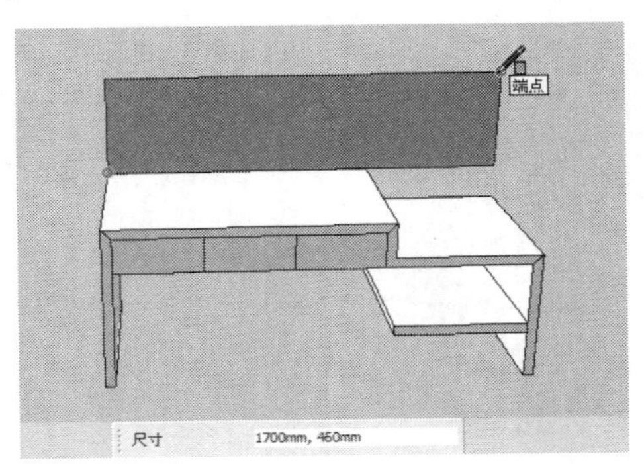

图 11-316 绘制立面矩形

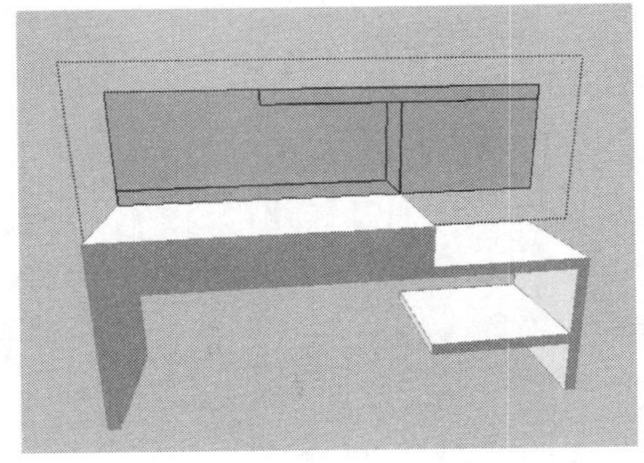

图 11-317 绘制书架轮廓

step 103 使用擦除工具，删除立面矩形上的多余线面，如图 11-318 所示。使用推/拉工具，将造型面推拉出 250mm 的厚度，以形成书架的造型，如图 11-319 所示。

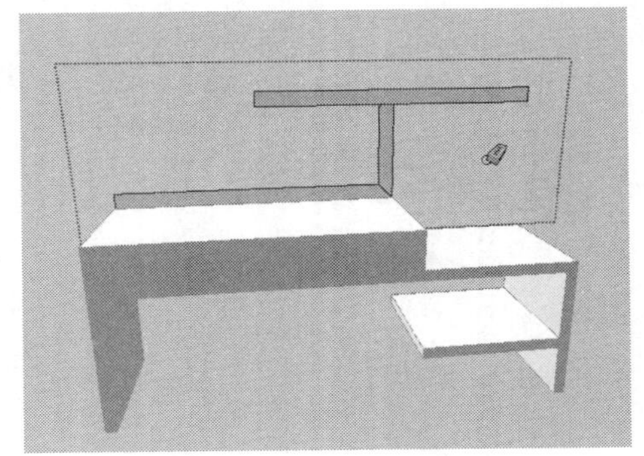

图 11-318 删除多余线面

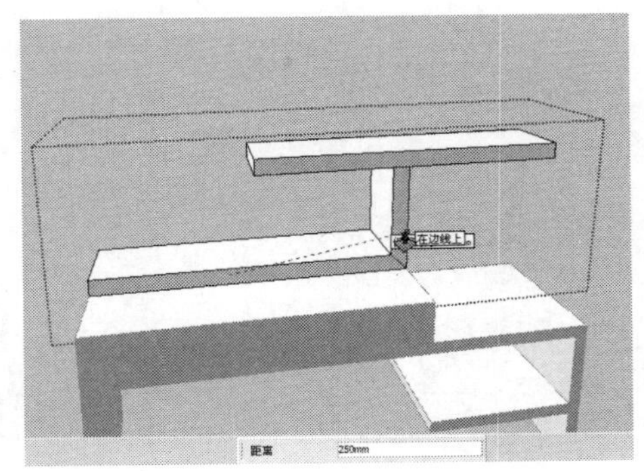

图 11-319 形成书架造型

step 104 使用移动工具，将创建的书架模型垂直向上移动 500mm 的距离，如图 11-320 所示。继续使用移动工具，将创建的书架移动到儿童房中的相应位置处，并为其赋予相应的材质，如图 11-321 所示。

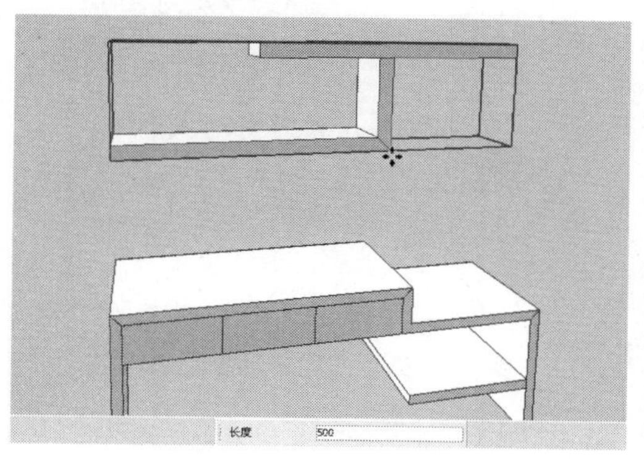

图 11-320　向上移动书架

图 11-321　放置书架到儿童房

step 105 下面创建儿童房衣柜。使用矩形工具，绘制一个 1700×500mm 的矩形面，然后使用推/拉工具，将矩形面向上推拉 2200mm 的高度，如图 11-322 所示。使用移动工具并按住 Ctrl 键，将相应的两条水平边线向内移动复制一份，其移动复制的距离为 100mm，如图 11-323 所示。

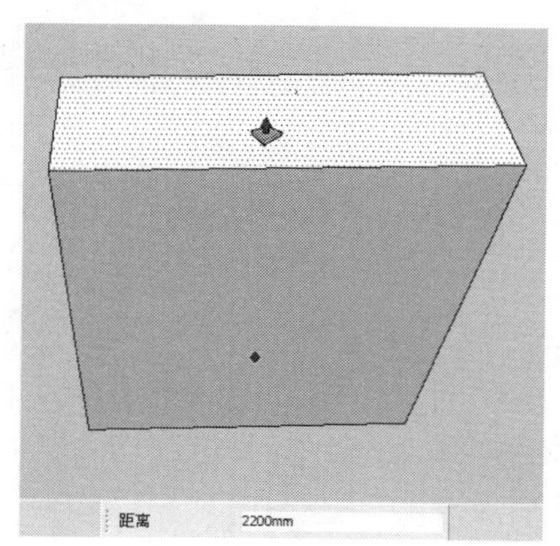

图 11-322　绘制长方体

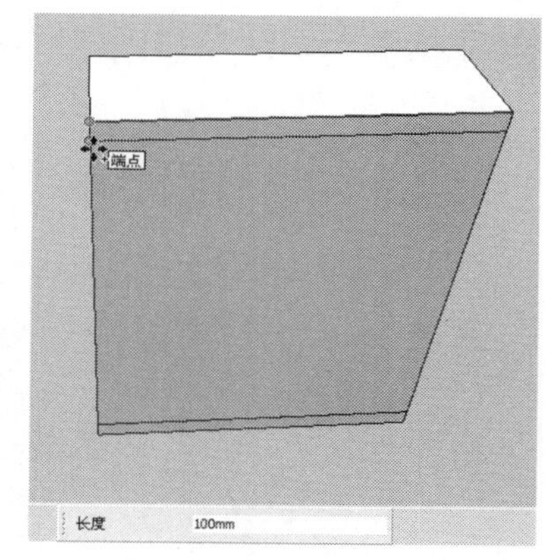

图 11-323　向内移动复制边线

step 106 使用推/拉工具，将相应的矩形面向内推拉 20mm 的距离，如图 11-324 所示。使用移动工具并按住 Ctrl 键，将相应的两条垂直边线分别向内移动复制一份，其移动复制的距离为 20mm，如图 11-325 所示。

step 107 使用推/拉工具，将相应的矩形面向内推拉 30mm 的距离，如图 11-326 所示。使用移动工具并按住 Ctrl 键，将相应的两条垂直边线分别向内移动复制一份，其移动复制的距离为 553mm，如图 11-327 所示。

step 108 使用推/拉工具，将相应的矩形面向外推拉 30mm 的距离，如图 11-328 所示。使用材质工具，为创建的儿童房衣柜模型赋予相应的材质，并将其创建为群组，如图 11-329 所示。

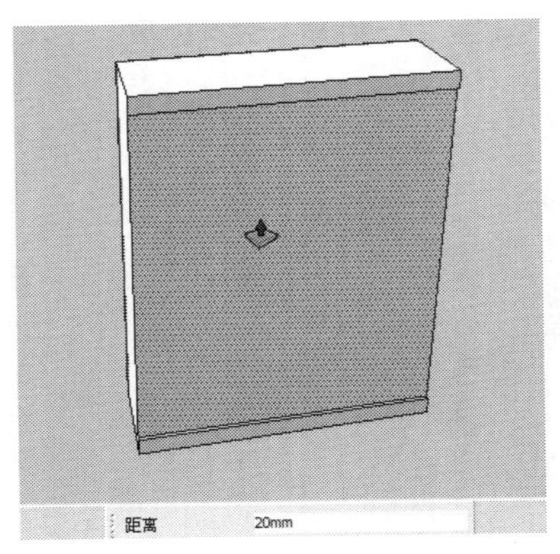

图 11-324　向内推拉矩形面

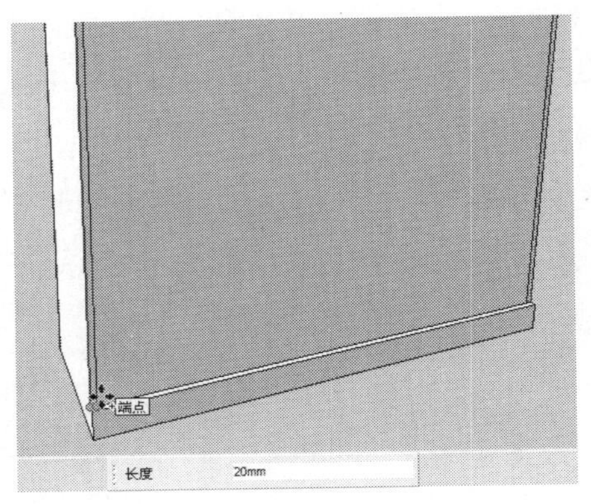

图 11-325　向内移动复制边线

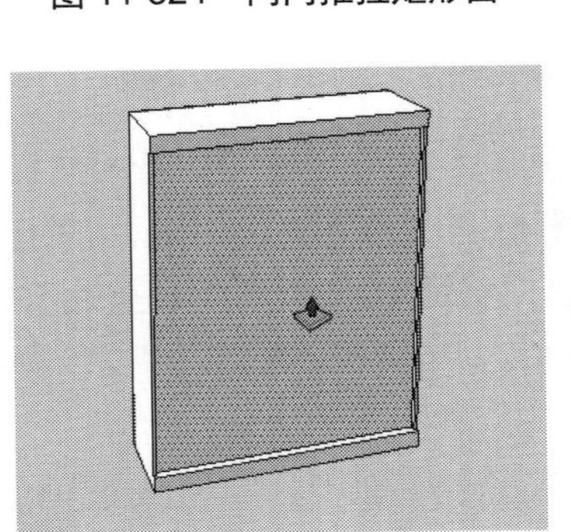

图 11-326　向内推拉矩形面

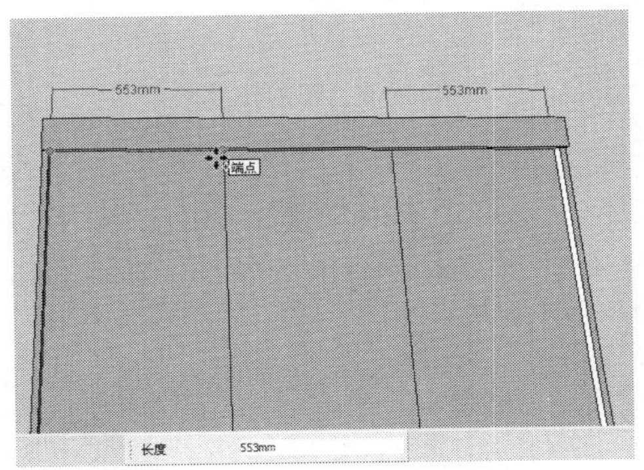

图 11-327　复制垂直边线

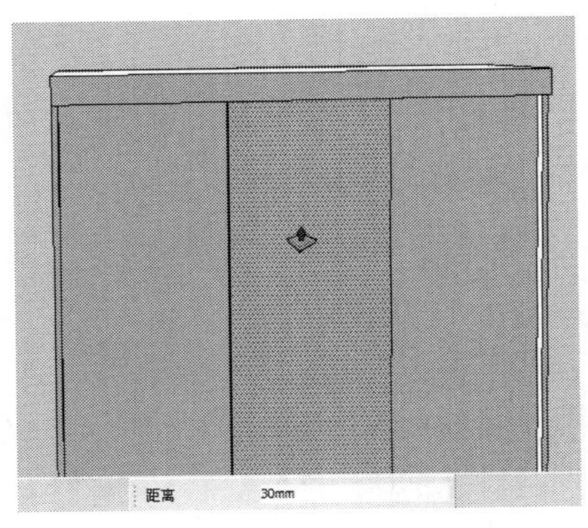

图 11-328　制作出衣柜模型

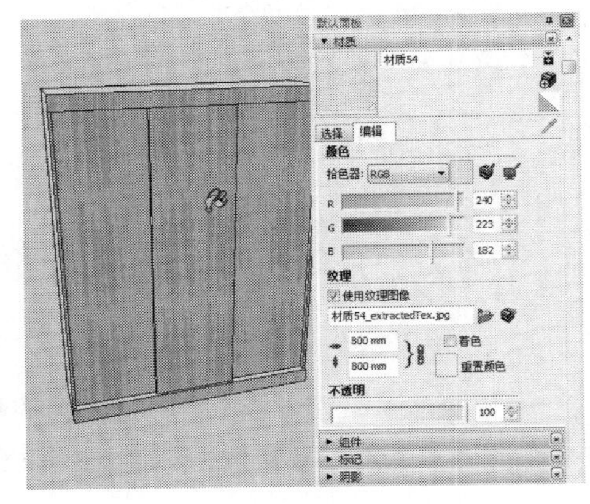

图 11-329　赋衣柜模型材质

step 109 使用移动工具，将创建的衣柜模型移动到儿童房中的相应位置处，如图 11-330 所示。

step 110 使用材质工具，为儿童房的地面赋予一种地板材质，如图 11-331 所示。然后为儿童房的几个相应墙面赋予一种黄色乳胶漆材质，如图 11-332 所示。接着为儿童房的相应墙面赋予一幅装饰画材质，如图 11-333 所示。

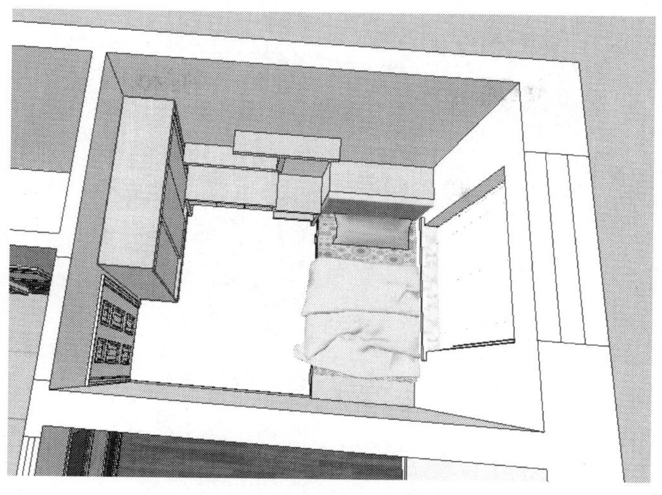

图 11-330　布置衣柜到儿童房

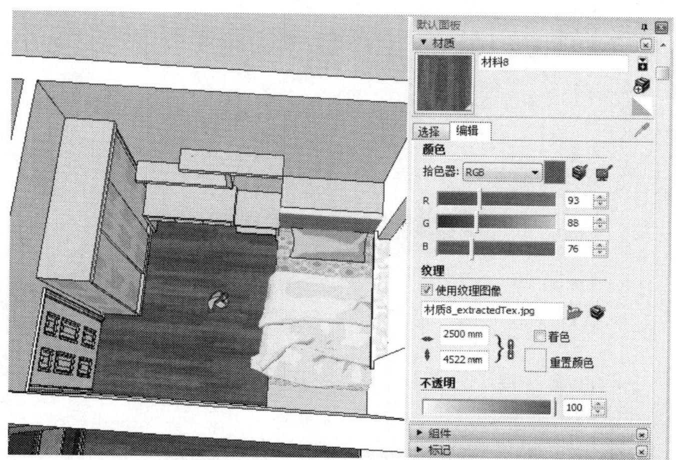

图 11-331　赋儿童房地面材质

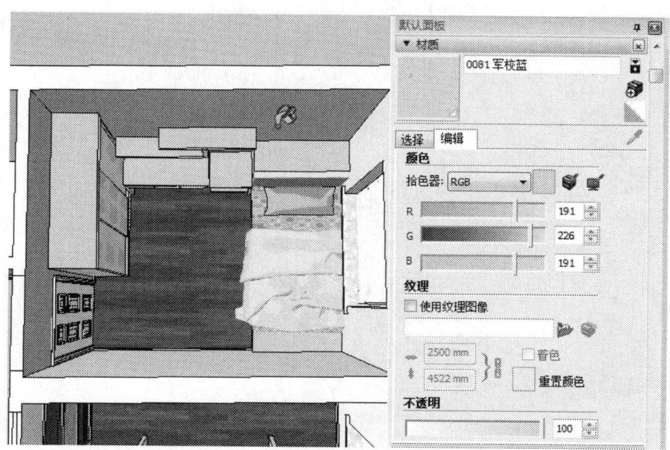

图 11-332　赋儿童房墙面材质

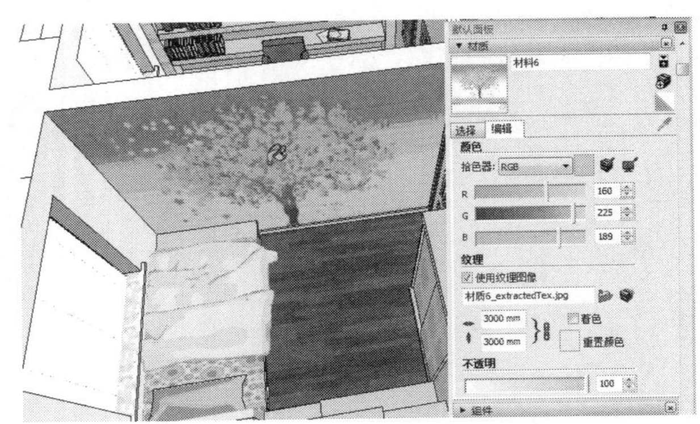

图 11-333 赋儿童房装饰画材质

step 111 选择【文件】|【导入】菜单命令，打开【导入】对话框，如图 11-334 所示，将儿童房中的部分模型导入，然后布置到儿童房的相应位置，完成儿童房的创建，效果如图 11-335 所示。

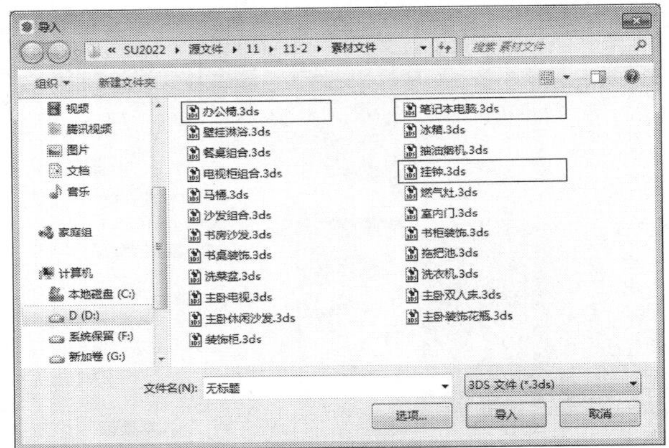

图 11-334 导入儿童房的其他模型

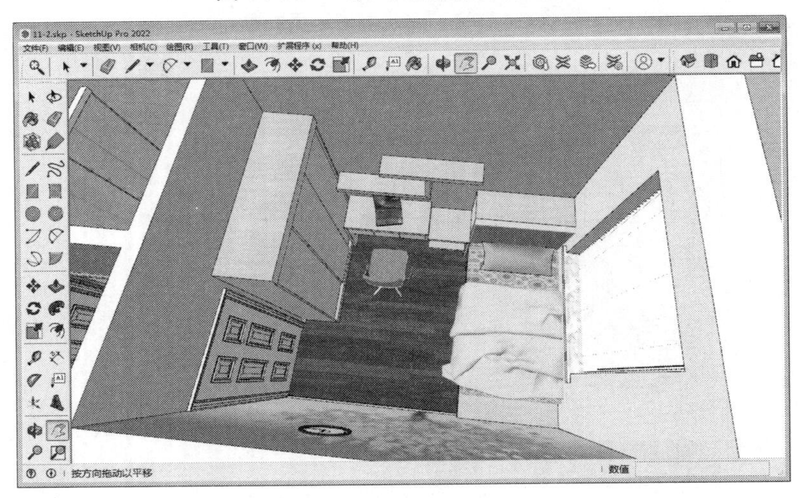

图 11-335 儿童房最终效果

step 112 下面创建厨房门框及橱柜。使用矩形工具，在厨房内部相应的门洞口位置绘制一个矩形面，并将其创建为组，如图 11-336 所示。双击矩形面，进入组的内部编辑状态，然后使用偏移工具，将矩形面向内偏移 100mm 的距离，如图 11-337 所示。

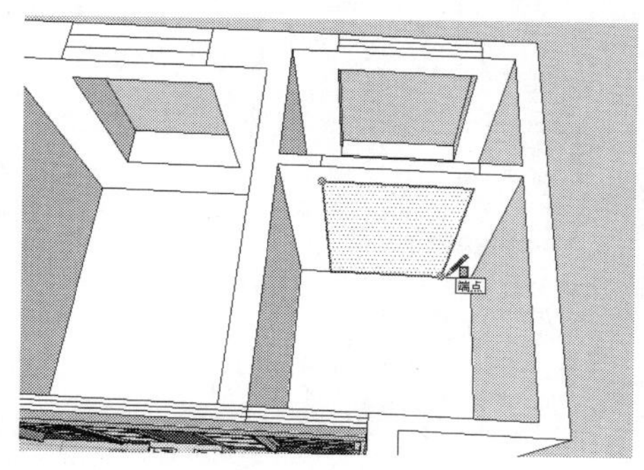

图 11-336　绘制厨房门轮廓

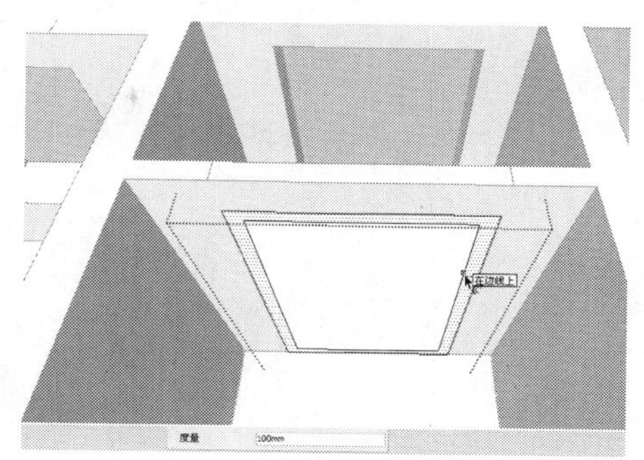

图 11-337　绘制门框轮廓

step 113 使用直线工具，在模型表面的相应位置补上几条线段，如图 11-338 所示。删除立面矩形上的相应线面，然后使用推/拉工具，将其向外推拉出 160mm 的厚度，从而形成门框的效果，如图 11-339 所示。

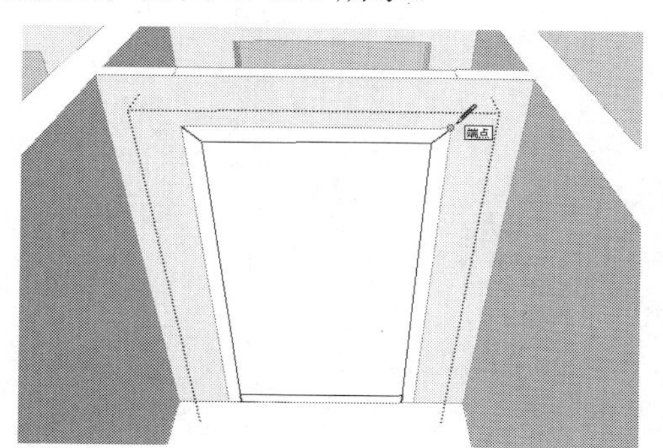

图 11-338　补绘线段

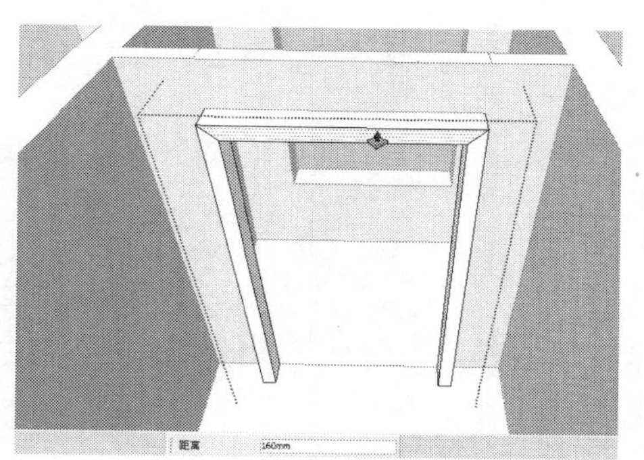

图 11-339　门框效果

step 114 使用移动工具，将创建的门框布置到厨房内部相应的门洞口位置，如图 11-340 所示。使用材质工具，打开【材质】面板，为厨房地面赋予一种地砖材质，如图 11-341 所示。

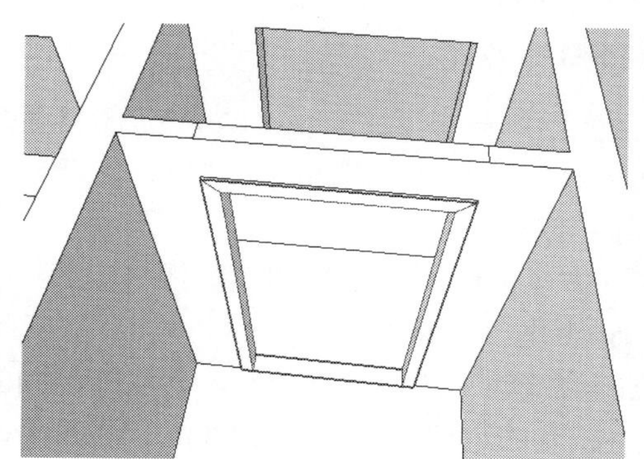

图 11-340　布置门框到门洞

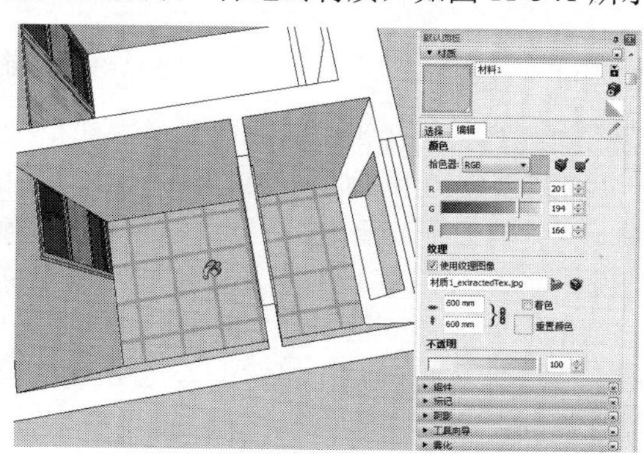

图 11-341　赋厨房地面材质

step 115 继续使用材质工具，为厨房墙面赋予一种墙砖材质，如图 11-342 所示。然后为前面创建的厨房门框赋予一种颜色材质，如图 11-343 所示。

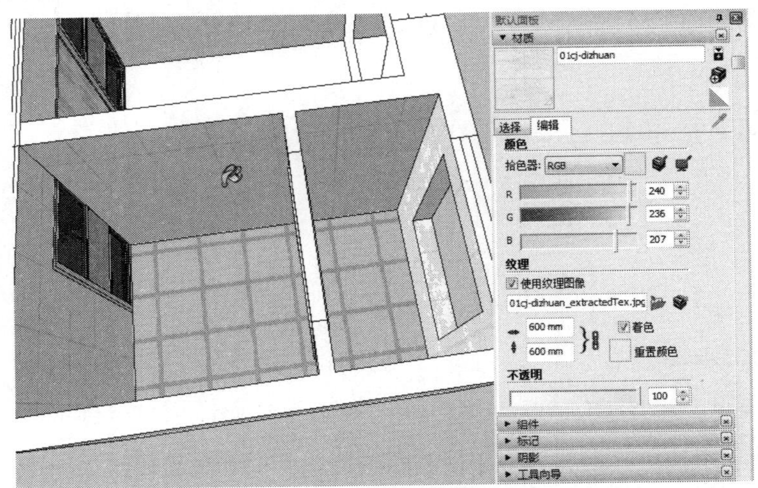

图 11-342　赋厨房墙面材质

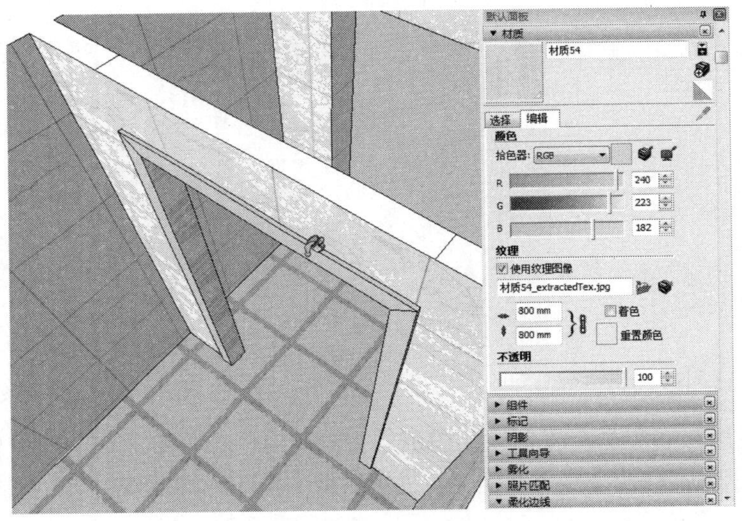

图 11-343　赋厨房门框材质

step 116 使用矩形工具，在厨房内部相应的墙面上绘制一个 2280mm×870mm 的立面矩形，并将其创建为组，如图 11-344 所示。双击立面矩形，进入组的内部编辑状态，然后使用推/拉工具，将立面矩形向外推拉 500mm 的厚度，如图 11-345 所示。

step 117 使用直线工具及偏移工具，在推拉的立方体上绘制多条轮廓，如图 11-346 所示。使用推/拉工具，将相应的造型面向内推拉 480mm 距离，如图 11-347 所示。

step 118 使用移动工具并配合 Ctrl 键，将相应的边线向下移动复制一份，其移动复制的距离为 5mm，如图 11-348 所示。使用推/拉工具，将相应的造型面向内推拉 20mm 的距离，以形成橱柜凹槽的效果，如图 11-349 所示。

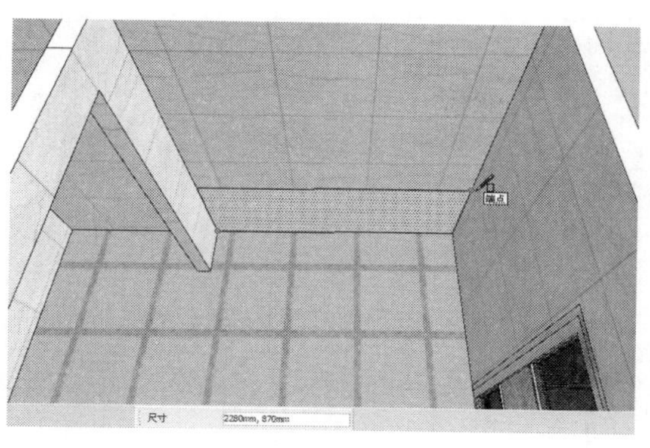

图 11-344　绘制立面矩形

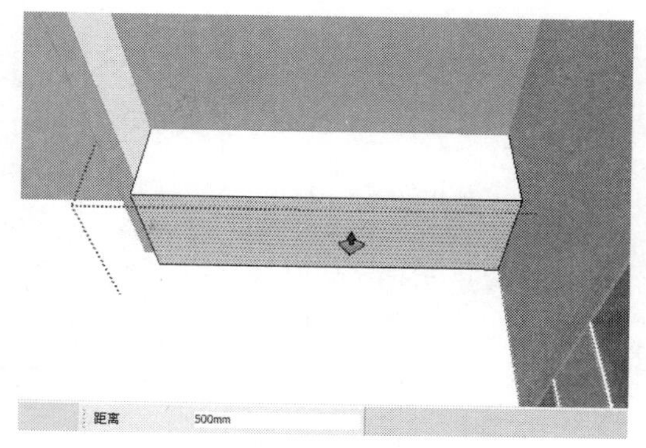

图 11-345　制作橱柜基本体

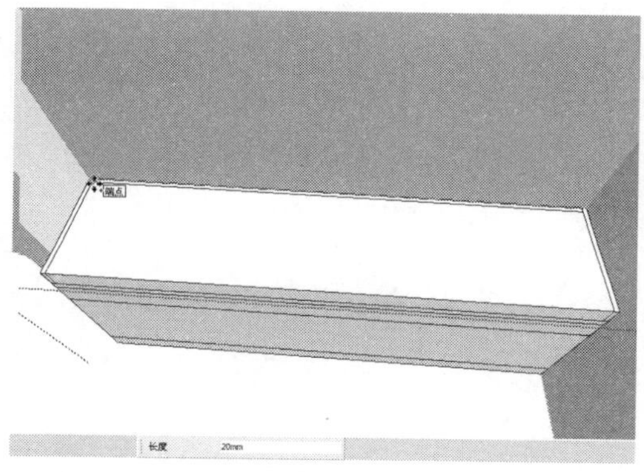

图 11-346　绘制多条轮廓线

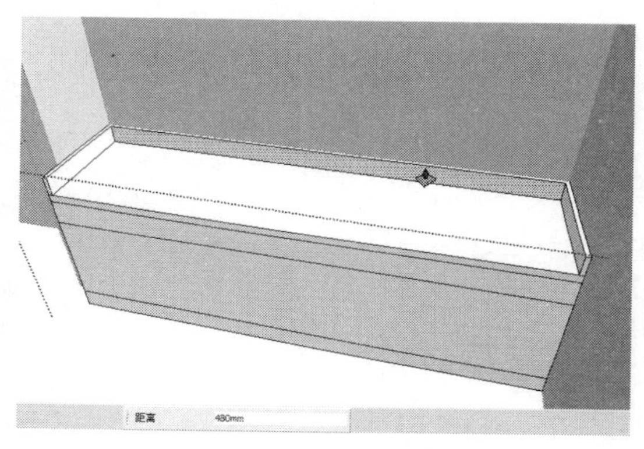

图 11-347　向内推拉造型面

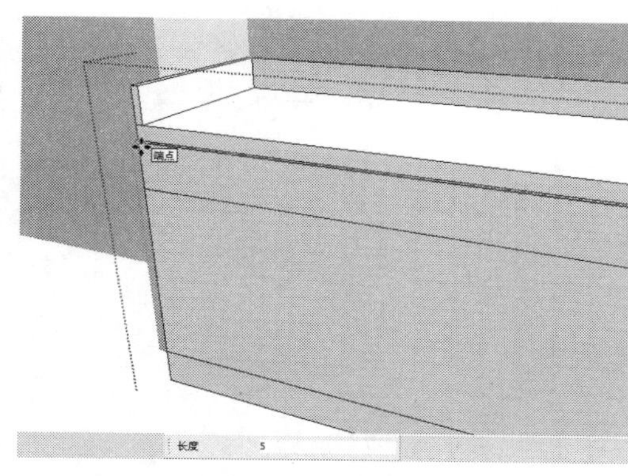

图 11-348　向下复制边线

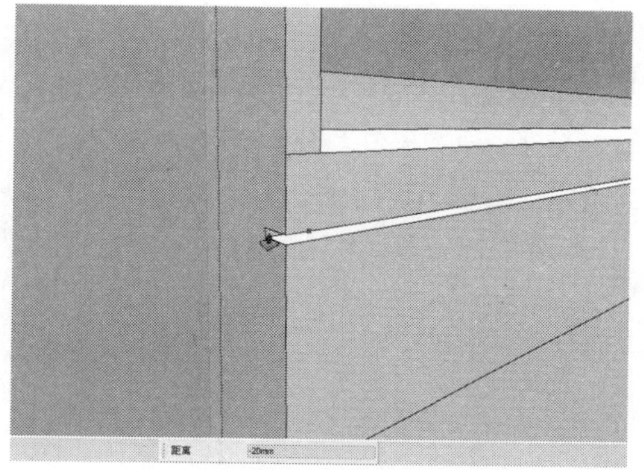

图 11-349　制作橱柜凹槽

step 119 选择橱柜下侧的相应边线，然后从右键快捷菜单中选择【拆分】命令，在数值框中输入 5，将线段拆分为 5 条等长的线段，如图 11-350 所示。使用直线工具，捕捉上一步拆分线段上的拆分点，向上绘制多条垂线段，如图 11-351 所示。

step 120 使用推/拉工具，将橱柜下侧的相应造型面向内推拉 25mm 的距离，如图 11-352 所示。使用矩形工具，绘制一个 20mm×20mm 的立面矩形，然后使用直线工具，在绘制的立面矩形上绘制几条线段，如图 11-353 所示。

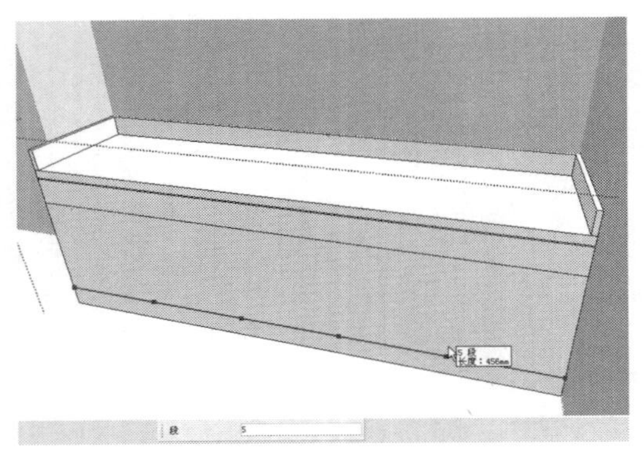

图 11-350　拆分线段

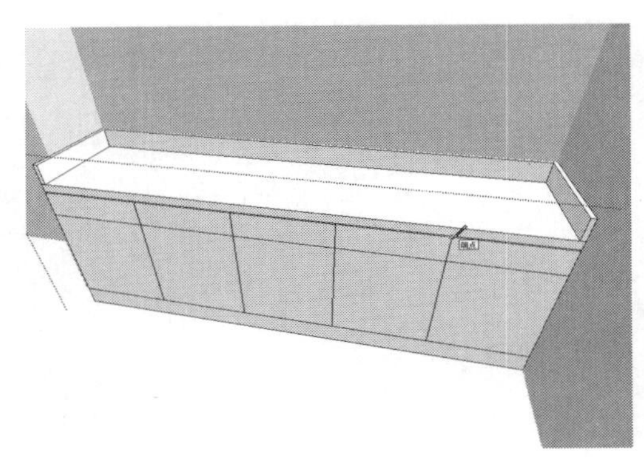

图 11-351　绘制多条垂线段

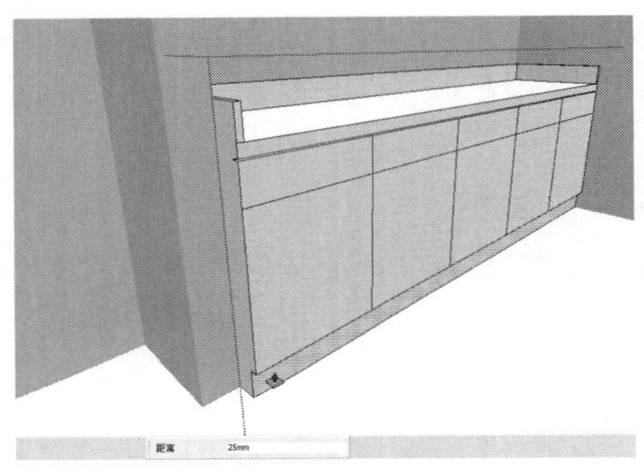

图 11-352　向内推拉造型面

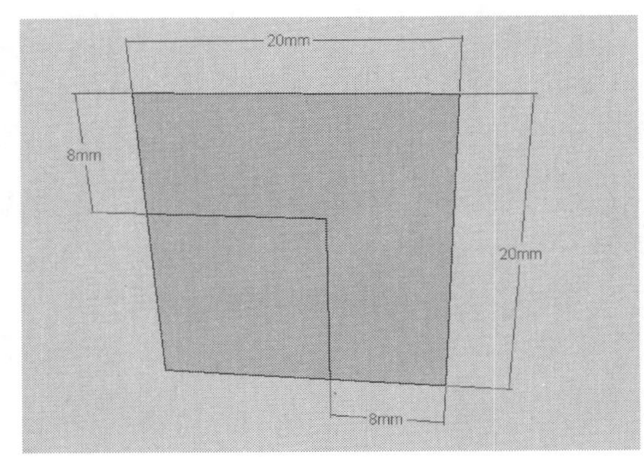

图 11-353　绘制几条线段

step 121 使用擦除工具，将立面矩形上多余的线面擦除掉，如图 11-354 所示。使用推/拉工具，将造型面推拉出 140mm 的厚度，从而形成橱柜拉手的造型，并将其创建为群组，如图 11-355 所示。

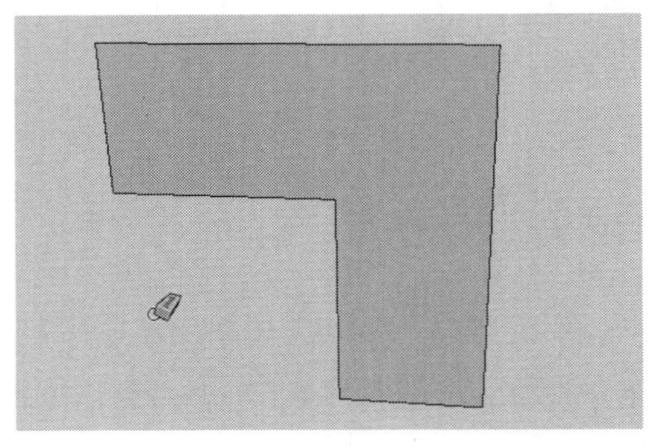

图 11-354　删除多余线面

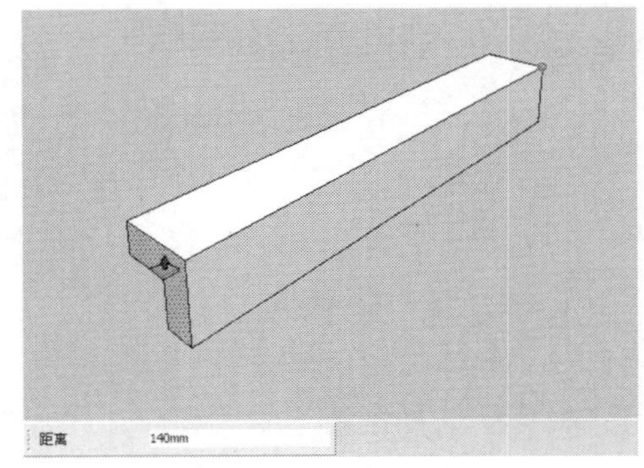

图 11-355　橱柜拉手造型

step 122 使用移动工具并配合 Ctrl 键，将创建的拉手复制几个，并将其布置到橱柜上的相应位置处，如图 11-356 所示。使用矩形工具，在橱柜地柜上侧的相应墙面上绘制一个 1200mm×600mm 的立面矩形，并将其创建为群组，如图 11-357 所示。

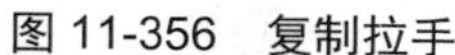

图 11-356　复制拉手

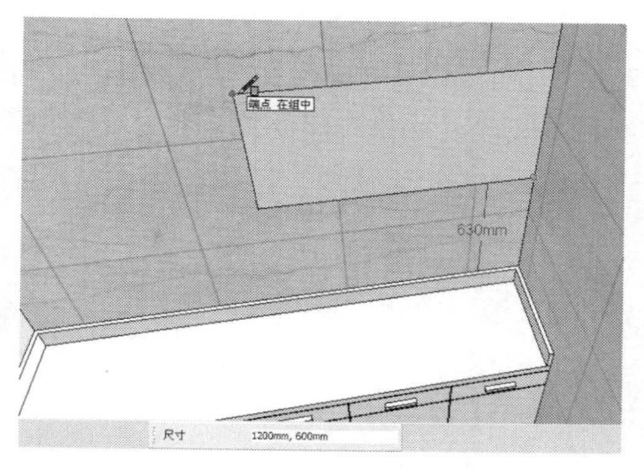

图 11-357　绘制立面矩形

step 123 双击上一步创建的立面矩形，进入组的内部编辑状态，然后使用推/拉工具，将立面矩形向外推拉 300mm 的厚度，如图 11-358 所示。继续使用推/拉工具并按住 Ctrl 键，将立方体的外侧矩形面向外推拉复制一份，其推拉复制的距离为 20mm，如图 11-359 所示。

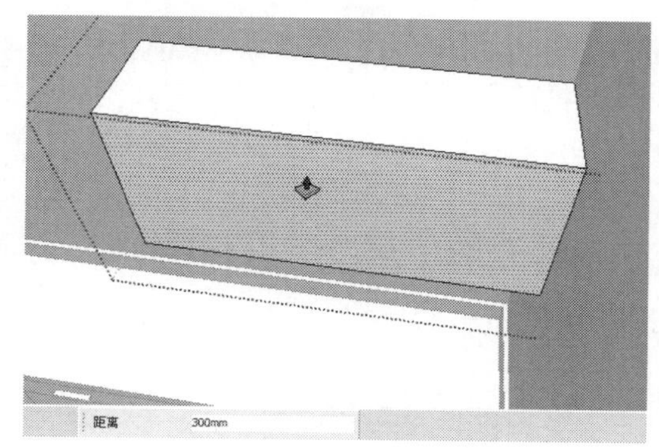

图 11-358　绘制长方体

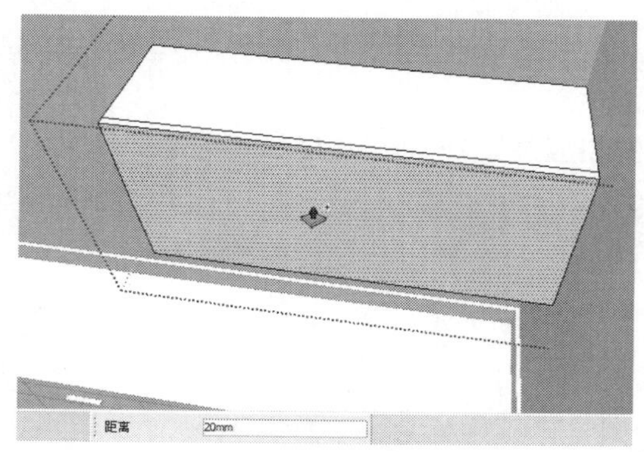

图 11-359　推拉复制矩形面

step 124 选择橱柜模型上的相应边线，在其右键快捷菜单中选择【拆分】命令，然后在数值框中输入 3，将其拆分为 3 条等长的线段，如图 11-360 所示。使用【直线】工具，捕捉上一步拆分线段上的拆分点，向下绘制两条垂线段，如图 11-361 所示。

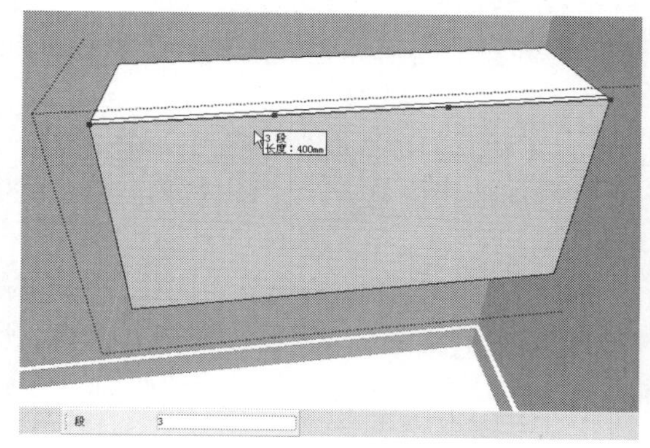

图 11-360　拆分上边线

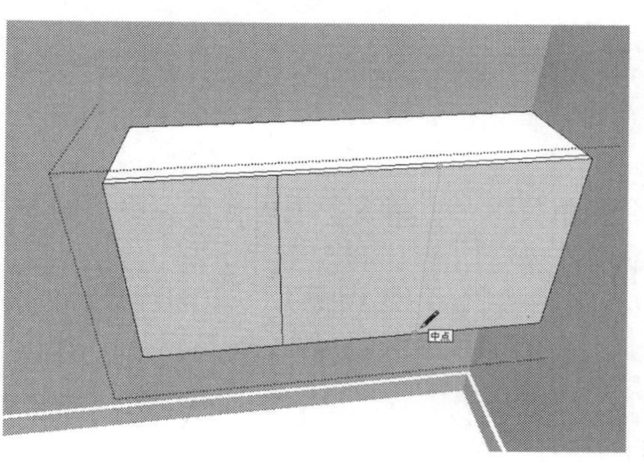

图 11-361　绘制两条垂线段

step 125 使用【卷尺】工具，在上一步绘制的两条垂线段的左右两侧，分别绘制一条与其距离为 2.5mm 的辅助线，如图 11-362 所示。使用直线工具，借助辅助线，在模型表面上绘制 4 条垂线段，并将中间的那条垂直线段删除掉，如图 11-363 所示。

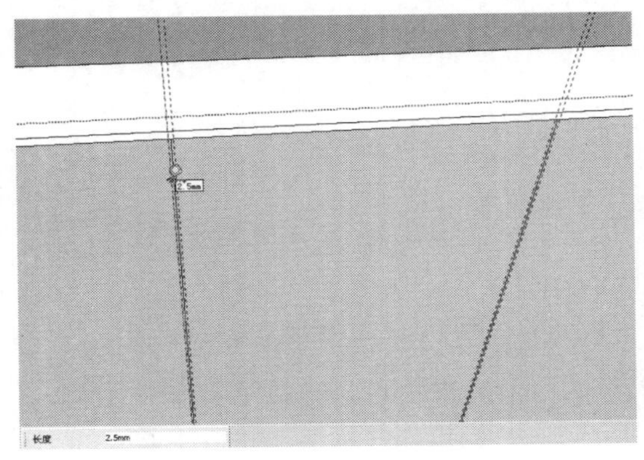

图 11-362　绘制辅助线

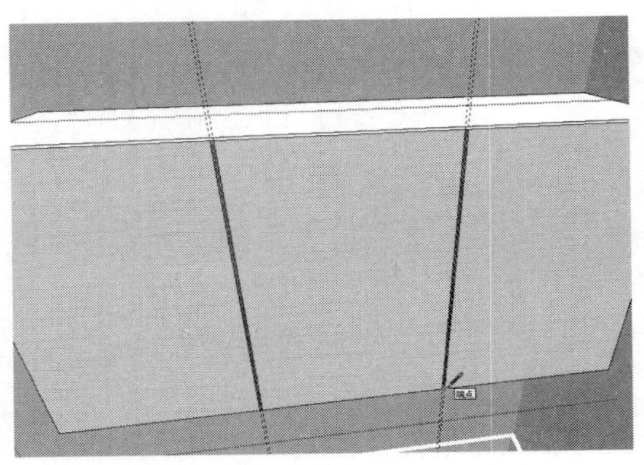

图 11-363　绘制 4 条垂线段

step 126 使用推/拉工具，将相应的面向内推拉 20mm 的距离，从而形成吊柜凹槽的效果，如图 11-364 所示。使用移动工具并配合 Ctrl 键，将前面创建的橱柜拉手复制几个到吊柜上的相应位置处，如图 11-365 所示。

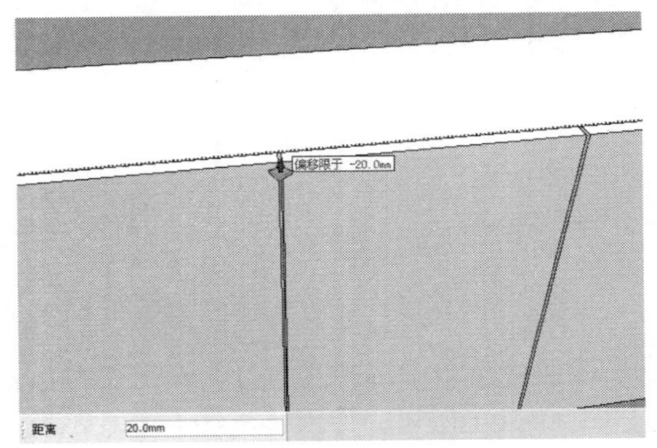

图 11-364　吊柜凹槽效果

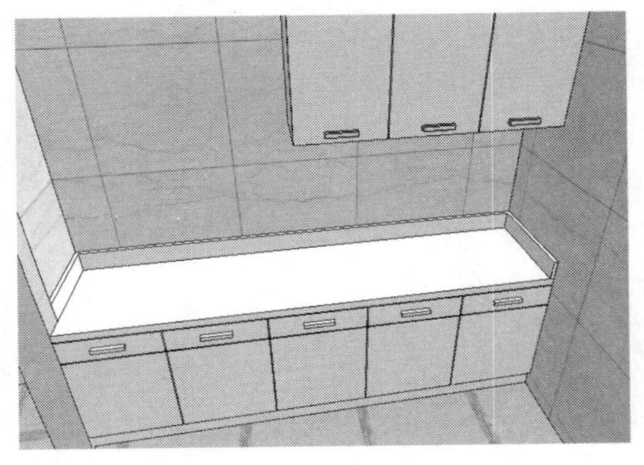

图 11-365　复制橱柜拉手到吊柜

step 127 使用材质工具，打开【材质】面板，为创建的厨房橱柜赋予相应的材质，如图 11-366 所示。

step 128 选择【文件】|【导入】菜单命令，打开【导入】对话框，如图 11-367 所示，选择相关厨房电器设备模型导入。将这些模型布置到厨房的相应位置，这样就得到了厨房的最终效果，如图 11-368 所示。

step 129 接下来创建卫生间玻璃隔断及浴缸。使用矩形工具，捕捉卫生间内的相应轮廓，绘制一个 1620mm×720mm 的矩形面，并将绘制的矩形面创建为群组，如图 11-369 所示。使用偏移工具，将矩形面向内偏移 80mm 的距离，然后使用推/拉工具，将相应的造型面向上推拉 100mm 的高度，如图 11-370 所示。

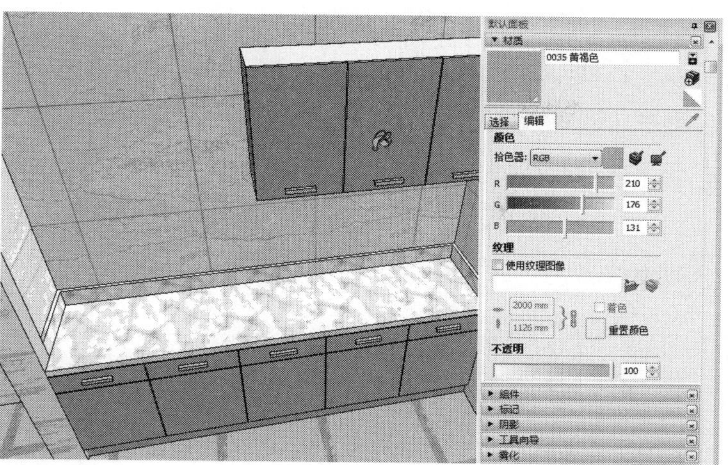

图 11-366　赋厨房橱柜材质

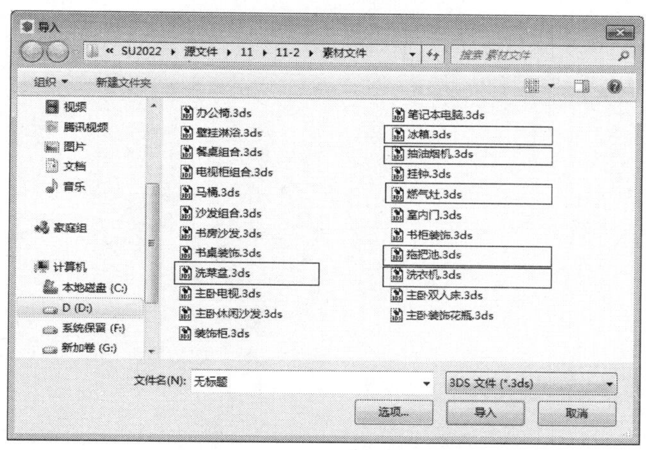

图 11-367　导入厨房电器设备模型

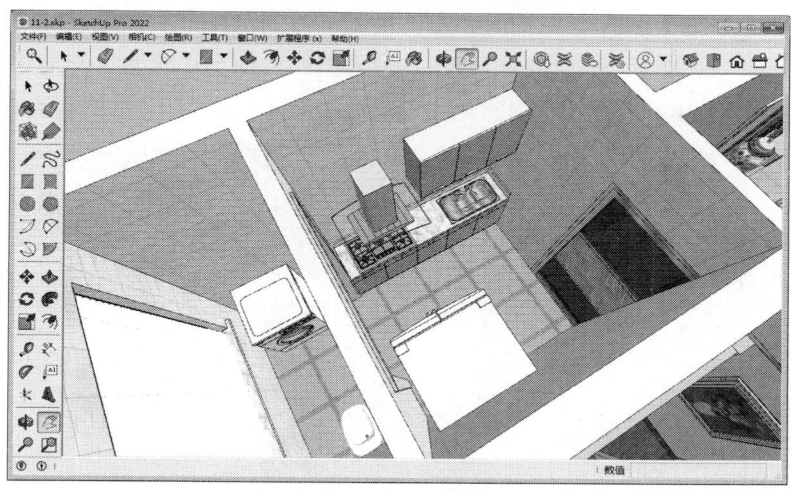

图 11-368　厨房的最终效果

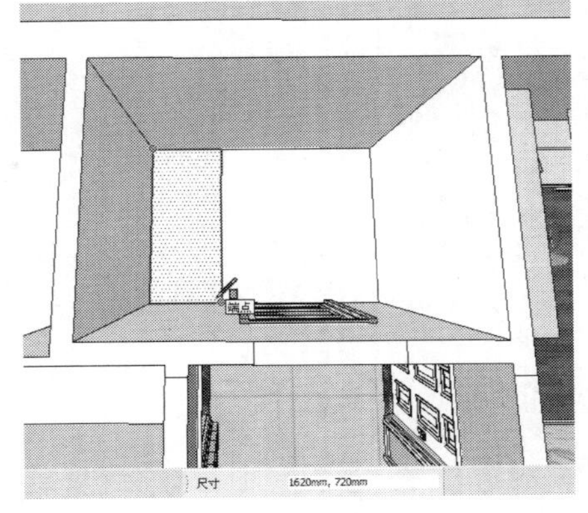

图 11-369　绘制水池轮廓

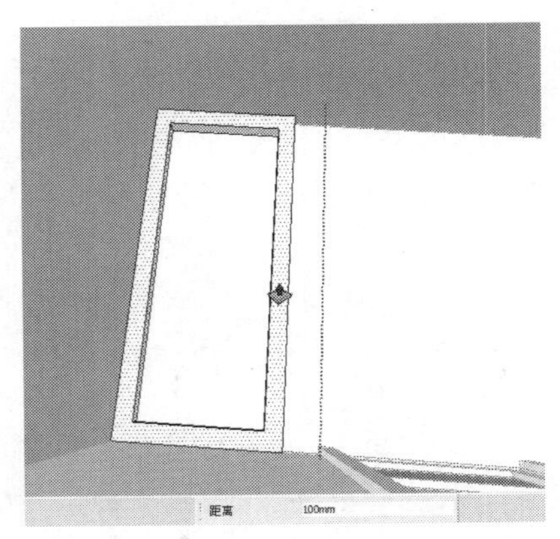

图 11-370　推拉出水池

step 130 使用推/拉工具，将相应的矩形面向上推拉 20mm 的高度，如图 11-371 所示。使用材质工具，为水池表面赋予一种马赛克材质，如图 11-372 所示。

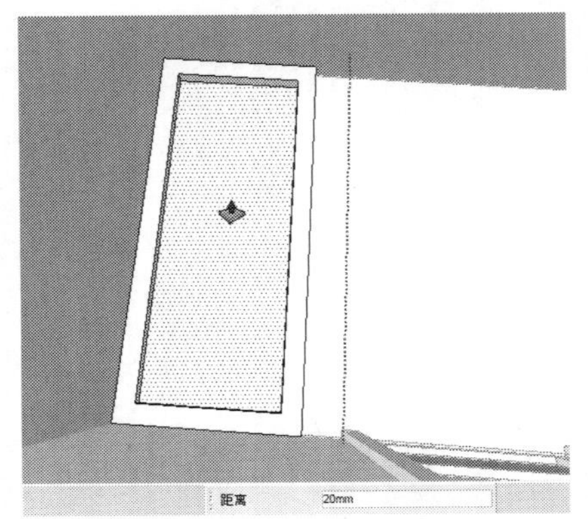

图 11-371　向上推拉矩形面

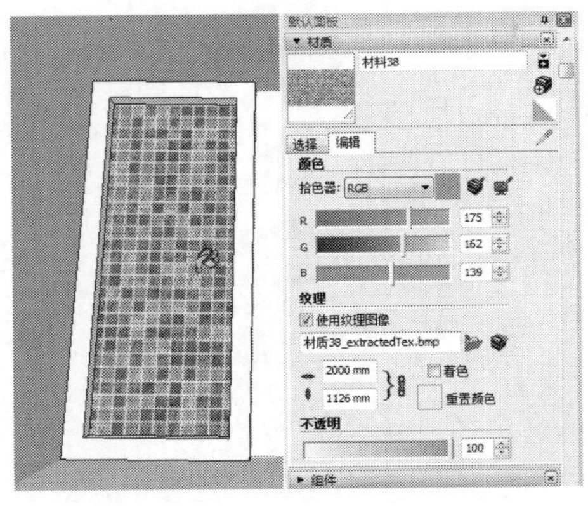

图 11-372　赋水池表面材质

step 131 使用矩形工具，捕捉相应轮廓，绘制一个 1620mm×80mm 的矩形面，并将其创建为群组，如图 11-373 所示。双击矩形面，进入组的内部编辑状态，然后使用推/拉工具，将矩形面向上推拉 100mm 的高度，如图 11-374 所示。

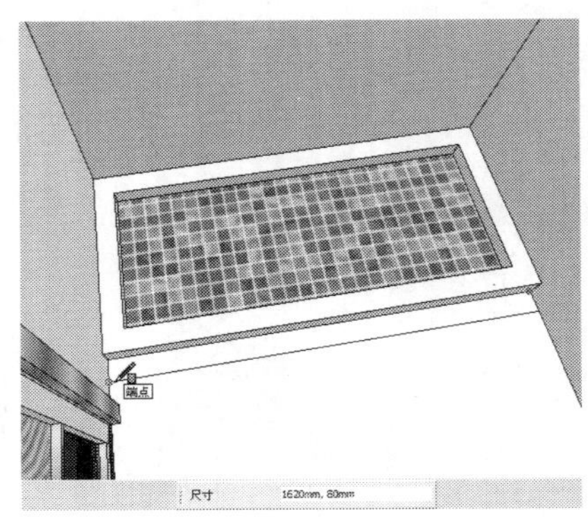

图 11-373　绘制矩形面

图 11-374　绘制长方体

step 132 使用矩形工具，捕捉相应轮廓，绘制一个 700mm×20mm 的矩形面，并将其创建为群组，如图 11-375 所示。双击矩形面，进入组的内部编辑状态，然后使用推/拉工具，将矩形面向上推拉 2200mm 的高度，如图 11-376 所示。

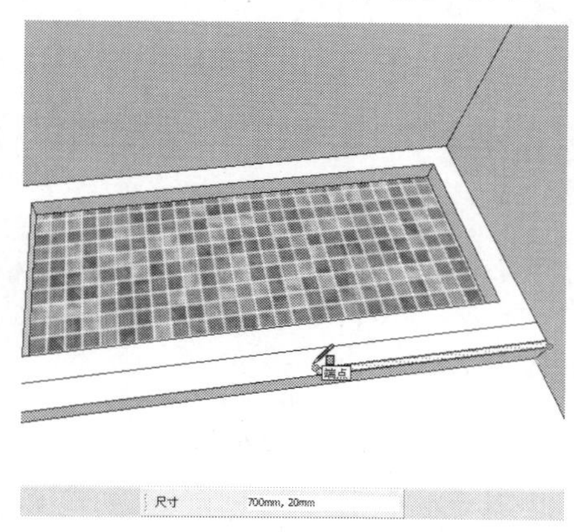

图 11-375　绘制隔断底面

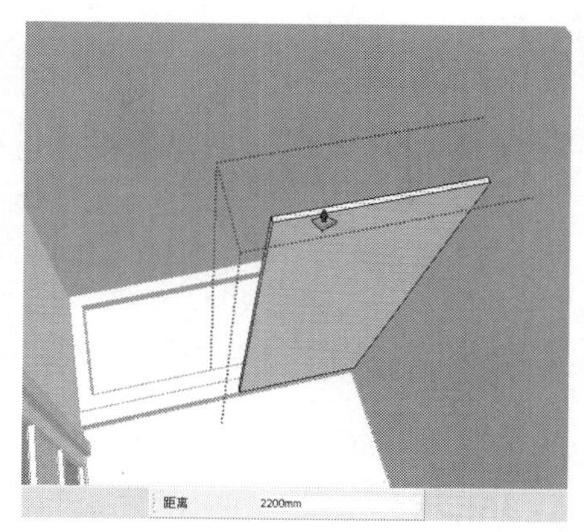

图 11-376　绘制一扇隔断

step 133 使用移动工具及缩放工具，将上一步推拉后的立方体向左复制两份，并对其进行缩放，从而形成隔断玻璃的效果，如图 11-377 所示。使用材质工具，为创建的隔断玻璃赋予一种透明玻璃材质，如图 11-378 所示。

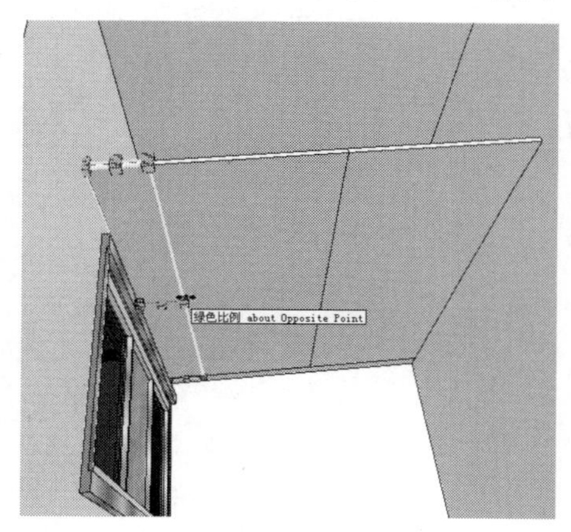

图 11-377　形成隔断玻璃

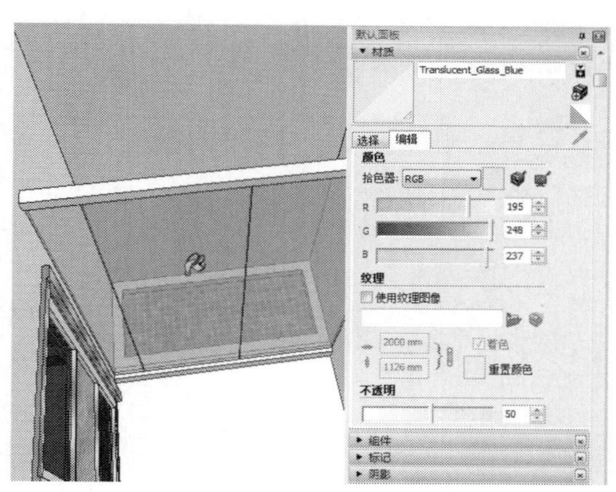

图 11-378　赋隔断玻璃材质

step 134 最后来创建卫生间洗脸盆及装饰柜。使用矩形工具，在卫生间内的相应墙面上绘制一个 1620mm×110mm 的矩形面，并将绘制的矩形面创建为群组，如图 11-379 所示。使用移动工具，将矩形面垂直向上移动 440mm 的距离，如图 11-380 所示。

step 135 双击上一步创建的矩形面，进入组的内部编辑状态，然后使用推/拉工具，将其向外推拉 400mm 的距离，如图 11-381 所示。使用矩形工具，捕捉相应的轮廓，绘制一个 650mm×180mm 的矩形面，并将其创建为群组，如图 11-382 所示。

step 136 双击上一步创建的群组，进入组的内部编辑状态，然后使用移动工具并按住 Ctrl 键，将矩形面的上侧水平边垂直向下移动复制一份，其移动复制的距离为 160mm，如图 11-383

所示。使用圆弧工具，捕捉矩形面相应边线上的端点及中点，绘制一段圆弧，如图 11-384 所示。

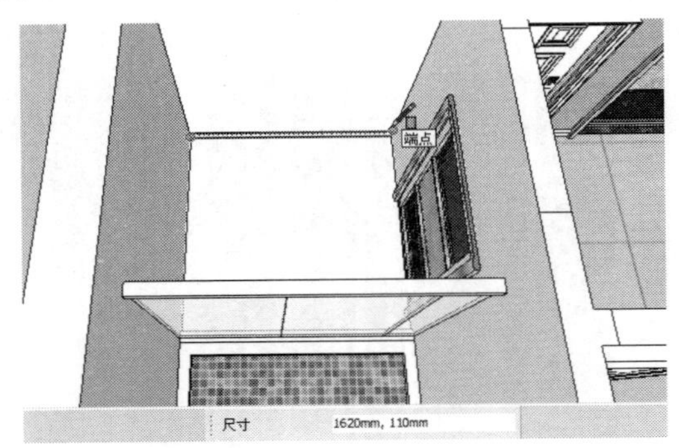

图 11-379 绘制矩形面

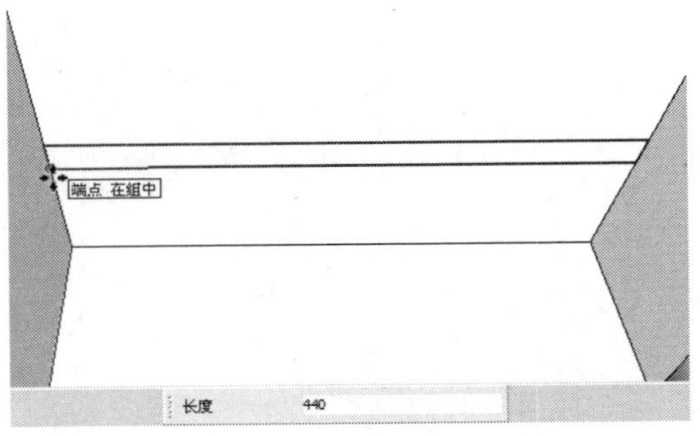

图 11-380 移动矩形面

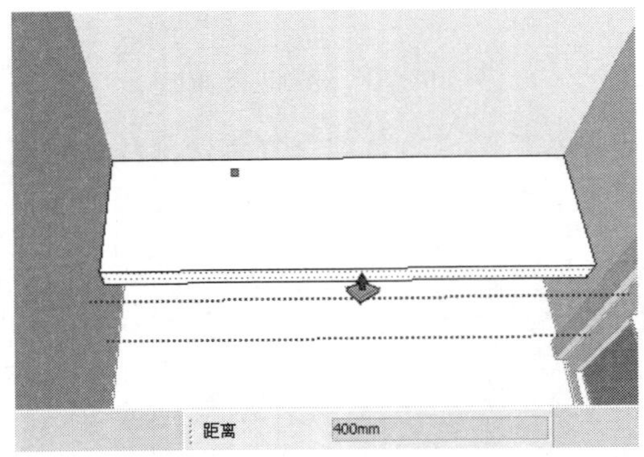

图 11-381 绘制隔板

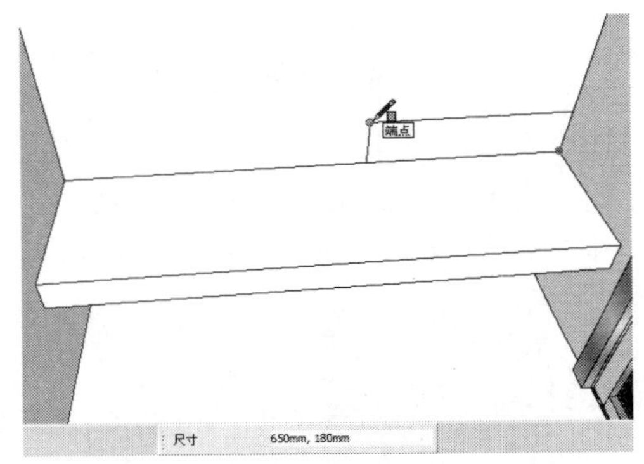

图 11-382 绘制矩形面

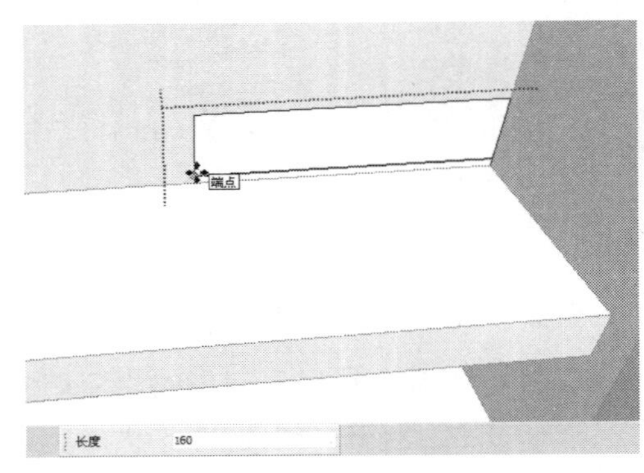

图 11-383 移动复制上侧水平边

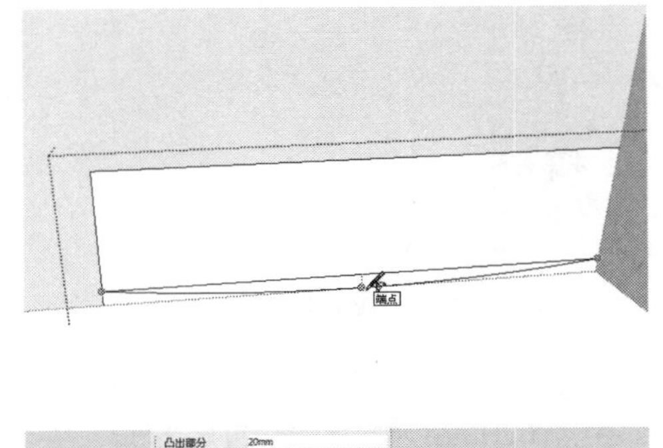

图 11-384 绘制圆弧

step 137 使用擦除工具，擦除多余的线面，如图 11-385 所示。使用推/拉工具，将造型面向外推拉出 500mm 的厚度，如图 11-386 所示。

step 138 使用移动工具，将创建的洗脸盆模型向左移动 360mm 的距离，如图 11-387 所示。使用偏移工具，将相应的矩形面向内偏移 20mm 的距离，如图 11-388 所示。

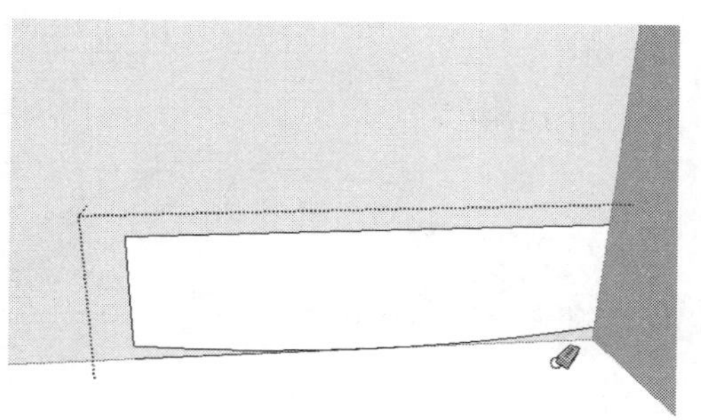

图 11-385　擦除多余线面

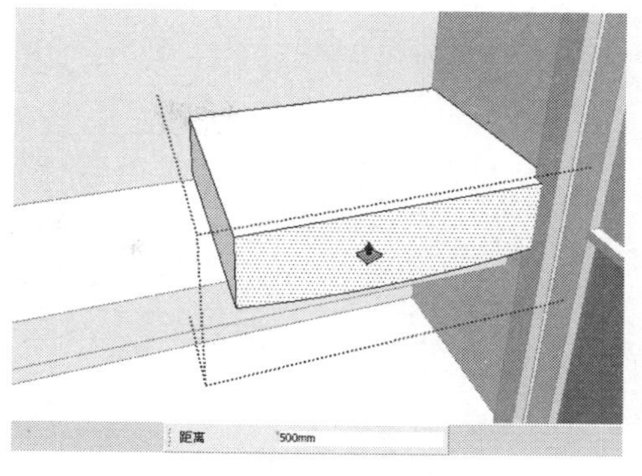

图 11-386　创建出洗脸盆模型

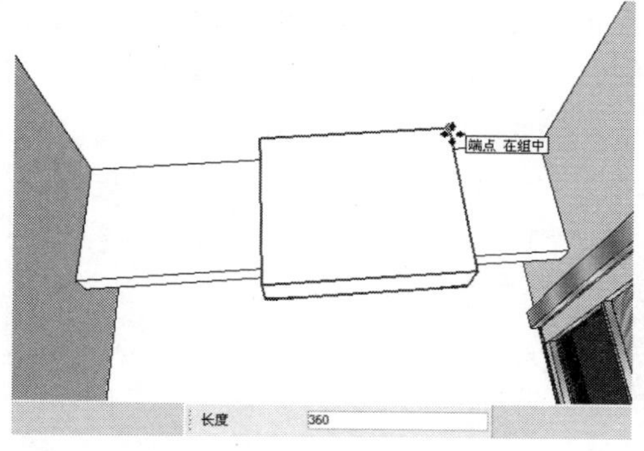

图 11-387　移动洗脸盆模型

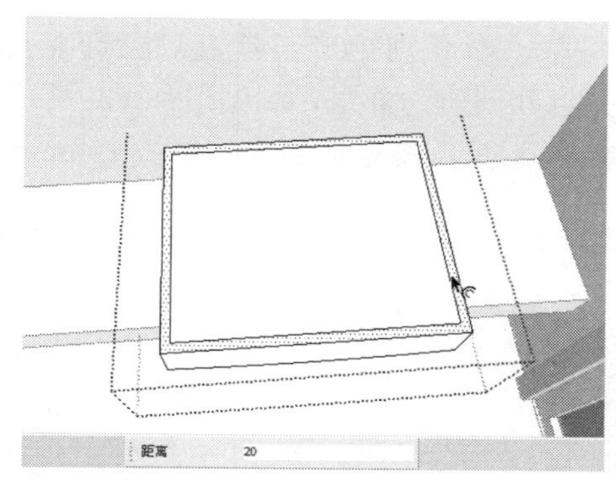

图 11-388　制作洗脸盆边

step 139 使用移动工具并按住 Ctrl 键，将相应的边线向下移动复制一份，其移动复制的距离为 140mm，如图 11-389 所示。删除多余的边线，然后使用推/拉工具，将相应的造型面向下推拉 140mm 的距离，如图 11-390 所示。

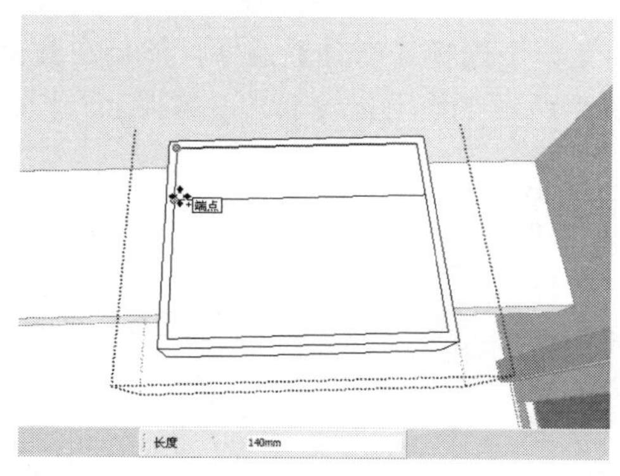

图 11-389　复制边线

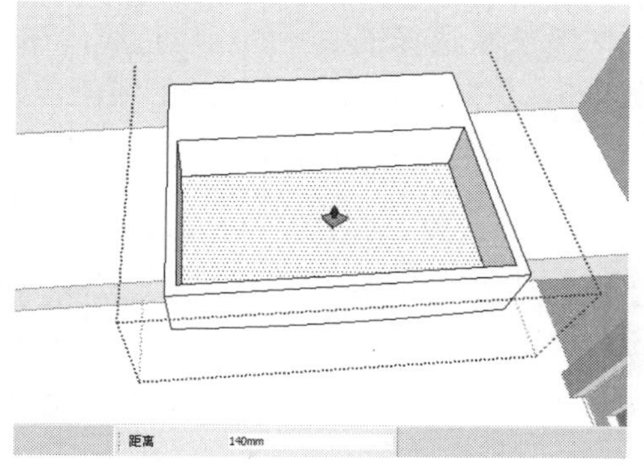

图 11-390　制作洗脸盆凹槽

step 140 使用缩放工具，对洗脸盆内相应的面进行缩放，如图 11-391 所示。使用材质工具，为创建完成的洗脸盆模型赋予相应的材质，并结合相应的绘图工具，在洗脸盆上侧创建出水龙头造型，如图 11-392 所示。

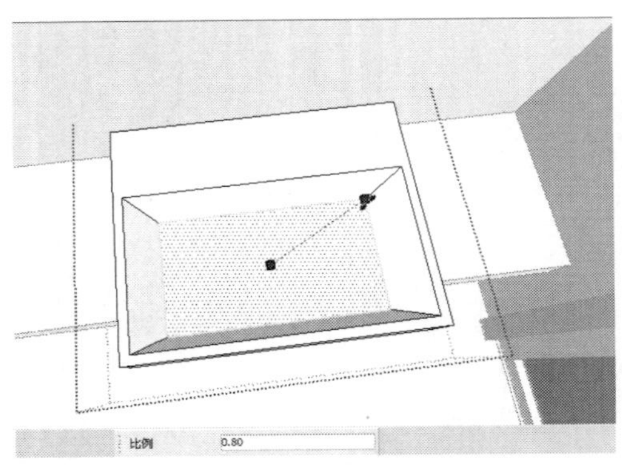

图 11-391　缩放洗脸盆底面

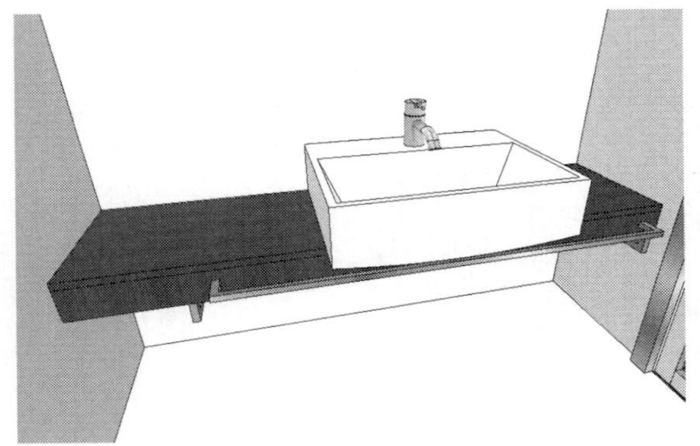

图 11-392　赋材质并制作水龙头

step 141 使用矩形工具，在洗脸盆上面的相应位置绘制一个 1620mm×800mm 的矩形面，并将其创建为群组，如图 11-393 所示。双击创建的群组，进入组的内部编辑状态，然后使用推/拉工具，将矩形面向外推拉 150mm 的距离，如图 11-394 所示。

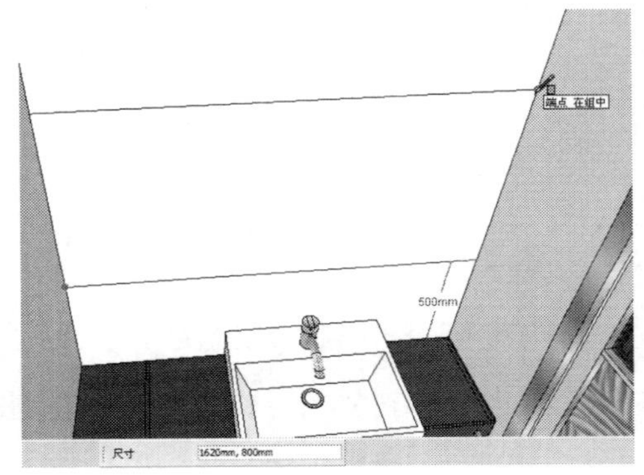

图 11-393　绘制矩形面

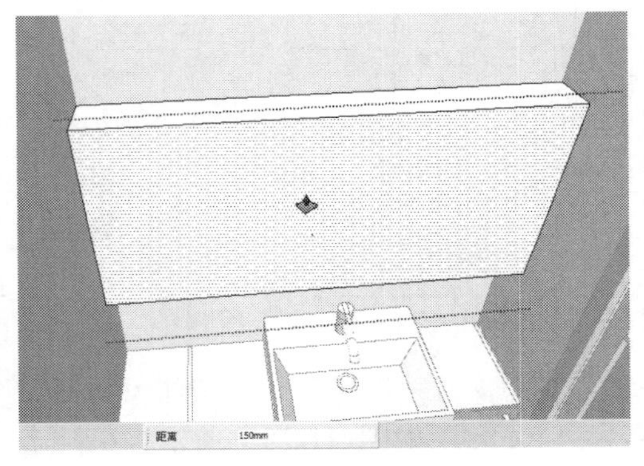

图 11-394　制作洗脸盆吊柜

step 142 选择模型上的相应边线，在右键快捷菜单中选择【拆分】命令，然后在数值框中输入 3，将其拆分为 3 条等长的线段，如图 11-395 所示。使用直线工具，捕捉上一步的拆分点，向下绘制两条垂线段，如图 11-396 所示。

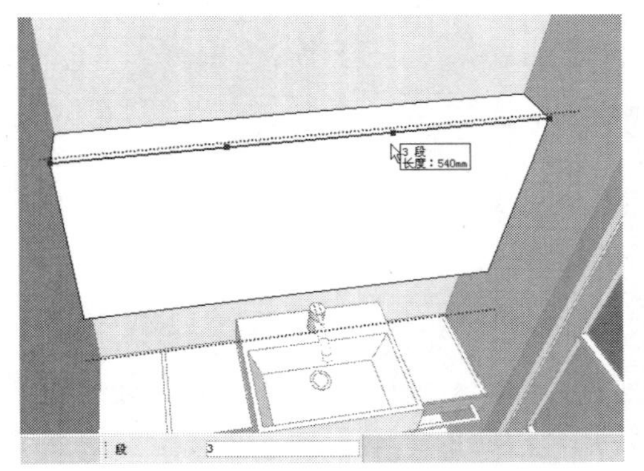

图 11-395　拆分边线

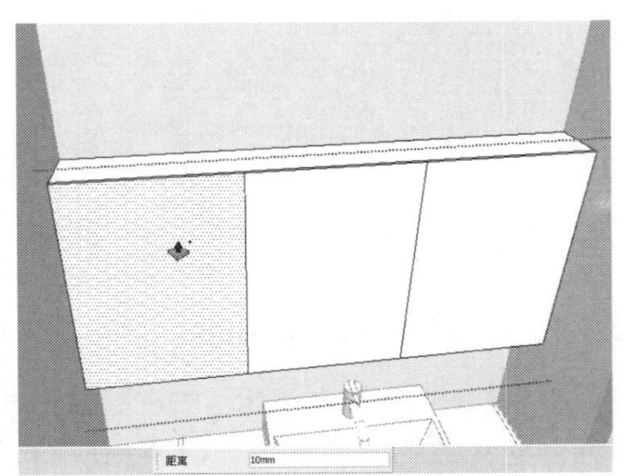

图 11-396　绘制两条垂线段

step 143 使用材质工具，为制作的洗脸盆吊柜赋予相应的材质，如图 11-397 所示。为卫生间的地面赋予一种地砖材质，如图 11-398 所示。为卫生间的墙面赋予一种墙砖材质，如图 11-399 所示。

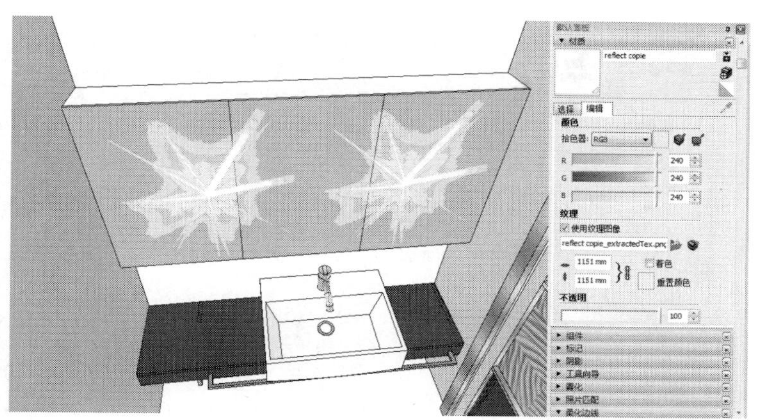

图 11-397　赋洗脸盆吊柜材质

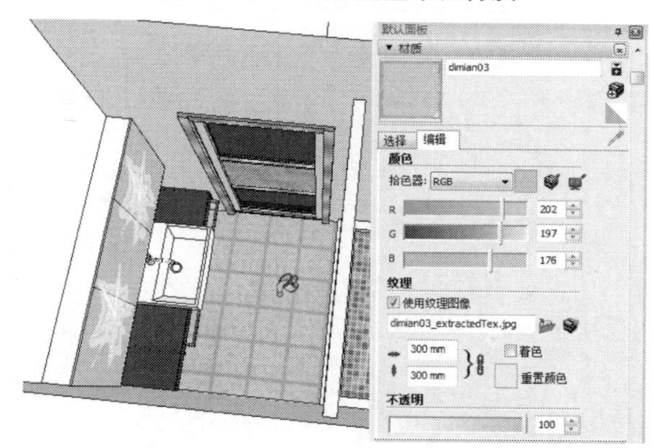

图 11-398　赋卫生间地面材质

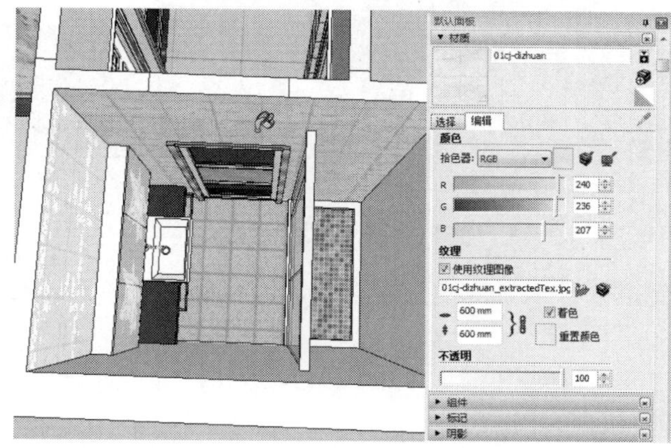

图 11-399　赋卫生间墙面材质

step 144 选择【文件】|【导入】菜单命令，打开【导入】对话框，如图 11-400 所示，将卫生间中的设施模型导入，然后布置到卫生间的相应位置，完成卫生间的创建，效果如图 11-401 所示。

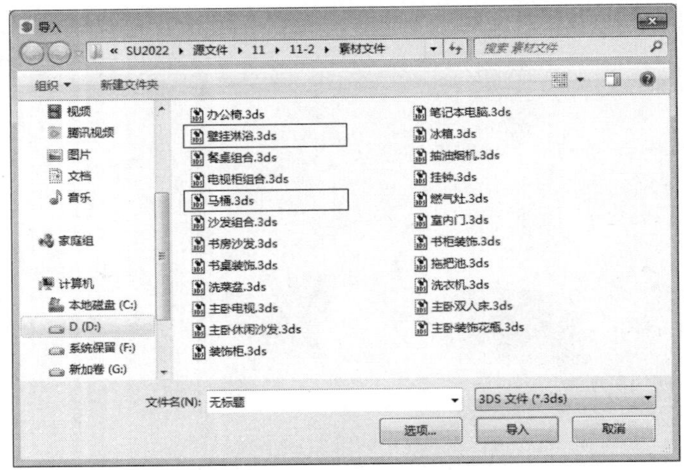

图 11-400　导入卫生设施模型

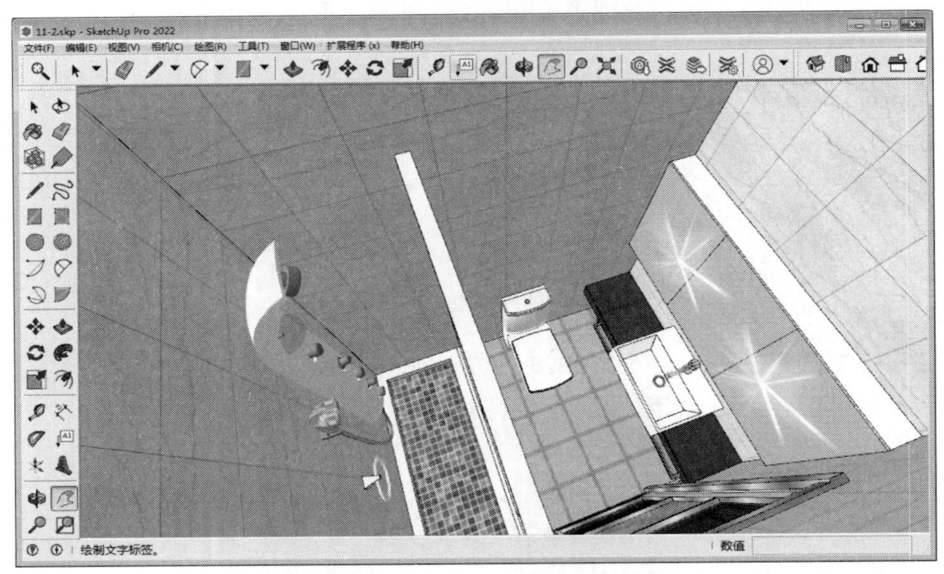

图 11-401　卫生间效果

step 145 这样就完成了整个室内模型的创建，最终效果如图 11-402 所示。

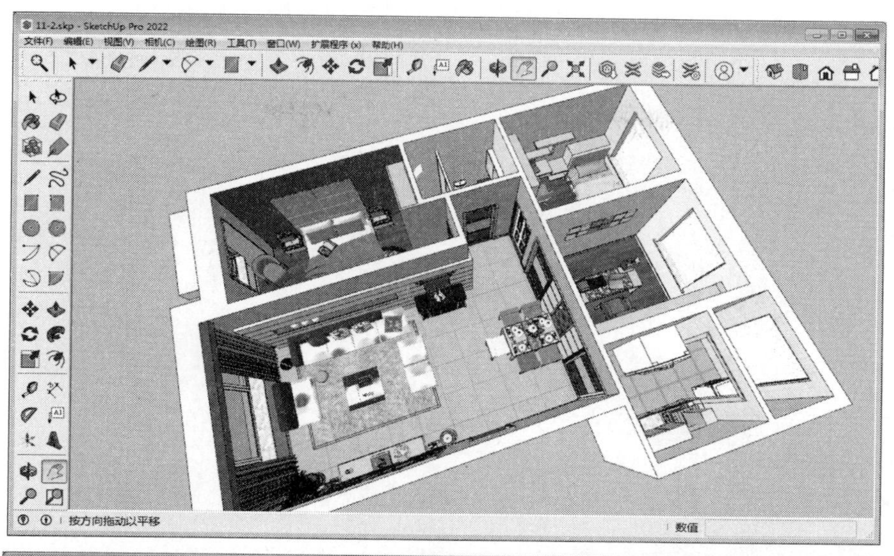

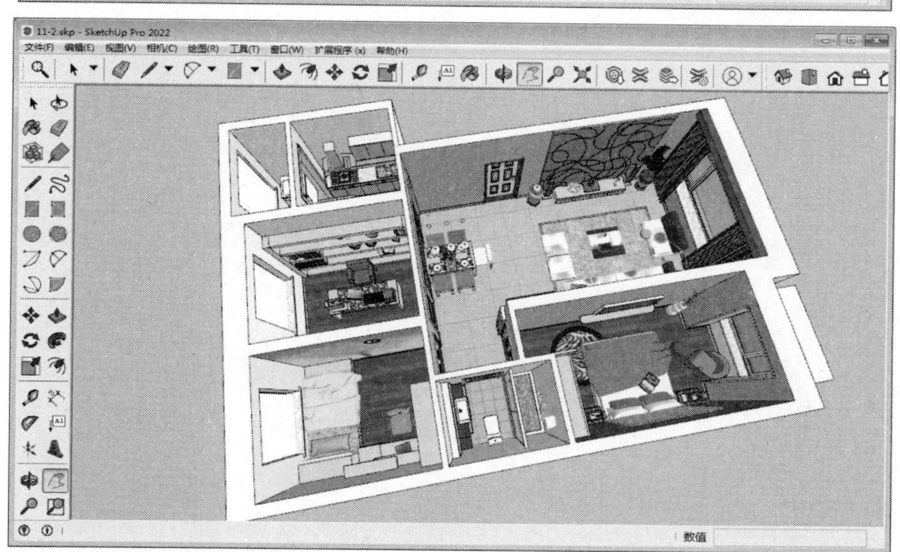

图 11-402 室内家居模型的最终效果

11.3 本章小结

本章主要介绍了使用 SketchUp 2022 进行综合设计的方法，分别从 SketchUp 在建筑设计方面最常见的建筑模型和室内模型设计领域入手，对两个范例的绘制过程进行了详细讲解，使读者对用 SketchUp 绘制建筑和室内三维模型等有了一个整体的认识。通过本章的两个范例，读者可以练习进阶阶段的建筑创建命令，特别是材质和贴图的应用，从而实现融会贯通。